食品微生物学

主　编　胡永金　云南农业大学
　　　　刘高强　中南林业科技大学

副主编　（按姓氏笔画排序）
　　　　李　静　青岛农业大学
　　　　李凌飞　云南农业大学
　　　　肖作为　湖南中医药大学
　　　　邹　娟　怀化学院
　　　　胡建平　西昌学院
　　　　徐金瑞　广东药科大学
　　　　焦凌霞　河南科技学院

编　委　（按姓氏笔画排序）
　　　　丁重阳　江南大学
　　　　付晓萍　云南农业大学
　　　　闫训友　廊坊师范学院
　　　　李世俊　云南农业大学
　　　　李迎秋　山东轻工业大学
　　　　任佳丽　中南林业科技大学
　　　　张雪娇　湖南人文科技学院
　　　　杨　波　海南热带海洋学院
　　　　韩小龙　济宁学院
　　　　资名扬　长沙县食品药品安全监测中心

主　审　江汉湖　南京农业大学

中南大学出版社
www.csupress.com.cn

·长沙·

图书在版编目（CIP）数据

食品微生物学／胡永金，刘高强主编. —长沙：
中南大学出版社，2017.8（2021.1 重印）
ISBN 978 – 7 – 5487 – 2868 – 9

Ⅰ. ①食… Ⅱ. ①胡… ②刘… Ⅲ. ①食品微生
物—微生物学 Ⅳ. ①TS201.3

中国版本图书馆 CIP 数据核字（2017）第 149210 号

食品微生物学

主编　胡永金　刘高强

□责任编辑	韩　雪	
□责任印制	周　颖	
□出版发行	中南大学出版社	
	社址：长沙市麓山南路	邮编：410083
	发行科电话：0731 – 88876770	传真：0731 – 88710482
□印　　装	长沙印通印刷有限公司	

□开　　本	787 mm×1092 mm　1/16	□印张 24.75	□字数 630 千字		
□版　　次	2017 年 8 月第 1 版	□印次　2021 年 1 月第 2 次印刷			
□书　　号	ISBN 978 – 7 – 5487 – 2868 – 9				
□定　　价	58.00 元				

图书出现印装问题，请与经销商调换

前　言

　　微生物学是现代生命科学研究中最为活跃的领域之一。作为生物学研究的模式生物，微生物学近年来在遗传学、生理学、基因工程、代谢工程、发酵工程、基因组学、蛋白质组学等方面的突破和进步，深刻影响着生物学各个学科的发展。微生物被广泛应用于食品、医药、环境、农业、能源、健康等领域，并发挥着更加广泛而深入的作用。食品微生物学是微生物学的重要分支学科，也是食品科学的重要组成部分，它是专门研究与食品有关的微生物的种类、特性以及微生物与食品的相互关系及其生态条件的一门学科。食品微生物学作为高等院校食品相关专业一门必修专业基础课程，对现代食品加工和食品质量与安全控制起着非常关键的作用。特别是随着现代生命科学和现代食品工业的迅猛发展，微生物对现代食品工业的发展产生了越来越深刻的影响，已经渗透到优质食品原料生产、食品加工与保藏、食品质量与安全控制、食品生产废弃物利用、改善和增加食品营养价值等方面，成为支撑食品工业的重要技术。

　　为适应近年来食品微生物学科的快速发展及食品类专业教学工作的需要，编者组织各位老师编写了本书。与同类书籍相比，根据现代微生物学及食品学科发展新特点，本书强调理论与实践相结合，科学性与应用性相结合，国内特色与国际发展前沿相结合，理论性与通俗性相结合。

　　本书主要特点如下：

　　1. 将微生物学与食品学科内容紧密衔接，贯彻始终。编者将微生物基础知识与食品专业知识紧密结合，突出食品专业学科特点。

　　2. 简洁易懂。尽量将烦琐的文字描述转化为图、表的形式来表现，力求内容直观、形象，易于理解。

　　3. 突出实用性和针对性。以微生物基础知识及其在食品中的应用为主线，全面系统地介绍常见微生物的形态、结构、功能等特征，重点突出其在食品中的应用及食品的安全控制，突出本书的实用性和针对性。

　　4. 新颖性和前沿性。力求把握本学科领域的前沿，并结合编者自身的科研方向和优势，突出本书的新颖性和学术前沿性，如群体感应、栅栏技术、预报微生物、生物恐怖等内容紧扣学科前沿。

　　本书不仅适合食品学科的本科学生使用，也可作为相关研究院所和生产企业的科技人员及工程技术人员的参考用书，同时也可作为相关专业研究生的参考用书。

　　本书的编写成员汇集了13所高等院校长期从事食品微生物学教学和科研的中青年学术骨干，他们活跃在教学、科研及生产第一线，既有扎实的理论基础，又有丰富的实践经验，给本书的编写增添了许多新鲜内容。本书由云南农业大学胡永金教授和中南林业科技大学刘高强教授担任主编。大纲经全体编委多次商讨拟定，全书共10章，编写分工如下：第1章，胡永金；第2章，胡永金、徐金瑞、李静、李世俊；第3、4章，刘高强；第5章，徐金瑞、闫训友；第6章，焦凌霞、韩小龙、杨波；第7章，邹娟；第8章，焦凌霞、李迎秋、肖作为、韩小龙、张雪娇；第9章，李凌飞、付晓萍；第10章，胡建平。全书审稿、统稿、定稿由主编负责。南京农业大学江汉湖教授在百忙之中审阅书稿并提出许多宝贵建议，在此深表谢意。除编者的教学和学术经验外，本书在写作过程中还参考了大量的国内外优秀教材和相关文献，在此谨向向原作者表示诚挚的谢意。

　　本书倾注了每位编者的心血，但限于能力和时间有限，书中纰漏和不足之处在所难免，敬请广大师生、同行和读者批评指正。

编　者

2017 年 7 月

目 录

第 1 章

绪　论

内容提要

本章主要介绍微生物的概念和生物学特性、微生物学的形成与发展，并对食品微生物学的研究内容、任务及其发展趋势进行了简述。

教学目标

1. 掌握微生物的概念和生物学特性。
2. 了解微生物学的发展历程。
3. 掌握食品微生物学研究的内容与任务。
4. 了解食品微生物学研究的发展趋势。

1.1　微生物及其特点

1.1.1　微生物及微生物学的概念

微生物（microorganism）是一类广泛存在于自然界中的形体微小、结构简单、进化地位低的微小生物的总称。它们包括属于原核类的细菌（真细菌和古生菌）、放线菌、蓝细菌（旧称"蓝绿藻"或"蓝藻"）、支原体、立克次氏体和衣原体；属于真核类的真菌（酵母菌、霉菌和蕈菌）、原生动物和显微藻类；属于非细胞类的病毒和亚病毒（类病毒、拟病毒和朊病毒）。微生物的形态大小、细胞特性和进化地位如表 1-1 所示。

表 1-1　微生物的形态大小、细胞特性和进化地位

微生物类型	微生物类群名称	大小	细胞特性	进化地位
原核微生物	细菌(真细菌，古生菌和放线菌、蓝细菌、支原体、立克次氏体、衣原体等)	微米(μm)级 0.1~750 μm	单细胞	原核生物界
真核微生物	真菌(酵母菌、霉菌和蕈菌) 原生动物 显微藻类	微米(μm)级 2 μm~1 m 2~1000 μm 1 μm~几米	单细胞或简单多细胞	真菌界 真核原生生物界
非细胞微生物	病毒、亚病毒(类病毒、拟病毒和朊病毒)	纳米(nm)级 20~450 nm	非细胞 (分子生物)	病毒界

　　绝大多数微生物都小于100 μm，肉眼难以看清，须借助光学显微镜或电子显微镜才能观察到，但微小世界里也不乏"形体高大"者，如霉菌的菌丝体肉眼可见，有些个体更大，如蘑菇、木耳等担子菌。近年来发现少数细菌也是肉眼可见的，如1985年在红海刺尾鱼肠道中发现的费氏刺骨鱼菌(*Epulopiscium fishelsoni*)，其细胞长度达200~700 μm；1997年在纳米比亚海岸海底沉积物中发现的纳米比亚硫磺珍珠菌(*Thiomargarita namibiensis*)，其大小为100~300 μm，最大可达750 μm，菌体白色，像珍珠一样(图1-1)。

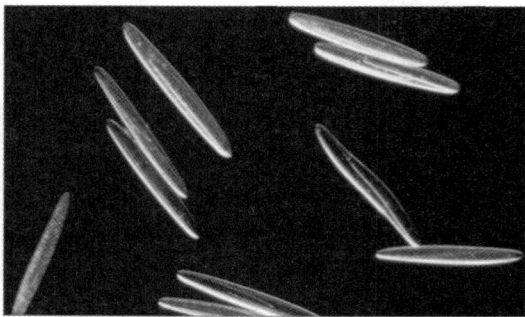

(a)费氏刺骨鱼菌(*Epulopiscium fishelsoni*)　　(b)纳米比亚硫磺珍珠菌(*Thiomargarita namibiensis*)

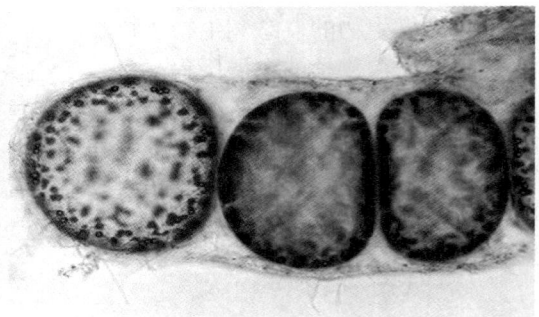

图 1-1　个体较大的细菌

　　微生物与人类的关系极其密切，通过利用微生物，人类获得了如面包、酸奶、食用菌、泡菜、腐乳、酒类、有机酸、抗生素、疫苗、维生素、氨基酸、酶等许多有价值的重要产品。微生物也是人类生态系统中不可缺少的组成成员，它们使陆地和水生系统中碳、氧、氮和硫的循环成为可能，同时也是所有生态食物链和食物网的根本营养来源。实际上，现代生物技术也是建立在微生物学的基础之上。目前，微生物在解决人类的粮食、能源、健康、资源和环境保护等问题中正显露出越来越重要且不可替代的独特作用。但微生物是一把十分锋利的双刃剑，它在造福人类的同时，也带来"残忍"的破坏。长期以来，因微生物形态微小、外貌不显、杂居混生、因果难联，人们对微生物"视而不见，触而不觉，嗅而不闻，食而不察，得其

益而不感其恩，受其害而不知其恶"。人类历史上曾遭遇过多次严重瘟疫而大批死亡的惨痛事实就可充分说明，例如鼠疫（黑死病）、天花、肺结核（白疫）、流感、疟疾、麻风、梅毒等的大流行。直到今天，多种新发传染病（emerging infectious disease）和再现传染病（re-emerging infectious disease）还严重威胁人类的生存，例如，艾滋病、严重急性呼吸系统综合征（severe acute respiratory syndrome，SARS）、埃博拉病毒病、禽流感、疯牛病、乙型肝炎和结核病等。另外，引起人类食物中毒的沙门氏菌、金黄色葡萄球菌、蜡样芽孢杆菌、肉毒梭状芽孢杆菌、致病性大肠杆菌、单核增生李斯特菌等微生物也严重威胁着食品的安全和人们的健康。因此，正确地使用微生物这把双刃剑、造福于人类是我们学习和应用微生物学的目的。

1.1.2 微生物的特点

微生物（除病毒外）与动植物一样具有生物最基本的生命特征——新陈代谢、生长发育、衰老死亡，有生命周期。除此之外，还有其自身的特点。

1. 体积小，比表面积大

多数微生物形态都极其微小，衡量它的大小都用微米（μm）、纳米（nm）计。如球菌的直径约 $0.5\ \mu m$，80 个球菌"肩并肩"排列成横队，也只有一根头发的宽度。杆菌的平均长度和宽度约 $2\ \mu m$ 和 $0.5\ \mu m$，1500 个杆菌头尾连接起来仅有一粒芝麻那么长，图 1-2 所示是人们生活中所用的针尖上的杆菌。细菌的质量更是微乎其微，每个细菌的质量只有 $1 \times 10^{-10} \sim 1 \times 10^{-9}$ mg，即 $10^9 \sim 10^{10}$ 个细菌质量的总和才有 1 mg。

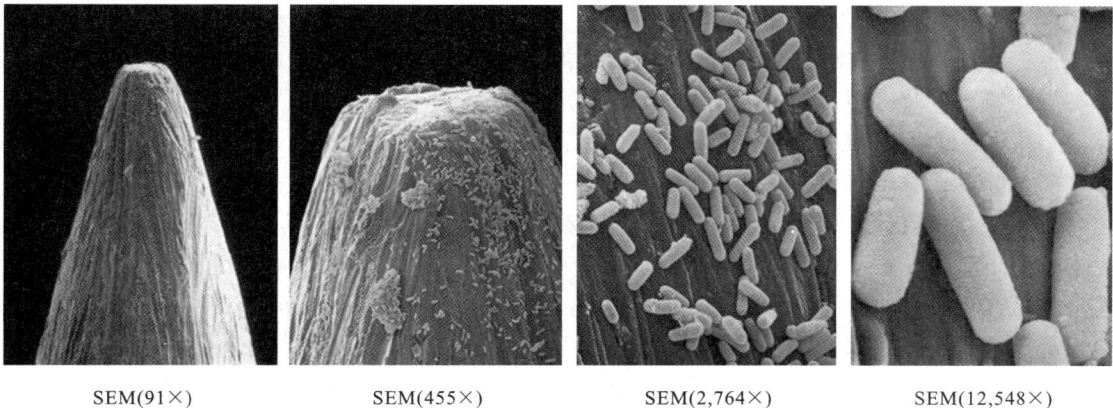

| SEM(91×) | SEM(455×) | SEM(2,764×) | SEM(12,548×) |

图 1-2 针尖上的杆菌

物体的表面积和体积之比称为比表面积。若以人体的"面积/体积"比值为 1，则大肠杆菌的"面积/体积"比值为 30 万。微生物这种小体积、大比表面积的体系，特别有利于它们与周围环境进行物质交换和能量、信息交换。这是微生物与一切大型生物相区别的关键所在，也是赋予微生物其他特点的根本所在。

2. 吸收多，转化快

微生物体积小，比表面积大，因而微生物能与环境之间迅速进行物质交换，吸收营养和排泄废物，而且有最大的代谢速率。从单位质量来看，微生物的代谢强度比高等生物大几千倍到几万倍。如 *Escherichia coli* (简写 *E. coli*) 在 1 h 内可分解其自重 1000 ~ 10000 倍的乳糖。产朊假丝酵母 (*Candida utilis*) 合成蛋白质的能力比大豆强 100 倍，比食用牛 (公牛) 强 10 万倍；1 kg 的酵母菌在 1 d 之内可使几吨糖全部转化为乙醇和 CO_2。一接种环的谷氨酸生产菌，经 2 d 的扩大培养和发酵，就能将 8000 kg 糖和 2000 kg 尿素转化为 3000 kg 的菌体和 4000 kg 的谷氨酸。利用这个特性，可以发挥"微生物工厂"的作用，可使大批基质在短时间内转化为大批有用的化工、医药产品或食品，也可以将有毒、有害物质转化为无毒、无害物质，将不能利用的物质转变为可利用的物质，为人类造福。但微生物同时又可使食品和其他工农业产品发生腐败变质，造成严重损失。

3. 生长旺，繁殖快

微生物具有惊人的生长和繁殖速度。如 *E. coli* 在合适的生长条件下，细胞分裂 1 次仅需 12.5 ~ 20 min。若按 20 min 分裂 1 次计，则 1 h 可分裂 3 次，每昼夜可分裂 72 次，这时，原初的一个细菌已产生了 4722366500 万亿个后代，总重约可达 4722 t，48 h 为 2.2 × 10^{43} t (约等于 4000 个地球之重)。事实上，由于营养、空间和代谢产物等条件的限制，微生物的几何级数分裂速度只能维持数小时。因而在液体培养中，细菌细胞的浓度一般仅达 10^8 ~ 10^9 个/mL 左右。

微生物的高速繁殖特性给生物学基本理论的研究带来极大的优越性，它使科学研究周期大为缩短、空间减少、经费降低、效率提高。当然，若是一些危害人、畜和农作物的病原微生物或会使物品霉腐变质的有害微生物，这一特性就会给人类带来极大的损失或祸害。

4. 适应强，易变异

为适应多变的环境，微生物具有极其灵活的适应性和代谢调节机制，这是任何高等动、植物无法比拟的。为了适应复杂多变的环境，微生物在其长期进化过程中就产生了许多灵活的代谢调控机制，并有种类很多的诱导酶 (可占细胞蛋白质含量的 10%)。

微生物对环境条件尤其是地球上那些恶劣的"极端环境"，例如，高温、高酸、高盐、高辐射、高压、低温、高碱、高毒等有惊人的适应力，堪称生物界之最。

微生物的个体一般都是单细胞、简单多细胞甚至是非细胞的，它们通常都是单倍体，加之具有繁殖快、数量多以及与外界环境直接接触等特点，因此即使其变异频率十分低 (一般为 10^{-10} ~ 10^{-5})，也可在短时间内产生出大量变异的后代。有益的变异可为人类创造巨大的经济和社会效益，如产青霉素的菌种产黄青霉 (*Penicillium chrysogenum*)，1943 年每毫升发酵液仅分泌约 20 单位的青霉素，至今早已超过 5 万单位了；有害的变异则是人类的大敌，如各种致病菌的耐药性变异使原本已得到控制的相应传染病变得无药可治，而各种优良菌种生产性状的退化则会使生产无法正常维持等等。

5. 分布广，种类多

微生物在生物圈中几乎"无处不在，无孔不入"，只要条件合适，它们就可"随遇而安"。地球上除了火山的中心区域等少数地方外，从土壤圈、水圈、大气圈至岩石圈，到处都有它们的踪迹。可以认为，微生物将永远是生物圈上下限的开拓者和各项生存纪录的保持者。生物界的许多极限都是由微生物开创的。例如，在万米深、水压高达 1.155×10^8 Pa 的深海底部有硫细菌生存；在 85 km 的高空，近 100℃的温泉，−250℃的环境下均有微生物存在。苏联科学家在南极冰川钻探时，于地下 4.5 ~ 293 m 不同深度的岩心中多次发现有球菌、杆菌和微小的真菌。而人类正常生活和生产的环境，也正是微生物生长生活的适宜环境。因此，人类生活在微生物的汪洋大海之中，每一个健康人的毛发、皮肤上、口腔里、胃肠道、呼吸道等器官里都生活着大量的微生物(图 1 - 3),而尤以肠道中的微生物数量和种类最多,它们成为人体不可缺少的一部分。通常情况下,寄居人体的正常微生物对人体有益而无害,但在特定条件下会致病。

(a)皮肤、毛发上分布的微生物　　　(b)皮肤上的微生物　　　(c)口腔粘膜上的微生物

(d)舌上的微生物　　　(e)小肠中的微生物　　　(f)大肠中的微生物

图 1 - 3　人体体表及体内存在的微生物

目前已知的微生物种类有 10 万多种,但当前研究和应用的微生物,不超过自然界微生物总数的 10%,能被培养出来的微生物种类还不到自然界微生物总数的 1%。还有许多活的但不可培养的微生物,或称为未培养微生物,如超嗜热古菌。微生物物种的多样性、遗传的多样性,由进化而带来的营养和代谢类型多样性,特别是对其他生物难以存活条件下的极端环境微生物的开发,为人类进一步开发利用微生物资源提供了无限广阔的前景。

1.2　微生物学的形成和发展

微生物学的发展过程一般可分以下五个时期。

1.2.1　朦胧时期(史前期)

早在人类发现微生物之前,就已经开始利用微生物了。我国劳动人民在应用微生物方面有着悠久的历史和丰富的经验。8000 年前已有曲糵酿酒的记载,4000 年前龙山文化时期酿酒已很普遍,而埃及在 2000 年前才有酿造葡萄酒的记载。用微生物方法制酱、酿醋也是我国首创,3000 年前(周朝)酱油酿造技术已相当发达,2500 年前(春秋战国期间)开始酿醋,公元6世纪(北魏时期)贾思勰的《齐民要术》就详细记载了酿造酱油需接种"黄衣"(黄曲霉的孢子)和制酢(酿醋)的33种方法。公元7世纪(唐代)食用菌的人工栽培也是我国劳动人民首创,要比西欧(最早是法国)早11个世纪。长期以来,我国劳动人民一直利用盐渍、糖渍、干燥、酸化等方法保存食物。在农业上,我国早在商代已使用沤粪肥田。当时的人们虽然还不知道根瘤菌的固氮作用,但已经利用豆科植物轮作提高土壤肥力。在医学方面,我国劳动人民早在2500年前就知道用曲治疗消化道疾病,很早以前就应用茯苓、灵芝等真菌治疗疾病。2000多年前认识和防治许多传染病、狂犬病。公元11世纪(宋代)种人痘苗预防天花已广泛应用,这是我国对世界医学史的重大贡献,后来传至俄国、日本、朝鲜、土耳其及英国。18世纪末英国医生琴纳(E. Jenner)提出用牛痘苗预防天花。这一时期最显著的特点是未见细菌等微生物的个体,凭实践经验利用微生物。

1.2.2　形态学描述时期(初创期)

形态学描述时期是指从1676年列文虎克用自制的单式显微镜观察到细菌的形态起,直至1861年近200年的时间。这一时期的代表人物荷兰人安东尼·列文虎克(Antony van Leeuwenhoek,1632—1723)用自制的、能放大200~300倍的简单显微镜观察到了污水、牙垢、雨水、腐败有机物中的微小生物,发现了细菌、酵母菌和原生动物,并对它们进行了形态描述,为微生物的存在提供了有力证据(图1-4)。列文虎克的发现,虽然首次揭示了微生物界,但限于当时的条件,这一发现并未引起重视。在之后近200年的时间里,人们对微生物的研究仅停留在对它们形态学描述的低级水平上,而对它们的生理活动及其与人类实践活动的关系知之甚少。

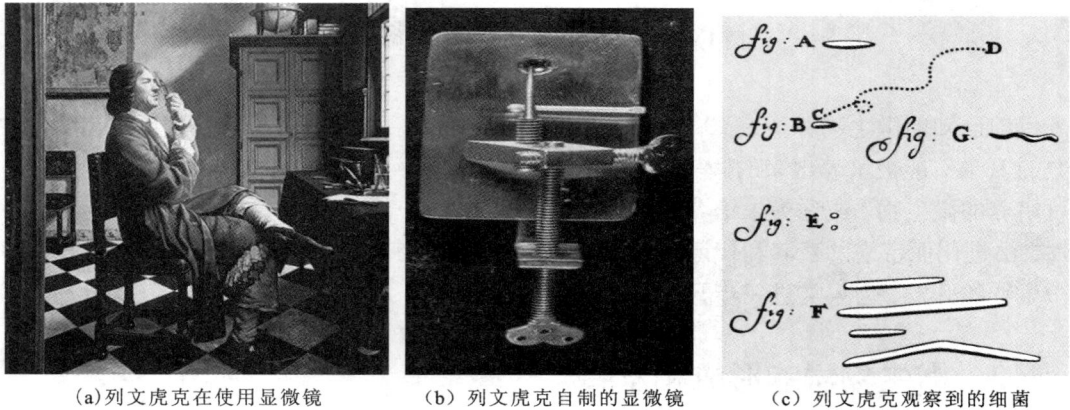

(a)列文虎克在使用显微镜　　(b)列文虎克自制的显微镜　　(c)列文虎克观察到的细菌

图1-4　列文虎克的显微观察

1.2.3　生理学研究时期(奠基期)

生理学研究时期是指1861年巴斯德根据曲颈瓶试验彻底推翻生命的自然发生说并建立胚种学说起,直至1897年。此时期代表人物法国人路易·巴斯德(Louis Pasteur,1822—1895)和德国人柯赫(Robert Koch,1843—1910)将微生物的研究从形态学描述推进到生理学研究阶段，揭示了微生物是造成葡萄酒发酵酸败和人畜传染病的原因，并建立了接种、分离、培养和灭菌等一整套独特的微生物学基本研究方法，从而奠定了微生物学的基础，同时开辟了医学和工业微生物等分支学科。巴斯德成为微生物学的奠基人（图1-5），而柯赫是细菌学奠基人（图1-6）。

图1-5　微生物学奠基者巴斯德

图1-6　细菌学奠基者柯赫

1.巴斯德的主要贡献

巴斯德的主要贡献表现在以下三个方面：

（1）彻底否定了"自然发生"的学说。长期以来，人们认为生命自发地起源于非生命物质，如腐肉生蛆，肉汤能生出微生物。1864年，巴斯德巧妙地设计了曲颈瓶试验，彻底推翻生命的自然发生说（spontaneous generation）。巴斯德取一个直颈瓶和曲颈瓶，内盛有机汁液（肉汁），两者同时加热以杀死瓶中原有微生物，而后长久置于空气中。结果直颈瓶中出现大量微生物使肉汁变质，而曲颈瓶内可一直保持无菌状态而不发生腐败。曲颈瓶中肉汁不变质（或保持无菌状态），是因为弯曲的瓶颈阻挡了外面空气中的微生物直达营养基质内，这样即使经过数月肉汤依然不腐败（图1-7），但是一旦把瓶颈打断或斜放曲颈瓶，煮沸的基质则发生腐败。本实验结果以无可辩驳的事实证明空气中含有微生物，微生物是营养基质腐败的原因，瓶内腐败并不是自然发生的。

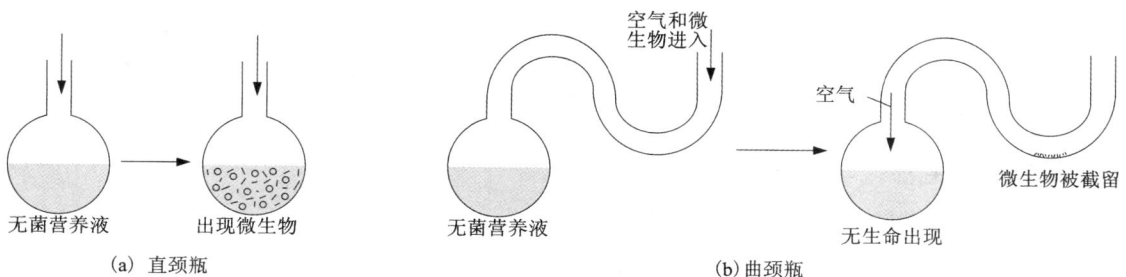

图1-7　巴斯德曲颈瓶实验

（2）证明发酵、腐败和传染病是由微生物引起的。他认为一切发酵都与微生物生长、繁殖有关，并历经辛苦终于分离到了许多引起发酵的微生物，证实了酒精发酵是由酵母菌引起的，乳酸发酵、醋酸发酵和丁酸发酵都是由不同细菌引起的。他还研究了 O_2 对酵母菌的生长和酒精发酵的影响，为进一步研究微生物的生理生化特性和建立工业微生物学、酿造学、食品微生物学奠定了基础。他从"酒病"（1857年）的实际出发，研究了一系列的实际问题，如"腐败病"（指曲颈瓶实验中的肉汤变质，1861年）、蚕病（蚕微粒子病，1865年）、禽病（鸡霍乱，1877年）、兽病（牛、羊的炭疽病，1881年）和人病（狂犬病，1885年）。在其研究工作中，发现各种传染病都有其共同原因——活的小生物，从而使人类对传染病本质的认识提高到一个崭新的水平上。

（3）提出了一系列行之有效的解决实际问题的方法。a. 创立了巴氏消毒法：他认为酒的变质是有害微生物繁殖的结果，创造了科学的巴氏消毒法（60~65℃，30 min），此法一直沿用至今，仍广泛用于食品制造业的消毒工作。b. 证实了家蚕软化病是由病原微生物引起的，用检出并淘汰病蛾的方法来防治"蚕病"，推动了病原学的发展，并深刻影响医学的发展。c. 接种疫苗预防传染病：1877年巴斯德研究了鸡霍乱，发现病原菌经过减毒可使机体产生免疫力，以预防鸡霍乱。随后，他又研究了牛、羊炭疽病和狂犬病，首次制成炭疽疫苗、狂犬疫苗，并创造了接种疫苗方法，从而开创了免疫学，为人类防治传染病做出了重大贡献。

2. 柯赫的主要贡献

柯赫的主要贡献表现在以下三个方面：

（1）建立了一整套研究微生物的基本技术：a. 发明了用固体培养基分离和纯培养微生物的技术，即找到了较理想的琼脂作为培养基凝固剂，设计了浇铺平板用的玻璃培养皿，并创造了平板（皿）分离培养技术。平板分离培养技术被广泛用于从各种环境样品和人体样品（病变组织、分泌物等）中分离和培养各种微生物，并研究分离培养微生物的特性和功能等，极大推动了细菌学和微生物培养技术的发展。b. 创立了许多显微镜技术，包括细菌鞭毛染色在内的许多染色方法、悬滴培养法以及显微摄影技术。

（2）对病原细菌的研究：证明了炭疽病、霍乱病和肺结核病是由炭疽杆菌、霍乱弧菌和结核杆菌引起的，并分离培养出相应的病原菌。

（3）提出了著名的柯赫法则（Koch's postulates）：a. 病原微生物总是存在于患传染病的动物中，不存在于健康个体中；b. 可自原患病寄主获得病原微生物的纯培养；c. 将病原微生物的纯培养人工接种健康寄主，必然诱发寄主患病，且症状相同；d. 可以从人工接种后发病的寄主中再次分离出同一病原微生物的纯培养。这一法则至今仍指导对动植物病原菌的确定。由于柯赫在病原菌研究方面的开创性工作，自19世纪70年代至20世纪20年代发现的各种病原微生物有上百余种，其中还包括植物病原菌。

1.2.4 生物化学研究时期（发展期）

1897年至1953年期间，微生物进入酶学和生物化学研究时期，这一时期主要揭示了微生物生理生化反应的机制以及物质代谢的途径。这一时期取得的主要成果是：①1897年，德国化学家毕希纳（E. Buchner）发现酵母菌破碎后的提取液仍能像酵母菌一样完成发酵任务，证明使碳水化合物发酵的是酵母菌所含的各种酶而不是酵母菌本身。②1904年哈登（A. Harden）和杨（W. J. Yong）等发现酵母菌榨取汁经透析后会失去发酵活性，从而证明了辅酶的存在，同时还发现磷酸盐能促进酵母菌榨取汁的酒精发酵。③1928 年格里菲斯（F. Griffith）发现了细菌的转化现象。1944 年加拿大细菌学家艾弗里（O. Avery）等人通过对转化现象化学本质的研究，证实了核酸才是真正的生物遗传物质。④发现了抗生素并进行了分离纯化及使其得到真正的应用。1929 年英国细菌学家弗莱明（A. Fleming）发现了青霉素（图 1 - 8）；1944 年美国土壤微生物学家瓦克思曼（S. Waksman）发现了链霉素。随后，科学家们陆续发现了氯霉素、地霉素、四环素、金霉素、土霉素等数百种抗生素，并建立了深层发酵大规模生产抗生素的工业生产体系。

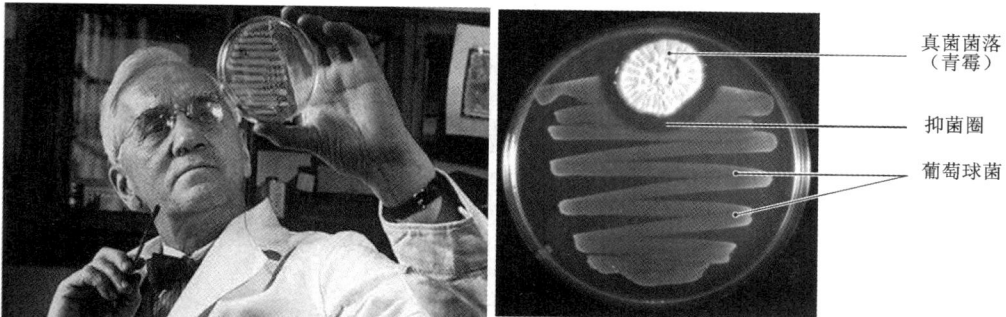

真菌菌落
（青霉）

抑菌圈

葡萄球菌

图 1 - 8　弗莱明及青霉素的发现

1.2.5　分子生物学研究时期（成熟期）

从 20 世纪 50 年代开始，对微生物生理生化尤其是对遗传变异规律的研究，使人们清楚地知道生物界不论是多细胞生物、单细胞生物还是非细胞的分子生物，它们在基本生物学规律上有着惊人的一致。由于微生物特别是原核微生物的结构简单、营养要求低、培养迅速、生理类型多、多数为单倍体、容易发生变异、易累积中间代谢产物、具有许多选择性的遗传标记和存在多种原始的遗传重组类型等优点，使微生物在解决当代生物学基本理论问题中发挥着越来越大的作用，于是微生物的研究进入到了分子生物学水平。这一时期取得的主要成果有以下几方面：①1953 年沃森（Watson）和克里克（Crick）提出了 DNA 双螺旋结构模型，揭开了遗传信息复制和转录的奥秘，初步阐明了生物大分子三维结构与功能的关系；②提出并证实了 DNA 半保留复制的原则；③1958 年 Crick 提出了遗传信息传递的中心法则，阐明了遗传信息从核酸向蛋白质的流动过程，促进了分子遗传学的诞生；④1961 年雅各布（Jacob）和莫诺（Monad）发现 *E. coli* 乳糖诱导酶的基因调控机制，提出了 *E. coli* 乳糖代谢的操纵子学说，阐明了遗传信息传递与表达的关系，开创了基因表达调节机制研究的新领域；⑤1965 年尼伦伯格（Nirenberg）等在对 *E. coli* 无细胞蛋白质合成体系研究中破译了 DNA 碱基组成的三联体密码，提出遗传密码子学说，阐明了遗传信息的表达过程；⑥1973 年斯坦福大学的科恩（S. Cohen）和加利福尼亚的博耶（P. Boyer）首次将重组质粒成功地转入 *E. coli* 中并予以表达，开创了基因工程崭新的历程；⑦1977 年伍斯（C. R. Woese）提出了生物分类的三域学说，将自然界的生物分为细菌、古细菌和真核生物三域，阐述了各生物之间的系统发育关系，创立了在分子和基因水平上进行分类鉴定的理论与技术；⑧1995 年美国首先完成了流感嗜血杆菌

（*Haemophilus influenzae*）全基因组序列测定及分析，开创了分子生物学和生物信息学的新时代。从1995年至今，已有200多种微生物完成全基因组序列分析，包括真细菌（如流感嗜血杆菌）、古菌（如嗜热甲烷杆菌 *Methanobacterium thermoaotutrophicum*）、放线菌（如天蓝色链霉菌 *Streptomyces coelicolor*）和单细胞真核微生物（如酿酒酵母 *Saccharomyces cerevisiae*、粟酒裂殖酵母 *Schizosaccharomyces pombe*）等。目前，数百株微生物全基因组测序工作正在进行中。

1.3　微生物学及其分支学科

微生物学（Microbiology）是在分子、细胞或群体水平上研究微生物的形态构造、生理代谢、遗传变异、生态分布和分类进化等生命活动基本规律及其应用于工业（发酵）、医药卫生、生物工程、食品和环境保护等实践领域的一门科学。其根本任务是发掘、利用、改善和保护有益微生物，控制、消灭或改造有害微生物，使微生物能更好地为人类服务。

随着微生物学的不断发展，逐渐形成了基础微生物学和应用微生物学等学科。按照研究内容和目的不同，又相继建立了许多分支学科（表1-2）。

表1-2　微生物学的主要分支学科

分科依据	微生物学分支学科名称
基础微生物学	
研究对象	细菌学，真菌学（菌物学），病毒学，原核生物学，自养菌生物学和厌氧菌生物学等
研究范围	微生物形态学、微生物分类学、微生物生理学、微生物遗传学、微生物生态学、细胞微生物学、分子微生物学、微生物基因组学、免疫微生物学等
应用微生物学	
应用范围	食品微生物学、工业微生物学、农业微生物学、医学微生物学、药学微生物学、兽医微生物学、预防微生物学、诊断微生物学，抗生素学等
生态环境	土壤微生物学、海洋微生物学、环境微生物学、水生微生物学、宇宙微生物学、微生态学等
技术与工艺	分析微生物学、微生物技术学、发酵微生物学、微生物生物工程、微生物信息学等

1.4　食品微生物学的研究内容与任务

1.4.1　食品微生物学的研究内容

食品微生物学是微生物学的一个重要分支学科，隶属于应用微生物学范畴，它是专门研究与食品相关的微生物的种类、特点及在一定条件下与食品工业关系的一门综合性的学科。它融合了普通微生物学、工业微生物学、医学微生物学、农业微生物学和食品有关的部分，同时又渗透了生物化学、机械学和化学工程有关内容。

食品微生物学研究内容包括：①研究与食品有关的微生物的形态特征、生理生化特性、遗传学特性、生态学特点等生命活动规律；②研究如何利用有益微生物为人类制造食品；③研究食品微生物的污染来源、污染途径及食品在生产、加工、贮藏、运输、销售等各环节控制污染的方法；④研究微生物引起食品腐败变质的机理及其现象；⑤研究如何控制腐败微生物的生长繁殖，防止食品发生腐败变质；⑥研究如何控制病原微生物的生长和产生毒素，防止食物中毒与食源性传染病的发生；⑦研究检测食品中微生物的方法，制订食品中微生物指标，为判断食品的卫生质量提供科学依据。

1.4.2　食品微生物学的研究任务

微生物广泛存在于食品原料和大多数食品中。但是不同的食品或在不同的条件下，其微生物种类、数量和作用也不相同。一般来说，微生物既可在食品生产中起有益作用，又可通过食品给人类带来危害。所以，食品微生物学作为食品科学与工程专业的一门专业基础课，除了使学生掌握牢固的微生物学理论和技能外，还有两个非常重要的任务：一是充分研究、开发和利用与食品相关的有益微生物，为人类提供更多营养丰富、健康安全的食品。概括起来，微生物在食品中的应用主要有3种方式：①微生物菌体的应用。食用菌是受人们欢迎的食品；乳酸菌可用于蔬菜和乳类及其他多种食品的发酵，所以，人们在食用酸牛奶和酸泡菜时也食用了大量的乳酸菌；单细胞蛋白（SCP）就是从微生物菌体中所获得的蛋白质，也是人们对微生物菌体的利用。②微生物代谢产物的应用。人们食用的许多食品是经过微生物发酵作用的代谢产物，如酒类、食醋、氨基酸、有机酸、维生素等。③微生物酶的应用，如豆腐乳、酱油。酱类是利用微生物产生的酶将原料中的成分分解而制成的食品。二是研究与食品腐败变质、食物中毒及食源性疾病有关的微生物生物学特性及其危害，并进行监测、预测和预报，建立食品安全生产的微生物指标和质量控制体系，以确保食品的安全性。

1.5　21世纪食品微生物学发展的趋势

微生物从发现到现在短短的300年间，特别是20世纪中叶以来，已在人类的生活和生产实践中得到广泛的应用，并形成了继动物、植物两大生物产业后的第三大产业。21世纪，人类在熟悉和掌握现代微生物与食品微生物理论与技术的基础上，将创造辉煌的科学成果，为全世界的经济和社会发展做出更大贡献。

1.5.1　全面开展微生物基因组学和后基因组学研究

过去，人们大多从表型分析入手，寻找已知功能的编码基因，实际只了解微生物中极少数的基因，如链球菌的链激酶基因、结核杆菌编码的热休克蛋白基因等，造成大量未知基因未被发现。而通过基因组学研究，从根本上揭示了微生物的全部基因，不仅可发现新的基因，还可发现新的基因间相互作用、新的调控因子等。随着越来越多的基因组序列被认识，人们将主动选择已知基因表达产物并研究其新功能，或者按人类的应用要求进行定向改造，在逐步了解未知功能基因的基础上，获得更多新的微生物有用产物，在对不同基因之间相互作用的认识中，研究基因表达的调控功能。随着基因组作图测序方法的不断进步与完善，基因组学研究将成为一种常规的研究方法，认识基因和基因组的精细结构和功能，将为21世纪人类有效开发和利用不同环境下的微生物资源(如物资源、新的饲料等)提供了可靠的理论支持和更为有效的技术保障。

1.5.2 深入开展微生物生态学研究

微生物生态学始于20世纪60年代,是研究微生物群体之间、微生物与其他生物、微生物与环境之间相互关系的分支学科。食品发酵、食品酿造、动物和人体肠道微生物等均存在着生态关系。20世纪90年代引入分子生物学技术后,对微生态学的研究更加深入,并形成了微生物分子生态学。微生物生态学重点研究微生物群落构建、组成演变、多样性及其与环境的关系,在生态学理论的指导和反复模型拟合下由统计分析得出具有普遍意义的结论。其研究范围从单一基因尺度到全基因组尺度。由于生物信息学的发展,使人们可以直接从基因水平上考查其多样性,从而使得对微生物空间分布格局及其成因的深入研究成为可能。进而可以从方法学探讨微生物生物多样性、分布格局、影响机制等。我国幅员辽阔,如何从群体、分子和基因水平层面,深入研究微生物生态中的物质流、能量流和信息流,弄清群落结构演替、分布特征、执行群体功能的机理、对环境变化的响应与反馈机理,构建和发展微生物、食物(食品)、动物或人体间和谐的三元关系,并应用于实践,将为人类的生存和健康发挥积极的作用。

1.5.3 高度重视微生物与食品安全性

全球每年发生的食源性疾病病例达数十亿例,其中70%是由食品介导的病原微生物或所产毒素污染所致。疯牛病、禽流感等重大食品安全事件的暴发已经对世界各国经济和社会发展产生了重大影响。当前,食品安全已经成为全球性的重大战略问题,越来越受到世界各国政府和消费者的高度重视。

尽管在过去几十年间,人类研制成功了许多抗生素和杀虫剂,但由于药物使用不当,导致某些致病微生物产生了耐药性,许多原本著名的抗生素,现在对一些普通感染性疾病已失去了作用。因此,人类需要尽快知晓感染性微生物的传播途径和流行规律,需要进一步加强和深化感染微生物的致病机理和寄主免疫机制研究,以便能够采取物理、化学、生物、生态及基因等综合技术来控制和消除食品的不安全性。

食品加工过程中如何致力于从原料开始,预防和控制加工全过程感染性病原的入侵以及因加工不当而可能产生有毒、有害物质和食品腐败变质的发生,这不仅是技术问题,还包括管理问题,以及法律、法规问题。因此,除了要以GMP、HACCP等的原理原则规范行为外,还需将微生物学的新技术和新方法以及其他学科的先进技术应用于食品安全的检测、控制与提前预测预报上,以便能够从原料到产品全食物链控制食品的质量与安全。

重要概念及名词

微生物,微生物学,路易斯·巴斯德,罗伯特·柯赫,柯赫法则,食品微生物学

复习思考题

1. 微生物包括哪些类群?
2. 人类直到 19 世纪才真正认识微生物,其中主要克服了哪些重大障碍?
3. 简述微生物学的形成和发展,以及各个发展时期的代表人物及其科学贡献。
4. 简述微生物的五大共性,并试论其对人类的利弊。
5. 微生物对生命科学基础理论的研究有何重大贡献? 为什么能发挥这种作用?
6. 微生物在食品中的应用有哪些形式?
7. 什么是食品微生物学? 食品微生物学的研究内容有哪些?
8. 为什么微生物基因组学的研究是 21 世纪微生物学发展的核心?

第2章

微生物的形态与结构

内容提要

本章介绍了细菌、放线菌、酵母菌、霉菌等主要微生物类群的个体形态、结构、繁殖方式、菌落形态和与食品有关的微生物种类及其特征；简述了病毒的特点、形态、结构、噬菌体的增殖方式及微生物类群的分类系统及命名方法。

教学目标

1. 掌握细菌、放线菌、酵母菌、霉菌等主要微生物类群的个体形态、结构、繁殖方式及菌落形态特征。

2. 掌握病毒的特点、形态、结构以及噬菌体的增殖方式和过程；了解目前已知的亚病毒种类及其基本特征。

3. 了解与食品有关的微生物种类及其特征。

4. 学习主要微生物类群的分类系统方法。

2.1　原核微生物的形态、构造和功能

根据进化水平和各种性状上的差别，把微生物分为原核微生物（prokaryotes）、真核微生物（eukaryotics）和非细胞微生物（non-microbal cellulas）三大类群。原核微生物是指一大类细胞微小、细胞核无核膜包裹（只有称作核区的裸露 DNA）的原始单细胞生物。原核微生物包括真细菌（*eubacteria*）和古生菌（*archaebacteria*）两大类群。其中，除少数属于古生菌外，多数的原核微生物（细菌、放线菌、蓝细菌、支原体、立克次氏体和衣原体等）都属于真细菌。原核微生物与真核微生物的主要区别见表 2 −1。

表 2 - 1　原核微生物和真核微生物的主要区别

比较项目	原核微生物	真核微生物
代表类型	细菌、放线菌、衣原体、支原体	酵母菌、霉菌、蕈菌
细胞大小	较小(1~10 μm)	较大(10~100 μm)
细胞结构	细胞核没有核膜(最主要的特点)、核仁,称为拟核;细胞壁不含纤维素,主要成分是肽聚糖;细胞器只有一种,即核糖体	细胞核有核膜、核仁,称为真核;细胞壁的主要成分是纤维素;含多种细胞器,如核糖体、线粒体、内质网、高尔基体等
细胞主要增殖方式	二分裂	有丝分裂、无丝分裂
代谢类型	同化作用多为异养型、少数为自养型;异化作用多为厌氧型、少数为需氧型。光合作用的部位不是叶绿体而是光合片层;有氧呼吸的主要部位不是线粒体而是在细胞膜	同化作用有的为异养型、有的为自养型;异化作用有的为厌氧型、有的为需氧型。光合作用的部位是叶绿体;有氧呼吸的主要部位是线粒体
生殖方式	无性生殖(多为分裂生殖)	有性生殖、无性生殖
鞭毛结构	鞭毛较细(中空管状结构)	鞭毛较粗("9+2"结构)
遗传物质	DNA	DNA
DNA 分布	拟核(控制主要性状);质粒(控制抗药性、固氮、抗生素生成等性状)	细胞核(控制细胞核遗传);线粒体和叶绿体(控制细胞质遗传)
基因结构	编码区是连续的,无内含子和外显子	编码区是不连续的、间隔的,有内含子和外显子

2.1.1　细菌

细菌(bacteria)是一类细胞细短(直径约0.5 μm,长度为0.5~5 μm)、结构简单、细胞壁坚韧、多以二分裂方式繁殖和水生性较强的原核微生物。细菌种类繁多、分布广泛。在人体内、外部和我们的四周,到处都有大量的细菌聚居着。

当人类还未研究和认识细菌时,炭疽杆菌、破伤风细菌、肺炎链球菌、结核杆菌等少数病原菌曾猖獗一时,夺走无数生命;不少腐败菌也常常引起各种食物和工、农业产品腐烂变质;另有一些细菌还会引起作物病害。随着对细菌研究的深入,许多细菌引起的人类活动、植物传染病已得到较好的控制。越来越多的有益细菌被发掘和利用于工、农、医、药、环保和食品等生产实践中,给人类带来极其巨大的经济效益、社会效益和生态效益,例如,在工业上,各种氨基酸、核苷酸、酶制剂、丙酮、丁醇、有机酸和抗生素等重要产品的发酵生产;在农业上,杀虫菌剂、细菌肥料的生产,沼气发酵,污水处理,饲料的青贮加工;在医药上,各种菌苗、类毒素、代血浆、微生态制剂和医用酶类的生产等;在冶金领域的细菌浸矿、探矿、金属富集;在石油开采中钻井液添加剂(黄原胶)的生产;此外,在许多重大基础研究领域中,细菌还被用作重要的研究对象(或称模式生物),其中被誉为"生物界超级明星"的大肠杆菌(*Escherichia coli*)所作出的特殊贡献,更是生命科学研究中的突出例证。

2.1.1.1 细菌的细胞形态和大小

1. 细菌的细胞形态

细菌的基本形态有球状、杆状与螺旋状，分别称为球菌、杆菌与螺旋菌(图2-1)。其中以杆状最为常见，球状次之，螺旋状较少。仅有少数细菌呈其他形状，如丝状、三角形、方形、星形、圆盘形等，柄细菌属的细菌则带有一特征性的细柄。细菌的形态受环境条件(如培养温度、培养时间、培养基的成分和浓度等)的影响。

(a)球菌   (b)杆菌   (c)螺旋菌

图2-1 细菌的形态

(1)球菌(Coccus) 细胞呈球形或近球形。按其分裂方式和分裂后新细胞的排列形式不同，可将球菌分为单球菌、双球菌、四联球菌、八叠球菌、链球菌和葡萄球菌等(图2-2)。

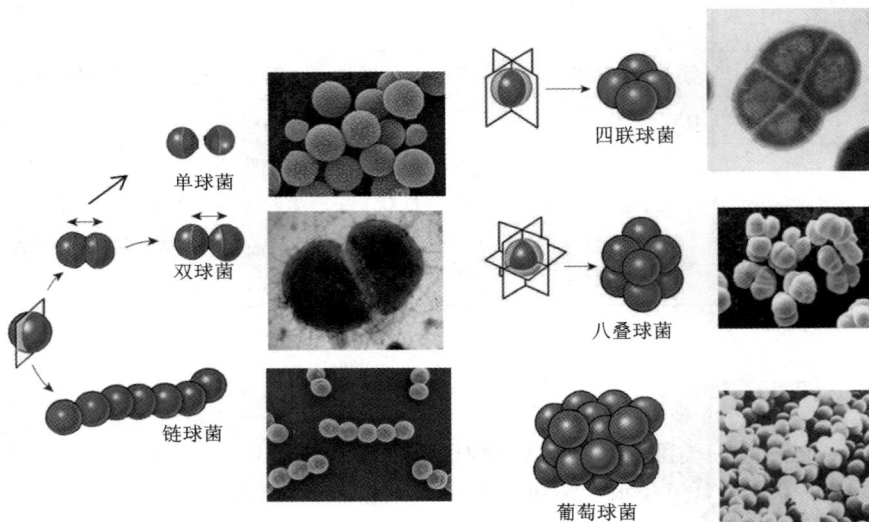

图2-2 球菌的形态结构

①单球菌：球菌在分裂后，分散而单独存在。例如尿素微球菌(*Micrococcus ureae*)。

②双球菌：在一个平面上分裂，分裂后成双存在。如肺炎链球菌(*Streptococcus pneumoniae*)(旧称肺炎双球菌)、脑膜炎奈瑟菌(*Neisseria meningitidis*)。

③链球菌：在一个平面上连续分裂，分裂后连成三个以上链状排列。如嗜热链球菌(*Streptococcus thermophilus*)、乳酸乳球菌(*Lactococcus lactis*)(旧称乳链球菌)。

④四联球菌：球菌先在两个互相垂直的平面上分裂，分裂后4个球菌黏附呈方形。例如四联微球菌(*Micrococcus tetrgesnus*)。

⑤八叠球菌：球菌在三个相互垂直的平面上分裂，分裂后8个球菌重叠排列黏附呈立方状，如尿素八叠球菌(*Saracina ureae*)。

⑥葡萄球菌：在数个不规则的平面上分裂，分裂后若干球菌黏附聚集在一起，呈葡萄串状排列，如金黄色葡萄球菌(*Staphylococcus aureus*)。

（2）杆菌(Bacillus)　细胞呈杆状或圆柱状。不同杆菌的形态差别很大。有短杆或球杆状(长宽非常接近)，如甲烷短杆菌属；有长杆或棒杆状(长宽相差较大)，如枯草芽孢杆菌。不同杆菌的端部形态各异，有的两端纯圆，如蜡样芽孢杆菌；有的两端平截，如炭疽芽孢杆菌；有的两端稍尖，如梭菌属；有的一端分支，呈"丫"字状或叉状，如双歧杆菌属；有的一端有一柄，如柄细菌属；也有的杆菌稍弯曲而呈月亮状或弧状，如脱硫弧菌属。一般来讲，同一种杆菌其宽度较为稳定，而长度则常因培养条件的不同而有较大变化。杆菌常沿垂直于菌体长轴方向进行分裂。分裂后的菌体单独存在，称为单杆菌；分裂后两菌菌端相连成对存在，称为双杆菌；若多个菌体相连形成链状，称为链杆菌(图2-3)。杆菌的细胞排列方式有"八"字状、栅状、链状等多种。

（3）螺旋菌(Spirillar)　细胞呈弯曲或螺旋状，常以单细胞分散存在。根据其弯曲的情况不同，可分为3种(图2-4)。

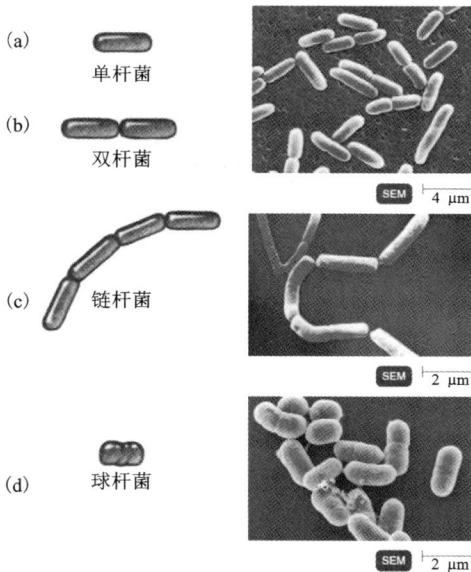

图2-3　杆菌的细胞形态

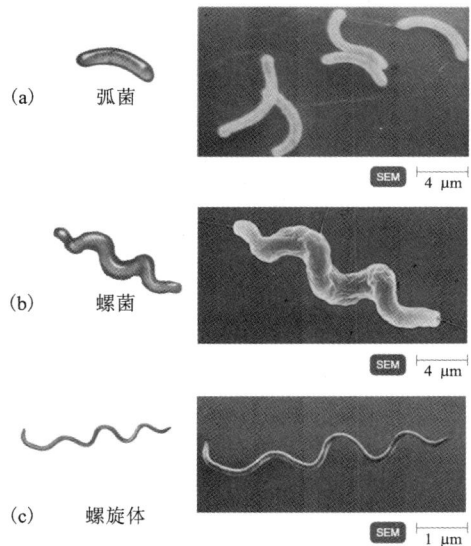

图2-4　弧菌、螺菌和螺旋体的细胞形态

①弧菌(*Vibrio*)。菌体呈弧形或逗号状，螺旋不足一周的称为弧菌，如霍乱弧菌(*Vibrio cholerae*)、副溶血性弧菌(*Vibrio parahemolyticus*)。

②螺菌(*Spirillum*)。菌体坚硬，回转如螺旋状，螺旋满2~6周的称为螺菌，如迂回螺菌(*Spirillum volutans*)、小螺旋菌(*Spirillum minus*)。螺旋数目和螺距大小因种而异。

③螺旋体(*Spirochaete*)。菌体柔软、回转如螺旋状，螺旋超过6周的称为螺旋体，如梅毒密螺旋体(*Treponema pallidum*)。

细菌在适宜环境下有典型的形态。当环境条件发生改变时，如改变其培养条件、化学药物的作用等，可引起不规则形态的发生，出现细胞壁的缺陷和多形性菌。

2. 细菌的大小

测定细菌大小的单位通常为微米（μm）。球菌的个体大小以其直径表示，杆菌、螺旋菌的个体大小则以宽度×长度表示，螺旋菌的长度是以其菌体两端的直线距离来计算。不同种类的细菌大小差异很大，大的可达 80 μm，小的只有 0.2 μm，而大多数常见的细菌则在几微米之间。一般球菌的平均直径为 1 μm 左右，杆菌长为 1～5 μm，宽为 0.5～1.0 μm。

2.1.1.2　细菌的细胞结构

细菌细胞可分为基本结构（一般结构）和特殊结构（图 2–5）。基本结构是指各种菌都具有的结构，它包括细胞壁、细胞膜、细胞质及其内含物和核区等。特殊结构是指某些种类的细菌所特有的结构，如芽孢、糖被、鞭毛、菌毛和性菌毛等。特殊结构常作为鉴定细菌分类的重要依据。

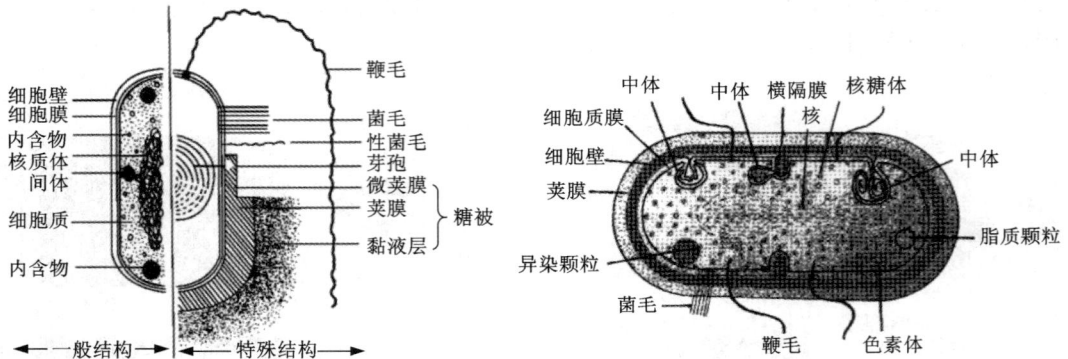

图 2–5　细菌细胞结构模式图

1. 细菌细胞的染色方法

由于细菌细胞既微小又透明，故一般先要经过染色才能作显微镜观察。细菌菌体（等电点一般为 pH 2.5）在中性、碱性或弱酸性溶液中带负电荷，易与碱性染料（正电荷）进行结合，所以常用碱性染料进行染色。常见碱性染料有结晶紫、番红、美蓝（亚甲蓝）、孔雀绿、中性红等。常用的染色方法如下：

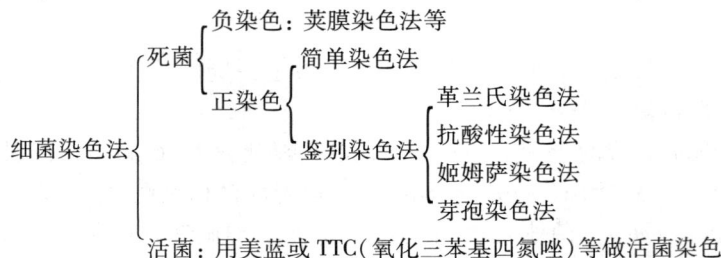

```
                                负染色：荚膜染色法等
                        死菌
                                        简单染色法
细菌染色法                       正染色                   革兰氏染色法
                                        鉴别染色法         抗酸性染色法
                                                        姬姆萨染色法
                                                        芽孢染色法
        活菌：用美蓝或 TTC（氧化三苯基四氮唑）等做活菌染色
```

在上述各种染色法中，以 1884 年由丹麦病理学家 Christain Gram 创立的革兰氏染色法（Gram stain）最为重要，该染色法不仅能观察到细菌的形态，而且还可将所有细菌区分为两大类。染色主要过程分为结晶紫初染、碘液媒染、95%乙醇脱色和番红等红色染料复染4步。染色后细胞呈蓝紫色的称为革兰阳性细菌（Gram positive bacteria，G⁺细菌），呈红色的称为革兰阴性细菌（Gram negative bacteria，G⁻细菌）。现已知革兰氏染色法的机制与细菌细胞壁的构造和化学组成有关。

G⁻菌的革兰氏染色反应比较稳定，而 G⁺菌的革兰氏染色反应常因某种条件而改变。例如有些 G⁺菌，幼龄比老龄呈现较强的革兰氏阳性反应；老龄培养或死亡的 G⁺菌呈革兰氏阴性反应；染色过程中，脱色过度将使 G⁺菌呈现革兰氏阴性反应。

2. 细菌的基本结构

（1）细胞壁（cell wall）

细胞壁位于细胞最外面的一层无色透明、厚实、质地坚韧而富有弹性的构造。厚度为 10 ~ 80 nm，质量占细胞干重的 10% ~ 25%。通过特殊染色方法或质壁分离法，可在光学显微镜下看到细胞壁的存在，在电子显微镜下则更加清晰可见。

①细胞壁的功能。a. 维持菌体固有形状；b. 提供足够的强度，具有保护作用，使细胞免受机械性外力或渗透压的破坏；c. 为细胞的生长、分裂和鞭毛运动所必需；d. 起渗透屏障作用，与细胞膜共同完成细胞内外物质交换。细胞壁有许多微孔（1 ~ 10 nm），可允许可溶性小分子及一些化学物质通过，但对大分子物质（某些抗生素和水解酶）有阻拦作用。e. 赋予细菌特定的抗原性、致病性（如内毒素）以及对抗生素和噬菌体的敏感性。细胞壁是菌体表面抗原的所在地。G⁻菌细胞壁上有脂多糖，具有内毒素的作用，与致病性有关。

②细胞壁的构造和化学组成。G⁺菌与 G⁻菌细胞壁的构造与化学成分不完全相同。

a. G⁺菌细胞壁化学组成：G⁺菌的细胞壁较厚（20 ~ 80 nm），其主要成分是肽聚糖（peptidoglycan，又称黏肽）和磷壁酸（teichoic acid）或少量的表面蛋白质（图 2 – 6）。肽聚糖有 15 ~ 50 层，含量很高，一般占细胞壁干重的 50% ~ 80%，多达 90%；磷壁酸含量也较高（占 10% ~ 50%）；一般不含类脂质，仅抗酸性细菌含少量类脂（占 1% ~ 4%）。

肽聚糖：G⁺细菌肽聚糖仅由肽聚糖骨架（双糖单位）、四肽侧链（四肽尾，tetrapeptide side chain）和交联桥（肽桥，peptide interbridge）三部分组成（图 2 – 7）。（a）肽聚糖是真细

图 2 – 6　G⁺细菌细胞壁构造

菌细胞壁所特有的一类大分子复合物，它是由 N – 乙酰葡萄糖胺（NAG）和 N – 乙酰胞壁酸（NAM）通过 β – 1,4 糖苷键交替连接成的多糖链（骨架），并与氨基酸短肽构成的四肽侧链和交联桥一起构成坚韧而具有弹性的三维空间多层网状结构。一般每条多糖链含 10 ~ 65 个双糖单位，其长度随菌种不同而异，如金黄色葡萄球菌中的多糖链只含有 9 个双糖单位。

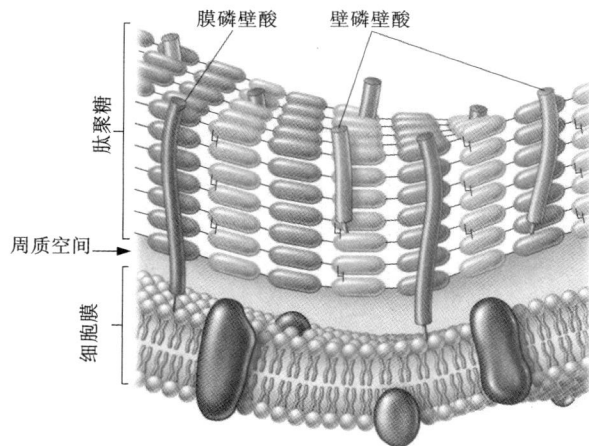

（b）四肽尾：是由4个氨基酸分子按 L 型与 D 型交替方式（*Staphylococcus aureus*）连接而成。在 *S. aureus* 中，接在 N–乙酰胞壁酸上的四肽尾为 L–Ala–→D–Glu→L–Lys→D–Ala，其中两种 D 型氨基酸一般仅在细菌细胞壁上见到。（c）肽桥：在 *S. aureus* 中，肽桥为甘氨酸（Gly）五肽，它起着连接前后两个四肽尾分子的"桥梁"作用。肽桥的变化甚多，由此形成了肽聚糖的多样性（图2–8）。

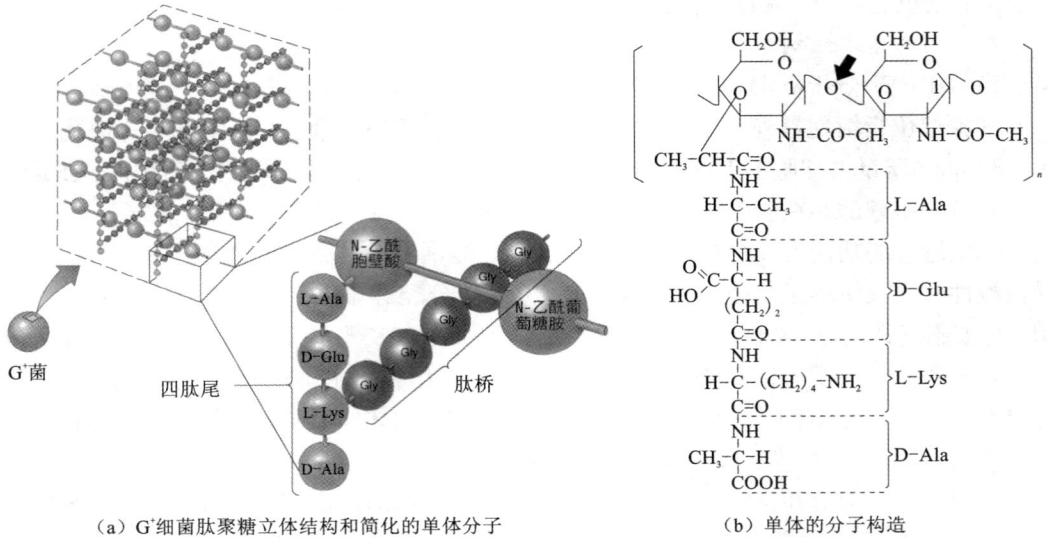

（a）G⁺细菌肽聚糖立体结构和简化的单体分子　　（b）单体的分子构造

图2–7　G⁺细菌肽聚糖单体构造

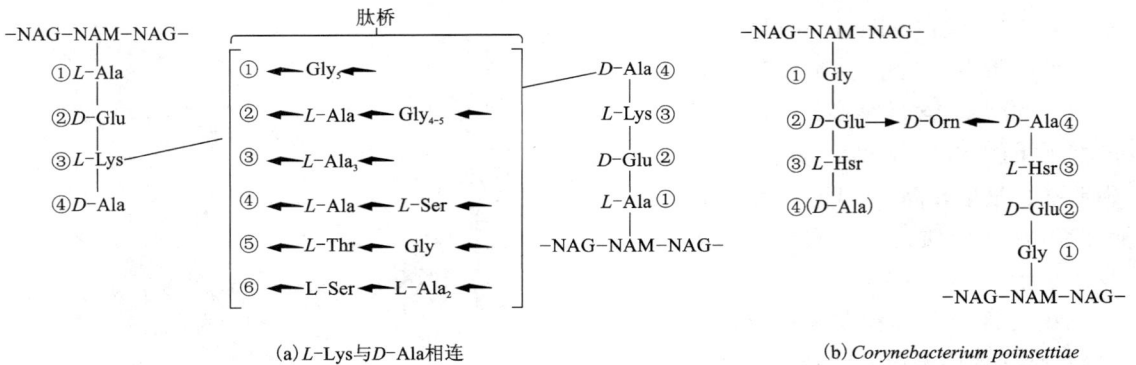

（a）*L*–Lys与*D*–Ala相连　　　　　　　　（b）*Corynebacterium poinsettiae*

图2–8　肽聚糖分子中的主要肽桥类型

①—*Staphylococcus aureus*；②—*S. epidermidis*；③—*Micrococcus roseus* 和 *Streptococcus thermophilus*；
④—*Lactobacillus viridescens*；⑤—*Streptococcus salvarius*；⑥—*Leuconostoc cremoris*

　　磷壁酸（即垣酸）：磷壁酸是多聚磷酸甘油或多聚磷酸核糖醇的衍生物。*S. aureus* 等细菌的磷壁酸以核糖醇磷酸为亚基组成，在核糖醇上还含有丙氨酸和 N–乙酰葡萄糖胺。根据磷壁酸在细胞壁中的存在方式，可分为壁磷壁酸和膜磷壁酸（又称脂磷壁酸）。磷壁酸以约30

个或更多的重复单位构成长链，插于肽聚糖中。其中壁磷壁酸长链的一端与肽聚糖上的胞壁酸连接，另一端则游离于细胞壁之外；膜磷壁酸长链的一端与细胞膜中的糖脂相连，另一端穿过肽聚糖层而达到细胞壁表面。

磷壁酸的主要生理功能有：（a）与细菌的某些代谢活动有关。因其带有负电荷，故可吸附环境中的 Mg^{2+} 等阳离子，提高这些离子的浓度，保证细胞膜上某些合成酶维持高活性，也可能参与某些酶活性表达。（b）磷壁酸抗原性很强，是 G^+ 菌重要的特异性表面抗原，因而可用于鉴定菌种。（c）与致病性有关。某些细菌的磷壁酸有类似菌毛的作用，能黏附在宿主细胞表面，保证 G^+ 致病菌（如 A 族链球菌）与其宿主间的黏连（主要为膜磷壁酸）。（d）为某些噬菌体提供特异的吸附受体。

此外，少数 G^+ 菌，细胞壁表面还可能有某些特殊的表面蛋白，它们与细菌的致病性有关。例如 *S. aureus* 的 A 蛋白与致病性有关。

b. G^- 细菌细胞壁的化学组成。G^- 细菌的细胞壁较薄（10～15 nm），其结构与化学组成比 G^+ 菌复杂（图 2-9）。肽聚糖层较薄（仅 2～3 nm），有 1～3 层，仅占细胞壁干重的 5%～20%；在肽聚糖的外层还有由外膜蛋白（孔蛋白、非微孔蛋白、脂蛋白等）、磷脂（脂质双层）和脂多糖三部分组成的外膜，构成多层结构，占细胞壁干重的 60% 以上，不含有磷壁酸。

肽聚糖：G^- 菌肽聚糖的多糖链（双糖单位）与 G^+ 菌相同。以典型的大肠杆菌（*Escherichia coli*）为例，差别在于：（a）四肽侧链由 $L-Ala$、$D-Glu$、$m-$二氨基庚二酸（DAP）、$D-Ala$ 构成，即四肽侧链中的 $m-$二氨基庚二酸取代了 $L-Lys$；（b）没有肽桥，两个相邻的四肽侧链的连接是通过四肽侧链的 $D-Aal$ 与四肽侧链的 $m-$二氨基庚二酸之间直接交联，交联度只有 25%，其网状结构较疏松，机械强度较弱，不及 G^+ 菌坚韧（图 2-10）。

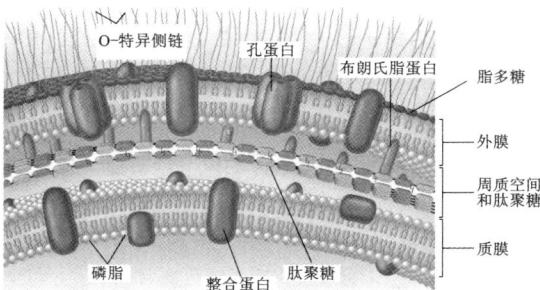

图 2-9 G^- 细菌细胞壁构造

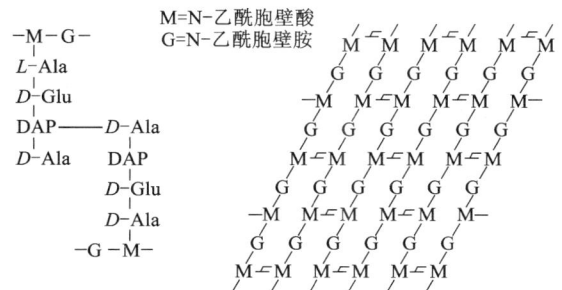

图 2-10 G^- 细菌 *E. coli* 肽聚糖的结构

外膜（外壁层）：外膜为 G^- 菌细胞壁所特有的结构，位于肽聚糖层的外表面，厚 8～10 nm，呈不规则的波浪形。其结构、化学组成与细胞膜相似，在磷脂双层中镶嵌有脂多糖和蛋白质。

外膜具有控制细胞膜的通透性、提高 Mg^{2+} 等阳离子浓度、决定细胞壁抗原多样性等作用。

脂多糖（lipopolysaccharide，LPS）：是位于 G^- 菌细胞外壁层中的一层较厚的类脂多糖类物质。它是由类脂 A、核心多糖和 O-特异性多糖（又称 O-特异侧链或 O-抗原）三部分组成(图2-9)。习惯上将脂多糖称为细菌内毒素。

脂多糖主要功能有：（a）是 G^- 菌致病物质的基础，类脂 A 为 G^- 菌内毒素的毒性中心。（b）可以吸附 Mg^{2+}、Ca^{2+} 等阳离子，以提高它们在细胞表面的浓度。（c）O-特异性多糖链的种类、排列顺序及空间构型的变化决定了 G^- 菌细胞表面抗原特异性，因而可用于鉴定菌种。

③细胞壁与革兰氏染色：1884年，丹麦细菌学家 Hase Christian Gram 创立了一种细菌鉴别染色法，即革兰氏染色法。该方法先用草酸铵结晶紫液初染，再加碘液媒染，使菌体着色，继而用乙醇脱色，最后用沙黄（番红）复染。细菌用此法染色可分为两大类：一类是经乙醇处理不脱色，而保持其初染的深紫色，这样的细菌称为革兰氏阳性菌（用 G^+ 表示）；另一类经乙醇处理即迅速脱去原来的紫色，而染上沙黄的红色，这样的细菌称为革兰氏阴性菌（用 G^- 表示）。

革兰氏染色原理：细菌细胞壁的结构及其化学组成决定了革兰氏染色反应。由于 G^+ 菌细胞壁肽聚糖层较厚，且其含量高，交联度高，不含有类脂或含量很低。脱色处理时，因乙醇的脱水作用引起细胞壁肽聚糖层网架结构中的孔径缩小，通透性降低，结晶紫与碘的复合物被保留在细胞内，细胞不被脱色，再用沙黄复染仍保留最初的紫色。反之，G^- 菌肽聚糖层薄，且其含量低，交联度低，而外膜层类脂含量高，脱色处理时，G^- 菌的外膜经乙醇的脱脂作用，溶解了外膜层中的类脂而变得疏松，此时薄而松散的肽聚糖网不能阻挡结晶紫与碘的复合物的渗出，因此细胞褪成无色，再用沙黄复染菌体呈红色。

G^- 菌的革兰氏染色反应比较稳定，而 G^+ 菌的革兰氏染色反应常因某种条件而改变。例如有些 G^+ 菌，幼龄比老龄呈现较强的革兰氏阳性反应；老龄培养或死亡的 G^+ 菌呈革兰氏阴性反应；染色过程中，脱色过度将使 G^+ 菌呈现革兰氏阴性反应。

④细胞壁与溶菌酶的溶菌作用及青霉素的杀菌作用。破坏细胞壁肽聚糖的结构或抑制其合成的物质，都能损害细胞壁而使细菌变形或杀死细菌。溶菌酶（lysozyme）能破坏肽聚糖骨架，即专一水解 N-乙酰葡萄糖胺、N-乙酰胞壁酸之间的 $\beta-1,4$ 糖苷键，切断它们之间的联结，引起细菌细胞壁裂解。因此，溶菌酶对 G^+ 菌与 G^- 菌同样有效。青霉素（或头孢菌素）能与细菌合成细胞壁过程中所需的转肽酶结合，使之形成青霉噻唑酰基酶，从而抑制肽聚糖合成最后阶段的转肽反应，即抑制五肽交联桥与四肽侧链 $D-Ala$ 残基之间的联结，使细菌难以合成完整的细胞壁，导致细菌死亡。

⑤缺细胞壁细菌。在自然界长期进化中和在实验室菌种的自发突变中都会产生少数缺壁细菌；此外，还可用人工诱导方法通过抑制新生细胞壁的合成或对现有细胞壁进行酶解，而获得人工缺壁细菌。

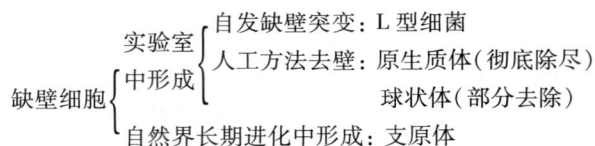

$$\text{缺壁细胞}\begin{cases}\text{实验室}\\\text{中形成}\begin{cases}\text{自发缺壁突变：L 型细菌}\\\text{人工方法去壁}\begin{cases}\text{原生质体（彻底除尽）}\\\text{球状体（部分去除）}\end{cases}\end{cases}\\\text{自然界长期进化中形成：支原体}\end{cases}$$

a. L 型细菌（L-form of bacteria）：因其1935年在英国李斯特（Lister）研究所发现，故以研究所名称的第一个字母命名。L 型细菌是专指那些在实验室或宿主体内通过自发突变而形成的遗传性稳定的细胞壁缺损菌株。

b. 原生质体（protoplast）：是指在人工条件下用溶菌酶除尽原有细胞壁或用青霉素等抑制新生细胞壁合成后，所留下的仅由细胞膜包裹着的脆弱细胞，通常由 G^+ 细菌形成。原生质体必须生存于高渗环境中，否则会因不耐受菌体内的高渗透压而胀裂死亡。不同菌种或菌株的原生质体间易发生细胞融合，因而可用于杂交育种；另外，原生质体比正常细菌更易导入外源遗传物质，故有利于遗传学基本原理的研究。

c. 原生质球（sphaeroplast）：又称球状体，是指经溶菌酶或青霉素处理后，还残留了部分细胞壁（尤其是 G⁻ 菌的外膜层）的原生质体。通常由 G⁻ 细菌形成。原生质球在低渗环境中仍有抵抗力。

d. 支原体（mycoplasma）：是在长期进化过程中形成的、适应自然生活条件的无细胞壁的原核微生物。因其细胞膜中含有一般原核生物所没有的甾醇，故即使缺乏细胞壁，其细胞膜仍有较高的机械强度。

（2）细胞膜（cell membrane）

细胞膜又称细胞质膜（cytoplasmic membrane）、质膜（plasma membrane）或内膜（inner membrane），是一层紧贴在细胞壁内侧，包围着细胞质的柔软、脆弱、富有弹性的半透性薄膜，厚度为 7~8 nm，主要化学成分有磷脂（占 20%~30%）和蛋白质（占 50%~70%），还有少量糖类（图 2-11）。其中，蛋白质种类达 200 余种。细胞膜通过质壁分离、鉴别性染色或原生质体破裂等方法可在光镜下观察到；若用电镜观察细菌的超薄切片，则可更清楚地观察到它的存在。

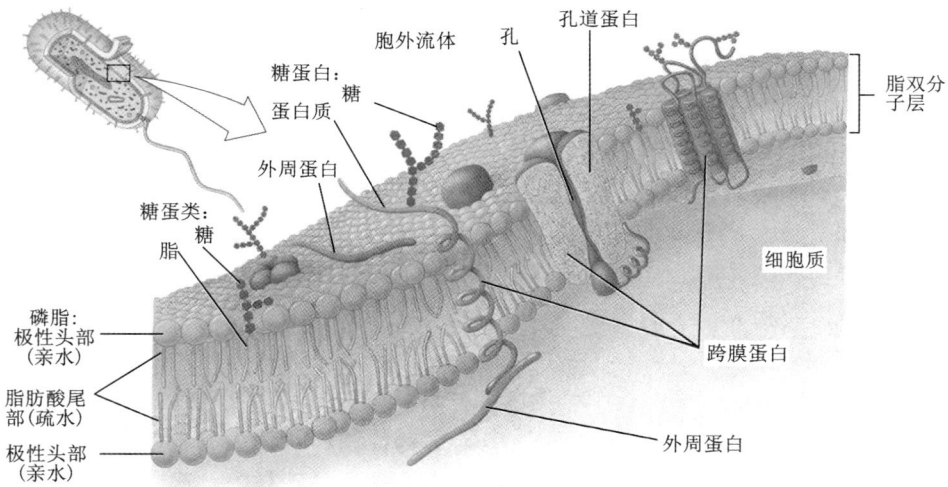

图 2-11　细胞膜的模式构造图

细胞膜的基本结构是由两层磷脂分子整齐地排列而成，每一个磷脂分子由一个带正电荷且亲水的极性头和一个不带电荷且疏水的非极性尾所构成。极性头朝向膜的内外两个表面，而非极性的疏尾则埋藏在膜的内层，从而形成一个磷脂双分子层。在常温下，磷脂双分子层呈液态，其中嵌埋着许多具运输功能、有时分子内还存在运输通道的整合蛋白（integral protein）或内嵌蛋白（intrinsic protein），而在磷脂双分子层的外表面则"漂浮着"许多具有酶促作用的周边蛋白（peripheral protein）或膜外蛋白（extrinsic protein）。它们都可在磷脂表层或内层作侧向运动，以执行其相应的生理功能。有关细胞膜的结构与功能的解释，较多的学者仍倾向于 1972 年由 J. S. Singer 和 G. L. Nicolson 所提出的液态镶嵌模型(fluid mosaic model),其要点为:①膜的主体是脂质双分子层;②脂质双分子层具有流动性;③整合蛋白因其表面呈疏水性,故可"溶"于脂质双分子层的疏水性内层中;④周边蛋白表面含有亲水基团,故可通过静电引力与脂质双分子层表面的极性头相连;⑤脂质分子间或脂质与蛋白质分子间无共价结合;⑥脂质双分子层犹如"海洋",周边蛋白可在其上作"漂浮"运动,而整合蛋白则似"冰山"沉浸在其中作横向移动。

细胞膜具有以下生理功能:①能选择性地控制细胞内、外的营养物质和代谢产物的运送;②是维持细胞内正常渗透压的结构屏障;③是合成细胞壁和糖被有关成分(如肽聚糖、磷壁酸、LPS 和荚膜多糖等)的重要场所;④膜上含有与氧化磷酸化或光合磷酸化等能量代谢有关的酶系,故是细胞的产能基地;⑤是鞭毛基体的着生部位,并可提供鞭毛旋转运动所需的能量。

间体(mesosome)又称中体,是部分细胞膜内陷、折叠、卷曲形成的囊状物,多见于 G⁺ 菌(图 2 - 12)。间体在细胞分裂时常位于细胞的中央,因此认为可能与 DNA 复制与横隔壁形成有关。位于细胞周围的间体可能是分泌胞外酶(如青霉素酶)的地点。间体作为细胞呼吸时的氧化磷酸化中心,起着类似真核生物中线粒体的作用。但近年来也有学者提出不同的观点,认为"间体"仅是电镜制片时因脱水操作而引起的一种假像。

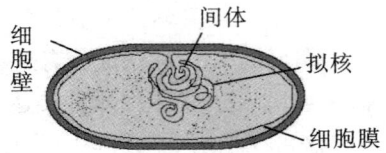

图 2 - 12 细菌的间体

(3)细胞质和内含物

细胞质(cytoplasm)是指被细胞膜包围的除核区以外的一切半透明、胶体状、颗粒状物质的总称。其含水量约为 80%。与真核生物明显不同的是,原核生物的细胞质是不流动的。细胞质的主要成分为核糖体(由 50 S 大亚基和 30 S 小亚基组成)、贮藏物、酶类、中间代谢物、质粒、各种营养物质和大分子的单体等,少数细菌还含类囊体、羧酶体、气泡或伴孢晶体等有特定功能的细胞组分。

细胞内含物(inclusion body)指细胞质内一些形状较大的颗粒状构造,主要有:

①贮藏物(reserve materials):在细胞质中常含有各种形状较大的颗粒状内含物,多数是细胞贮藏物,如聚 - β - 羟丁酸、多糖类贮藏物、异染颗粒、硫粒等。这些内含物常因菌种而异,即使同一种菌,颗粒的多少也随菌龄和培养条件不同而有很大变化。往往在某些营养物质过剩时,细菌就将其聚合成各种贮藏颗粒,当营养缺乏时,它们又被分解利用。

聚 - β - 羟丁酸(poly - β - hydroxybutyrate, PHB):是一种存在于许多细菌细胞质内属于类脂性质的碳源类贮藏物,具有贮藏能量、碳源和降低细胞内渗透压等作用[图 2 - 13(a)]。PHB 不溶于水,而溶于氯仿,可用尼罗蓝或苏丹黑染色,当巨大芽孢杆菌(*Bacillus megaterium*)生长在含乙酸或丁酸的培养基中时,其 PHB 含量可达干重的 60% 左右。PHB 无毒、可塑、易降解,可用来制作医用塑料器皿和外科手术线等。

多糖类贮藏物:包括糖原和淀粉类。在真细菌中以糖原为多。糖原可用膜液染成褐红色,在光学显微镜下可见[图 2 - 13(b)]。颗粒直径为 20 ~ 100 nm,均匀分布在细胞质中。

异染粒(metachromatic granules):又称迂回体或撝转菌素(volutin granules)。因最初是在

迂回螺菌(*Spirillum volutans*)中被发现,并可用美蓝或甲苯胺蓝染成红紫色,故得名[图2-13(c)]。颗粒大小为0.5~1.0 μm,是无机偏磷酸的聚合物,分子呈线状。一般在含磷丰富的环境中形成。具有贮藏磷元素和能量以及降低细胞渗透压等作用。

藻青素(cyanophycin):常存在于蓝细菌中,是一种内源性氮源贮藏物,同时还兼有贮存能源的作用[图2-13(d)]。一般呈颗粒状,由含精氨酸和天冬氨酸残基(1∶1)的分支多肽所构成,相对分子质量为25000~125000。

硫粒:其功能是贮藏硫元素和能源[图2-13(e)]。某些细菌(如贝氏硫菌属、发光硫菌属)在环境中还原性硫丰富时,常在细胞内以折光性很强的硫粒的形式积累硫元素;当环境中还原性硫缺乏时,可被细菌重新利用。

②磁小体(magnetosome):存在于少数水生螺菌属(*Aquaspirillum*)和嗜胆球菌属(*Bilophococcus*)等趋磁细菌中,大小均匀(20~100 nm),数目不等(2~20颗),形状为平行八面体、平行六面体或六棱柱体等[图2-13(f)],成分为Fe_3O_4,外有一层磷脂、蛋白质或糖蛋白膜包裹,无毒,具有导向功能,即借鞭毛引导细菌游向最有利的泥、水界面微氧环境处生活。趋磁细菌还有一定的应用前景,包括用作磁性定向药物和抗体,以及制造生物传感器等。

③羧酶体(carboxysome):又称羧化体,是存在于一些自养细菌细胞内的多角形或六角形内含物,大小与噬菌体相仿(约10 nm)[图2-13(g)],内含1,5-二磷酸核酮糖羧化酶,在自养细菌的CO_2固定中起着关键作用,存在于化能自养的硫杆菌属(*Thiobacillus*)、贝日阿托氏菌属(*Beggiatoa*)和一些光能自养的蓝细菌中。

④气泡(gas vacuoles):是存在于许多光能营养型、无鞭毛运动水生细菌中的泡囊状内含物,其中充满气体[图2-13(h)],大小为$(0.2~1.0)$ μm×75 nm,内有数排柱形小空泡,外由2 nm厚的蛋白质膜包裹。具有调节细胞比重,以使其漂浮在最适水层中的作用,借以获取光能、氧和营养物质。每个细胞含数个至数百个气泡,它主要存在于多种蓝细菌中。

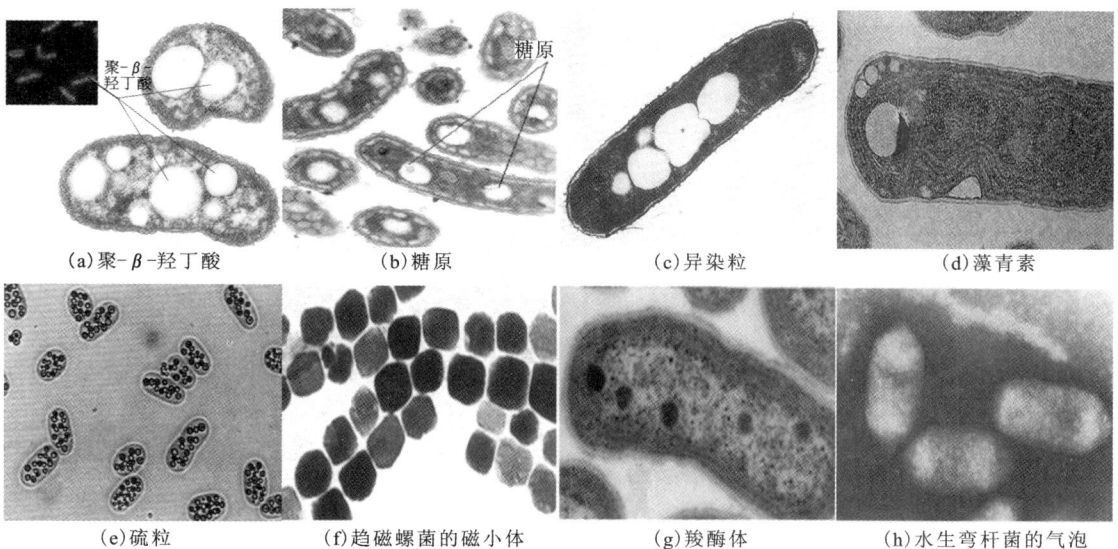

(a)聚-β-羟丁酸　　(b)糖原　　(c)异染粒　　(d)藻青素

(e)硫粒　　(f)趋磁螺菌的磁小体　　(g)羧酶体　　(h)水生弯杆菌的气泡

图2-13　细菌细胞内含物

（4）核区与质粒

核区（nuclear region or area）又称核质体（nuclear body）、原核（prokaryon）、拟核（nucleoid）或核基因组（nuclear genome）（图2-14）。指原核生物所特有的无核膜包裹、无固定形态的原始细胞核。用富尔根（Feulgen）染色法可见到呈紫色、形态不定的核区。在快速生长的细菌中，核区DNA可占细胞总体积的20%。核区除在染色体复制的短时间内呈双倍体外，一般为单倍体。核区是细菌等原核生物负载遗传信息的主要物质基础。质粒（plasmid）是细菌染色体以外能独立自主复制的遗传物质，通常为共价闭合环状的超螺旋小型双链DNA（图2-15）。但也有例外，如在链霉菌和疏螺旋体中发现有线形双链DNA质粒，在枯草芽孢杆菌、梭状芽孢杆菌、链球菌和链霉菌中发现环状单链DNA质粒。质粒相对分子质量比染色体小，$1 \times 10^6 \sim 6 \times 10^6$（$1 \sim 300$ kb），约含几个至上百个基因。质粒上携带某些遗传特性基因，如接合或致育、抗药性（抗生素、重金属）、烃类降解、致病性、产生次级代谢产物（产毒、抗生素、色素）、生物固氮、植物结瘤或芽孢形成、抗原获得等。

图2-14　细菌的核区

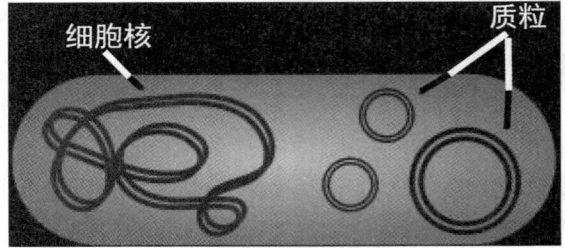

图2-15　细菌的质粒

3.细菌细胞的特殊构造

（1）糖被

糖被（glycocalyx）是包被于某些细菌细胞壁外的一层厚度不定的透明胶状物质。糖被的有无、厚薄除与菌种的遗传性相关外，还与环境尤其是营养条件密切相关。糖被按其有无固定层次、层次厚薄又可细分为荚膜（capsule或macrocapsule，即大荚膜）、微荚膜（microcapsule）、黏液层（slime layer）和菌胶团（zoogloea）等数种（图2-16）。

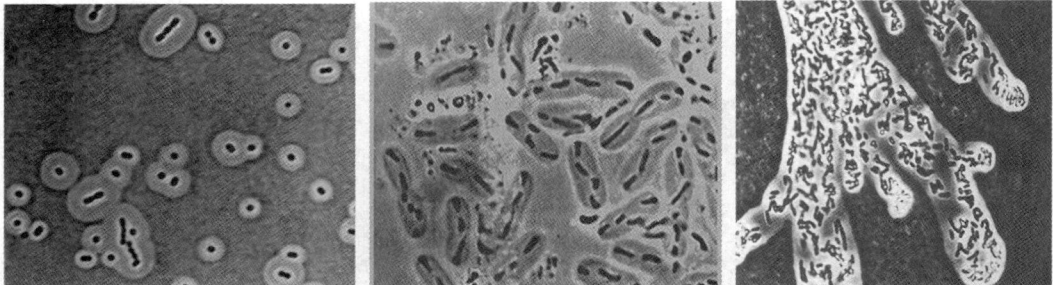

（a）荚膜　　　　　　　（b）黏液层　　　　　　　（c）菌胶团

图2-16　细菌的糖被

①荚膜：较厚（约 200 nm），有明显的外缘和一定的形态，相对稳定地附着于细胞壁外。它与细胞结合力较差，通过液体振荡培养或离心便可得到荚膜物质。

②微荚膜：较薄（<200 nm），光学显微镜不能看见，但可采用血清学方法证明其存在。微荚膜易被胰蛋白酶消化。

③黏液层：量大且没有明显边缘，比荚膜疏松，可扩散到周围环境，并增加培养基黏度。

④菌胶团：荚膜物质互相融合，连为一体，多个菌体包含于共同的糖被中。

糖被的化学组成主要是水，占质量的 90% 以上，其余为多糖类、多肽类，或者多糖蛋白质复合体，尤以多糖类居多，如肺炎链球菌（*Streptococcus pneumoniae*）荚膜为多糖、炭疽杆菌荚膜为多肽、巨大芽孢杆菌为多肽与多糖的复合物。

糖被的功能为：①保护作用，其上大量极性基团可保护菌体免受干旱损伤；可防止噬菌体的吸附和裂解；一些动物致病菌的荚膜还可保护它们免受宿主白细胞的吞噬，例如，有荚膜的肺炎链球菌就更易引起人的肺炎；又如，肺炎克雷伯氏菌（*Klebsiella pneumoniae*）的荚膜既可使其黏附于人体呼吸道并定植，又可防止白细胞吞噬；②贮藏养料，以备营养缺乏时重新利用，如黄色杆菌属（*Xanthobacter spp*）的糖被等。③作为透性屏障和离子交换系统，以保护细菌免受重金属离子和化学药物的毒害。④表面附着作用，例如可引起龋齿的唾液链球菌（*Streptococcus salivarius*）和变异链球菌（*S. mutans*）会分泌一种己糖基转移酶，将蔗糖转变成果聚糖，使细菌黏附于牙齿表面发酵糖类产生乳酸引起龋齿。某些水生丝状细菌的鞘衣状荚膜也有附着作用。⑤细菌间的信息识别作用，如根瘤菌属（*Rhizobium*）。⑥堆积某些代谢废物。

糖被在科学研究和生产实践中都有较多的应用：①用于菌种鉴定。②用作药物和生化试剂，如肠膜状明串珠菌（*Leuconostoc mesenteroidess*）的糖被可提取葡聚糖以制备生化试剂和"代血浆"。③用作工业原料，如野油菜黄单胞菌（*Xanthomonas campestris*）的糖被（黏液层）可提取一种用途极广的胞外多糖——黄原胶（xanthan），已被用于石油开采中的钻井液添加剂以及印染和食品等工业中。④用于污水的生物处理，例如形成菌胶团的细菌，有助于污水中有害物质的分解、吸附和沉降等等。当然，若不加防范，有些细菌的糖被也可对人类带来危害。例如，肠膜状明串珠菌若污染制糖厂的糖汁，或是污染酒类、牛乳和面包，就会影响生产和降低产品质量；在工业发酵中，若发酵液被产糖被的细菌所污染，就会阻碍发酵过程的正常进行和影响产物的提取；某些致病菌的糖被会对该病的防治造成严重障碍；由几种链球菌荚膜引起的龋齿更是全球范围内严重危害人类健康的高发病，等等。

（2）鞭毛（flagellum，复数 flagella）

鞭毛是生长在某些细菌表面一根或数十根细长、波浪状弯曲的蛋白质附属物，具有运动功能。鞭毛长为 15~20 μm，直径为 0.01~0.02 μm。借助特殊鞭毛染色法使鞭毛加粗后可在光学显微镜下观察，用电子显微镜可清楚地观察到鞭毛形态。另外，根据暗视野显微镜可观察水浸法制片或悬滴法制片，或观察半固体琼脂穿刺培养、固体琼脂平板培养的菌落来判断鞭毛有无。球菌一般不生鞭毛；杆菌有些生鞭毛，有些无鞭毛；弧菌和螺旋菌大多数有鞭毛。

鞭毛数目不等，根据鞭毛生长的位置和数目，分四种主要类型：①周生鞭毛菌（peritrichaete）：周身都有鞭毛，如大肠杆菌、枯草芽孢杆菌、奇异变形菌（*Proteus mirabilis*）等。②单端鞭毛菌（monotrichaete）：在其菌体一端只生一根鞭毛，如霍乱弧菌、侵肺军团菌（*Legionella pneumophila*）等。③偏端丛毛菌（lophotrichaete）：菌体一端丛生一束鞭毛，如铜绿假单胞菌（*P. aeruginosa*）、恶臭假单胞菌（*P. putida*）等。④两端鞭毛菌（amphitrichaete）：菌体两端各生一根或一束鞭毛，如鼠咬热螺旋体（*Spirochaeta morsusmuris*）、深红红螺菌（*Spirillum rubrum*）、迂回螺菌等（图2-17）。

图2-17　细菌的鞭毛

在电子显微镜下观察，鞭毛由鞭毛丝、钩形鞘和基体三部分组成（图2-18）。

①鞭毛丝（filament）：为直径13.5 nm伸出细胞壁外波浪形纤细丝状部分，由8~11条鞭毛蛋白（flagellin）亚基螺旋排列而成的中空单管状结构。

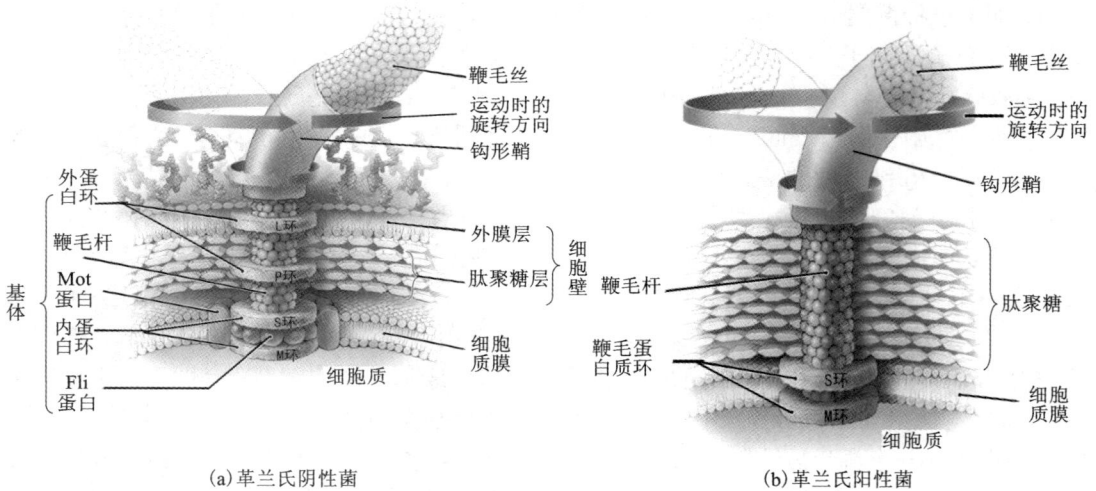

（a）革兰氏阴性菌　　　　　　　（b）革兰氏阳性菌

图2-18　G⁻细菌和G⁺细菌的鞭毛结构

②钩形鞘（hook）或称鞭毛钩：是鞭毛丝与基粒间的筒状连接部位，直径较鞭毛丝粗（约17 nm ×45 nm），由与鞭毛蛋白不同的、单一相对分子质量为$4.2 \times 10^4 \sim 4.3 \times 10^4$的蛋白质亚基组成。

③基体（basal body）或称基粒：鞭毛基部埋在细胞壁与细胞质膜中的部分，由一个鞭毛杆（或称中心杆）和连接其上的套环组成。鞭毛杆直径7 nm，长27 nm，G⁻细菌鞭毛的基粒上有两对套环，L环埋在细胞壁的脂多糖的外壁层，P环在肽聚糖层，S环在细胞质膜表面，M环则在细胞质膜中。而G⁺细菌鞭毛的基粒上只有2个套环，S环在细胞质膜表面，M环在细胞质膜中。鞭毛杆相当于发动机马达的轴承，S环相当于轴封，而M环相当于转子。S和M环被一对Mot蛋白包围，由它驱动S-M环的快速旋转。在S-M环间还存在一个Fli蛋白，起着键钮的作用，它可根据细胞提供的信号使鞭毛进行正转或逆转。

（3）菌毛（fimbria，复数fimbriae）

菌毛又称纤毛、伞毛、线毛或须毛，是一种长在细菌体表的纤细、中空、短直且数量较多的蛋白质类附属物,具有使菌体附着于物体表面上的功能。菌毛比鞭毛简单,无基体等构造,直接着生于细胞质膜上[图2-19(a)]。直径一般为3~10 nm,每菌一般有250~300条,菌毛多数存在于 G⁻ 致病菌中。

菌毛主要功能:①提高菌体的黏附和聚集能力。肠道细菌的(如沙门氏菌、霍乱弧菌)Ⅰ型菌毛,可牢固吸附在动植物、真菌或人类的消化道、呼吸道、泌尿生殖道的上皮细胞上,使动植物和人类致病。有的菌毛能吸附在红细胞上引起红细胞凝集。②有利于好氧菌或兼性厌氧菌借助菌毛聚集,在液体表面形成菌膜(酸),以充分获取氧气。③菌毛是许多噬菌体的吸附位点。④菌毛也是许多 G⁻ 细菌的抗原。

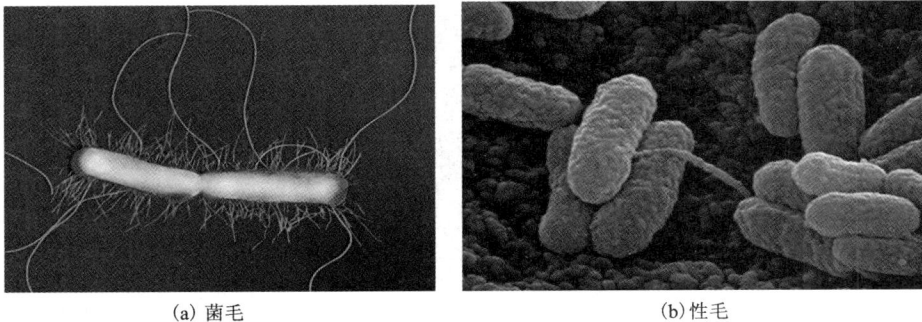

(a) 菌毛　　　　　　　　　　　　　(b) 性毛

图2-19　细菌的菌毛和性毛

(4)性毛(pilus,复数 pili)

性毛又称性菌毛(sex-pili 或 F-pili),构造和成分与菌毛相似,但比菌毛长,且每个细胞仅一至少数几根。一般见于 G⁻ 细菌的雄性菌株(供体菌)中,具有向雌性菌株(受体菌)传递遗传物质的作用[图2-19(b)],有的还是 RNA 噬菌体的特异性吸附受体。

(5)芽孢和其他休眠构造

某些细菌在其生长发育后期,在细胞内形成的一个圆形或椭圆形、厚壁、含水量低、抗逆性强的休眠构造,称为芽孢(spore)或内生孢子(endospore)(图2-20)。含有芽孢的菌体细胞称为孢子囊(sporangium,复数 sporangia)。芽孢成熟后脱落,遇到适宜环境萌发形成新菌体。由于每一营养细胞内仅形成一个芽孢,故芽孢不是繁殖体,而是对不良环境具有极强抗性的休眠体,使细菌能在恶劣环境下存活。

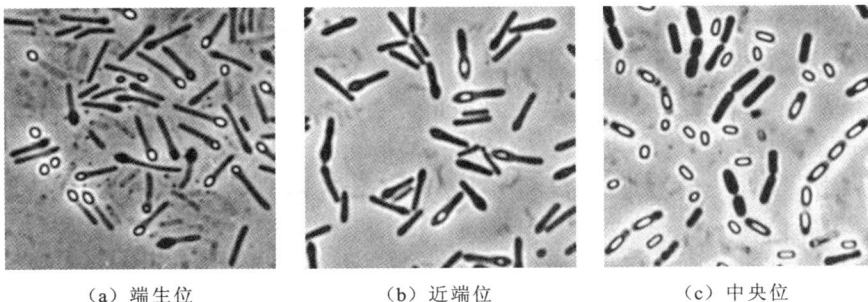

(a) 端生位　　　　　　　(b) 近端位　　　　　　　(c) 中央位

图2-20　细菌芽孢的位置

芽孢是生命世界中抗逆性最强的一种构造，在抗热、抗化学药物和抗辐射等方面十分突出。例如，肉毒梭状芽孢杆菌（*Clostridium botulinum*）的芽孢在沸水中要经 5.0~9.5 h 才被杀死；巨大芽孢杆菌（*B. magaterium*）的芽孢抗辐射能力比 *E. coli* 细胞强 36 倍。芽孢的休眠能力更为突出，在常规条件下，一般可保持几年至几十年而不死亡。据文献记载，有些芽孢甚至可休眠数百至数千年，如环状芽孢杆菌（*B. circulans*）的芽孢在植物标本上（英国）已经保存 200~300 年；最极端的例子是在美国的一块有 2500 万~4000 万年历史的琥珀，从其中蜜蜂肠道内还可分离到有生命力的芽孢。美国科学家发现史前二叠纪代号为"21913"（该菌基因序列）的芽孢杆菌的芽孢，它在休眠 2.5 亿年后竟然萌发了。

能产芽孢的细菌种类很少，主要是属 G⁺ 细菌的两个属：好氧性的芽孢杆菌属（*Bacillus*）和厌氧性的梭菌属（*Clostridium*）。球菌中只有芽孢八叠球菌属（*Sporosarcina* spp.）产芽孢，螺旋菌中发现有少数种产芽孢，弧菌中只有芽孢弧菌属（*Sporovibrio* spp.）产芽孢。

①芽孢的结构。产芽孢菌的营养细胞外壳称为芽孢囊。成熟的芽孢在合适的环境下萌发又形成营养细胞（图 2-21）。成熟的芽孢具有多层结构，由外到内依次为芽孢外壁、芽孢衣、皮层、核心（图 2-22）。

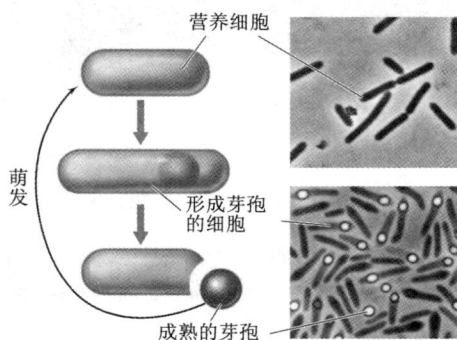

图 2-21　芽孢的形成

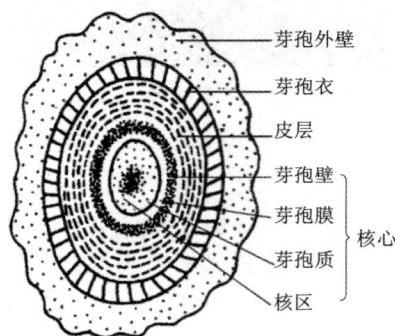

图 2-22　细菌芽孢结构模式图

a. 芽孢外壁：主要成分是脂蛋白，透性差，有的芽孢无此层。b. 芽孢衣：主要含疏水性角蛋白，非常致密，透性差，能抗酶、抗化学物质和多价阳离子透入。c. 皮层：皮层很厚，约占芽孢总体积的一半，主要含芽孢肽聚糖及以钙盐的形式存在的吡啶二羧酸（dipicolinic acid，DPA），赋予芽孢异常的抗热性，皮层渗透压很高。d. 核心：由芽孢壁、芽孢膜、芽孢质和核区构成，含水量极低，芽孢壁含肽聚糖，可形成新细胞壁；芽孢膜含磷脂和蛋白质，可形成新细胞膜；芽孢质含 DPA-Ca、核糖体、RNA 和酶类；核区含 DNA。

②芽孢的形成。从形态上来看，芽孢形成可分 7 个阶段（图 2-23）：DNA 浓缩，束状染色质形成；细胞膜内陷，细胞发生不对称分裂，其中小体积部分即为前芽孢（fore-spore）；前芽孢的双层隔膜形成，这时芽孢的抗辐射性增强；在上述两层隔膜间充填芽孢肽聚糖后，合成 DPA，累积钙离子，开始形成皮层，再经脱水，使折光率增高；芽孢衣合成结束；皮层合成完成，芽孢成熟，抗热性出现；芽孢囊裂解，芽孢游离外出。在枯草芽孢杆菌中，芽孢形成过程约需 8 h，其中参与的基因约有 200 个。在芽孢形成过程中，伴随着形态变化的还有一系列化学成分和生理功能的变化。

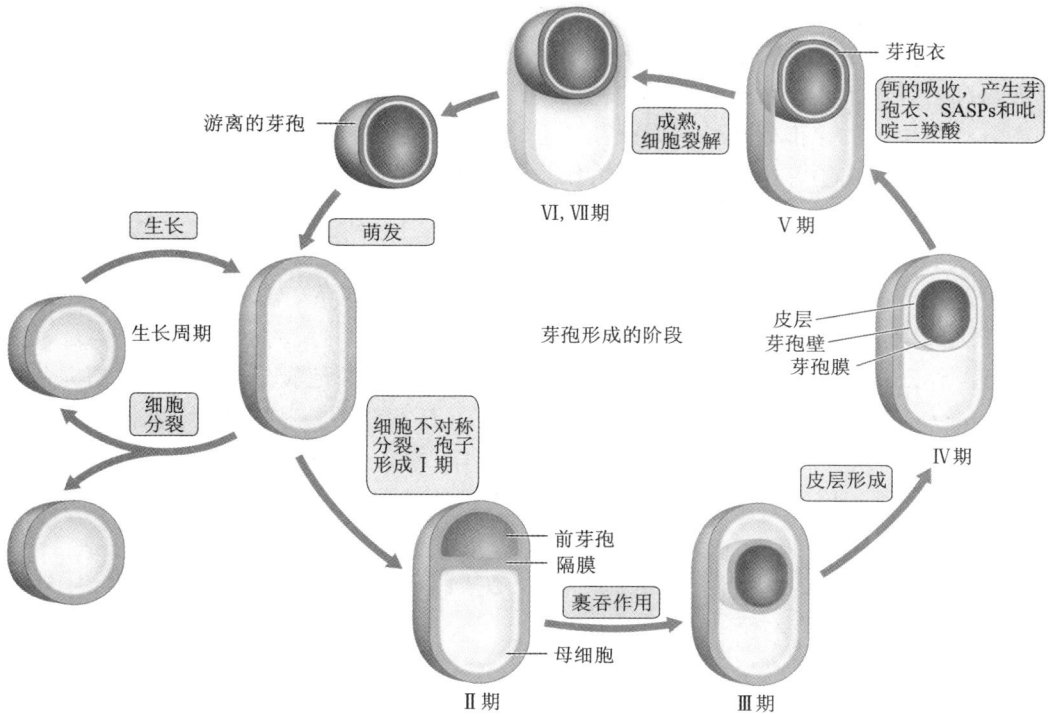

图 2 – 23　芽孢的形成阶段

芽孢耐热机制至今尚无圆满解释。渗透调节皮层膨胀学说（osmoregulatory expanded cortex theory）综合了较新的实验成果，具有一定说服力（图 2 – 24）。该学说认为，芽孢衣对多价阳离子和水分的透性差，皮层离子强度高，从而使皮层有极高的渗透压，能够夺取核心部分的水分，引起皮层充分膨胀，总体而言，芽孢含水量不比营养细胞低多少，只是核心部分的生命物质处于高度失水状态，所以产生极强的耐热性。另一种学说则认为，芽孢形成过程中产生的大量 DPA 与 Ca^{2+} 螯合，使芽孢中的生物大分子形成稳定的耐热性凝胶。芽孢形成过程中，随着 DPA 的形成而具耐热性，当芽孢萌发时 DPA 释放到培养基中，耐热性随之丧失。但研究发现，有些芽孢不含 DPA – Ca 的复合物仍具有耐热性。

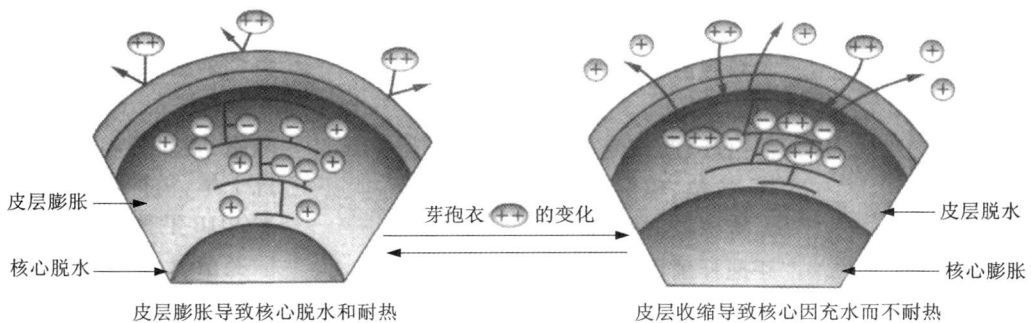

图 2 – 24　芽孢皮层的膨胀与收缩

研究细菌的芽孢有着重要的理论和实践意义。芽孢的有无、形态、大小和着生位置是细菌分类和鉴定中的重要形态学指标；芽孢的存在有利于提高菌种的筛选效率，有利于菌种的长期保藏和对各种消毒、杀菌措施优劣的判断等。在外科器材灭菌中，常以致病菌破伤风梭菌和产气荚膜梭菌的芽孢耐热性作为灭菌依据，即要求在121℃，10 min或115℃，30 min灭菌。在发酵工业或实验室中，常以能否杀死耐热性最强的嗜热脂肪芽孢杆菌的芽孢为标准。此菌芽孢在121℃，12 min才能杀灭。由此规定湿热灭菌要在121℃维持15~30 min才能保证培养基或物品的彻底灭菌。芽孢的存在，也增加了医疗器材使用上以及食品生产、传染病防治和发酵生产中的种种困难。如鲜肉中肉毒梭菌若灭菌不彻底，会引起该菌在肉类罐头中繁殖并产生肉毒毒素。

细菌的休眠构造除芽孢外，还有数种其他形式，主要的如孢囊(cyst)。孢囊是棕色固氮菌(*Azotobacter vinelandii*)等一些固氮菌在外界缺乏营养条件下，由整个营养细胞外壁加厚、细胞失水而形成的一种抗干旱但不抗热的圆形休眠体(图2-25)。一个营养细胞仅形成一个孢囊，因此与芽孢一样，不具繁殖功能。孢囊在适宜条件下，可发芽并重新进行营养生长。

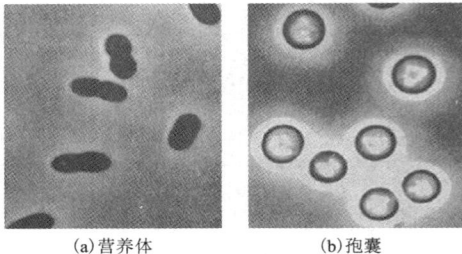

(a)营养体　　　(b)孢囊

图2-25　棕色固氮菌的营养体和孢囊

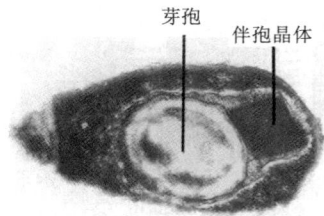

芽孢　　伴孢晶体

图2-26　细菌的伴孢晶体

（6）伴孢晶体(parasporal crystal)

少数芽孢杆菌，例如苏云金芽孢杆菌(*Bacillus thuringiensis*)在形成芽孢的同时，会在芽孢旁形成一颗菱形、方形或不规则形的碱溶性蛋白质晶体，称为伴孢晶体(即δ内毒素)(图2-26)。其干重可达芽孢囊重的30%左右。伴孢晶体对鳞翅目、双翅目和鞘翅目等200多种昆虫和动、植物线虫有毒杀作用，但对人畜、害虫的天敌和植物无害。当害虫吞食伴孢晶体后，先被虫体中肠内的碱性消化液分解并释放出蛋白质毒素，再由毒素特异地结合在中肠上皮细胞的蛋白受体上，使细胞膜上产生一小孔(直径为1~2 nm)，并引起细胞膨胀、死亡，进而使中肠里的碱性内含物以及菌体、芽孢都进入血管腔，并很快使昆虫患败血症而死亡。

4. 细菌的繁殖

细菌的繁殖方式主要为裂殖，只有少数种类进行芽殖。

（1）裂殖(fission)

裂殖指一个细胞通过分裂而形成两个子细胞的过程。对杆状细胞来说，有横分裂和纵分裂两种方式，前者指分裂时细胞间形成的隔膜与细胞长轴呈垂直状态，后者则指呈平行状态。一般细菌均进行横分裂。

①二分裂(binary fission)。绝大多数类群在分裂时产生大小相等、形态相似的两个子细胞，称为同形裂殖(图2-27、图2-28)。首先从核区染色体DNA的复制开始，形成新的双链；随着细胞的生长，每条DNA各形成一个核区，同时在细胞赤道附近的细胞膜由外向中心

作环状推进，然后闭合，在两核区之间产生横隔膜，使细胞质分开；进而细胞壁也向内逐渐伸展，把细胞膜分成两层，每一层分别形成子细胞膜；接着横隔壁亦分成两层，并形成两个子细胞壁，最后分裂为两个独立的子细胞。

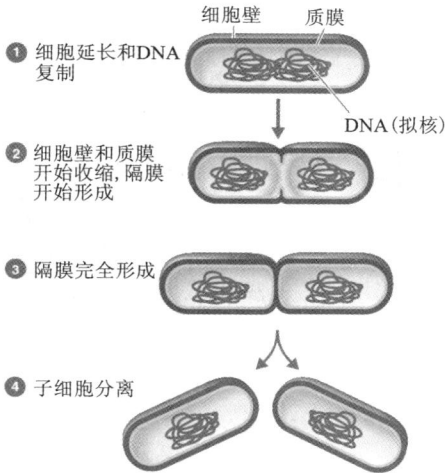

图 2 - 27　细菌二分裂过程模式图

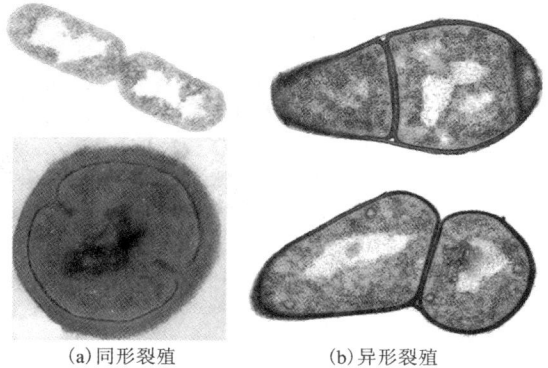

(a)同形裂殖　　　　　(b)异形裂殖

图 2 - 28　细菌的同形裂殖和异形裂殖

有少数细菌在陈旧培养基中存在着不等二分裂(unequal binary fission)的繁殖方式，其结果是产生了两个在外形、构造上有明显差别的子细胞，称为异形裂殖(图 2 - 28)。例如柄细菌属(Caulobacter)的细菌，通过不等二分裂产生了一个有柄、不运动的子细胞和另一个无柄、有鞭毛、能运动的子细胞。

②三分裂 (trinary fission)。有一属进行厌氧光合作用的绿色硫细菌称为暗网菌属(Pelodictyon)，它能形成松散、不规则、三维构造并由细胞链组成的网状体。其原因是除大部分细胞进行常规的二分裂繁殖外，还有部分细胞进行成对地"一分为三"方式的三分裂，形成一对"Y"形细胞，随后仍进行二分裂，其结果就形成了特殊的网眼状菌丝体。

③复分裂 (multiple fission)。这是一种寄生于细菌细胞中具有端生单鞭毛称作蛭弧菌(Bdellovibrio)的小型弧状细菌所具有的繁殖方式。当它在宿主细菌体内生长时，会形成不规则的盘曲的长细胞，然后细胞多处同时发生均等长度的分裂，形成多个弧形子细胞。

(2)芽殖 (budding)

芽殖是指在母细胞表面(尤其在其一端)先形成一个小突起，待其长大到与母细胞相仿后再相互分离并独立生活的一种繁殖方式。凡以这类方式繁殖的细菌，统称芽生细菌(budding bacteria)，包括芽生杆菌属(Blastobacter)、生丝微菌属(Hyphomicrobium)、生丝单胞菌属(Hyphomonas)、硝化杆菌属(Nitrobacter)、红微菌属(Rhodomicrobium)和红假单胞菌属(Rhodopseudomonas)等十余属细菌。

5. 细菌的群体形态

(1)在固体培养基上(内)的群体形态

将单个微生物细胞或一小堆同种细胞接种在固体培养基的表面(有时为内部)，当它占有一定的发展空间并处于适宜的培养条件时，该细胞就迅速生长繁殖。结果会形成以母细胞为中心的一堆肉眼可见，并有一定形态、构造的子细胞集团，这就是菌落(colony)(图 2 - 29)。

如果菌落是由一个单细胞发展而来的，则它就是一个纯种细胞群或克隆(clone)。如果将某一纯种的大量细胞密集地接种到固体培养基表面，结果长成的各"菌落"相互连接成一片，这就是菌苔(bacterial lawn)(图2-29)。

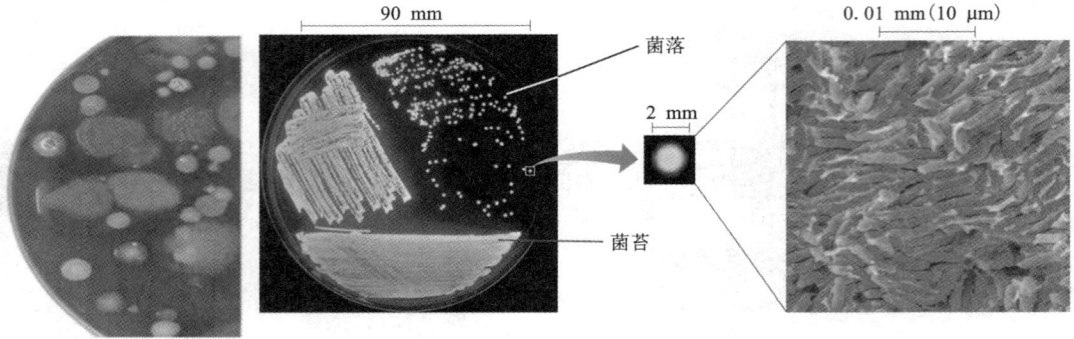

图2-29 细菌的菌落和菌苔

描述菌落特征时需选择稀疏、孤立的菌落，其项目包括大小、形状、边缘情况、隆起形状、表面状态、质地、颜色和透明度等(图2-30)。多数细菌菌落圆形，小而薄，表面光滑、湿润、较黏稠，半透明，颜色多样，色泽一致，质地均匀，易挑取，常有臭味。这些特征可与其他微生物菌落相区别。

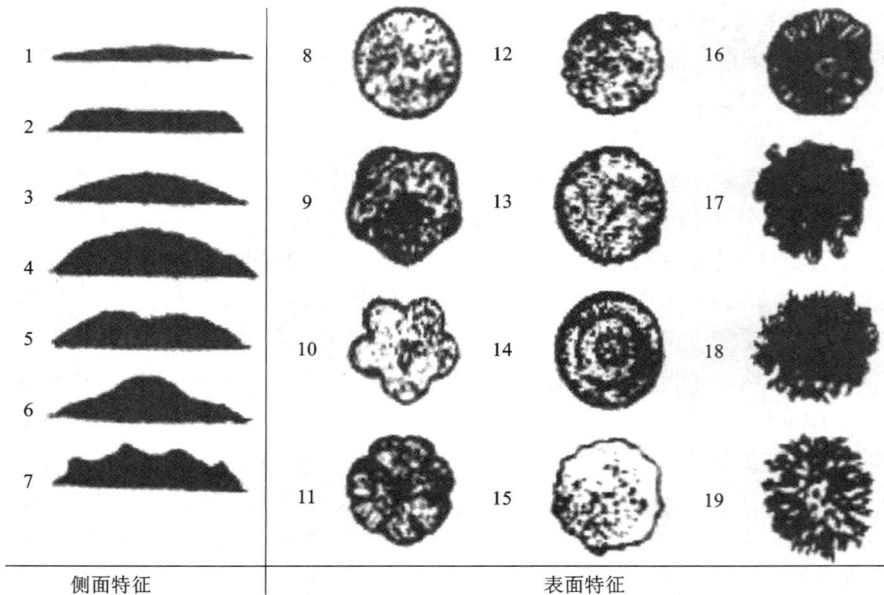

图2-30 细菌的菌落特征

侧面观察：1—扁平；2—隆起；3—低凸起；4—高凸起；5—脐状；6—草帽状；7—乳头状；

表面观察：8—圆形、边缘完整；9—不规则、边缘波浪；10—不规则、颗粒状、边缘叶状；11—规则、放射状、边缘呈叶状；

12—规则、边缘呈扇状；13—规则、边缘呈齿状；14—规则、有同心环、边缘完整；15—不规则、似毛毯状；

16—规则、似菌丝状；17—不规则、卷发状、边缘波状；18—不规则、呈丝状；19—不规则、根状不同细菌的菌落具有自己的特有特征，对于产鞭毛、荚膜和芽孢的种类尤为明显。例如，对无鞭毛、不能运动的细菌尤其是各种球菌来说，随着菌落中个体数目的剧增，只能依靠"硬挤"的方式来扩大菌落的体积和面积，因而就形成了较小、较厚及边缘极其圆整的半球状菌落。长有鞭毛的细菌一般形成大而平坦、边缘多缺刻（甚至成树根状）、不规则形的菌落，运动能力强的细菌会出现树根状甚至能移动的菌落。有糖被的细菌，会长出大型、透明、湿润、光滑、黏状液的菌落。产芽孢的细菌，因其芽孢引起的折光率变化而使菌落的外形变得很不透明或有"干燥"之感，并因其细胞分裂后常成链状而引起菌落表面粗糙、有褶皱感，再加上它们一般都有周生鞭毛，因此产生了既粗糙、多褶、不透明，又有外形及边缘不规则特征的独特菌落。

同一种细菌在不同条件下形成的菌落特征会有差别，但在相同的培养条件下形成的菌落特征是一致的。所以，菌落的形态特征对菌种的分类鉴定有重要的意义。菌落还常用于微生物的分离、纯化、鉴定、计数及选种与育种等工作。

（2）在半固体培养基上（内）的群体形态

纯种细菌在半固体培养基上生长时，会出现许多特有的培养性状（图2-31），因此对菌种鉴定十分重要。半固体培养法通常把培养基灌注在试管中，形成高层直立柱，然后用穿刺接种法接入试验菌种。若用明胶半固体培养基作试验，还可根据明胶柱液化层中呈现的不同形状来判断某细菌有无蛋白酶产生和某些其他特征；若使用的是半固体琼脂培养基，则从直立柱表面和穿刺线上细菌群体的生长状态和有否扩散现象来判断该菌的运动能力和其他特性。

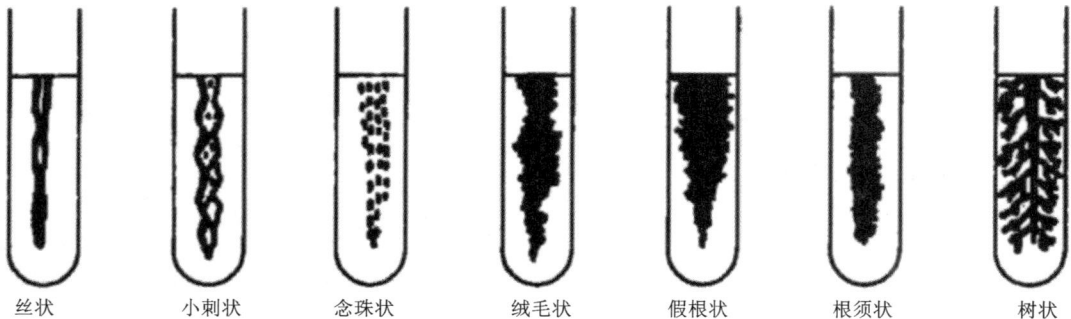

丝状　　小刺状　　念珠状　　绒毛状　　假根状　　根须状　　树状

图2-31　细菌的半固体琼脂穿刺培养特征

（3）在液体培养基上（内）的群体形态

细菌在液体培养基中生长时，会因其细胞特征、比重、运动能力和对氧气等关系的不同而形成几种不同的群体形态：多数表现为混浊，部分表现为沉淀，一些好氧性细菌则在液面上大量生长，形成有特征性的、厚薄有差异的菌醭（pellicle）、菌膜（scum）或环状、小片状不连续的菌膜等（图2-32）。

6. 食品中常见的细菌

（1）革兰氏阴性菌

①埃希氏菌属（*Escherichia*）。又称大肠杆菌属，菌体呈短杆或长杆状，周生鞭毛，可运动

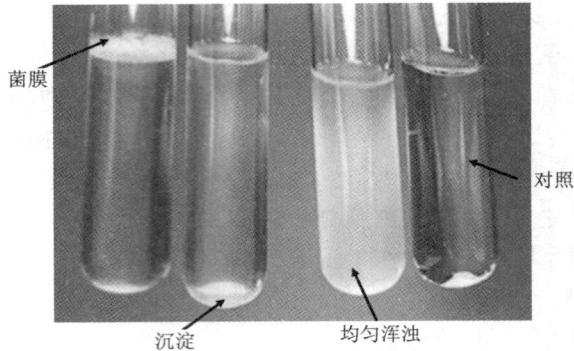

图2-32 细菌液体试管培养特征

或不运动(图2-33)。许多菌株产荚膜和微荚膜,有的菌株生有大量菌毛,化能有机营养型,兼性厌氧菌。能分解乳糖、葡萄糖,产酸、产气,能利用醋酸盐,但不能利用柠檬酸盐,在伊红美蓝培养基上菌落呈深蓝黑色,并有金属光泽。该属中最具典型意义的代表种是大肠埃希氏杆菌(*Escherichia coli*),俗称大肠杆菌,其存在于人类及牲畜的肠道中,是肠道的正常寄居菌,在肠道中一般不致病,但侵入某些器官时,可引起炎症,是条件致病菌。在水、土壤中也极为常见,是食品中常见的腐败细菌,在合适条件下使牛乳及乳制品腐败,产生一种不洁净物或产生粪便气味。卫生细菌学上常以"大肠菌群数"作为饮用水、牛乳、食品、饮料等的卫生检验指标之一,它还是进行微生物学、分子生物学和基因工程等研究的重要试验材料和对象。

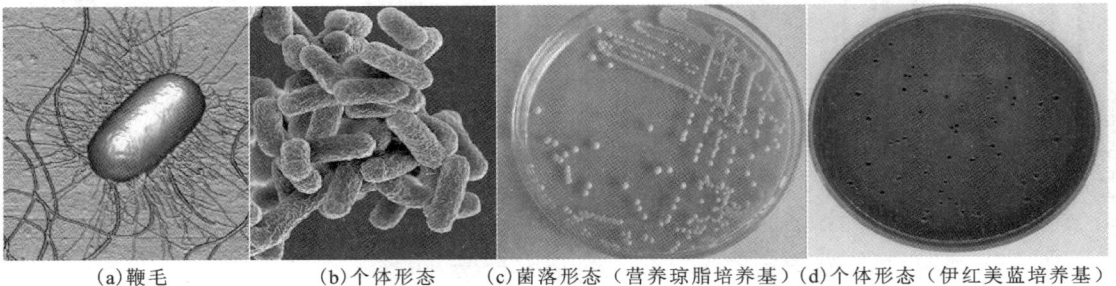

(a)鞭毛　　　　(b)个体形态　　(c)菌落形态(营养琼脂培养基)(d)个体形态(伊红美蓝培养基)

图2-33 大肠埃希氏杆菌个体及菌落形态

②假单胞菌属(*Pseudomonas*)。细胞呈杆状或微弯杆状,多单生,无芽孢,端生单根或多根鞭毛,可运动,少数种不运动(图2-34)。化能异养型,多数好氧,大部分菌种能在不含维生素、氨基酸的培养基上很好生长。有些种能产生不溶性的荧光色素和绿脓菌素、绿菌素等蓝、红、黄橙、绿的色素。本属菌具有很强分解蛋白质和脂肪的能力,但能水解淀粉的菌株较少。广泛存在于土壤、水域、动植物体表以及各种含蛋白的食品中。假单胞菌是最重要的食品腐败菌之一,可使食品变色、变味,引起变质;在好氧条件下还会引起冷藏食品腐败、冷藏血浆污染;假单胞菌的少数种会对人、动物或植物致病,如铜绿假单胞菌等。但多数假单

胞菌在工业、农业、污水处理、消除环境污染中起重要作用，在食品和医药工业中主要生产维生素 C、抗生素和多种酶等。

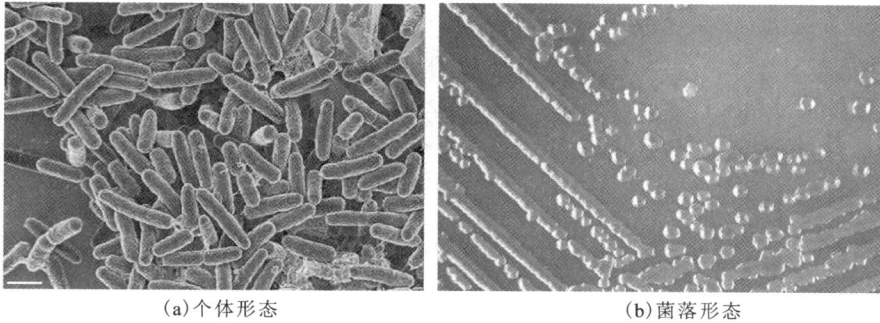

（a）个体形态　　　　　　　　　　　　（b）菌落形态

图 2 - 34　假单胞菌属个体及菌落形态

③醋杆菌属（*Acetobacter*）。菌体从椭圆至杆状，单个、成对或成链（图 2 - 35），可运动（周毛）或不运动，好氧性，在液体培养基表面形成皮膜。可将乙醇氧化成醋酸，也可将醋酸和乳酸氧化为 CO_2 和 H_2O。醋酸杆菌分布很普遍，一般从腐败的水果、蔬菜及变酸的酒类、果汁等食品都能分离出醋酸杆菌。醋酸杆菌在日常生活中常常危害水果与蔬菜，使酒、果汁变酸。主要用途为生产各种食用醋、多种有机酸、山梨糖等。

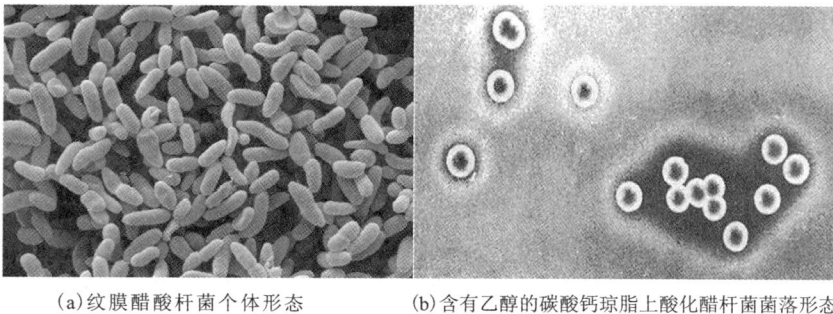

（a）纹膜醋酸杆菌个体形态　　　（b）含有乙醇的碳酸钙琼脂上酸化醋杆菌菌落形态

图 2 - 35　醋酸杆菌个体及菌落形态

④沙门氏菌属（*Salmonella*）。沙门氏菌为无芽孢杆菌，兼性厌氧，不产荚膜，通常可运动，具有周生鞭毛（图 2 - 36），也有无动力的变种。绝大多数发酵葡萄糖，产酸、产气，不分解乳糖，可利用柠檬酸盐，不分解尿素，Vp 试验阴性，大多产生硫化氢。在肠道鉴别培养基上，形成无色菌落。本属种类特别繁多，已发现 1860 种以上的沙门氏菌。沙门氏菌是重要的肠道致病菌，除可引起肠道病变外，还能引起脏器或全身感染，如肠热症、败血症等。误食被沙门氏菌污染的食品，常会造成食物中毒。该属菌常常污染鱼、肉、禽、蛋、乳等食品，特别是肉类。以沙门氏菌污染引起的食物中毒占细菌性食物中毒的首位。

⑤肠杆菌属（*Enterobacter*）。肠杆菌属的性状与埃希菌属相似，呈直杆状，周生鞭毛（通常 4～6 根），兼性厌氧，容易在普通培养基上生长（图 2 - 37）。发酵葡萄糖，产酸、产气（通

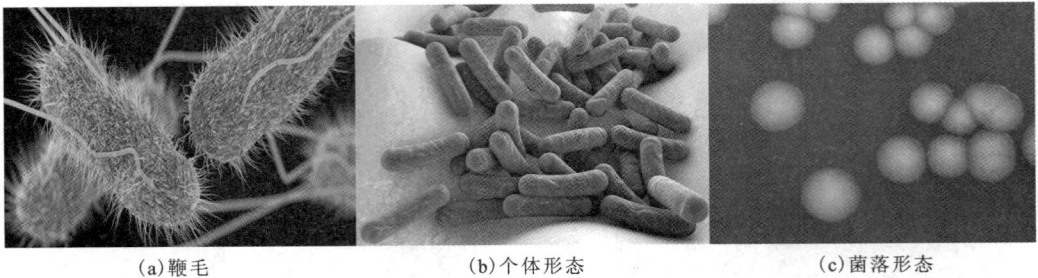

(a)鞭毛　　　　　　　　　(b)个体形态　　　　　　　　　(c)菌落形态

图 2 – 36　沙门氏菌属个体及菌落形态

常 $CO_2:H_2=2:1$）。在 44.5℃时不能由葡萄糖产气。最适生长温度为 30℃，多数菌株在 37℃生长。在人的肠内虽比大肠杆菌少，但广泛存在于土壤、水域和食品中，也是食品中常见的腐败菌。少数菌株显示出强的腐败力，也有些菌种能在 0~4℃增殖，造成包装食品冷藏过程中的腐败。

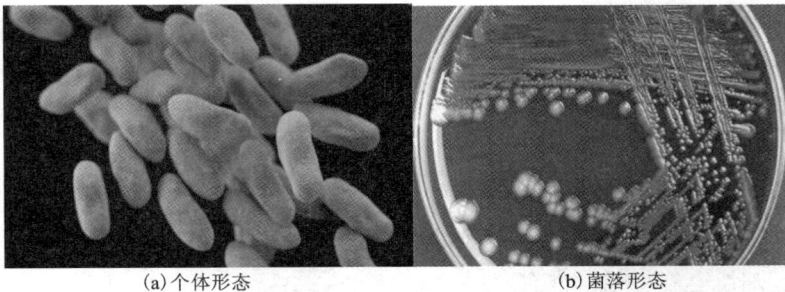

(a)个体形态　　　　　　　　　　　　(b)菌落形态

图 2 – 37　肠杆菌属个体及菌落形态

　　⑥变形杆菌属（*Proteus*）。菌体形态常不规则，有明显多形性。无荚膜、无芽孢、有菌毛、周生鞭毛，活泼运动，属兼性厌氧菌。在普通琼脂上生长良好，菌落呈迁徙生长，肉汤培养物均匀混浊且有菌膜。在自然界分布广泛，在土壤、污水和垃圾中可检测出该菌，亦可寄生于人和动物的肠道，食品受其污染的机会很多。生的肉类食品，尤其是动物内脏变形杆菌带菌率较高。变形杆菌常与其他腐败菌共同污染生食品，使生食品发生感官上的改变，但熟制品被变形杆菌污染通常无感官性状的变化，极易被忽视而引起食物中毒。有些菌种是伤口中较常见的继发感染菌和人类尿道感染最多见的病原菌之一。变形杆菌属于需氧或兼性厌氧，其生长繁殖对营养要求不高，在 4~7℃即可繁殖，属低温菌。因此，此菌可以在低温储存的食品中繁殖，但其对热抵抗力不强，加热 55℃持续 1 h 可被杀死。

　　⑦黄杆菌属（*Flavobacterium*）。直杆或弯曲状，通常极生鞭毛，可运动，大多来源于水和土壤，有机营养型，好氧或兼性厌氧。菌落可产生黄色或褐色等多种非水溶性色素，分解蛋白质的能力很强。可产生热稳定的胞外酶，引起低温下牛乳及乳制品的酸败，也会引起其他食品如鱼、禽类、蛋等的腐败变质。

　　⑧黄单胞菌属（*Xanthomonas*）。细胞直杆状，专性好氧，单端极生鞭毛，能运动。在培养

基上可产生非水溶性的黄色类胡萝卜素，使菌落呈黄色。有些菌株形成孢外荚膜多糖——黄原胶。生长需提供谷氨酸和甲硫氨酸，不进行硝酸盐呼吸。菌落为圆形、光滑、全缘、乳脂状。绝大多数为植物病原菌，使叶、茎、果实出现坏死斑（斑点、条斑、溃疡）、萎蔫、腐烂等。如水稻黄单胞菌（*X. oryzae*）、葡萄酒黄单胞菌（*X. ampelina*）、地毯草黄单胞菌（*X. axonopodis*）分别是水稻、葡萄藤和某些禾本科植物的病原菌，而导致甘蓝黑腐病的野油菜黄单胞菌（*X. campestris*），可作为菌种生产荚膜多糖，即黄原胶（Xanthan gum）。

（2）革兰氏阳性菌

①乳杆菌属（*Lactobacillus*）。菌体呈长杆状或短杆状 [图 2 – 38（a）]，单个或成链，无芽孢，多数不运动。厌氧性或兼性厌氧，能发酵糖类产生乳酸。化能有机营养型，营养要求复杂，需要生长因子。对酸耐受性很强，适宜于在酸性条件（pH 5.5 ~ 6.2）下生长，且常常降低乳的 pH 到 4.0 以下。乳杆菌常见于乳制品、腌制品、水果、果汁、饲料及土壤中。乳杆菌是许多恒温动物，包括人类口腔、胃肠和阴道的正常菌群，很少致病。乳杆菌主要用途有生产乳酸、乳制品、药用乳酸菌制剂，也用于其他乳酸发酵食品，如乳酸发酵蔬菜和肉制品等。与人类密切相关的有嗜酸乳杆菌、德氏乳杆菌、保加利亚乳杆菌、发酵乳杆菌、干酪乳杆菌、植物乳杆菌、卷曲乳杆菌、詹氏乳杆菌、唾液乳杆菌、短乳杆菌等 10 个菌种。

②双歧杆菌属（*Bifidobacterium*）。菌体形态多样，呈较规则短杆状、纤细杆状或长而弯曲状，有些呈各种分支形、棒状或匙形，细胞排列单个或链状、V 形、栅状排列，或聚集成星状 [图 2 – 38（b）]。不形成芽孢，不运动、厌氧，有的能耐氧。发酵碳水化合物产生乙酸和乳酸，不产生 CO_2，最适生长温度为 37 ~ 41℃。通过 HMP 途径分解葡萄糖。存在于人、动物及昆虫的口腔和肠道中。近年来，许多实验证明双歧杆菌产乙酸具有降低肠道 pH，抑制腐败细菌滋生，分解致癌前体物，抗肿瘤细胞，提高机体免疫力等多种对人体健康有效的生理功能。双歧杆菌在肠道内能合成多种维生素。另外，双歧杆菌能产生具抗肿瘤特性的胞外多糖，还能分泌双歧杆菌素和类溶菌物质，提高巨噬细胞的吞噬能力，增强人体免疫抗病力。目前市场上部分微生态制剂或发酵乳制品及一些保健饮料常常加入双歧杆菌，以调节人体微生态平衡。

③葡萄球菌属（*Staphylococcus*） 菌体呈球状，单生、双生或呈葡萄串状 [图 2 – 38（c）]，好氧或兼性厌氧，无芽孢、无鞭毛、不运动，有的形成荚膜或黏液层，菌落不透明，白色到奶酪色，有时黄到橙色。具有较高的耐热性和耐盐性，加热 80℃、30 ~ 60 min 才能杀死。本属菌广泛分布于自然界，如空气、土壤、水域及食品，也经常存在于人和动物的鼻腔、皮肤及机体的其他部位。某些菌种是引起人畜皮肤感染或食物中毒的潜在病原菌。如人和动物的皮肤或黏膜损伤后而感染金黄色葡萄球菌，可引起化脓性炎症；食物被该菌污染，产生肠毒素，引起毒素型食物中毒。

④链球菌（*Streptococcus*）。细胞呈球形或卵圆形，直径 0.5 ~ 1 μm，呈短链或长链排列 [图 2 – 38（d）]，无鞭毛，不能运动，不生芽孢，有的种有荚膜，化能异养型，兼性厌氧菌，广泛分布于水域、尘埃以及人、畜粪便与人的鼻咽部等处。有些是有益菌，如乳链球菌（*S. lactis*）、嗜热链球菌（*S. thermophilus*）常用于乳制品发酵工业及我国传统食品工业中；有的能引起食品腐败变质，如粪链球菌（*S. faecalis*）、液化链球菌（*S. liquefaciens*）等，有些是乳制品和肉食中的常见污染菌；有些是动物的正常菌群，但也有些是人类或牲畜的病原菌。例如，酿脓链球菌（*S. pyogenes*）可从人体内有炎症的地方或渗出物中分离，是机体发红发烧的原

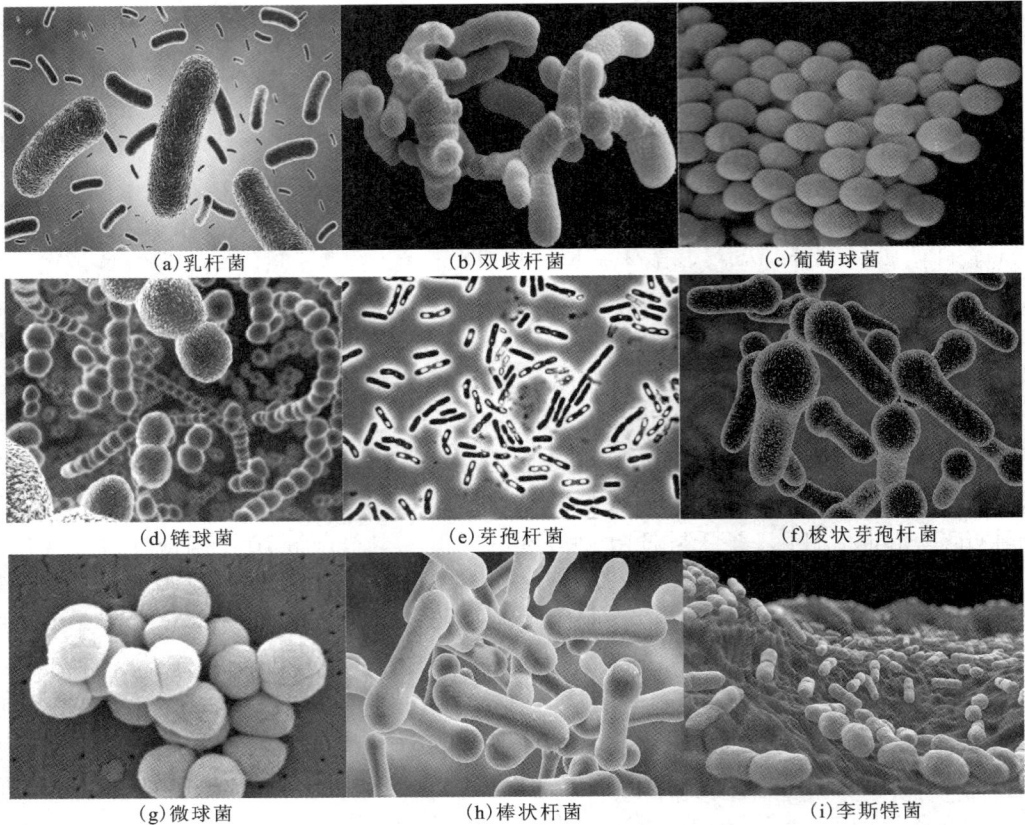

(a)乳杆菌　　　　　　　　(b)双歧杆菌　　　　　　　　(c)葡萄球菌

(d)链球菌　　　　　　　　(e)芽孢杆菌　　　　　　　　(f)梭状芽孢杆菌

(g)微球菌　　　　　　　　(h)棒状杆菌　　　　　　　　(i)李斯特菌

图 2-38　几种革兰氏阳性菌

因，是溶血性的链球菌；乳房链球菌（S. uberis）、无乳链球菌（S. agalactiae）是牛乳房炎的常见病原菌；肺炎链球菌（S. pneumoniae）可引起大叶性肺炎、脑膜炎、支气管炎等疾病；变异链球菌（S. mutans）是口腔主要的致龋齿菌之一。

⑤芽孢杆菌属（Bacillus）。菌体呈杆状，菌端钝圆或平截，单个、成对或短链状，端生或周生鞭毛，运动或不运动，好氧或兼性厌氧，有芽孢［图 2-38(e)］，某些种可在一定条件下产生荚膜。菌落形态和大小多变，在某些培养基上可产生色素，生理性状多种多样。在自然界中广泛分布，在土壤、水中尤为常见。该属中的炭疽芽孢杆菌（B. anthracis）是毒性很大的病原菌，能引起人类和牲畜共患的烈性传染病——炭疽病。蜡样芽孢杆菌（B. cereus）是工业发酵生产中常见污染菌，同时也可引起食物中毒。本属中枯草芽孢杆菌（B. subtilis）是代表种，除作为细菌生理学研究外，常作为生产中性蛋白酶、α-淀粉酶、5′-核苷酸酶和杆菌肽的主要菌种及饲料微生物添加剂中的安全菌种使用。地衣芽孢杆菌（B. licheniformis）可用于生产碱性蛋白酶、甘露聚糖酶、杆菌肽和微生态制剂。多黏芽孢杆菌（B. polymyxa）可生产多黏菌素。纳豆芽孢杆菌（B. natto）发酵可制备纳豆（natto）和纳豆激酶（nattokinase）。

⑥梭状芽孢杆菌属（Clostridium）。菌体呈杆状，两端钝圆或稍尖，有些种可形成长丝状。细胞单个、成双、短链或长链［图 2-38(f)］。运动或不运动，运动者具周生鞭毛。化能有机

营养型，也有些是化能无机营养型。绝大多数种专性厌氧，对氧的耐受能力差异较大。可形成卵圆形或圆形芽孢，常使菌体膨大。由于芽孢的形状和位置不同，芽孢体可表现为各种形状。梭状芽孢杆菌在自然界分布广泛，多数为非病原菌，其中有部分为工业和食品生产用菌种，如丙酮丁醇梭菌(*C. acetobutylicum*)是发酵工业上生产丙酮丁醇的菌种。酪酸梭菌(*C. butyricum*)的活菌制剂可修复受损伤的肠黏膜，消除炎症，营养肠道，并能促进双歧杆菌等肠道有益菌的生长，抑制痢疾志贺氏菌等肠道有害菌的生长，恢复肠道菌群平衡，减少胺、氨、吲哚等肠道毒素的产生及对肠黏膜的毒害，恢复肠免疫功能和正常的生理功能。致病菌较少，但多为人畜共患病病原菌，如肉毒梭状芽孢杆菌(*C. botulinum*)和产气荚膜梭菌(*C. perfringens*)可引起人畜多种严重疾病，亦可造成食物中毒。该属也是引起罐装食品腐败的主要菌种，解糖嗜热梭状芽孢杆菌(*C. thermosaccharolyticum*)可分解糖类，引起罐装水果、蔬菜等食品的产气或变质。腐化梭状芽孢杆菌(*C. putrefaciens*)可以引起蛋白质食物的变质。

⑦微球菌属(*Micrococcus*)。细胞呈球形，直径0.5~3.5 μm，单生、对生和特征性的向几个平面分裂而形成不规则的堆团，成对、四联或成簇出现，但不成链[图2-38(g)]、好氧、不运动，不生芽孢；菌落光滑，微凸起，具有整齐的边缘；在食品中常见，是食品腐败细菌。某些菌株，如黄色微球菌(*M. flavus*)、玫瑰色微球菌(*M. roseus*)等能产生色素，感染这些菌后，会使食品变色。微球菌属具有较高的耐盐性和耐热性。有些菌种适于在低温环境中生长，引起冷藏食品腐败变质。部分微球菌如脑膜炎藤黄微球菌(*M. luteus*)等为条件致病菌，当机体抵抗力降低时感染本菌可致病，如引起脓肿、关节炎、胸膜炎等疾病。

⑧棒状杆菌属(*Corynebacterium*)。一端或两端膨大呈杆状[图2-38(h)]，无荚膜、无鞭毛、不运动、无芽孢；细胞着色不均匀，可见节段染色或异染颗粒；细胞分裂形成"八"字形排列或栅状排列；多数为兼性厌氧菌，少数为好氧菌。棒状杆菌广泛分布在自然界中，腐生型的棒状菌生存于土壤、水体中，如产生谷氨酸的北京棒状杆菌(*C. pekinense*)。根据代谢调控机理，已从该菌中筛选出生产各种氨基酸的菌种。寄生型的棒杆菌可引起人、动植物的病害，如引起人类白喉病的白喉棒杆菌(*C. diphtheriae*)以及造成马铃薯环腐病的马铃薯环腐病棒杆菌(*C. sepedonicum*)等。使家畜致病的棒状杆菌大多引起化脓性疾病，如化脓棒状杆菌(*C. pyogenes*)、假结核棒状杆菌(*C. pseudotuberculosis*)等。

⑨李斯特菌属(*Listeria*)。无芽孢的短杆菌[图2-38(i)]，周生鞭毛，在低温下可生长；在冷藏食品中可发现其踪影，是人畜共患的李斯特菌病的病原菌，可引起人脑膜炎、败血症、肺炎等。李斯特菌广泛分布在自然界中，在腐烂的植物、土壤、动物粪便、污水、青贮饲料和水中均可找到其踪迹。代表菌种为单核增生李斯特菌(*L. monocytogenes*)，其污染乳及乳制品、肉制品、水产品蔬菜及水果后可引起严重的食物中毒。

2.1.2 放线菌

放线菌(Actinomycetes)是一类主要呈菌丝状生长和以孢子繁殖的陆生性较强的原核微生物。放线菌在自然界分布极广，在土壤、河流、湖泊、空气、海洋、食品、动植物体内和体表等，都有放线菌的分布，其中以土壤中最多。在含水量低、有机物丰富和呈微碱性土壤中广泛分布，泥土所特有的泥腥味，主要由放线菌产生的土腥味素(Geosmin)所引起，每克土壤中放线菌的孢子数一般可达10^7个。

放线菌与人类的关系极其密切，绝大多数属有益菌，对人类健康的贡献尤为突出。至今已报道过的近万种抗生素中，约70%由放线菌产生，如红霉素、链霉素、土霉素、金霉素、卡那霉素、庆大霉素、庆丰霉素、井冈霉素等。许多生化药物是放线菌的次生代谢产物，包括抗癌剂、酶抑制剂、抗寄生虫剂、免疫抑制剂和农用杀虫（杀菌）剂等。放线菌还是许多酶、维生素等的产生菌，如游动放线菌产生的葡萄糖异构酶、弗氏链霉菌产生的可用以制革工业脱毛的蛋白酶以及从灰色链霉菌发酵液中可提取维生素 B_{12} 等。弗兰克氏菌属（*Frankia*）对非豆科植物的共生固氮具有重大作用。此外，放线菌在甾体转化石油脱蜡和污水处理中也有重要应用。由于许多放线菌有极强的分解纤维素、石蜡、角蛋白、琼脂和橡胶等的能力，故它们在环境保护、提高土壤肥力和自然界物质循环中起着重大作用。少数寄生性放线菌可引起人和动植物病害，如人畜的皮肤病、脑膜炎、肺炎等及植物病害马铃薯疮痂病和甜菜疮痂病。放线菌具有特殊的土霉味，易使水和食品变味。有的放线菌能破坏棉毛织品和纸张等，给人类造成经济损失。

2.1.2.1 放线菌的形态和构造

放线菌的细胞为丝状，称为菌丝，无横隔，是单细胞，多核质体，无成形的细胞核。这里以分布最广、种类最多、形态特征最典型、跟人类关系最密切的链霉菌属为例来阐明放线菌的一般形态和构造。链霉菌的细胞呈丝状分枝，菌丝内无隔膜，故呈多核的单细胞状态。其细胞壁的主要成分是肽聚糖，也含有胞壁酸和二氨基庚二酸，不含几丁质或纤维素。

根据形态和功能的不同，菌丝一般可分为基内菌丝、气生菌丝和孢子丝三类（图2-39）。

（1）基内菌丝又称基质菌丝、初级菌丝、营养菌丝或一级菌丝。

基内菌丝生长在培养基内或表面，较细，主要功能是吸收营养物质和排泄废物。一般无隔膜（诺卡菌除外），直径为 $0.2 \sim 1.2$ μm，但长度差别很大，短的小于100 μm，长的可达 600 μm 以上。一般颜色浅，但有的产生水溶性或脂溶性色素后呈黄、橙、红、紫、蓝、绿、褐、黑等颜色。

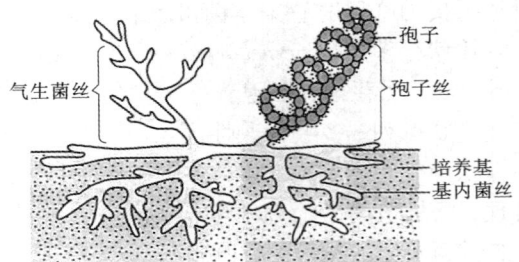

图2-39 链霉菌的典型形态和结构

（2）气生菌丝又称二级菌丝。它是基内菌丝生长到一定时期长出培养基表面伸向空中的菌丝。气生菌丝较基内菌丝粗，一般颜色较深，有的产生色素。其形状有直形或弯曲状，有的有分枝，主要功能是传递营养物质和繁殖后代。

（3）孢子丝又称繁殖菌丝或产孢丝。它是气生菌丝生长发育到一定阶段分化成的可产孢子的菌丝。孢子丝的形态及其在气生菌丝上的排列方式随菌种而异。其形状有直形、波曲形、钩形或螺旋形。螺旋数目、疏密程度、旋转方向等都是种的特征。螺旋的数目通常为5~10转，也有少至1个多至20个的；旋转方向多为逆时针，少数是顺时针。着生方式有互生、轮生或丛生等多种方式（图2-40）。上述特征是分类鉴别的重要依据。孢子丝生长到一定阶段就形成孢子。放线菌形成的孢子有球形、椭圆形、杆形、柱形、瓜子形等（图2-40）。同一孢子丝上分化出的孢子的形状、大小有时也不一致。所以，不能将其作为区分菌种的唯一依据。

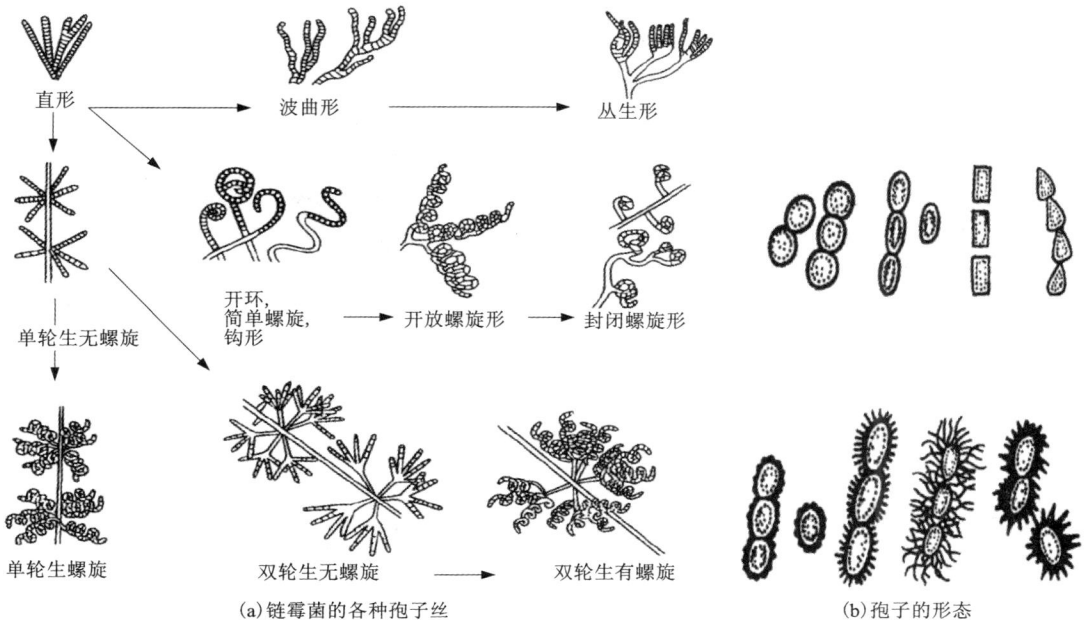

图 2-40　链霉菌的各种孢子丝和孢子的形态

放线菌的孢子表面结构与孢子丝的形态有一定关系。一般孢子丝呈直形或波浪弯曲状，这类孢子丝上的孢子表面光滑；若孢子丝呈螺旋状，它形成的孢子表面则有的光滑，有的带刺或带毛；白色、黄色、淡绿、灰黄、淡紫色孢子的表面一般都是光滑的，粉红色孢子只有极少数带刺，黑色孢子则绝大多数都带刺和毛发。

2.1.2.2　放线菌的繁殖

放线菌主要通过形成无性孢子的方式进行繁殖，也可借菌体断裂片段繁殖。放线菌产生的无性孢子主要有分生孢子和孢囊孢子。大多数放线菌（如链霉菌属）生长到一定阶段，一部分气生菌丝形成孢子丝，孢子丝成熟便分化形成许多孢子，称为分生孢子（conidium）。电子显微镜对放线菌超薄切片的观察结果表明孢子丝通过横割分裂形成孢子。横割分裂有两种方式：细胞膜内陷，再由外向内逐渐收缩形成横隔膜，将孢子丝分割成许多分生孢子；细胞壁和质膜同时内陷，再逐渐向内缢缩，将孢子丝缢裂成连串的分生孢子。有些放线菌可在菌丝上形成孢子囊，在孢子囊内形成孢囊孢子，孢子囊成熟后释放出大量孢囊孢子。孢子囊可在气生菌丝上形成（如链孢囊菌属），也可在基内菌丝上形成（如游动放线菌属），或二者均可生成。另外，某些放线菌偶尔也产生厚壁孢子。借菌丝断裂的片段形成新菌体的繁殖方式常见于液体培养中，如工业化发酵产抗生素时，放线菌就以此方式大量繁殖。如果静止培养，培养物表面往往形成菌膜，膜上也可生出孢子。放线菌的孢子具有较强的耐干燥能力，但不耐高温，$60 \sim 65\,^{\circ}\mathrm{C}$ 处理 $10 \sim 15\ \mathrm{min}$ 即会失去生活能力。

2.1.2.3　放线菌菌落形态

放线菌的菌落由菌丝体组成。所谓菌丝体，是由菌丝相互缠绕而形成的形态结构。菌落特征介于细菌和霉菌之间。因为其气生菌丝较细，生长缓慢，菌丝分枝并相互交错缠绕，所以形成的菌落质地硬而且致密，菌落较小而不广泛延伸。菌落表面呈紧密的绒状或坚实、干燥、多皱(图2-41)。

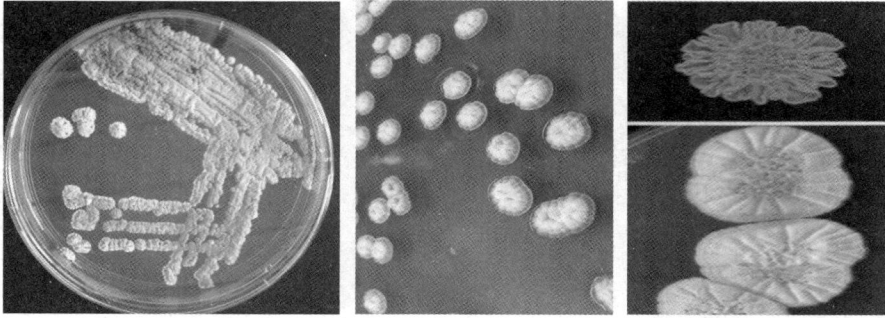

图2-41 放线菌的菌落形态

大部分放线菌具基内菌丝、气生菌丝和孢子丝，基内菌丝伸入基质，菌落紧贴培养基表面，接种针难以挑起，若用接种铲可将整个菌落挑起。另一类放线菌不产生大量菌丝，如诺卡菌，其黏着力不强，结构如粉质，用针挑则粉碎。

幼龄菌落中气生菌丝尚未分化成孢子丝，则其菌落表面与细菌难以区分。当孢子丝形成大量孢子并布满菌落表面后，就呈现表面絮状、粉末状、颗粒状的典型放线菌菌落。由于菌丝和孢子常具色素，使菌落正面、背面呈不同色泽。水溶性色素可扩散，脂溶性色素则不扩散。用放大镜观察，可见菌落周围具放射状菌丝。

总之，放线菌菌落与细菌不同之处是它干燥，不透明，表面呈紧密丝绒状，上面有一层色泽鲜艳的干粉。菌落与培养基紧密，难挑起。菌落正反面颜色常不同。

若将放线菌接种于液体培养基内静置培养，其能在瓶壁液面处形成斑状或膜状菌落，或沉降于瓶底而不会使培养基混浊；如采用振荡培养，常形成由短的菌丝体所构成的球形颗粒。

2.1.2.4 常见放线菌

1. 链霉菌属(*Streptomyces*)

链霉菌属大多生长在含水量较低、通气较好的土壤中。其菌丝无隔膜，基内菌丝较细，直径为 $0.5 \sim 0.8 \ \mu m$，气生菌丝发达，较基内菌丝粗 $1 \sim 2$ 倍，成熟后分化为呈直形、波曲形或螺旋形的孢子丝，孢子丝发育到一定时期产生出成串的分生孢子(图2-42)。链霉菌属是抗生素工业所用放线菌中最重要的属。已知链霉菌属有1000多种，大多生长在含水量较低、通气良好的土壤中。链霉菌能分解纤维素、石蜡、蜡与各种碳氢化合物。链霉菌是产生抗生素菌株的主要来源。许多著名的常用抗生素如链霉素、土霉素，抗肿瘤的博采霉素、丝裂霉素，抗真菌的制霉菌素，抗结核的卡那霉素，能有效防治水稻纹枯病的井冈霉素等，都是链霉菌属的次生代谢产物。

2. 诺卡菌属(*Nocardia*)

诺卡菌属主要分布在土壤中。其菌丝有隔膜，基内菌丝较细，直径为 $0.2 \sim 0.6 \ \mu m$，一般无气生菌丝。基内菌丝培养十几个小时形成横隔，并断裂成杆状或球状孢子。菌落比链霉

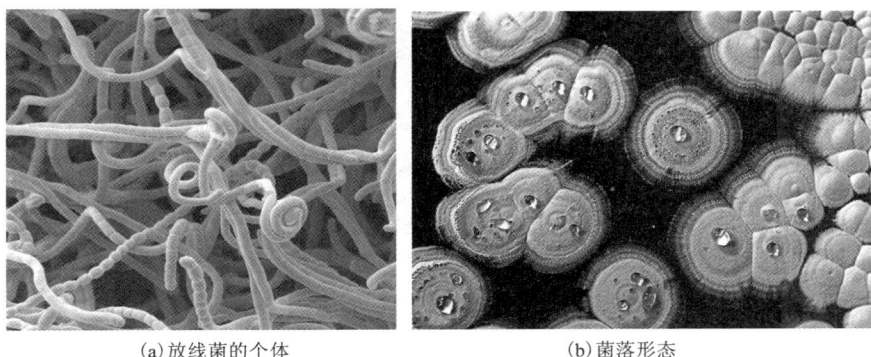

(a)放线菌的个体   (b)菌落形态

图 2 - 42   放线菌的个体和菌落形态

菌的小，表面多皱，致密干燥，或平滑凸起不等，边缘呈树根状，有黄、黄绿、红橙等颜色，一触即碎。有些种能产生抗生素，如利福霉素、蚁霉素等；也可用于石油脱蜡、烃类发酵以及污水处理中分解腈类化合物。

3. 放线菌属(*Actinomyces*)

放线菌属菌丝较细，直径小于 1 μm，有隔膜，可断裂呈"V"形或"Y"形。不形成气生菌丝，也不产生孢子，一般为厌氧或兼性厌氧菌。本属多为致病菌，如引起牛颚肿病的牛型放线菌(*Act. bovis*)，引起人的后颚骨肿瘤病及肺部感染的衣氏放线菌(*Act. israeli*)。

4. 小单孢菌属(*Micromonospora*)

小单孢菌属分布于土壤及水底淤泥中。基内菌丝较细，直径为 0.3 ~ 0.6 μm，无隔膜，不断裂，一般无气生菌丝。在基内菌丝上长出短孢子梗，顶端着生单个球形或椭圆形孢子。菌落较小。多数好氧，少数厌氧。有的种可产生抗生素，如绛红小单孢菌和棘孢小单孢菌都可产生庆大霉素，有的种还可产生利福霉素。此外，还有的种能产生维生素 B_{12}。

5. 链孢囊菌属(*Streptosporangium*)

该属特点是气生菌丝可形成孢囊和孢囊孢子。孢囊孢子无鞭毛，不能运动。本属菌也有不少菌种能产生抗生素，如粉红链孢囊菌产生多霉素，绿灰链孢囊菌产生氯霉素等。

2.1.3   蓝细菌

蓝细菌(Cyanobacteria)旧名蓝藻(blue algae)或蓝绿藻(blue - green algae)，是一类进化历史短、革兰氏染色阴性、无鞭毛、含叶绿素 a(但不形成叶绿体)、能进行产氧性光合作用的大型原核微生物。蓝细菌分布极广，包括各种水体、土壤中和部分生物体内外，甚至在极端环境(如温泉、盐湖、贫瘠的土壤、冰原、岩石表面或风化壳中以及植物树干等)中都可找到它们的踪迹，因此有"先锋生物"之美称。蓝细菌的细胞体积一般比细菌的大，通常直径为 3 ~ 10 μm，最大的可达 60 μm，如巨颤蓝细菌(*Oscillatoria princeps*)。细胞形态多样，大体可分 5 类(图 2 - 43)：①由二分裂形成的单细胞，如黏杆蓝细菌属(*Gloeothece*)；②由复分裂形成的群体，如皮果蓝细菌属(*Dermocarpa*)；③无异形胞的菌丝体，如颤蓝细菌属(*Oscillatoria*)；④有异形胞的菌丝，如异形囊胞菌丝体、鱼腥蓝细菌属(*Anabaena*)；⑤分枝菌丝体，如飞氏蓝细菌属(*Fischerella*)。

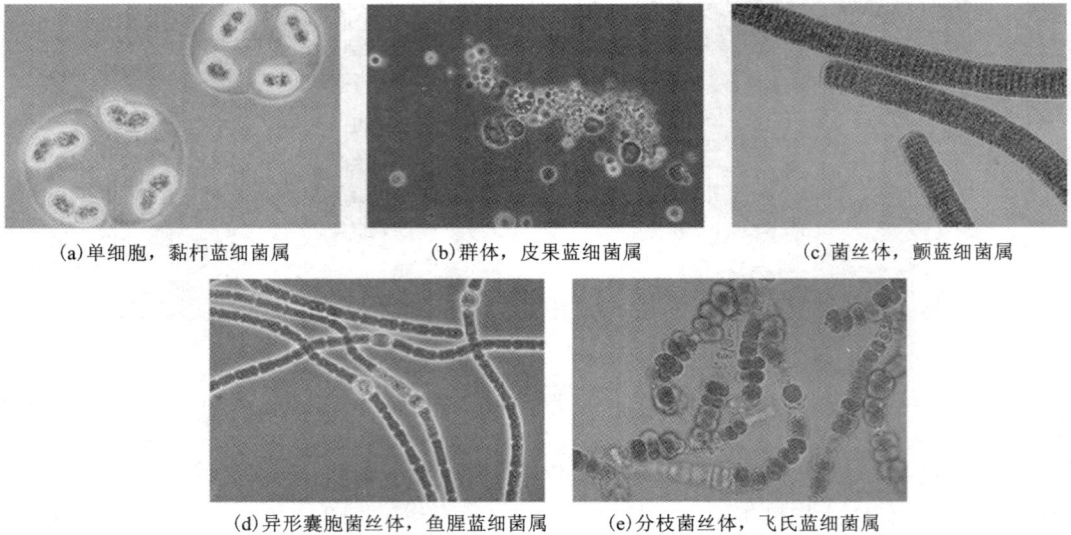

(a)单细胞，黏杆蓝细菌属　　　　(b)群体，皮果蓝细菌属　　　　(c)菌丝体，颤蓝细菌属

(d)异形囊胞菌丝体，鱼腥蓝细菌属　　　　(e)分枝菌丝体，飞氏蓝细菌属

图 2-43　5 种不同形态类型的蓝细菌

　　蓝细菌的细胞构造与 G⁻ 细菌相似。细胞壁有内外两层，外层为脂多糖层，内层为肽聚层。许多种能不断地向细胞壁外分泌胶黏物质，将一群细胞或丝状体结合在一起，形成黏质糖被或鞘。细胞膜单层，很少有间体。大多数蓝细菌无鞭毛，但可以"滑行"。蓝细菌光合作用的部位称为类囊体，数量很多，以平行或卷曲方式贴近地分布在细胞膜附近，其中含有叶绿素 a 和藻胆素(一类辅助光合色素)。蓝细菌的细胞内含有糖原、聚磷酸盐、PHB 以及蓝细菌肽等贮藏物以及能固定 CO_2 的羧酶体，少数水生性种类中还有气泡。蓝细菌细胞内的脂肪酸较为特殊，含有两至多个双键的不饱和脂肪酸，而其他原核生物通常只含饱和脂肪酸和单双键的不饱和脂肪酸。

　　蓝细菌通过无性方式繁殖。单细胞类群以裂殖方式繁殖，包括二分裂或多分裂。丝状体类群可通过单平面或多平面的裂殖方式加长丝状体，还常通过菌丝段繁殖。少数类群以内孢子方式繁殖。

　　蓝细菌有着重大的经济价值，包括许多食用种类如发菜念珠蓝细菌(*Nostoc flagelliforme*)，普通木耳念珠蓝细菌，即葛仙米，俗称地耳(*N. commune*)，盘状螺旋蓝细菌(*Spirulina platensis*)，最大螺旋蓝细菌(*S. maxima*)等，后两种已开发成有一定经济价值的"螺旋藻"产品。至今已知有 120 多种蓝细菌具有固氮能力，故在农业上，尤其是热带，已成为保持土壤氮素营养水平的主要因素。在水稻田中培养蓝细菌作为生物氮肥，可以提高土壤的肥力。临床上它能用于治疗肝硬化、贫血、白内障、青光眼、胰腺炎等疾病，对糖尿病、肝炎也有一定疗效。另外，蓝细菌可能是第一个产氧的光合生物，也是最先使空气从无氧转为有氧的生物。有的蓝细菌是在受氮、磷等元素污染后发生富营养化的海水"赤潮"和湖泊中"水华"的元凶，给渔业和养殖业带来严重危害。此外，还有少数水生种类如微囊蓝细菌属(*Microcystis*)会产生可诱发人类肝癌的毒素。

2.1.4 古生菌

古生菌是在系统发育上与细菌不同的一类特殊的原核生物。20 世纪 70 年代后期，美国伊利诺斯大学的 Carl Woese 等人在利用 DNA 序列研究原核生物之间的相互关系时发现存在两个完全不同的类群，于是提出原核生物中存在第三种生命形式——古细菌（Archaebacteria），简称为古生菌（*Archaea*）。目前被人们普遍接受的生命三域学说，即根据16S/18SrRNA 基因序列的系统发育学分析将生物分为三个域：细菌域（bacteria）、古生菌和真核生物域（eukarya）。古生菌常生活于各种极端自然环境下，如大洋底部的高压热溢口、热泉、盐碱湖等。在地球上，古生菌代表着生命的极限，它确定了生物圈的范围。例如，一种古生菌——热网菌（*Pyrodictium sp.*）能够在高达 113°C 的温度下生存。近年来，人们发现古菌的生活环境不仅限于一些极端环境，而是遍布在许多正常的环境中，如淡水湖、陆地土壤、大洋、近海等非极端环境中，几乎无处不在。

古生菌的形态差异很大，有球形、杆状，也有叶片状或块状，还有呈三角形、方形或不规则形状的（图 2 - 44）。和其他生物一样，古生菌细胞有细胞壁、细胞膜、细胞质和胞内的遗传物质等细胞结构。有的古生菌长有一根或多根鞭毛。古生菌也存在其他附属物，如蛋白质网可将古生菌细胞相互黏结在一起，形成大的细胞团。古生菌根据表型特征可分为 5 大类：产甲烷古生菌、极端嗜盐古生菌、极端嗜热和超嗜热的代谢硫的古生菌、无细胞壁的古生菌和还原硫酸盐的古生菌。

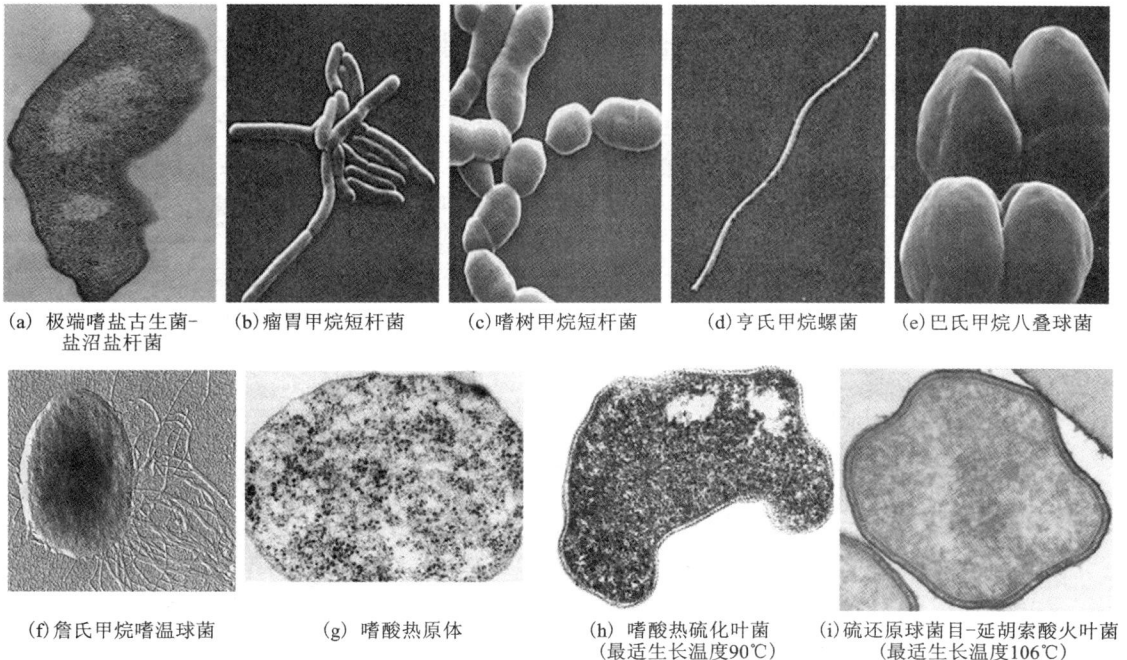

(a) 极端嗜盐古生菌-盐沼盐杆菌　(b)瘤胃甲烷短杆菌　(c)嗜树甲烷短杆菌　(d)亨氏甲烷螺菌　(e)巴氏甲烷八叠球菌

(f)詹氏甲烷嗜温球菌　(g) 嗜酸热原体　(h) 嗜酸热硫化叶菌（最适生长温度90℃）　(i)硫还原球菌目-延胡索酸火叶菌（最适生长温度106℃）

图 2 - 44　古生菌的形态

古生菌在大小、形态及细胞结构等方面与细菌相似，但在某些细胞结构的化学组成以及许多生理、生化特性上都不同于真细菌：①细胞壁成分独特而多样。除热源体属外，大多数古生菌类群均有细胞壁。产甲烷细菌的细胞壁成分和结构与肽聚糖类似，但不含胞壁酸、D型氨基酸和二氨基庚二酸，称为"假肽聚糖"；而嗜盐细菌的细胞壁则由蛋白质亚基组成。②细胞膜中含有的类脂不可皂化。其中在产甲烷细菌中为中性类脂，由甘油和与聚类异戊二烯以醚键连接；在嗜盐细菌中为极性类脂——植烷甘油醚。③古生菌的核糖体16S RNA的核苷酸顺序不同于真细菌和真核生物的顺序。④古生菌的基因转录和翻译系统类似于真核生物，如甲硫氨酸起始蛋白质的合成。⑤对抗生素等的敏感性。古生菌对作用于细菌细胞壁的抗生素，如青霉素、头孢霉素、D – 环丝氨酸等不敏感；对抑制细菌翻译的氯霉素不敏感；而对抑制真核生物翻译的白喉毒素却十分敏感。⑥古生菌为严格厌氧菌。

2.1.5　其他原核微生物

2.1.5.1　支原体

支原体（*Mycoplasma*）是一类无细胞壁、介于细菌和立克次氏体之间的一类原核微生物（图2 –45）。许多种类支原体是人和动物的致病菌（如牛胸膜肺炎症等），有些腐生种类生活在污水、土壤或堆肥中，少数种类可污染实验室的组织培养物。植物支原体又称类支原体（Mycoplasma – like organisms，MLO）是黄化病、丛枝病、矮缩病等植物病的病原体。

支原体的特点有：①细胞很小，直径一般为150～300 nm，多数为250 nm左右，故光学显微镜下勉强可见；②细胞膜含甾醇，比其他原核生物的膜更坚韧；③无细胞壁，呈G^-，且形态易变，对渗透压较敏感，对抑制细胞壁合成的抗生素不敏感等；④菌落小（直径0.1～1.0 mm），在固体培养基表面呈特有的"油煎蛋"状（图2 –46）；⑤以二分裂和出芽等方式繁殖；⑥能在含血清、酵母膏和甾醇等营养丰富的培养基上生长；⑦多数能以糖类作能源，能在有氧或无氧条件下进行氧化型或发酵型产能代谢；⑧基因组很小，仅为0.6～1.1 Mb；⑨对热、干燥抵抗力弱，45℃、30 min即可杀死。对苯酚、来苏尔等化学消毒剂及各种表面活性剂和醇类敏感，对青霉素、环丝氨酸等抑制细胞壁合成的抗生素和溶菌酶不敏感，但对四环素、卡那霉素、红霉素等能抑制蛋白质生物合成的抗生素和两性霉素、制霉菌素等破坏含甾体的细胞膜结构的抗生素很敏感。

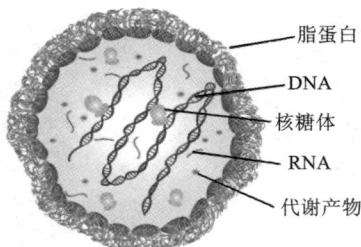

图2 –45　支原体的形态结构

图2 –46　支原体菌落呈"油煎蛋"形状

2.1.5.2　立克次氏体

1909年，美国医生立克次（Howard Taylor Ricketts）（1871—1910）首次发现落基山斑疹伤寒的独特病原体，并感染了斑疹伤寒而死亡。为了纪念他，人们于1916年将这类病原体称为立克次氏体。立克次氏体($Rickettsia$)是一类专性寄生于真核细胞内的 G^- 原核微生物。它与支原体的区别是有细胞壁和不能独立生活；与衣原体的区别在于其细胞较大、无滤过性和存在产能代谢系统。

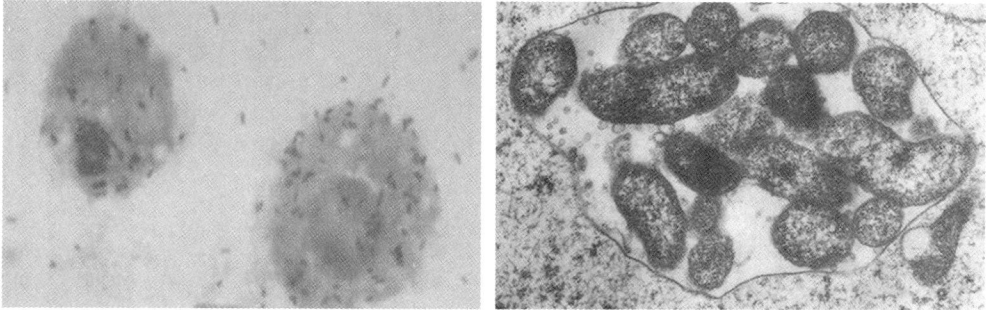

图 2-47　立克次氏体在宿主细胞中的生长

立克次氏体的特点有：①大小介于细菌和病毒之间，细胞大小为 $(0.3～0.6)$ μm × $(0.8～2.0)$ μm，除伯氏立克次氏体（又名 Q 热立克次体）外均不能透过细菌滤器，光镜下清晰可见；②细胞形态多样，呈球状、双球状、杆状甚至丝状等多种形态（图 2-47）；③有细胞壁，呈 G^-；④除少数外，均在真核营养细胞内专性寄生，宿主为虱、蚤等节肢动物和人、鼠等脊椎动物；⑤以二分裂方式繁殖（每分裂一次约 8 h）；⑥存在不完整的产能代谢途径，不能利用葡萄糖或有机酸，只能利用谷氨酸和谷氨酰胺产能；⑦对四环素和青霉素等抗生素敏感，但对干扰素不敏感；⑧对热（56℃以上经 30 min 即被杀死）、干燥、光照、脱水及普通化学剂的耐性较差，但能耐低温；⑨一般可培养在鸡胚、敏感动物或 HeLa 细胞株（子宫颈癌细胞）的组织培养物上。

有的立克次氏体不致病，而有的则会酿成严重疾病，它是流行性斑疹伤寒、恙虫病、Q 热的病原体。一般寄生于虱、蚤等节肢动物消化道的上皮细胞，并在其中大量繁殖，细胞破裂后所释放的大量个体随粪便排出。当虱、蚤叮咬人体时，乘机排粪，在人体抓痒之际，粪中立克次氏体便随即从伤口进入血流，在血细胞中大量繁殖并产生内毒素，置人于死地。引起人类致病的主要种类是普氏立克次氏体（$R.\ prowazeki$）、斑疹伤寒立克次氏体（$R.\ typhi$）、恙虫病立克次氏体（$R.\ tsutsugamushi$）和伯纳特立克次氏体（$R.\ burneti$）。

2.1.5.3　衣原体

衣原体（$Chlamydia$）是一类介于立克次氏体和病毒之间、能通过细菌滤器、专性活细胞寄生的一类 G^- 原核微生物（图 2-48）。它曾长期被误认为"大型病毒"，直至 1956 年我国著名微生物学家汤飞凡等自沙眼中首次分离到衣原体后，才证实它是一类独特的原核生物。它们的特点有：①个体比立克次氏体的稍小，但形态相似，呈球形，直径为 0.2～0.3 μm。光学显微镜下勉强可见。②细胞内同时含有 RNA 和 DNA 两种核酸。③具有细胞壁（但缺肽聚糖），其中含胞壁酸和二氨基庚二酸，呈 G^-。④专性活细胞内寄生。缺乏产生能量的酶系，必须依赖宿主获取 ATP。衣原体不需媒介直接侵染鸟类、哺乳动物和人类。如鹦鹉热衣原体（$Chlamydia\ psittaci$）引起鹦鹉热病，有时可传至人体，沙眼衣原体（$C.\ trachomatis$）引起人体沙眼，肺炎衣原体（$C.\ pneumoniae$）引起肺炎。另有性病淋巴肉芽肿，是由性病肉芽肿衣原体引起的，是一种接触传染的性病。⑤以二分裂方式繁殖。⑥衣原体不耐热，在 60℃ 下，10 min

即可失活。但它不怕低温，冷冻干燥可保藏数年。它对磺胺类药物和四环素、红霉素、氯霉素等抗生素及干扰素敏感。

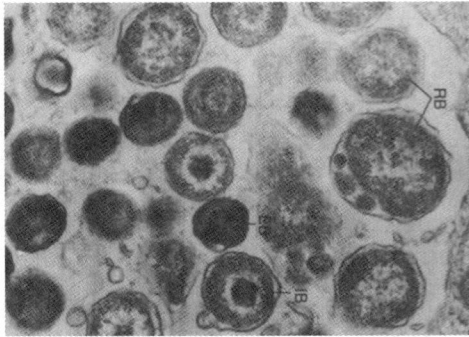

图 2 - 48 宿主细胞内观察到的衣原体微菌落

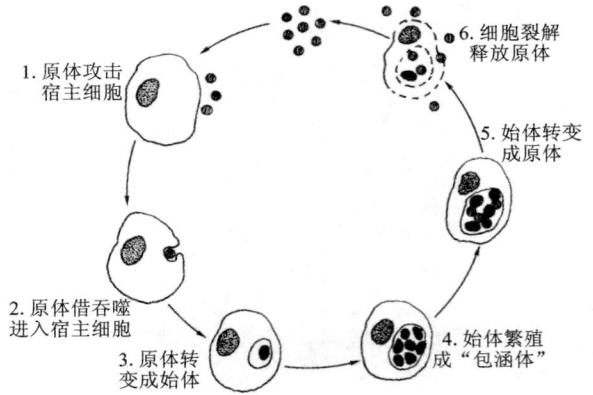

图 2 - 49 衣原体的生活史

衣原体的生活史十分独特。具有感染力的细胞称作原体(elementary body)，呈小球状(直径小于 0.4 μm)，细胞厚壁、致密，不能运动，不生长(RNA∶DNA = 1∶1)，抗干旱，有传染性。原体经空气传播，一旦遇到合适的宿主，就可通过吞噬作用进入细胞，在其中生长，转化成无感染力的细胞，称为始体(initial body)或网状体(reticulate body)，它呈大形球状(直径为 1~1.5 μm)，细胞壁薄而脆弱，易变形，无传染性，生长较快(RNA∶DNA = 3∶1)，通过二分裂可在细胞内繁殖成一个微菌落即"包涵体"，随后每个始体细胞又重新转化成原体，待释放出细胞后，重新通过气流传播并感染新的宿主(图 2 - 49)。衣原体的整个生活史约需 48 h。

2.1.5.4 黏细菌

黏细菌(*myxobacteria*)，又名子实黏细菌，呈单细胞杆状，有的细长、弯曲和顶端逐渐变细，称为细胞 I 型；或是圆柱形，较坚韧，具有钝圆的末端，称为细胞 II 型(图 2 - 50)。

(a)黏细菌

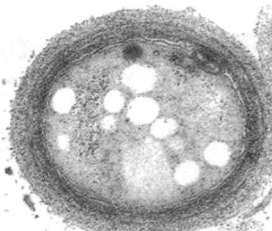

(b)黄色黏细菌的黏孢子

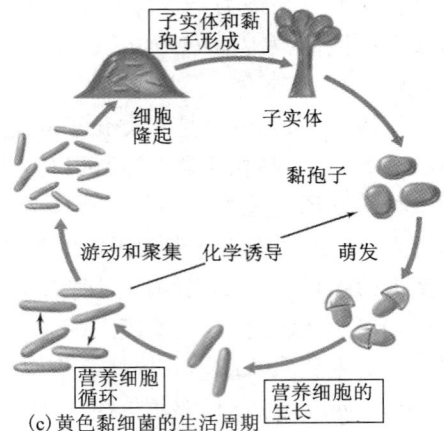

(c)黄色黏细菌的生活周期

图 2 - 50 黏球菌形态、黏孢子和生活周期

营养细胞除缺乏坚硬的细胞壁外，其他均类似于细菌。菌体直径小于 1.5 μm，无鞭毛，呈 G^-。菌体能向体外分泌多糖黏液，将细胞团包埋于黏液中，并借助于黏液在固体或气汲界向上滑行。在适宜条件下，一群游动的营养细胞彼此向对方移动，在一定的位置聚积成团，形成肉眼可见的子实体。子实体的形状和颜色随菌种而异，但经常是红、黄等鲜艳的颜色。单个子实体中可能含有 10 个或更多个由营养细胞转变而成的休眠体，称为黏孢子（myxospore）[图 2-50(b)]。黏孢子为很短的杆状或包被着孢子衣的球状细胞，对热、紫外线和干燥具有较强的抗性和折光性。生长发育后期子实体失水干燥，释放出黏孢子，其能借风力或水力等传播，在适宜的条件下又萌发为营养细胞。营养细胞以二分裂方式繁殖。

黏细菌为严格好氧的化能异氧型，无光合色素。根据"食性"的差异可将黏细菌分为两个类群：溶细菌群和溶纤维素群。它们能产生胞外酶水解大分子物质，如蛋白质、核酸、脂肪酸酯以及包括纤维素在内的多种碳水化合物。多数黏细菌能在含蛋白胨或酪蛋白水解物的固体培养基上良好生长。溶纤维素群中堆囊菌属（Sorangium）、多囊菌属（Polyangium）、囊球菌属（Angiococcus）的某些种能分解纤维素。黏细菌是土壤中常见的腐生菌，主要分布于土壤表层、树皮、腐烂的木材、厩肥和动物粪便上，尤其是草食性动物的粪便、中性或微碱性的土壤、活树树皮以及腐败的植物上。由于黏细菌的黏孢子和子实体有很强的抗逆性，在海水、酸性泥沼、低氧条件、极地温度等条件下也有黏细菌的存在。草食动物的粪粒是几乎所有黏细菌生长的良好基质，因此常把灭菌的兔粪置于土壤上以分离黏细菌。

黏细菌是原核生物中生活周期和群体变异最为复杂的类群，也是尚未得到有效重视和充分利用的微生物资源，其分离、纯化的困难和方法的特殊性使研究受到限制。黏细菌为研究微生物的发育分化、微生物生态学及微生物的进化等许多重要问题提供了实验材料。在生物活性物质合成方面，黏细菌的抗生素产生菌比例甚至高于放线菌，如纤维堆囊菌（Soranguim cellulosum）甚至高达近百分之百，能够代谢产生许多全新结构的抗性物质；黏细菌丰富的胞外黏液质和特殊的酶蛋白等，能分解纤维素、琼脂、几丁质、溶解其他真核和原核微生物；有些菌株能产生类胡萝卜素（尤其是叔糖苷类）、黑色素和原卟啉，这些均有极好的应用价值。

2.1.5.5 蛭弧菌

蛭弧菌（bdellovibrio）是寄生于其他细菌并能导致其裂解的一类细菌，是一类能"吃掉"细菌的细菌，有类似于噬菌体的作用，但不是病毒，具有细菌的基本特征。能通过细菌滤器。菌体呈弧状、逗点状，有时呈螺旋状。蛭弧菌有一根粗的鞘鞭毛[图 2-51(a)]，比其他细菌鞭毛粗 3~4 倍。菌体 DNA 中 G+C 摩尔分数为 42%~51%。蛭弧菌借助一根极生的鞭毛运动，菌体很活跃，能吸附在寄生细胞的表面，借助于特殊的"钻孔"效应，进入寄主细胞[图 2-51(b)、(c)]。蛭弧菌穿透猎物细胞壁并在壁与膜之间（壁膜间隙）进行复制，最终形成一种球形结构的蛭质体（bdelloplast），蛭弧菌侵入后就杀死寄主细胞，失去鞭毛，形成螺旋状结构，然后进行均匀分裂，形成许多带鞭毛的子细胞[图 2-51(d)]。

蛭弧菌是专性好氧菌，能侵染各种 G^- 细菌，但不侵染 G^+ 细菌，对寄主细菌的寄生具有特异性。蛭弧菌生活方式多样，有寄生，也有兼性寄生，极少数营腐生。蛭弧菌广泛存在于自然界的土壤、河流、近陆海洋水域及下水道污水中。蛭弧菌的溶菌作用在动植物细菌性病害的防治以及环境污水的净化方面具有一定的应用价值。

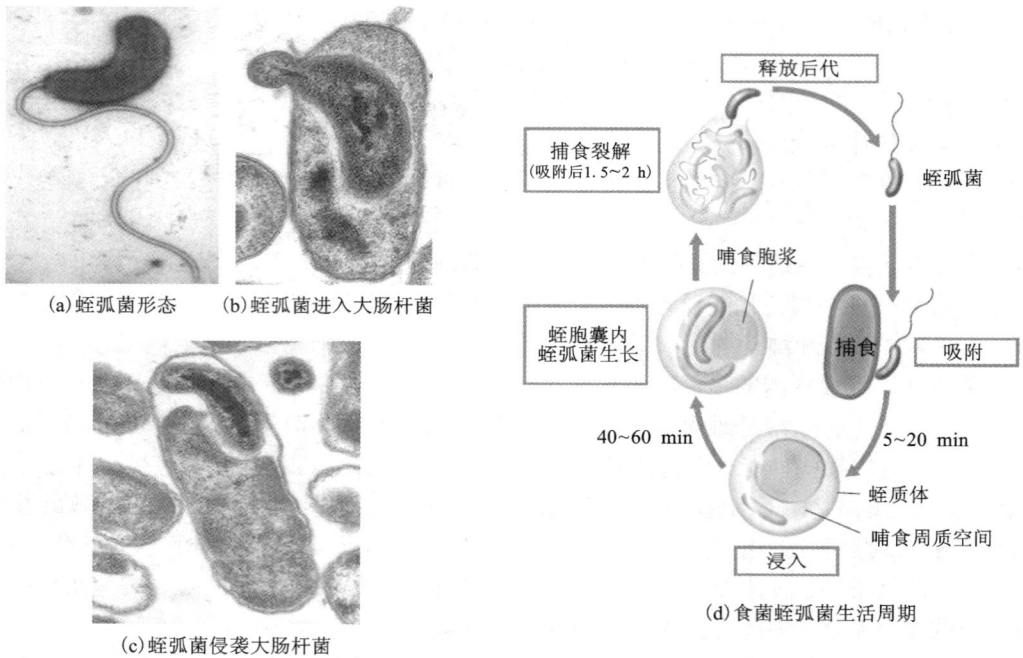

(a)蛭弧菌形态　(b)蛭弧菌进入大肠杆菌

(c)蛭弧菌侵袭大肠杆菌

(d)食菌蛭弧菌生活周期

图 2-51　食菌蛭弧菌形态、侵袭过程及生活周期

2.2　真核微生物的形态、构造和功能

凡是细胞核具有核膜、能进行有丝分裂、细胞质中存在线粒体或同时存在叶绿体等细胞器的微小生物，统称为真核微生物。真核微生物的个体一般较原核微生物大。真核微生物主要包括真菌、显微藻类和原生动物等，其中真菌是最重要的真核微生物，也是本节研究的重点。

2.2.1　真菌的一般特性

真菌在自然界中分布广泛，类群庞大，现已被描述的有 1 万属 12 万余种，包括单细胞的酵母菌、单细胞或多细胞的霉菌以及产生大型子实体的蕈菌（大型真菌）。在历史上，真菌曾被认为和植物的关系相近，甚至曾被植物学家认为就是一类植物，但真菌其实是单鞭毛生物，而植物却是双鞭毛生物。不同于有胚植物和藻类，真菌不进行光合作用，而是属于腐生生物——经由腐化并吸收周围物质来获取食物。大多数真菌由被称为菌丝的微型构造所构成，这些菌丝或许不能被视为细胞，但却有着真核生物的细胞核。真菌的细胞既不含叶绿体，也没有质体，是典型异养生物。它们从动物、植物的活体、死体及其排泄物，以及断枝、落叶和土壤腐殖质中来吸收和分解其中的有机物，作为自己的营养。

真菌常为丝状和多细胞的有机体，其营养体除大型菌外，分化很小。高等大型菌有定型的子实体。除少数例外，真菌都有明显的细胞壁，通常不能运动，以孢子的方式进行繁殖。正常生活条件下，真菌的菌丝一般是很疏松的，但在环境条件不良或繁殖的时候，菌丝相互紧密交织在一起形成各种不同的菌丝组织体。常见者如引起木材腐烂的担子菌的菌丝纠结成绳索状，外形似根，叫做根状菌索（rhizomorph）。有些真菌的菌丝密集成颜色深、质地坚硬的核状体，叫做菌核（sclerotium），小的形如鼠粪，大的比人头还大，如茯苓。有些种的菌核有组织分化，外层为拟薄壁组织（pseudoparenchyma），内部为疏丝组织（prosenchyma）。菌核是渡过不良环境的休眠体。很多高等真菌在生殖时期形成有一定形状、结构和能产生孢子的菌丝体，叫做子实体（sporophore），如蘑菇的子实体似伞状，马勃的子实体近球形。容纳子实体的菌丝褥座状结构，叫做子座（stroma）。子座是真菌从营养阶段到繁殖阶段的一种过渡形式，也有拟薄壁组织和疏丝组织分化，如冬虫夏草菌从蝙蝠蛾科昆虫的幼虫尸体上长出的棒状物、麦角菌核上萌发生成的红头紫柄就是子座。子座形成以后，其上产生许多子囊壳即子实体，子囊壳中产生子囊和子囊孢子。

概括起来，真菌的主要特性有：①有边缘清楚的核膜包围着细胞核，而且在一个细胞内有时可以包含多个核，其他真核生物很少出现这种现象；②不含叶绿素，不能进行光合作用，营养方式为异养吸收型，即通过细胞表面自周围环境中吸收可溶性营养物质，不同于植物（光合作用）和动物（吞噬作用）；③以产生大量无性和有性孢子进行繁殖；④除酵母菌为单细胞外，一般具有发达分枝的菌丝体。

真菌与人类的关系非常密切。长期以来许多真菌被作为食品的来源，为人类提供美味食品和蛋白质、维生素等资源，同时还可为人类提供真菌多糖、低聚糖等提高免疫力、抗肿瘤的生物活性物质。真菌的某些代谢产物在工业上也具有广泛用途，如产生的酒精、有机酸、酶制剂、脂肪、甘油、促生长素、维生素等。真菌还可以将环境中的各种有机物降解为简单的复合物和无机小分子，直接或间接地影响着地球生物圈的物质循环和能量转换。农业上，真菌在饲料发酵、植物生物激素（赤霉素）、生物防治害虫等方面也发挥着十分重要的作用。另外，真菌还是进行基础生物学研究的重要研究工具。

但是真菌也有对人类有害的一面，许多真菌可引起人畜的疾病及植物病害、导致工业原料及农产品的霉变，甚至在食品和粮食中产生毒素，给人类带来了极大的危害和损失。例如，1845 年欧洲由于马铃薯晚疫病的流行摧毁了 5/6 的马铃薯，中国由于 1950 年的小麦锈病和 1974 年的稻瘟病而使小麦和水稻各减产 60 亿 kg。

2.2.2 酵母菌

酵母菌（yeast）泛指能发酵糖类单细胞真核微生物。在自然界分布广泛，尤其喜欢在偏酸性且含糖较多的环境中生长，如在水果、蔬菜、花蜜的表面和在果园土壤中最为常见，在牛奶、动物的排泄物以及空气中也有酵母存在。目前已知的有 500 多种，属于兼性厌氧菌。

酵母菌是人类文明史中被应用得最早的微生物，也是人类直接食用量最大的一种微生物，与人类关系十分密切。在食品、发酵、医药、石油等工业中有着极其重要作用，如酒精工业、酿酒工业、甘油发酵、有机酸发酵、石油降解及单细胞蛋白、药用酵母、核糖核酸、核苷酸麦角甾醇、细胞色素 C、氨基酸、核黄素、辅酶、脂肪酶等生产合成，均被作为生产菌种。

酵母菌也会给人类带来危害。腐生型酵母菌能使食物、纺织品和其他原料腐败变质；少数耐高渗的酵母菌如鲁氏酵母、蜂蜜酵母可使蜂蜜、果酱等败坏；部分酵母菌是发酵工业的污染菌，严重时导致发酵产品产量下降、品质劣变，如红酵母在泡菜表面产生白膜；还有少数可引起人、动物和植物的病害，如白假丝酵母可引起皮肤、黏膜、呼吸道、消化道等疾病。

2.2.2.1 酵母菌的形态结构

酵母菌为单细胞的高等真核微生物，细胞形态通常呈圆球形、椭圆形、卵形、柠檬形、腊肠形或柱形（图2-52）。酵母细胞一般比细菌的大得多，为$(1\sim5)$ $\mu m \times (5\sim30)$ μm。表示方法同细菌的表示方法，球形的酵母用直径表示其大小，对于椭圆形、卵圆形或长椭圆形的用长和宽表示。酵母菌具有真核生物的共同特征，其细胞结构包括细胞壁、细胞膜、细胞质、细胞核及各种细胞器（图2-53）。

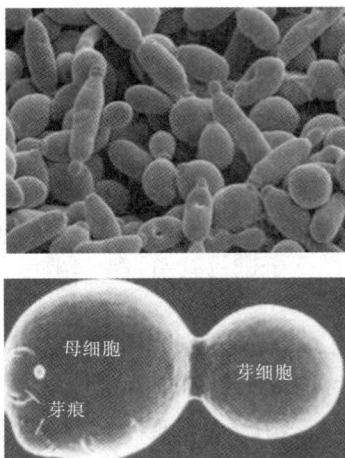

图2-52　酵母菌的细胞形态

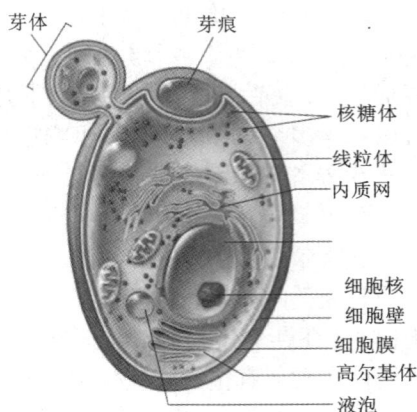

图2-53　酵母菌细胞构造模式图

1. 细胞壁

酵母菌的细胞壁比细菌的厚且坚硬，约25 nm，占细胞干重的25%。其主要成分是$\beta-1,3-$葡聚糖，构成酵母纤维素，随机排列形成酵母细胞壁的内层，赋予细胞壁坚韧的机械强度；外层为甘露糖，中间夹有一层蛋白质分子，呈"三明治"构造（图2-54）。

玛瑙螺的胃液制得的蜗牛消化酶可水解酵母菌的细胞壁，用于制备酵母菌的原生质体。此外，也可用该酶水解酵母菌的子囊壁，借以分离对一般水解酶有抗性的子囊孢子。

2. 细胞膜

酵母菌的细胞膜结构与原核生物的基本相同，是双磷脂层构造。主要成分为蛋白质（约占干重的50%，含有可吸收糖和氨基酸的酶），类脂（约40%，甘油酯、磷脂、甾醇）和少量糖类（甘露聚糖等）。

酵母细胞膜上所含的各种甾醇中，尤其以麦角甾醇居多，其经紫外线照射后，可转化为维生素D_2，故可作为维生素D的来源。

3. 细胞核

酵母菌具有多孔核膜包裹起来的定形细胞核——真核，由核膜、核质和核仁组成，是遗传信息的主要贮存库。核膜上有很多膜孔（40~70 nm）（图2-55），可允许大分子和小颗粒通过，如细胞核合成的核糖体成分rRNA，可通过核膜转移到细胞质中。核仁RNA含量很高，核仁的基底物质是蛋白质的网状结构，无明显的界膜把它同核的其他成分分开。核染色体的主要成分是DNA及组蛋白。酵母菌有很多条染色体，染色体上携带着酵母菌的全部基因，如啤酒酵母有 17 条染色体。

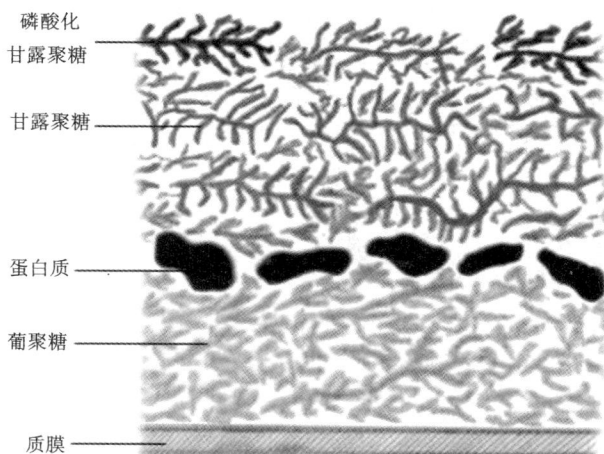

图 2-54 细胞壁的"三明治"结构

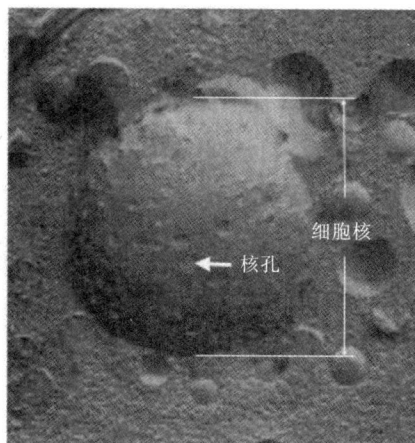

图 2-55 细胞核

4. 其他构造

在真核细胞中，通常将位于细胞膜和细胞核间的透明、黏稠、不断流动并充满各种细胞器的溶胶称为细胞质，而将除细胞器以外的胶状溶液又称为细胞基质。细胞基质内含有各种内含物、中间代谢物以及赋予细胞一定机械强度的细胞骨架和丰富的酶等蛋白质，是细胞代谢活动的重要基地。

酵母菌细胞器包括内质网、核糖体、高尔基体、线粒体、液泡等。内质网属于内膜系统，其表面有大量核糖体，是合成酶和蛋白质的场所，也可能是细胞内外的通信通道。核糖体由 40% 蛋白质和 60% RNA 共价结合而成，是存在于一切细胞中的无膜包裹的颗粒状物质，具有蛋白质合成功能。线粒体是进行氧化磷酸化反应的重要场所，其功能是把蕴藏在有机物中的化学潜能转化成生命活动所需能量，也称为真核细胞的"动力车间"。在成熟的酵母细胞中，有一个大形的液泡，内含有一些水解酶以及聚磷酸、类脂、中间代谢产物、水及异染颗粒等，起着营养物和水解酶类贮藏库的作用，同时还可以调节渗透压。

2.2.2.2 酵母菌的菌落特征

大多数酵母菌的菌落特征与细菌相似，一般呈现较湿润、较透明，表面较光滑，容易挑起，菌落质地均匀，正反面及边缘与中央部位颜色较一致等特点(图 2-56)。由于酵母菌的细胞大，细胞内又有许多分化的细胞器，细胞间隙含水量相对较少，以及不能运动等特点，宏观上就产生了较大、较厚、外观较黏稠和较不透明等有别于细菌的菌落。而且菌落颜色也有别于细菌，通常菌落颜色比较单调，多为乳白色或矿烛色，少数为红色，个别为黑色。另外，凡不产假菌丝的酵母菌，其菌落更为隆起，边缘极为圆整；而会产生大量假菌丝的酵母菌，菌落较扁平，表面和边缘较粗糙。

通常，酵母菌的菌落由于存在酒精发酵，会散发出一股悦人的酒香味。

2.2.2.3 酵母菌的繁殖方式

酵母菌的繁殖方式分为无性繁殖和有性繁殖两种，但以无性繁殖为主。繁殖方式对酵母

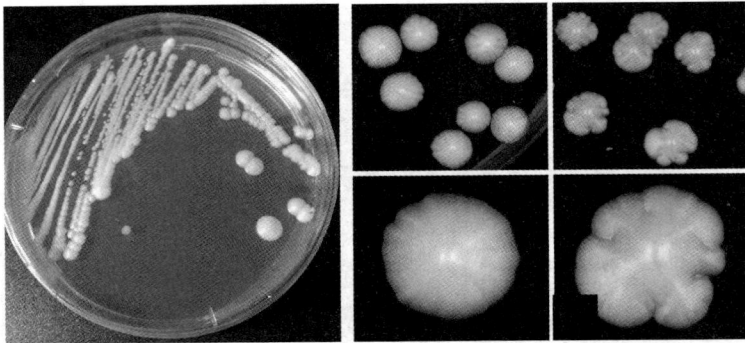

图 2 - 56　酵母菌的菌落形态

菌的鉴定极为重要,其中有代表性的繁殖方式如下所示:

酵母菌的繁殖方式
- 无性
  - 芽殖:各属酵母都存在
  - 裂殖:少数酵母菌,如八孢裂殖酵母
  - 产无性孢子
    - 节孢子:地霉属
    - 掷孢子:掷孢酵母属
    - 厚垣孢子:白假丝酵母
- 有性(产子囊孢子):酵母属、接合酵母属等

1. 无性繁殖

(1)芽殖(budding)　是酵母菌进行无性繁殖的主要方式。其过程是:当酵母细胞生长到一定阶段时,母细胞表面形成一个泡囊状突起,形成芽体;随后母细胞的细胞核分裂成两个子核,其中一个随母细胞的细胞质进入芽体内,形成子细胞;子细胞长大到一定大小,脱离母细胞而成为新的酵母菌体。母细胞与子细胞分离后,母细胞上会留下一个芽痕(bud scar),而在子细胞上就相应留下蒂痕(birth scar)。通常酵母细胞的出芽方式有多边出芽、两端出芽、三边出芽和单边出芽等(图 2 - 57),因此每个酵母细胞有 1 至多个芽痕。若酵母菌生长旺盛,在芽体尚未自母细胞脱落前,在芽体上又长出新的芽体,当其进行一连串的芽殖后,如果长大的子细胞与母细胞不分离而仍然连接在一起,则这种藕节状的细胞串就称为"假菌丝"(pseudohyphae)(图 2 - 58)。

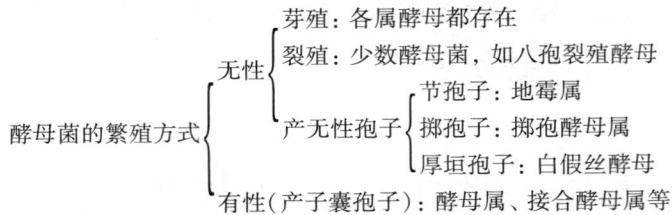

图 2 - 57　酵母菌的出芽方式

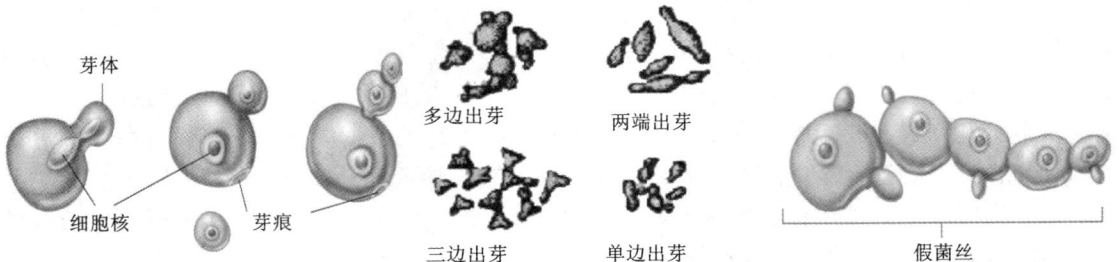

图 2 - 58　假菌丝形成模式图

（2）裂殖（fission） 少数酵母菌，如裂殖酵母属的八孢裂殖酵母（*Schizosaccharomyces octosporus*），具有类似于细菌的二分裂繁殖方式。其过程是细胞延长，核分裂为二，细胞中央出现隔膜，将细胞横分为两个具有单核的子细胞。

（3）产生无性孢子 有些酵母菌如掷孢酵母属（*Sporobolomyces*），可在卵圆形营养细胞上长出小梗，然后在其上产生肾形的掷孢子（ballistospore），孢子成熟后，通过一种特有的喷射机制将孢子射出。有些酵母菌如地霉属（*Geotrichum*），菌丝成熟后，一部分菌丝产生许多横隔，将菌丝分割成许多球形或圆柱形小节片，即为节孢子（arthrospore），又称裂生孢子。有些酵母菌如白假丝酵母（*Candida albicans*），在菌丝的顶端或中间原生质体浓缩产生一种厚壁的孢子，称为厚垣孢子（chlamydospore），其对外界不良环境具有很强的抵抗力。

2. 有性繁殖

酵母菌是以形成子囊（ascus）和子囊孢子（ascospore）的方式进行有性繁殖的。有性繁殖是指通过两个性细胞的结合而产生新个体的过程，一般包括三个阶段——质配、核配、减数分裂：

（1）质配 两个性别不同的细胞相互接触，随后两者的细胞质和细胞核（N）合并在同一细胞中，发生细胞融合，形成双核期（N + N）。

（2）核配 融合的细胞内两个单倍体的细胞核结合成一个双倍体的核（2N），即形成具有两套染色体的细胞。

（3）减数分裂 二倍体的细胞核经过减数分裂，形成 4 ~ 8 个有性的子囊孢子。

酵母菌子囊孢子的形成过程（图 2 – 59）是：两个邻近的性别不同的酵母细胞各自伸出一根管状的原生质突起，随即相互接触、融合，并形成一个通道，两个细胞核在此通道内结合，形成双倍体细胞核，然后进行减数分裂，形成 4 个或 8 个子核。每一子核与其周围的原生质结合，在其表面形成一层孢子壁后，就形成了一个子囊孢子，原来的母细胞就成为了子囊。子囊孢子从子囊中脱离出来后，逐渐萌发形成新的繁殖体。

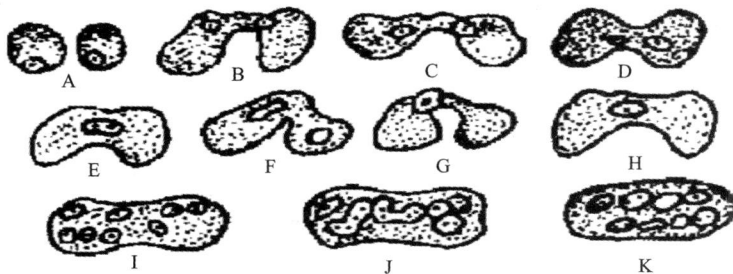

A~D—两个细胞结合；E—结合子形成；F~I—核分裂；J~K—子囊孢子形成

图 2 – 59 酵母菌子囊孢子的形成过程

2.2.2.4 食品中常见的酵母菌

1. 酵母菌属（*Saccharomyces*）

酵母菌属隶属于子囊菌亚门、半子囊菌纲、内孢霉目、酵母科，其广泛存在于水果、蔬菜、酒曲以及果园的土壤中，能发酵多种糖类，可引起水果、蔬菜发酵，食品工业上常用其进行酿酒和发酵用，最主要的两个代表性菌种是啤酒酵母和葡萄酒酵母。

（1）啤酒酵母（*S. cerevisiae*）　又称酿酒酵母，广泛应用于啤酒、白酒、果酒的酿造和面包的制造中。由于酵母菌含有丰富的维生素和蛋白质，因而还可药用，也可发酵生产饲料，具有较大的经济价值。

啤酒酵母种类很多，根据细胞的长宽比、假菌丝形成情况及发酵特点，可将其分为三组。

第一组：细胞多为圆形、短卵形或卵形，长与宽之比为 1~2。无假菌丝，或有较发达的不典型的假菌丝。不耐高渗透压，适于用糖化淀粉为原料生产酒精，是啤酒酵母中主要的酒精生产菌，也可用于酿造白酒和制造面包。

第二组：细胞为卵形或长卵形，长与宽之比通常为 2。常形成假菌丝，但不发达，也不典型。常用于酿造葡萄酒和果酒，也可用于啤酒业、蒸酒业和酵母厂。

第三组：细胞为长圆形，长与宽之比大于 2。常形成假菌丝，但不典型。这类酵母菌比较耐高渗透压，适用于发酵甘蔗糖蜜，生产酒精，如魏氏酵母（*S. willianus*）。

啤酒酵母多数以芽殖进行无性繁殖，可单边出芽，也可两端或多边出芽，有性繁殖形成子囊孢子。在麦芽汁琼脂培养基上，啤酒酵母的菌落为乳白色，有光泽、平坦或微凸起，边缘整齐。

（2）葡萄酒酵母（*S. uvarum*）　与啤酒酵母的主要区别是可全发酵棉籽糖。常存在于葡萄汁、果汁、果园土壤中，可由果酒厂和啤酒厂分离出该种酵母，多用于生产食用、药用和饲料酵母。

葡萄酒酵母通常以产生子囊孢子的方式进行有性繁殖，营养细胞直接形成子囊，每个子囊含有 1~4 个圆形或椭圆形、表面光滑的子囊孢子，有时还会发生子囊孢子接合现象。在麦芽汁琼脂培养基上，葡萄酒酵母的菌落为乳白色、平滑、有光泽、边缘整齐；在玉米粉琼脂培养基上不形成假菌丝或有不发达的假菌丝。

本属部分酵母菌是某些食品、工业材料或制品的有害菌，如鲁氏酵母（*S. rouxii*）、蜂蜜酵母（*S. mellis*）等能在含高浓度糖的基质中生长，引起高糖食品（如果酱、果脯）的变质；它们也能抵抗高浓度的食盐溶液，如生长在酱油中，可在酱油表面生成灰白色粉状的膜，膜逐渐增厚变成黄褐色，从而导致酱油品质败坏。

2. 假丝酵母属（*Candida*）

假丝酵母属隶属于半知菌亚门、芽孢菌纲、隐球酵母目、隐球酵母科。细胞为球形、卵形或长形。无性繁殖为多边芽殖，形成假菌丝，有的可形成厚垣孢子，不产生色素。对糖类有较强的分解作用，能氧化有机酸，具有酒精发酵能力，都能利用烃类作为碳源，工业上常用来生产蛋白质、脂肪酶和有机酸等。常存在于许多食品上，如新鲜的和腌制过的肉发生的一种类似人造黄油的酸败就是由该属的酵母菌引起的。该属代表性菌种主要有以下几种：

（1）热带假丝酵母（*C. tropicalis*）　即热带念珠菌，是最常见的假丝酵母。念珠菌是一种腐物寄生菌，迄今已发现有 270 余种，广泛存在于自然界，可从水果、蔬菜、乳制品、土壤中分离出，也存在于健康人体的皮肤、阴道、口腔和消化道等部位。引起人类致病的念珠菌主要有白色念珠菌（*C. albicans*）、热带念珠菌（*C. tropical*）、假热带念珠菌（*C. pseudotropicalis*）等，其中以白色念珠菌毒力最强，也最常见。

热带假丝酵母在葡萄糖酵母膏蛋白胨液体培养基中培养后，细胞呈球形或卵球形，大小为（4～8）μm×（6～11）μm，液面有醭或无醭，有环，菌体沉淀于管底；在麦芽汁琼脂斜面上的菌落为白色到奶油色，无光泽或稍有光泽，软而平滑或部分有皱纹。培养时间长时，菌落变硬呈菌丝状；在加盖玻片的玉米粉琼脂培养基上培养，可看到大量的假菌丝和芽生孢子。

热带假丝酵母氧化烃类的能力强，在230～290℃石油馏分的培养基中，经22 h后，可得到相当于烃类重量92%的菌体，所以是生产石油蛋白质的重要菌种。用农副产品和工业废弃物也可培养热带假丝酵母，如用生产味精的废液培养热带假丝酵母做饲料，既扩大了饲料来源，又减少了工业废水对环境的污染。

（2）产朊假丝酵母（*C. utilis*） 又名产朊圆酵母或食用圆酵母。细胞呈圆形、椭圆形或腊肠形，大小为（3.5～4.5）μm×（7～13）μm。液体培养不产醭，管底有菌体沉淀。在麦芽汁琼脂培养基上，菌落乳白色，平滑，有或无光泽，边缘整齐或菌丝状。在加盖玻片的玉米粉琼脂培养基上，形成原始假菌丝或不发达的假菌丝，或无假菌丝。

产朊假丝酵母的蛋白质和维生素 B 含量比啤酒酵母都高，能以尿素和硝酸作为氮源，在培养基中不需要加入任何生长因子即可生长。能发酵利用葡萄糖、蔗糖、棉子糖，但不发酵麦芽糖、半乳糖、乳糖和蜜二糖，也不分解脂肪。既能利用造纸工业的亚硫酸废液，又能利用糖蜜、土豆淀粉废料、木材水解液等生产出人畜皆可食用的蛋白质。

（3）解脂假丝酵母（*C. lipolytica*） 细胞为圆卵形到长形，有的细胞可长达 20 μm。在加盖玻片的玉米粉琼脂培养基上，可看到假菌丝或具有横隔的真菌丝。在菌丝顶端或中间有单个或成双的芽生孢子。

从黄油、石油井口的油黑土及一般土壤中、炼油厂或生产油脂车间等处都可以分离到这种微生物。解脂假丝酵母能利用的糖类很少，但它们分解脂肪和蛋白质的能力很强，容易与其他酵母相区别。主要用于石油发酵，可用廉价的石油为原料生产酵母蛋白，同时可使石油脱蜡，降低石油分馏的凝固点。此外，还可利用解脂假丝酵母生产柠檬酸、维生素、谷氨酸和脂肪酸等。

3. 球拟酵母属（*Torulopsis*）

此属与假丝酵母同属隐球酵母科，细胞为球形、卵形或略长形。在麦芽汁斜面上的菌落为乳白色，表面皱褶，无光泽，边缘整齐或不整齐。繁殖方式为多边芽殖，无假菌丝。

球拟酵母不产色素，有酒精发酵能力，对多数糖有分解能力，有些种在适宜条件下能将40% 的糖转化为甘油等多元醇。由于甘油是重要的化工原料，所以此属酵母菌是工业中的重要种类。代表菌种为白色球拟酵母（*T. candida*），广泛存在于自然界中，能发酵生产甘油。

有些球拟酵母如球形球拟酵母（*T. globosa*），能耐高渗透压，可在高糖浓度的基质如蜜饯、蜂蜜等上生长，是引起该类食品腐败变质的主要菌种。有的菌种也可进行石油发酵，可生产蛋白质或其他产品。

4. 红酵母属（*Rhodotorula*）

此属亦属于隐球酵母科，细胞为圆形、卵形或长形，为多边芽殖，多数种类没有假菌丝，有产生色素的能力（如赤色、橙色、黄色）。多数因形成荚膜而使菌落呈黏质状，如黏红酵母（*R. glutinis*）、胶红酵母（*R. mucilahinosa*），它们在食品上生长，可形成赤色斑点。

红酵母菌具有积聚大量脂肪的能力（但合成脂肪的速度较慢，如培养液中添加氮和磷，可加快其合成脂肪的速度），通常细胞内脂肪含量占干物质的50%～60%，故也称脂肪酵母。

红酵母菌没有酒精发酵的能力，蛋白质产量也比其他酵母低，而且少数种类为致病菌，在空气中时常发现。

5. 裂殖酵母属（Schizosaccharomyces）

裂殖酵母属隶属于子囊菌亚门、酵母科、裂殖酵母亚科。细胞为椭圆形或圆柱形，无性繁殖为裂殖，可形成假菌丝。有性繁殖是营养细胞结合形成子囊，子囊内有1～4个或8个子囊孢子。子囊孢子球形或卵圆形，具有酒精发酵能力，不同化硝酸盐。常存在于糖类及其制品中，曾经从蜂蜜、粗制蔗糖和水果上分离到。主要代表性菌种如八孢裂殖酵母（S. octosporus）。

6. 汉逊酵母属（Hansenula）

该属酵母常常存在于柑橘、葡萄及其制品和浓缩果汁中。营养细胞的形态多样，为圆形、椭圆形、卵圆形、腊肠形等。无性繁殖为多边芽殖，有的种类能形成假菌丝。有性繁殖产生1～4个子囊孢子，子囊形状与营养细胞相同，形状为帽形、土星形、圆形、半圆形，表面光滑。

汉逊酵母多能产生乙酸乙酯，从而增加产品香味，可用于酿酒和食品工业。但由于它们能利用酒精作碳源，又能在饮料表面产生干皱的菌醭，所以又是酒精生产的有害菌。

7. 醭酵母属（Mycoderma）

醭酵母属属于半知菌纲、链孢霉目、链孢霉科。细胞通常生长在白酒、啤酒、泡菜卤、酱、醋、果汁及其制品上，产生很厚的一层"醭"，常称为"生花"，可引起发酵产品品质下降，甚至败坏。如东北醭酵母（M. mandshurica）。

2.2.3 霉菌

霉菌是丝状真菌的一个俗称，意即"会引起物品霉变的真菌"，通常指那些菌丝体较发达又不产生大型肉质子实体的真菌。在自然界中分布极广，且种类很多，与人类生活息息相关，在食品、发酵、酶制剂工业、制药、农业、纺织、造纸、制革等方面发挥着重要作用。常见的有根霉、毛霉、曲霉和青霉等。在潮湿的气候下，霉菌往往在有机物上大量生长繁殖，从而引起食物、工农业产品的霉变或植物的真菌病害。

2.2.3.1 霉菌的形态结构

1. 菌丝及其形式

霉菌营养体的基本单位是菌丝。菌丝是由细胞壁包被的一种管状细丝，直径通常为3～10 μm，与酵母菌相似，但是比细菌或放线菌的细胞粗几倍到几十倍。根据菌丝中是否存在隔膜，可把霉菌的菌丝分为无隔菌丝和有隔菌丝两种类型（图2-60）。前者为一些毛霉属（Mucor）和根霉属（Rhizopus）等低等真菌所具有，后者为曲霉属（Aspergillus）和青霉属（Penicillium）等高等真菌所具有。

（1）无隔菌丝（低等真菌类型） 菌丝中没有横隔膜，整个菌丝为长管状单细胞，细胞质内含多个核，生长中只有菌丝的延长和细胞核的增多，无细胞数量的增加。

（2）有隔菌丝（高等真菌类型） 菌丝中有横隔膜，被隔膜隔开的一段菌丝就是一个细胞，即菌丝由多个细胞组成。在菌丝生长过程中，细胞核的分裂伴随着细胞的分裂，每个细胞内有一至多个细胞核。隔膜上有单孔或多孔，细胞质和细胞核可自由流通。

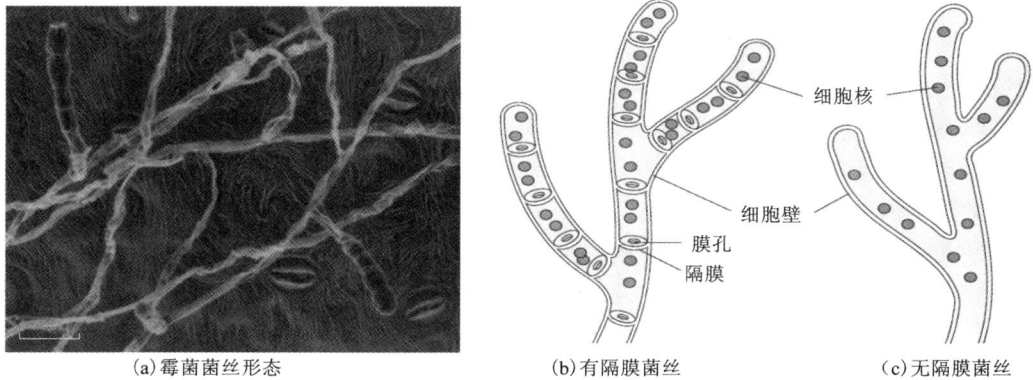

(a)霉菌菌丝形态　　　　(b)有隔膜菌丝　　　　(c)无隔膜菌丝

图2-60　霉菌的菌丝

2.菌丝体及其分化形式

在条件适宜时,霉菌孢子萌发形成菌丝[图2-61(a)],菌丝顶端再延长,旁侧分枝,若许多菌丝互相交错成团,就形成菌丝体。按其分化程度可分为三类:密布在固体营养基质内部,以吸收养分为主要功能的菌丝体,称为营养菌丝体(也称基内菌丝体);伸展到空中的菌丝体,称为气生菌丝体;气生菌丝发育到一定阶段,可分化成繁殖菌丝体[图2-61(b)]。

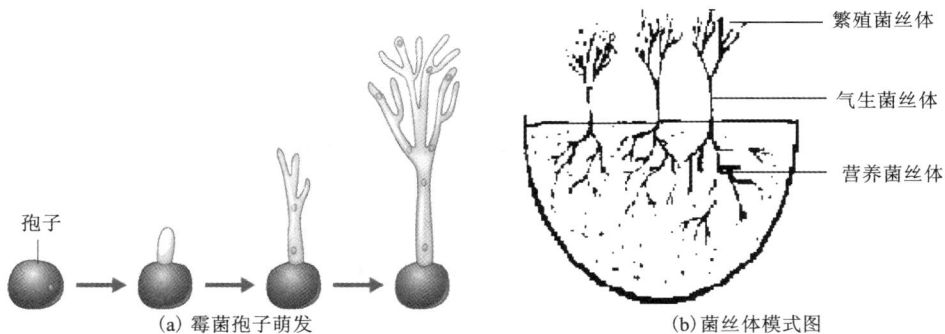

图2-61　霉菌孢子萌发和菌丝体模式图

各类型菌丝体在长期的进化和生长过程中,因其自身的生理功能及对不同环境的高度适应,又发展出各种特化的构造(图2-62)。

(1)匍匐菌丝(stolon)　又称匍匐枝,毛霉目(*Mucorales*)真菌在固体基质上常形成与表面平行、具有伸展功能的菌丝,称为匍匐菌丝。其功能主要是固着和吸收固体基质中的营养。

(2)假根(rhizoid)　是根霉属(*Rhizopus*)等低等真菌的匍匐菌丝与固体基质接触处分化出来的根状结构。其功能与匍匐菌丝相同。

(3)吸器(haustorium)　一些寄生性真菌(如诱菌目、霜霉目和白粉菌目等),从菌丝上分化出来的旁枝侵入寄主细胞内形成的指状、球状或丝状结构。其功能主要是吸收寄主细胞的养料。

(4)附着胞(adhesive cell)　许多寄生于植物的真菌在其芽管或老菌丝顶端会发生膨大,分泌黏状物,借以牢固地黏附在宿主的表面,即为附着胞。在其上再进一步形成纤细的针状

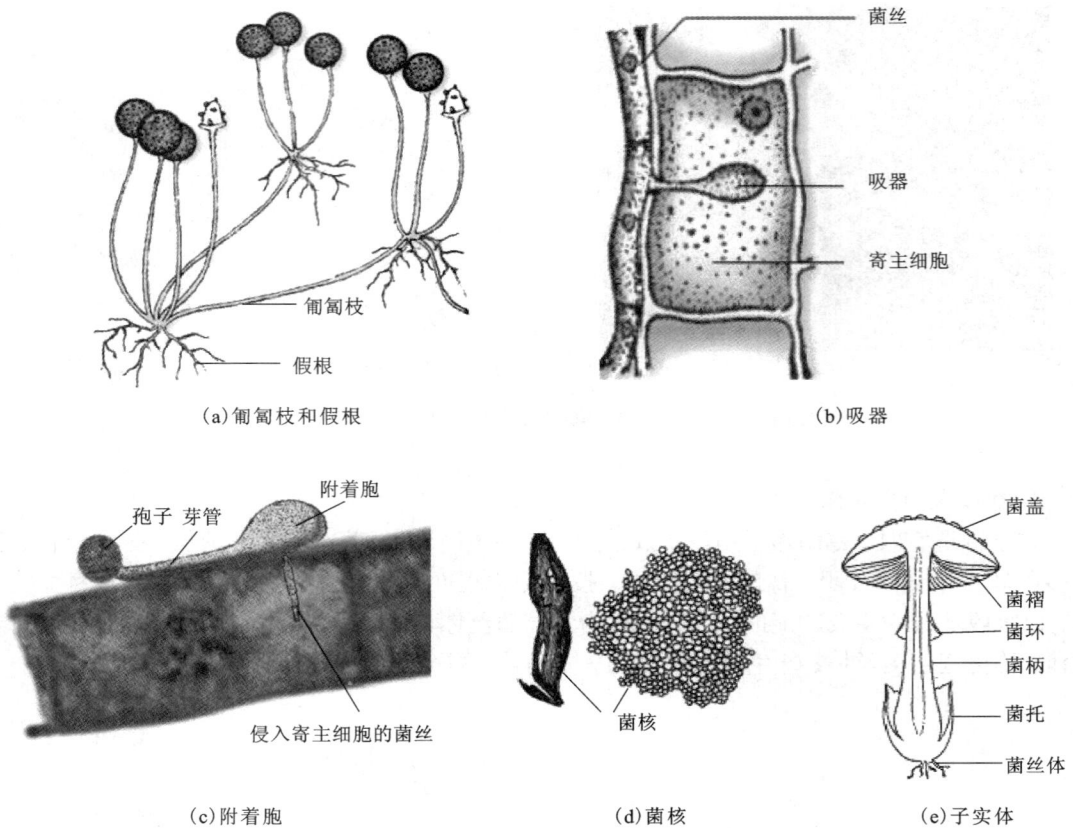

(a)匍匐枝和假根　　　　　　　　　　　(b)吸器

(c)附着胞　　　　　(d)菌核　　　　　(e)子实体

图2-62　霉菌菌丝体的几种特异化结构

感染菌丝，以侵入宿主的角质表皮而吸取养料。

（5）菌核（sclerotium）　一种形状、大小不一的休眠菌丝组织，其外层坚硬、色深，内层疏松、多呈白色。在外界不良条件下，可保存数年生命力，条件适宜时可生出分生孢子梗、菌丝子实体等。

（6）菌索（rhizomorph，funiculus）　一般由伞菌如假蜜环菌等产生，为白色根状菌丝组织。其功能主要是促进菌体蔓延和抵御不良环境。

（7）子实体（fruiting body，sporocarp，fructification）　子实体由气生菌丝体特化产生，是指在其里面或上面可产无性或有性孢子，有一定形态和构造的任何菌丝体组织。它是高等真菌的产孢结构，无论是有性生殖还是无性生殖，无论结构简单或复杂，都称其产孢结构为子实体。通常在担子菌中叫担子果，在子囊菌中叫子囊果。子实体是食用菌、药用菌的主要食用、药用的部分。

3. 细胞结构

霉菌菌丝细胞的构造与酵母菌相似。由细胞壁、细胞膜、细胞质、细胞器和内含物等组成。细胞壁厚度 $100 \sim 250$ nm，大多数霉菌的细胞壁含几丁质，少数水生性霉菌以纤维素为主。细胞膜厚 $7 \sim 10$ nm，与酵母菌的结构和功能相同。细胞核直径 $0.7 \sim 3$ μm，有核膜、核仁和染色体。细胞质中有线粒体、内质网、核糖体以及内含物（肝糖、脂肪滴、异染粒等）。

幼龄菌丝细胞质均匀稠密，老龄菌丝细胞质稀薄并有液泡出现。

2.2.3.2 霉菌的菌落特征

霉菌的菌落比细菌、酵母菌的大，与放线菌接近。由于霉菌的形态构造较复杂，由菌丝、菌丝体、子实体、各种孢子等组成，因而菌落特征明显，外观上很易辨认。通常霉菌的菌落形态较大，质地比放线菌疏松，外观干燥，不透明，呈或紧或松的蛛网状、绒毛状、棉絮状或毡状（图2-63）。如根霉、毛霉、链孢霉的菌丝生长很快，在固体培养基表面蔓延，以致菌落没有固定大小。菌落与培养基间的连接紧密，不易挑取。

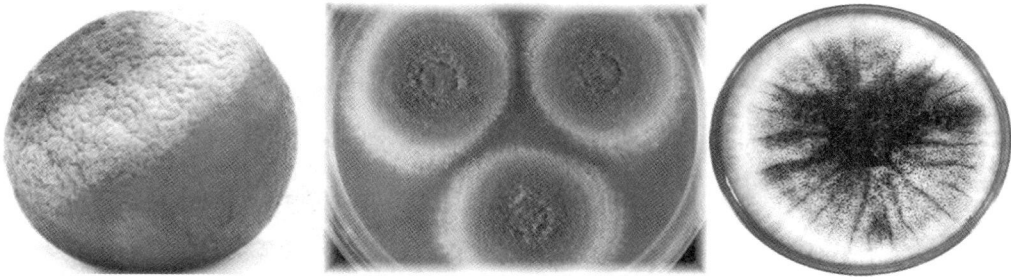

图2-63 霉菌的菌落形态

因为霉菌形成的孢子有不同的形状、构造和颜色，菌落表面常呈现肉眼可见的不同结构和色泽特征，部分霉菌产生的水溶性色素可分泌到培养基中，使菌落背面呈现不同颜色，加之部分生长较快的菌丝向外扩展，因而其菌落正面与反面的颜色、构造以及边缘与中心的颜色、构造不一致，如菌落可呈现红、黄、绿、青绿、青灰、黑、白、灰等多种颜色。因此，菌落特征也是霉菌鉴定的主要依据之一。

2.2.3.3 霉菌的繁殖方式

霉菌的繁殖方式可分为无性繁殖和有性繁殖。

1.无性繁殖

霉菌多以形成无性孢子的方式进行无性繁殖。无性孢子主要有孢囊孢子、分生孢子、节孢子、厚垣孢子和游动孢子等（图2-64），最常见的是孢囊孢子和分生孢子。

（1）孢囊孢子（sporangiospore） 因孢子生于孢子囊内，又称内生孢子。霉菌发育到一定阶段，气生菌丝顶端膨大，形成圆形、椭圆形或梨形的"囊状结构"。孢子在囊的内部聚集大量细胞核，核外分别再包被细胞质和外膜，随后成熟为大量的孢囊孢子。孢子囊成熟后破裂，孢囊孢子释放出来，遇适宜条件即可萌发成新个体，如根霉和毛霉等。

（2）分生孢子（conidispora） 是生于菌丝细胞外的孢子，又称外生孢子。霉菌发育到一定阶段，由菌丝分支顶端细胞分割缢缩而形成的单个或成簇多样形的孢子。如青霉、曲霉和木霉等。

（3）节孢子（arthrospore） 由菌丝断裂形成，又称粉孢子或裂孢子。部分菌丝长到一定阶段，菌丝上会出现许多横隔膜，然后从横隔膜处断裂，产生许多形如短柱状、筒状或两端呈钝圆形的孢子，如白地霉。

（4）厚垣孢子（chlamydospore） 因该孢子具有很厚的细胞壁，又叫厚壁孢子。它是由菌丝中间（少数在顶端）的个别细胞膨大、原生质浓缩变圆，然后细胞壁加厚而形成的孢子。厚

(a)孢囊孢子　　　　　(b)分生孢子　　　　　(c)节孢子　(d)厚垣孢子

(e)游动孢子

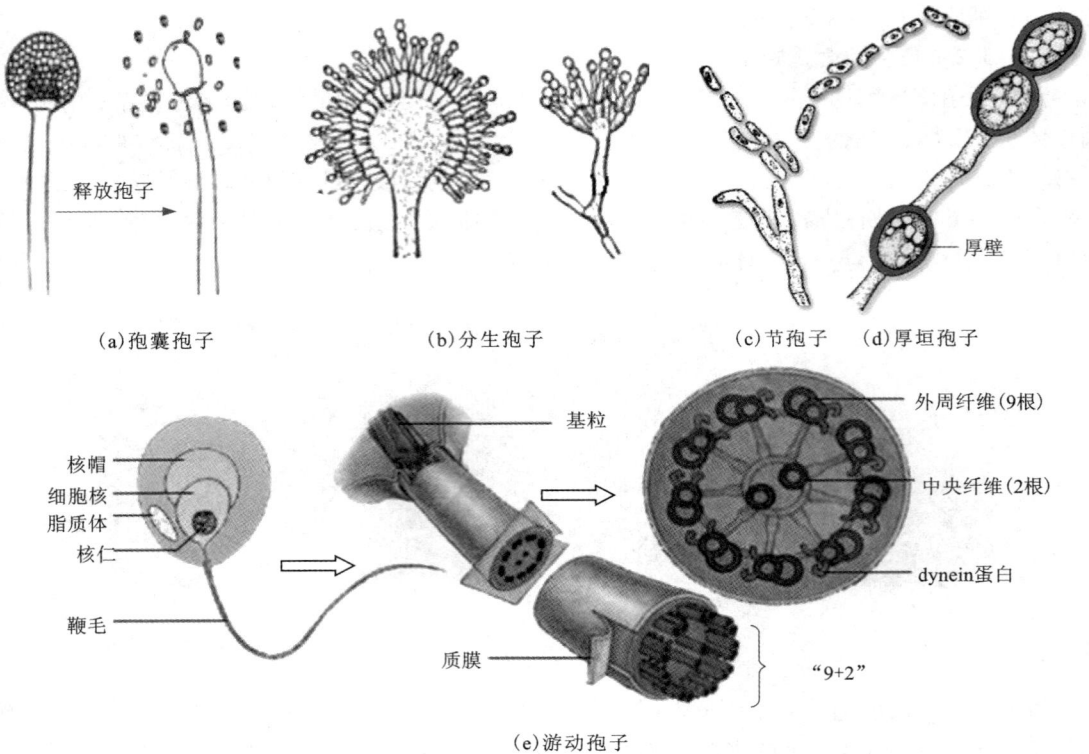

图 2 - 64　霉菌无性孢子示意图

垣孢子呈圆形、纺锤形或长方形，对热、干燥等不良环境抵抗力很强，是霉菌的休眠体，寿命较长。菌丝体死亡后，其上的厚垣孢子仍然存活着，一旦环境条件好转，就能萌发成菌丝体，如木霉、毛霉。

（5）游动孢子（zoospore）　游动孢子产生在由菌丝膨大而成的游动孢子囊内，孢子通常为圆形、洋梨形或肾形，具一根或两根鞭毛（鞭毛的亚显微结构为"9 + 2"型），能够游动。产生游动孢子的真菌多为水生真菌，大多数为鞭毛菌亚门的真菌。

2. 有性繁殖

霉菌的有性繁殖靠产生有性孢子进行，常见的有性孢子有卵孢子、接合孢子、子囊孢子和担孢子。在霉菌中，有性繁殖不及无性繁殖普遍，仅发生于特定条件下，而且一般不常出现在培养基上。与食品工业有关的霉菌的有性繁殖主要是形成接合孢子和子囊孢子。

（1）卵孢子（oospore）　由大小不同的配子囊结合后发育而成。小型的配子囊称雄器，大型的配子囊称藏卵器。藏卵器内有一个或数个原生质团，称为卵球（相当于高等生物的卵）。当雄器与藏卵器配合时，雄器中的细胞质和细胞核通过受精管进入藏卵器，并与卵球结合，受精卵球生出外壁，发育成卵孢子[图 2 - 65（a）]。

（2）接合孢子（zygospore）　是由菌丝生出的结构，或由形态相同或略有不同的两个配子囊通过同宗或异宗配合接合而成。接合过程为两个相邻的菌丝相遇，各自向对方生出极短的侧枝(称原配子囊),原配子囊接触后,顶端各自膨大并形成横隔,分隔形成两个配子囊细胞,相接触的两个配子囊之间的横隔消失,发生质配、核配,同时外部形成厚壁,即成接合孢子[图2-65(b)]。

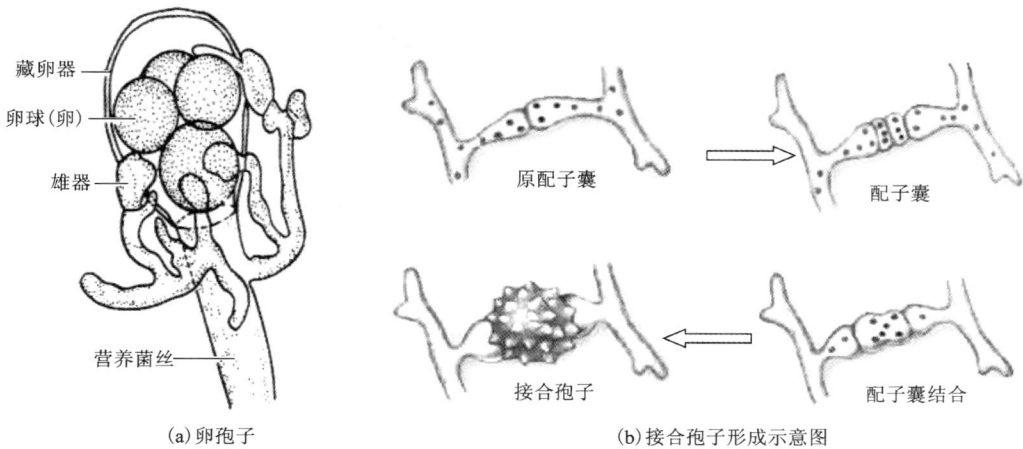

(a)卵孢子   (b)接合孢子形成示意图

图2-65 卵孢子及接合孢子形成示意图

（3）子囊孢子(ascospore) 子囊是两个性细胞接触以后形成的囊状结构,形成过程与酵母菌的相似。子囊内形成的有性孢子通常有1~8个。形成子囊孢子是子囊菌纲的主要特征,不同的子囊菌形成子囊的大小、形状、颜色、纹饰不同(图2-66),也是鉴别霉菌的依据之一。

最简单的是两个营养细胞结合形成子囊,细胞核分裂形成子核,每一子核形成一个子囊孢子,如酿酒酵母。

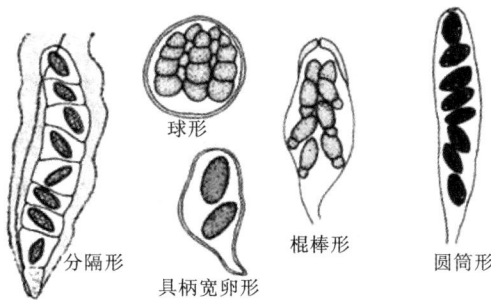

图2-66 不同形状、大小的子囊孢子

（4）担孢子(basidiospore) 形成担孢子是担子菌所特有的特征。担子菌的两条单核菌丝直接通过异宗结合形成双核菌丝,其发育到一定阶段,顶端细胞膨大,在膨大的细胞内发生核配形成二倍体的核。二倍体的核经过减数分裂和有丝分裂,形成4个单倍体核。这时顶端膨大细胞发育为担子,在担子上长出4个膨大的担子梗,4个单倍体子核进入担子梗内,发育为4个单倍体的担孢子(图2-67)。

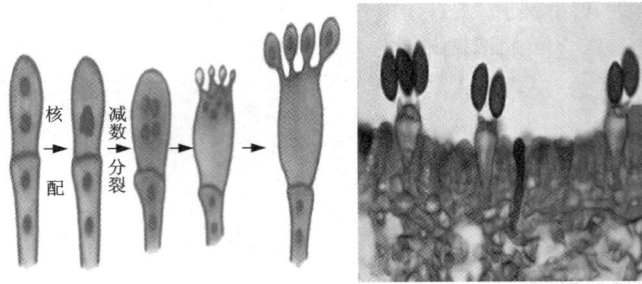

图2-67 担孢子形成示意图

2.2.3.4 食品中常见的霉菌

1. 毛霉属(*Mucor*)

毛霉是接合菌亚门中的重要类群,属接合菌纲、毛霉目、毛霉科。自然界中种类较多,分布广泛,如土壤、空气中都经常存在。毛霉生长迅速,产生发达的菌丝体。菌丝一般呈白色,细胞无隔膜,由单细胞组成,有多个细胞核,不产生假根和匍匐枝。多以孢囊孢子(无性)和接合孢子(有性)方式繁殖(图2-68)。

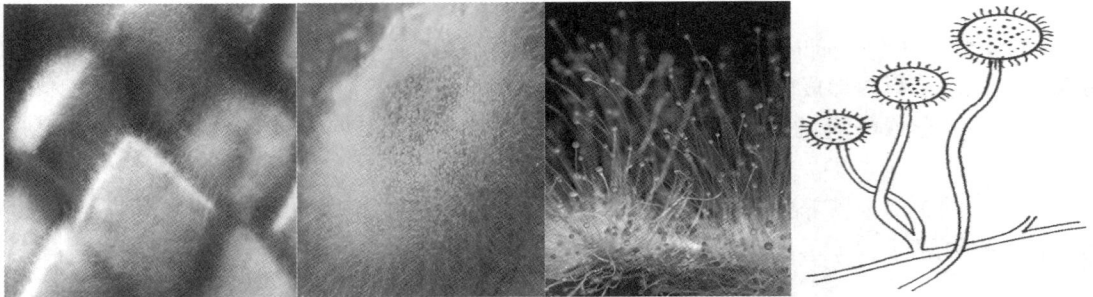

图2-68 毛霉的形态

大多数毛霉因能产生蛋白酶而具有分解蛋白质的能力,同时因其淀粉酶活力很强,也具有较强的糖化能力。因此,在食品工业上毛霉主要用作糖化菌及制作腐乳和豆豉,也可用于蛋白酶、淀粉酶的生产。此外,有些毛霉还能产生草酸、乳酸、琥珀酸和甘油等。但其污染食品后也可引起食品变质。

2. 根霉属(*Rhizopus*)

根霉与毛霉同属毛霉目,很多特征相似,主要区别在于根霉有假根和匍匐枝(这是根霉的主要特征)。在自然界中分布很广,空气、土壤和各种器皿表面都有存在。根霉生长迅速,菌丝体呈白色,菌丝细胞内无横隔,气生性强,在培养基上交织成疏松的絮状菌落,可蔓延覆盖整个表面(图2-69)。无性繁殖产生孢囊孢子,有性繁殖产生接合孢子。

根霉能产生淀粉酶、糖化酶,使淀粉转化为糖,是酿酒工业上常用的发酵菌。但有些也常常引起淀粉质食品发霉变质,果蔬腐烂,如米根霉、黑根霉等。近年来,有些根霉也是甜酒曲、甾体激素转化、延胡索酸和酶制剂等物质制造的应用菌。

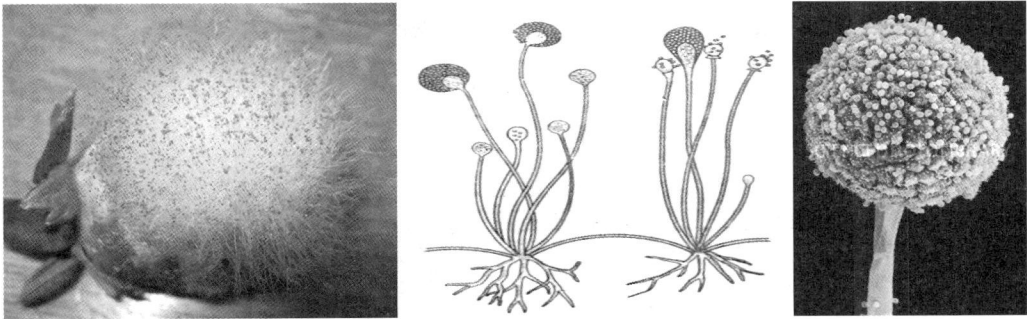

图 2 – 69　毛霉的形态

3. 曲霉属(*Aspergillus*)

曲霉属于丛梗孢目、曲霉菌科，是发酵工业、医药工业及食品加工业的重要菌种，已有近 60 种被利用。自然界中，曲霉广泛分布在空气、土壤、谷物和各种有机物上。部分曲霉污染食品后，可引起多种食品如水果、蔬菜、粮食等发生霉变，或引起食物中毒，如生长在大米、花生、大豆等作物上的黄曲霉中的某些菌株产生的黄曲霉毒素 B_1 是强致癌物质，能引起禽、家畜和人严重中毒，甚至死亡。

曲霉菌丝有横隔膜，为多细胞菌丝，营养菌丝匍匐生长于培养基的表层，无假根。大多数曲霉仅发现其无性繁殖阶段，仅少数可形成子囊孢子。无性繁殖可产生大量分生孢子(图 2 – 70)，孢子呈黄、绿、橙、黑、棕、红等多种颜色，因此，分生孢子的形状、颜色、大小也是鉴定曲霉属的重要依据之一。

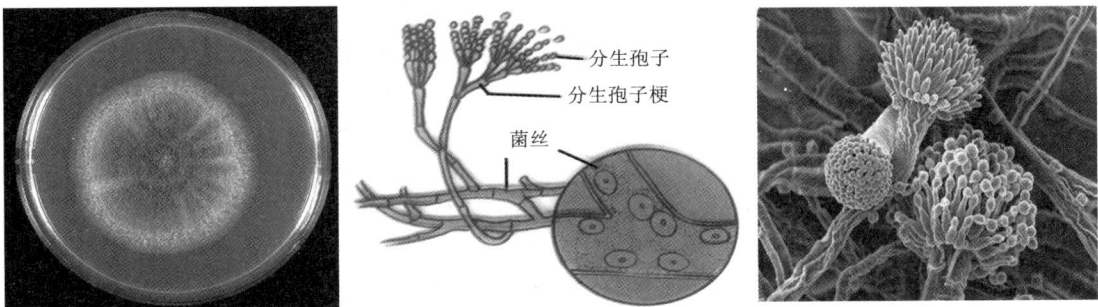

图 2 – 70　曲霉的形态

曲霉具有强大的酶系，分解有机质的能力强，可广泛用于工业生产中。如黑曲霉产生的淀粉酶可用于淀粉的液化、糖化，以生产酒精、白酒、食醋、制造葡萄酒和酶制剂；耐酸性蛋白酶可用于蛋白质分解或酶制剂的制造及毛皮软化；果胶酶用于水解聚半乳糖醛酸、果汁澄清和植物纤维精炼等。米曲霉产的糖化型淀粉酶可用作酿酒的糖化曲，而蛋白质分解酶可作为酱油曲用于酱油生产。

4. 青霉属（penicillium）

青霉属半知菌类，是产生青霉素的重要菌种。在自然界中，种类较多，广泛分布于空气、土壤和各种物品上。能生长在各种食品上而引起食品的变质，如生长在柑橘皮上致其腐烂变绿。某些青霉还可产生毒素，如展青霉可产生棒曲霉素，不仅造成果汁的腐败变质，且毒素可引起人类及动物中毒。

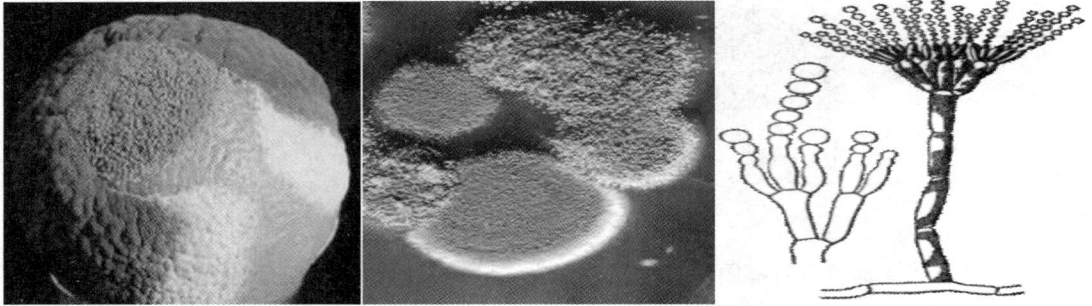

图 2 - 71 青霉的形态

与曲霉相似，青霉的菌丝呈分枝状，有横隔。有性繁殖不常发生，无性繁殖可发育成有横隔的分生孢子梗，基部无足细胞，顶端不膨大（图 2 - 71）。青霉（黄青霉和点青霉）是生产青霉素的重要菌株，对抗生素工业的发展起了巨大推动作用。此外，有些青霉菌还用于生产灰黄霉素及磷酸二酯酶、纤维素酶等酶制剂和有机酸等。

5. 红曲霉属（Monascus）

红曲霉属子囊菌纲、曲霉目、曲霉科，我国早在明朝时期就利用其培制红曲。红曲霉的菌落初期为白色，后呈淡红色、紫红色或灰黑色。菌丝具横隔，多核，分枝多，无性繁殖产生红色的分生孢子，分生孢子着生在菌丝及其分枝的顶端，为单生或成链，球形或梨形。

因红曲霉可产生红色素，目前作为食品加工中天然红色素的主要来源，如在红腐乳、饮料、肉类加工中使用的红曲米，就是用红曲霉制作的。常用的菌种紫红曲霉（M. purpureus）能产生淀粉酶、麦芽糖酶，可用作糖化酶制剂来水解淀粉，最终得到葡萄糖。此外，红曲霉还能用于生产蛋白酶、柠檬酸、琥珀酸、乙醇、麦角甾醇等。

6. 木霉属（Trichoderma）

木霉属于半知菌类，广泛分布于自然界中。木霉生长迅速，菌落呈棉絮状或致密丛束状，菌落表面呈不同程度的绿色。菌丝透明，有隔，分枝多，有性繁殖产生子囊孢子，无性繁殖多产生分生孢子。分生孢子近球形、椭圆形、圆筒形或倒卵形，透明或亮黄绿色。

该属霉菌能产生纤维素酶，是生产纤维素酶的重要菌，可用于纤维素下脚料制糖、淀粉加工、食品加工和饲料发酵等方面。此外，还可用于生产柠檬酸、抗生素、合成核黄素及甾体转化等方面。

有些木霉可寄生于某些真菌上，对多种大型真菌子实体的寄生力很强，因此是栽培大型真菌（如蘑菇）的劲敌。有些木霉也常常造成谷物、水果、蔬菜等食品的霉变，同时可以使木材、皮革及其他纤维性物品等发生霉烂。

2.2.4 大型真菌

大型真菌是指能形成大型子实体或菌核组织的高等真菌类的总称，俗称为蕈菌，也称蘑菇（mushuroom）。大多数属于真菌中的担子菌亚门，少数属于子囊菌亚门。从外表来看，蕈菌不像微生物，因此过去一直是植物学的研究对象，但从其进化历史、细胞构造、早期发育特点、各种生物学特性和研究方法等多方面来考察，都可证明它们与其他典型的微生物——显微真菌是完全一致的。事实上，若将其大型子实体理解为一般真菌菌落在陆生条件下的特化与高度发展形式，则蕈菌就与其他真菌无异了。

2.2.4.1 分布及与人类的关系

蕈菌广泛分布于地球各处，在森林落叶地带更为丰富。一般地，在山区森林中生长的木生菌的种类和数量较多，如香菇、木耳、银耳、猴头、松茸、红菇和牛肝菌等；在田头、路边、草原和草堆上生长的多为草生菌，如草菇、口蘑等。南方地区生长较多的是高温结实性真菌；高山地区、北方寒冷地带生长较多的则是低温结实性真菌。

根据定义描述，现存蕈菌的大概有140000种，但迄今已辨识的仅有15000种左右，可分为食用、药用、毒菌等几类，与人类的关系非常密切。其中，可供食用的种类有2000多种，并且60多种已能进行人工栽培，如常见的双孢蘑菇、木耳、银耳、香菇、平菇、草菇、金针菇和竹荪及一些新品种如杏鲍菇、珍香红菇、柳松菇、茶树菇、阿魏菇和真姬菇等；许多蕈菌还可供药用，如灵芝、云芝和猴头等；少数具有很强的分解纤维素、木质素、果胶、蛋白质的能力，可引起木材腐烂变朽；有些蕈菌有毒，如毒鹅膏菌、白毒鹅膏菌和毒粉褶菌等，常引起食物中毒，对人类有害。

2.2.4.2 菌体结构

1. 菌丝发育

在蕈菌的发育过程中，其菌丝的分化可明显地分成三个阶段：

（1）形成一级菌丝　担孢子萌发，形成由许多单核细胞构成的菌丝，称一级菌丝。

（2）形成二级菌丝　不同性别的一级菌丝发生接合后，通过质配形成了由双核细胞构成的二级菌丝，它通过独特的"锁状联合"（clamp connection），即形成喙状突起而联合两个细胞的方式不断使双核细胞分裂，从而使菌丝尖端不断向前延伸。锁状联合的形成过程如图2-72所示。

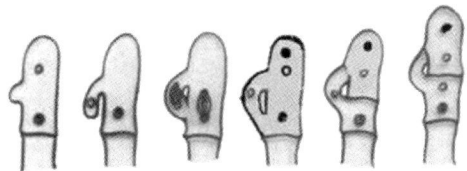

图 2-72　锁状联合形成过程

①当双核菌丝的尖端细胞分裂时，在两个细胞核间的菌丝壁向外侧生一个喙状突起并逐步伸长和向下弯曲；

②两个细胞核其中一个核进入喙状突起中，另一个核留在菌丝内；

③两个细胞核同时进行一次有丝分裂，形成4个子核；

④在4个子核中，由喙状突起中分裂产生的两核，其一仍留在突起中，另一个子核进入到菌丝尖端；

⑤在喙状突起的后部与菌丝细胞交界处形成一个横隔，菌丝中的第二核与第三核间也形成一横隔，于是形成了3个细胞，即一个由喙状突起形成的单核细胞、一个位于菌丝顶端的

双核细胞及连着双核细胞的另一个单核细胞；

⑥喙状突起向后弯曲生长接触到菌丝壁，形成拱桥形。菌丝中分裂后的双核趋向前端，同时突起与菌丝壁接触处的细胞壁溶解，突起中的一个核回到菌丝中生长尖端后面的一个细胞内，并生出另一个横隔将菌丝细胞与突起隔开，最终在菌丝上就形成了另一个双核细胞。

（3）形成三级菌丝　当条件合适时，大量的二级菌丝分化为多种菌丝束，即为三级菌丝。

2. 担子与担孢子的发育

菌丝束在适宜条件下会形成菌蕾，然后再分化、膨大成大型子实体。子实体成熟后，双核菌丝的顶端膨大，细胞质变浓厚，在膨大的细胞内发生核配形成二倍体的核。二倍体的核经过减数分裂和有丝分裂，形成4个单倍体子核。这时顶端膨大细胞发育为担子，在担子上随即膨大长出4个梗，每个单倍体子核进入一个小梗内，小梗顶端膨胀，发育为4个单倍体的担孢子（图2-73）。

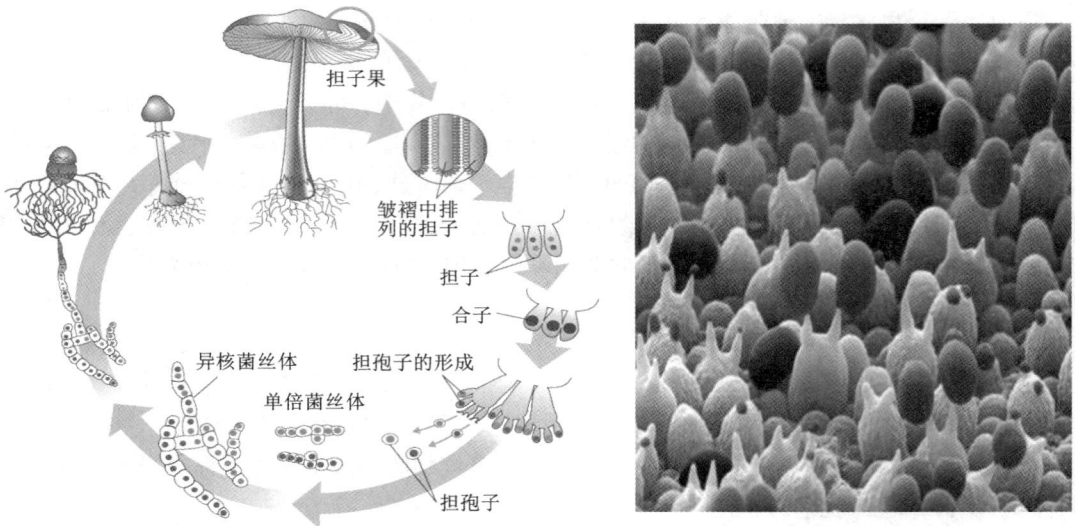

图2-73　担孢子的形成过程

2.2.4.3　形态特征

蕈菌的最大特征是形成形状、大小、颜色各异，肉眼可见的大型肉质子实体。子实体是蕈菌产生有性孢子的繁殖器官，也称为担子果（子囊菌则称子囊果）。食用菌中最常见的是伞菌，其子实体结构是由顶部的菌盖（包括表皮、菌肉和菌褶）、中部的菌柄（常有菌环和菌托）和基部的菌丝体三部分组成（图2-74）。

（1）菌盖　又叫菇盖、菌伞。是菌褶着生的地方，不同的食用菌，菌盖的形状也各不相同。常见的有半球形、扇形、钟形、圆锥形、

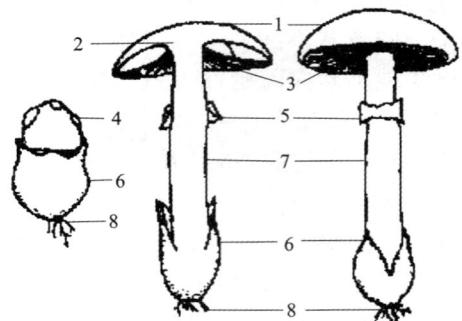

1—菌盖；2—菌肉；3—菌褶；4—鳞片；
5—菌环；6—菌托；7—菌柄；8—菌丝素

图2-74　伞菌子实体的形态结构

漏斗形和平展形等。菌盖表面有的光滑，有的有皱纹、条纹或龟裂；有的干燥，有的湿润或黏滑；有的具绒毛、鳞片或晶粒等。菌盖的直径大小不一，通常褶菌盖直径在 6 cm 以下的为小型菌类；6~10 cm 的为中型菌类；10 cm 以上的为大型菌类。菌盖由角质层（亦称覆盖层）和菌肉两部分组成。角质层是由保护菌丝组成，依次可分外皮层、盖皮及下皮层。菌肉大多数为白色，由生殖菌丝和联结菌丝组成。生殖菌丝是构成菌肉的主要菌丝类型，比联结菌丝宽而直，能不断生长，分隔多，分隔处明显缢缩。联结菌丝生长有限，分隔少，常大量或不规则地分枝。在红菇科中，生殖菌丝由球状胞组成，埋于管状联结菌丝的基质中，常失去再生能力，所以这些菇类用组织分离难以成活。有些伞菌除生殖菌丝和联结菌丝外，还有产乳菌丝（或称分泌菌丝），内含乳汁或油滴。

（2）菌褶　又叫菇叶、菇鳃。位于菌盖下方，呈放射状排列的片状结构，是产生担孢子的场所。菌褶中央是菌髓细胞，两侧是子实层。担子菌的子实层是由无数呈栅状排列的担子和囊状体组成的，子实层是产生担子的细胞层。除木耳、猴头菌等的子实层分布在耳片和肉刺的表面外，大多数食用菌的子实层都分布在刀片状菌相的两侧。

（3）菌柄　又叫菇柄或菇脚。起支持菌盖和输送养分的作用，多为圆柱形或纺锤形，大多中生于菌盖上，也有偏生或侧生的，甚至完全无柄。组成菌柄的菌丝体基本上是垂直排列。菌柄皮层由厚壁细胞紧密靠拢组成。菌柄中有的菌丝排列充实（中实）；有的只是疏松的筋质细胞（中松）；有的则无菌丝（中空）。有些伞菌如双孢蘑菇，子实体幼小时，在菌盖边缘和菌柄间有一层包膜叫内菌幕，覆盖于子实层外。当子实体长大时，菌盖展开，内菌幕与菌盖脱离，残留在菌柄中上部的环状物叫菌环。有些伞菌如草菇在菌蕾时，外面包裹一层菌膜叫外菌幕，能随子实体长大而增厚，之后残留在菌柄基部的呈状物叫菌托。菌托的有无以及大小、形状、厚薄等特性是伞菌分类的重要依据。

2.2.4.4　几种重要的大型真菌

1. 蘑菇属（*Agaricus*）

蘑菇属隶属于真菌门、担子菌亚门、层菌纲无隔担子菌亚纲、伞菌目、黑伞科，又称伞菌属。本属约 200 种，生长于田野和林中土壤上，大部分的种可食用，有些药用，少数有毒。其担子果通常具有白色到褐色或灰褐色的肉质菌盖，菌盖腹面有辐射状的菌褶，在菌褶内形成担子和担孢子，孢子卵圆形或椭圆形。菌柄肉质，容易与菌盖分开，有菌环。最普遍栽培的种是双孢蘑菇（*A. bisporus*）。

2. 虫草属（*Cordyceps*）

虫草属隶属于真菌门、子囊菌亚门、核菌纲、麦角菌目、麦角菌科。该属真菌常寄生在昆虫纲、鳞翅目、蝙蝠蛾科昆虫的幼虫上，被寄生的昆虫（如尺蠖）冬天钻入土内，夏天虫草菌从被寄生虫体生出一有柄的子座（即所谓的草），子座单个，罕见 2~3 个，长 4~11 cm，基部粗 1.5~4 mm，向上渐细，头部不膨大或膨大成圆柱形，褐色，初期内部充实，后变中空。子囊壳椭圆形至卵形，生在子座近表面，基部稍陷于子座内。子囊产生在子囊壳内，细长。每个子囊内含有 2 个具隔膜的子囊孢子，子囊孢子透明，线状。

本属最常见的是冬虫夏草（*C. sinensis*），又名中华虫草，主要产于中国青海、西藏、四川、云南、甘肃和贵州等省及自治区的高寒地带和雪山上，有调节免疫系统功能、抗肿瘤、抗疲劳、抗菌及延缓衰老等多种功效，具有很高的药用价值，是中国传统的名贵中药材之一。

3. 灵芝属(*Ganoderma*)

灵芝属隶属于真菌门、担子菌亚门、担子菌纲、非褶菌目、多孔菌科。子实体1至多年生，木质或木栓质，有柄或无柄。菌盖为半圆形至肾形，盖面常具油漆状光泽，菌盖腹面多管孔，管孔内生担子和担孢子。本属真菌是分解纤维素、木质素能力较强的真菌，多生长在各种阔叶树林、针阔叶混交林的腐木上或树桩下。有些种类是重要的药材，常见的如灵芝(*G. lucidum*)、紫芝(*G. japonicum*)等。

4. 木耳属(*Auricularia*)

木耳属隶属于真菌门、担子菌亚门、层菌纲、银耳目、木耳科。本属最常见的是木耳，别名黑木耳、光木耳、云耳、川耳等。它既是一种营养丰富的食用菌，还具有降低人体血液中胆固醇含量、降低血液凝块、缓和冠状动脉粥状硬化等药用价值。

其能分解纤维素和木质素，腐生性很强，菌丝体常生长在朽木或其他基质内，颜色灰白，有吸收和输送养分的功能。子实体为半透明的胶质体，初生时呈小杯状，长大后呈片状，边缘有皱褶，宽2～12 cm，耳片富有弹性。子实层着生于腹面，腹腔面光滑或略有皱纹，红褐色或棕褐色，干后变深褐色至黑褐色。木耳是好氧微生物，缺氧会抑制菌丝体生长。弱光下形成的子实体色浅，较强光照下形成的子实体颜色深而且厚硕。干后皱缩，但因含有胶质，遇到水分后还可恢复生长。

几种大型真菌的子实体如图2-75所示。

(a)蘑菇

(b)冬虫夏草

(c)灵芝

(d)木耳

图2-75　几种真菌的子实体

2.3 非细胞型微生物

非细胞型微生物是一类没有细胞结构，但具有特殊生命活动形式的微小生物，包括（真）病毒和亚病毒，后者又包括类病毒、拟病毒和朊病毒。

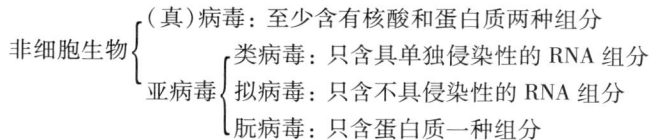

$$
\text{非细胞生物}
\begin{cases}
\text{（真）病毒：至少含有核酸和蛋白质两种组分} \\
\text{亚病毒}
\begin{cases}
\text{类病毒：只含具单独侵染性的 RNA 组分} \\
\text{拟病毒：只含不具侵染性的 RNA 组分} \\
\text{朊病毒：只含蛋白质一种组分}
\end{cases}
\end{cases}
$$

病毒（virus）是一类比细菌更微小，能通过细菌滤器，只含一种类型的核酸（DNA 或 RNA），仅能在活细胞内以复制方式增殖的非细胞形态的微生物。

自然界中人类、动物和植物都有可能会受到病毒的危害，由病毒所引发的传染性疾病，多数具有传染性高、流行面广和死亡率较高等特点。但人类也可借助病毒获得极大的益处，如利用病毒制造预防疾病的疫苗，从而保障人类的健康；利用病毒的专性寄生特性，可进行细菌的分类鉴定；利用病毒作为遗传学及分子生物学研究和应用的重要材料，从而促进基因工程的研究和生物学应用技术的发展等。

目前对病毒的研究已经成为生物学科热点研究之一，病毒所涉及的领域也被不断拓展，因此掌握病毒的特性，认识病毒的传染和发病特点，对控制病毒带给人类的危害，防止病毒对食品造成污染以及减少发酵食品生产中因噬菌体污染而造成的损失均有一定的意义。

2.3.1 病毒的特点、形态及结构

2.3.1.1 病毒的特点

病毒是迄今为止在地球上发现的具有生命特征的最小生物。病毒与已知的其他生物相比具有许多不同的特点，主要有以下特点。

1. 个体微小

病毒通常以纳米为测量单位，故病毒形态只能在电子显微镜下放大数千倍乃至数万倍染色才能看到。由于极其微小，多数病毒能通过细菌滤器。直径 10 ~ 300 nm，通常在 100 nm 左右。各种病毒的大小差别悬殊，最大者约为 300 nm（痘病毒），比最小的支原体（直径 200 ~ 250 nm）还大，最小的只有 10 nm（口蹄疫病毒），比血清蛋白分子（直径 22 nm）还小。

2. 结构简单

病毒是仅由一种核酸（DNA 或 RNA）和蛋白质组成的有生命特征的核蛋白颗粒。而一般细胞生物同时具有两种核酸。病毒又叫分子生物。

3. 专性寄生

病毒一般不含有或不具备完整的酶系，只有在活的寄主细胞中才表现生命活动、具有生命的特征，是严格的专性活细胞寄生生物。病毒不能独立进行新陈代谢，也不能在人工合成培养基上生长，必须依赖于特定的寄主细胞为其提供酶、营养和能量才能生活。通过向寄主细胞提供遗传信息，并控制寄主细胞的代谢体系完成自身的生命过程，从而形成新的病毒

粒子。在离体条件下以无生命的化学大分子状态存在，并可形成结晶，不能进行任何形式的代谢，在活体外，只保留了在适宜条件下感染寄主的能力，所以病毒的培养要用活细胞或组织才行。

4. 抵抗力

病毒在体外存在时，只保留着在适宜条件下感染寄主的潜在能力。这种潜在的感染能力很容易变性失活。病毒对阳光、紫外线、干燥和温度都很敏感，但对现有抗生素不敏感。而敏感性强的干扰素可以阻止大多数病毒的复制，这也是病毒不同于其他已知细胞生物的特点。因此对病毒材料检验时，常用抗生素处理，以抑制寄主细胞生长，达到纯化分离病毒的目的。

2.3.1.2　病毒的形态

成熟的具有侵染力的病毒颗粒（virusparticle）称为病毒粒子（virion）。病毒粒子的主要成分是核酸和蛋白质。核酸位于病毒粒子的中心，构成了它的核心（core）或基因组（genome）；蛋白质包围在核心周围，构成了病毒粒子的衣壳（capsid）。衣壳是病毒粒子的主要支架结构和抗原成分，对核酸有保护作用。衣壳是由许多在电镜下可辨别的形态学亚单位——衣壳粒（capsomere 或 capsomer）所构成。核心和衣壳合在一起称为核衣壳（nucleocapsid），它是任何病毒（指"真病毒"）所必须具备的基本结构。有些较复杂的病毒，在其核衣壳外还被一层由类脂或脂蛋白组成的包膜（envelope）包裹着。有时，包膜上还长有刺突（spike）等附属物。包膜实际上是来自宿主细胞膜但被病毒改造成具有其独特抗原特性的膜状结构，故易被乙醚等脂溶剂所破坏（图2-76）。在电镜下观察到的病毒粒子外形有球状（多数人类和动物病毒如疱疹病毒）、杆状、蝌蚪状等多种形态（图2-77）。球状实际上是多角体，球形一般由20个等边三角形构成的20面体的立方体，个体极小，在电镜下类似球状。杆状包括方砖形、线形、子弹状等，以植物病毒居多。蝌蚪状由球状的头部和杆状的尾部结合而成，多为微生物病毒，如噬菌体。因此，病毒大小、形状、所在部位可用于病毒病诊断的辅助依据。

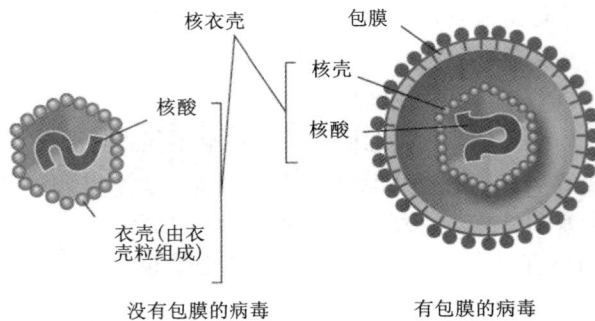

图2-76　病毒粒的模式构造

2.3.1.3　病毒的结构

由于核酸的形态和结构不同，衣壳的排列也不同，因而病毒形成了几种对称形式，这可作为病毒分类学上的一项鉴别指标。

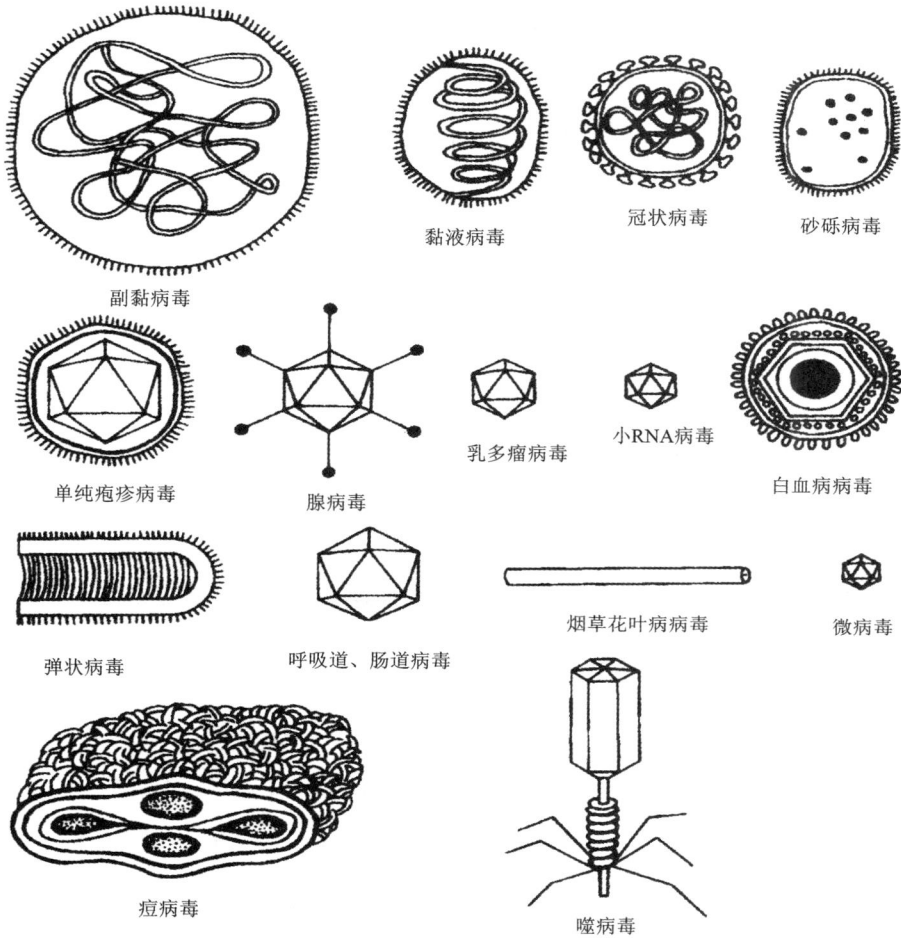

图 2-77　常见病毒的形态

1.螺旋对称型

具有螺旋对称结构的病毒多数是单链 RNA 病毒,其粒子形态为线状(如大肠杆菌噬菌体 f_1)、直杆状(如烟草花叶病毒)和弯曲杆状(如马铃薯 X 病毒)。烟草花叶病毒是第一个被拆开而又在试管中重新装配起来的病毒,其结构研究最清楚,是长约 300 nm,粗为 18 nm 的杆状病毒,蛋白质外壳由 2130 个衣壳粒以螺旋状排列组成,约有 130 个螺旋。病毒 RNA 位于衣壳粒内侧螺旋状沟中,以距轴中心 4 nm 处以相等的螺距盘绕于蛋白质外壳中,每三个核苷酸与一个蛋白质亚基(衣壳粒)相结合,结构极其稳定(图 2-78)。这种

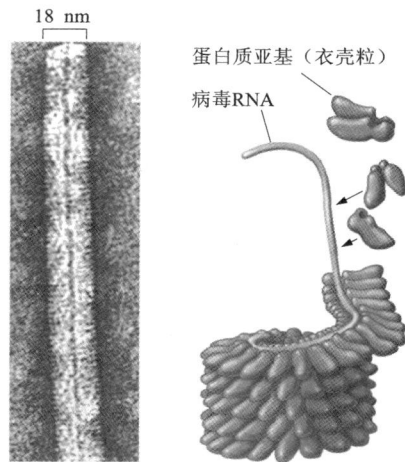

图 2-78　烟草花叶病毒(螺旋对称)

对称体制的特点就是能使核酸与蛋白质亚基的结合更为紧密，在室温下50年不丧失其侵染力。

2. 二十面体对称型

在高分辨率电子显微镜下观察，多面体的病毒粒子的核壳是由不同数量的衣壳粒按一定方式排列而成的对称体。这些衣壳粒沿3根相互垂直的轴形成对称体，壳体一般为二十面体（图2–79）。二十面体具有20个面（每个面是一个等边三角形）、30条棱和12个顶角。如腺病毒的壳体是由252个球形的壳粒排列成一个二十面的对称体。

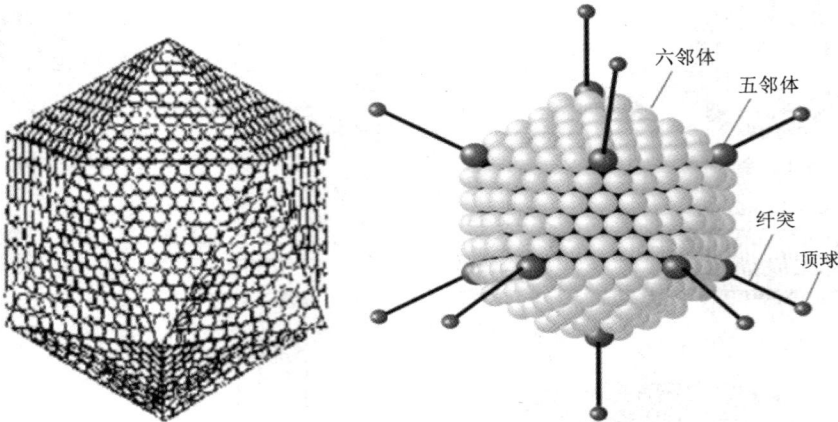

图2–79　球形病毒（二十面体对称）

3. 复合对称型

这类病毒的壳体是由2种结构组成的，既有螺旋对称部分，又有立方体对称部分，故称复合对称，如大肠杆菌 T_4 噬菌体（图2–80）。 T_4 噬菌体如蝌蚪状，其头部外壳由8种蛋白质组成，呈椭圆形二十面体，含212个壳粒，核酸埋藏在蛋白质外壳中。 T_4 噬菌体的尾部为螺旋对称结构，含有2种分子质量较大的蛋白质和4种分子质量较小的蛋白质，由144个壳粒组成，排成棒状，共分24个螺旋。尾部中央为尾髓，中空，是将核酸注入宿主细胞的通道。除此之外， T_4 还有颈圈、基片、刺突和尾丝等附属结构。

4. 包涵体

包涵体（inclusion body）是宿主细胞受病毒感染后形成的一种光学显微镜下可见的小体，其形态呈圆形、卵圆形或不定形，在细胞内包涵体的大小和数量不等（图2–81）。

包涵体是病毒引起的宿主细胞病变，大多数是病毒粒子聚集体，少数是病毒蛋白和与病毒感染有关的蛋白质。一般包涵体中含有一个或数个病毒粒子，也有的包涵体并不含病毒粒子。包涵体在细胞中的位置与病毒的类型有关，有的在细胞质（如狂犬病毒），有的在核内（如疱疹病毒），有的则在细胞质和核内都存在（如麻疹病毒）。包涵体的大小、形状、组成及在胞内的位置可作为快速鉴定病毒的依据。有的包涵体还有特殊名称，如天花病毒包涵体称为顾氏（Guarnier）小体，狂犬病毒包涵体称为内基氏（Negri）小体，烟草花叶病毒包涵体称为X体。包涵体可以从细胞中移出，再接种到其他细胞时仍可引起感染。

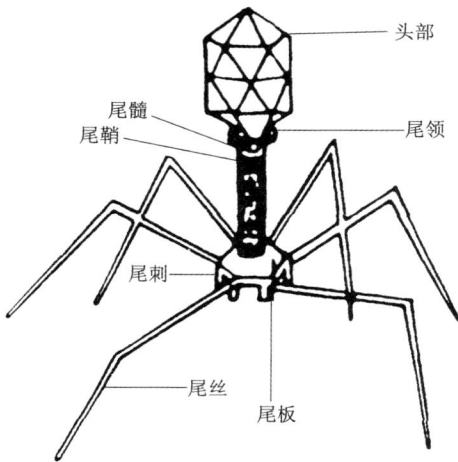

图 2-80　大肠杆菌 T_4 噬菌体模式图(复合对称)

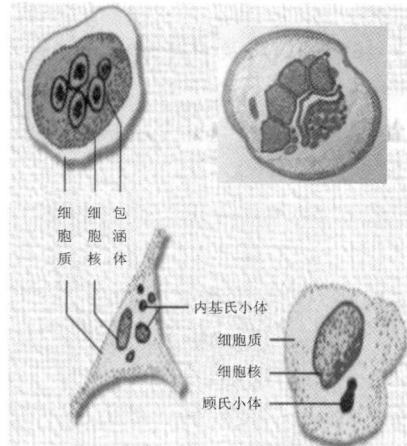

图 2-81　病毒的包涵体

5. 噬菌斑

在含宿主细菌的固体培养基上，噬菌体使菌体裂解而形成的空斑，叫噬菌斑(plaque)。在培养过程中，细菌生长成为肉眼可见的混浊层，而当一个成功的噬菌体感染开始后，就会发生细胞裂解，导致噬菌斑的形成。一个噬菌斑中可含有约 10^7 个噬菌体，因此噬菌斑是噬菌体的"菌落"。尽管可以通过电子显微镜直接数出噬菌体颗粒的数目，但通常通过测定噬菌体感染宿主产生的效价来确定噬菌体的数量。噬菌体效价指每毫升试样中所含有的具侵染性的噬菌体粒子数，又称噬菌斑形成单位(plaque forming unit/ml 或 pfu/ml)或感染中心。通常采用双层平板法进行噬菌斑计数(图 2-82)。

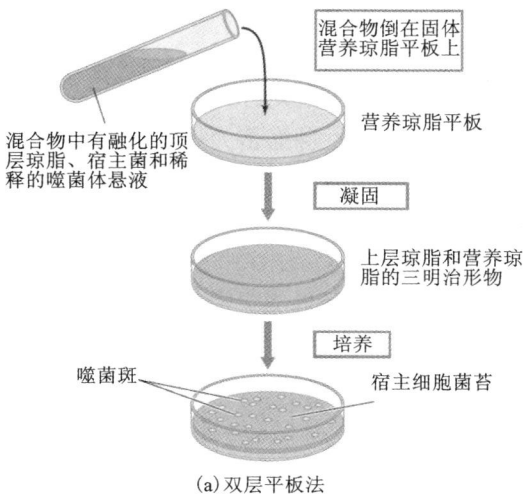

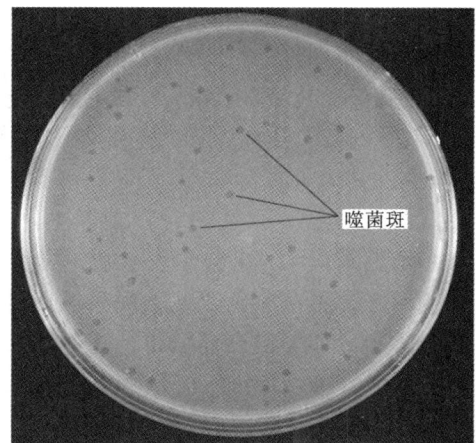

(a)双层平板法

(b)噬菌斑

图 2-82　双层平板法和噬菌斑

2.3.1.4　化学组成

1. 核酸

核酸位于病毒体的中心，构成病毒核心。一种病毒只含一种类型的核酸，即 DNA 或

RNA。核酸可以是单链或双链。病毒核酸(基因组)储存着病毒的遗传信息,控制着病毒的遗传、变异和增殖,以及对寄主的感染性等。

2. 蛋白质

蛋白质是构成衣壳的全部成分与包膜的主要成分,保护核酸免受破坏。

3. 酶类

少数病毒含有一定的酶类,主要有:神经氨酸酶,位于正黏病毒与副黏病毒包膜的糖蛋白的突起中。在病毒增殖过程中,能催化 RNA 转录 mRNA。反向转录酶,RNA 肿瘤病毒有此酶,为一种 RNA 依赖性 DNA 多聚酶,能将病毒单链 RNA 转录为双链 DNA,然后与寄主细胞基因组整合,它与肿瘤发生有关。

4. 病毒糖蛋白与病毒脂类

病毒包膜上的突起常含糖蛋白、复合的中性脂类、磷脂与糖脂的混合物。

2.3.1.5 病毒的主要类群

病毒的分类较多,一般根据病毒对宿主感染的专一性,按宿主的不同将病毒分为微生物病毒、植物病毒、动物病毒和昆虫病毒。

1. 微生物病毒

噬菌体一般侵染细菌、放线菌等原核微生物,其广泛存在于自然界中。噬菌体在病毒学中以 *E. coli* 中发现的噬菌体最多,也是研究最深入的。尤其是食品工业发酵中,噬菌体是造成生产菌种污染的因素之一。

2. 植物病毒

植物病毒虽是严格的细胞内寄生物,但专化性并不强,通常一种病毒可以寄生在不同种、属甚至不同科的植物上,如烟草花叶病毒(TMV)就具有传染的普遍性。一般植物患病后,主要表现出叶绿体破坏后导致引起花叶、黄化;植株发生矮化、丛植或畸形和形成枯斑、坏死等症状。

3. 动物病毒

目前研究的较广泛和深入的主要是与人类健康、畜牧业直接相关的病毒。常见的有流感病、麻疹、疱疹、肝炎、狂犬病和艾滋病等,尤其是人类中的恶性肿瘤多为病毒感染导致诱发的。

4. 昆虫病毒

在昆虫病毒中,多数是农林业上常见的鳞翅目害虫的病原体。昆虫病毒可在宿主细胞内形成包涵体,在光学显微镜下观察形成外形呈多角状。根据是否形成包涵体,将昆虫病毒分为包涵体病毒和非包涵体病毒。

2.3.2 病毒(噬菌体)的增殖

病毒的繁殖方式不是二分裂,病毒没有个体的生长过程,而只有其基本成分的合成和装配,即首先将各个部件合成出来,然后装配,所以一般将病毒的繁殖称作复制。由于病毒缺乏细胞器、复制酶系和代谢必需酶系统与能量,因此病毒感染活的寄主细胞后,不能独立地完成复制过程,而是以自身的核酸物质,操纵寄主细胞合成病毒的核酸与蛋白质等成分,然后装配成新的病毒。各种病毒的增殖过程基本相似。下面主要以噬菌体为例来探讨病毒的增殖。

　　噬菌体(bacteriophage，phage)是专性侵染寄生在细菌中的微生物病毒，在自然界中分布广泛。噬菌体是一个单细胞的宿主和极其简单的寄生物。尤其噬菌体可影响宿主细胞的正常生长，甚至可以使细菌裂解，造成工业发酵生产的重大损失，故噬菌体是发酵业重点防范的污染对象。研究噬菌体可以促进病毒的复制增殖、生物合成、基因表达、装配和感染性等问题的解决，所以噬菌体是一个很好的研究模型。

2.3.2.1　噬菌体的形态

　　与其他病毒一样，噬菌体由蛋白质和核酸组成。核酸由单链或双链分子组成环状或线状，病毒粒子外壳的基本形态包括蝌蚪形、微球形和线状 3 种(图 2 - 83)。从结构可以分为6 种不同的类型：第一种类型为蝌蚪形收缩性长尾噬菌体，具六角形头部及可收缩的尾部，DNA 长链。第二种类型是蝌蚪形非收缩性长尾噬菌体，具六角形头部及不能收缩的长尾，DNA 双链。第三种类型为蝌蚪形非收缩性短尾噬菌体，有六角形头部和不能收缩的短尾，DNA 双链。第四种类型为六角形大顶壳粒噬菌体，有六角形头部，12 个顶角各有一个较大的壳粒，无尾部，DNA 单链。第五种类型为六角形小顶壳粒噬菌体，有六角形头部，无尾部，RNA 单链。第六种类型为丝状噬菌体，无头部，蜿蜒如丝，DNA 单链。

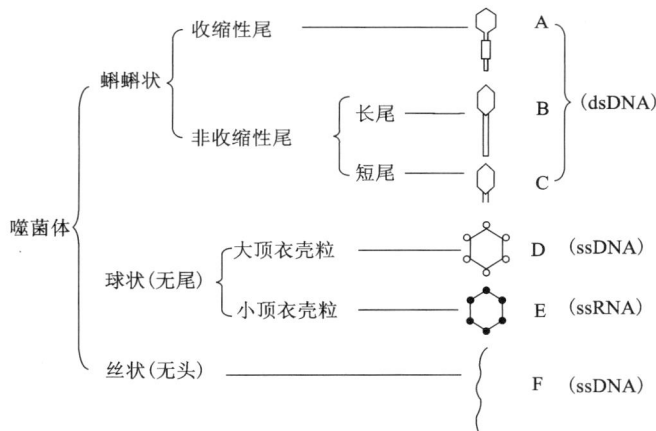

图 2 - 83　噬菌体的形态

2.3.2.2　噬菌体的增殖

　　噬菌体感染细菌细胞后，在细胞内增殖，凡导致寄主细胞裂解者叫烈性噬菌体(virulent phage)或毒性噬菌体(图 2 - 84)；烈性噬菌体遵循典型的病毒繁殖方式，即成熟后通过一定方式从宿主细胞内释放出来，同时伴随宿主细胞的裂解。烈性噬菌体所经历的繁殖过程，称为裂解性生活周期(lytic cycle)或增殖性生活周期(productive cycle)。凡吸附并侵入细胞后，噬菌体的 DNA 只整合在宿主的核染色体组上，随宿主 DNA 的复制而进行同步复制，不进行增殖和引起宿主细胞裂解的噬菌体，称温和噬菌体(temperate phage)或溶源噬菌体(lysogenic phage)。其特点为：①核酸类型为 dsDNA；②具有整合能力，其核酸可整合到敏感宿主的核基因组(genome)上，这种处于整合态的噬菌体核酸，称作前噬菌体(prophage)；③具有同步复制能力，前噬菌体一般情况下不进行复制和增殖，随宿主细胞的核基因组的复制而同步复制，并平均分布到两个子代细胞中去，如此代代相传。温和噬菌体的存在形式有三种：①游离态，指已成熟释放并有侵染性的游离噬菌体粒子；②整合态，指整合在宿主核染色体上处于前噬菌体的状态；③营养态，指前噬菌体经外界理化因子诱导后，脱离宿主核基因组而处于积极复制和装配的状态。在宿主核染色体组上整合有前噬菌体并能正常生长繁殖而不被裂解的细菌（或其他微生物）称为溶源菌（lysogen 或 lysogenic bacteria）。溶源菌有以下几个显著特性：①自发裂解，在溶源菌的分裂过程中，会有 $10^{-5} \sim 10^{-2}$ 个细胞发生自发裂解（spontaneous lysis），其原因是少数细胞中原来处于整合态的前噬菌体转变成营养态的裂解性噬菌体（lytic phage）；②诱变，溶源菌在外界理化因子的作用下，发生高频率裂解的现象，称为诱变（induction），紫外线、X 射线以及某些 DNA 合成的抑制剂（丝裂霉素 C、氮芥等）等都有诱变作用，使其由温和噬菌体转变为烈性噬菌体；③免疫性（immunity），任何溶源菌对已感染的噬菌体以外的其他噬菌体即超感染噬菌体（不管是温和的或烈性的）都具有抵制能力，这就是免疫性，也称超感染免疫性（superinfection immunity）、前噬菌体免疫性（prophage immunity）或溶源性免疫性（lysogenic immunily）；④复愈，在溶源性细菌群体的增殖过程中，一般有 10^{-5} 的个体丧失其前噬菌体，并成为非溶源性的细菌，这一过程称为复愈或非溶源化，复愈后的细胞其免疫性也随之丧失；⑤溶源转变（lysogenic conversion），指少数溶源菌由于整合了温和噬菌体的前噬菌体而使自己产生了除免疫性以外的新表型的现象。

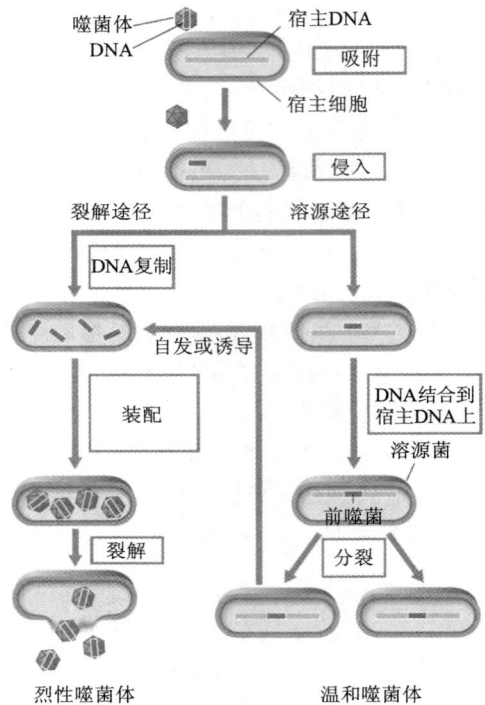

图 2-84　烈性噬菌体和温和噬菌体生活史

烈性噬菌体能在短时间内连续完成吸附、侵入、增殖（复制与生物合成）、成熟（装配）、裂解（释放）5 个阶段。一个噬菌体典型的生活周期从噬菌体在细菌细胞表面的特异受体吸附开始，随后遗传物质注入宿主。细菌含有降解外源 DNA 的限制修饰系统，许多侵染是不成功的。接着核酸复制开始，噬菌体基因编码的酶被合成。最后合成噬菌体衣壳蛋白，装配成新的噬菌体外壳，同时包装一个拷贝的基因。然后，噬菌体释放，普遍通过裂解进入周围培养基。也即经过吸附、侵入、增殖、装配和裂解 5 个阶段（图 2-85）。

1. 吸附（附着）（adsorption）

噬菌体与宿主细胞接触时，噬菌体尾部末端的尾丝散开，固着于宿主细胞的特异性的受点上而被吸附。噬菌体侵染宿主通过附着在细胞表面的特异受体上（图 2-86）。受体的性质不同，是蛋白质或多糖，它们可在任何时间存在细胞表面或只在某些条件下产生。T_4 噬菌体结合在大肠杆菌外膜的脂蛋白上（T_2、T_4、T_7 的吸附位点是脂多糖，T_2、T_6 的吸附位点是脂蛋白），而 λ 噬菌体只有当细菌在含有麦芽糖的培养基上生长时，才能结合在外膜的麦芽糖转运蛋白上。吸附作用受许多内外因素的影响，例如：①环境阳离子：Ca^{2+}、Mg^{2+}、Ba^{2+} 等阳离子对吸附有促进作用，Al^{3+}、Fe^{3+}、Cr^{3+} 等阳离子则可引起失活；②辅助因子：色氨酸、生物素对吸附有促进作用；③pH：pH 中性时有利于吸附，pH <5 和 pH >10 不易吸附；④温度：在生长最适温度范围内最有利于吸附；⑤噬菌体数量：由于每一宿主细胞表面的特异受体有限，因此所能吸附噬菌体的数目也有一个限量。每一敏感细胞所能吸附的相应噬菌体的数量，就称感染复数（m. o. i，multiplicity of infection）。感染复数一般很大，可达 250 ~ 360。如大量噬菌体粒子同时吸附于一个敏感细胞，由于每个噬菌体粒子的尾管口都带有少量的溶菌酶，就会使宿主细胞表面顿时出现"千疮百孔"（图 2 - 87），从而发生了裂解。这种由于超 m. o. i 的外源噬菌体吸附而引起的、不能产生子代噬菌体的裂解，称为自外裂解（lysis from without）。

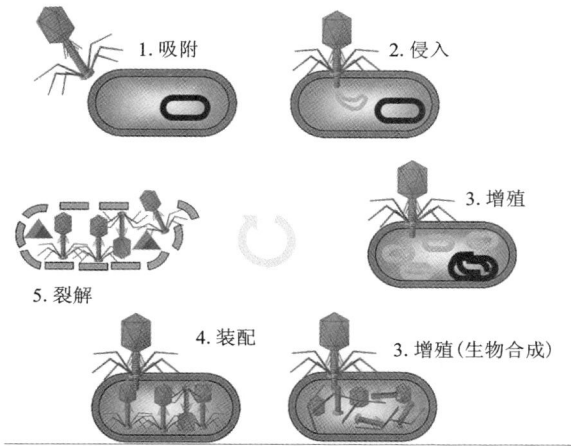

图 2 - 85　大肠杆菌 T - 噬菌体的繁殖过程

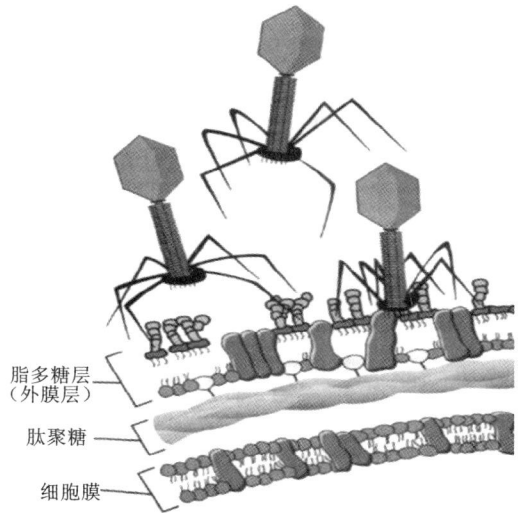

图 2 - 86　大肠杆菌 T - 噬菌体的吸附

2. 侵入（penetration）

噬菌体侵入方式视噬菌体结构而定。在 T_4 噬菌体的例子中，噬菌体通过长的尾丝吸附和基板接触细胞壁之后，尾鞘收缩，将尾髓压入细胞。尾髓为一空管，通过尾髓，头部的 DNA 注入细菌细胞内。此过程中，噬菌体的蛋白质外壳始终留在胞外。有的没有尾鞘或不能收缩的噬菌体，也能将 DNA 注入细胞。这说明尾鞘并不是噬菌体侵入所必需的，但它可以加快噬菌体的侵入速度。例如，大肠杆菌 T_2 噬菌体的核酸侵入速度比丝状噬菌体 M_{13} 要快

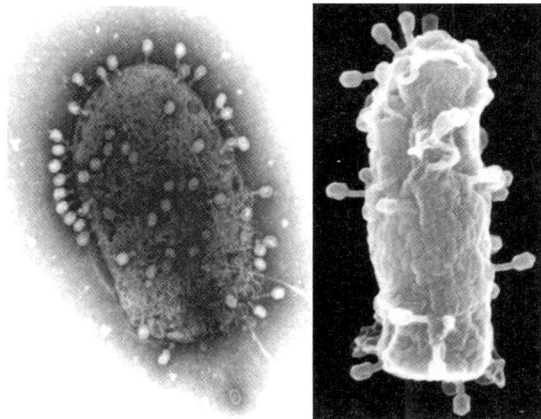

图 2 - 87　多个噬菌体的吸附在大肠杆菌上

100 倍。从吸附到侵入的时间一般很短,在合适温度下,T_4 只需要 15 s。

3. 增殖(reproduction)或复制(replication)

病毒侵入宿主细胞后,宿主细胞的代谢发生变化,它的生物合成将受到病毒核酸的遗传信息控制。病毒先利用宿主的 RNA 聚合酶等进行转录,生成噬菌体的 mRNA。再由宿主的蛋白质合成体系进行翻译,合成复制噬菌体 DNA 所需的酶类,例如,T 偶数噬菌体要合成十几种酶。然后开始复制噬菌体的核酸,指导合成病毒的外壳蛋白和溶菌酶等。

4. 成熟(maturity)或装配(assembly)

成熟过程实际上是子代噬菌体 DNA 与蛋白质聚集成为新的噬菌体粒子过程。T_2噬菌体装配时,先将 DNA 分子聚合成多角体,头部蛋白通过排列和结晶过程,将 DNA 聚缩体包围,然后装上尾鞘、尾丝,就形成了新的子代噬菌体[图2-88(a)]。

5. 裂解或释放(release)

当大量的成熟噬菌体粒子在细菌细胞内增殖到一定数量时,细胞会突然裂解,使众多噬菌体释放到细胞外[图2-88(b)]。噬菌体能诱导形成脂酶和溶菌酶,促进寄主细胞裂解,从而使细菌细胞突然破裂,释放出大量的子代噬菌体。脂酶主要作用于细菌细胞的磷脂;溶菌酶能水解细菌细胞壁结构而触发菌体裂解。

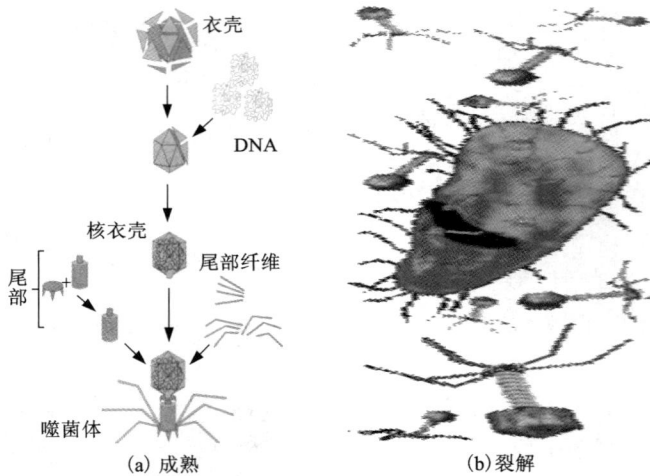

(a) 成熟   (b) 裂解

图 2-88 成熟和裂解

2.3.2.3 噬菌体的危害

在食品发酵工业上,如果一个细菌被一个噬菌体感染,那么在短时间内就会释放出众多的子代噬菌体,因而出现污染生产菌种,造成菌体裂解,无法累积发酵产物,发生倒罐事件等,从而造成严重的经济损失。

1. 丙酮、丁醇发酵与噬菌体污染

丙酮、丁醇发酵与噬菌体污染可为发酵受害的典型代表。发酵受噬菌体感染后,发酵速度缓慢,产气减少,发酵液对流也不旺盛,甚至菌数减少,逐渐使发酵停止。尤其是采用丁醇连续化生产,损失更大。不过可以采用噬菌体抗性菌株,每隔 1 周交换使用 1 次,这样对稳定生产有一定好处。

2. 抗生素发酵与噬菌体污染

灰色链霉菌发酵生产链霉素，由于噬菌体污染出现溶菌现象，菌体减少，培养液变黑，抗生素效价不上升。

3. 食品生产中的噬菌体污染

食品工业上采用乳酸菌、醋酸菌、棒状杆菌等进行发酵，生产各种不同的产品，如果生产过程中受到相应的噬菌体感染时，常表现为：发酵周期延长；碳源消耗缓慢；发酵液变清；发酵产物的形成缓慢或根本不形成；作平板检查，有大量的噬菌斑；在电镜观察，有大量噬菌体粒子存在。

2.3.2.4 防治噬菌体危害的措施

由于噬菌体在微生物发酵工业中易造成经济损失，所以必须采取一定预防措施，比如：

①不使用可疑菌种。认真检查摇瓶、斜面及种子罐所使用的菌种，坚持废弃任何可疑菌种。

②不断筛选抗性菌种，并经常轮换生产菌种。及时改用抗噬菌体的生产菌株。

③严格保持环境卫生，加强管道和发酵罐的灭菌。空气过滤器要保持质量并经常灭菌。

④决不排放或丢弃活菌液。严格消毒或灭菌后才能排放。

2.3.2.5 噬菌体的应用

①用于诊断细菌的菌种或型：由于噬菌体的作用具有高度的种、型特异性，即一种噬菌体只能裂解和它相应的该种细菌的某一型，因此可用于细菌鉴定。

②用于医疗诊断：噬菌体感染相应细菌后，迅速繁殖并产生噬菌体子代。利用这一特性可将已知噬菌体加入被检材料中，如出现噬菌体效价增长，就证明材料中有相应细菌存在。

③遗传工程中用做分子生物学研究的实验工具：如应用噬菌体作为载体，将不同的细胞之间的 DNA 进行转移，改变细胞的遗传特性，主要是由于噬菌体的基因数目少，噬菌体变异或遗传性缺陷株又容易辨认、选择和进行遗传性分析，因此可以通过物理的或化学的方法诱变使其产生多种噬菌体的蚀斑型突变株和条件致死突变株，然后利用这些突变性的基因重组试验，来研究噬菌体个别基因的排列顺序和功能，从而推动了基因工程的进步。

2.3.3 亚病毒

2.3.3.1 类病毒(viroid)

类病毒是寄生于高等生物细胞的一类最小的病原体。类病毒属于严格专性细胞内寄生。只有在宿主细胞内才表现其生命特征，才能自我复制。它的化学组成和结构比病毒更简单，没有蛋白质外壳，仅是游离的 RNA 分子，相对分子质量约 100000 Da。只有最小病毒的十分之一。1922 年在美国发现马铃薯纺锤形块茎病(potato spindle tuber disease，PSTD)，它可使土豆减产 20%～70%。1971 年，从马铃薯纺锤形块茎病中分离纯化得到马铃薯纺锤形块茎病类病毒(potato spindle tuber viroid，PSTV)。它是一条 50～70 nm 长的棒状 RNA 分子，是由 359 个核苷酸组成的闭合环状 RNA 分子，其间有 70% 的碱基以氢键方式结合，共形成 122 个碱基对，整个棒状结构中有 27 个内环，最大的内环含有 12 个核苷酸，最大的螺旋分段含有 8 个碱基对(图 2 - 89)。自发现 PSTD 后，人们陆续发现了番茄簇顶病、柑橘裂皮病、菊花矮化病、菊花褪绿斑驳病、黄瓜白果病、椰子死亡病和酒花矮化病等 18 种植物疾病的类病毒。

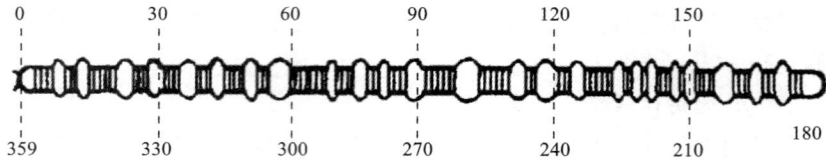

图2-89 马铃薯纺锤形块茎病类病毒(PSTV)的结构模型

2.3.3.2 拟病毒(virusoids)

拟病毒又称类病毒(viroid-like),它是包裹在植物病毒粒子内的类病毒。它与普通的类病毒的差异是它的侵染对象不是高等植物或动物,而是植物病毒。1981年Randles等在绒毛烟(nicotiana tomeneosa)上分离到一种直径为30 nm的二十面体病毒,称为绒毛烟斑驳病毒(velvet tobacco mottle virus,VTMoV)。在鉴定该病毒时,发现其基因组除含一种大分子线状ssRNA(称RNA-1)外,还含有一种类似于类病毒的环状ssRNA分子(称RNA-2)及它的线状形式(称RNA-3)。进一步研究表明,对VTMoV的RNA-1和RNA-2进行单独接种时,都不能感染和复制,只有把两者合在一起时才可以感染和复制。因此,这种环状ssRNA分子(RNA-2)是一种类似于类病毒的新型RNA分子,于是Haseloff等(1982)将这种包被于病毒衣壳内的环状RNA分子称为拟病毒。至1986年,已发现的拟病毒除VTMoV外,还有苜蓿暂时性条斑病毒(lucerne transient streak virus)、莨菪斑驳病毒(solanum nodiflorum mottle virus)和地下三叶草斑驳病毒(subterranean clover mottle vitus)。

2.3.3.3 朊病毒(prion)

朊病毒(virino)又称蛋白质侵染因子(protein infection)或普利昂(prion)。朊病毒是一类能侵染动物并在宿主细胞内复制的小分子无免疫性的疏水性蛋白。在电镜下呈杆状颗粒,成丛排列。朊病毒是一类能引起哺乳动物的亚急性海绵样脑病的病原因子,现在认为,引起山羊和绵羊癌痒病(scrapie)以及人的Kuru病和Creutzfeld-Jacob病(CJ病,脑脱髓鞘病变)的病原体是朊病毒。1982年,美国的S.B.Prusioer在研究引起癌痒病的病原体时发现,该病原体在经过高温、辐射以及化学药品等能使病毒失活的处理后依然存活,而且它只对蛋白酶敏感,因而认为,病原体是一种仅由蛋白质组成的侵染性颗粒,并命名为朊病毒。1997年震撼整个世界的"疯牛病"危机就是朊病毒作祟。

Prusiner等人研究发现朊病毒的编码基因在正常细胞中就有,其表达的是正常朊蛋白。它与朊病毒蛋白在氨基酸序列上可能是相同的,而构象上却有很多不同,朊病毒蛋白中有更多的卢折叠(图2-90)。当朊病毒蛋白接触正常的朊蛋白,则会使后者发生错误折叠而成为朊病毒蛋白,从而发生"滚雪球"现象。朊病毒蛋白不会引起生物体内的免疫反应,故在发病前无任何异常症状,很难早期诊断。朊病毒的抗性很强,能耐杀菌剂和高温(120~130℃,4 h仍具有感染性)。

朊病毒的发现具有重大的理论和实践意义。通过对朊病毒的深入研究会更加丰富"中心法则"的内容。从实践上讲,朊病毒的发现为一些与痴呆有关的疾病的诊断与防治提供了信息,为药物开发和新的治疗方法的研究奠定了基础。

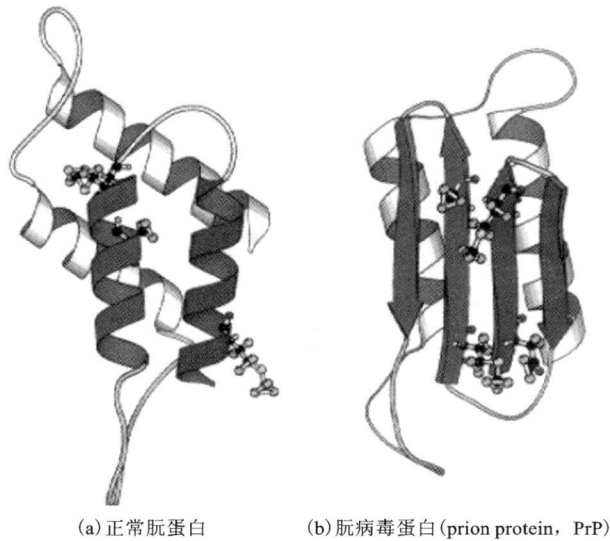

(a)正常朊蛋白　　　　(b)朊病毒蛋白(prion protein，PrP)

图 2 - 90　朊蛋白的两种结构模型

2.4　微生物的分类

2.4.1　微生物的分类单元

为了识别和研究微生物，将各种微生物按其客观存在的生物属性(如形态特征、菌落特征、生理生化特征、生态特征、抗原特征、遗传特征等)及它们的亲缘关系，有次序地分门别类排列成一个系统，从上而下依次分成 7 级，界(Kingdom)、门(Phylum)、纲(Class)、目(Order)、科(Family)、属(Genus)、种(Species)。在微生物的分类中，"种"是最基本的分类单位，种以下还可以分为亚种、菌株和型等，而在界以上，也常出现更高的分类单元名称，例如"域"(Domain)。

1. 种(species)

关于微生物"种"的概念，各个分类学家的看法不一，因此，至今还找不到一个公认的、明确的种的定义。例如，伯杰氏(Bergey)对细菌"种"的定义是："凡是与典型培养菌密切相同的其他培养菌统一起来，区分成为细菌的一个种"。因此，它是以某个"标准菌株"为代表的十分类似的菌株的总体。1986 年斯坦尔(Stanier)给"种"下了定义："一个种是由一群具有高度表型相似性的个体组成，并与其他具有相似特征的类群存在明显的差异。"但这个定义仍无量化标准。1987 年，国际细菌分类委员会颁布，DNA 同源性≥70%，而且其 ΔT_m≤5℃的菌群为一个种，并且其表型特征应与这个定义相一致。1994 年 Embley 和 Stackebrandt 认为当 16S rDNA 的序列同源性≥97% 时可认为是一个种，此观点已得到很多实验方面的支持，也意味着微生物种的划分已经建立在基因组的精确基础上。

另一方面，生物又是不断变化的，同一种生物的不同个体，由于它们所处的环境不同，其本身或它的后代也会出现一些变异，这是形成新种的前奏，所以物种又是变化的。在一定条件下,物种会保持相对稳定,这是物种存在的根据,这也使生物分类成为可能。

2. 亚种(subspecies)

在种内,有些菌株如果在遗传特性上关系密切,而且在表型上存在较小的某些差异,一个种可分为两个或两个以上小的分类单位,称为亚种(subspecies),它是细菌分类中具有正式分类地位的最低等级。

3. 菌株或品系(strain)

这是微生物学中常碰到的一个名词,它主要是指同种微生物不同来源的纯培养物。从自然界分离纯化所得到的纯培养的后代,经过鉴定属于某个种,但由于来自不同的地区、土壤和其他生活环境,它们总会出现一些细微的差异。这些单个分离物的纯培养的后代称为菌株。菌株常以数目、字母、人名或地名表示。那些得到分离纯化而未经鉴定的纯培养的后代则称为分离物。

2.4.1 微生物的命名

微生物的名字有俗名和学名两种。俗名是指普通的、通俗的、地区性的名字,具有简明和大众化的优点,但往往含义不够明确,易于重复,使用范围有限。例如"结核杆菌"用于表示结核分枝杆菌(*Mycobacterium tuberculosis*)、"绿脓杆菌"表示铜绿假单胞菌(*Pseudomonas aeruginosa*)、"白念菌"表亦白色假丝酵母(*Candida albicans*)、"金葡菌"表示金黄色葡萄球菌(*Staphyloccus aureus*)、"丙丁菌"表示丙酮丁醇梭菌(*Clostrium acetobutylicum*)及"红色面包霉"表示粗糙链孢菌(*Neurospora crassa*)等。为了便于交流和避免混淆,就需要有一个统一的命名法则,给每种微生物取一个为大家公认的科学用名,即学名。微生物命名和其他高等动植物一样,采用林奈(Linnaeus)双名法(binomal system of nomenclature)(病毒除外)。《国际细菌命名法规》颁布了国际学术界公认并通用的正式名字。

微生物的学名由两个拉丁字或希腊字或拉丁化的其他文字组成。第一个词是属名,名词,首字母要大写,用于描述微生物的主要特征,用斜体;第二个词是种名加词(又称种加词),不用大写,一般用形容词,用于描述微生物的次要特征。例如,金黄色葡萄球菌的学名为 *Staphyloccus aureus* 时,前一个是属名,意思是"葡萄球菌",也用斜体;第二个是种名加词,意思是"金黄色的"。在种名加词后,附上首次命名人、现名定名人和命名年份(正体),可省略,如大肠埃希菌 *Escherichia coli* (Migula) Castellani & Chalmers 1919。属名在上下文连着出现时,可以缩写,如 *Bacillus* 可用 *B.* 表示。

有时只需泛指某一属的微生物,而不特指某一具体的种(或无种加词)时,可在属名之后加上 sp.(单数时)或 spp.(复数时)来表示。如命名对象是新种,需在种名加词后加 sp. nov 或 nov. sp(即 nova species),如我国学者筛选到的谷氨酸发酵新菌种(*Corynebacterium pekinense* sp. nov. AS1. 299(北京棒杆菌 AS1. 299,新种)和 *C. crenatum* sp. nov. AS1. 542(钝齿棒杆菌 AS1. 542,新种);当某种微生物是一个亚种(简称 subsp.)或变种(var.)时,学名应按三名法命名。如需表示变种,则在变种学名前加 var.,如苏云金芽孢杆菌蜡螟亚种(*Bacillus thuringiensis* ssp. *galleria*)、枯草芽孢杆菌黑色变种(*Bacillus subtilis* var. *niger*)、解脂假丝酵母解脂变种(*Candida lipolytica* var. *lipolytica*)。

重要概念及名词

磷壁酸，LPS，肽聚糖，缺壁细菌，L 型细菌，原生质体，球状体，PHB，异染粒，芽孢，伴胞晶体，糖被，菌毛，性毛，基内菌丝，横割分裂，原体与始体，支原体，羧酶体，孢囊，磁小体，菌落，菌苔，真菌，孢子，无性繁殖，有性繁殖，孢囊，假菌丝，芽痕，子实体，病毒，烈性噬菌体，温和噬菌体，原噬菌体，溶源菌，噬菌斑，包涵体，感染复数，自外裂解

复习思考题

1. 试述 G⁺ 和 G⁻ 细胞壁的特点，并说明革兰氏染色的机理及其重要意义。

2. 试图示肽聚糖的模式构造，并指出 G⁺ 和 G⁻ 细菌肽聚糖结构的差别。

3. 什么是缺壁细菌？试列表比较 4 类缺壁细菌的形成、特点和实际应用。

4. 试述革兰氏染色法的机制并说明此法的重要性。

5. 细菌的芽孢有何实践重要性？产芽孢的细菌主要有哪几类？各举一例。

6. 渗透调节皮层膨胀学说是如何解释芽孢耐热机制的？

7. 如何理解"放线菌是介于细菌与丝状真菌间而更接近于细菌的一类微生物"？

8. 什么是菌落？试讨论细菌的细胞形态与菌落形态间的相关性。

9. 衣原体与立克次氏体都为专性活细胞内寄生，两者有何差别？

10. 列表比较细菌、放线菌、霉菌、酵母菌细胞结构、群体特征及繁殖方式的异同。

11. 为什么霉菌菌落的中央与边缘、正面与反面在外形、颜色、构造等方面常有明显的差别？放线菌、细菌和酵母菌呢？

12. 霉菌可形成哪几种无性孢子？它们的主要特征是什么？

13. 霉菌有哪几种有性孢子？它们有何分类意义？

14. 真菌的无性孢子和有性孢子的形成有何特点？并说明其实践意义。

15. 什么是"9 + 2 型"鞭毛？其与细菌的鞭毛有何不同？

16. 什么叫锁状接合？其生理意义如何？试图示其过程。

17. 大型真菌是指什么？简述其菌丝发育过程及担孢子的形成特点。

18. 试述病毒的主要化学组成及功能。

19. 病毒粒子有哪几种对称方式？

20. 什么是病毒？什么是亚病毒因子？病毒与其他生物的主要区别是什么？

21. 以噬菌体为例，说明病毒的增殖过程。

22. 比较裂性噬菌体与温和噬菌体的不同。

23. 溶源性细菌有哪些特点？

24. 噬菌体在生产中有哪些应用？

25. 微生物学的命名法则有哪些？

第3章

微生物的营养

内容提要

微生物为了生存，需要不断地自外界吸取各种营养物质，从中获得能量，合成新的细胞物质，维持细胞内一定的 pH 及离子组成。本章阐述了微生物的六大营养要素，介绍了存在于微生物中的营养运输方式及特点；并且重点介绍了微生物人工培养基的制备原则及类型。

教学目标

1. 掌握微生物的六大营养要素以及微生物的细胞组成特点。
2. 掌握营养物质进入微生物细胞的方式。
3. 掌握培养基的概念、配制原则及类型。

3.1 微生物的六类营养要素

3.1.1 微生物的营养

微生物同其他生物一样都是具有生命的，微生物细胞直接同生活环境接触并不停地从外界环境吸收适当的营养物质，在细胞内合成新的细胞物质和贮藏物质，并储存能量。微生物从环境中吸收营养物质并加以利用的过程即称为微生物的营养(nutrition)。

营养物质是微生物构成菌体细胞的基本原料，也是获得能量以及维持其他代谢机能必需的物质基础。微生物吸收何种营养物质取决于微生物细胞的化学组成。分析微生物细胞的化学成分可发现，微生物细胞与其他生物细胞的化学组成并没有本质上的差异。微生物细胞的主要成分是水分，占微生物活菌体的 70%~90%，干物质有蛋白质、核酸、碳水化合物、脂类和矿物质等，微生物细胞中主要的物质含量如表 3-1 所示。

表3-1 微生物细胞中主要物质含量(%)

微生物	水分	干物质	占细胞干物质百分数			
			蛋白质	核酸	碳水化合物	脂肪
细菌	75~85	25~15	58~80	10~20	12~28	5~20
酵母菌	70~80	30~20	32~75	6~8	27~63	2~5
丝状真菌	85~95	15~5	14~52	1~2	27~40	4~40

蛋白质、核酸、碳水化合物、脂类和矿物质等干物质是由碳、氢、氧、氮、磷、硫、钾、钙、镁、铁等主要化学元素组成,其中碳、氢、氧、氮是组成有机物质的四大元素,占干物质的90%~97%(表3-2)。其余的3%~10%是矿物质元素,除上述磷、硫、钾、钙、镁、铁外,还有一些含量极微的钼、锌、锰、硼、钴、碘、镍、钒等微量元素。这些矿质元素对微生物的生长也起着重要的作用。

表3-2 微生物细胞中碳、氢、氧、氮的含量(%)

微生物	C	N	H	O
细菌	50	15	8	20
酵母菌	49.8	12.4	6.7	31.1
丝状真菌	47.9	5.2	6.7	40.2

通过了解微生物的化学组成,可见微生物在新陈代谢活动中,必须吸收充足的水分以及构成细胞物质的碳源和氮以及钙、镁、钾、铁等多种多样的矿质元素和一些必需的生长辅助因子,才能正常地生长和繁殖。微生物生长所需要的营养物质主要是以有机物和无机物的形式提供的,小部分由气体物质供给。微生物的营养物质分为:碳源、氮源、能源、无机盐、生长因子、水、氧气等。

3.1.2 微生物的六大营养要素

3.1.2.1 碳源

在微生物生长过程中为微生物提供碳素来源的物质称为碳源。能作为微生物生长的碳源的种类极其广泛,包括糖和糖的衍生物、脂类、醇类、有机酸、烃类、芳香族化合物以及各种含碳的化合物(表3-3)。碳源物质通过复杂的化学变化来构成微生物自身的细胞物质和代谢产物,同时多数碳源物质在细胞内的生化反应过程中还能为机体提供维持生命活动的能量,因此碳源物质通常也是能源物质。但有些仅以CO_2为唯一或主要碳源的微生物生长所需的能源则不是来自CO_2。

表3-3 微生物利用的碳源物质

种类	碳源物质	备注
糖	葡萄糖、果糖、麦芽糖、蔗糖、淀粉、半乳糖、乳糖、甘露糖、纤维二糖、纤维素、半纤维素、甲壳素、木质素等	单糖优于双糖，己糖优于戊糖，淀粉优于纤维素，纯多糖优于杂多糖
有机酸	糖酸、乳酸、柠檬酸、延胡索酸、低级脂肪酸、高级脂肪酸、氨基酸等	与糖类相比效果较差，有机酸较难进入细胞，进入细胞后会导致pH下降。当环境中缺乏碳源物质时，氨基酸可被微生物作为碳源利用
醇	乙醇、甲醇	乙醇在低浓度条件下被某些酵母菌和醋酸菌利用，甲醇可被甲基营养型细菌所利用
脂	脂肪、磷脂	主要利用脂肪，在特定条件下将磷脂分解为甘油和脂肪酸而加以利用
烃	天然气、石油、石油馏分、石蜡油等	利用烃的微生物细胞表面有一种由糖脂组成的特殊吸收系统，可将难溶的烃充分乳化后吸收利用
CO_2	CO_2	为自养微生物所利用
碳酸盐	$NaHCO_3$、$CaCO_3$、白垩等	为自养微生物所利用
其他	芳香族化合物、氰化蛋白质、肽、核酸等	利用这些物质的微生物在环境保护方面有重要作用。当环境中缺乏碳源物质时，可被微生物作为碳源而降解利用

微生物利用碳源物质具有选择性，糖类是一般微生物的良好碳源和能源物质，但微生物对不同糖类物质的利用也有差别，例如，在以葡萄糖和半乳糖为碳源的培养基中，大肠杆菌首先利用葡萄糖，然后利用半乳糖，前者称为大肠杆菌的速效碳源，后者称为迟效碳源。目前在微生物的研究开发和工业生产中所利用的碳源物质主要是单糖、饴糖、糖蜜（制糖工业副产品）、淀粉（玉米粉、山芋粉、野生植物淀粉）、麸皮和米糠等。为了节约粮食，人们已经开展了代粮发酵的科学研究，以纤维素、CO_2 和 H_2、石油或石油产品等作为碳源和能源物质来培养微生物。目前，已经利用石油或石油产品来生产氨基酸、有机酸、核苷酸、抗生素与酶制剂等产品。

不同种类微生物利用碳源物质的能力也有差别。有的微生物能广泛利用各种类型的碳源物质，而有些微生物可利用的碳源物质则比较少，例如，假单胞菌属中的某些种可以利用多达90种以上的不同类型的碳源物质。有的微生物利用碳源物质的能力有限，只能利用少数几种碳源进行生长，例如一些甲基营养型微生物只能利用甲醇或甲烷等一碳化合物作为碳源物质。另外，有些有毒的含碳化合物如氰化物、酚等也能被一些细菌所分解与利用，可应用于污染场地的修复。

3.1.2.2 氮源

凡能提供微生物生长繁殖所需氮元素的营养源通称为氮源物质。能被微生物所利用的氮源物质有蛋白质及其各类降解产物、铵盐、硝酸盐、亚硝酸盐、分子态氮、嘌呤、嘧啶、脲、酰胺、氰化物等（表3-4）。氮源物质少数情况下也可作能源物质，如某些厌氧微生物在厌氧条件下可利用某些氨基酸作为能源物质。

表 3 - 4　微生物利用的氮源物质

种类	氮源物质	备注
蛋白质类	蛋白质及其不同程度降解产物（胨、肽、氨基酸等）	大分子蛋白质难进入细胞，一些真菌和少数细菌能分泌胞外蛋白酶，将大分子蛋白质降解利用，而多数细菌只能利用相对分子质量较小的降解产物
氨及铵盐	NH_3、$(NH_4)_2SO_4$等	容易被微生物吸收利用
硝酸盐	KNO_3等	容易被微生物吸收利用
分子氮	N_2	固氮微生物可利用，但当环境中有化合态氮源时，固氮微生物就失去固氮能力
其他	嘌呤、嘧啶、脲、胺、酰胺、氰化物	大肠杆菌不能以嘧啶作为唯一氮源，在氮限量的葡萄糖培养基上生长时，可通过诱导作用先合成分解嘧啶的酶，然后再分解并利用，嘧啶可不同程度地被微生物作为氮源加以利用

　　在科学研究和工业生产中，常用的无机氮源有硫酸铵、硝酸铵、碳酸铵、尿素等，微生物吸收利用铵盐和硝酸盐的能力较强，许多腐生型细菌、肠道菌、动植物致病菌等可利用铵盐或硝酸盐作为氮源，例如，大肠杆菌、产气肠杆菌(Enterobacter aerogenes)、枯草芽孢杆菌、铜绿假单胞菌(Pseudomonas aeruginosa)等均可利用硫酸铵和硝酸铵作为氮源；放线菌可以利用硝酸钾作为氮源；霉菌可以利用硝酸钠作为氮源。以$(NH_4)_2SO_4$等铵盐为氮源培养微生物时，由于NH_4^+被吸收，会导致培养基 pH 下降，因而将其称为生理酸性盐。以硝酸盐(如KNO_3)为氮源培养微生物时，由于NO_3^-被吸收，会导致培养基 pH 升高，因而将其称为生理碱性盐。为避免培养基 pH 变化对微生物生长造成不利影响，需要在培养基中加入缓冲物质。

　　常用的有机氮源有蛋白胨、鱼粉、蚕蛹粉、黄豆饼粉、花生饼粉、玉米浆、牛肉膏和酵母粉等。微生物对氮源的利用具有选择性，例如，土霉素产生菌在生产过程中既可以利用硫酸铵，也可以利用玉米浆、黄豆饼粉和花生饼粉，而土霉素产生菌利用硫酸铵和玉米浆的速度比利用黄豆饼粉和花生饼粉的速度快。这是因为硫酸铵中的NH_4^+可被细胞吸收后直接利用，而玉米浆中的氮主要以较易吸收的蛋白质降解产物形式存在，氨基酸等降解产物的氮可以通过转氨作用直接被机体利用。黄豆饼粉和花生饼粉中的氮主要以蛋白质的形式存在，蛋白质必须通过水解成小分子的肽和氨基酸后才能被机体利用。在土霉素发酵中，硫酸铵和玉米浆通常是作为速效氮源被利用，黄豆饼粉和花生饼粉通常是作为迟效氮源被利用，速效氮源有利于菌体生长，迟效氮源有利于代谢产物的形成，所以，在发酵生产土霉素的过程中，往往需将两者按一定比例制成混合氮源，以控制菌体生长时期与代谢产物形成时期的长短，达到提高土霉素产量的目的。

　　碳氮比是指培养基中的碳素和氮素之比(C/N)。一般的讲，是指培养基的还原糖和粗蛋白之比。可根据菌体中的碳氮比，算出培养基的碳氮比。不同微生物细胞的 C/N 不同，如大肠杆菌的 C/N 是 4:1，丝状真菌的 C/N 一般是(8~2):1。培养基内的碳氮比，一般为菌体碳氮比中氮源不变，碳源加倍。因碳源中 50% 构成菌体，50% 用于能源生产，因此，细菌培养基内的碳氮比为(8~10):1，真菌培养基内的碳氮比为(12~24):1(菌丝生长阶段)，子实体形成阶段(分化)碳氮比又有变化(30~40):1，这是因为在此阶段氮源先从菌丝体内吸收碳源，继而从培养基中吸收。在培养过程中，必须注意碳氮比，以防结果适得其反。

细菌培养基的 C/N 较低，要求有较丰富的含氮物。碳源不足，菌体易早衰；氮源过量，菌体生长过旺，代谢产物积累少；氮源不足，菌体生长过慢。因此，设计种子培养基和发酵培养基时要采取不同的 C/N。种子培养基中氮的比例要高，即 C/N 要低，以利于菌数大量增加；发酵培养过程中，若以获得代谢产物为目的，不希望菌数大量增加，但要多积累代谢产物，C/N 确定较为复杂，应根据发酵产物性质决定。如发酵产物为不含氮的有机酸和醇类，C/N 应较高，以便限制菌数过量增加，促进代谢产物多累积；当发酵产物为氨基酸类含氮物质时，则应使 C/N 较高，保证含氮代谢产物大量积累。如谷氨酸发酵时，氮不足，则累积 α - 酮戊二酸；氮过量，又形成谷氨酰胺。

3.1.2.3　无机盐

无机盐（inorganic salt）是微生物生长必不可少的一类营养物质，它们在机体中的生理功能主要是作为酶活性中心的组成部分、维持生物大分子和细胞结构的稳定性、调节并维持细胞的渗透压平衡、控制细胞的氧化还原电位和作为某些微生物生长的能源物质等。微生物生长所需的无机盐一般有磷酸盐、硫酸盐、氯化物以及含有钠、钾、钙、镁、铁等金属元素的化合物。

1. 磷

微生物细胞中磷含量较高，细胞中的磷酸并非呈游离态存在，主要是与各种有机化合物通过酯键连接而成为细胞中的有机组分。例如，磷与脂类分子以磷酯键连接形成各种磷脂化合物，成为膜的结构基础；与糖类分子形成酯键，使其成为活化态的代谢物，能活跃地进行合成和分解代谢，还能活跃地进行输送；与蛋白质（酶）的结合与解离是细胞调节酶活性的一种方式。

磷酸的一个重要生物学作用是架桥，除上述磷脂类化合物外，最重要的是借磷酸的架桥作用将各种核苷酸连成长链，组成 DNA 和 RNA。磷酸可自我架桥成为多聚体，如焦磷酸、二磷酸和多聚偏磷酸等，多磷酸化合物对细胞的生命活动非常重要，是细胞能量代谢中一个主要的调节物。所有生物都依靠三磷酸及二磷酸化合物如 ATP 和 ADP 作为能量周转的分子形式，细胞直接利用这些多磷酸化合物内所含能量进行各式各样的生物学功能。此外磷酸能与胺类分子共聚成为杂多酸。

磷酸盐又是重要的 pH 缓冲剂。微生物对磷的需要量较高，适宜浓度一般为 0.005～0.01 mol/L。培养基中的磷是通过加入无机磷酸盐 K_2HPO_4、KH_2PO_4 和 NaH_2PO_4 等提供的。磷进入细胞后迅速转化为含磷的有机化合物。缺磷可引起代谢紊乱，尤其会使葡萄糖利用速度降低。有机磷也可被一些微生物作为磷源利用，但必须先通过磷酸酶降解为 H_3PO_4 才能被吸收。

2. 硫

硫存在于细胞内的蛋白质中，是含硫氨基酸（半胱氨酸、胱氨酸及甲硫氨酸）的组成成分。另外，硫也参与一些生理代谢活性物质的组成，一些酶的活性基团（辅酶 A、谷胱甘肽、生物素及硫辛酸）都含有巯基（—SH），维生素（硫胺素和生物素）、某些抗菌素以及其他一些化合物也含有硫，这表明硫在机体内的物质代谢上起着重要作用。无机硫化物（H_2S、S、$S_2O_3^{2-}$ 等）又是化能自养细菌的能源。大多数微生物利用无机硫化物作硫源，常用 $MgSO_4$ 等作为培养基中的硫源。有些微生物不具备或失去了用无机硫化物合成它们生长必需的有机硫化物的能力，必须由外源提供有机硫化物（胱氨酸等）才能生长。

3. 镁

微生物生长需要一定数量的镁元素，镁是叶绿体或细菌叶绿体的组成元素，在光能转换上起重要作用。镁构成某些酶的活性成分，如已糖磷酸化酶、异柠檬酸脱氢酶、固氮酶、蛋白酶等。镁对微生物细胞中某些细胞结构如核糖体、细胞膜等的稳定性起重要作用。镁还能促进氨基酸活化，有利于蛋白质的合成。镁对重金属如钴、镍、铜的毒性有拮抗作用。一般革兰氏阳性细菌对镁的需求比革兰氏阴性细菌大，如果环境中缺少镁，微生物生长得不到足够的镁，会导致核糖体和细胞膜的稳定性降低，从而影响机体的正常生长。微生物需要的镁常用 $MgSO_4$ 提供，其浓度约为 0.001 mol/L。

4. 钾和钠

钾是细胞中的主要阳离子之一，是多种酶的激活剂，对细胞内原生质的胶体状态和细胞膜透性起调控作用。钠主要参与调节细胞渗透压。海洋和嗜盐微生物细胞内含有较高浓度的钠离子。培养基中常用 K_2HPO_4、KH_2PO_4、KNO_3 等钾盐提供钾素，适宜浓度为 0.001~0.004 mol/L。另外，K_2HPO_4 和 KH_2PO_4 除作为钾源使用外，它们还是组成缓冲液的成分，在 pH 的调节上起重要作用。

5. 钙

钙是细胞中的主要阳离子之一，以离子状态控制着细胞的生理状态，如降低细胞质膜透性、调节酸度等。钙对淀粉酶及蛋白酶等胞外酶活性的稳定有重要影响，钙也是芽孢内含量较高的元素。各种水溶性钙盐通常是微生物钙素的来源。

6. 铁

所有生物都离不开铁。铁是细胞色素、细胞色素氧化酶和过氧化氢酶的活性基团及铁卟啉的组成部分。铁卟啉在氧化还原反应中起着传递电子的作用。同时，铁还是某些铁细菌生长的能源物质，因此，缺铁会使机体内的某些代谢活动降低或丧失，或使某些铁细菌得不到能量，从而使机体的生长受到影响或停止。

在微生物的生长过程中还需要一些微量元素，微量元素指那些在微生物生长过程中起重要作用，而机体对这些元素的需要量极其微小的元素，通常需要量为 10^{-8}~10^{-6} mol/L（培养基中含量），微量元素一般参与酶的组成或使酶活化，以提高机体的代谢能力（表 3-5）。

表 3-5　微量元素与生理功能

元素	生理功能
锌	存在于乙醇脱氢酶、乳酸脱氢酶、碱性磷酸酶、醛缩酶、RNA 与 DNA 聚合酶中
锰	存在于过氧化物歧化酶、柠檬酸合成酶中
钼	存在于硝酸盐还原酶、固氮酶、甲酸脱氢酶中
硒	存在于甘氨酸还原酶、甲酸脱氢酶中
钴	存在于谷氨酸变位酶中
铜	存在于细胞色素氧化酶中
钨	存在于甲酸脱氢酶中
镍	存在于脲酶中，为氢细菌生长所必需

如果微生物在生长过程中缺乏微量元素，会导致细胞生理活性降低甚至停止生长。由于不同微生物对营养物质的需求不尽相同，微量元素这个概念也是相对的。微量元素通常混杂在天然有机营养物、无机化学试剂、自来水、蒸馏水、普通玻璃器皿中，如果没有特殊原因，在配制培养基时没有必要另外加入微量元素。值得注意的是，许多微量元素是重金属，如果它们过量，就会对机体产生毒害作用，而且单独一种微量元素过量产生的毒害作用更大，因此有必要将培养基中微量元素的量控制在正常范围内，并注意各种微量元素之间保持恰当比例。

3.1.2.4　生长因子

生长因子(growth factor)通常指那些微生物生长所必需而且需要量很小，但微生物自身不能合成或合成量不足以满足机体生长需要的有机化合物。生长因子虽是一种重要的营养要素，但它与碳源、氮源和能源物质不同，并非所有微生物都需从外界吸收生长因子，自养微生物和某些异养微生物(如大肠杆菌)可以自身合成，某些微生物甚至在代谢活动中向细胞外分泌大量的维生素等生长因子，可用于维生素的生产。如阿舒假囊酵母(*Eremothecium ashbya*)的维生素 B_2 产量可达 2.5g/L 发酵液。同种微生物对生长因子的需求也会随着环境条件的变化而改变，例如，鲁氏毛霉(*Mucor rouxii*)在厌氧条件下生长时需要维生素 B_1 与生物素，而在好氧条件下生长时自身能合成这两种物质，不需外加这两种生长因子。有时对某些微生物生长所需生长因子并不了解，通常在培养基中加入生长因子含量丰富的酵母浸膏、牛肉膏及动植物组织液等天然物质来满足它们的需要。

根据生长因子的化学结构和在机体中的生理功能，可将生长因子分为维生素、氨基酸与碱基三大类。表3-6 中列出了一些在代谢过程中起重要作用的维生素，从表中可以看出，维生素在机体中所起的作用主要是作为酶的辅基或辅酶参与新陈代谢，是酶活性所需要的成分。有些微生物自身缺乏合成某些氨基酸的能力，因此必须在培养基中补充这些氨基酸或含有这些氨基酸的小肽类物质，微生物才能正常生长，如肠膜明串珠菌需要从外界补充19种氨基酸和维生素才能生长；嘌呤与嘧啶作为生长因子在微生物机体内的作用主要是作为酶的辅酶或辅基，以及用来合成核苷、核苷酸和核酸。

表3-6　维生素及其在代谢中的作用

化合物	代谢中的作用
对氨基苯甲酸	四氢叶酸的前体，一碳单位转移的辅酶
生物素	催化羧化反应的酶的辅酶
辅酶 M	甲烷形成中的辅酶
叶酸	四氢叶酸包括在一碳单位转移辅酶中
泛酸	辅酶 A 的前体
硫辛酸	丙酮酸脱氢酶复合物的辅基
尼克酸	NAD、NADP 的前体，它们是许多脱氢酶的辅酶
吡哆素(B_6)	参与氨基酸和酮酶的转化
核黄素(B_2)	黄素单磷酸(FMN)和 FAD 的前体，它们是黄素蛋白的辅基

续表 3-6

化合物	代谢中的作用
氰钴胺素(B_{12})	辅酶 B_{12} 包括在重排反应里(为谷氨酸变位酶)
硫胺素(B_1)	硫胺素焦磷酸脱羧酶、转醛醇酶和转酮醇酶的辅基
维生素 K	甲基酮类的前体,起电子载体作用(如延胡索酸还原酶)
氧肟酸	促进铁的溶解性和向细胞中的转移

各种微生物所需的生长因子的数量和种类是不同的,例如乳酸菌特别是同型乳酸发酵乳酸菌进行乳酸发酵时,是走 EMP 途径,在代谢途径中由于缺乏合成嘌呤、嘧啶等物质的中间代谢产物,它们的生物合成能力很低,所以乳酸菌生长需要全部的氨基酸、嘌呤、嘧啶和维生素必须由外部来提供,在培养基中必须添加牛肉膏、酵母膏等营养丰富的物质才能生长。

3.1.2.5 水

水分是微生物细胞的主要组成成分,占鲜重的 70%~90%。不同种类微生物细胞含水量不同(表 3-7)。同种微生物处于发育的不同时期或不同的环境其水分含量也有差异,幼龄菌含水量较多,衰老和休眠体含水量较少。微生物所含水分以游离水和结合水两种状态存在,两者的生理作用不同。结合水不具有一般水的特性,不能流动,不易蒸发,不冻结,不能作为溶剂,也不能渗透。游离水则与之相反,具有一般水的特性,能流动,容易从细胞中排出,并能作为溶剂,帮助水溶性物质进出细胞。微生物细胞游离态的水同结合态的水的平均比值大约是 4:1。

表 3-7 各类微生物细胞中的含水量

微生物类型	细菌	霉菌	酵母菌	芽孢	孢子
水分含量(%)	75~85	85~90	75~80	40	38

生物细胞中的结合态水被约束于原生质的胶体系统之中,成为细胞物质的组成成分,是微生物细胞生活的必要条件。游离态的水是细胞吸收营养物质和排出代谢产物的溶剂及生化反应的介质,一般细菌、酵母菌在培养基质含水量 30% 以上时才能生长,而丝状真菌在含水 12% 以下甚至 2% 以下还可以生长。

水是微生物生长所必不可少的,微生物如果缺乏水分,则会影响代谢作用的进行。水在细胞中的生理功能主要是:①起到溶剂与运输介质的作用,营养物质的吸收与代谢产物的分泌必须以水为介质才能完成;②参与细胞内一系列化学反应;③维持蛋白质、核酸等生物大分子稳定的天然构象;④因为水的比热高,是热的良好导体,能有效地吸收代谢过程中产生的热并及时地将热迅速散发出体外,从而有效地控制细胞内温度的变化;⑤保持充足的水分是细胞维持自身正常形态的重要因素;⑥微生物通过水合作用与脱水作用控制由多亚基组成的结构,如酶、微管、鞭毛及病毒颗粒的组装与解离。

(1)水的有效性 常以水活度值(water activity, A_w)表示。水活度值是指在一定的温度和压力条件下,溶液的蒸气压力与同样条件下纯水蒸气压力之比,即

$$A_w = P_w / P_w^0$$

式中：P_w 为溶液蒸气压力；P_w^0 为纯水蒸气压力。

纯水 A_w 为 1.00，溶液中溶质越多，A_w 越小。微生物一般在 A_w 为 0.60~0.99 的条件下生长，A_w 过低时，微生物生长的迟缓期延长，比生长速率和总生长量减少。微生物不同，其生长的最适 A_w 不同（表 3-8）。一般而言，细菌生长最适 A_w 较酵母菌和霉菌高，而嗜盐微生物生长最适 A_w 则较低。

表 3-8　几类微生物生长最适 A_w

微生物	A_w
一般细菌	0.91
酵母菌	0.88
霉菌	0.80
嗜盐细菌	0.76
嗜盐真菌	0.65
嗜高渗酵母	0.60

新鲜的食品原料，例如鱼、肉、水果、蔬菜等含有较多的水分，A_w 值一般在 0.98~0.99，适合多数微生物的生长，如果不及时加以处理，很容易发生腐败变质。为了防止食品变质，最常用的办法，就是要降低食品的含水量，使 A_w 值降低至 0.70 以下，这样可以较长期地进行保存。许多研究报道，A_w 值为 0.80~0.85 的食品，一般只能保存几天；A_w 值在 0.72 左右的食品，可以保存 2~3 个月；如果 A_w 在 0.65 以下，则可保存 1~3 年。在实际中，为了方便也常用含水量百分率来表示食品的含水量，并以此作为控制微生物生长的一项衡量指标。例如为了达到保藏目的，奶粉含水量应在 8% 以下，大米含水量应在 13% 左右，豆类在 15% 以下，脱水蔬菜为 14%~20%。这些物质含水量百分率虽然不同，但其 A_w 值均在 0.70 以下。

（2）相对空气湿度　细菌、酵母菌培养只考虑水活度，而丝状真菌和担子菌子实体的形成，基体的分化需在空气中进行，必须有一定的相对湿度，即空气蒸气压和饱和水蒸气压的比值，如食用菌的栽培、大曲的培养等。

（3）渗透压　渗透压与微生物的生命活动有一定的关系。如将微生物置于低渗溶液中，菌体吸收水分发生膨胀，甚至破裂；若置于高渗溶液中，菌体则发生脱水，甚至死亡。一般来讲，微生物在低渗透压的食品中有一定的抵抗力，较易生长，而在高渗食品中，微生物常因脱水而死亡。当然不同微生物种类对渗透压的耐受能力大不相同。渗透压与水活度是一个问题的两种表达方式，水活度的大小表示了渗透压的大小。

绝大多数细菌不能在较高渗透压的食品中生长，只有少数种能在高渗环境中生长，如盐杆菌属（Halobacterium）中的一些种，在 20%~30% 的食盐浓度的食品中能够生活；肠膜明串珠菌能耐高浓度糖。而酵母菌和霉菌一般能耐受较高的渗透压，如异常汉逊氏酵母（Hansenula anomala）、鲁氏酵母（Saccharomyces rouxii）、膜毕赤氏酵母（Pichia membranafaciens）等能耐受高糖，常引起糖浆、果酱、果汁等高糖食品的变质。霉菌中比较突出的代表是灰绿曲霉($Aspergillus\ glaucus$)、青霉属、芽枝霉属等。

食盐和糖是形成不同渗透压的主要物质。在食品中加入不同量的糖或盐,可以形成不同的渗透压。所加的糖或盐越多,则浓度越高,渗透压越大,食品的 A_w 值就越小。通常为了防止食品腐败变质,常用盐腌和糖渍方法来较长时间地保存食品。

3.1.2.6 能源

为微生物生命活动提供最初能量来源的营养物质和辐射能称为能源,包括化学能源和辐射能源。化学能源包括碳源类有机物和还原态无机物;辐射能主要是光能,主要供能进行光合作用的微生物应用。

3.1.2.7 其他

氧是水和有机化合物的元素成分,是细胞的普遍组成成分。有些微生物需要分子态氧(O_2),它们以好氧呼吸满足能量供应,分子氧作为最终受氢体。对它们来说,没有 O_2,代谢活动无法进行,生命活动也就停止,这类微生物称为严格好氧性微生物。有些微生物在有 O_2 或无氧气条件下都能生长,在有 O_2 时以分子氧为最终受氢体,在没有氧气时从发酵反应获得能量,这类微生物称为兼性好氧性微生物。有些微生物不需要分子氧而以化学反应得到能量,分子氧对于这类微生物是有毒的,这类微生物称为严格厌氧性微生物。

除一些细菌和少数原生动物以外,所有其他生物都依赖于分子氧。O_2 是培养细菌的一个重要因素,各种细菌对 O_2 的反应差别很大。所有细菌都含有一些能与 O_2 起反应的酶,由于各种酶的催化作用,形成各种产物。过氧化氢(H_2O_2)是氧化作用的一种主要产物,此外,氧化作用还会产生少量毒性更强的自由基(超氧化物或 $O_2 \cdot$)。这些自由基能强烈地作用于细胞组成中的有机大分子,如蛋白质、核酸和脂类等,破坏生命结构,故而毒性较大。细胞中存在的能分解 H_2O_2 或超氧化物等产物的酶的数量和种类,决定了各种生物与氧的关系(表 3-9)。

表 3-9 对氧气生理反应不同的细菌中超氧化物变位酶和过氧化氢酶的分布情况

细菌		超氧化物变位酶	过氧化氢酶
好氧或兼性厌氧细菌	大肠杆菌($E.\ coli$)	+	+
	假单胞菌($Pseudomonas\ spp.$)	+	+
	放射微球菌($Micrococcus\ radiodurans$)	+	+
耐氧细菌	雷氏丁酸杆菌($Butyribacterium\ rettgert$)	+	−
	粪链球菌($Streptococcus\ faecalis$)	+	−
	乳链球菌($Streptococcus\ lactis$)	+	−
严格厌氧细菌	巴氏芽孢梭菌($Clostridium\ pasteurianum$)	−	−
	丙酮丁醇梭菌($Clostridium\ acetobutylicum$)	−	−

在好氧微生物和兼性厌氧微生物中,超氧化物歧化酶,可将超氧化物转化成氧和过氧化氢:

$$2O_2^- + 2H^+ \xrightarrow{\text{超氧化物歧化酶}} O_2 + H_2O_2$$

几乎所有这些生物都含有过氧化氢酶，将过氧化氢分解成氧和水：

$$2H_2O_2 \xrightarrow{\text{过氧化氢酶}} 2H_2O + O_2$$

有些细菌没有过氧化氢酶而能在空气中生长，如各种乳酸细菌［乳酸杆菌（*Lactobacillus*）、链球菌属（*Streptococcus*）等］。这是由于这类乳酸细菌缺乏细胞色素和血红素，但含有电子传递体系中早期部分的黄素蛋白部分，有的细菌黄素蛋白被 $NADH_2$ 还原后，能将电子直接传递给 O_2，产生过氧化氢：

$$NADH_2 + O_2 \longrightarrow NAD + H_2O_2$$

在这类细菌中，形成的过氧化氢可以被另一种黄素蛋白酶——$NADH_2$ 过氧化物酶（$NADH_2$ Peroxidase）分解：

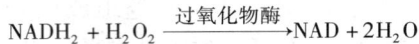

$$NADH_2 + H_2O_2 \xrightarrow{\text{过氧化物酶}} NAD + 2H_2O$$

所以说，超氧化物歧化酶、过氧化氢酶和过氧化物酶都有保护细胞不受氧代谢的毒害作用。由于专性厌氧细菌缺乏超氧化物歧化酶和过氧化氢酶，分子氧的存在对它们是有毒害作用的，会杀死或阻碍其生长。因此要采取隔氧措施，在厌氧条件下培养，可用去氧物质(碱性焦性没食子酸、连二亚硫酸钠等)以及其他去氧方法隔绝分子氧，有的在培养基中添加还原剂(硫基乙酸、半胱氨酸等)可降低或抵消氧的毒害作用，培养基使用前要煮沸，以便排出培养基内的氧气，如啤酒麦芽汁的煮沸。

所有的专性好氧细菌都需要以分子氧作为最终电子受体，当这类细菌生长在琼脂平板的表面或薄层液体中，能够与空气接触时，氧的供应通常是足够的。但是，当处在较深的液体培养基中时，由于 O_2 不断被微生物所消耗，而使液体较深层的部位成为无氧状态。因此需要进行通气以保证源源不断地提供氧，来满足微生物的需要，由于微生物只能利用溶解氧，所以，即使培养基中矿质元素和有机营养浓度足以满足微生物生长的需要，但如果液体中氧的溶解度非常低也会使生长受到限制。

氧在液体中的溶解量受到各种因素的影响。往往随液体中溶解氧的原有浓度、气液接触表面、在接触面上液体的更新速度、接触时间、温度、液体的性质及表面活性剂、盐类和有机物的含量而变化。即使在通气良好的情况下，氧在水体中的溶解量也并非总是均匀的。例如，细菌聚集成团可产生局部氧浓度降低的微环境，有时会造成水体腐败等后果。吸附于颗粒表面生长的细菌也将遇到缺氧的困难。例如在生物膜法处理废水的系统中，由于稠密的厚层生物膜结构使氧的扩散较为困难，越靠近膜内，氧气量越少，好氧微生物也就越来越少。从膜面到膜内，微生物种类按好氧—兼性—厌氧这样的顺序而变化。因此，为了获得较好的处理效果，生物膜法要求在水中保持较高的溶解氧浓度。由于废水中的有机物和其他物质的存在都能抑制氧的溶解，氧在废水中的溶解度就更低，因此必须通过各种充氧方式不断地供给氧。

多数微生物能适应较低的溶解氧浓度，不同的微生物其呼吸强度(耗氧速率)是不同的，但每种微生物的呼吸强度随溶液中的溶解氧浓度增加而增加。因此氧浓度一般都要维持在一个临界值——临界氧浓度，以保持细胞的正常呼吸。高于这一浓度，溶解氧对呼吸强度将不产生影响。因此，探寻效率良好的充气方式非常重要。在确定混合液溶解氧临界浓度这一问题上，不同研究者得出不同的结果，从 $0.2 \sim 0.5$ mg/L 到 $2 \sim 4$ mg/L，其原因是由于活性污泥绒粒大小、氧利用率高低以及硝化程度等因素所造成的。大肠杆菌在 37.8℃时的临界氧浓度

0.26 mg/L，酵母菌在 34.8℃时为 0.6 mg/L。因此，在实际应用上，必须了解各种微生物在一定条件下的临界氧浓度，以便合理供应足够的氧。

3.2 微生物的营养类型

微生物在长期进化过程中，由于生态环境的影响，逐渐分化成各种营养类型。由于各种微生物的生活环境和利用不同营养物质的能力不同，它们的营养需要和代谢方式也不尽相同。根据微生物对碳源的要求是无机碳化合物（如 CO_2、碳酸盐）还是有机碳化合物，可以把微生物分成自养型微生物和异养型微生物两大类。此外，根据微生物生命活动中能量的来源不同，将微生物分为两种能量代谢类型，一种是利用吸收的营养物质的降解产生的化学能，称为化能型微生物；另一类是吸收光能来维持其生命活动，称为光能型微生物。将碳源物质的性质和代谢能量的来源结合，将微生物分为光能自养型、光能异养型、化能自养型和化能异养型四种营养类型，它们的区别见表 3 – 10。

表 3 – 10　微生物的营养类型

代谢特点	营养类型			
	光能自养型	化能自养型	光能异养型	化能异养型
碳源	CO_2 或可溶性碳酸盐	CO_2 或可溶性碳酸盐	小分子有机物	有机物
能源	光能	无机物的氧化	光能	有机物的氧化降解
供氢体	无机物（H_2O、H_2S 等）	无机物（H_2、H_2S、Fe^{2+}、NH_3、NO_2^- 等）	小分子有机物	有机物
代表种	蓝细菌、绿硫细菌	硝化细菌、硫化菌、氢细菌、铁细菌等	红螺菌	大多数细菌，全部真菌、放线菌

3.2.1 光能自养型微生物

光能自养型微生物是利用光能为能源，以 CO_2 或可溶性碳酸盐作为唯一的碳源或主要碳源。以无机化合物（水、硫化氢、硫代硫酸钠等）为氢供体，还原 CO_2，生成有机物质。光能自养型微生物主要是一些蓝细菌、绿硫细菌、红硫细菌等少数微生物，它们由于含光合色素，能使光能转变为化学能（ATP），供细胞直接利用。

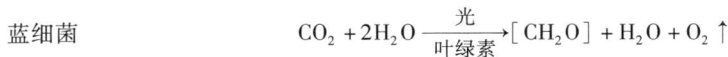

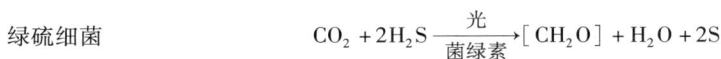

蓝细菌
$$CO_2 + 2H_2O \xrightarrow[\text{叶绿素}]{\text{光}} [CH_2O] + H_2O + O_2 \uparrow$$

绿硫细菌
$$CO_2 + 2H_2S \xrightarrow[\text{菌绿素}]{\text{光}} [CH_2O] + H_2O + 2S$$

3.2.2 化能自养型微生物

化能自养型微生物的能源来自无机物氧化所产生的化学能，并利用这种能量去还原 CO_2 或者可溶性碳酸盐而合成有机物质。如亚硝酸细菌、硝酸细菌、硫化菌、氢细菌、铁细菌就

可以分别利用氧化 NH_3、NO_2^-、NO_3^-、H_2S、H_2、Fe^{2+} 产生的化学能来还原 CO_2，形成碳水化合物。

例如，亚硝酸细菌能氧化氨成为亚硝酸，并从中获得能量，用以还原 CO_2，形成碳水化合物。

这一类型的微生物完全可以生活在无机的环境中，分别氧化各自合适的还原态的无机物，从而获得同化 CO_2 所需的能量。

3.2.3　光能异养型微生物

光能异养型微生物以光能为能源，利用有机物作为供氢体，还原 CO_2，合成细胞所需的有机物质。例如，深红螺菌(*Rhodospirillun rubrum*)利用异丙醇作为供氢体，进行光合作用并积累丙酮，这类微生物生长时大多需要外源性的生长因素。

此菌在光和厌氧条件下进行上述反应，但在黑暗和好氧条件下，又能利用有机物氧化产生的化学能推动代谢作用。

3.2.4　化能异养型微生物

化能异养型微生物的能源和碳源均来自于有机物，能源来自有机物的氧化分解，ATP 通过氧化磷酸化产生，碳源直接取自于有机碳化合物。它包括自然界绝大多数的细菌，全部的放线菌、真菌和原生动物。根据生态习性不同可将这类微生物分为以下两种类型。

1. 腐生型

从无生命的有机物获得营养物质。引起食品腐败变质的某些霉菌和细菌就属这一类型。如引起腐败的梭状芽孢杆菌、毛霉、根霉、曲霉等。

2. 寄生型

必须寄生在活的有机体内，从寄主体内获得营养物质才能生活称为寄生，这类微生物叫寄生微生物。寄生又分为绝对寄生和兼性寄生，如果只能在一定活的生物体内营寄生生活的叫绝对寄生，它们是引起人、动物、植物以及微生物病害的病原微生物，如病毒、噬菌体、立克次氏体。

有些微生物能寄生在活的生物体上，又能在死的有机残体上生长，同时也可在人工培养基上生长的大多数病原微生物属于兼性寄生微生物，如人和动物肠道内普遍存在的大肠杆菌，它生活在人和动物肠道内是寄生，随粪便排出体外，又可在水、土壤和粪便之中腐生。又如引起瓜果腐烂的瓜果腐霉的菌丝可寄生于果树幼苗的胚芽基部，也可以在土壤中长期进行腐生。

上述营养类型的划分并非是绝对的，只是根据主要方面决定的。绝大多数异养型微生物也能吸收利用 CO_2，将 CO_2 与丙酮酸反应生成草酰乙酸，这是异养生物普遍存在的反应。因此，划分异养型微生物和自养型微生物的标准不在于它们能否利用 CO_2，而在于它们是否能利用 CO_2 作为唯一的碳源或主要碳源。在自养型和异养型之间、光能型和化能型之间还存在一些过渡类型。例如，氢细菌(*Hydroge nmonas*)就是一种兼性自养型微生物类型，在完全无机的环境中进行自养生活，利用氢气的氧化获得能量，将 CO_2 还原成细胞物质。但如环境中存在有机物质时又能直接利用有机物进行异养生活。

3.3 营养物质进入细胞的方式

微生物细胞具有极大的表面积,可以快速、大量地从外界吸收营养物质,满足自身代谢的需要。由于微生物细胞结构简单,没有专门的吸收、分泌器官。营养物质必须是溶质或溶解(气体)状态才能吸收。目前认为虽然细胞壁和荚膜对营养物质的吸收也有一定的作用,但微生物主要是通过细胞膜控制物质的吸收和分泌。膜的结构特点决定了微生物对物质的吸收具有选择性。当逆浓度梯度吸收物质时,还需要能量,所以物质能否进入细胞,吸收的数量与速度都和细胞的生理状态及环境条件有关。一般认为,细胞膜以 4 种方式控制物质的运送,即单纯扩散、促进扩散、主动运输和基团移位,其中以主动运输最为重要。另外,原生动物通过膜泡运输来控制营养物质的运输。

3.3.1 单纯扩散

单纯扩散(simple diffusion)又叫被动运送(passive transport),它的特点是:①一般相对分子质量小、脂溶性、极性小的营养物质容易吸收,如 O_2、CO_2、乙醇和某些氨基酸分子;②它是由高浓度的胞外环境向低浓度的胞内环境扩散,这种扩散是非特异性的,营养物质既不与膜上的分子发生反应,又没有分子本身的结构变化;③物质运送的速率随细胞内外该物质浓度差的降低而减小,最后降低到零即达到动态平衡。

单纯扩散是基于分子的热运动而进行的物质运输过程。通过被动运输进入细胞内的物质,主要是一些脂溶性小分子物质,气体如 O_2、水及某些离子。这些物质结构不同,进入细胞内的难易程度也不一样。一般来说,除水之外的极性分子(具有—OH,—COOH,—NH₂及—CHO 基的物质)难以透过细胞膜。离子透过细胞膜时,除了浓度差之外,还需对膜电位差做功。离子不同扩散速率也不同,一般扩散速率为:一价离子 > 二价离子 > 三价离子。同时一价离子,又因为离子的水化度不同,扩散速度也不一样。离子的水化度越大,其外的水化层越厚,越不易透过细胞膜,以下离子透过膜的速度是:$NH_4^+ > K^+ > Na^+ > Li^+$。另外,不同离子进入细胞的方式不同,例如大肠杆菌,钠离子通过被动运输进入细胞内,而钾离子和镁离子则通过主动运输进入细胞。

单纯扩散不是微生物细胞吸收营养物质的主要方式,因为细胞既不能通过这种方式来选择必需的营养物质,也不能逆浓度运送营养物质。

3.3.2 促进扩散

单纯扩散,对营养物质的吸收是有限的,微生物细胞为了加速对营养物质的吸收,以适应生长发育的需要,在细胞膜上还存在多种具有运载营养物质功能的特异性蛋白质,称为渗透酶。它们大多是诱导酶,当外界存在所需的营养物质时,能诱导细胞产生相应的渗透酶,每一种渗透酶能帮助一类营养物质的运输,它们如同"渡船"一样,把营养物质由外界运输到细胞中去。如输送葡萄糖的渗透酶能与外界的葡萄糖分子特异性地结合,然后转移到细胞质膜的内表面后,再释放到细胞质中,并加速过程的进行。又如肠道杆菌吸收甘油的过程也是由渗透酶促进的扩散。同一物质也可能由一种以上的载体来完成输送,例如啤酒酵母由 3 种对葡萄糖不同亲和力的载体来完成葡萄糖的运输,而鼠伤寒沙门氏菌有 4 种不同载体负责组氨酸的运输。相反，也有一种载体负责几种物质输送的，如大肠杆菌有对亮氨酸、异亮氨酸和缬氨酸特异的同一种蛋白载体。促进扩散(facilitated diffusion)的特点：①顺浓度梯度运输，不需要消耗能量；②需要膜上的渗透酶参与，酶有诱导和阻遏作用，且具有高度的专一性，渗透酶不显示催化活性，被运送的物质不发生化学变化；③被运送物质的运输速率较无蛋白快，当增加被运输物质浓度时，能增大运输速度，而达到一定水平后会出现饱和点。运输速度对浓度作图符合 Michaelis - Menten 曲线的形式，可以测定物质转移到膜内的最大速度和亲和性常数 K_m(K_m 值是指达到最大速度的一半时底物的浓度)。

现在已分离出有关葡萄糖、半乳糖、阿拉伯糖、亮氨酸、精氨酸、酪氨酸、磷酸、Ca^{2+}、Na^+、K^+ 等的载体蛋白，它们的相对分子质量为 9000 ~ 40000，而且都是单体。促进扩散是真核生物的普遍运输机制，如酵母菌运输糖类就是通过这种方式，但在原核生物中却少见，在厌氧微生物中，促进扩散的过程常参与某些化合物的吸收和发酵产物的排出。然而在好氧微生物中这种传递机制似乎不太重要。促进扩散只对生长在高营养浓度下的微生物发挥作用。

3.3.3　主动运输

主动运输(active transport)是营养物质逆浓度差和膜电位差运送到细胞膜内的过程。通过主动运输可以使细胞内累积的溶质浓度比细胞外溶质浓度大几百到几千倍。主动运输过程不仅像促进扩散一样需要载体蛋白，而且需要能量(图 3 - 1)。加入阻止细胞代谢产生能量的抑制剂，如叠氮化钠或碘乙酸等，主动运输受到抑制，但被动运输和促进扩散不受影响。

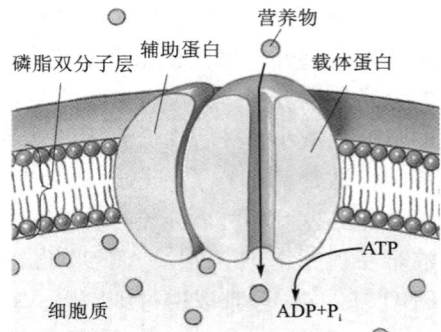

图 3 - 1　主动运输模式图

3.3.3.1　微生物主动运输的验证

作为微生物主动运输的例证，研究较多的是大肠杆菌对 β - 半乳糖苷(包括乳糖)的吸收。β - 半乳糖苷渗透酶，已经用十二烷基磺酸处理分离得到，相对分子质量约为 30000(也许是亚基的相对分子质量)，称为 M - 蛋白。β - 半乳糖苷渗透酶专性基因编码的代码是 lacr。这个位点的某些突变，可以使细胞丧失运输乳糖和 β - 半乳糖苷的能力。这样即使细胞内具备一套降解乳糖的酶系，也不能利用乳糖。这样的突变称为隐性突变。另外还发现不能使 β - 半乳糖苷透过的菌体，也不具有 M - 蛋白。β - 半乳糖苷渗透酶专一性很强，其他糖类都不能与其相结合。

3.3.3.2　主动运输特点

判断某个物质的吸收是主动运输过程的依据(主动运输特点)：①对底物的特异性，传送的营养物质的载体在细胞膜的外侧，与底物形成载体 - 底物复合体；②需要代谢能量，在细胞膜外侧，载体对于底物有高度的亲和力，而在细胞膜内侧，载体对底物的亲和力降低，载体的这种变构现象需要能量(这一点与促进扩散有区别)；③底物可呈逆浓度梯度进行传送，这是由于载体从细胞膜外侧移至细胞膜内侧时，载体对底物的亲和力发生变化引起的；④传送并释放到细胞质内的底物的性质没有发生改变(这一点与基团转位有区别)。

主动运输是微生物运输物质的主要方式，即使在培养基内(即细胞外)底物(即营养物)

浓度很低时，微生物依靠主动传送的过程，仍然可以使细胞内底物的浓度达到饱和状态，然而营养物的被动扩散或促进扩散传送却不能达到这一点。通过主动运输可以使细胞内的营养物质浓度增加几百倍，因此，细菌依靠主动运输过程可以使微生物能够在底物浓度很低的（自然界的情况普遍如此）环境中正常生长。

3.3.3.3　主动运输的能量来源

主动运输的能量来源有两种方式：

1. 质子动力（proto-motive force）型

1）呼吸产生的质子动力

①微生物在呼吸作用中，由基质上脱下来的电子经呼吸链传递给氧（无氧呼吸传递给无机化合物）的过程中，H^+被排出膜外；②细胞内的 ATP 在 ATP 酶的作用下，水解成 ADP 和无机磷的同时，也使 H^+ 排出膜外，这样由于 H^+ 被排出膜外及完整的膜对 H^+ 的不通透性，从而产生膜内外的电位差和质子浓度差，二者构成质子动力；③光能：含有细菌叶绿素的光合细菌和含有其他色素的细菌，在吸收光量子以后，排出质子，从而建立起细胞膜内外表面的质子浓度差（电位差）。

2）利用质子动力运输物质的方式

运输方式有：①同向运输：当载体蛋白上结合的基质与 H^+ 同方向被运送到细胞内的过程，称为共运输（cotransport）或同向运输（synport）。大肠杆菌就是通过这种形式向膜内运送乳糖、脯氨酸、丙氨酸等。粗糙脉孢霉也是通过共运方式吸收葡萄糖的。②逆向运输：H^+ 还可以与 Na^+ 进行交换运输（antiport）即载体蛋白将 H^+ 运入膜内，同时将 Na^+ 运至膜外，两种物质运输方向相反，故也称逆向运输。由此产生的 Na^+ 的电位差，又可以和基质进行共运输。大肠杆菌中谷氨酰胺、蜜二糖通过和 Na^+ 共运输进入膜内。嗜盐菌通过和 Na^+ 共运输运送亮氨酸和谷氨酸。

2. ATP 动力型

ATP 动力型为主动运输提供能量的另一种方式，直接利用 ATP 或和其有关的高能磷酸键结合的能量，此称为 ATP 动力型。

ATP 动力型与质子动力型的不同点有：①质子动力型对氧化磷酸化的解偶联剂（二硝基酚等）高度敏感（与呼吸链有关）。ATP 动力型则不受影响。②基质在细胞内积蓄的结果，质子动力型可以使细胞内外浓度梯度达到 10^3 倍，ATP 动力型可以达到 10^6 倍。但微生物如何利用高能磷酸键运输物质，是否像动物细胞中的 Na^+-K^+-ATP 酶那样，通过 ATP 酶的磷酸化和去磷酸化过程，将物质运入细胞内，目前还不完全清楚。

3.3.3.4　结合蛋白

某些革兰氏阴性菌的主动运输系统中，还需要一种结合蛋白（binding proteins）。用冷渗透冲击法（osmotic shock），即在低温下急骤的降低菌悬液的浓度，经离心分离后，可以将细胞内的部分蛋白质抽提出来。研究认为，这些蛋白是存在于细胞壁与细胞膜之间的周质空间中参与物质运输的结合蛋白。它与糖、氨基酸及无机离子有很高的亲和力，解离常数为 $10^{-8}\sim$ 10^{-7}。营养物质在细胞膜外积累，然后由渗透酶及结合蛋白运到膜内，这个过程仍需要能量，因此也是一种主动运输。结合蛋白具有专一性。需要结合蛋白的物质运输中，必须有结合蛋白和渗透酶同时存在，缺一不可。例如鼠伤寒沙门氏菌（*S. typhimurium*）的突变株 cysA，因缺失渗透酶，结合蛋白所结合的 SO_4^{2-} 不能被运送到细胞膜内。缺失结合蛋白的突变株也称为隐性突变。

3.3.4　基团转位

在微生物对营养物质吸收的过程中，还有一种特殊的运输方式，叫基团转位（group translocation）。这种方式除具有主动运输的特点外，还改变了被转运的物质本身的性质——由化学基团转移到被转运的营养物质上面去（图3-2）。如许多糖及其糖的衍生物在运输中由细菌的磷酸转移酶系催化，使其磷酸化，磷酸基团被转移到它们分子上，以磷酸糖的形式进入细胞。由于质膜对大多数磷酸化的化合物无透性，磷酸糖一旦形成便被阻挡在细胞膜内了，从而使糖浓度远远超过细胞外。

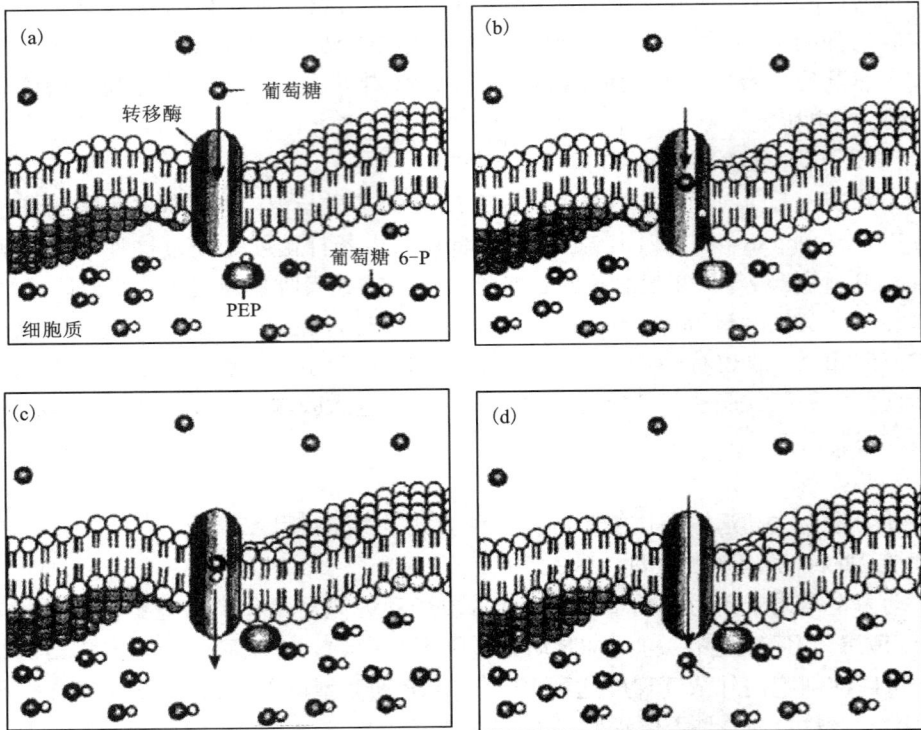

图3-2　微生物细胞膜对葡萄糖的依靠磷烯醇式丙酮酸的主动转运过程

（a）微生物通过基团转运的方式转运葡萄糖时，PEP 是磷酸供体；（b）PEP 上的高能磷酸基团被转移给葡萄糖形成 6 - 磷酸葡萄糖；（c）6 - 磷酸葡萄糖转运通过细胞膜；（d）葡萄糖转变成 6 - 磷酸葡萄糖通过细胞膜后不能再被转运出细胞膜外

这种运输过程的磷酸转移酶系统包括酶Ⅰ、酶Ⅱ和热稳定蛋白（HPr）。酶Ⅰ是非特异性的，它们对许多糖都一样起作用。酶Ⅱ是膜上的结构酶，并能经诱导产生，它对某一种糖具有特异性，只能运载某一种糖类，酶Ⅱ同时起着渗透酶和磷酸转移酶的作用。HPr 是热稳定的可溶性蛋白质，它能够像高能磷酸载体一样起作用。该酶系催化的反应分两步进行：

1. 热稳定载体蛋白（heat – stable carrier protein，HPr）的激活

细胞内高能化合物磷酸烯醇式丙酮酸（PEP）的磷酸基团将 HPr 激活。热稳定蛋白是一种低相对分子质量的可溶性蛋白质，结合在细胞膜上，具有高能磷酸载体的作用。酶 I 是一种可溶性的细胞质蛋白。

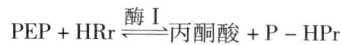

$$PEP + HRr \xrightarrow{\text{酶 I}} 丙酮酸 + P – HPr$$

2. 糖被磷酸化后运入膜内

膜外环境中的糖先与外膜表面的酶 II 结合，再被运送到内膜表面。此时，糖被 P – HPr 上的磷酸激活，酶 II 的作用是把糖 – 磷酸释放到细胞内。

酶 II 是一种结合于细胞膜上的蛋白，它对底物具有特异性选择作用，因此细胞膜上可诱导产生一系列与底物分子相应的酶 II。

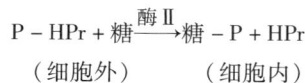

$$P – HPr + 糖 \xrightarrow{\text{酶 II}} 糖 – P + HPr$$
$$\text{（细胞外）} \qquad \text{（细胞内）}$$

基团转位可转运糖、糖的衍生物，如葡萄糖、甘露糖、果糖、N – 乙酰葡萄糖胺和 β – 半乳糖苷以及嘌呤、嘧啶、碱基、乙酸（但不能输送氨基酸）等。这个运输系统主要存在于兼性厌氧菌和厌氧菌中。但某些好氧菌，如枯草芽孢杆菌和巨大芽孢杆菌（*B. megatherium*）也利用磷酸转移酶系统将葡萄糖传送到细胞内。大肠杆菌吸收葡萄糖和金黄色葡萄球菌对乳糖的吸收就是以基团转位方式进行的，现研究得较多。此外，实验证明某些微生物（大肠杆菌、鼠伤寒沙门氏菌等）吸收嘌呤、嘧啶也是通过基团转移的方式进行的。由腺嘌呤磷酸核糖基转移酶催化，5 – 磷酸核糖 – 1 – 焦磷酸提供磷酰基，腺嘌呤磷酸化生成 AMP 在膜内积累。

3.3.5 膜泡运输

膜泡运输（membrane vesicle transport）主要存在于原生动物特别是变形虫（amoeba）中，是这类微生物的一种营养物质的运输方式。如果膜泡中包含的是固体营养物质，则将这种营养物质运输方式称为胞吞作用（phaaocytosis）；如果膜泡中包含的是液体，则称之为胞饮作用（pinocytosis）。通过胞吞作用（或胞饮作用）进行的营养物质膜泡运输一般分为五个时期，即吸附期、膜伸展期、膜泡迅速形成期、附着膜泡形成期和膜泡释放期。

3.3.6 大分子营养物质的吸收与分泌

大分子营养物质如多糖、脂肪、蛋白质及核酸等，一般不能透过微生物细胞质膜，需要先经过相应的酶作用，将之分解为小分子物质后，才能被运送到细胞内。但也发现某些微生物在特定条件下，可以直接把核酸、蛋白质吸收到胞内，或分泌到胞外。

1. 核酸的吸收

枯草芽孢杆菌（*B. subtilis*）、肺炎双球菌（*Diplococcus pneumoniae*）等少数可以进行转化作用（transformation）的菌株，在对数生长的末期，细胞可以吸收相对分子质量约 $10^6 Da$，具有双链螺旋结构的 DNA。此时细胞处于感受性（competence）状态。关于细胞吸收 DNA 的机制有两种说法。

（1）酶受体学说

酶受体学说（enzymic receptor theory）认为在感受态细胞表面上具有一种酶，作为 DNA 通

过的受体。此受体具有特异性。蛋白质合成的抑制剂，可以抑制这种感受性。这种酶虽然相当于载体的概念，但高分子核酸能否借助于载体而通过细胞膜还是个疑点。

（2）局部化原生质体学说

局部化原生质体学说（localized protoplast theory）认为可以吸收核酸的细胞含有自溶酶，即 N-乙酰胞壁酸-L-丙氨酰胺酶，可以使细胞壁肽聚糖的 N-乙酰胞壁酸和 L-丙氨酸之间的肽糖断裂，使细胞局部原生质体化，核酸通过这部分进入细胞内。Pakula 等人在含有链球菌（Spreptococcus）感受态细胞的培养液中发现一种不耐热的蛋白质，称之为感受促进因子（competence provoking factor），它可以使相近的链球菌属中对 DNA 无感受态的细胞，变成具有感受态的细胞。这种因子也许是作用于细胞壁的一种酶，当前对它的本质和作用机制还不完全了解。可能是核酸先附着在细胞表面，然后通过某种形式与能量偶联，将核酸吸收到菌体内。

2. 蛋白质的吸收

福本等人发现，用枯草芽孢杆菌生产 α-淀粉酶过程中，感染杂菌环状芽孢杆菌（B. circulams）时，后者可以把 α-淀粉酶直接吸收到菌体内，使酶活性下降。他们进一步实验证明，当活菌体与 α-淀粉酶一起振荡混合时，酶活性下降。而用超声波或溶菌酶处理菌体以及干菌体都不会使酶活性下降。同时用菌体培养液也不会使酶失活，故可以认为不是由于培养液中分泌的蛋白酶将 α-淀粉酶分解所致。

菌体摄入酶蛋白的能力，可以因培养条件改变而增强。把菌体培养在稍高浓度（200 mmol/L）磷酸盐培养基中，当菌体生长达到对数期时，细胞对酶蛋白的吸收能力最强。此时菌体的细胞膜没有多大变化，细胞壁变薄，壁中的多糖变少，细胞呈膨胀状态。同时，在细胞表层也没有发现特异的载体物质。故可以认为由于细胞壁结构减弱，酶蛋白越过壁和膜结合，膜内陷使之进入细胞内。

3. 细胞的分泌作用

微生物细胞通过不同方式吸收各种营养物质，同时还可以向外分泌无机盐、有机酸、糖类、氨基酸、嘧啶、嘌呤等小分子物质，也可以分泌淀粉酶、蛋白酶、外毒素等具有 45000～77000 相对分子质量的蛋白质。这些物质的分泌不可能仅靠它们的浓度差引起的扩散作用。目前有关胞外酶的分泌机制研究较多，并有不同说法。

（1）认为分泌作用与胞外酶化学结构有关

安乐泰宏比较了一些胞外酶的相对分子质量与胱氨酸含量，发现胞外酶的相对分子质量小，不超过 8 万，其中几乎不含胱氨酸。由此推测这些酶是二硫键少、结构可变的蛋白质，当向细胞外分泌时，它们以伸长的直链结构通过细胞膜后，再形成二级、三级结构，因此能够向细胞外分泌。另外，在枯草芽孢杆菌细胞内，有 α-淀粉酶的前体物质，它能够通过细胞膜，在通过膜分泌时被活化。α-淀粉酶在膜上没有活性，可以认为活化与分泌同时进行。

（2）从酶合成的位置来说明分泌机制

有人根据蛋白质一般不能通过细胞膜的特点，认为酶在细胞膜外侧合成。不过有可能是在细胞质膜内折形成的间体内合成酶或酶的前体，然后由间体外翻分泌到膜外，即胞饮现象的逆转。但革兰氏阴性细菌中，只有少数菌有间体，故这种说法也不全面。

另外有人提出大肠杆菌产生的碱性磷酯酶，由几个亚基组成，各亚基分别在膜内核糖体上合成后，分泌到膜外，在周质空间内，将各亚基组成酶蛋白。

（3）从细胞表层结构方面来解释细胞的分泌机制。

野村等人根据枯草芽孢杆菌的 α - 淀粉酶生物合成和菌体自溶现象的研究结果提出了这种观点。枯草芽孢杆菌在菌体对数生长期之后开始产生 α - 淀粉酶，此时细胞内产生一种类似溶菌酶的自溶酶（autolysine）和能够引起原生质体溶解的热稳定性物质。据此设想由于这些物质的作用，减弱了细胞壁、细胞膜的结构，使 α - 淀粉酶分泌到细胞外。由肉毒梭状芽孢杆菌产生的肉毒素，是相对分子质量约 65000 的蛋白质，它在核糖体上合成，也是在菌体过了增殖时期之后，开始自溶时排出体外，这点和枯草芽孢杆菌分泌淀粉酶类似。

此外，研究发现，有的酶蛋白的分泌与酶的修饰有关。由地衣芽孢杆菌（B. licheniformis）产生的青霉素酶（penicillinase）向细胞外分泌时，在酶蛋白末端丝氨酸上连接上一个磷脂酸，这样青霉素酶就被修饰成磷脂蛋白质（phospholipoprotein）形式。这种具有疏水性磷脂酰丝氨酸末端的酶，容易通过疏水性细胞膜被分泌到膜外。与此类似的酶还有枯草芽孢杆菌产生的果聚糖生成酶（levansucrase），也是磷脂蛋白质。解淀粉芽孢杆菌（B. amyloliquefaciens）和枯草杆菌产生的膜结合型淀粉酶也是疏水性蛋白质。但是这些酶蛋白通过膜后，怎么通过细胞壁分泌到细胞外还不清楚。

3.3.7 营养物质运输的调节

营养物质能否被微生物利用的一个决定性因素是这些营养物质能否进入微生物细胞，影响物质运输进入细胞的因素是复杂的，主要有以下几点。

1. 膜对物质的透性

膜对物质的透性由膜结构属性和物质性质共同决定。物质的化学特性，尤其物质的大小及电荷，影响它在膜表面的行为：小分子比大分子、脂溶性比水溶性、不带电荷比带电荷的物质更易穿膜，亲水性分子和离子跨膜要依赖专一性载体。

2. 环境条件

温度通过影响营养物质的溶解度、细胞膜的流动性和运送体系的生理活性来影响微生物的吸收能力。pH 和离子强度通过影响物质的电离程度来影响其进入细胞的能力。例如，当环境 pH 比胞内 pH 高时，弱碱性的甲胺进入大肠杆菌后以带正电荷的形式存在，而这种状态的甲胺不容易被分泌而导致细胞内甲胺浓度升高，当环境 pH 比胞内 pH 低时，甲胺以带正电荷的形式存在于环境中而难以进入细胞，导致细胞内甲胺浓度降低。代谢和呼吸的抑制剂、解偶联剂、通透性诱导物或被运输物的结构类似物等都可影响物质的输送。由于小分子输送机制除简单扩散外都必须有膜载体的协助才得以进行，因此载体蛋白质的生物合成及其生理活性调节着物质的输送。

3. 载体物质生物合成调节

以大肠杆菌己糖磷酸输送系统生物合成调节为例。细胞质中有一种活化蛋白 A，对编码运载蛋白操纵子的控制区有亲和力；膜上有一种转膜调节蛋白 MR，它在膜外侧有一个 6 - 磷酸葡萄糖（G - 6 - P）结合拉点，还有一个位点与另一种蛋白质 C 结合，C 在 A 与 MR 之间起连接作用，控制着 A 与 MR 的结合。当胞外不存在 G - 6 - P 时，A 与 MR 亲和力高，A 不能结合到操纵子的操纵基因上，转录不能进行；G - 6 - P 存在并结合到 MR 后，降低了 MR 对 A 的亲和力，使 A 释放出来，然后结合到运载蛋白操纵子的操纵基因上，起正调控作用，促进操纵子转录，G - 6 - P 被吸收。

鼠伤寒沙门氏菌葡萄糖输送系统 PTS 的酶Ⅱ和 HPr 操纵子 PTS 受调节蛋白 RP 的磷酸化与去磷酸化所调节。磷酸化的 RP－P 起阻遏蛋白作用，去磷酸的 RP 起激活剂作用。当膜外有葡萄糖时，调节蛋白上的磷酸转移至葡萄糖上，于是去磷酸化的 RP 直接结合到 PTS 操纵子的控制区上，诱导 PTS 操纵子转录。葡萄糖不存在时，RP－P 结合到 PTS 控制区上，阻止操纵子转录。

4. 载体物质生理活性调节

对糖运输体系的研究表明，载体生理活性调节有：

(1)膜电势调节 在微生物中，某些与物质运输有关的酶只有在膜电势存在的情况下才有最大活性。膜电势可通过基质氧化或加入氧化剂等方式产生。这种膜电势可使还原型的葡萄糖酶Ⅱ(—SH)转变为氧化型的酶Ⅱ(—S)，在 PTS 系统中，前者对运送基质的亲和力可比后者高达 100 倍。膜电势增加可能促使酶Ⅱ氧化，对糖亲和力降低。糖的结合能促进酶Ⅱ的还原，酶Ⅱ的磷酸化可提高酶的氧化程度。

在膜囊里，D－乳酸是一种有效的电子供体，氰化物是一种吸收抑制剂。乳酸加入会促进脯氨酸吸收，但加入 D－乳酸脱氢酶的强抑制剂(如草氨酸)和氰化物时，抵消了乳酸的促进作用。这两种物质通过阻止建立膜电势的方式降低膜囊对脯氨酸的吸收。

(2)胞内磷酸糖调节 研究表明，某些不能被利用的磷酸糖进入胞内能抑制细菌和酵母菌对己糖和多元醇的吸收。在 PTS 系统中，HPr 不存在专一性，若环境中同时存在两种能通过基团转位机制吸收的糖时，这两种糖就会竞争 HPr－P 并出现一种糖抑制另一种糖吸收的现象。这种抑制作用在第二种糖加入时，立即可产生最大的抑制作用。这种竞争性抑制会随胞内 PEP 浓度的降低或细胞能量的消耗而加强，也会随酶Ⅰ与 HPr 活性的降低而加强。

(3)cAMP 环化酶与透过酶的共同调节 大肠杆菌等一些细菌的乳糖吸收过程中存在 cAMP 与透过酶的共同调节作用(cAMP 胞内浓度由 cAMP 环化酶活性所控制)。一种调节蛋白(RPr)能够通过磷酸化与去磷酸化方式控制环化酶及透过酶的活性：RPr－P 能与环化酶结合，使其获得活性；去磷酸化的 RPr 可与有活性的透过酶结合，使之失去活性。收集用葡萄糖培养的细菌细胞，用无糖无机盐溶液洗涤后，再悬浮在无糖培养液中时，细胞由内源贮藏物质分解产生的 PEP 逐步使 PTS 中的酶Ⅰ、HPr 及 RPr 磷酸化，使胞内 RPr－P 活性增加，与无活性的环化酶结合，环化酶被活化。同时由于胞内没有游离的 RPr，原来与透过酶结合的 RPr 被释放，使透过酶获得了活性。此时若向系统里加入乳糖，则细胞以最大速率吸收乳糖；若加入葡萄糖，RPr－P 将 P 经 HPr、酶Ⅱ及酶Ⅰ传递给葡萄糖，导致 RPr 浓度增加，有部分 RPr 与透过酶结合而使之失去活性，而且与环化酶结合的 RPr－P 也被释放，导致环化酶失活，此时即使加入乳糖，也基本上不吸收。cAMP 环化酶还受葡萄糖分解代谢的阻遏。

3.4 培养基

为了研究和利用微生物，必须人为地创造适宜的环境培养微生物。培养基是指经人工配制而成的适合微生物生长繁殖和积累代谢产物所需要的营养基质。配制培养基不但需要根据不同微生物的营养要求加入适当种类和数量的营养物，并要注意一定的碳氮比例(C/N)，调节适宜的酸碱度(pH)，保持适当的氧化还原电位和渗透压。

3.4.1　培养基配制的原则和方法

在微生物的教学科研和生产实践之中，培养基的制作是最基本的工作，而不同的微生物需要不同的营养物质。由此，要求我们要熟悉微生物的营养理论知识，掌握制作培养基的基本原则和科学方法，才能配制出适合科研和生产需要的培养基。

配制微生物的培养基，主要考虑以下几个因素。

1. 符合微生物菌种的营养特点——适宜的营养物质、浓度及配比

不同的微生物对营养有着不同的要求，所以，在配制培养基时，培养基的营养搭配及搭配比例首先要考虑到这一点，明确培养基的用途，如用于培养何种微生物，培养的目的如何，是培养菌种还是用于发酵生产，发酵生产的目的是获得大量菌体还是获得次级代谢产物等，根据不同的菌种及其不同的培养目的确定搭配的营养成分及营养比例。

根据微生物菌体化学组成的分析结果，可大致确定培养基中各种营养成分的比例。在异养微生物中，碳源还兼作能源，一般情况下，微生物每同化 1 份碳，大约需 4 份碳作能源，故碳源需要量较大。大多数化能异养菌培养基中，各营养要素间的比例大约按 10 倍关系递减：

要素：$H_2O > C$ 源（含能源）$> N$ 源 $> P$、S、K、$Mg >$ 生长素

含量：10^{-1}　　　10^{-2}　　　10^{-3}　10^{-4}　10^{-5}　10^{-6}

从营养要素的排序可知，培养基中水分含量最高，这与多数微生物生长时对水分活度 A_w 要求较高一致。碳源含量其次，是因为所有细胞中碳元素含量最高，有机碳大部分用于提供细胞生长发育的能源，而能源消耗量很大。其他矿质元素及生长素含量与其在微生物细胞中的比例吻合。在各种营养要素间的比例中，C/N 最为重要。

培养基中各矿质元素间的比例要适当，防止单盐毒害作用。某种氨基酸过多，发生氨基酸不平衡，将会影响微生物对其他氨基酸的吸收。微量元素除特别需要外，一般不另外供给。因为培养基中所加牛肉膏、蛋白胨、糖及其他无机盐中均含有一定量的微量元素。用自来水配制培养基时，微量元素更不会缺少。微生物对生长素需要极微。如细菌对生物素的需要量为 10 μg/L，氨基酸为 5 ~ 50 mg/L。

2. 原料选择适宜

发酵培养基的原料大部分为粮食、油脂及蛋白质等。在工业发酵及其它微生物生产中，选择培养基原料时，除了必须考虑原料要满足微生物的营养及工艺要求外，还应遵循的原则是，所选原料须价廉物美，来源丰富，运输方便，无毒性。具体注意 4 点：

(1)选用粗原料　对微生物而言，纯度较高的精原料（如蔗糖）其营养成分还不如纯度低的粗原料（如红糖）完全。粗原料中的所谓"杂质"能提供微生物多种营养要素，且价格较低。设计培养基时应尽量利用粗原料。

(2)选用工农业副产品　微生物发酵所需的标准原料（如碳源中的糖、淀粉及氮源中蛋白胨等）价格昂贵，农副产品及其他工业的下脚料等价格低廉。故在碳源选择上，应选用富含淀粉的薯类、废糖蜜、麸皮、酒糟及纸厂含有戊糖等成分的亚硫酸废液等代替纯淀粉和糖类；在氮源上，用棉子饼粉、蚕蛹粉、豆饼粉及花生饼粉等副产物代替黄豆粉等蛋白质原料。

(3)选用无机氮源　"无机氮"指硝酸盐、铵盐和尿素等。在培养基中用无机氮作氮源，让微生物将其转化为氨基酸、蛋白质等含氮有机物，生产菌体蛋白。微生物蛋白的生产效率远高于植物和动物蛋白，可补充目前人类食物及动物饲料中蛋白质的严重不足。

（4）选用低浓度培养基　一般认为培养基中营养物质种类愈多、含量愈高，其营养愈丰富，发酵效果愈好。但营养物质过多，会造成溶氧量下降、渗透压增大等副效应，对微生物生长不利。故培养基设计应充分考虑营养物的种类和含量，用"稀薄"培养基代替营养物过"浓"的丰富培养基，节约原料，提高发酵产物产量。

3. 理化条件调节

微生物生长除受营养因素影响外，也受培养基的 pH 及氧化还原电位等因素影响。微生物在生长过程中产生多种代谢产物，反过来影响其生存环境。这些因素在设计和配制培养基时应予以考虑。

（1）pH　微生物一般都有它们适宜生长的 pH 范围，细菌的最适 pH 一般为 pH 7～8，放线菌要求 pH 7.5～8.5，酵母菌要求 pH 3.8～6.0，霉菌的适宜 pH 为 4.0～5.8。

由于微生物在代谢过程中不断地向培养基中分泌代谢产物，影响培养基的 pH 变化，对大多数微生物来说，主要产生酸性产物，所以在培养过程中常引起 pH 的下降，影响微生物的生长繁殖速度。为了尽可能地减缓在培养过程中 pH 的变化，在配制培养基时，要加入一定的缓冲物质，通过培养基中的这些成分发挥调节作用，常用的缓冲物质主要有以下两类：

①磷酸盐类。其以缓冲液的形式发挥作用，通过磷酸盐的不同程度的解离，对培养基的 pH 的变化起到缓冲作用，其缓冲原理是：

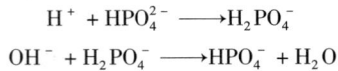

$$H^+ + HPO_4^{2-} \longrightarrow H_2PO_4^-$$

$$OH^- + H_2PO_4^- \longrightarrow HPO_4^- + H_2O$$

②碳酸钙。这类缓冲物质是以"备用碱"的方式发挥缓冲作用的，碳酸钙在中性条件下的溶解度极低，加入培养基后，由于其在中性条件下几乎不解离，所以不影响培养基的 pH 的变化，当微生物生长，培养基的 pH 下降时，碳酸钙就不断地解离，游离出碳酸根离子，碳酸根离子不稳定，与氢离子形成碳酸，最后释放出 CO_2，在一定程度上缓解了培养基 pH 的降低。$CaCO_3$ 在水溶液中溶解度很低，加入到液体或固体培养基中时，不会使培养基 pH 明显升高。当微生物不断产酸时，它就逐渐被溶解，将形成的酸消耗掉。

外源调节指在培养过程中不断或间断向液体培养基中流加酸液或碱液的调节方法。酸液或碱液的流加量或浓度依发酵过程中产酸或产碱量确定。

牛肉膏、蛋白胨及氨基酸对 pH 变化也都具有一定缓冲作用。

（2）氧化还原电位 Eh　各种微生物对氧的需求不同。氧化还原电位 Eh 可作为供氧水平的指标。好氧微生物生长的 Eh 为 +0.3～+0.4 V，它们在 Eh>0.1 V 的环境中均能生长；兼性厌氧微生物在 Eh>0.1 V 时进行好氧呼吸，在 Eh<0.1 V 时进行发酵；厌氧微生物在 Eh<0.1 V时才能生长。对于好氧和兼性厌氧微生物来说，培养基的氧化还原电位一般对生长影响不大。但对专性厌氧微生物而言，自由氧对其有毒害作用，培养基的氧化还原电位调节就十分重要。培养厌氧微生物时，除了在配制培养基、灭菌、接种和培养一系列操作中采用严格的厌氧技术除去 O_2 外，还要在培养基中加入还原剂，降低其氧化还原电位。常用的还原剂为巯基乙酸（0.01%）、抗坏血酸（0.1%）、硫化钠（0.025%）、半胱氨酸（<0.05%）、葡萄糖（0.1%～1.0%）、铁屑、谷胱甘肽、氧化高铁血红素、二硫苏糖醇或庖肉（小块瘦牛肉）。据测定，加铁屑后培养基 Eh 降至 -0.40 V 以下。

培养基的 Eh 可用电极电位和氧化还原指示剂刃天青等测定。刃天青的加入量为 1 mg/L。它在无氧时呈无色，此时 Eh 约为 -40 mV；有氧时的颜色与溶液 pH 有关（中性呈紫色，碱性呈蓝色,酸性呈红色);微氧时呈粉红色。

不论是好氧还是厌氧微生物,随着它们的生长和代谢活动的进行,培养基的原有 Eh 会逐步降低。这是由于溶解氧的消耗及 H_2S、H_2 等还原性代谢产物形成累积。

(3)渗透压　渗透压对微生物生长有重要影响。等渗环境适宜微生物生长;高渗环境会使细胞脱水,发生质壁分离;低渗环境会使细胞吸水膨胀,甚至导致胞壁脆弱和缺壁细胞(如支原体和原生质体等)破裂。微生物在长期进化中形成了能适应较大幅度渗透压变化的特性。但培养基中营养物质浓度过高时,会使渗透压超过微生物的适宜范围,抑制微生物生长。在发酵生产中,为了提高生产量,趋向于采用较高浓度的培养基,但应以不超过微生物的最适渗透压为前提。培养基浓度过高,除影响渗透压外还降低溶氧量。在特殊微生物(如耐盐微生物)的培养中,需向培养基中加入适量 NaCl,以提高渗透压。

4. 灭菌处理

要获得微生物纯培养,必须避免杂菌污染,因此,应对所用器材及工作场所进行消毒和灭菌。对培养基而言,更要进行严格的灭菌。培养基一般采用高压蒸汽灭菌,一般培养基经103.4 kPa,121℃,15~30 min 可达到灭菌目的。在高压蒸汽灭菌过程中,长时间高温会使某些不耐热物质遭到破坏,如使糖类物质形成氨基糖、焦糖,因此,含糖培养基常用54.9 kPa,112.6℃,15~30 min 进行灭菌,对某些对糖要求较高的培养基,可先将糖进行过滤除菌或间歇灭菌,再与其他已灭菌的成分混合;长时间高温还会引起磷酸盐、碳酸盐与某些阳离子结合形成难溶性复合物而产生沉淀。因此,在配制用于观察和定量测定微生物生长状况的合成培养基时,常需在培养基中加入少量螯合剂,避免培养基中产生沉淀而影响测定。常用的螯合剂为乙二胺四乙酸(EDTA),还可以将含钙、镁、铁等离子的成分与磷酸盐、碳酸盐分别进行灭菌,然后再混合,避免形成沉淀。高压蒸汽灭菌后,培养基 pH 会发生改变(一般会降低),可根据所培养微生物的要求,在培养基灭菌前后加以调整。在配制培养基过程中,泡沫的存在对灭菌处理极为不利。因为泡沫中的空气形成隔热层,使泡沫中微生物难以被杀死。因而有时需要在培养基中加入消泡剂,以减少泡沫的产生,或适当提高灭菌温度,缩短灭菌时间。

3.4.2　培养基的类型及应用

3.4.2.1　根据营养成分的来源划分

1. 天然培养基(complex medium; undefined medium)

用各种动物、植物和微生物材料制作的成分含量不完全清楚且变化不定的营养基质称为天然培养基。该培养基的优点是取材广泛,营养丰富,经济简便,微生物生长迅速,适合各种异养微生物生长。缺点是其成分不完全清楚,成分和含量不确定,用于精细实验时重复性差。天然培养基仅适用于实验室的一般粗放性实验和工业生产中制作种子和发酵培养基的制备。

配制天然培养基的原料主要有牛肉膏、酵母膏、米曲汁、麦芽汁、蛋白胨、马铃薯、玉米粉、麸皮及花生饼粉等(表3-11)。牛肉膏提供碳水化合物、有机氮化合物、水溶性维生素和一些碳水化合物。酵母膏提供大量 B 族维生素、有机氮及碳水化合物,表3-12列出了酵母膏中的维生素和氨基酸含量。常用于细菌培养的牛肉膏蛋白胨琼脂培养基就是一种天然培养基(牛肉膏 3.0 g,蛋白胨 10 g,NaCl 5 g,琼脂 20 g,水 1000 mL,pH 7.0~7.2)。

表 3 – 11 配制天然培养基常用的几种原料性质与成分

原材料	产品特点	营养成分
牛肉膏(beef extract)	瘦牛肉加热抽提并浓缩而成的膏状物	富含水溶性动物组织的营养物,如糖类、有机含氮物、水溶性维生素和无机盐等
蛋白胨(peptone)	由酪素或明胶等蛋白质经酸或酶(胰蛋白酶、胃蛋白酶或木瓜蛋白酶等)水解而成。因蛋白质来源和水解方式不同,可以获得不同特性的产品	是营养丰富的有机氮源,其中还含有若干维生素和糖类。如胰酶水解的酪蛋白约含总氮 12.9%,氨基氮 6.6%
酵母膏(yeast extract)	由酵母细胞水提取物浓缩而成的膏状物,还可制成粉末型商品	富含 B 族维生素,也含丰富的有机氮和碳化物
琼脂(agar)	从某些海藻(有十几种红藻)中加热提取出来的复杂糖类	是配制固体培养基时最常用的凝固剂,无营养价值
甘蔗糖蜜(cane - sugar molasses)	制糖厂除去糖结晶后的下脚废液,棕黑色	约含蔗糖 32%,其他糖 30%,含氮物 3%,有机物 7%,灰分 15%,水分 13%
甜菜糖蜜(beet - sugar molasses)	同上	含蔗糖 50%,其他有机物 20%,灰分 9.5%,水分 20%

表 3 – 12 酵母膏中的维生素和氨基酸含量

维 生 素		氨基酸			
种 类	含量(μg/g)	种 类	含量(mg/g)	种 类	含量(mg/g)
维生素 B_1	18 ~ 40	丙氨酸	34	甲硫氨酸	7
维生素 B_2	18 ~ 150	精氨酸	20	苯丙氨酸	17
烟酸	300 ~ 1250	天冬氨酸	45	脯氨酸	17
泛酸	20 ~ 100	胱氨酸	4.5	丝氨酸	23
吡哆醛	25 ~ 35	谷氨酸	67	苏氨酸	23
叶酸	5 ~ 10	甘氨酸	23	色氨酸	5
肌醇	1000 ~ 1700	组氨酸	12	缬氨酸	25
胆碱	1000 ~ 2000	异亮氨酸	23		
生物素	0.5 ~ 1.0	酪氨酸	16		
对氨基苯甲酸	6	亮氨酸	30		
维生素 B_{12}	0.01	赖氨酸	35		

2. 合成培养基(defined medium; synthetic medium)

合成培养基是利用已知成分和数量的化学物质配制而成的。由于微生物对营养要求的不同,它可以完全由无机盐或无机盐加有机化合物(氨基酸、糖、嘌呤、嘧啶和维生素等)组成。此类培养基成分精确,重复性强,一般用于实验室进行营养代谢、分类鉴定和选育菌种等工作，如微生物碳源与氮源的同化和发酵等，微生物遗传育种中营养缺陷型的检测、重组株的确定和菌种鉴定等。缺点是配制较复杂，微生物在此类培养基上生长缓慢，加上价格较贵，相当于同类天然培养基的几倍到几十倍，不宜用于大规模生产。实验室常用的高氏 1 号培养基、察氏培养基都是合成培养基。

3. 半合成培养基(semi – defined medium)

用一部分天然物质作为碳氮源及生长辅助物质，又适当补充少量无机盐类，这样配制的培养基叫半合成培养基，如实验室常用的马铃薯蔗糖培养基。半合成培养基应用最广，能使绝大多数微生物良好地生长。

3.4.2.2 根据物理状态划分

1. 液体培养基(liquid medium)

把各种营养物质溶解于水中，混合制成水溶液，调节适宜的 pH，成为液体状态的培养基。该培养基有利于微生物的生长和积累代谢产物，常用于大规模工业化生产、微生物生长特征观察和微生物生理生化特性研究。

2. 固体培养基(solid medium)

一般采用天然固体营养物质，如马铃薯块、麸皮等作为培养微生物的营养基质。亦有在液体培养基中加入一定量的凝固剂，如琼脂(1.5% ~ 2.0%)、明胶等煮沸冷却后，凝成固体状态。固体培养基常用来观察、鉴定和分离纯化微生物。

根据菌体的性质将固体培养基分为 4 种类型：①凝固培养基。向液体培养基中加入琼脂或明胶形成的遇热融化冷却后凝固的固体培养基称为凝固培养基。该类培养基在微生物学实验中有着极为广泛的用途。琼脂和明胶的用量分别为 1.5% ~ 2.0% 和 5% ~ 12%。常用凝固剂为琼脂。琼脂又名洋菜，是从石花菜中提炼出来的，化学成分为多聚半乳糖硫酸酯，绝大多数微生物不能利用琼脂作碳源。明胶的化学成分为蛋白质，易被微生物用作氮源，融化温度偏低(25℃)，凝固效果不及琼脂，在大多数实验中已被琼脂取代。②非可逆性凝固培养基。由血液或无机硅胶凝固形成的固体培养基称为非可逆性凝固培养基。这类培养基凝固后不能再融化。无机硅胶平板专门用于化能自养微生物的分离与纯化。③天然固体培养基。由天然固态物质直接制成的培养基称为天然固体培养基。例如麸皮、米糠、木屑、大米、麦粒、马铃薯片及胡萝卜条等天然材料均属天然固体培养基。④滤膜。这是一种坚韧且带有无数微孔的醋酸纤维薄膜。将其制成圆片浸在含培养液的纤维素衬垫上，就形成了具有固体培养基性质的营养滤膜。固体培养基可用于微生物分离、鉴定、测数、菌种保藏及微生物产品的固态发酵等。

3. 半固体培养基(semi – solid medium)

加入少量凝固剂(0.2% ~ 0.7% 的琼脂)则呈半固体状态的培养基叫半固体培养基，常用来观察细菌的运动、鉴定菌种噬菌体的效价测定和保存菌种。

4. 脱水培养基(dehydrated culture media)

脱水培养基又称脱水商品培养基(dehydrated commercial media)或预制干燥培养基(pre – fabricated dried culture media)，指含有除水以外的一切成分的商品培养基，使用时只要加入适量水分并加以灭菌即可，是一类成分精确且使用方便的现代化培养基。

3.4.2.3 根据用途划分

1. 基础培养基(minimum medium)

基础培养基是按照营养要求相似的微生物的共同营养要求所配制的,使用前加入少数几种特殊成分就能满足某一具体微生物生长需要的营养基质。这类培养基主要用于微生物的代谢和育种研究。牛肉膏蛋白胨培养基是最常用的基础培养基。基础培养基也可以作为一些特殊培养基的基础成分,再根据某种微生物的特殊营养需求,在基础培养基中加入所需营养物质。

2. 加富培养基(enrichment medium)

加富培养基也称营养培养基,即在基础培养基中加入某些特殊营养物质制成的一类营养丰富的培养基,这些特殊营养物质包括血液、血清、酵母浸膏、动植物组织液等。加富培养基一般用来培养营养要求比较苛刻的异养型微生物,如培养百日咳博德氏菌(*Bordetella pertussis*)需要含有血液的加富培养基。加富培养基还可以用来富集和分离某种微生物,这是因为加富培养基含有某种微生物所需的特殊营养物质,该种微生物在这种培养基中较其他微生物生长速度快,并逐渐富集而占优势,逐步淘汰其他微生物,从而容易达到分离该种微生物的目的。从某种意义上讲,加富培养基类似选择培养基,两者区别在于,加富培养基是用来增加所要分离的微生物的数量,使其形成生长优势,从而分离到该种微生物;选择培养基则一般是抑制不需要的微生物的生长,使所需的微生物增殖,从而达到分离所需微生物的目的。

3. 选择培养基(selective medium)

选择培养基是用来将某种或某类微生物从混杂的微生物群体中分离出来的培养基。根据不同种类微生物的特殊营养需求或对某种化学物质的敏感性不同,在培养基中加入相应的特殊营养物质或化学物质,抑制不需要的微生物的生长,有利于所需微生物的生长。

选择培养基分两类,一类是富集型选择培养基,依据某些微生物的特殊营养需求设计的,根据待分离微生物的特殊营养要求配制的适合该类微生物快速生长而不利于其他微生物生长的营养基质。利用富集型选择培养基就能从混杂有多种微生物的材料中分离出所需微生物。加入富集型选择培养基的特殊营养物主要是一些特殊的碳源和氮源。利用以纤维素或石蜡油作为唯一碳源的选择培养基,可以从混杂的微生物群体中分离出能分解纤维素或石蜡油的微生物;利用以蛋白质作为唯一氮源的选择培养基,可以分离产胞外蛋白酶的微生物。阿须贝培养基是一种按照"取其所长"原则设计的选择性培养基,它含有除氮素外的各种要素,只有能固定空气中 N_2 的微生物才能在该培养基上生长。除营养要求外,不同微生物对环境条件的要求也不相同。如厌氧与好氧,高温与低温及耐高渗压与不耐高渗压等。因此,利用富集型选择培养基分离和培养所需的某种微生物时,必须同时考虑培养基营养成分和培养环境两个因素,才能达到预期目的。

另一类是抑制性选择培养基,即向培养基中加入抑制剂后,分离对象因对该抑制剂有抗性正常生长繁殖,其他杂菌均被抑制,即通过"取其所抗"的方法达到选择的目的。抑制性选择培养基中所加入的抑菌、杀菌剂均无营养功能。表 3 - 13 列出了常用于选择性培养基的抑制剂及其应用对象。常用的抑菌或杀菌剂多为染色剂、抗生素等,如培养基中含有 200 ~ 500 mg/L 结晶紫,能抑制大多数革兰氏阳性细菌生长;在培养基中加入一定量氯霉素对酵母菌生长无影响,但能抑制细菌生长,利用加入氯霉素的选择培养基可分离到所需酵母菌。现代基因克隆技术中也常用选择培养基，在筛选含有重组质粒的基因工程菌株过程中，利用质粒上具有的对某种(些)抗生素的抗性选择标记，在培养基中加入相应抗生素，就能比较方便地淘汰非重组菌株，以减少筛选目标菌株的工作量。

表 3 – 13　选择性培养基的抑制剂

选择对象	抑制剂及其用量($\mu g/mL$)	抑制对象
细菌	四环素(200)	黑曲霉，酵母
	四环素(100)	酱油曲霉，根霉
	放线菌酮(20)	酵母
	放线菌酮(50)	酱油曲霉
	放线菌酮(100)	根霉
	放线菌酮(200)	黑根霉
	真菌素(100)	酱油曲霉，酵母
G^+ 细菌	多黏菌素 B(5)	G^- 细菌
G^- 细菌	青霉素(1)	G^+ 细菌
乳酸菌	山梨酸(0.2%，pH 6)	芽孢杆菌
	叠氮化钠(Na_3N)(0.005%，pH 7)	曲霉
	真菌素(20)	酵母
肠道细菌	胆汁酸(1.5~5 mg/mL)	G^+ 细菌
微球菌	山梨酸(0.2%)	芽孢杆菌
放线菌	放线菌酮(50)，制霉菌素(50)，丙酸钠(4 mg/mL)	霉菌
酵母	丙酸钠(0.2%) 丙酸钠(0.1%~0.15%) $CuSO_4 \cdot 5H_2O$(0.05%，pH 3.8)	曲霉，根霉，杆菌 青霉，微球菌，醋酸菌 乳酸菌，乳链球菌
	四环素(50)，氯霉素(20)，链霉素(20~100)，青霉素(50)，金霉素(100)，真菌素(200)	细菌
霉菌	氯霉素(100)，青霉素(20)，链霉素(40)，青霉素(100)，	细菌
	氯霉素(50) + 放线菌酮(10)	细菌，酵母

4. 鉴别培养基(differencial medium)

鉴别培养基是用于鉴别不同类型微生物的培养基。在培养基中加入某种特殊化学物质，某种微生物在培养基中生长后能产生某种代谢产物，而这种代谢产物可以与培养基中的特殊化学物质发生特定的化学反应，产生明显的特征性变化，根据这种特征性变化，可将该种微生物与其他微生物区分开来。鉴别培养基主要用于微生物的快速分类鉴定，以及分离和筛选产生某种代谢产物的微生物菌种。常用的一些鉴别培养基见表 3 – 14。

表 3 - 14　常用的一些鉴别培养基

培养基名称	加入化学物质	代谢产物	培养基特征性变化	主要用途
酪素培养基	酪素	胞外蛋白酶	蛋白水解圈	鉴别产蛋白酶菌株
明胶培养基	明胶	胞外蛋白酶	明胶液化	鉴别产蛋白酶菌株
油脂培养基	食用油、土温、中性红指示剂	胞外脂肪酶	由淡红色变成深红色	鉴别产脂肪酶菌株
淀粉培养基	可溶性淀粉	胞外淀粉酶	淀粉水解圈	鉴别产淀粉酶菌株
H_2S 试验培养基	醋酸铅	H_2S	产生黑色沉淀	鉴别产 H_2S 菌株
糖发酵培养基	溴甲酚紫	乳酸、醋酸、丙酸等	由紫色变成黄色	鉴别肠道细菌
远藤氏培养基	碱性复红、亚硫酸钠	酸、乙醛	带金属光泽深红色菌落	鉴别大肠菌群
伊红美蓝培养基	伊红、美蓝	酸	带金属光泽深紫色菌落	鉴别大肠菌群

　　伊红美蓝培养基（EMB）是最常见的鉴别培养基，用于乳品和饮用水中大肠杆菌等细菌的检验。其成分为：蛋白胨 10 g；乳糖 10 g；K_2HPO_4 2 g；20% 伊红水溶液 20 mL；0.33% 美蓝水溶液 20 mL；琼脂 25g；水 1000 mL。

　　伊红美蓝两种苯胺染料可抑制革兰氏阳性细菌生长。伊红为酸性染料，美蓝为碱性染料。试样中的多种肠道细菌在伊红美蓝培养基上形成能相互区分的菌落，其中大肠杆菌能强烈发酵乳糖产生大量混合酸，菌体带 H^+，可与酸性染料伊红结合，美蓝再与伊红结合形成紫黑色化合物，使菌落在透射光下呈紫色，反射光下呈绿色金属光泽。产酸力弱的沙雷氏菌等属细菌菌落为棕色；不发酵乳糖不产酸的沙门氏菌等属细菌呈无色透明菌落。

　　5. 其他类型培养基

　　除上述 4 种主要类型外，培养基按用途划分还有很多种，比如：分析培养基（assay medium）常用来分析某些化学物质（抗生素、维生素）的浓度，还可用来分析微生物的营养需求；还原性培养基（reduced medium）专门用来培养厌氧型微生物；组织培养物培养基（tissue - culture medium）含有动、植物细胞，用来培养病毒、衣原体（Chlamydia）、立克次氏体（Richettsia）及某些螺旋体（Spirochaeta）等专性活细胞寄生的微生物。尽管如此，有些病毒和立克次氏体目前还不能利用人工培养基来培养，需要接种在动植物体内、动植物组织中才能增殖。常用的培养病毒与立克次氏体的动物有小白鼠、家鼠和豚鼠，鸡胚也是培养某些病毒与立克次氏体的良好营养基质，鸡瘟病毒、牛痘病毒、天花病毒、狂犬病毒等十几种病毒也可用鸡胚培养。

　　尽管利用各种培养基分离、培养微生物已有 100 多年的历史，随着分子生物学技术在微生物生态和系统发育研究方面的应用，人们逐渐认识到目前在实验室所能培养的微生物还不到自然界存在的微生物的 1%，其根本原因是自然界中的大多数微生物不能在常规的培养基上生长，这些微生物曾被认为是"未培养微生物"（uncultivable microorganisms）。事实上，之所以"未培养"，是因为人们还没有找到适合这类微生物生长的培养基和培养条件。近年来，一些学者突破传统观念，在培养"未培养微生物"的技术上有了新的突破，这些技术包括：

①在培养基中加入非传统的生长底物促进新型微生物的生长，发现了一些新生理型（physiotypes）微生物。例如，以有毒的亚磷酸（H_3PO_3）作为电子供体，硫酸作为电子受体，从海底沉积物中分离一种新的化能无机自养细菌——*Desulfotignum phosphitoxidans*。②采用营养成分贫乏的培养基，其养分浓度是常规培养基的 1%。例如，以补充磷酸盐、铵盐和有机碳源的海水为培养基，发现北美西海岸海域的浮游细菌（SAR11）占该海域表层和亚透光层微生物群体的 50% 和 25%，并确定 SAR11 是属于 α - 变形杆菌的一个新的分支。③采用新颖的培养方法，模拟天然环境，以流动方式供应培养液，使不同微生物细胞间进行信息交流，实现细胞互喂（cross – feeding），促进菌落形成，包括细胞微胶囊法和扩散小室法。

重要概念及名词

碳源，氮源，自养微生物，异养微生物，营养缺陷型，生长因子，单纯扩散，促进扩散，主动运输，基团转位，培养基，天然培养基，合成培养基，基本培养基，加富培养基，选择培养基，鉴别培养基

复习思考题

1. 什么是营养物质？微生物的营养物质有哪几类？各有什么功用？
2. 什么叫碳源、氮源？试从培养基水平列出微生物的碳源谱、氮源谱。
3. 什么是生长因子？它包括哪些化合物？微生物与生长因子的关系如何？
4. 什么是培养基？配置培养基的原则有哪些？
5. 什么是选择培养基？举例并分析其选择作用的原理。
6. 伊红美蓝培养基的鉴别作用的原理是什么？
7. 何谓固体培养基？固体培养基有哪些类别？各有何用途？
8. 试述小分子营养物质运输的 4 种运送机制的主要区别。
9. 主动运输的能量来源有哪些方式？
10. 试述胞外酶的分泌机制。
11. 影响营养物质运输的因素有哪些？

第4章

微生物的能量和物质代谢

内容提要

本章主要介绍了微生物的代谢概念、能量代谢、主要分解代谢、特有的合成代谢及其代谢调控；重点介绍了微生物代谢的基本概念和基本理论，微生物物质代谢和能量代谢的基本原理和典型代谢途径，以及微生物代谢调控的基本方法。

教学目标

1. 掌握微生物代谢的基本概念和基本理论。
2. 掌握常见微生物物质代谢和能量代谢的基本原理。
3. 了解微生物代谢调控的基本方法。

4.1　代谢概论

微生物代谢，即新陈代谢(metabolism)，是微生物生命活动的基本特征之一，是指细胞内发生的各种生化反应的总称。它主要由合成代谢(anabolism)和分解代谢(catabolism)两个过程组成。新陈代谢的基本特点是：代谢旺盛、代谢复杂多样化、代谢的严格调节和灵活性。

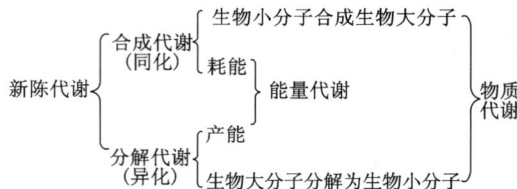

$$
新陈代谢
\begin{cases}
合成代谢（同化）\begin{cases} 生物小分子合成生物大分子 \\ 耗能 \end{cases} \\
\qquad\qquad\qquad\quad 能量代谢 \\
分解代谢（异化）\begin{cases} 产能 \\ 生物大分子分解为生物小分子 \end{cases}
\end{cases}
\Bigg\}物质代谢
$$

合成代谢是指细胞利用简单小分子物质合成复杂大分子物质的过程，也称微生物的同化作用。合成代谢需要还原力、小分子前体碳架物质和各种合成酶。还原力主要是指 $NADH_2$、$NADPH_2$ 和 $FADH_2$，微生物在发酵与呼吸过程中都可产生这些物质。小分子前体碳架物质通常指糖代谢过程中产生的中间体碳架物质，指不同个数碳原子的磷酸糖(如磷酸丙糖、磷酸四碳糖、磷酸五碳糖、磷酸六碳糖等)、有机酸(如 α - 酮戊二酸、草酰乙酸、琥珀酸等)和乙酰 CoA 等。这些小分子前体碳架物质主要是通过 EMP、HMP 和 TCA 循环等途径产生,然后又在酶的作用下通过一系列反应合成氨基酸、核苷酸、蛋白质、核酸、多糖等细胞物质,使细胞得以生长与繁殖。在代谢过程中,微生物通过分解代谢产生化学能,光合微生物还可以将光能转换为化学能,这些能量除了用于合成代谢、微生物的运动和运输外,另外部分能量还以热和光的形式释放到环境中。

分解代谢是指机体将来自环境或细胞自己储存的有机大分子(如糖类、脂类、蛋白质等),通过一步步反应降解成较小的、简单的终产物(如 CO_2、乳酸、氨等)的过程,又称异化作用。一般可将分解代谢分为三个阶段:第一阶段是将蛋白质、多糖及脂类等大分子营养物质降解成氨基酸、单糖及脂肪酸等小分子物质;第二阶段是将第一阶段产物进一步降解成更为简单的乙酰 CoA、丙酮酸以及能进入三羧酸(TCA)循环的某些中间产物,在这个阶段会产生一些 ATP、NADH 及 $FADH_2$;第三阶段是通过 TCA 循环将第二阶段产物完全降解生成 CO_2,并产生 ATP、NADH 及 $FADH_2$。第二、三阶段产生的 ATP、NADH 及 $FADH_2$ 通过电子传递链被氧化,可产生大量 ATP。

分解代谢和合成代谢之间的关系非常密切,分解代谢的功能在于保证合成代谢的正常进行,反过来合成代谢又为分解代谢创造更好的条件,两者相互联系,促进生物体生长和繁殖。生物机体的分解代谢和合成代谢不只是采用不同的途径,甚至同一种物质的两种过程在细胞的不同部位进行,这种现象特别在真核细胞生物中比较常见的。

无论是分解代谢还是合成代谢,代谢途径都是由一系列连续的酶促反应构成的,前一步反应的产物是后续反应的底物。细胞通过各种方式有效地调节相关酶促反应,来保证整个代谢途径的协调性与完整性,从而使生命活动得以正常进行。因此,酶在整个代谢过程具有十分重要的作用。

根据微生物在代谢过程中的产物,对微生物产生的作用不同,可将代谢产物分为初级代谢和次级代谢。初级代谢是指提供能量、前体、结构物质等生命活动所必须的代谢物的代谢类型;产物为氨基酸、核苷酸等。只要在这些物质合成的某个环节出现障碍,轻则引起生长停止,重则导致机体突变或死亡,因为初级代谢产物是微生物生命活动不可缺少的物质。而次级代谢是指在一定生长阶段出现非生命活动所必需的代谢类型;产物主要为抗生素、色素、激素、生物碱等。次级代谢产物在微生物生命活动中产生量少,对微生物本身的生命活动影响不是十分明显,当次级代谢途径被阻断时,微生物的生长繁殖也不会受影响,因此它们没有一般性的生理功能,也不是生物体生长繁殖的必需物质,但是人们常常利用次级代谢产物生产有应用价值的药物,如抗生素等。

4.2 微生物的能量代谢

微生物在进行营养物质的吸收、新陈代谢等生命活动时都需要能量。这些能量主要是通过生物氧化获得的。

生物氧化(biological oxidation)是指发生在活细胞内的一系列产能性氧化反应。它们在氧化的过程中会产生大量的能量,分段释放,并以高能键的形式储存在 ATP 分子内,供需要时使用。

4.2.1 微生物的氧化方式

物质失去电子或失去氢的反应称氧化反应,而得到电子或氢的反应称为还原反应,这是一个化学反应同时存在的两个方面。

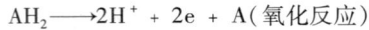

$$AH_2 \longrightarrow 2H^+ + 2e + A(氧化反应)$$
$$B + 2H^+ + 2e \longrightarrow BH_2(还原反应)$$
$$AH_2 + B \longrightarrow A + BH_2(氧化还原反应)$$

氧化反应和还原反应是两个截然相反的过程,但两者却不能分开单独进行,一个物质的氧化必然伴随着另一个物质的还原。在氧化还原反应中,凡是失去电子的物质,称为电子供体,接受电子的物质称为电子受体,如果物质伴随着氢的转移时,则称为供氢体和受氢体。上式中 AH_2 是电子供体(或供氢体),B 是电子受体(或受氢体)。在有机化合物的氧化还原反应中都包含有氢和电子的转移,称为脱氢作用,这是生物氧化的主要形式。

根据最终电子受体性质的不同,可把生物的氧化分为有氧呼吸(aerobic respiration)、无氧呼吸(anaerobic respiration)和发酵(fermentation)3 种类型,现分别加以说明。

4.2.1.1 有氧呼吸

在有氧的条件下,生物把体内某些有机物质彻底氧化分解,释放出 CO_2 并形成水,同时放出能量的过程,称为有氧呼吸。一般来讲,葡萄糖是生物进行有氧呼吸最常利用的基质。其过程为:葡萄糖先经糖酵解途径(EMP 途径)氧化降解成丙酮酸。然后,丙酮酸通过三羧酸循环进一步氧化。糖酵解及三羧酸循环中,包括脱氢或释放出电子的反应。这些释放出的电子,通过由各种电子传递体组成的电子传递链(呼吸链),最后传递至分子氧,在传递过程中放出的能量合成 ATP。于是,葡萄糖被彻底氧化,氧被还原,最终产生 CO_2 和水,并将产生的能量部分储存于 ATP 中。反应式如下:

$$C_6H_{12}O_6 + 6O_2 + 38ADP + 38Pi \longrightarrow 6CO_2 + 6H_2O + 38ATP(能量)$$

人、动物及植物主要是以有氧呼吸的方式获取生命活动所需的能量。有氧呼吸的途径基本上相同,都经过前述的三个阶段。微生物中广泛存在着有氧呼吸,按其与分子氧之间的关系,分为以下几种类型。

(1)好氧微生物

好氧微生物生活于有氧的环境中,进行有氧呼吸,如常见的细菌、放线菌、真菌等。

(2)兼性厌氧微生物

兼性厌氧微生物如酵母菌等,在有氧或缺氧的条件下均能生活,但以不同的方式获得能量。

酵母菌在缺氧时进行乙醇发酵,有氧时则进行有氧呼吸。因此用酵母菌生产酒精、啤酒时,要采取隔绝空气或排出氧的措施;而生产大量酵母细胞时则应进行通气培养。

(3)微嗜氧性微生物

微嗜氧性微生物在氧分压较低的条件下进行有氧呼吸。有机物通过微生物的有氧呼吸,一般都被彻底氧化成 CO_2 和水。但也有些微生物在有氧呼吸的情况下,对有机物的氧化不彻底,将底物脱下的氢和电子直接交给氧,产物是脱氢的底物和过氧化氢(H_2O_2)。如葡萄糖在青霉菌的葡萄糖氧化酶的作用下,氧化生成葡萄糖酸,并生成 H_2O_2,反应式如下:

$$葡萄糖 + H_2O_2 + O_2 \longrightarrow 葡萄糖酸 + H_2O_2$$

这种氧化不彻底的呼吸作用已经应用于工业，如用青霉菌的葡萄糖氧化酶生产葡萄糖酸。

这种氧化方式虽然也能释放能量，但不能和磷酸化偶联，氧化过程所释放出的能量，以热的形式散失。严格来说，这种形式的氧化不能称为呼吸作用。由于这类氧化作用的氧化酶的辅基都是黄素腺嘌呤二核苷酸(FAD)或黄素单核苷酸(FMN)，所以又称为黄素蛋白水平的呼吸，与真正的呼吸作用有所区别。

4.2.1.2 无氧呼吸

在无氧条件下，生物(一般指细胞)把体内某些有机物质分解为不彻底的氧化产物，同时释放能量的过程，称为无氧呼吸，又称为厌氧呼吸。这一类呼吸的特点是产能效率较低、最终受氢体为无机氧化物。进行无氧呼吸的微生物绝大多数是细菌。根据最终受氢体的不同，可把无氧呼吸分成以下多种类型(表4-1)。

表4-1 无氧呼吸的类型

无氧呼吸类型	微生物	电子受体	产物
硝酸盐呼吸	兼性厌氧细菌	NO_3^-	NO_2^-，NO，N_2O，N_2
硫酸盐呼吸	专性厌氧细菌	SO_4^{2-}	SO_3^{2-}，$S_2O_3^{2-}$，$S_3O_6^{2-}$，H_2S
硫呼吸	专性和兼性厌氧细菌	S^0	S^{2-}
铁呼吸	专性和兼性厌氧细菌	Fe^{3+}	Fe^{2+}
碳酸盐呼吸	专性厌氧细菌	CO_2，HCO_3^-	CH_3COOH，CH_4
延胡索酸呼吸	兼性厌氧细菌	延胡索酸	琥珀酸

1. 硝酸盐呼吸(nitrate respiration)

硝酸盐呼吸又称为反硝化作用(denitrification)，它是指 NO_3^- 被某些微生物还原为 NO_2^-，再逐步被还原成为 NO，N_2O 和 N_2 的过程，所以硝酸盐呼吸又称硝酸盐还原(nitrate reduction)。硝酸盐在微生物生命活动中具有两种功能，一种是在有氧或无氧条件下所进行的利用硝酸盐作为氮源营养物，将硝态氮(NO_3^-)还原成为氨态氮(NH_3)并进一步将它转化为有机胺(R—NH_2)构成蛋白质等生物大分子的过程，称为同化性硝酸盐还原作用(assimilative nitrate reduction)；另一种是在无氧条件下，某些兼性厌氧微生物利用硝酸盐作为呼吸链的最终氢受体，把它逐级还原成亚硝酸、NO、N_2O 直至 N_2 的过程，称为异化性硝酸盐还原作用(dissimilative nitrate reduction)，又称硝酸盐呼吸或反硝化作用。这两个还原过程的共同特点是硝酸盐都要通过一种含钼的硝酸盐还原酶将其还原为亚硝酸盐。

进行硝酸盐呼吸的都是一些兼性厌氧微生物——反硝化细菌，例如地衣芽孢杆菌(*Bacillus licheniformis*)、铜绿假单胞菌(*Pseudomonas aeruginosa*)和脱氮硫杆菌(*Thiobacillus denitrificans*)，还有生丝微菌属(*Hyphomicrobium*)、莫拉氏菌属(*Moraxella*)和螺菌属(*Spirillum*)的一些成员。

硝酸盐呼吸只产生2分子ATP。

反硝化作用发生在有硝酸盐存在的土壤、水体、淤泥和废水处理系统等厌氧环境中。反硝化作用在农业上是不利的，但促进了自然界氮循环。在通气不良的土壤中，反硝化作用会造成氮肥的损失，其中间产物 NO 和 N_2O 会引起温室效应，并污染环境。在污水处理系统中，通过反硝化细菌的反硝化作用可进行污水脱氮，对环境保护有重大意义。另一方面，通过阳光的照射，N_2O 可以转变为 NO，NO 与空气中的臭氧反应可生成亚硝酸盐(酸雨)。

2. 硫酸盐呼吸(sulfate respiration)

硫酸盐呼吸又称为硫酸盐还原(sulfate reduction)，是微生物利用硫酸盐(SO_4^{2-})作为有机基质，厌氧氧化末端电子受体的一类特殊呼吸。进行硫酸盐呼吸的细菌称为硫酸盐还原细菌或反硫化细菌，它们是严格厌氧的古菌，在有适宜有机碳源和能源的情况下，是化能异养生活，若无适宜的有机物时也能利用 H_2、CO_2 进行自养生长。这一类呼吸的特点是底物脱氢后，经呼吸链递氢，最终由末端氢受体硫酸盐受氢，在递氢过程中与氧化磷酸化作用相偶联而获得 ATP。

进行硫酸盐呼吸的严格厌氧菌有嗜热氧化乙酸脱硫肠状菌(*Desulfotomaculum thermoacetoxidans*)、脱硫脱硫弧菌(*Desulfovibrio desulfuricans*)和巨大脱硫弧菌(*D. gigas*)。

一般认为，脱硫弧菌在硫酸盐呼吸过程中，消耗 4 分子氢还原 1 分子 SO_4^{2-}，净产生 1 分子 ATP(氧化磷酸化产生 3 分子 ATP，减去活化 SO_4^{2-} 时用去的 2 分子 ATP)，若以 SO_4^{2-} 作为电子受体，则净产生 3 分子 ATP。

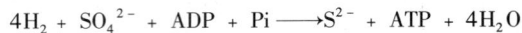

$$4H_2 + SO_4^{2-} + ADP + Pi \longrightarrow S^{2-} + ATP + 4H_2O$$

硫酸盐呼吸发生在富硫酸盐的厌氧环境中，硫酸盐呼吸的产物是 H_2S，这不仅会造成了水体和大气的污染，还会引起埋于土壤或水底的金属管道与建筑构件的腐蚀。在浸水或通气不良的土壤中，厌氧微生物的硫酸盐呼吸及其有害产物对植物根系生长十分不利(例如引起水稻秧苗的烂根等)。但硫酸盐还原细菌有清除重金属离子和有机物污染的作用。硫酸盐呼吸在生态学上有着特殊意义，它参与了自然界的硫素循环，作为一类耗氢细菌，硫酸盐还原细菌单独或与其他细菌联合还有促进厌氧环境有机物质循环的作用。

3. 硫呼吸(sulfur respiration)

硫呼吸又称硫还原(sulfur reduction)，这是以元素硫作为呼吸链的最终氢受体并产生 H_2S 的一类无氧呼吸。

迄今所知的能进行硫呼吸的都是一些兼性或专性厌氧菌，主要是硫还原菌属(*Desulfurella*)和脱硫单胞菌属(*Desulfomonas*)的成员。例如，利用乙酸为电子供体的氧化乙酸脱硫单胞菌(*Desulfomonas*)能在厌氧条件下通过氧化乙酸为 CO_2 和还原元素硫为 H_2S 的偶联反应而生长：

$$CH_3COOH + 2H_2O + 4S \longrightarrow 2CO_2 + 4H_2S$$

最适合生长温度近 90℃ 甚至还要高的极端高温硫还原古菌也已经被发现，它们利用小肽或葡萄糖为电子供体。

4. 铁呼吸(iron respiration)

铁呼吸又称异化铁还原(iron reduction)，是指微生物以胞外不溶性铁氧化物作为末端电子受体，通过氧化电子供体偶联 Fe^{3+} 还原，并从这一过程储存生命活动所需的能量。

能进行铁呼吸的都是一些专性厌氧或兼性厌氧微生物，主要为地杆菌科(*Geobacteraceae*)和希瓦氏菌属(*Shewanella*)的成员，如金属还原地杆菌(*Geobacter metallireducens*)、硫还原地杆菌(*G. sulfurreducens*)和奥奈达希瓦氏菌(*Shewanella oneidensis*)。

铁呼吸不但对铁的分布产生影响，而且对其他的痕量元素和营养物质的分布及有机物的降解也起着重要的作用。这个代谢形式是地球化学上最重要的过程之一，普遍存在于沉积物、土壤和地层中。

5. 碳酸盐呼吸(carbonate respiration)

碳酸盐呼吸又称碳酸盐还原(carbonate reduction)，这是一类以 CO_2 或碳酸氢盐(HCO_3^-)作为呼吸链末端电子受体的无氧呼吸。根据其厌氧呼吸产物不同分为两类：一种是产乙酸菌，它们利用 H_2/CO_2 进行无氧呼吸，产物全部或几乎全部为乙酸(CH_3COOH)：

$$4H_2 + 2H^+ + 2HCO_3^- \longrightarrow CH_3COOH + 4H_2O - 112.86 \ kJ/mol$$

另一种是产甲烷菌，它们利用 H_2 作为电子供体(能源)，以 CO_2 作为末端电子受体，产物为甲烷(CH_4)：

$$4H_2 + H^+ + HCO_3^- \longrightarrow CH_4 + 3H_2O - 142.12 \ kJ/mol$$

从所释放的能量看，产甲烷菌释放的能量要比产乙酸菌稍微多一点。上述两类碳酸盐还原菌都是专性厌氧菌，在厌氧环境系统中起着重要作用。特别是产甲烷菌，它作为厌氧生物链中的最后一个成员，在自然界的沼气形成以及环境保护的厌氧消化中扮演着重要的角色。

6. 延胡索酸呼吸(fumarate respiration)

延胡索酸呼吸又称为延胡索酸还原(fumarate reduction)。以往都把琥珀酸的形成看作是微生物所产生的一般中间代谢物，可是在延胡索酸呼吸中，琥珀酸却是末端氢受体延胡索酸的还原产物。

能进行延胡索酸呼吸的微生物都是一些兼性厌氧菌，如变形杆菌属(*Proteus*)、沙门氏菌属(*Salmonella*)、埃希氏菌属(*Escherichia*)和克氏杆菌属(*Klebsiella*)等肠杆菌；一些厌氧菌如产琥珀酸弧菌(*Vibrio succinogenes*)、丙酸杆菌属(*Propionibacterium*)和拟杆菌属(*Bacteroides*)等也能进行延胡索酸呼吸。

近年来，又发现了几种类似于延胡索酸呼吸的无氧呼吸，它们都以有机氧化物作为无氧环境下呼吸链的末端氢受体，这些有机氧化物包括甘氨酸(还原为乙酸，如斯氏梭菌)、二甲基亚砜[DMSO，还原成二甲基硫化物(DMS)，如弯曲杆菌属]及氧化三甲胺[TMAO，还原成三甲胺(TMA)，如紫色非硫细菌]等。

4.2.1.3 发酵

在生物氧化中，发酵是指无氧条件下，底物脱氢后所产生的还原力不经过呼吸链传递而直接交给一内源氧化性中间代谢物的一类低效产能反应；在发酵工业上，发酵是指任何利用好氧性或厌氧性微生物来生产有用代谢产物或食品、饮料的一类生产方式。底物水平磷酸化是发酵过程中唯一获取能量的方式，因而发酵的产能效率很低。

微生物发酵的类型很多，我们根据代谢途径可分为 EMP、HMP、ED 和 TCA 途径的发酵，现分别加以说明。

1. 经 EMP 途径的发酵

微生物利用葡萄糖发酵产生各种有机酸、醇和 CO_2 等物质，这是在无氧条件下进行的。由于是无氧加入，产生的 ATP 较少，只能靠底物水平磷酸化来合成 ATP。葡萄糖经1, 6 - 二磷酸果糖分解为二分子丙酮酸。丙酮酸是 EMP 途径的关键产物，由它出发，在不同微生物中可进入不同发酵途径，主要有以下几种：

(1)同型酒精发酵(homoalcholic fermentation)

酿酒酵母(*Saccharomyces cerevisiae*)通过 EMP 途径,将葡萄糖发酵为丙酮酸后,再由脱羧酶催化脱羧成乙醛,乙醛再被还原成乙醇,称为同型酒精发酵。反应式如下:

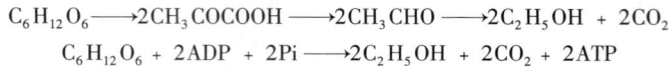

$$C_6H_{12}O_6 \longrightarrow 2CH_3COCOOH \longrightarrow 2CH_3CHO \longrightarrow 2C_2H_5OH + 2CO_2$$

$$C_6H_{12}O_6 + 2ADP + 2Pi \longrightarrow 2C_2H_5OH + 2CO_2 + 2ATP$$

(2)同型乳酸发酵(homolactic fermentation)

通过 EMP 途径发酵产物中只有乳酸的过程,称为同型乳酸发酵。食品工业上常用的菌种有保加利亚乳杆菌(*L. bulgaricus*)、干酪乳杆菌(*L. casei*)等发酵生产乳酸。此发酵的反应式如下:

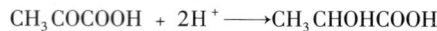

$$CH_3COCOOH + 2H^+ \longrightarrow CH_3CHOHCOOH$$

(3)丙酸发酵(propionic fermentation)

丙酸细菌多见于动物肠道和乳制品中,工业上常用傅氏丙酸杆菌(*P. freudenreichii*)和谢氏丙酸杆菌(*P. shermani*)等发酵生产丙酸。丙酸细菌利用乳酸进行乳酸发酵,反应式如下:

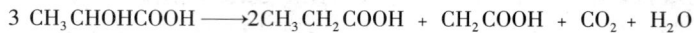

$$3\ CH_3CHOHCOOH \longrightarrow 2CH_3CH_2COOH + CH_2COOH + CO_2 + H_2O$$

(4)混合酸发酵(mixed acid fermentation)

进行此类发酵的主要是肠道细菌,如大肠杆菌等。由于其发酵产物含有甲酸、乙酸、乳酸等有机酸,故称为混合酸发酵。上述产物的种类及含量因菌种的不同而变化,可用来鉴定菌种。例如,由丙酮酸裂解而成的甲酸,其反应式如下:

$$CH_3COCOOH + CoASH \longrightarrow CH_3COSCoA + HCOOH$$

(5)2,3-丁二醇发酵(2,3-butanediol fermentation)

由葡萄糖而来的丙酮酸可缩合、脱羧成乙酰甲基甲醇,再还原成2,3-丁二醇。2,3-丁二醇在碱性条件下易被氧气氧化成二乙酰。二乙酰可与蛋白胨中含胍基物质发生化学反应,生成红色化合物。反应式如下:

$$2CH_3COCOOH \longrightarrow CH_3CHOHCOCH_3 + 2CO_2 \longrightarrow CH_3CHOHCHOHCH_3$$

(6)丁酸发酵(butyric fermentation)

丁酸发酵的代表菌主要是专性厌氧的梭状芽孢杆菌。丁酸产生的途径如下:

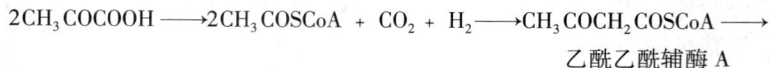

$$2CH_3COCOOH \longrightarrow 2CH_3COSCoA + CO_2 + H_2 \longrightarrow CH_3COCH_2COSCoA \longrightarrow$$

$$乙酰乙酰辅酶 A$$

$$CH_3CHOHCH_2COSCoA \longrightarrow CH_2=CHCH_2COSCoA \longrightarrow CH_3CH_2CH_2COSCoA \longrightarrow CH_3CH_2CH_2COOH$$

$$\beta-羟丁酰 CoA \qquad 乙烯基乙酰辅酶 A \qquad 丁酰辅酶 A$$

2. 经 HMP 途径的发酵

由 HMP 途径进行发酵的典型例子是异型乳酸发酵(heterolactic fermentation)。凡葡萄糖发酵后产生乳酸、乙醇(或乙酸)和 CO_2 等多种产物的发酵称异型乳酸发酵;相对应的通过 EMP 途径产物只产生 2 分子乳酸的发酵是同型乳酸发酵(Homolactic fermentation)。

有些乳酸菌因缺乏 EMP 途径中的醛缩酶和异构酶等若干重要酶,故其葡萄糖降解须完全依赖 HMP 途径。能进行异型乳酸发酵的微生物主要有肠膜明串珠菌(*Leuconostoc mesenteroides*)、短乳杆菌(*Lactobacillus brevis*)、两歧双歧杆菌(*Bifidobacterium bifidum*)等,它们虽都进行异型乳酸发酵,但其途径和产物仍稍有差异。例如,肠膜明串珠菌的葡萄糖发酵产物为乳酸、乙醇和 CO_2,而核糖的发酵产物为乳酸和乙酸。

异型乳酸发酵与同型乳酸发酵间的主要差别见表4-2。

表 4-2　同型乳酸发酵与两种异型乳酸发酵的比较

类　型	途　径	产物/1 葡萄糖	产能/1 葡萄糖	菌种代表
同型	EMP	2 乳酸	2ATP	粪链球菌（*Streptococcus faecalis*）
异型	HMP	1 乳酸 1 乙醇 1 CO_2	1ATP	肠膜明串珠菌（*Leuconostoc mesenteroides*）
		1 乳酸 1 乙醇 1 CO_2	2ATP	短乳杆菌（*Lactobacillus brevis*）
		1 乳酸 1.5 乙酸	2.5ATP	两歧双歧杆菌（*Bifidobacterium bifidum*）

3. 经 ED 途径的发酵

经 ED 途径的发酵就是指细菌酒精发酵。这条途径是 Entner 和 Doudoroff 在研究嗜糖假单胞菌（*Pseudomonas saccharophila*）的代谢时发现的，接着许多学者证明它在细菌中广泛存在。

ED 途径是少数 EMP 途径不完整的细菌，例如假单胞菌（*Pseudomonas spp.*）和一些发酵单胞菌（*Zymomonas spp.*）等所特有的利用葡萄糖的替代途径，其特点是利用葡萄糖的反应步骤简单，产能效率低（1 分子葡萄糖仅产 1 分子 ATP，仅为 EMP 途径的一半），反应中有一个 6 碳的关键中间代谢物——2-酮-3-脱氧-6-磷酸葡萄糖酸（KDPG）。由于 ED 途径可与 EMP 途径、HMP 途径和 TCA 循环等各种代谢途径相连接，因此可以相互协调，以满足微生物对能量、还原力和不同中间代谢物的需要，例如，通过与 HMP 途径连接可获得必要的戊糖和 $NADPH_2$ 等。此外，在 ED 途径中所产生的丙酮酸对运动发酵单胞菌（*Zymomonas mobilis*）这类微好氧菌来说，可脱羧成乙醛，乙醛进一步被 $NADH_2$ 还原为乙醇。这种经 ED 途径发酵产生乙醇的过程与传统的由酵母菌通过 EMP 途径生产乙醇不同，因此称作细菌酒精发酵。

细菌酒精发酵反应式为：

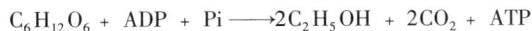

$$C_6H_{12}O_6 + ADP + Pi \longrightarrow 2C_2H_5OH + 2CO_2 + ATP$$

酵母酒精发酵反应式为：

$$C_6H_{12}O_6 + 2ADP + 2Pi \longrightarrow 2C_2H_5OH + 2CO_2 + 2ATP$$

利用 *Z. mobilis* 等细菌来生产酒精，是近年来正在开发的工业，它比传统的酵母酒精发酵有许多优点：①代谢速率高；②产物转化率高；③菌体生成少；④代谢副产物少；⑤发酵温度较高；⑥不必定期供氧等。当然，细菌酒精发酵也有其缺点，主要是其生长 pH 为 5，较易染菌（而酵母菌为 pH 3），其次是细菌耐乙醇力较酵母菌为低（前者约为 7.0%，后者则为 8%~10%）。

4. 经 TCA 途径的发酵

TCA 循环又称三羧酸循环、Krebs 循环或柠檬酸循环。这是一种循环反应顺序的方式，它在绝大多数异养微生物的氧化性（呼吸）代谢中起着关键性的作用。在真核微生物中，TCA 循环的反应在线粒体内进行，其中的大多数酶定位在线粒体的基质中；在原核生物（如细菌）

中，大多数酶都存在于细胞质内，只有琥珀酸脱氢酶属于例外，它在线粒体或细菌中都是结合在膜上的。

从 TCA 循环在微生物物质代谢中的地位来看，它在一切分解代谢和合成代谢中都具有枢纽作用，因而也与微生物大量发酵产物如柠檬酸、苹果酸、延胡索酸、琥珀酸和谷氨酸等的生产密切相关。

柠檬酸是葡萄糖经 TCA 循环而形成的最有代表性的发酵产物，在工业发酵中应用的菌种一般为黑曲霉（*Aspergillus niger*），柠檬酸的产生机制见图 4－1。从理论上来计算，1 分子葡萄糖只能产生 2/3 分子的柠檬酸，即相当于每 100 g 葡萄糖产生 71.1 g 柠檬酸，可是，生产实践上却常可获得 75～87 g 柠檬酸。用同位素 $^{14}CO_2$ 作实验后证明，在柠檬酸合成过程中，还伴随着大量的 CO_2 固定，这就解释了上面提到的现象。

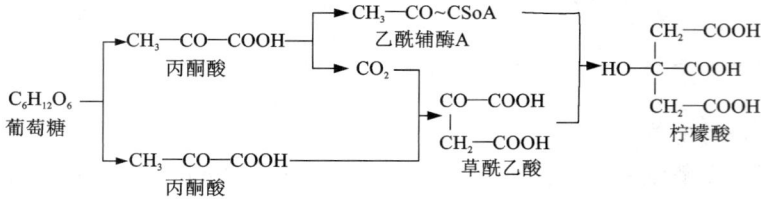

图 4－1 黑曲霉产生柠檬酸的生化反应

4.2.2 ATP 的形成

生物氧化的结果不仅使许多还原型辅酶Ⅰ得到了再生，而且更重要的是为生物体的生命活动获得了能量。ATP（三磷酸腺苷）的产生就是电子从起始的电子供体经过呼吸链至最终电子受体的结果。

ATP 是生物体生命活动的唯一直接能源，它水解时释放的能量能够直接提供细胞生命活动所需要的能量，其他的能源物质在代谢过程中所释放的能量必须通过 ADP（二磷酸腺苷）的磷酸化合成 ATP，才能作为细胞生命活动的能量。ADP、AMP（一磷酸腺苷）作为能量受体，ATP 作为能量供给体，使在能量代谢中产生的大量能量有节制的释放。ATP、ADP 和AMP 在细胞内含量很少，不起贮藏的作用，只能充当能量的受体和传递体的角色。

细胞内 ATP 含量虽然很少，但是 ATP 转化率高而且很快。机体需要消耗的 ATP 量，单靠细胞内的 ATP 贮备是不够的，必须得靠 ATP 的快速再生成，来适应机体的能量需要。机体可以通过 ATP 和 ADP 之间的迅速转换（ATP－ADP 循环）来实现。其原理为：ATP 的化学性质很不稳定，在有关酶的催化下，ATP 中远离 A 端的那个高能磷酸键很容易发生水解，于是远离 A 端的那个 P 就脱离开来，形成游离 Pi 的同时，释放出大量的能量，ATP 就转化成ADP。在有关酶的催化作用下，ADP 又能接受能量，同时与游离的 Pi 结合，重新形成 ATP，这样既避免了能量流失，又保证了及时供应生命活动所需能量。

物质在脱氢或脱水过程中，产生高能代谢物并直接将高能代谢物中能量转移到 ADP 生成 ATP 的反应，称为底物水平磷酸化（substrate level phosphorylation）。在生物氧化过程中，代谢物脱下的氢经呼吸链氧化生成水时，所释放出的能量用于合成 ATP 的反应，称为氧化磷酸化（Oxidative phosphorylation）。另外，利用光能合成 ATP 的反应，称为光合磷酸化（Photosynthetic phosphorylation）。底物水平磷酸化和氧化磷酸化在生物体内是普遍存在的，有机物的降解反应和生物合成反应通过氧化还原而偶联起来，使能量得到产生、保存和释放。

微生物体内生成 ATP 的方法主要有两种方式：

1. 底物水平磷酸化（substrate level phosphorylation）

在底物水平磷酸化中，异化作用的中间产物的高能磷酸键转移给 ADP，形成 ATP，例如下述反应：

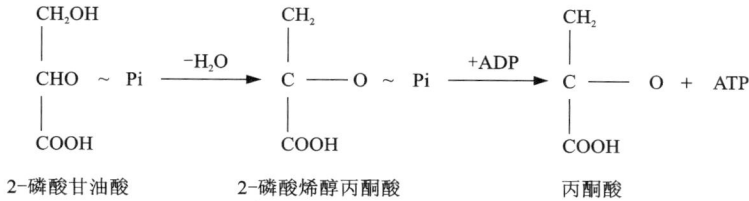

$$
\begin{array}{ccc}
\text{CH}_2\text{OH} & \text{CH}_2 & \text{CH}_2 \\
| & | & | \\
\text{CHO} \sim \text{Pi} \xrightarrow{-\text{H}_2\text{O}} & \text{C}-\text{O} \sim \text{Pi} \xrightarrow{+\text{ADP}} & \text{C}-\text{O} + \text{ATP} \\
| & | & | \\
\text{COOH} & \text{COOH} & \text{COOH} \\
\text{2-磷酸甘油酸} & \text{2-磷酸烯醇丙酮酸} & \text{丙酮酸}
\end{array}
$$

由于脱掉一个水分子，2-磷酸甘油酸的低能酯键转变为 2-磷酸烯醇丙酮酸中的高能烯醇键。这种高能连接的磷酸可以转给 ADP，产生 ATP 分子。在微生物代谢活动中，重要的高能磷酸化合物还有 1,3-二磷酸甘油酸、乙酰磷酸等。

催化底物水平磷酸化的酶系统是可溶性的，分散于细胞质内。底物水平磷酸化与氧无关，它是以发酵作用进行生物氧化取得能量的唯一方式（如酒精发酵）。以好氧呼吸和厌氧呼吸进行生物氧化的微生物中，虽然也有底物水平磷酸化，但它们是以电子传递磷酸化为主的。

2. 氧化磷酸化（Oxidative phosphorylation）

氧化磷酸化又称为电子传递水平磷酸化（electron transport phosphorylation）。在电子传递水平磷酸化中，通过呼吸链传递电子，将氧化过程中释放的能量和 ADP 的磷酸化偶联起来，形成 ATP。这种方式生成的 ATP 约占 ATP 生成总数的 80%。普遍认为下述 3 个部位就是 NAD 分子通过电子传递链中产生 3 个 ATP 的部位。第一个 ATP 的产生大约在辅酶 I 和黄素蛋白之间；第二个 ATP 大约在细胞色素 b 和 c_1 之间；第三个 ATP 大约在细胞色素 c 和 a 之间。

总之，不管是何种 ATP 生成方式，都对生物体的生命活动有着重要的意义。正是两种途径之间的相互协调作用，才使得 ATP 能够持续供应，以维持细胞的生命活动。而在这两种生成方式中，氧化磷酸化是需氧微生物合成 ATP 的主要形式，是维持生命活动的基础。

4.2.3 能量的利用

ATP 水解释放的能量主要供应于：①机械能：生物体内的细胞以及细胞内各种结构的运动消耗。②电能：生物体内神经系统传导冲动和某些生物能够产生电流。③渗透能：细胞的主动运输以及物质跨膜移动。④化学能：生物体内物质的合成，物质在分解的开始阶段，也需要化学能来活化成能量较高的物质。⑤光能：生物发光的生理机制还没有完全弄清楚，但用于发光的能量仍然直接来源于 ATP。⑥热能：生物体内的热能，来源于有机物的氧化分解，大部分的热能通过各种途径向外界环境散发，只有一小部分热能用于维持细胞或恒温动物的体温。

从理论上计算，每合成 100 mg 细胞干物质大约需要 3 mmol/L 的 ATP，即每毫克分子

ATP 可合成 33.3 mg 的细胞物质。但试验指出，每毫克分子 ATP 仅能合成 10 mg 左右的细胞物质(表 4-3)。

表 4-3　微生物的嫌气性生长量

微生物	培养基	生长条件	能源物质	细胞物质 mg/能源物质 mmol/L	ATP mmol/L 能源物质 mmol/L	细胞物质 mg/ATP mmol/L
啤酒酵母	合成	静止	葡萄糖	20	2	10
粪肠球菌	天然	静止	葡萄糖	20	2	10
	半合成	静止	葡萄糖	20	2	10
	半合成	连续	葡萄糖	21	2	10.5
	合成	静止	葡萄糖	21	2	10.5

ATP 和细胞产量之间的这种准量关系(即每毫克分子 ATP 合成 10 mg 细胞干物质)，仅限于能量代谢途径已经清楚，而且代谢产物比较单纯的菌，如在厌氧条件下的酵母菌和同型乳杆菌。而在好氧条件下微生物的生长量与 ATP 之间没有这样的准量关系，这可能是因为代谢途径比较复杂，ATP 生成的数目难以计算。

生物热是微生物在氧化过程中产生的。因为微生物在氧化过程中所释放的能量只有一部分用于本身的生命活动和贮存于 ATP 中供给合成细胞物质所需。在 ATP 的生成中曾提到，微生物通过有氧呼吸可放出 2880.52 kJ 自由能，形成 38 个 ATP。通过发酵作用可放出 226 kJ 自由能，而其中只有 62.80 kJ 贮存于 ATP 中，其余的能量以热的形式散失。由于这些热能是在各个反应中逐步释放出来的，一般不致使周围温度骤然上升，如果微生物是在通气不良或密闭的环境中生长时，所放出的热不能散发出去，而是逐渐积累起来，致使周围的温度升高，由于是在生物氧化的过程中所产生的热，所以叫作生物热。当粮食、水果、蔬菜或其他有机物质在通风不良的环境中贮存时，常常由于温度上升，有利于微生物和昆虫的活动，而使粮食或其他食品发霉长虫以致腐败变质。有时温度上升很高，可引起有机物质的自燃，造成严重的损失。所以，在这种情况下要考虑降温措施。然而，生物热也有对人类有利的一面，人们在生产中也常加以利用，例如农村中高温堆肥的制作就是利用生物热，提高肥堆中的温度，加强微生物的活动从而促进有机质的分解，加速有机肥料的腐熟。在这种情况下，就要求堆内的养分、水分等供微生物生长繁殖，又要求肥堆内的温度较高。当然，温度也不能过高，否则，有机物质彻底被分解掉，肥效将丧失，所以也要控制温度。另外，利用马粪等有机物质作蔬菜温床育苗或甘薯炕育苗也都是对生物热的利用。总之，生物热也是一种自然资源，人们可以根据不同的目的，采取不同的措施加以利用。

4.3　微生物的主要分解代谢

微生物在生命活动中，能将复杂的大分子物质分解为小分子的可溶性物质，并有能量转变过程，这种物质转变称为分解代谢。大多数微生物都能分解糖和蛋白质，少数微生物能分解脂类。从外界进入微生物体内的营养物质的种类很多，现就几种主要营养物质的分解代谢介绍如下。

4.3.1 碳水化合物的分解

碳水化合物（糖类化合物），是异养微生物的主要碳素来源和能量来源，主要包括各种多糖、双糖和单糖。多糖必须在细胞外由相应的胞外酶水解，才能被微生物吸收利用；双糖和单糖被微生物吸收后，可立即进入分解途径，被降解成简单的含碳化合物，同时释放能量，供应细胞合成代谢所需的碳源和能源。

许多大分子有机化合物不能被微生物直接利用，只有将其水解成简单的小分子化合物，才能通过细胞膜而被微生物所吸收。在生物体内，这些大分子物质一般是通过各种酶来进行分解的。

4.3.1.1 单糖的降解

1. EMP 途径（Embden – Meyerhof – Parnas – Pathway）

EMP 途径又称糖酵解或己糖二磷酸途径，这条途径是生物界所共有的。这条途径包括 10 个独立又彼此连续的反应。其总反应为：

$$C_6H_{12}O_6 + 2NAD^+ + 2Pi + 2ADP \longrightarrow 2CH_3COCOOH(丙酮酸) + 2NADH + 2H^+ + 2ATP + 2H_2O。$$

此反应大致可分为两个阶段（图 4 – 2）。第一阶段只是生成两分子的主要中间代谢产物：3 – 磷酸 – 甘油醛。

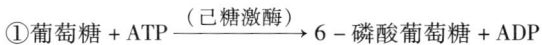

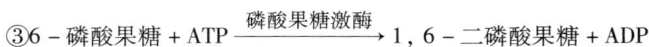

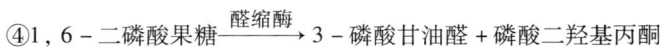

①葡萄糖 + ATP $\xrightarrow{\text{己糖激酶}}$ 6 – 磷酸葡萄糖 + ADP

②6 – 磷酸葡萄糖 $\xrightarrow{\text{磷酸己糖异构酶}}$ 6 – 磷酸果糖

③6 – 磷酸果糖 + ATP $\xrightarrow{\text{磷酸果糖激酶}}$ 1, 6 – 二磷酸果糖 + ADP

④1, 6 – 二磷酸果糖 $\xrightarrow{\text{醛缩酶}}$ 3 – 磷酸甘油醛 + 磷酸二羟基丙酮

⑤磷酸二羟基丙酮 $\xrightarrow{\text{磷酸甘油异构酶}}$ 3 – 磷酸甘油醛

第二阶段发生氧化还原反应，释放能量合成 ATP，同时形成两分子的丙酮酸。

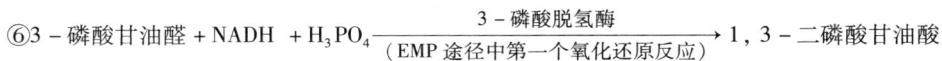

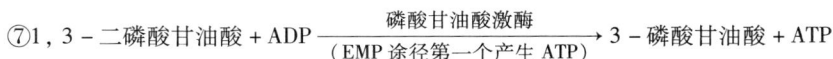

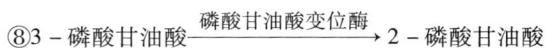

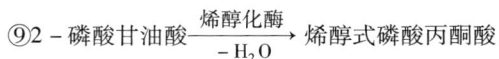

⑥3 – 磷酸甘油醛 + NADH + H_3PO_4 $\xrightarrow[\text{（EMP 途径中第一个氧化还原反应）}]{\text{3 – 磷酸脱氢酶}}$ 1, 3 – 二磷酸甘油酸

⑦1, 3 – 二磷酸甘油酸 + ADP $\xrightarrow[\text{（EMP 途径第一个产生 ATP）}]{\text{磷酸甘油酸激酶}}$ 3 – 磷酸甘油酸 + ATP

⑧3 – 磷酸甘油酸 $\xrightarrow{\text{磷酸甘油酸变位酶}}$ 2 – 磷酸甘油酸

⑨2 – 磷酸甘油酸 $\xrightarrow[-H_2O]{\text{烯醇化酶}}$ 烯醇式磷酸丙酮酸

⑩烯醇式磷酸丙酮酸 + ADP $\xrightarrow{\text{丙酮酸激酶}}$ 丙酮酸 + ATP

葡萄糖经 EMP 途径生成两分子丙酮酸，同时产生两个 ATP，整个反应受 ADP、Pi、NAD$^+$ 含量的控制。

2. HMP 途径（Hexose – Monophophate – Pathway）

这条途径是从 6 – 磷酸葡萄糖酸（6PG）开始分解的，即在单磷酸己糖基础上开始降解的，故称为单磷酸己糖途径。HMP 途径的总反应如下：

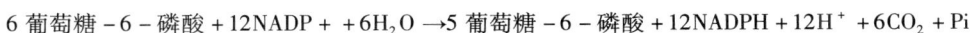

6 葡萄糖 – 6 – 磷酸 + 12NADP$^+$ + 6H_2O → 5 葡萄糖 – 6 – 磷酸 + 12NADPH + 12H$^+$ + 6CO_2 + Pi

HMP 途径可分为两个阶段：第一阶段为氧化阶段，从 6 – 磷酸葡萄糖开始，经过脱氢、

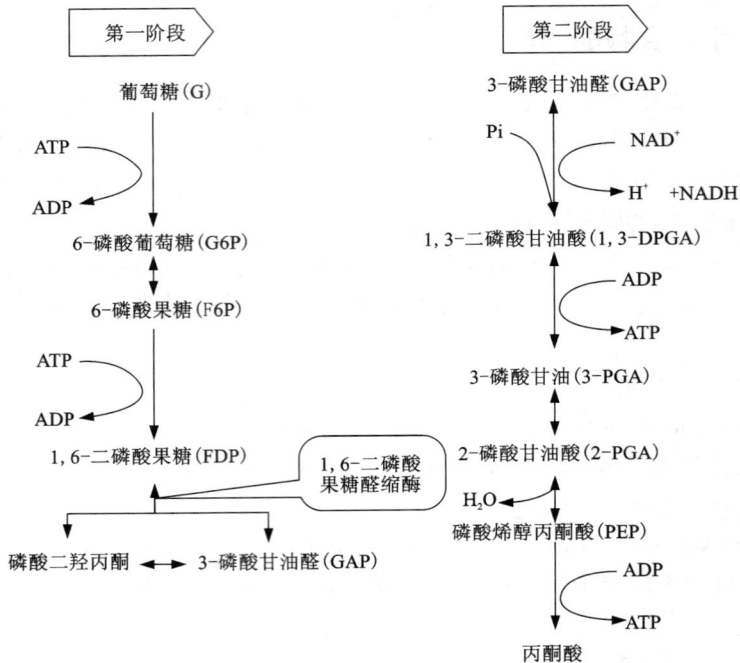

图 4 - 2　葡萄糖代谢的 EMP 途径（Embden - Meyerhof - Parnas pathway）

水解，氧化脱羧生成 5 - 磷酸核酮糖和 CO_2。第二阶段为非氧化阶段，是磷酸戊糖之间的基团转移、缩合（分子重排）使 6 - 磷酸己糖再生（图 4 - 3）。

　　虽然这条途径中产生的 NADPH 可经呼吸链氧化产能，1 mol 葡萄糖经 HMP 途径最终可得到 35 mol ATP，但这不是代谢中的主要方式。因此，不能把 HMP 途径看作是产生 ATP 的有效机制。大多数好氧和兼性厌氧微生物中都有 HMP 途径，而且在同一微生物中往往同时存在 EMP 和 HMP 途径，单独具有 EMP 或 HMP 途径的微生物较少见。

　　3. ED（Entner - Doudoroff）途径

　　ED（Entner - Doudoroff）途径又称 2 - 酮 - 3 - 脱氧 - 6 - 磷酸葡萄糖酸裂解途径。这条途径是 Entner 和 Doudoroff 在研究嗜糖假单胞菌时发现的。ED 途径是少数缺乏完整 EMP 途径的微生物所具有的一种替代途径。其特点是葡萄糖只经过 4 步反应即可快速获得由 EMP 途径须经 10 步才能获得的丙酮酸。其反应步骤简单，产能效率低。该途径可与 EMP 途径、HMP 途径和 TCA 循环等各种代谢途径相连接，可以相互协调，满足微生物对能量、还原力和不同代谢物的需要（图 4 - 4）。这条途径的关键是 2 - 酮 - 3 - 脱氧 - 6 - 磷酸葡萄糖酸裂解为 3 - 磷酸甘油醛和丙酮酸。3 - 磷酸甘油醛可进入 EMP 途径转变成丙酮酸。ED 途径的产能水平较低。1 分子的葡萄糖分解为 2 分子丙酮酸时，只净得 1 分子 ATP 和 2 分子 NADH。

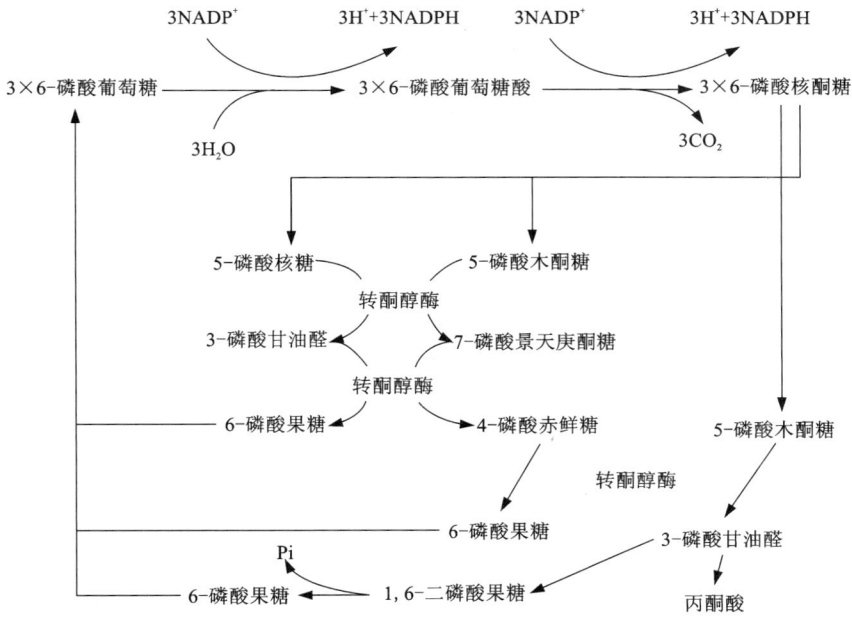

图 4-3　葡萄糖代谢的 HMP 途径(Hexose Monophophate Pathway)

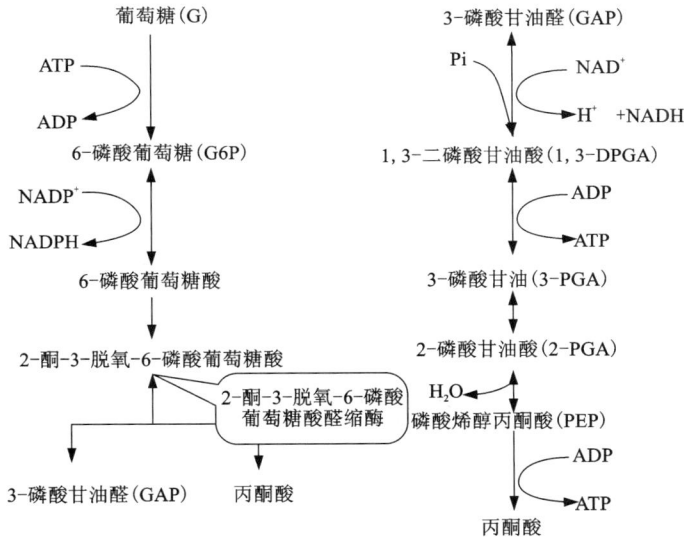

图 4-4　葡萄糖代谢的 ED 途径(Entner-Doudoroff)

　　具有 ED 途径的细菌有嗜糖假单胞菌、铜绿假单胞菌、荧光假单胞菌、林氏假单胞菌、真养产碱菌等。ED 途径在革兰氏阴性菌中分布广泛,是少数 EMP 途径不完整的细菌如林氏假单胞菌和运动发酵单胞菌等降解葡萄糖的主要途径。ED 途径可不依赖于 EMP 和 HMP 途径而单独存在,但对于靠底物水平磷酸化获得 ATP 的厌氧菌而言,ED 途径产生 ATP 的能力不如 EMP 途径(表 4-4)。

表 4 – 4 　EMP、HMP 和 ED 途径的比较

途径	EMP	HMP	ED
特征酶	1，6 – 二磷酸果糖醛缩酶（FDA）	转酮酶（KT）和转醛酶（KA）	2 – 酮 – 3 – 脱氧 – 6 – 磷酸葡萄糖酸醛缩酶（KDPGA）
产生 ATP 数	2	1	1
还原辅酶	NADH	NADPH	NADPH（NADH）

　　由此可见，EMP 途径不能独立于 HMP 途径，HMP 途径一般是与 EMP 并存的，而 ED 途径可不依赖于 EMP 和 HMP 途径而独立存在。

4. WD 途径

　　该途径是由 Warburg、Dickens、Horecker 等人发现的，故称 WD 途径。因该途径中的特征酶是磷酸解酮酶，所以又称磷酸解酮酶途径。根据磷酸解酮酶的不同，把具有磷酸戊糖解酮酶的叫 PK 途径（图 4 – 5），把具有磷酸己糖解酮酶的叫 HK 途径（图 4 – 6）。

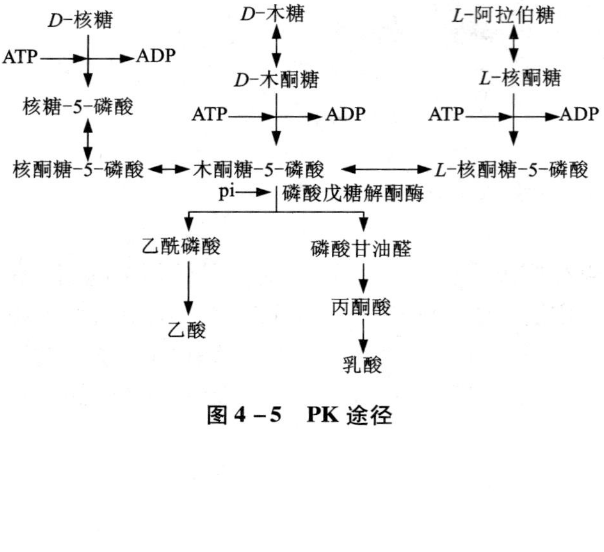

图 4 – 5 　PK 途径

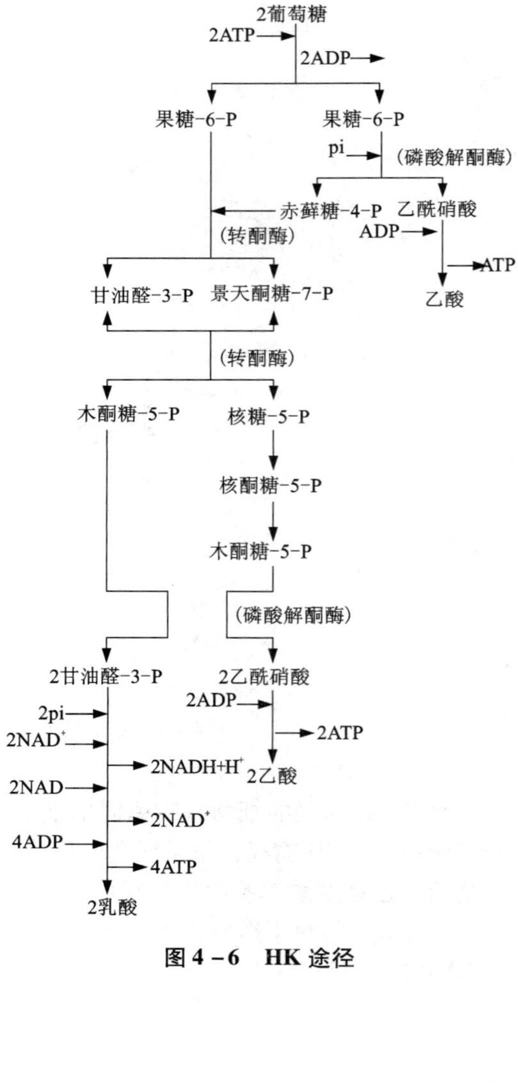

图 4 – 6 　HK 途径

5. 葡萄糖直接氧化途径

前面介绍的四种代谢途径都是在葡萄糖先经磷酸化后进行降解的。而某些细菌如假单胞杆菌属、气杆菌属和醋杆菌属，不具备己糖激酶，但具有葡萄糖氧化酶，能利用空气中的氧，把葡萄糖直接氧化成葡萄糖酸再经磷酸化进行降解（图4-7）。

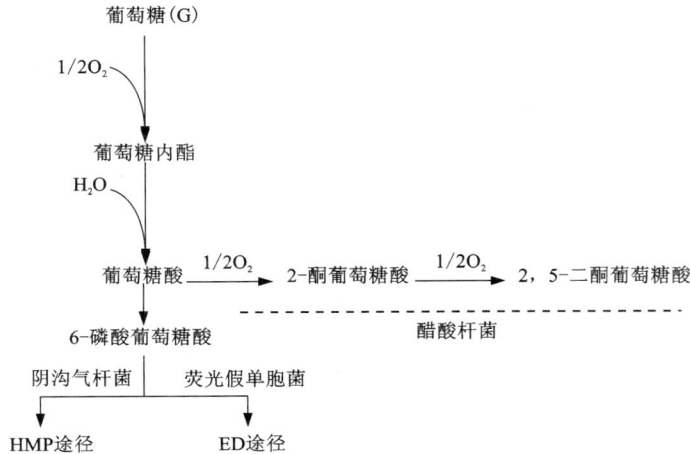

图 4-7 葡萄糖直接氧化

4.3.1.2 二糖的分解

很多二糖能被微生物分解利用，如蔗糖、麦芽糖、乳糖、纤维二糖等。双糖的分解一般是在细胞内发生的，有两种方式：

一种是被相应水解酶分解成单糖，如蔗糖经蔗糖酶水解成葡萄糖和果糖，乳糖经乳糖酶水解成葡萄糖和半乳糖。

另一种方式是被相应的磷酸化酶分解，如蔗糖经蔗糖磷酸解酶催化，分解成1-磷酸葡萄糖和果糖。

①蔗糖的分解：许多微生物包括细菌具有蔗糖水解酶。

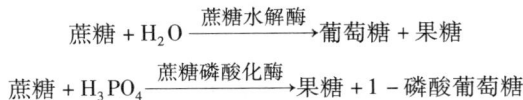

$$蔗糖 + H_2O \xrightarrow{蔗糖水解酶} 葡萄糖 + 果糖$$

$$蔗糖 + H_3PO_4 \xrightarrow{蔗糖磷酸化酶} 果糖 + 1-磷酸葡萄糖$$

②麦芽糖的分解：麦芽糖在麦芽糖水解酶催化下产生两分子葡萄糖。

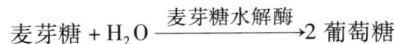

$$麦芽糖 + H_2O \xrightarrow{麦芽糖水解酶} 2\,葡萄糖$$

③乳糖的分解：乳糖在β-半乳糖苷酶的作用下，水解乳糖生成葡萄糖和半乳糖。

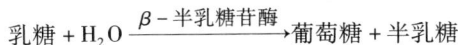

$$乳糖 + H_2O \xrightarrow{\beta-半乳糖苷酶} 葡萄糖 + 半乳糖$$

④纤维二糖的分解：纤维二糖是在纤维二糖磷酸化酶催化下分解的。

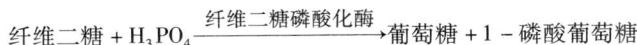

$$纤维二糖 + H_3PO_4 \xrightarrow{纤维二糖磷酸化酶} 葡萄糖 + 1-磷酸葡萄糖$$

磷酸化酶催化的反应比水解酶催化的反应对微生物更为有利。在磷酸化酶催化反应中，葡萄糖苷键能被贮存在磷酸酯键上，这对于以后形成糖的磷酸酯时，就不需要另外消耗ATP，而它们的水解酶催化的反应，则把葡萄糖苷键上的键能浪费了。

4.3.1.3 多糖的降解

多糖是由糖苷键结合的糖链，为至少要超过 10 个以上的单糖组成的聚合糖高分子碳水化合物。多糖也是糖苷，所以可以水解，在水解过程中，往往产生一系列的中间产物，最终完全水解得到单糖。本节仅介绍淀粉和纤维素的分解。

1. 淀粉的分解

淀粉是葡萄糖的高聚体，淀粉可分为直链淀粉（糖淀粉）和支链淀粉（胶淀粉）。前者为无分支的螺旋结构，由 $\alpha-1,4-$ 糖苷键相互连接；后者由 $24\sim30$ 个葡萄糖残基以 $\alpha-1,4-$ 糖苷键首尾相连而成，在支链处为 $\alpha-1,6-$ 糖苷键。

淀粉的分解需要淀粉酶的催化，微生物的淀粉酶种类很多，其作用方式及产物也不相同。淀粉酶可以将直链淀粉水解为麦芽糖、葡萄糖；淀粉酶可以将支链淀粉水解为糊精。淀粉酶有液化型和糖化型之分。

（1）液化型淀粉酶

液化型淀粉酶又称为 $\alpha-$ 淀粉酶。微生物的液化型淀粉酶几乎都是分泌性的。此酶既作用于直链淀粉，亦作用于支链淀粉，无差别地切断 $\alpha-1,4-$ 键。因此，其特征是引起底物溶液黏度的急剧下降和碘反应的消失，在分解直链淀粉时，最终产物以麦芽糖为主，此外，还有麦芽三糖及少量葡萄糖。另一方面在分解支链淀粉时，除麦芽糖、葡萄糖外，还生成分支部分具有 $\alpha-1,6-$ 键的 $\alpha-$ 极限糊精。由于它使淀粉黏度迅速下降，表现为液化，故称为液化酶。

米曲霉、嗜酸性普鲁士蓝杆菌、淀粉液化杆菌、地衣芽孢杆菌和枯草杆菌分别经发酵、精制、干燥都能得到 $\alpha-$ 淀粉酶。我国利用枯草杆菌 BF-7658 菌株生产此酶。

（2）糖化型淀粉酶

糖化型淀粉酶这类酶有两种，葡萄糖酶和 $\beta-$ 淀粉酶，其共同特点是将淀粉水解为麦芽糖或葡萄糖，不经过糊精阶段，所以称为糖化型淀粉酶。

① 葡萄糖酶。

葡萄糖酶又称淀粉 $-1,4-$ 葡萄糖苷酶。葡萄糖酶既可以催化水解 $\alpha-1,4$ 糖苷键，也可以催化水解 $\alpha-1,6$ 糖苷键，所以水解产物全部为葡萄糖。

此酶主要存在于根霉、黑曲霉、红曲霉等霉菌中。

② $\beta-$ 淀粉酶。

$\beta-$ 淀粉酶又称淀粉 $1,4-$ 麦芽糖苷酶。其作用方式是从多糖的非还原末端顺次切割相隔的 $\alpha-1,4$ 糖苷键，产生各旋光的麦芽糖以及极限糊精。对于像直链淀粉那样没有分支的底物，能完全分解得到麦芽糖和少量的葡萄糖，而作用于支链淀粉或葡聚糖的时候，切断至 $\alpha-1,6-$ 键的前面反应就停止了，因此生成相对分子质量比较大的极限糊精。

目前，耐热的各淀粉酶主要来源于细菌和一些放线菌，如假单孢菌和多黏芽孢杆菌。

③ 异淀粉酶。

异淀粉酶又称淀粉 $\alpha-1,6-$ 葡萄糖苷酶。异淀粉酶是一类能够专一地切开支链淀粉分支点中的 $\alpha-1,6-$ 糖苷键，将最小单位的支链分解，从而剪下整个侧枝，最大限度地利用淀粉原料，形成直链淀粉的酶类，淀粉水解的产物为糊精。

异淀粉酶主要是由微生物发酵法制造，目前国内外常用的微生物有产气气杆菌 ATCC9621、产气气杆菌 10016 菌株、假单胞菌 [*Pseudomonas amyloderamosa* SB-15

（ATCC21262）]、链霉菌和酵母等。

　　2. 纤维素的分解

　　纤维素是植物细胞壁的主要成分，它是由 $\beta-1,4-$ 葡萄糖苷键所组成的大分子化合物，每个纤维素分子大约含 10000 以上的葡萄糖残基组成。纤维素分子的基本结构单位是纤维二糖。人和动物均不能消化纤维素。但很多微生物，例如木霉、青霉、某些放线菌和细菌均能分解利用纤维素，原因是它们能产生纤维素酶。在真菌类的木霉、黑曲霉、青霉、根霉及漆斑霉等所产生的纤维素酶中，绿色木霉产生的纤维素酶活性最强。能分解纤维素的细菌有噬纤维菌属、生孢噬纤维菌属和纤维单胞菌属。分解纤维素能力较强的放线菌有玫瑰色放线菌等。

　　纤维素酶(cellulase)是降解纤维素生成葡萄糖的一组酶的总称，包括 C_1 酶和 C_x 酶及 $\beta-$ 葡萄糖苷酶三种。纤维素酶的存在有两种方式：一种是胞外酶，溶解于培养基中，霉菌中产生的纤维素酶属于这种类型；另一种是细胞表面酶，它结合在细胞表面上，如黏细菌的纤维素酶存在于细胞壁内。

　　纤维素在 C_1 酶和 C_x 酶共同作用下，被水解成纤维二糖，再经过 $\beta-$ 葡萄糖苷酶作用，最终变为葡萄糖，其水解过程如下：

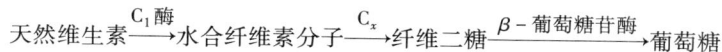

$$\text{天然维生素} \xrightarrow{C_1\text{酶}} \text{水合纤维素分子} \xrightarrow{C_x} \text{纤维二糖} \xrightarrow{\beta-\text{葡萄糖苷酶}} \text{葡萄糖}$$

　　生产纤维素酶的微生物包括真菌、细菌和放线菌。其中主要有：康氏木霉(*Trichoderma koningii*)、黑曲霉(*Aspergillus niger*)、斜卧青霉(*Penicillium decumbens*)、芽孢杆菌(*Bacillus sp*)等。

　　3. 果胶质的分解

　　果胶质 $(C_6H_{16}O_5)_n$ 是构成高等植物细胞质的物质，并使相邻近的细胞壁相连。天然的果胶质又称为原果胶。天然果胶质的主要组成是由 $D-$ 半乳糖醛酸以 $D-1,4$ 糖苷键相连形成的直链高分子化合物，其中大部分羧基已形成甲基酯，而不含甲基酯的称为果胶酸。

　　果胶在浆果中最丰富。它的一个重要特点是在糖和酸存在下，可以形成果冻。食品厂利用这一性质来制造果浆、果冻等食品；但对果汁加工、葡萄酒生产则有引起榨汁困难的缺点。

　　果胶酶是指能够分解果胶物质的多种酶的总称，在果胶分解中起着不同的作用。主要有果胶酯酶和聚半乳糖醛酸酶两种，所起的反应式如下：

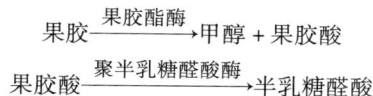

$$\text{果胶} \xrightarrow{\text{果胶酯酶}} \text{甲醇} + \text{果胶酸}$$

$$\text{果胶酸} \xrightarrow{\text{聚半乳糖醛酸酶}} \text{半乳糖醛酸}$$

　　许多霉菌及少量的细菌和酵母菌都可产生果胶酶，主要以曲霉和杆菌为主。由于真菌中的黑曲霉(*Aspergillus niger*)属于公认安全级(general regarded as safe，GRAS)，其代谢产物是安全的。因此目前市售的食品级果胶酶主要来源于黑曲霉，最适 pH 一般在酸性范围。

　　果胶酶主要用于食品工业，常用于果蔬汁生产、果酒的澄清、橘子脱囊衣、制造低糖果冻等。此外还可用于造纸业的生物制浆、丝麻等脱胶。

4.3.2　蛋白质、氨基酸的分解

4.3.2.1　蛋白质的分解

　　蛋白质是由 $\alpha-$ 氨基酸按一定顺序结合形成一条多肽链，再由一条或一条以上的多肽链按照其特定方式结合而成的高分子化合物。它们不能直接进入细胞，必须在细胞外被分解为大小不等的多肽或氨基酸等小分子化合物后才能被微生物利用。其通式如下：

$$蛋白质 \xrightarrow{\text{蛋白酶}} 多肽或氨基酸$$

蛋白酶是水解蛋白质肽键的一类酶的总称。蛋白酶种类很多，已有100多种。目前还没有完善的分类方法。按其水解多肽的方式，可以将其分为内肽酶和外肽酶两类。内肽酶将蛋白质分子内部切断，形成相对分子质量较小的肽。外肽酶从蛋白质分子的游离氨基或羧基的末端逐个将肽键水解，而游离出氨基酸。前者为氨基肽酶后者为羧基肽酶。按其活性中心，又可将蛋白酶分为丝氨酸蛋白酶、巯基蛋白酶、金属蛋白酶和天冬氨酸蛋白酶。按其反应的最适pH，分为酸性蛋白酶、中性蛋白酶和碱性蛋白酶。工业生产上应用的蛋白酶，主要是内肽酶。

蛋白酶按其作用最适pH可分为三类：

酸性蛋白酶：主要由真菌产生，其最大活性和稳定性在pH 2~5。

中性蛋白酶：普遍存在于细菌和真菌中。最高活性在pH 7~8。

碱性蛋白酶：普遍存在于细菌和真菌中。其最高活性在pH 10~11，最大稳定性在pH 5~9。

蛋白酶广泛存在于动物内脏、植物茎叶、果实和微生物中。微生物蛋白酶，主要由霉菌、细菌，其次由酵母、放线菌生产。

4.3.2.2　氨基酸的分解

微生物对氨基酸的分解，主要是脱氨作用和脱羧基作用，分别为脱氨酶类和脱羧酶类所催化。当培养基偏碱时，微生物进行脱氨作用；培养基偏酸时，进行脱羧作用。

1. 脱氨作用

脱氨作用因微生物种类、氨基酸种类以及环境条件的不同而有不同的方式和产物，主要有以下几种：

（1）氧化脱氨　这种脱氨方式须在有氧条件下进行，因而是好氧性微生物进行的脱氨作用。氧化脱氨生成的酮酸一般不积累，而被微生物继续转化成羟酸或醇。例如丙氨酸氧化脱氨生成丙酮酸，丙酮酸可借TCA循环而继续氧化，反应式如下：

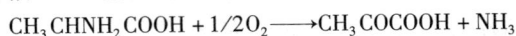

$$CH_3CHNH_2COOH + 1/2O_2 \longrightarrow CH_3COCOOH + NH_3$$

（2）还原脱氨　还原脱氨在无氧条件下进行，生成饱和脂肪酸。能进行还原脱氨的微生物是专性厌氧菌和兼性厌氧菌。如天冬氨酸经还原脱氨生成琥珀酸：

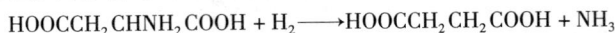

$$HOOCCH_2CHNH_2COOH + H_2 \longrightarrow HOOCCH_2CH_2COOH + NH_3$$

（3）水解脱氨　不同氨基酸经水解脱氨生成不同的产物，有些好氧性微生物和酵母菌可进行此种脱氨方式。并且同种氨基酸水解之后也可以形成不同的产物，如丙氨酸水解之后可形成乳酸，也可形成乙醇。反应式如下：

$$\begin{array}{c} CH_3 \\ \diagdown \\ \diagup \\ CH_3 \end{array} CHCH_2CHNH_2COOH + H_2O \longrightarrow \begin{array}{c} CH_3 \\ \diagdown \\ \diagup \\ CH_3 \end{array} CHCH_2CHOHCOOH + NH_3$$

（4）直接脱氨　氨基酸直接脱氨生成不饱和脂肪酸，如天冬氨酸直接脱氨生成延胡索酸。反应式如下：

$$HCOOCCH_2CHNH_2COOH \longrightarrow HOOCCH = CHCOOH + NH_3$$

（5）Stickland反应　这是一种特殊的脱氨，某些专性厌氧细菌如梭状芽孢杆菌在厌氧条件下生长时，以一种氨基酸作为氢供体，进行氧化脱氨，另一种氨基酸作氢受体，进行还原脱氨，两者偶联进行氧化还原脱氨。这其中有 ATP 生成，这个反应被称为 Stickland 反应。其通式如下：

$$R'CHNH_2COOH + R''CHNH_2COOH + H_2O \longrightarrow R'COCOOH + R''CH_2COOH + 2NH_3$$

并非在任意两种氨基酸之间都能进行这种反应，有些氨基酸能作为供氢体而另一些氨基酸是受氢体，作为供氢体的一种氨基酸能与任何一种受氢体氨基酸进行 Stickland 反应。

供氢体：Ala、Leu、Val、Ser、Phe、Cys、His、Asp、Glu。

受氢体：Gly、Pro、Hyp、Orn、Arg、Trp。

2. 脱羧作用

氨基酸脱羧基作用常见于许多腐败细菌和真菌中。不同的氨基酸由相应的氨基酸脱羧酶催化脱羧，生成减少一个碳原子的胺和 CO_2，通式如下：

$$RCHNH_2COOH \longrightarrow RCH_2NH_2 + CO_2$$

脱羧酶是氨基酸脱羧酶的一种，催化组氨酸脱羧生成组胺反应的酶，具有高度专一性。氨基酸脱羧酶中除组氨酸脱羧酶不需任何辅酶外，其余各氨基酸脱羧酶皆需要磷酸吡哆醛为辅酶，且大多数是诱导酶。一元氨基酸脱羧后变成一元胺，例如谷氨酸脱羧后变成 γ - 氨基丁酸，反应式如下：

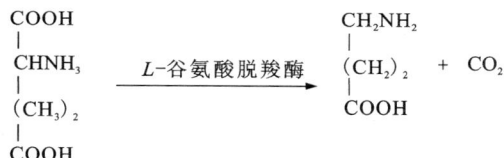

$$\begin{array}{c} COOH \\ | \\ CHNH_3 \\ | \\ (CH_3)_2 \\ | \\ COOH \end{array} \quad \xrightarrow{L\text{-谷氨酸脱羧酶}} \quad \begin{array}{c} CH_2NH_2 \\ | \\ (CH_2)_2 \\ | \\ COOH \end{array} + CO_2$$

此酶对 L - 组氨酸特异性强，因此可用来定量测定 L - 组氨酸。此反应在谷氨酸生产上用于测定谷氨酸。

二元氨基酸脱羧后变成二元胺。这类物质统称为尸碱，有毒性。肉类蛋白质腐败后常生成二胺，故不能食用。例如赖氨酸脱羧后变成尸胺，反应式如下：

$$H_2N(CH_2)_4CHNH_2COOH \longrightarrow H_2N(CH_2)_4CH_2NH_2 + CO_2$$

微生物分解氨基酸的能力因菌种而异，一般地，革兰氏阴性细菌分解能力大于革兰氏阳性细菌。并且微生物分解氨基酸的方式及其产物也不同，这个特性常用来作为鉴定菌种的一个生理生化指标。

4.3.3　脂肪、脂肪酸的分解

脂肪和脂肪酸可作为许多微生物生长的碳源和能源。细菌中的荧光假单胞杆菌、灵杆菌、放线菌和分枝杆菌属的一些种及真菌中的白地霉、青霉、曲霉和镰刀菌等都能分解脂肪和高级脂肪酸。脂肪是甘油和高级脂肪酸组成的甘油三酯。它在脂酶作用下水解成甘油和脂肪酸。

4.3.3.1　甘油的分解

甘油首先被磷酸化，氧化成磷酸二羟丙酮，再进入 EMP 或 HMP 途径分解（图 4 - 8）。

4.3.3.2　脂肪酸的降解

1. 饱和脂肪酸

脂肪酸的氧化分解主要是逐步脱羧和碳链的降解，由一系列的酶催化，并需要 CoA、NAD^+ 等辅酶参与。脂肪酸经 β - 氧化途径氧化，降解成乙酰 CoA，然后进入 TCA 循环彻底

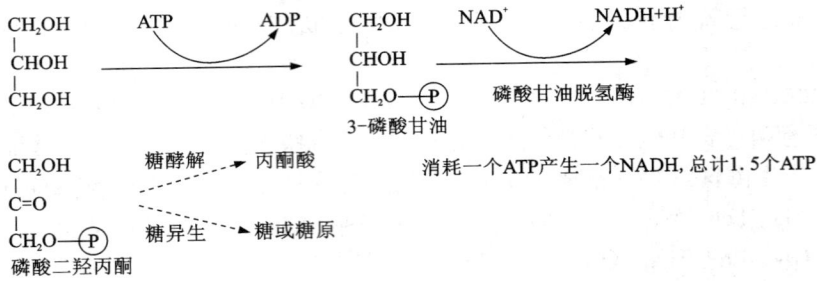

图 4-8 甘油的分解

氧化成 H_2O 和 CO_2，也可进入乙醛酸循环，合成糖类。循环一圈产生乙酰 CoA、NADH 和 $FADH_2$，NADH 和 $FADH_2$ 再经电子传递链氧化，产生更多的 ATP，缩短了两个碳原子的脂酰 CoA 将进行下一轮循环（图 4-9）。

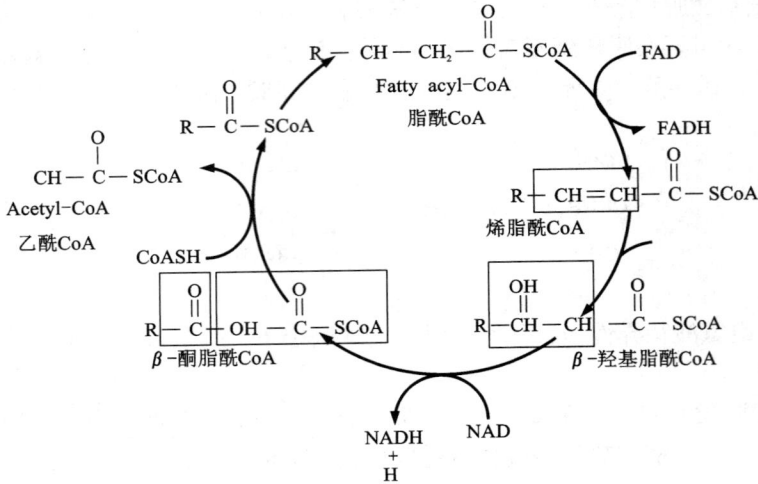

图 4-9 脂肪酸 β-氧化途径

2. 不饱和脂肪酸

不饱和脂肪酸的氧化途径与饱和脂肪酸的氧化途径基本上是一样的。不同的是天然不饱和脂肪酸的双键都是顺式的，而且位置也相当有规律——第一个双键都是在 C9 和 C10 之间（写作△9），以后每隔三个碳原子出现一个。不饱和脂肪酸的氧化与饱和脂肪酸基本相同，只是某些步骤还需其他酶的参与，现以油酸为例说明之。

油酸活化后进入 β-氧化时，生成 3 △顺烯脂酰 CoA，此时需要△^{3,4}顺-△^{2,3}反异构酶催化使其生成△^{2,3}反式烯脂酰 CoA 以便进一步反应（图 4-10）。

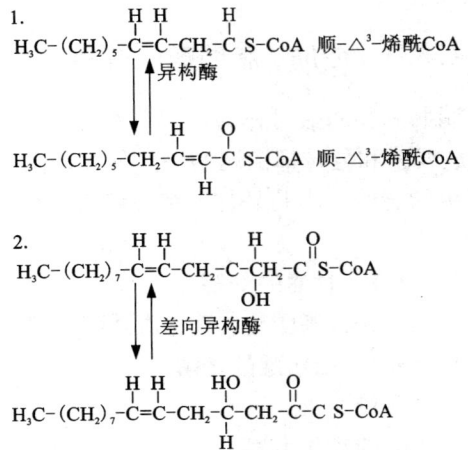

图 4-10 不饱和脂肪酸的 β 氧化

脂肪酸被彻底氧化后可产生大量的能量,例如,1 分子 16C 的饱和脂肪酸被彻底氧化时可获得 130 个 ATP。

4.4 微生物特有的合成代谢

4.4.1 CO_2 的固定

CO_2 固定途径的发现,始于对绿色植物的光合作用固定 CO_2 的研究。1954 年卡尔文等人提出了 CO_2 固定的途径——卡尔文循环(Calvin Cycle)。后来发现这个循环在许多自养微生物中均存在,但近年来的研究表明,自养微生物固定 CO_2 的生化机制除了卡尔文循环外,还有其他的一些途径。现比较清楚的微生物固定 CO_2 的生化途径主要包括 Calvin 循环、还原三羧酸循环途径、乙酰辅酶 A 途径和甘氨酸途径。

4.4.1.1 Calvin 循环

卡尔文循环一般可分为三部分:①CO_2 的固定;②固定的 CO_2 的还原;③CO_2 受体的再生。其中由 CO_2 受体,5 - 磷酸核酮糖到 3 - 磷酸甘油酸是 CO_2 的固定反应;由 3 - 磷酸甘油醛到 5 - 磷酸核酮糖是 CO_2 受体的再生反应。这两步反应是卡尔文循环所特有的。一般光合细菌和蓝细菌都是以卡尔文循环固定 CO_2。另外,在嗜热假单胞菌、氧化硫杆菌、排硫杆菌、氧化亚铁硫杆菌、脱氮硫杆菌等化能自养菌中均发现了卡尔文循环的两个关键酶——1,5 - 二磷酸核酮糖羧化酶和 5 - 磷酸核酮糖激酶(图 4 - 11)。

如果以产生 1 个葡萄糖分子来计算,则本循环的总式:

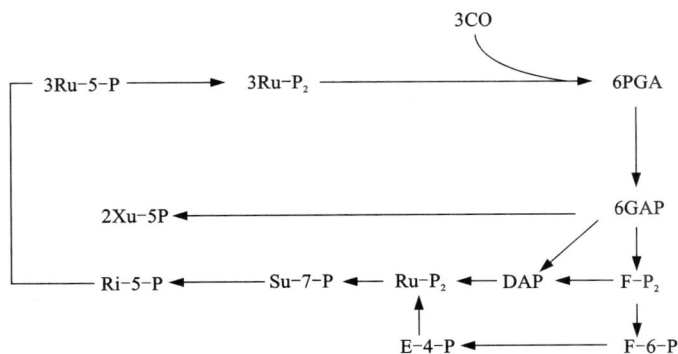

$$6CO_2 + 12NAD(P)H_2 + 18ATP \longrightarrow C_6H_{12}O_6 + 12NAD(P) + 18ADP + 18Pi + 6H_2O$$

图 4 - 11 卡尔文循环

4.4.1.2 还原三羧酸循环

这个循环旋转一次,便有 4 分子 CO_2 生成。现已发现嗜热氢细菌(*Hydrogenobacter thermophilus*)、绿色硫磺细菌(*Chlorobium limicola*)、嗜硫化硫酸绿硫菌(*Chlorobium thiosulfatophilum*)等都是以还原三羧酸循环途径固定 CO_2。其循环过程如图 4 - 12 所示。

4.4.1.3 乙酰辅酶 A 途径

乙酰辅酶 A 途径固定 CO_2 的过程如图 4 - 13 所示。甲烷、厌氧醋酸菌等厌氧细菌一般以乙酰辅酶 A 途径固定 CO_2。

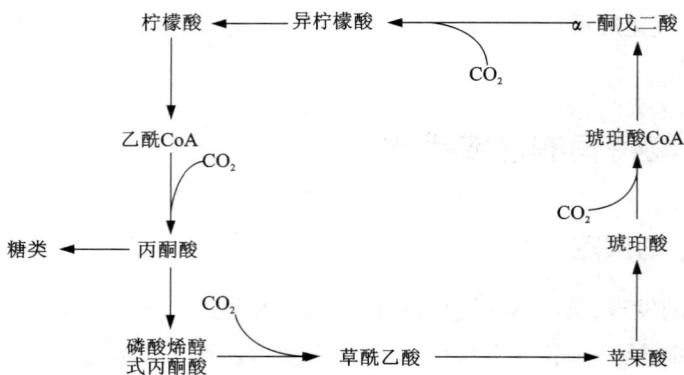

图 4 - 12　三羧酸循环

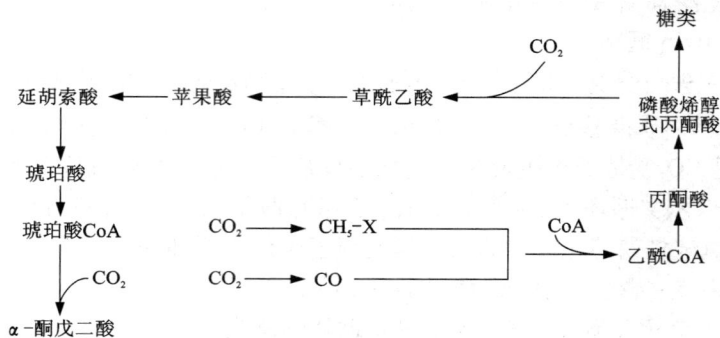

图 4 - 13　酰辅酶 A 途径

4.4.1.4　甘氨酸途径

厌氧醋酸菌从 CO_2 形成乙酸的生化机制一般有两种，除上述的乙酰辅酶 A 途径外，还有甘氨酸途径。其循环过程如图 4 - 14 所示。

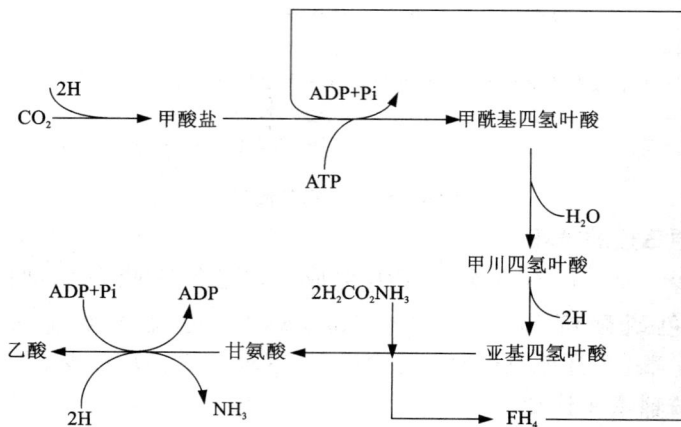

图 4 - 14　甘氨酸途径

总之，微生物固定 CO_2 的途径很复杂，不仅仅是上述四种。据报道，从一些极端微生物中如高温光合细菌（*Chloroflexus*）和高温嗜酸菌（*Acidianus*）发现了固定 CO_2 的有机酸途径。

4.4.2 生物固氮

氮是构成生命物质的基本元素，也是农业生产的基本肥料。尽管分子氮（N_2）占79%，但是高等植物无法直接利用它。只有通过某些微生物把空气中游离基的氮固定，转化为含氮化合物来供植物利用。这种通过微生物将分子氮转化为含氮化合物的过程即称为生物固氮。

4.4.2.1 固氮微生物

目前知道的所有固氮微生物都属于原核生物和古生菌类，在分类地位上主要隶属于固氮菌科（Azotobacteraceae）、根瘤菌科（Rhizobiaceae）、红螺菌母（Rhodospirillales）、甲基球菌科（Methylococcaceae）、蓝细菌（Cyanobacteria）以及芽孢杆菌属（*Bacillus*）和梭菌属（*Clostridium*）中的部分。根据固氮微生物的固氮特点以及与植物关系，可以将它们分为自生固氮微生物、共生固氮微生物和联合固氮微生物3类（图4-15～图4-17）。

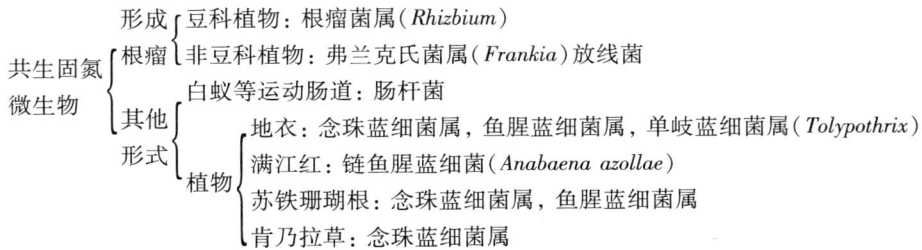

共生固氮微生物
- 形成根瘤
  - 豆科植物：根瘤菌属（*Rhizbium*）
  - 非豆科植物：弗兰克氏菌属（*Frankia*）放线菌
- 其他形式
  - 白蚁等运动肠道：肠杆菌
  - 植物
    - 地衣：念珠蓝细菌属，鱼腥蓝细菌属，单岐蓝细菌属（*Tolypothrix*）
    - 满江红：链鱼腥蓝细菌（*Anabaena azollae*）
    - 苏铁珊瑚根：念珠蓝细菌属，鱼腥蓝细菌属
    - 肯乃拉草：念珠蓝细菌属

图 4-15　典型的共生固氮微生物

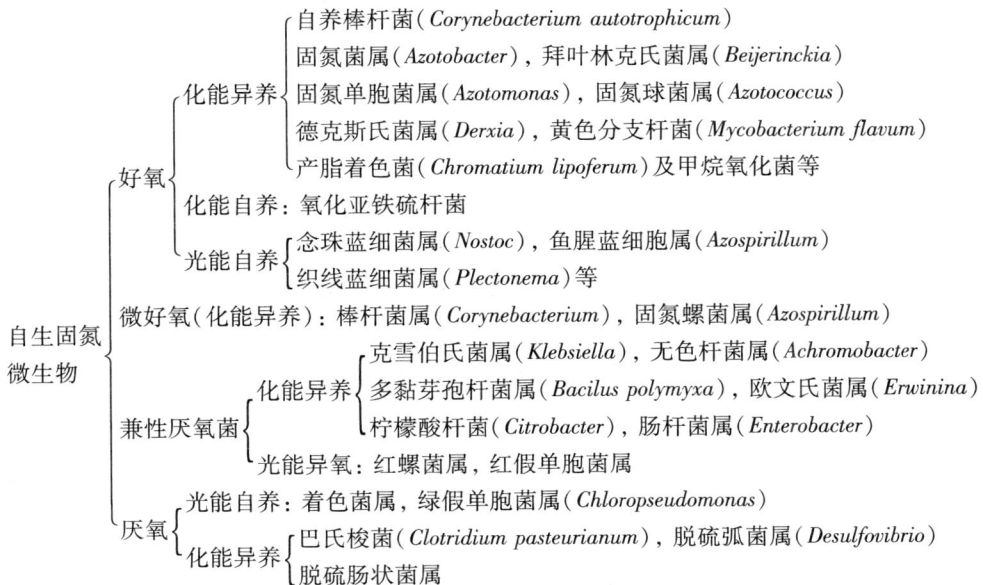

自生固氮微生物
- 好氧
  - 化能异养
    - 自养棒杆菌（*Corynebacterium autotrophicum*）
    - 固氮菌属（*Azotobacter*），拜叶林克氏菌属（*Beijerinckia*）
    - 固氮单胞菌属（*Azotomonas*），固氮球菌属（*Azotococcus*）
    - 德克斯氏菌属（*Derxia*），黄色分支杆菌（*Mycobacterium flavum*）
    - 产脂着色菌（*Chromatium lipoferum*）及甲烷氧化菌等
  - 化能自养：氧化亚铁硫杆菌
  - 光能自养：念珠蓝细菌属（*Nostoc*），鱼腥蓝细胞属（*Azospirillum*）织线蓝细菌属（*Plectonema*）等
- 微好氧（化能异养）：棒杆菌属（*Corynebacterium*），固氮螺菌属（*Azospirillum*）
- 兼性厌氧菌
  - 化能异养：克雪伯氏菌属（*Klebsiella*），无色杆菌属（*Achromobacter*）多黏芽孢杆菌属（*Bacilus polymyxa*），欧文氏菌属（*Erwinina*）柠檬酸杆菌（*Citrobacter*），肠杆菌属（*Enterobacter*）
  - 光能异氧：红螺菌属，红假单胞菌属
- 厌氧
  - 光能自养：着色菌属，绿假单胞菌属（*Chloropseudomonas*）
  - 化能异养：巴氏梭菌（*Clotridium pasteurianum*），脱硫弧菌属（*Desulfovibrio*）脱硫肠状菌属

图 4-16　典型的自生固氮微生物

$$\text{联合固氮}\atop\text{微生物}\left\{\text{根际}\left\{\begin{array}{l}\text{温带：芽孢杆菌属，克雷伯氏菌属}\\\text{热带：固氮螺菌属，拜叶林克氏菌属，雀稗固氮菌（\textit{Azotobacter paspali}）}\end{array}\right.\atop\text{叶面：拜叶林克氏菌属，固氮菌属}\right.$$

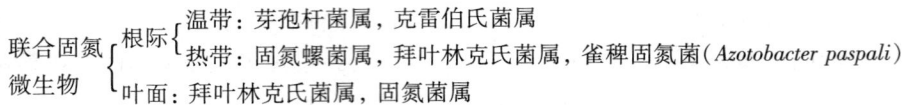

图 4 – 17　典型的联合固氮微生物

由图 4 – 15 至图 4 – 17 可见，微生物中有能独立固氮的自生微生物，有必须与其他生物共生才能固氮的共生固氮微生物，以及需要生活在植物根际、叶面或动物肠道等处才能固氮的联合固氮微生物。从营养类型看，有自养菌，也有异养菌；从呼吸类型看，有厌氧菌、兼性厌氧菌、好氧菌。

4.4.2.2　固氮的生化机制

在生物固氮过程中，其固氮酶起关键作用。固氮酶是由两个蛋白组分而组成的一个有活性的功能单位，而且它们都是厌氧的，遇到氧气就很快失活。其两个蛋白组分，组分 I 为固氮酶，即钼铁蛋白；组分 II 为固氮酶还原酶，即铁蛋白。这两种蛋白单独存在时都不能表现固氮酶活性，只有两种组合构成复合体时才具备催化氮还原的功能。这两个组分的比较如表 4 – 5 所示。

表 4 –5　双组分固氮酶复合体两种组分的比较

项目	组分 I	组分 II
蛋白亚基数	4（2 大 2 小）	2（相同）
相对分子质量	2.2×10^5 左右	6×10^4 左右
Fe 原子	30（24 ~ 32）	4
不稳定态 S 原子序数	28（20 ~ 32）	4
Mo 原子数	2	0
Cys 的—SH 基	32 ~ 34	12
活性中心	铁钼辅银子	电子活化中心
功能	结合、活化和还原 N_2	传递电子到组分 I 上

总结固氮酶催化 N_2 还原过程：2MgATP 与铁蛋白结合，铁蛋白 – 2MgATP 与钼铁蛋白结合形成复合物，ATP 水解，复合物内发生电子转移（在生理条件下由铁氧化蛋白或黄素蛋白提供电子，经铁蛋白的 4Fe4S 转移到钼铁蛋白的 8Fe7S，继而进入 FeMoco），底物结合与还原，铁蛋白 – 2MgATP 复合物，如此完成一次循环。每循环一次传递一个电子，同时消耗两个 ATP。因此，每还原 1 分子氮生成 2 分子氨需循环 8 次。一般公认生物固氮的固氮反应化学计量式为：

$$N_2 + 8(H^+ + e^-) + 16MgATP \longrightarrow 2NH_3 + H_2 + 16MgADP + 16Pi$$

固氮作用的总生产化过程如图 4 – 18 所示。

根据图 4 – 18 可以把固氮分为两个阶段，具体如下。

1. 固氮酶的形成阶段

由 Fd 或 Fld 向氧化型固二氮酶还原酶的铁原子提供一个电子，使其还原。然后还原型

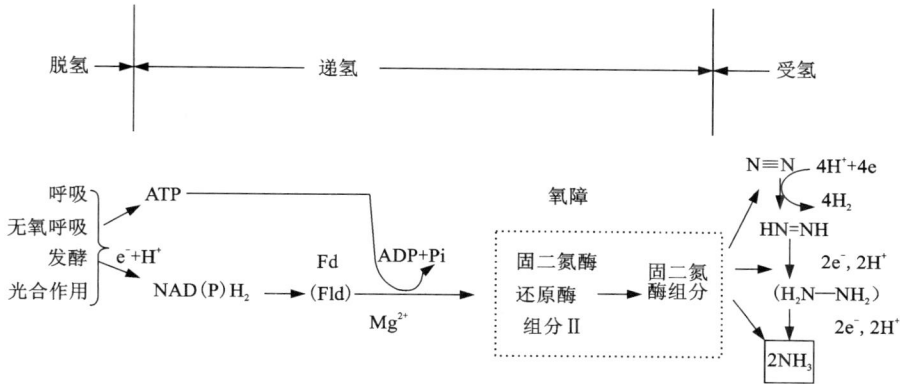

图 4-18　固氮作用的总生产化过程

的固二氮酶还原酶与 ATP-Mg 结合,改变构象,固二氮酶在"FeMoCo"的 Mo 位点上与分子氮结合,并与固二氮酶还原酶-Mg-ATP 复合物反应,形成了完整的固氮酶。

2. 固氮阶段

在固氮酶分子上,有一个电子从固二氮酶还原酶-Mg-ATP 复合物转移到固二氮酶的铁原子上,同时固二氮酶还原酶重新转变成氧化态,并且 ATP 也水解成 ADP+Pi,上述过程连续 6 次的运转,使固二氮酶释放出 2 个 NH_3 分子,值得注意的是还原一个 N_2 分子理论上需要 6 个电子,但是实际上却需要 8 个,因为固氮酶在催化 $N_2 \rightarrow NH_3$ 外,还进行了 $2H^+ + 2e \rightarrow H_2$ 反应的氢化酶活化。

必须指出的是上述一切的生化反应必须受活细胞中各种"氧障"的严格保护,来保证固氮酶免遭失活。

4.4.2.3　好氧菌固氮酶避氧害及其固氮酶机制

固氮酶对氧极其敏感,因此固氮作用必须在严格的厌氧条件下进行。但是多数固氮菌却是必须在有氧条件下才能生活的好氧菌,而这些好氧固氮菌在长期进化过程中,早已进化出适合在不同条件下保护固氮酶氧害的机制了。

1. 好氧性自生固氮菌的抗氧保护机制

(1)呼吸保护　是指位于细胞质内膜上的呼吸电子传递系统可通过增强呼吸作用除去细胞内过剩的氧,使固氮酶处于无氧或低氧的环境中。好氧固氮菌的呼吸保护是目前研究比较清楚、得到普遍公认的一种保护机制。

(2)构象保护　如果氧分压超过固氮酶所能承受的压力,固氮酶可与还原性蛋白质(如铁硫蛋白)结合在一起,形成两种蛋白质的复合物,改变酶分子的构象,使其对氧敏感的部位隐藏在分子内部,增强对氧的稳定性。当有充足的电子流使胞内的氧浓度降低后,复合物解体恢复固氮活性。还有人从维涅兰德固氮菌中分离出一种对固氮酶有防氧保护作用的蛋白质因子,它很可能也是与固氮酶结合成复合物而起到保护作用的。

(3)结构保护　是一种细胞水平的保护机制。在长期的进化过程中,不同的好氧固氮生物,形成了不同的结构来保护固氮酶免受氧的损伤,包括荚膜的结构保护、异形胞的结构保护和根瘤的结构保护。

2. 蓝细菌固氮酶的抗氧保护机制

进行产氧光合作用的蓝细菌普遍有固氮能力，其具有独特的保护固氮酶机制。在光照下，会因光合作用放出氧而使细胞内氧浓度急剧增高，它们进化出固氮酶的特殊保护系统，主要有以下两类。

(1)分化出特殊的还原性异形胞

作为一类光合放氧原核生物，部分固氮蓝藻分化出特殊的还原性异形胞，固氮作用就发生在异形胞中。异形胞较营养细胞大，胞外有一层由糖脂组成的较厚的膜，该膜具有阻止氧气扩散入细胞内的物理屏障作用；异形胞内只存在光系统，若缺乏光系统，则不会因光合作用而产生对固氮酶有严重毒害的分子氧；此外异形胞还有比邻近营养细胞高的呼吸强度，借此消耗过多的氧和产生对固氮作用必要的ATP。通过以上种种途径使异形胞内形成低氧环境，从而保证异形胞在进行有氧呼吸的同时，不影响厌氧固氮的正常进行。此外，异形胞还有高的超氧化物歧化酶活力，有解除氧毒害的功能；其呼吸强度也高于邻近的营养细胞。

(2)非异性胞蓝细菌固氮酶的保护

非异性胞蓝细菌一般缺乏独特保护机制，但有相应的弥补方法，如织线蓝细菌属等；有的在束状群体中央失去光合系统Ⅱ的细胞中进行固氮作用，如束毛蓝细菌属；有的则通过提高细胞内过氧化物酶或超氧化物歧化酶活力以解除氧毒害，如黏球蓝细菌属等，以保护固氮酶。

3. 豆科植物根瘤菌固氮酶的抗氧保护机制

根瘤菌侵入豆科植物根内，形成根瘤，根瘤可阻止外界氧气扩散入根瘤内部，形成一个防氧屏障，保护固氮酶的活性；更重要的是，在根瘤内部根瘤菌以只生长不分裂的类菌体形式存在，许多类菌体被一层周膜包被，在这层周膜的内外存在着一种独特的豆血红蛋白(它是由豆科植物基因与根瘤菌基因共同控制合成)，豆血红蛋白对氧气具有极高的亲和力，可与氧气结合形成氧合豆血红蛋白。由于根瘤中豆血红蛋白浓度高，所以结合态氧的浓度大大高于自由态氧浓度，从而避免固氮酶被自由氧损伤。而这种较低自由氧环境丝毫不影响类菌体的呼吸作用，类菌体的有氧呼吸末端氧化酶对氧气亲和力高，可在低氧环境下照常进行有氧呼吸。

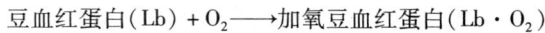

$$豆血红蛋白(Lb) + O_2 \longrightarrow 加氧豆血红蛋白(Lb \cdot O_2)$$

豆血红蛋白是一种红色的含铁蛋白，在根瘤菌和豆科植物共生时，由双方诱导合成。豆血红蛋白由血红素和珠蛋白组成，其功能是运输作用，以保证固氮类菌体呼吸作用所需的氧气，同时又降低其周围的氧分压，造成厌氧的固氮环境。豆血红蛋白中的珠蛋白是由豆科植物在细菌侵入之后诱导产生的。血红素是由根瘤菌自身合成提供的。由此可看出它们在分子水平上的共生关系，从而解决了类菌体有氧呼吸与厌氧固氮之间的矛盾。

4.4.3 肽聚糖的生物合成

肽聚糖又称黏肽、胞壁质或黏质复合物，是构成细菌细胞壁基本骨架的主要成分。它是一种多糖与氨基酸相连的多糖复合物，由于此复合物的氨基酸链长度不如蛋白质，故称肽聚糖。肽聚糖是绝大多数细菌细胞壁特有的一种大分子结构物质，是由乙酰氨基葡萄糖、乙酰胞壁酸与四五个氨基酸短肽聚合而成的多层网状大分子结构。肽聚糖是存在于革兰氏阳性和阴性细菌细胞壁中的一种复合糖类，主链是 β - 糖苷键结构。它在微生物生命活动中有着重要的功能，尤其是许多抗生素上，它是许多抗生素作用的靶标。

肽聚糖的合成不固定在同一个地方(如在细胞质中、细胞膜上或细胞膜外)，所以它需要一些载体去转运与控制肽聚糖结构元件。已知两种载体分别是尿苷二磷酸（UDP）和细菌萜醇（Bcp）。

这里通过金黄色葡萄球菌来了解其肽聚糖的合成。根据它们反应部位的不同，可分成在细胞质中、细胞膜上和细胞膜外 3 个合成阶段。

第一阶段：在细胞质中进行，合成 UDP - NAMA - 五肽（胞壁酸五肽）。

葡萄糖经 6 - 磷酸葡萄糖转化为 6 - 磷酸果糖，并由 L - 谷氨酰胺提供氨基形成 6 - 磷酸葡萄糖胺，再经异构化、乙酰化生成 1 - 磷酸 - N - 乙酰葡萄糖胺，然后在 UTP 存在时，经焦磷酸化酶催化，生成 UDP - N - 乙酰葡萄糖胺（即 UDP - NAG）。UDP - NAG 和磷酸烯醇式丙酮酸在 PEP 转移酶催化下，合成酸 UDP - NAG - 丙酮醚，再经还原生成 UDP - NAMA（"Park"核苷酸），接下去是在 UDP - NAMA 上逐步添加氨基酸：L - 丙氨酸通过肽键与 UDP - NAMA 上的羟基相连，其他氨基酸也通过肽键依次连接。最后的两个 D - 丙氨酸是先形成二肽后，再添加上去的，D - 丙氨酸是由 L - 丙氨酸经消旋酶催化生成的。至此，形成了 UDP - NAMA - 五肽。在此过程中，每添加一个氨基酸要消耗一分子 ATP。

第二阶段：包括 NAG（N - 乙酰葡糖胺）与 NAMA（N - 乙酰胞壁酸五肽）- 五肽结合形成肽聚糖单体以及类脂载体的再生。该阶段在细胞膜上进行。

分布于细菌中的聚萜醇（细菌萜醇，bactoprenol），含 11 个异戊二烯基的萜醇基，是一种类脂化合物，它作为中间体参与细胞膜核多糖的 O 抗原侧链、细胞壁的胞壁质的多糖骨架以及其他荚膜多糖和甘露糖胶的生物合成，细菌萜醇的结构式如下：

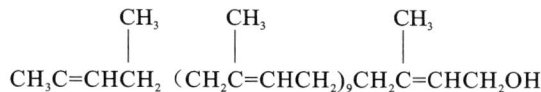

$$CH_3C{=}CHCH_2（CH_2C{=}CHCH_2)_9CH_2C{=}CHCH_2OH$$

（上述结构中三处 CH_2 分别连有 CH_3 支链）

这一阶段开始于通过细胞膜上的类脂载体——C_{55} - 聚异戊二烯醇（细菌萜醇），交换 UDP 载体，使原来的亲水分子转变成亲脂分子，能顺利通过疏水性很强的细胞膜，转移到细胞外。UDP - NAG 通过 β - 1，4 糖苷键与 NAMA 结合，也将 NAG 转移到类脂载体上，形成二糖五肽，并释放出 UDP，然后在五肽的第三个氨基酸（是二氨基酸）的自由氨基上加上由 tRNA 携带的、由五个甘氨酸形成的肽桥。革兰氏阴性菌无此反应。至此构成肽聚糖的结构单体二糖五肽及肽桥合成完毕。

载体携带新的肽聚糖单位向正在延长的肽聚糖链上转移。在溶菌酶的作用下，细胞壁生长点上肽聚糖的 β - 1，4 糖苷键与 NAMA 断开，同时在肽聚糖转移酶的催化下，通过 β - 1，4 糖苷键连接由载体携带的新肽聚糖单体，同时释放出 C_{55} - 聚异戊二烯醇，在焦磷酸化酶的作用下，载体回复原状，又重新作为载体。

第三阶段：在细胞壁上进行，由肽聚糖单体插在细胞壁生长点中并交联形成肽聚糖。这一阶段首先是通过转糖基作用，使多糖链在横向上延伸一个双糖单位，再通过转肽酶的转肽作用，最终使前后 2 条多糖链间形成甘氨酸五肽桥而发生纵向交联。

在革兰氏阳性菌中，通过甘氨酸肽桥的氨基端的氨基与相邻链上另一单体中五肽的倒数第 2 个 D - 丙氨酸的羧基结合形成肽键，使多糖链间发生交联，这称为转肽作用，这一过程中释放出一个 D - 丙氨基酸残基。而在革兰氏阴性菌中，则是由一条肽链的第 4 个氨基酸的羧基与另一相邻链上单体中五肽的第 3 个氨基酸的自由氨基间以肽键方式直接连接。于是多糖链、四肽侧链以及四肽间交联，形成了立体结构的结实的肽聚糖网格。肽聚糖结构单位的生物合成与装配完成。

　　肽聚糖在合成的不同阶段会受到某些抗生素的抑制作用，如青霉素能抑制第三阶段的转肽作用，其作用机制是：青霉素是肽聚糖单体五肽尾末端的 D – 丙氨酰 – D – 丙氨酸的结构类似物，两者互相竞争转肽酶的活性中心，一旦转肽酶与青霉素结合，前后 2 个肽聚糖单体间则不能形成肽桥，因此合成的肽聚糖缺乏机械强度，由此产生了原生质体或球状体这类在不利环境下极易裂解死亡的细胞壁缺损细菌。另外，环丝氨酸（噁唑霉素）能抑制第一阶段的 D – 丙氨酰 – D – 丙氨酸的合成，万古霉素和杆菌肽能抑制第二阶段"Park"核苷酸合成肽聚糖单体。由于以上抗生素均对肽聚糖的合成有抑制作用，故常被用作抑菌药物。

4.4.4　重要次生代谢产物的合成

　　一般将微生物吸收外界各种营养物质，通过分解代谢和合成代谢，生成维持生命活动的物质和能量的过程，称为初级代谢。次级代谢是相对于初级代谢而提出的一个概念。一般认为，次级代谢是指微生物在一定的生长时期，以初级代谢产物为前体，合成一些对微生物的生命活动无明确功能的物质的过程。这一过程的产物，即为次级代谢产物。有人把超出生理需求的过量初级代谢产物也看作是次级代谢产物。次级代谢产物大多是分子结构比较复杂的化合物。根据其作用，可将其分为抗生素、激素、生物碱、毒素及维生素等类型。但是各种初级代谢途径的产物也是次级代谢途径的基础。它们之间的关系非常密切，现将它们的联系列于图 4 – 19 中。

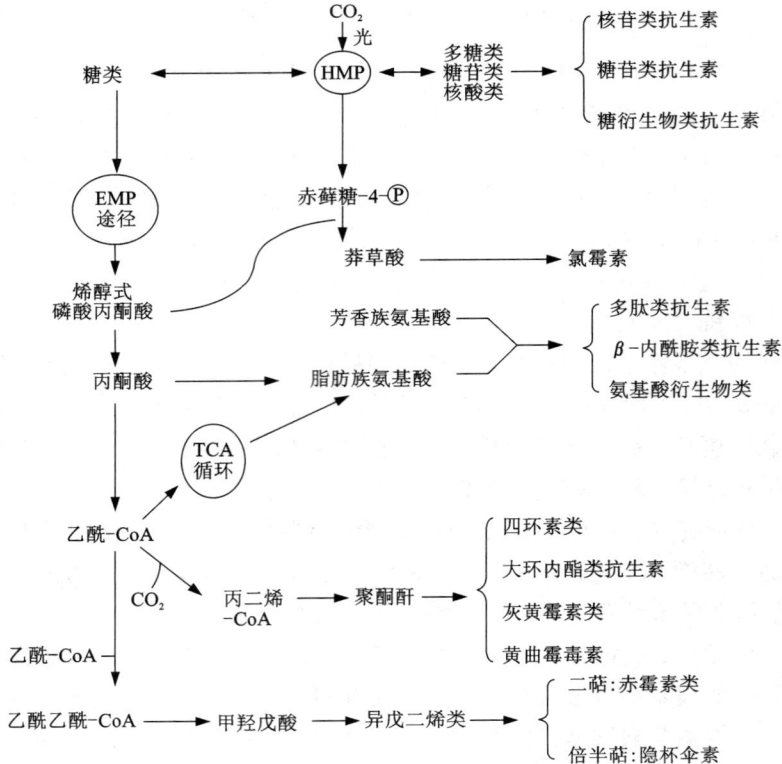

图 4 – 19　初级代谢物和次级代谢物的关系图

由图 4 – 19 可知，微生物次级合成代谢途径有四条：第一条，糖代谢途径。在由糖类的转化等途径产生多糖类、糖苷类和核酸类化合物的基础上，再进一步形成核苷类、糖苷类和糖衍生物抗生素。第二条，莽草酸途径。由莽草酸代谢产生氯霉素。第三条，氨基酸途径。由氨基酸通过聚合形成各种氨基酸抗生素。第四条，乙酸途径。乙酸通过形成聚酮酐或者是异戊二烯类进而形成抗生素。

以抗生素为例，抗生素合成的酶反应基本上和初级代谢相似，只有一些变化而已，也有一些例外情况，例如某些抗生素含有硝基，这在初级代谢物中尚未发现过。抗生素生物合成分三类：

①由简单初级代谢物衍生的抗生素，如氯霉素、核苷类抗生素等。它们的生物合成途径与一些氨基酸和核苷酸合成途径相似。

②由几种不同的初级代谢物衍生的抗生素，如林肯霉素、新生霉素等。林肯霉素由环状氨基酸和经修饰的糖缩合而成。氮上的甲基、硫和丙基链来自甲硫氨酸，吡咯烷环来自酪氨酸。新生霉素由糖、香豆素和苯甲酸衍生物缩合而成，而香豆素和苯甲酸系来自初级代谢物酪氨酸。

③由几种代谢物或其类似物聚合衍生的抗生素。这类抗生素数量很多，又可分成四类：

a. 多肽类、缩酚肽类抗生素，是由氨基酸缩合而成，如杆菌肽、青霉素、头孢菌素等。

b. 乙酸 – 丙酸单位组成的抗生素。这一类抗生素结构繁多，它们的生物合成过程与脂肪酸的生物合成相似。如灰黄霉素、四环素类、大环内酯、利福霉素等。

c. 萜类抗生类素是乙酸盐经异戊间二烯合成途径形成的，这类抗生素目前只发现于真菌培养物中，如梭链孢酸。

d. 氨基糖苷类抗生素，一般由氨基糖和氨基环醇以类似多糖合成的方式缩合而得，如链霉素、新霉素等。

4.5　微生物代谢调控在食品与发酵工业中的应用

4.5.1　微生物代谢调控的意义

微生物有着一整套可塑性极强和极精确的代谢调节系统，以保证上千种酶能正确无误、有条不紊地进行极其复杂的新陈代谢反应。

从细胞水平上来看，微生物的代谢调节能力要超过复杂的高等动植物。这是因为微生物细胞的体积极小，而所处的环境条件却十分多变，每个细胞要在这样复杂的环境条件下求得生存和发展，就必须具备一整套发达的代谢调节系统。有人估计，在大肠杆菌细胞中，同时存在着 2500 种左右的蛋白，其中上千种是催化正常新陈代谢的酶。如果细胞平均使用蛋白质，由于每个细菌细胞的体积只够装约 10 万个蛋白质分子，所以每种酶平均还分配不到 100 个分子。在长期进化过程中，微生物发展出一整套十分有效的代谢调节系统，巧妙地解决了这一矛盾。例如，在每种微生物的遗传因子上，虽然潜在具有合成各种分解酶的能力，但是除了一部分是属于经常以较高浓度存在的组成酶(constitutive enzyme)外，大量的都是属于只有当分解底物或有关诱导物存在时才合成的诱导酶(induced enzyme)。据估计，诱导酶的总量约占细胞总蛋白含量的 10% 。通过代谢调节，微生物可最经济地利用其营养物，合成出能满足自己生长、繁殖所需要的一切中间代谢物，并做到既不缺乏也不剩余任何代谢物的高效"经济核算"。

微生物的代谢调节具有可塑性强、灵敏度高和反应精确等特点。一方面，微生物在正常的生理条件下，依靠其自身的调节系统，较严密地控制其代谢活动，总是趋向平衡地吸收利用营养物质以组成细胞结构，快速地生长繁殖，它们总是精细地利用能量和原材料。另一方面，人们可以根据代谢调节的理论，打破微生物的正常代谢调控系统，使微生物积累更多的为人类所需的有益代谢产物，主要采用遗传育种和控制条件的措施来达到此目的。

微生物细胞的代谢调节方式很多，例如可调节营养物质透过细胞膜而进入细胞的能力，通过酶的定位以限制它与相应底物的接近，以及调节代谢流等。其中以调节代谢流的方式最为重要，它包括两个方面，一是"粗调"，即调节酶的合成量，二是"细调"，即调节现成酶分子的催化活力，两者往往密切配合和协调，以达到最佳调节效果。

在发酵工业中的应用最常用的有三种方法：第一种是应用营养缺陷型突变菌株，它们由于合成途径中某一步骤发生缺陷，合成反应不能完成，最终产物不能积累到起反馈抑制的浓度，从而使中间产物大量积累。第二种方法是应用抗反馈调节的菌株，因为这些菌株的反馈抑制或阻遏已解除，或者两者同时解除，所以能积累大量末端代谢物。第三种有效的方法是改变细胞膜渗透性，使细胞中的最终产物不能积累到引起反馈抑制的浓度。

利用微生物代谢调控能力的自然缺损或通过人为方法获得突破代谢调控的变异菌株，可为发酵工业提供生产有关代谢产物的高产菌株。有关的实际例子将在本节后部分进行介绍。

4.5.2　微生物代谢的自我调节

微生物代谢的自我调节作用是通过协调控制酶来实现的，微生物的代谢调节机制可分为以下三类：①酶合成的控制；②酶功能的控制；③营养物质透过细胞膜的控制。下面分别加以说明。

4.5.2.1　酶合成的调节

酶合成的调节是一种通过调节酶的合成量进而调节代谢速率的调节机制，这是一种在基因水平上（在原核生物中主要在转录水平上）的代谢调节。凡能促进酶生物合成的现象，称为诱导（induction），而能阻碍酶生物合成的现象，则称为阻遏（repression）。调节酶的合成（即产酶量）而实现现代谢调节的方式是一类较间接而缓慢的调节方式，其优点则是通过阻止酶的过量合成，有利于节约生物合成的原料和能量。在正常代谢途径中，酶活性调节和酶合成调节两者是同时存在且密切配合、协调进行的。

1. 诱导

根据酶的生成是否与环境中所存在的该酶底物或其有关物的关系，可把酶划分成组成酶和诱导酶两类。组成酶是细胞固有的酶类，其合成是在相应的基因控制下进行的，它不因分解底物或其结构类似物的存在而受影响，例如，EMP途径的有关酶类。诱导酶则是细胞为适应外来底物或其结构类似物而临时合成的一类酶，例如，E. coli 在含乳糖培养基中所产生的 β - 半乳糖苷酶和半乳糖苷渗透酶等。能促进诱导酶产生的物质称为诱导物（inducer），它可以是该酶的底物，也可以是难以代谢的底物类似物或是底物的前体物质。例如，能诱导 β - 半乳糖苷酶的除了其正常底物——乳糖外，不能被其利用的异丙基 - β - D - 硫代半乳糖苷（isopropy - lthiogalactoside，IPTG）也可诱导，且其诱导效果要比乳糖高。在 E. coli 培养基中，加入 IPTG 后，

其 β – 半乳糖苷酶的活力可突然提高 1000 倍。若干比正常底物更有效的诱导物见表 4 – 6。

表 4 – 6　某些诱导酶的正常和高效诱导物

酶	正常底物	类似底物的高效诱导物
β – 半乳糖苷酶	乳糖	异丙基 – β – D – 硫代半乳糖苷
青霉素酶	苄基青霉素	2，6 – 二甲氧基苄基青霉素
丁烯二酸顺反异构酶	顺丁烯二酸	丙二酸
脂肪族酰胺酶	乙酰胺	N – 甲基乙酰胺
甘露糖链霉素酶	甘露糖	α – 甲基甘露糖苷

　　酶的诱导合成又可分为两种，一种称为同时诱导，即当诱导物加入后，微生物能同时或几乎同时诱导几种酶的合成，它主要存在于短的代谢途径中。例如，将乳糖加入到 $E.\ coli$ 培养基中后，即可同时诱导出 β – 半乳糖苷透性酶、β – 半乳糖苷酶和半乳糖苷转乙酰酶。另一种则称顺序诱导，即先合成能分解底物的酶，再依次合成分解各中间代谢物的酶，以达到对较复杂代谢途径的分段调节。

　　目前认为，由 J. Monod 和 F. Jacob(1961)提出的操纵子假说可以较好地解释酶合成的诱导现象。在进行正式讨论前，有必要对若干有关名词先作一介绍。

　　①操纵子(operon)指的是一组功能上相关的基因，它是由启动基因(promoter)、操纵基因(operator)和结构基因(structural gene)三部分组成。其中的启动基因是一种能被依赖于DNA 的 RNA 多聚酶所识别的碱基序列，它既是 RNA 多聚酶的结合部位，也是转录的起始点；操纵基因是位于启动基因和结构基因之间的一段碱基序列，能与阻遏物(一种调节蛋白)相结合，以此来决定结构基因的转录是否能进行；结构基因则是决定某一多肽的 DNA 模板，可根据其上的碱基序列转录出对应的 mRNA，然后再可通过核糖体而转译出相应的酶。一个操纵子的转录，就合成了一个 mRNA 分子。

　　操纵子分两类，一类是诱导型操纵子，只有当存在诱导物(一种效应物)时，其转录频率才最高，并随之转译出大量诱导酶，出现诱导现象，例如，乳糖、半乳糖和阿拉伯糖分解代谢的操纵子等；另一类是阻遏型操纵子，只有当缺乏辅阻遏物(一种效应物)时，其转录频率才最高。由阻遏型操纵子所编码的酶的合成，只有通过去阻遏作用才能启动，例如精氨酸、组氨酸和色氨酸合成代谢的操纵子等。

　　②调节基因(regulator gene)是指用于编码组成型调节蛋白的基因。调节基因一般位于相应操纵子的附近。

　　③效应物(effector)是一类低相对分子质量的信号物质(如糖类及其衍生物、氨基酸和核苷酸等)，包括诱导物(inducer)和辅阻遏物(corepressor)两种，它们可与调节蛋白相结合以使后者发生变构作用，并进一步提高或降低与操纵基因的结合能力。

　　④调节蛋白(regulatory protein)是一类变构蛋白，它有两个特殊位点，一个位点可与操纵基因结合，另一位点则可与效应物相结合。当调节蛋白与效应物结合后，就发生变构作用。有的调节蛋白在其变构后可提高与操纵基因的结合能力，有的则会降低其结合能力。

　　调节蛋白可分两种，一种称阻遏物(repressor)，它能在没有诱导物(效应物的一种)时与操纵基因相结合；另一种称为阻遏物蛋白(aporepressor)，它只能在辅阻遏物(效应物的另一种)存在时才能与操纵基因相结合。

乳糖操纵子的诱导机制：E. coli 乳糖操纵子(lac)由 lac 启动基因、lac 操纵基因和三个结构基因所组成(图4-20)。三个结构基因分别编码 β-半乳糖苷酶、渗透酶和转乙酰基酶。乳糖操纵子是负调节(negative control)的代表，因在缺乏乳糖等诱导物时，其调节蛋白(即 lac 阻遏物)一直结合在操纵基因上，抑制着结构基因上转录的进行。当有诱导物——乳糖存在时，乳糖与 lac 阻遏物相结合，后者发生构象变化，结果降低了 lac 阻遏物与操纵基因间的亲和力，使它不能继续结合在操纵子上。操纵子的"开关"打开后，转录、转译就可顺利进行了。当诱导物耗尽后，lac 阻遏物可再次与操纵基因相结合，这时转录的"开关"被关闭，酶就无法合成，同时，细胞内已转录好的 mRNA 也迅速地被核酸内切酶所水解，所以细胞内酶的合成速度急剧下降。如果通过诱变方法使之发生 lac 阻遏物缺陷突变，就可获得解除调节即在无诱导物时也能合成 β-半乳糖苷诱导酶的突变株。

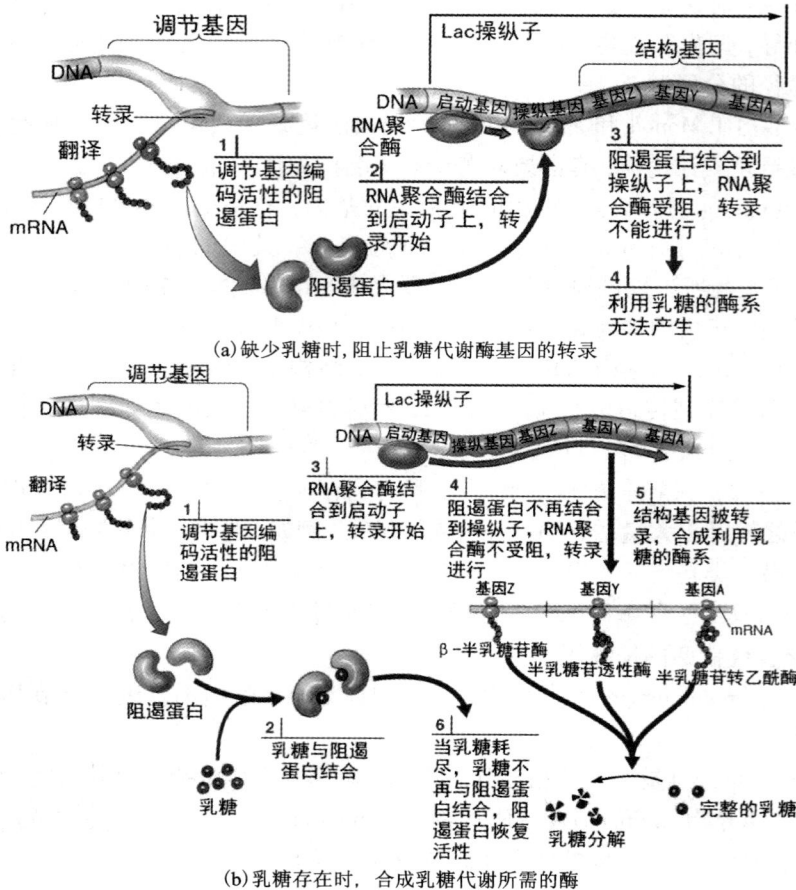

(a)缺少乳糖时，阻止乳糖代谢酶基因的转录

(b)乳糖存在时，合成乳糖代谢所需的酶

图4-20　酶的诱导、乳糖操纵子的作用机制

2.阻遏

在微生物的代谢过程中,当代谢途径中某末端产物过量时,除可用前述的反馈抑制的方式来抑制该途径中关键酶的活性以减少末端产物的生成外,还可通过阻遏作用来阻碍代谢途径中包括关键酶在内的一系列酶的生物合成,从而更彻底地控制代谢和减少末端产物的合成。阻遏作用有利于生物体节省有限的养料和能量。阻遏的类型主要有末端产物阻遏和分解代谢产物阻遏两种。

（1）末端产物阻遏（end – product repression）

末端产物阻遏由某代谢途径末端产物的过量累积而引起的阻遏。对直线式反应途径来说,末端产物阻遏的情况较为简单,即产物作用于代谢途径中的各种酶,使之合成受阻遏,例如精氨酸的生物合成途径(图4 – 21)。

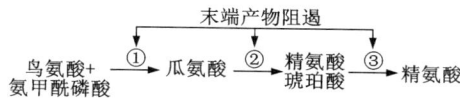

图4 – 21   精氨酸合成中的终产物阻遏

①—氨甲酰基转移酶（OCT 酶）；②—精氨酸琥珀酸合成酶；③—精氨酸琥珀酸裂合酶

对分支代谢途径来说,情况就较复杂。每种终产物仅专一地阻遏合成它的那条分支途径的酶。代谢途径分支点以前的"公共酶"仅受所有分支途径末端产物的阻遏,此即称多价阻遏作用（multivalent repression）。也就是说,任何单独一种末端产物的存在,都没有影响,只有当所有末端产物都同时存在时,才能发挥出阻遏功能。在这方面,芳香族氨基酸、天冬氨酸族和丙酮酸族氨基酸的生物合成中的反馈阻遏,就是最典型的例子。

终产物阻遏在代谢调节中有着重要的作用,它可保证细胞内各种物质维持适当的浓度。例如,在嘌呤、嘧啶和氨基酸的生物合成中,它们的有关酶类就受到终产物阻遏的调节。

（2）分解代谢物阻遏（catabolite repression）

分解代谢物阻遏指细胞内同时有两种分解底物(碳源或氮源)存在时,利用快的那种分解底物会阻遏利用慢的底物的有关酶合成的现象。现已知道,分解代谢物的阻遏作用,并非由于快速利用的甲碳源本身直接作用的结果,而是通过甲碳源(或氮源等)在其分解过程中所产生的中间代谢物所引起的阻遏作用。因此,分解代谢物的阻遏作用,就是指代谢反应链中,某些中间代谢物或末端代谢物的过量累积而阻遏代谢途径中一些酶合成的现象。

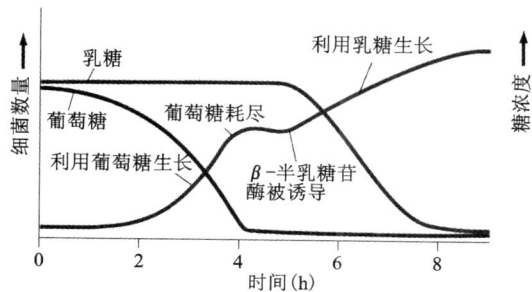

图4 – 22   分解代谢物阻遏

例如,有人将 *E. coli* 培养在含乳糖和葡萄糖的培养基上,发现该菌可优先利用葡萄糖,并于葡萄糖耗尽后才开始利用乳糖,这就产生了在两个对数生长期中间隔开一个生长延滞期的"二次生长现象"（diauxie 或 biphasic growth）(图4 – 22)。其原因是,葡萄糖的存在阻遏了分解乳糖酶系的合成。这一现象又称葡萄糖效应。此外,用山梨醇或乙酸来代替上述乳糖时,也有类似的结果。由于这类现象在其他代谢中(例如,铵离子的存在可阻遏微生物对精氨酸的利用等)也普遍存在,后来,人们索性把类似葡萄糖效应的阻遏统称为分解代谢物阻遏。

分解代谢物阻遏的形成是两种效应物和两种调节蛋白共同调节的结果(图4-23)。第一种为效应物1(乳糖)和阻遏蛋白1(R基因编码阻遏物)。第二种为效应物2(cAMP,环化腺苷酸)和调节蛋白2(CRP蛋白,分解代谢产物活化蛋白或cAMP受体蛋白)。当细胞中cAMP浓度高时,cAMP与CRP结合引起CRP构象变化,形成一种有活性的cAMP-CRP复合物。与启动基因(P)一个位点结合;效应物1(乳糖)存在时,效应物1与调节蛋白1结合,使调节蛋白1变构,离开操纵基因;RNA聚合酶与启动基因的另一位点结合,开始结构基因转录和翻译。cAMP浓度低时,调节蛋白2(CRP)单独存在,不与启动基因结合。实际上是cAMP参与微生物分解代谢酶的诱导合成的调节。cAMP由腺苷酸环化酶合成,由磷酸二酯酶分解,由cAMP透过酶运出胞外。葡萄糖分解代谢产物有抑制腺苷酸环化酶活力、促进磷酸二酯酶和cAMP透过酶活力的作用(即葡萄糖分解产物可使胞内cAMP浓度下降和使胞内cAMP向胞外排出)。当培养液中有葡萄糖时,细胞内cAMP水平低;反之,当葡萄糖被利用后,细胞内cAMP水平上升,引起CRP变构,形成有活性的cAMP-CRP复合物,从而启动转录。另外,cAMP-CRP复合物可以同时与几个操纵子上的启动基因结合,从而影响许多操纵子。所以,cAMP-CRP复合物可诱导一系列酶的合成。说明分解阻遏是发生在转录水平上的调节。

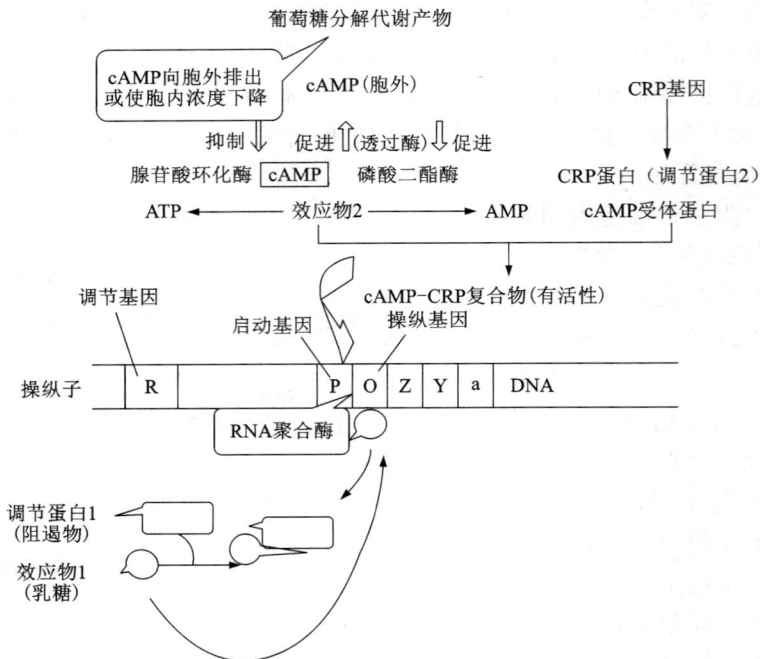

图4-23 葡萄糖分解代谢产物阻遏

生产上常使用一些迟效碳源、氮源来避免使用速效碳源、氮源而引起分解代谢产物阻遏。如青霉素发酵中常利用乳糖代替部分葡萄糖以提高青霉素产量；采用嗜热脂肪芽孢杆菌生产淀粉酶时，用甘油代替果糖以提高淀粉酶产量；当培养基中必须添加易引起分解阻遏的物质时，可采用分批添加或连续流加方式来解除。

4.5.2.2 酶功能的调节

酶功能的调节又称酶活性的调节，是指在酶分子水平上的一种代谢调节，它是通过改变现成的酶分子活性来调节新陈代谢的速率，包括酶活性的激活和抑制两个方面。酶活性的激活是指在分解代谢途径中，后面的反应可被较前面的中间产物所促进，例如粪链球菌(*Streptococcus feacalis*)的乳酸脱氢酶活性可被果糖-1，6-二磷酸所促进，或粗糙脉孢菌(*Neurospora crassa*)的异柠檬酸脱氢酶的活性会受柠檬酸促进等。酶活性的抑制主要是反馈抑制(feed-back inhibition)，它主要表现在某代谢途径的末端产物(即终产物)过量时，这个产物可反过来直接抑制该途径中第一个酶的活性，促使整个反应过程减慢或停止，从而避免了末端产物的过多累积。反馈抑制具有作用直接、效果快速以及当末端产物浓度降低时又可重新解除等优点。

1. 反馈抑制的类型

(1)直线式代谢途径中的反馈抑制

这是一种最简单的反馈抑制类型。例如 *E. coli* 在合成异亮氨酸时，因合成产物过多可抑制途径中第一个酶——苏氨酸脱氨酶的活性，从而使 α-酮丁酸及其后一系列中间代谢物都无法合成，最终导致异亮氨酸合成的停止(图4-24)；另外，谷氨酸棒杆菌(*Corynebacterium glutamicum*)利用谷氨酸合成精氨酸也是直线式反馈抑制的典型例子。

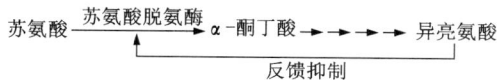

图4-24 异亮氨酸合成途径中的直线式反馈抑制

(2)分支代谢途径中的反馈抑制

反馈抑制的情况较为复杂。为避免在一个分支上的产物过多时不致同时影响另一分支上产物的供应，微生物已发展出多种调节方式。

同功酶调节：同功酶(isoenzyme)又称同工酶，是指能催化相同的生化反应，但酶蛋白分子结构有差异的一类酶，它们虽同存于一个个体或同一组织中，但在生理、免疫和理化特性上却存在着差别。同功酶的主要功能在于其代谢调节。在一个分支代谢途径中，如果在分支点以前的一个较早的反应是由几个同功酶所催化时，则分支代谢的几个最终产物往往分别对这几个同功酶发生抑制作用。如图4-25中 A→B 的反应由三个同功酶a、b、c所催化，它们分别受最终产物 E、G、H 所抑制，这样，当环境中只有一种最终产物过多时就只能抑制相应酶的活力，而不致影响其他几种最终产物的形成。

协同反馈抑制(concerted feedback inhibition)：指分支代谢途径中的几个末端产物同时过量时才能抑制共同途径中的第一个酶的一种反馈调节方式(图4-26)。例如 *Corynebacterium glutamicum* 或 *Bacillus polymyxa*(多黏芽孢杆菌)在合成天冬氨酸族氨基酸时，天冬氨酸激酶受赖氨酸和苏氨酸的协同反馈抑制，如果仅苏氨酸或赖氨酸过量，并不能引起抑制作用。

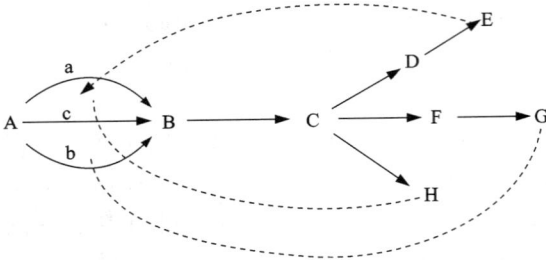

图 4 – 25 同功酶调节示意图

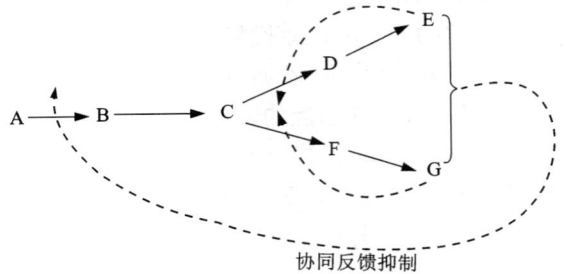

图 4 – 26 协同反馈抑制示意图

合作反馈抑制(cooperative feedback inhibition)：又称增效反馈抑制，是指两种末端产物同时存在时，可以起着比一种末端产物大得多的反馈抑制作用(图 4 – 27)。例如，AMP 和 GMP 虽可分别抑制 PRPP(磷酸核糖焦磷酸酶)，但两者同时存在时抑制效果却要大得多。

累积反馈抑制(cumulative feedback inhibition)：每一分支途径的末端产物按一定百分率单独抑制共同途径中前面的酶，所以当几种末端产物共同存在时，它们的抑制作用是累积的。在各末端产物之间既无协同效应，亦无拮抗作用(图 4 – 28)。

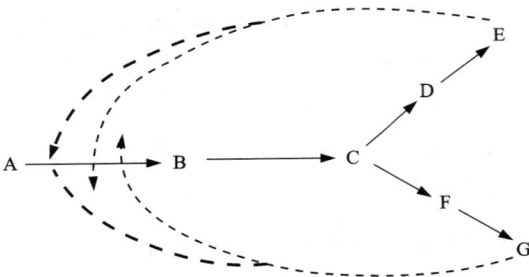

图 4 – 27 合作反馈抑制示意图

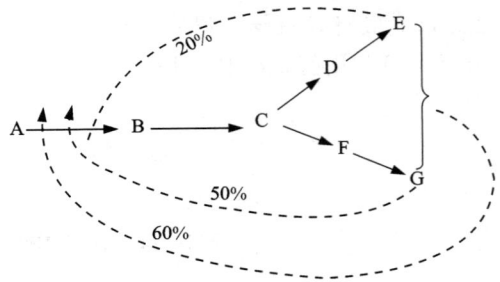

图 4 – 28 累积反馈抑制示意图

顺序反馈抑制(sequential feedback inhibition)：在反馈控制体系中，直接对第一个共同的酶起控制作用的并不是末端产物，而是分支点上的中间产物。如图 4 – 29 所示，当 E 过多时，可抑制 C→D，这时由于 C 的浓度过大而促使反应向 F、G 方向进行，结果又造成了另一末端产物 G 浓度的增高。由于 G 过多就抑制了 C→F，结果造成 C 的浓度进一步增高。C 过多又对 A→B 间的酶发生抑制，从而达到了反馈抑制的效果。这种通过逐步有顺序的方式达到的调节，称为顺序反馈抑制。这一现象最初是在研究枯草杆菌的芳香族氨基酸生物合成时发现的。

2. 反馈抑制的机制

从以上阐述中可以看出，尽管反馈抑制的类型极多，但其主要的作用方式在于最终产物对反应途径中第一个酶即变构酶(allosteric enzyme)或调节酶(regulatory enzyme)的抑制。有关一些氨基酸或核苷酸等小分子末端产物对变构酶的作用机制尽管还了解得不多，但目前普遍认为，它可用变构酶的理论来解释。

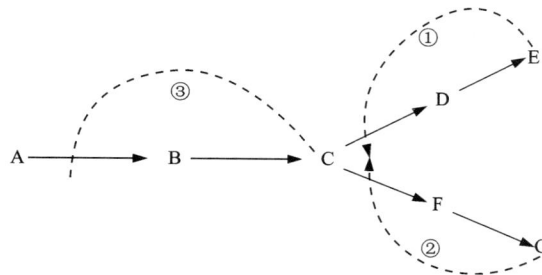

图 4 - 29　顺序反馈抑制示意图(①、②、③表示抑制的先后顺序)

这种理论认为,变构酶是一种变构蛋白,它具有两个或两个以上的立体专一性不同的接受部位,其中之一是能与底物结合并具有生化催化活性的部位,称作活性中心,另一个部位是能与一个不能作底物的代谢产物——效应物(effector)相结合的变构部位,也称调节中心。酶与效应物间的结合,可引起变构酶分子发生明显而又可逆的结构变化,进而引起活性中心的性质发生改变。有的效应物能促进活性中心对底物的亲和力,就被称为活化剂,而有的效应物例如一系列反应途径的末端产物,则会降低活性中心对底物的亲和力,就被称作抑制剂(图 4 - 30)。

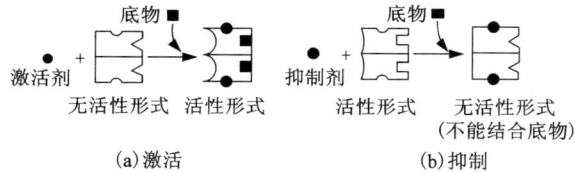

图 4 - 30　变构酶的激活和变构酶的抑制

变构酶在代谢调节中的功能,除了对同一合成途径中的反馈抑制之外,还具有协调不同代谢途径的功能。这是因为,变构酶除了能与它的专一底物和同一途径代谢产物相结合外,还能与其他代谢途径的产物相结合,从而受到该代谢途径产物的活化或抑制。

总之,反馈抑制是极其重要的,其机制除变构酶和前述的同功酶外,还存在多种其他方式,这些都是有待进一步研究和阐明的问题。

4.5.2.3　控制营养物质透过细胞膜进入细胞

微生物没有专门摄取营养物质的器官,它们摄取营养是依靠整个细胞表面进行的。目前认为:各种营养物质的吸收是依靠于细胞质膜的作用,细胞质膜上面有许多小孔,各种营养物质是通过不同的吸收方式透过细胞膜的。营养物质能否进入细胞取决于三个方面的因素:①营养物质本身的性质(相对相对分子质量、质量、溶解性、电负性等);②微生物所处的环境(温度、pH 等);③微生物细胞的透过屏障(原生质膜、细胞壁、荚膜等)。

细胞质膜的透性直接影响物质的吸收和代谢产物的分泌,从而影响到细胞内代谢的变化。细胞质膜的透性的调节是微生物代谢调节的重要方式,由它控制着营养物质的吸收。

如只有当速效碳源或氮源耗尽时,微生物才合成迟效碳源或氮源的运输系统与分解该物质的酶系统。

4.5.3　人工代谢调控在食品发酵工业中的应用

工业发酵的目的就是大量地积累人们所需要的微生物代谢产物。在正常生理条件下，微生物总是通过其代谢调节系统最经济地吸收利用营养物质并将之用于合成细胞结构，进行生长和繁殖，它们通常不浪费原料和能量，也不积累中间代谢产物。人为地打破微生物的代谢控制体系，就有可能使代谢朝着人们希望的方向进行，这就是所谓代谢的人工控制。

虽然微生物代谢调节的理论目前还有很大的局限性，但它已在微生物育种和食品发酵工艺的优化中发挥了重要的作用。随着代谢调节理论的不断充实和完善，代谢的人工控制将对食品发酵工业发挥更加重要的作用。目前，人工控制代谢主要是通过控制发酵条件、改变细胞膜的渗透性和改变微生物的遗传特性等方法来实现的。

4.5.3.1　控制发酵条件

1. 控制发酵的培养基成分

大多数次级代谢产物的生成与能被快速利用碳源(主要是葡萄糖)的消耗密切相关。只有在葡萄糖几乎耗尽，生长停止时，微生物才开始大量合成次级代谢产物。如果仅是由于氮或磷等耗尽时则导致生长停止，而培养基中还有大量葡萄糖存在时，次级代谢产物是不会被大量合成的。显然，这是因为葡萄糖(或其他能被快速利用碳源)的分解代谢物阻遏着次级代谢所需酶的合成。只有葡萄糖被消耗到一定浓度，使分解代谢物水平降低，才会解除这种阻遏。如果此时加入蛋白合成抑制剂氯霉素，则次级代谢将会受阻，还可以说明次级代谢有关的酶是新合成的，并非只是酶的激活。

在发酵工业中为了提高次级代谢产物的产量，常采用混合碳源培养基或在后期限量流加葡萄糖的方法。混合碳源由葡萄糖和乳糖或蔗糖(缓慢利用的碳源)等组成。例如，早期生产青霉素时常采用葡萄糖和乳糖为混合碳源，葡萄糖被快速利用以满足青霉素生长的需要，当葡萄糖耗尽，才利用乳糖并开始合成青霉素。乳糖不是青霉素的直接前体，它之所以有利于青霉素合成，是因为它利用缓慢，使分解代谢物处于较低水平，不至于阻遏青霉素合成。当生长停止后限量流加葡萄糖也是为了达到同样的目的。

2. 添加前体绕过反馈控制点

采取添加前体绕过反馈控制点是一种有效的改变菌株调节机制的方法，能使某种代谢产物大量积累。如图4－31所示，在发酵培养基中添加C，可以大量累积D。其原因是D的前体C来自外源，并不会因为D的积累而有很大的波动。由于F对从C到E的反应有反馈调节，所以，只有少部分的C用于合成F，大部分外源的C用于合成D。

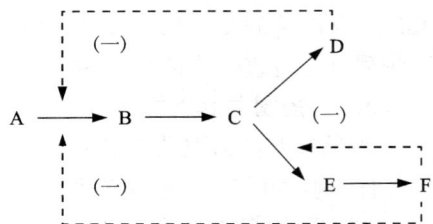

图4－31　添加前体绕过反馈调节点

3. 添加诱导剂

诱导酶只有在诱导剂存在时才形成，因此，在培养基中加入诱导剂，可以大量合成这类酶。从提高诱导酶合成量来说，最好的诱导剂往往不是该酶的底物，如大肠杆菌 β - 半乳糖苷酶的最有效诱导剂是异丙酰 - β - D - 硫代半乳糖苷(IPTG)，它不被 β - 半乳糖苷酶分解。

高浓度底物诱导剂的利用速率太快时，也会引起分解代谢物的阻遏，因此对于许多工业发酵生产胞外酶的过程来说，如果以高浓度底物为诱导剂，产量反而不高。用底物的衍生物做诱导剂，因为利用速度缓慢，可以消除分解代谢物的阻遏，显著提高酶的产量。例如，利用蔗糖单棕榈酸酯代替蔗糖作诱导剂可以使双孢拟内孢霉的转化酶产量提高约 80 倍。

4. 发酵与分离过程耦合

反馈调节的启动因素就是超过菌体正常需求量的末端代谢产物，也就是说，只有末端代谢产物的浓度超过一定值后，菌体的反馈调节机制才会发挥作用。如果我们在发酵的同时就将末端代谢产物不断地移走，使发酵体系中末端代谢产物的浓度始终处于较低的水平，那么菌体内代谢途径将始终畅通无阻。

与发酵过程耦合的分离手段很多，有膜分离、离子交换分离和萃取等，这些分离装置应该具有分离效率高、抗污染、易于重复使用等特点。

4.5.3.2 改变细胞膜的渗透性

微生物的细胞膜对于细胞内外物质的运输具有高度选择性。细胞内的代谢产物常常以很高浓度积累起来，并自然地通过反馈阻遏限制它们的进一步合成。采取生理学或遗传学方法，可以改变细胞膜的透性，使细胞内的代谢产物迅速渗漏到细胞外。这种解除末端代谢物的反馈抑制和阻遏的菌株，可以提高发酵产物的产量。

1. 通过生理学手段改变细胞膜的渗透性

在谷氨酸发酵生产中，生物素的浓度对谷氨酸的累积量有着明显的影响，只有把生物素浓度控制在适量的情况下，才能分泌出大量的谷氨酸（表 4 - 7）。

表 4 - 7　生物素对谷氨酸产量的影响

生物素/（mg·mL^{-1}）	残糖/%	谷氨酸/（mg·mL^{-1}）	α - 酮戊二酸/（mg·mL^{-1}）	乳酸/（mg·mL^{-1}）
0.0	8.5	1.0	微量	微量
0.5	2.5	17.0	3.0	7.6
1.0	0.5	25.0	4.6	7.4
2.5	0.4	30.8	10.1	6.9
5.0	0.1	10.8	7.0	13.7
10.0	0.2	6.7	8.0	20.5
25.0	0.1	7.5	10.1	23.1
50.0	0.1	5.1	6.2	30.0

生物素影响细胞膜的渗透性，是由于它是脂肪酸生物合成中乙酰 CoA 羧化酶的辅基，此酶可催化乙酰 CoA 的羧化并生成丙二酸单酰辅酶 A，进而合成细胞膜磷脂的主要成分——脂肪酸。因此，控制生物素的含量就可以改变细胞膜的成分，进而改变膜的透性和影响谷氨酸的分泌。

当培养液内生物素含量很高时，只要添加适量的青霉素就有提高谷氨酸产量的效果。其原因是青霉素可抑制细菌细胞壁肽聚糖合成中转肽酶的活性，结果引起其结构中肽桥间无法进行交联,造成细胞壁的缺损。这种细胞的细胞膜在细胞膨压的作用下,有利于代谢产物的外渗,并因此降低了谷氨酸的反馈抑制和提高了产量。

2. 通过细胞膜缺损突变而控制其渗透性

应用谷氨酸生产菌的油酸缺陷型菌株,在限量添加油酸的培养基中,也能因细胞膜发生渗漏而提高谷氨酸产量。其原因是油酸为一种含有一个双键的不饱和脂肪酸(十八碳一烯酸),它是细菌细胞膜磷脂中的重要脂肪酸。突变为油酸缺陷型后,不能自身合成油酸,使细胞膜缺损。通过限量添加油酸,控制缺损程度,使渗漏适当,从而提高产量。

另一种可以利用石油发酵产生谷氨酸的解烃棒杆菌(*Corynebacterium hydrocarbolastus*)的甘油缺陷型突变株,由于缺乏 α-磷酸甘油脱氢酶,故无法合成甘油和磷脂。其细胞内的磷脂含量不到亲株含量的一半,但当供应适量甘油(200 μg/mL)时,菌体即能合成大量谷氨酸(72 g/L),且不受高浓度生物素或油酸的干扰。

4.5.3.3　改变微生物的遗传特性

在发酵工业中,控制微生物生理状态以达到高产的环境条件很多,如营养物类型和浓度、氧的供应、pH 的调节和表面活性剂的存在等。这里要讨论的是如何控制微生物的正常代谢调节机制,使其累积更多为人们所需的有用代谢产物。通过改变微生物遗传物质可以从根本上打破微生物原有的代谢控制机制,具体包括应用特定的营养缺陷型菌株和抗反馈调节突变株的选育。

1. 应用营养缺陷型菌株以解除正常的反馈调节

在直线式的合成途径中,营养缺陷型突变株只能累积中间代谢物而不能累积最终代谢物。但在分支代谢途径中,通过解除某种反馈调节,就可以使某一分支途径的末端产物得到累积。

(1)赖氨酸发酵

如图 4-32 所示,在许多微生物中,可用天冬氨酸为原料,通过分支代谢途径合成出赖氨酸、苏氨酸和甲硫氨酸。赖氨酸是一种重要的必需氨基酸,在食品、医药和畜牧业上需要量很大。但在代谢过程中,一方面由于赖氨酸对天冬氨酸激酶(AK)有反馈抑制作用,另一方面由于天冬氨酸除用于合成赖氨酸外,还要作为合成甲硫氨酸和苏氨酸的原料,因此,在正常的细胞内,就难以累积较高浓度的赖氨酸。

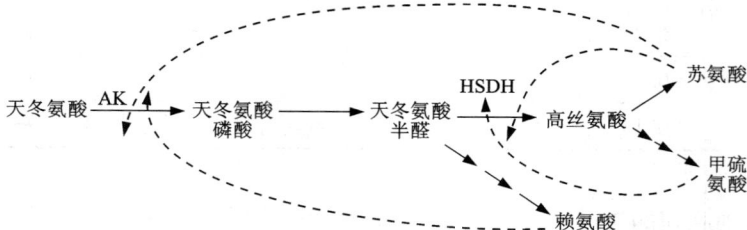

图 4-32　谷氨酸棒杆菌 *C. glutamicum* 的代谢调节与赖氨酸生产

为了解除正常的代谢调节以获得赖氨酸的高产菌株,工业上选育了谷氨酸棒杆菌(*Corynebacterium glutamicum*)的高丝氨酸缺陷型菌株作为赖氨酸的发酵菌种。这个菌种由于不能合成高丝氨酸脱氢酶(HSDH)，故不能合成高丝氨酸，也不能产生苏氨酸和甲硫氨酸，在补给适量高丝氨酸(或苏氨酸和甲硫氨酸)的条件下，在含有较高糖分和铵盐的培养基上，能产生大量的赖氨酸。

(2)肌苷酸(IMP)的生产

肌苷酸是重要的呈味核苷酸，它是嘌呤核苷酸生物合成过程中的一个中间代谢物。只有选育一个发生在 IMP 转化为 AMP 或 GMP 的几步反应中的营养缺陷型菌株，才可能累积 IMP。C. glutamicum 的 IMP 合成途径及其代谢调节机制可见图 4-33。从图中可以看出，该菌的一个腺苷酸琥珀酸合成酶(酶 12)缺失的腺嘌呤缺陷型，如果在其培养基中补充少量 AMP 就可正常生长并累积 IMP。当然，假如补充量太大，反而会引起对酶 2 的反馈抑制。

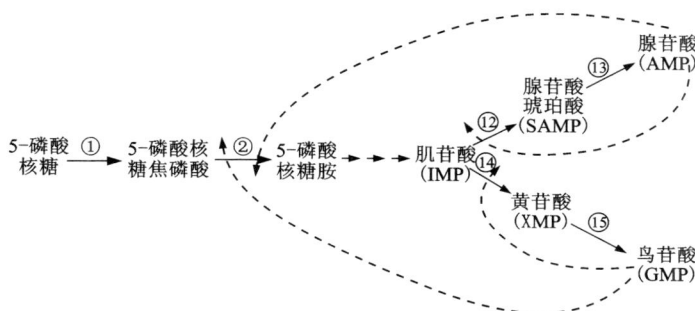

图 4-33 C. glutamicum 中 IMP 合成途径的代谢调节

①—5-磷酸核糖焦磷酸激酶；②—5-磷酸核糖焦磷酸转胺酶；⑫—腺苷酸琥珀酸合成酶；⑬—腺苷酸琥珀酸分解酶；⑭—IMP 脱氢酶；⑮—XMP 转胺酶；虚线箭头表示反馈抑制

2.应用抗反馈调节的突变株解除反馈调节

抗反馈调节突变菌株，就是指一种对反馈抑制不敏感或对阻遏有抗性的组成型菌株，或兼而有之的菌株。在这类菌株中，因其反馈抑制或阻遏已解除，或是反馈抑制和阻遏已同时解除，所以能分泌大量的末端代谢产物。

例如，当把钝齿棒杆菌(Corynebacterium crenatum)培养在含苏氨酸和异亮氨酸的结构类似物 AHV(α-氨基-β-羟基戊酸)的培养基上时，由于 AHV 可干扰该菌的高丝氨酸脱氢酶、苏氨酸脱氢酶以及二羧酸脱水酶，所以，抑制了该菌的正常生长。如果采用诱变(如用亚硝基胍作为诱变剂)后所获得的抗 AHV 突变株进行发酵，就能分泌较多的苏氨酸和异亮氨酸。这是因为该突变株的高丝氨酸脱氢酶或苏氨酸脱氢酶和二羧酸脱水酶的结构基因发生了突变，故不再受苏氨酸或异亮氨酸的反馈抑制，于是就有大量的苏氨酸和异亮氨酸的累积。如进一步再选育出甲硫氨酸缺陷型菌株，则其苏氨酸产量还可进一步提高，原因是甲硫氨酸合成途径上的两个反馈阻遏也被解除了。

3.选育组成型和超产突变株

如果调节基因发生突变，以致产生无效的阻遏物而不能与操纵基因结合，或操纵基因突变，从而造成结构基因不受控制地转录，酶的生成将不再需要诱导剂或不再被末端产物或分解代谢物阻遏，这样的突变称为组成型突变。少数情况下，组成型突变株可产生大量的、比亲本高得多的酶，这种突变称为超产突变。

如果某种化合物是诱导酶的良好底物，但不是好的诱导剂，那么，以这种物质作碳源，就可选出组成型突变株。例如利用乙酰 – β – 半乳糖苷可选出 β – 半乳糖苷酶的组成型突变株。

重要概念及名词

新陈代谢，分解代谢，合成代谢，有氧呼吸，无氧呼吸，发酵，生物氧化，同型乳酸发酵，异型乳酸发酵，氧化磷酸化，生物固氮，次生代谢物，初级代谢产物，组成酶，诱导酶，操纵子，调节基因，效应物，调节蛋白，末端产物阻遏，分解代谢物阻遏，葡萄糖效应

复习思考题

1. 何谓新陈代谢？试图示分解代谢和合成代谢间的差别与联系。

2. 在化能异养微生物的生物氧化中，其基质脱氢和产能途径主要有哪几条？试比较各途径的主要特点。

3. 什么叫无氧呼吸（厌氧呼吸）？试列表对各种无机盐呼吸和延胡索酸呼吸加以简明的比较。

4. 试列表比较呼吸、无氧呼吸和发酵的异同点。

5. 试图示由 EMP 途径中的重要中间代谢物——丙酮酸出发的发酵类型及其各自的发酵产物。

6. 试列表比较同型和异型乳酸发酵。

7. 细菌的酒精发酵途径如何？它与酵母菌的酒精发酵有何不同？细菌的酒精发酵有何优缺点？

8. 什么叫 Stickland 反应？试图示其反应机制。

9. 在化能自养细菌中，硝酸细菌是如何获得其生命活动所需的 ATP 和还原力 [H] 的？

10. 试用图表示并简单说明自养微生物固定 CO_2 的卡尔文循环。

11. 酶活性调节与酶合成调节有何不同？它们间有何联系？

12. 反馈抑制的本质是什么？分支代谢途径中存在哪些主要的反馈抑制类型？

13. 什么是同功酶？什么是变构酶？它们在反馈抑制中起着什么作用？

14. 什么是诱导酶？酶的诱导有何特点？其意义如何？

15. 什么是阻遏？什么是末端产物阻遏？什么是分解代谢物阻遏？

16. 试用图表示并解释乳糖操纵子的诱导机制。

17. 试用图表示分解代谢物阻遏的机制。

18. 试从代谢途径的角度来说明发酵法生产肌苷酸的原理。

19. 如何选育抗反馈调节突变株？举例说明它在发酵生产中的应用。

20. 细胞膜缺损突变株在发酵生产中有何应用？试举例说明之。

第5章

微生物的生长及控制

内容提要

本章介绍了微生物的分离及生长测定方法、单细胞微生物的群体生长规律、环境因素对微生物的影响,并对食品生产及保藏过程中有害微生物控制的常见方法进行了讲述。

教学目标

1. 熟悉测定微生物生长量与繁殖的方法。
2. 熟悉单细胞微生物典型生长曲线的各时期特点、出现原因及研究意义。
3. 掌握环境因素对微生物生长的影响,其中温度、氧气和 pH 应重点掌握。
4. 熟悉控制微生物生长的方法。
5. 了解微生物个体生长和群体生长之间的关系。
6. 了解微生物的几种培养方法及意义。

5.1 微生物的生长及其测定

微生物在适宜的环境条件下,不断地吸收营养物质,并按照自己的代谢方式进行代谢活动,如果同化作用(assimilation)大于异化作用(dissimilation),则细胞质的量不断增加,体积得以加大,表现为生长(growth)。简单地说,生长就是有机体的细胞组分与结构在量方面的增加。单细胞微生物如细菌,生长往往伴随着细胞数目的增加。当细胞增长到一定程度时,就以二分裂方式,形成两个基本相同的子细胞,子细胞又重复以上过程。在单细胞微生物中,由于细胞分裂而引起的个体数目的增加,称为繁殖。随着群体中各个个体的进一步生长,就引起了这一群体的生长,这可以其质量、体积、密度或浓度作指标来衡量。

个体生长→个体繁殖→群体生长

群体生长 = 个体生长 + 个体繁殖

上述微生物生长的阶段性,对于单细胞微生物来说是不明显的,往往在个体生长的同时,伴随着个体的繁殖，这一特点在细菌快速生长阶段尤为突出，有时在一个细胞中出现 2 或 4 个细胞核；除了特定的目的以外，在微生物的研究和应用中，只有群体的生长才有实际意义，因此在微生物学中提到的"生长"，均指群体生长。这一点与研究高等生物时有所不同。

但在多细胞微生物中，如某些霉菌，细胞数目的增加如不伴随着个体数目的增加，只能叫生长，不能叫繁殖(reproduction)。例如，菌丝细胞的不断延长或分裂产生同类细胞均属生长，只有通过形成无性孢子或有性孢子使得个体数目增加的过程才叫做繁殖。在一般情况下，当环境条件适合时，生长与繁殖始终是交替进行的。由此可以看出，微生物的生长和繁殖是两个不同但又相互联系的概念。生长是一个逐步发生的量变过程，繁殖则是一个产生新的生命个体的质变过程。

微生物的生长繁殖是其在内外各种环境因素相互作用下的综合反映，因此生长繁殖情况就可作为研究各种生理、生化和遗传等问题的重要指标；同时微生物在生产实践上的各种应用或是对致病、霉腐微生物的防治，也都与它们的生长繁殖和抑制紧密相关。

5.1.1　测定微生物生长繁殖的方法

微生物的生长情况通常可以通过测定单位时间里微生物生物量(biomass)或数量的变化来评价。通过测定微生物的生长量或繁殖数量，可以客观地评价培养条件、营养物质等对微生物生长的影响，或客观反映微生物生长的规律，因此无论是在理论上还是在实践中都有着重要意义。

5.1.1.1　测生长量

测量生长量的方法有许多种，适用于一切微生物。在实际研究中，可根据研究目的和条件进行合理选择。

1. 直接法

(1)测体积　将待测菌液放在刻度离心管中离心或自然沉降，然后测定细胞沉降物的体积。这是一种较为粗放的估算微生物生长量的方法。

(2)称干重　一般地，菌体的干重为其湿重的 10% ~ 20%。通常采用离心法或过滤法测干重。如采用离心法，是将待测培养液放入离心管中，离心、清水洗涤 1 ~ 5 次后，105℃、100℃或采用红外线烘干，也可在较低的温度(40℃或80℃)下进行真空干燥，然后称干重，即得生长量。以细菌为例，一个细胞一般重为 $10^{-13} \sim 10^{-12}$ g。采用过滤法时，细菌用醋酸纤维膜等滤膜过滤、丝状真菌用滤纸过滤，然后干燥、称重。

(3)丝状微生物菌丝长度测定法　对于丝状微生物，特别是丝状真菌，可通过测定菌丝的长度来反映它们的生长速率，一般在固体培养基上进行。最简单的方法是将真菌接种在平皿的中央，定时测定菌落的直径或面积。对生长快的真菌，每隔 24 h 测定一次，对生长缓慢的真菌可数天测定一次，直到菌落覆盖了整个平皿，由此求出菌丝的生长速度。该法的缺点是没有反映菌丝的纵向生长，即菌落的厚度和深入培养基内的菌丝，另外，接种量也会影响测定结果。另一个计算真菌生长的方法是 U 形管培养法(图 5 - 1)，U 形管底部铺设一层培养基，将真菌接种在 U 形管的一端，定时测定菌丝的长度。该方法的优点是对生长较快的菌丝可以有足够的时间进行测量，不易被污染；缺点是不能反映菌丝的总量，通气也不够良好。

图 5 - 1　测定丝状真菌的 U 形管

2. 间接法

（1）生理指标法　反映微生物生长量的生理指标较多，如可测定含碳量、含氮量、含磷量、RNA、DNA、ATP、产酸、产 CO_2、耗氧量、黏度、产热量等。

其中，测定含氮量是较为重要的一种，其主要依据生物体的含氮量与其干重间存在定量关系，如大多数细菌的含氮量为其干重的 12.5%，酵母菌为 7.5%，霉菌为 6.0%。通过测量其含氮量，乘以 6.25，即可测得粗蛋白的含量，然后再换算成生物量。

此外，可以根据细胞代谢产物来估算含碳量，在有氧发酵中，CO_2 是细胞代谢的产物，它与微生物生长密切相关。在全自动发酵罐中大多采用红外线气体分析仪来测定发酵产生的 CO_2 量，进而估算出微生物的生长量。

（2）比色法（colorimetry）或比浊法（turbidimetry）　在微生物培养生长过程中，由于细胞数量的增加，会引起培养物混浊度的增高，使光线透过量降低。单细胞生物在一定浓度范围内，菌悬液中细胞的数量与透光量成反比，与光密度成正比，可用分光光度计在 450～650 nm 波段内或比色计进行测定后以吸光度来表示。该法用作溶液中总细胞计数时，需用直接显微镜计数法或平板活菌计数法制作标准曲线进行换算。测定时应注意培养基的成分和培养产物不能在所选用的波长范围有吸收。如果样品颜色较深或其中有一些固体颗粒则不能直接采用比色法。该法也不适用于多细胞生物的生长测定。比浊法虽然灵敏度较差，然而却具有简便、快速、不干扰或不破坏样品的优点。由于可使用侧臂三角瓶在不同的培养时间重复测定样品的浊度，因而被广泛地用作生长速率的测定。

5.1.1.2　计繁殖数

与测定生长量不同，繁殖数是通过一一计算各个体的数目而得到的。所以计繁殖数只适用于测定单细胞的细菌和酵母菌，而对放线菌和霉菌等丝状生长的微生物而言，则只能计算其孢子数。

1. 直接法

本法仅适用于细菌等单细胞的微生物类群。测定时需用细菌计数器（Petroff - Hausser counter，适用于细菌）或血球计数板（hemocytometer，适用于酵母、真菌孢子等），在

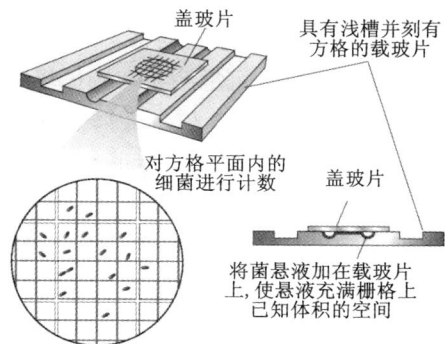

图 5 - 2　Petroff - Hausser 计数板

普通光学显微镜或相差显微镜下直接观察细胞，并计算一定容积里样品中微生物的数量，换算出供测样品的细胞数。该法具有测定简便、直接、快速等特点，较为常用，但测定结果是包括死细胞在内的总菌数。为了区分细胞的存活状态，可采用特殊染色方法将活菌染色后再

在显微镜下观察计数。例如用美蓝试剂对酵母菌染色后，在显微镜下观察活细胞是无色的，死细胞为蓝色；细菌经吖啶橙染色后，在紫外光显微镜下观察到活细胞发出橙色荧光，死细胞发出绿色荧光，因而可分别作活菌和总菌的计数。

2. 间接法

该法是一种活菌计数法，其原理是依据活菌在液体培养基中生长繁殖使培养液浑浊，或在固体培养基表面形成一定数量菌落的原理而设计的。

（1）平板菌落计数法（plate colony counting method） 它是一种最常用的活菌计数法。其原理是在高度稀释条件下，微生物在固体培养基上所形成的一个菌落是由一个单细胞繁殖而成的，即一个菌落代表一个单细胞。该法的优点是能测出样品中的活菌数，因此被广泛用于某些成品（如杀虫菌剂）、生物制品（如活菌制剂）的检验，以及食品、饮料或水源等含菌指数或污染程度的检测。如通过测定食品中的菌落总数，可以判定该食品被细菌污染的程度及卫生质量，从而反映食品在生产过程中是否符合卫生要求，以便对被检样品做出适当的卫生学评价。其操作过程是：将待测样品经适当稀释之后（图5-3），选择3个连续的稀释

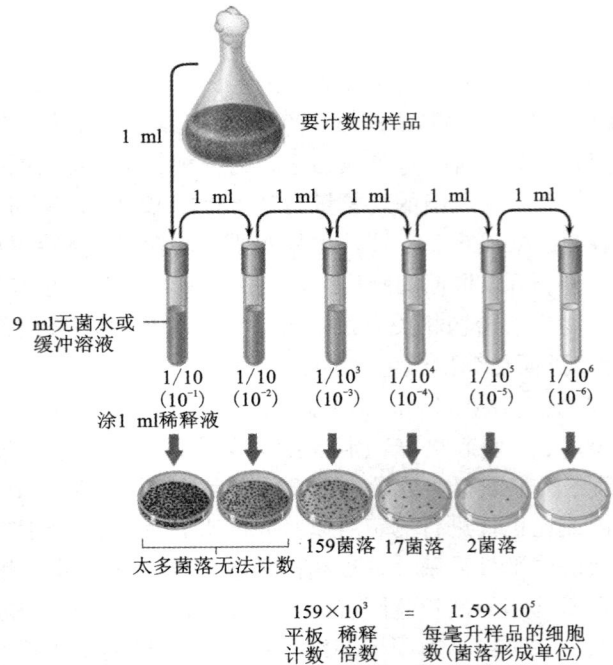

图 5-3 采用梯度稀释和平板法对样品进行活菌计数的过程

度，每个稀释度取一定量涂布在固体培养基表面（即涂布法），也可与经过灭菌后冷却至45～50℃的固体培养基混合（倾注法），然后在最适条件下倒置培养，每一个活细胞就形成一个单菌落，此即"菌落形成单位"（colony forming unit，cfu）（图5-4）。按照国家标准规定的样品菌落总数测定的计数原则，报告菌落数。平板上（内）出现的菌落数乘上菌液的稀释度，即可计算出原菌液的含菌数。不同菌种的菌落大小不同，一般应将样品中的菌浓度控制在9 cm培养皿中能生长50～500个cfu为佳。以上两种方法各有利弊，涂布法不易使菌落均匀分布，从而影响菌体计数。倾注法较易使菌落均匀分布，但分布在培养基内的部分细胞所形成的菌落较小，甚至无法形成菌落，这会影响菌体计数。两种方法可酌情选用。另外，为得到正确的结果，在操作时要求：①样品须充分混匀，操作熟练快速（15～20 min 完成操作），严格无菌操作；②同一稀释度做3个以上重复，取平均值，并且每个平板上的菌落数目合适，便于准确计数；③每支移液管及涂布棒只能接触一个稀释度的菌液。

该方法操作烦琐、费工费时，而且只能测定样品中的在供试培养基上生长的占优势的微生物类群，并且可能由于操作不熟练造成污染，或因培养基温度过高损伤细胞等原因造成结

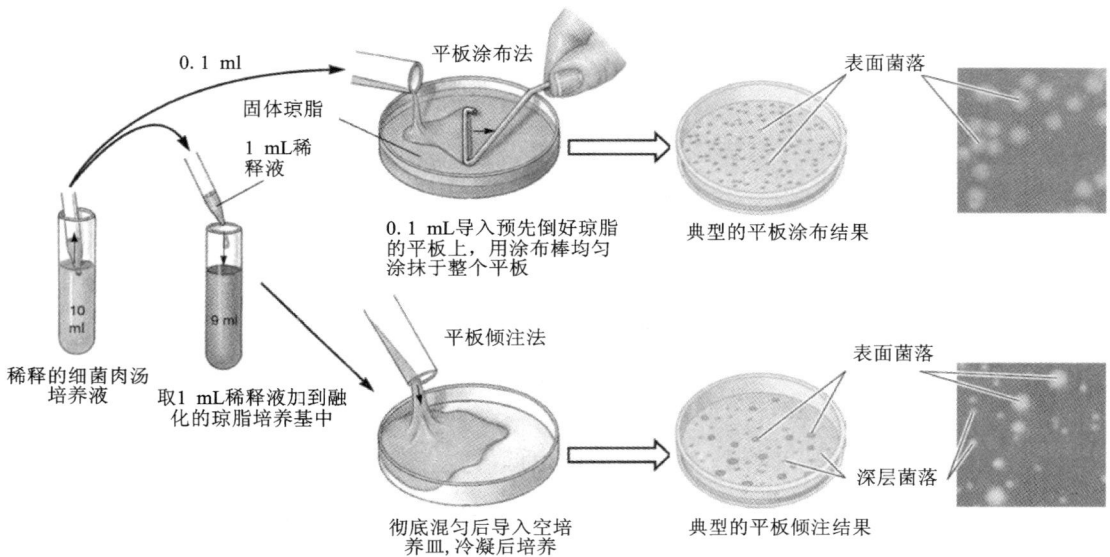

图 5 - 4   运用平板菌落计数的两种方法

果不稳定。尽管如此，由于该方法能测出样品中微量的菌数，仍是教学、科研和生产上常用的一种测定细菌数的有效方法。土壤、水、牛奶、食品和其他材料中所含细菌、酵母、芽孢与孢子等的数量均可用此法测定，但不适于测定样品中丝状体微生物（如放线菌、丝状真菌或丝状蓝细菌等）的营养体。

（2）稀释培养计数法   又称最大近似数或最大或然数（most probable number，MPN）计数法，其原理是利用待测微生物的特殊生理功能的选择性来摆脱其他微生物类群的干扰，并通过该生理功能的表现来判断该类群微生物的存在和丰度。该法适用于测定在一个混杂的微生物群落中虽不占优势，但却具有特殊生理功能的类群，尤其适合测定土壤微生物中的特定生理群（如氨化、硝化、纤维素分解、固氮、硫化和反硫化细菌等）的数量及检测污水、牛奶或其他食品中特殊微生物类群（如大肠菌群）的数量。缺点是只适于进行特殊生理类群的测定，结果也较粗放，只有在因某种原因不能使用平板菌落计数时才采用。其操作过程是：将待测样品经连续多次 10 倍稀释，一直稀释到将少量的最终稀释液接种到新鲜培养基中没有或极少出现生长繁殖。然后每个稀释度取 3～5 次重复接种于适宜的液体培养基中。培养后，将有菌液生长的最后 3 个稀释度（即临界级数）中出现细菌生长的管数作为数量指标，由 MPN 表查出近似值，再乘以数量指标第一位数的稀释倍数，即为原菌液中的含菌数（图 5 - 5）。

应用 MPN 计数应注意两点：一是菌液稀释度的选择要合适，其原则是最低稀释度的所有重复都应有菌生长，而最高稀释度的所有重复无菌生长。对土壤样品而言，分析每个生理群的微生物需 5～7 个连续稀释液分别接种，微生物类群不同，其起始稀释度不同。二是每个接种稀释度必须有重复，重复次数可根据需要和条件而定，一般 2～5 个重复，个别也有采用 2 个重复的，但重复次数越多，误差就越小，结果也相对越正确。不同的重复次数应按其相应的最大或然数表计算结果。

各接种1 mL试样

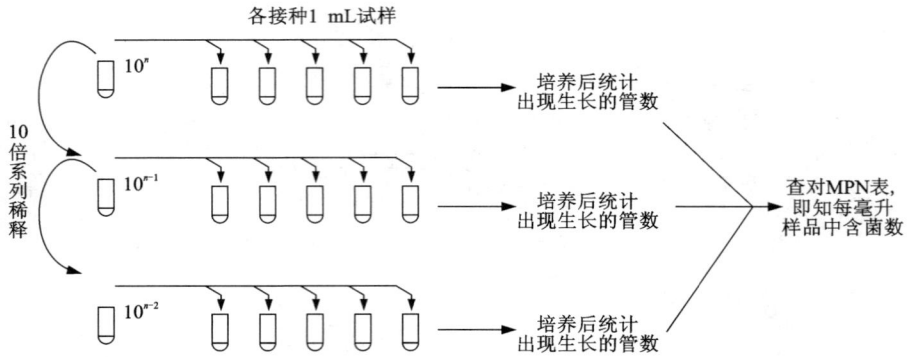

图5-5　稀释培养计数法

（3）薄膜过滤计数法　常用该法测定菌数很低的空气和水中的微生物数目。将定量的样品通过薄膜（硝化纤维素薄膜、醋酸纤维薄膜）过滤，菌体被阻留在滤膜上，取下滤膜转到相应的培养基上进行培养，然后计算菌落数（图5-6），可求出样品中所含菌数。

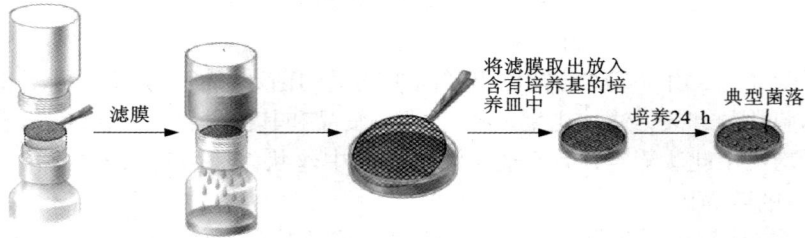

图5-6　薄膜过滤计数

5.1.2　微生物的生长规律

由于微生物个体微小的特殊性，难以进行针对单个微生物细胞或个体的生长繁殖的研究，故除特定的研究目的外，一般所言的微生物生长是指群体生长。本书以单细胞微生物在液体培养基中的生长为例，介绍微生物的群体生长规律。

5.1.2.1　典型生长曲线

定量描述液体培养基中微生物生长规律的曲线，称为生长曲线（growth curve）。当把少量纯种单细胞微生物接种在恒容积的新鲜的液体培养基中，在适宜的温度、通气等条件下培养，定期取样测定单位体积培养基中的菌体（细胞）数，可发现开始时群体生长缓慢，后逐渐加快，进入一个生长速率相对稳定的高速生长阶段，随着培养时间的延长，生长达到一定阶段后，生长速率又表现为逐渐降低的趋势，随后出现一个细胞数目相对稳定的阶段，最后转入细胞衰老死亡期。如以培养时间为横坐标，以微生物细胞数的对数为纵坐标，用坐标法作图，可得到一条描述单细胞微生物从生长开始到衰老死亡规律的曲线，称为微生物的典型生长曲线（图5-7）。

根据微生物的生长速率常数（growth tate constant），即每小时的分裂代数的不同，一般把

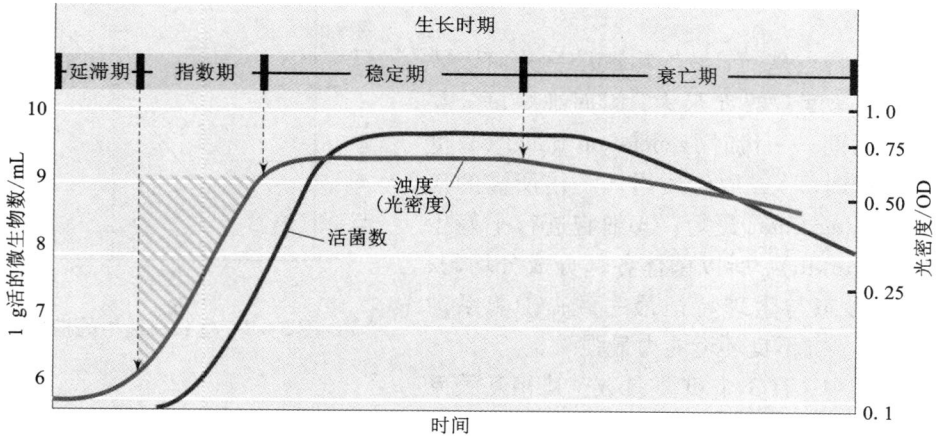

图 5 - 7 微生物的典型生长曲线

其典型生长曲线分为延滞期、指数期、稳定期和衰亡期 4 个时期。

1. 延滞期(lag phase)

延滞期又称为延迟期、适应期或调整期,是指把少量菌体接入新鲜液体培养基后,在开始培养的一段时间内,因代谢系统要适应新环境,需要重新合成必需的酶类、辅酶或某些中间代谢产物等,而出现延迟生长的现象。其特点表现为:①生长速率常数为零,细胞数量基本不增加;②细胞形态变大或增长;③细胞内 RNA 尤其是 rRNA 含量增高;④合成代谢活跃,核糖体、酶类、ATP 等合成加快,易产生诱导酶;⑤对外界不良环境条件如 NaCl 溶液浓度、温度和抗生素等理、化因素反应敏感。

延滞期所维持时间的长短,因微生物种类或菌株和培养条件的不同而异,已知微生物延滞期可从几分钟到几小时、几天,甚至几个月。如大肠杆菌的延滞期就比分枝杆菌短得多,一般细菌、酵母菌的延迟期短,霉菌次之,放线菌最长。同一种菌株,接种用的纯培养物所处的生长发育时期不同,延滞期的长短也不一样。如接种用的菌种都处于生理活跃时期,接种量适当加大,营养和环境条件适宜,延滞期将显著缩短,甚至直接进入对数生长期。

在发酵工业中,如果延滞期较长,则会导致发酵设备的利用率降低、能耗增加、产品生产成本上升,最终导致经济效益的下降。因此,在实际生产中,通常可采取使用处于快速生长繁殖中的菌种(对数生长期)细胞进行接种、适当增加接种量(接种量一般为 3% ~ 8%)、采用营养丰富的培养基、使种子培养基与发酵培养基的营养成分以及其他培养条件尽可能地保持一致、通过遗传学方法改变种的遗传特性等措施来有效地缩短延滞期。

2. 指数期(exponential phase)

指数期又称对数生长期,指在生长曲线中,紧接着延滞期的一段细胞数量以几何级数增长的时期(图 5-8)。单细胞微生物的纯培养物在被接种到新鲜培养基后,经过对新环境的适应阶段后,即进入生长速度相对恒定的快速生长与繁殖期,处于这一时期的单细胞微生物,其细胞以几何级数增加,若以乘方的形式表示,即为 2^0、2^1、2^2、$2^3 \cdots$、2^n,这里的指数"n"则为细胞分裂的次数或增殖的代数,即一个细菌繁殖 n 代产生 2^n 个子代菌体。这一细胞

增长以指数式进行的快速生长繁殖期称为指
数期。

指数期的特点是:①微生物数量呈几何级数
增加;②生长速度常数 R 最大,因而细胞每分裂
一次所需的时间——代时(generation time, G,世
代时间或增代时间)或原生质增加一倍所需的倍
增时间(doubling time)最短;③细胞进行平衡生
长(balanced growth),所以菌体各部分成分均匀,
细胞群体的形态与生理特征最一致;④酶系活
跃,代谢旺盛,抗不良环境能力最强。

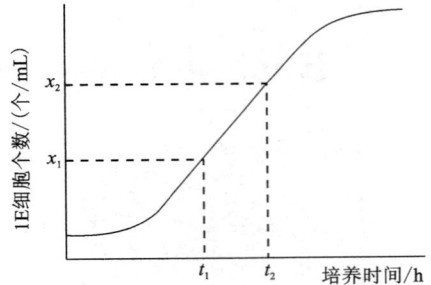

图5-8 生长曲线中的指数期

在指数期中,有3个重要参数,其相互关系
及计算方法为:

(1)繁殖代数(n) 从图5-8可以看出,假设微生物培养体在对数期 t_1 时的总菌数为 x_1,
则 t_2 时的菌数 $x_2 = x_1 \times 2^n$,式中,n 为 t_1 到 t_2 这段时间内的繁殖代数。以对数表示,则 $\lg x_2 = \lg x_1 + n\lg 2$,故 $n = (\lg x_2 - \lg x_1)/\lg 2 = 3.322(\lg x_2 - \lg x_1)$。

(2)生长速率常数(R) 根据上面对生长速率常数的定义可知,$R = n/(t_2 - t_1)$,即 $R = 3.322(\lg x_2 - \lg x_1)/(t_2 - t_1)$。

(3)代时(G) 根据上面中代时的定义可知,$G = 1/R$,即 $R = (t_2 - t_1)/3.322(\lg x_2 - \lg x_1)$。

影响微生物代时长短的因素很多,主要有以下几种:

(1)菌种 不同菌种的代时差别极大(表5-1),即使同一种细菌,在不同生长条件,代
时也有差异。但是在一定条件下,各种细菌的代时是相对稳定的,有的为 20~30 min,有的
为几小时甚至几十小时。如漂浮假单胞菌(*Pseudomonas nitrigenes*)的代时仅需 9.8 min,而梅
毒密螺旋体(*Trepoema pallidum*)的代时为 33 h。

表5-1 不同细菌的代时

菌名	培养基	温度/℃	代时/min
大肠杆菌	肉汤	37	17
荧光假单胞菌	肉汤	37	34~34.5
菜豆火疫病假单胞菌	肉汤	25	150
白菜软腐病欧氏杆菌	肉汤	37	71~94
甘蓝黑腐病黄杆菌	肉汤	25	98
大豆根瘤菌	葡萄糖	25	343.8~460.8
枯草杆菌	葡萄糖肉汤	25	26~32
巨大芽孢杆菌	肉汤	30	31

续表 5 – 1

菌名	培养基	温度/℃	代时/min
霉状芽孢杆菌	肉汤	37	28
蜡状芽孢杆菌	肉汤	30	18.8
丁酸梭菌	玉米醪	30	51
保加利亚乳酸杆菌	牛乳	37	39 ~ 74
肉毒梭菌	葡萄糖肉汤	37	35
乳酸链球菌	牛乳	37	23.5 ~ 26
园褐固氮菌	葡萄糖	25	240

（2）培养基的成分及营养物浓度　同一种微生物，在营养丰富的培养基中生长时，其代时较短，反之较长。一般在营养物质浓度很低的情况下，营养物的浓度才会影响生长速率，随着营养物浓度逐步增高，生长速率不受影响，而只影响最终的菌体产量；如果进一步提高营养物的浓度，则生长速率和菌体产量两者均不受影响。凡处于较低浓度范围内可影响生长速率和菌体产量的营养物，就称生长限制因子（growth – limited factor）。

（3）培养温度　温度对微生物的生长速率有明显影响（表 5 – 2），在微生物的最适生长温度范围时，代时就短。这一规律对发酵工业、食品保藏及防范食物变质和食品中毒等具有重要参考价值。

表 5 – 2　不同温度时大肠杆菌的代时

温度/℃	代时/min	温度/℃	代时/min
10	860	30	29
15	120	35	22
20	90	40	17.5
25	40	45	20

指数期的微生物具有整个群体的生理特性较一致、细胞各成分平衡增长及生长速率恒定等优点，因而其是研究微生物代谢、生理等的良好材料，也是作菌种的最佳材料，如在发酵工业中，应选取对数期细胞作为转种或扩大培养的种子，以便缩短发酵周期。

3. 稳定期（stationary phase）

稳定期又称最高生长期或恒定期。在指数期末期，由于营养物质（包括限制性营养物质）的逐渐消耗，酸、醇、毒素或 H_2O_2 等有害代谢产物在培养基中的积累及培养环境条件中 pH 和氧化还原电位 Eh 等物理化学条件对微生物生长不利，使微生物的生长速度降低，增殖率下降而死亡率上升，当两者趋于平衡时，就转入稳定期。进入稳定期，细胞的净数量不会发生较大波动，活菌数达到最高水平，生长速率常数（R）基本上等于零。此时细胞生长缓慢或停止，有的甚至衰亡，但细胞包括能量代谢和一系列其他生化反应的许多功能仍在继续，如细胞内开始积累糖原、异染颗粒和脂肪等内含物，并逐渐增多，趋向高峰；某些微生物开始以初级代谢产物为前体，通过复杂的次生代谢途径合成抗生素等次生代谢产物；芽孢杆菌一般在这时开始形成芽孢等。

稳定期的生长规律对生产实践有着重要的指导意义，例如，对以生产菌体与菌体生长相平行的代谢产物(如 SCP、乳酸等)为目的的某些发酵生产而言，稳定期是产物的最佳收获期；对维生素、碱基、氨基酸等物质进行生物测定来说，稳定期是最佳测定时期；此外，通过对稳定期到来原因的研究，还促进了连续培养技术的产生和发展研究。稳定期的长短与菌种和外界环境条件有关，生产上常常通过补料、调节 pH、调整温度等措施来延长稳定期，以积累更多的代谢产物。

4. 衰亡期(decline phase 或 death phase)

稳定期后，由于生长环境的继续恶化和营养物质的短缺，群体中细胞死亡率逐渐上升，以致死亡菌数逐渐超过新生菌数，群体中活菌数急剧下降，曲线下滑，出现"负生长"(R 为负值)，此阶段称为衰亡期。

在衰亡期，菌体细胞形状和大小出现异常，呈多形态、畸形或不规则的退化形态；有的细胞内多液泡；有的革兰氏染色结果发生改变；有的因蛋白水解酶活力的增强发生细胞自溶；对于芽孢杆菌，往往在这一时期开始释放芽孢；此外，许多胞内的代谢产物和胞内酶向外释放。

微生物生长曲线各个时期的特点，反映了所培养的微生物与其所处环境间进行物质与能量交流、以及细胞与环境间相互作用与制约的动态变化。通过对生长曲线的分析，可看出：①微生物在对数生长期生长速率最快；②营养物的消耗，代谢产物的积累，以及因此引起的培养条件的变化，是限制培养液中微生物继续快速增殖的主要原因；③用生长旺盛的指数期细胞接种，可以缩短延滞期，加速进入对数生长期；④补充营养物，适当调节环境 pH、氧化还原电位及排除培养环境中的有害代谢产物，可延长指数期，进而提高培养液菌体浓度与有用代谢产物的产量；⑤指数期以菌体生长为主，稳定生长期以代谢产物合成与积累为主。

因此，深入研究各种单细胞微生物生长曲线各个时期的特点与内在机制，在微生物学理论与应用实践上都有着十分重大的意义。

5.1.2.2 微生物的连续培养

1. 分批培养

在一个相对独立密闭的系统中，一次性投入培养基对微生物进行接种培养，最后一次性地收获的方式，称为分批培养(batch culture)。由于其培养系统的相对密闭性，故分批培养也叫密闭培养(closed culture)。在分批培养中，随着培养时间的延长，微生物生长繁殖活跃，但由于系统相对密闭，被微生物消耗的营养物得不到及时地补充，代谢产物未能及时排出培养系统，其他对微生物生长有抑制作用的环境条件也得不到及时改善，使微生物细胞生长繁殖所需的营养条件与外部环境逐步恶化，从而使微生物群体生长表现出从细胞对新的环境的适应到逐步进入快速生长，而后较快转入稳定期，最后走向衰亡的阶段的生长过程。前面讨论的关于生长曲线的研究所用的方法就是分批培养法。分批培养因生长曲线的重要阶段难以延长，故有批次明显、周期短的特点。由于分批培养相对简单与操作方便，在微生物学研究与发酵工业生产实践中仍被广泛采用。

2. 连续培养

连续培养(continuous culture)是相对于分批培养而言的。连续培养是指在深入研究分批培养中生长曲线形成机制的基础上，开放培养系统、不断补充营养液、解除抑制因子、优化生长代谢环境的培养方式。由于培养系统的相对开放性，因此，连续培养也称为开放培养(openning culture)。连续培养的显著特点与优势是：可以根据研究者的目的，在一定程度上，人为控制典型生长曲线中的某个时期，使之缩短或延长，使某个时期的细胞加速或降低代谢速率，从而大大提高培养过程的人为可控性和效率(图5－9)。连续培养模式应用于发酵工业称之为连续发酵(continuous fermentation)，是目前发酵工业的发展方向。

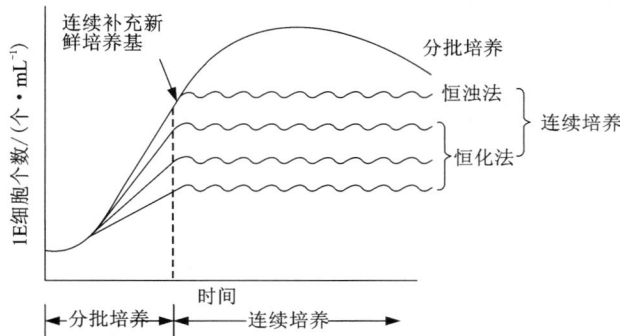

图5－9 分批培养与连续培养比较

在连续培养过程中，可以根据研究者的目的与研究对象不同，分别采用不同的连续培养方法。常用的连续培养方法有恒浊法与恒化法两类。

(1)恒浊法 其原理是根据培养器内微生物的生长密度的变化，用光电控制系统(浊度计)来检测培养液的浊度(即菌液浓度)，并控制培养液的流速，从而获得菌体密度高、生长速度恒定的微生物细胞的连续培养液[图5－10(a)]。在恒浊连续培养中，用于恒浊培养的装置称为恒浊器(turbidostat)。培养器中装有浊度计，借助光电池检测培养液中的浊度，并根据光电效应产生的电信号的强弱变化，自动调节新鲜培养基流入和培养物流出培养室的流速。当培养室中浊度超过预期数值时，加快培养液流速，降低浊度；反之，减慢流速，增加浊度，以此来维持培养物的浊度恒定。

如果所用培养基中有过量的必需营养物，就可使菌体维持最高的生长速率。因此，用恒浊法连续培养微生物，可控制微生物在最高生长速率与最高细胞密度的水平上生长繁殖，达到高效率培养的目的。目前在发酵工业上有多种微生物菌体或与菌体生长相平行的某些代谢产物如乳酸、乙醇的生产，就是根据这一原理用大型恒浊发酵器进行连续发酵生产的。

(2)恒化法 恒化法就是控制培养液流速恒定，使培养器内营养物质的浓度基本恒定(主要是生长限制因子的浓度)，并使微生物生长所消耗的物质及时得到补充，从而维持微生物生长速率恒定的方法。用于恒化培养的装置称为恒化器(chemostat 或 bactogen)[图5－10(b)]。常常通过控制某一种营养物质的浓度，使其成为限制性生长因子，而其他营养物均为过量，这样微生物的生长速率将取决于限制因子的浓度。在培养过程中，随着微生物的生长和时间的增长，菌体密度会逐渐增高，而限制因子的浓度则会逐渐降低，因此需通过自动控

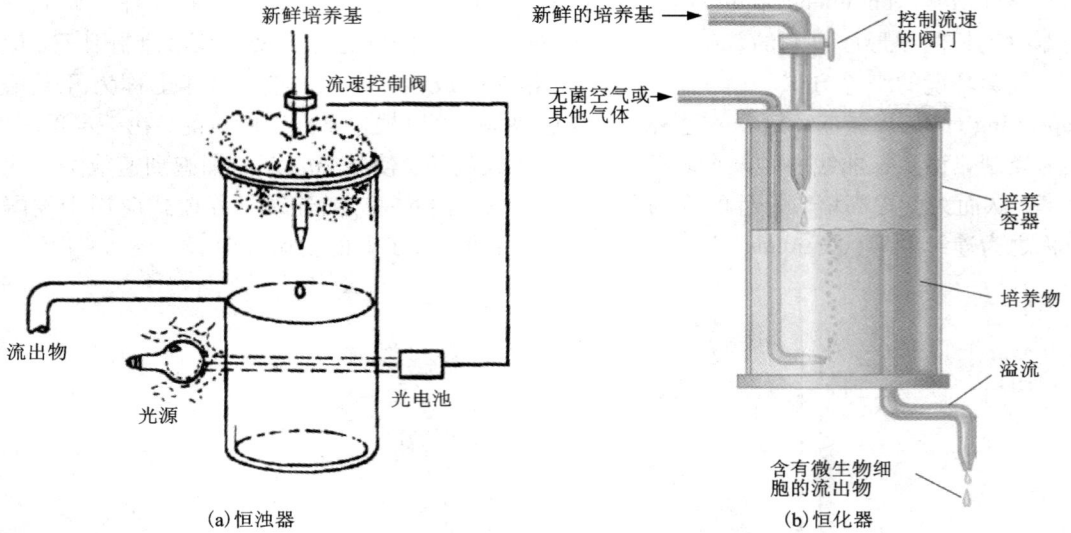

图 5-10　恒浊器和恒化器示意图

制系统来保持限制因子的流速恒定，使微生物的生长速率正好与恒速加入的新鲜培养基流速相平衡。这样，既可获得生长速率基本恒定的均一菌体，又可以在低于最高生长速率的条件下获得密度保持稳定的菌体。

能作为恒化连续培养限制因子的物质很多。这些物质必须是机体生长所必需的，在一定浓度范围内能决定该机体的生长速率。常用的限制性营养物质有作为氮源的氨、氨基酸，作为碳源的葡萄糖、麦芽糖、乳酸，无机盐等。

恒化连续培养主要用于实验室的科学研究中，是研究微生物营养、生长、繁殖、代谢和基因表达与调控等的重要技术手段。

实际上，分批培养与连续培养的分类是相对的。无论是基础研究还是在发酵工业生产实践中，为了达到某种特殊目的或提高培养效率，常常采取两种方法综合的培养方式。如在金霉素、四环素等抗生素发酵生产中，在细胞群体生长进入稳定期，抗生素开始大量合成时进行补料，适当增加发酵液中合成四环类抗生素的底物量和维持细胞生存所需要的低微浓度的营养物，使细胞在非生长繁殖状态下合成抗生素的持续时间延长，从而达到提高单位发酵液中抗生素总量（效价）之目的。通常，金霉素与四环素发酵生产周期不长，一般在 110~150 h。一罐发酵成熟后即行放罐，接着开始另一罐的发酵，批次明显。这种类型的发酵方式，既不是严格意义的分批培养方式，也不是严格意义的连续培养方式，一般称之为补料分批培养或半连续培养，在发酵工业上称为半连续发酵。这种半连续的发酵方式在当代发酵工业上应用最为广泛。

5.1.2.3　微生物的同步培养

在分批培养中，微生物群体以一定速率生长，但所有细胞并非同时进行分裂。也就是说，培养中的细胞不处于同一生长阶段，它们的生理状态和代谢活动也不完全一样。例如，研究某一支试管或摇瓶中微生物的生长、生理生化特性，其结果实际上是培养物中所有微生物在某一段时间内活动的总和。但是要研究每个细胞所发生的变化显然是困难的。要解决这一问题，就必须设法使群体处于同一发育阶段，使群体和个体的行为变得一致，因而发展了单细胞的同步培养（synchronous culture）技术。使微生物群体中所有细胞尽可能都处于同样的生长和分裂周期中的培养方法称为同步培养，而通过同步培养使细胞群体处于生长、分裂步调一致的生长方式叫同步生长（synchronous growth）。但是应该明确，同步生长不能无限地维持，由于同步群体的个体差异，往往会逐渐破坏，最多能维持 2～3 个世代，又逐渐转变为随机生长。

获得同步培养的方法很多，最常用的主要有两类：一是机械法（又称选择法），其利用物理方法，从非同步的细胞群体中选择出同步的群体，一般可采用过滤分离法或梯度离心法来获得。例如，选用适宜孔径的微孔滤膜，将不同步的大肠杆菌群体过滤，由于刚分裂的幼龄细胞较小，能够通过滤孔，其余菌体都留在滤膜上面，将滤液中的幼龄细胞进行培养，就可获得同步培养物（图 5－11）。二是调整生理条件诱导同步生长，主要通过控制环境条件如温度、光线、营养条件等来诱导，如温度调整法是将微生物的培养温度控制在接近最适温度条件下一段时间，它们将缓慢地进行新陈代谢，但又不进行分裂。也就是说，使细胞的生长在分裂前不久的阶段稍微受到抑制，然后将培养温度提高或降低到最适生长温度，大多数细胞就会进行同步分裂。营养条件调整法是控制营养物的浓度或培养基的组成以达到同步生长，如限制碳源或其他营养物，使细胞只能进行一次分裂而不能继续生长，从而获得了刚分裂的细胞群体，然后再转入适宜的培养基中，它们便进入了同步生长。

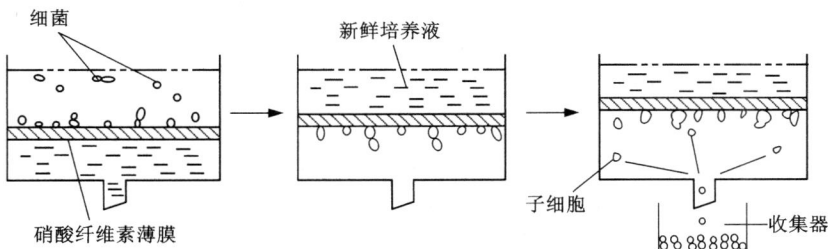

图 5－11　硝酸纤维素薄膜法

机械法同步培养物是在不影响细菌代谢的情况下获得的，因而菌体的生命活动必然较为正常，但对那些即使是相同的成熟细胞，其个体大小差异悬殊者不宜采用。而诱导法虽然方法较多，应用较广，但可能导致与正常细胞循环周期不同的变化，对正常代谢也可能产生影响，所以不及机械法好，特别是在生理学研究中尤为明显。

5.2　影响微生物生长的主要因素

无论是自然界中微生物与其他生物之间的相互作用，还是在实验室中纯培养微生物之间的相互作用，环境因素都能在很大程度上影响其生长和代谢反应。事实上，影响微生物生长的环境因素很多，除第 3 章已讨论过的营养条件外，还有物理、化学及生物因素，本节重点介绍温度、pH、氧气和水分等理化因素对微生物生长的影响。

5.2.1 温度

温度是影响微生物生长繁殖和生存最重要的因素之一。在一定温度范围内，机体的代谢活动与生长繁殖随着温度的上升而增加，当温度上升到一定程度，开始对机体产生不利的影响，细胞内的蛋白质、核酸及细胞组分会受到不可逆的损害，如再继续升高，则细胞功能急剧下降以至死亡。

5.2.1.1 微生物的生长的三个温度基点

不同微生物生长的温度范围不同，根据生长与温度的关系，微生物的生长有三个温度基点，即最低生长温度、最适生长温度和最高生长温度。从微生物整体来看，其温度三基点是极宽的，已知的微生物在 $-12 \sim 100 ℃$ 均可生长，极端下限温度为 $-30℃$，极端上限温度为 $100 \sim 121℃$，如下所示：

生长温度三基点 {
　最低生长温度：一般为 $-10 \sim -5℃$，极端为 $-30℃$
　最适生长温度 {
　　嗜冷菌：$< 20℃$
　　中温菌：$20 \sim 45℃$ { 室温菌：$25℃$ / 体温菌：$37℃$ }
　　嗜热菌：$> 45℃$
　}
　最高生长温度：一般 $80 \sim 95℃$，极端为 $100 \sim 121℃$
}

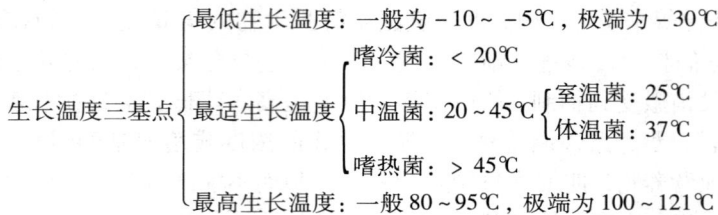

最低生长温度是指微生物能进行繁殖的最低温度界限。处于这种温度条件下的微生物生长速率很低，如果低于此温度则生长完全停止。不同微生物的最低生长温度不一样，这与它们的原生质物理状态及化学组成有关系，也可随环境条件而变化。

最适生长温度是指微生物细胞分裂的世代时间最短或生长速率最高时的培养温度。但同一种微生物，不同的生理生化过程有着不同的最适温度，也就是说，最适生长温度并不等于生长量最高时的培养温度，也不等于发酵速度最高时的培养温度或累积代谢产物量最高时的培养温度。因此，生产上要根据微生物不同生理代谢过程温度的特点，采用分段式变温培养或发酵。例如，嗜热链球菌的最适生长温度为37℃，最适发酵温度为47℃，累积产物的最适温度为37℃。

最高生长温度是指微生物生长繁殖的最高温度界限。在此温度上，微生物细胞易衰老和死亡。微生物所能适应的最高生长温度与其细胞内酶的性质有关。例如细胞色素氧化酶以及各种脱氢酶的最低破坏温度常与该菌的最高生长温度有关。

一般地，相对最低生长温度，最高生长温度更接近最适生长温度（图5－12）。

5.2.1.2 微生物生长类型

微生物按其生长温度范围可分为低温型微生物、中温型微生物和高温型微生物3类（表5－3）。

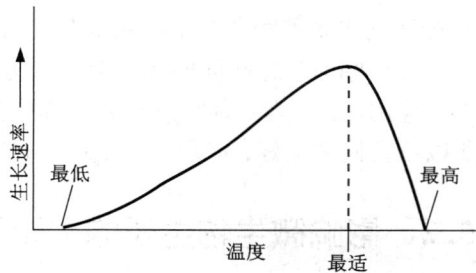

图5－12　温度对生长速度的影响

表 5 - 3　不同类型微生物的生长温度范围

微生物类型		生长温度范围/℃			主要分布场所
		最低	最适	最高	
低温型	专性嗜冷	- 12	5 ~ 15	15 ~ 20	两极地区
	兼性嗜冷	- 5 ~ 0	10 - 20	25 ~ 30	海水及冷藏食品中
中温型	室温	10 ~ 20	20 ~ 35	40 ~ 45	腐生环境
	体温	10 ~ 20	35 ~ 40	40 ~ 45	寄生环境
高温型	嗜热	25 ~ 45	50 ~ 60	70 ~ 95	温泉、堆肥、土壤表层等
	超嗜热	60	80 ~ 110	300	热泉、火山喷气口或海底火山喷气口附近环境

1. 低温型微生物

低温型微生物分嗜冷微生物和耐冷微生物(psychrolroph)。嗜冷微生物又称嗜冷菌,最适生长温度在5~15℃,主要分布在地球两极地区的水域和土壤、深海、冷冻场所及冷藏食品中。有些菌可以在更低温度下生长,如荧光极毛菌可在 - 4℃时生长,而存在于肉制品上的有些霉菌如芽枝霉,在 - 10℃时仍能生长。常见的嗜冷菌如产碱杆菌属、假单胞菌属、黄杆菌属、微球菌属等,是引起冷藏食品腐败变质的主要微生物。嗜冷微生物在低温下生长的机理,即嗜冷机制可以从两方面解释:①菌体内的酶能在低温下有效地催化,活性最大,而在中温甚至高温下酶活性丧失;②细胞膜中的不饱和脂肪酸含量高,低温下也能保持半流动状态,可以进行物质的传递。耐冷微生物最低生长温度为 - 5 ~ 0℃,最适生长温度为10 ~ 20℃。耐冷微生物除分布在终年常冷的环境中外,还可以分布在具有混度波动的冷环境中,如冷库、冰箱、湖泊及土壤等环境中,它们是引起冰箱食物腐败的主要微生物类群。

2. 中温型微生物

中温型微生物又称嗜温菌,最适生长温度为20 ~ 40℃,最低生长温度为10 ~ 20℃,最高生长温度为40 ~ 45℃,绝大多数微生物属于这一类。根据最适生长温度的不同,又可将嗜温菌分为嗜室温型和嗜体温型。嗜室温型微生物主要为腐生或植物寄生,多存在于在植物或土壤中。嗜体温型微生物主要为寄生,多存在人及动物的体内,生长的极限温度范围在10 ~ 45℃,最适生长温度与其宿主体温相近,为35 ~ 40℃,如人体寄生菌为37℃左右。通常,引起人和动物疾病的病原微生物、发酵工业应用的微生物菌种以及导致食品原料和成品腐败变质的微生物,都属于这一类群的微生物。因此,它与食品工业的关系最为密切。

3. 高温型微生物

高温型微生物分嗜热微生物和超嗜热微生物。嗜热微生物又称嗜热菌,适宜于在45 ~ 50℃以上的温度中生长,在自然界中的分布仅局限于某些地区,如温泉、日照充足的土壤表层、堆肥(温度可达60 ~ 70℃)、发酵饲料等腐烂有机物中。能在55 ~ 70℃中生长的微生物有芽孢杆菌属、梭状芽孢杆菌、嗜热脂肪芽孢杆菌、高温放线菌属、甲烷杆菌属等,温泉中的细菌,链球菌属和乳杆菌属。还有的可在近100℃的高温中生长。耐高温菌在生产应用上具有一定优势,如在减少能源消耗、减少染菌、缩短发酵周期等方面具有重要意义;此外,还有利于非气体物质在发酵液中的扩散和溶解,防止杂菌污染,由高温型微生物产的酶制剂,酶反应温度和耐热性都比中温微生物高。但这类微生物往往也会给食品杀菌带来一定难度，按照一般食品的杀菌条件往往会使该类菌灭活不彻底，造成食物中毒等。超嗜热微生物又称极端嗜热菌，最适生长温度在80℃以上，有的为100℃以上，某些硫细菌可在250～300℃的高温条件下仍正常生长。目前发现的超嗜热微生物都是古菌。

高温型微生物耐热的机理，即嗜热机制可以从三方面解释：①生长速度快，合成大分子迅速，可及时修复高温对其造成的分子损伤。②菌体内的蛋白质和酶比中温型的微生物更能耐热，尤其蛋白质对热更稳定，此外，蛋白质的合成机构——核糖体对高温抗性也较大，主要是核酸中 G + C 含量高(tRNA)，易形成氢键，增加了热稳定性。③细胞膜中饱和脂肪酸含量高，易形成更强的疏水键，可保持菌体在高温下稳定并具有正常功能。

5.2.1.3 温度对微生物生长的影响

1. 高温的影响

当温度超过微生物的最高生长温度时，可致微生物死亡。高温致死的机理是高温下蛋白质、酶和核酸的结构破坏，发生不可逆变性或凝固，失去其生物活性，导致微生物死亡。因此，医药卫生、食品工业、发酵工业及微生物培养育种中常常利用高温进行消毒和灭菌。

在食品工业中微生物的耐热性常用以下几个数值衡量：

(1)TDT 值　即热力致死时间(thermal death time)，是指在特定的温度条件下，杀死一定数量微生物所需要的时间(min)。一般在 TDT 的右下角标明杀菌温度。在保持温度恒定的情况下，可以确定杀死所有微生物所需的时间。

(2)D 值　即指数递减时间(decimal reduction time)，又称 DT 值，是指在一定温度下加热，活菌数减少一个对数周期(即90%的活菌被杀死)时，所需要的时间(min)(图 5 – 13)。一般在 D 值的右下角标明杀菌温度。例如，含菌数为 10^5 mL 的菌悬液，在 100℃条件下，活菌数降至 10^4 mL 时所需时间为 10 min，则该菌的 D 值表示为 $D_{100}=10$ min。通常将 121℃下的 D 值表示为 D_r。

(3)Z 值　在加热致死曲线中，当热力致死时间减少 1/10 或增加 10 倍时所需提高或降低的温度值(℃)，即为 Z 值(图 5 – 14)。因此，Z 值是衡量温度变化时，微生物死亡率变化的尺度，反映了微生物在不同致死温度下的相对耐热性。

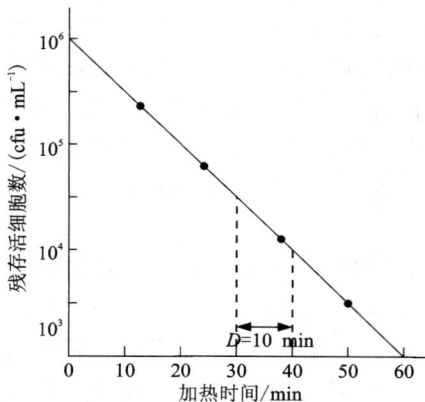

图 5 – 13　测定 D 值的残存活细胞曲线图

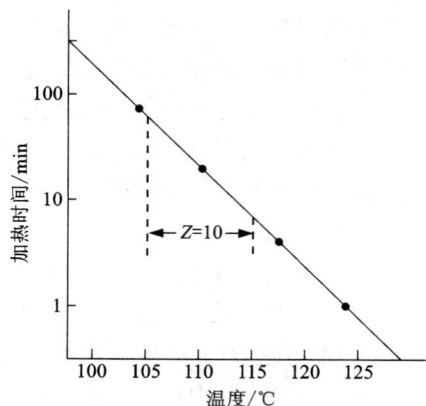

图 5 – 14　测定 Z 值的热致死时间曲线

(4)F 值　又称杀菌值,是指在一定的致死温度(通常指 121℃)下,将一定数量的某种微生物全部杀死所需要的时间(min)。

2.低温的影响

当环境温度低于微生物的最适生长温度时,微生物的生长繁殖停止;当微生物的原生质结构并未破坏时,不会很快造成死亡并能在较长时间内保持活力;当温度提高时,可以恢复正常的生命活动。低温保藏菌种就是利用这个原理,一些细菌、酵母菌和霉菌的琼脂斜面菌种通常可以长时间地保藏在 4℃ 的冰箱中。

当温度过低、造成微生物细胞冻结时,有的微生物会死亡,有些则并不死亡。造成死亡的原因主要是:①冻结时细胞水分变成冰晶,冰晶对细胞膜产生机械损伤,膜内物质外漏。②冻结过程造成细胞脱水。

冻结速度对冰晶形成有很大影响,缓慢冻结,形成的冰晶大,对细胞损伤大;快速冻结,形成的冰晶小、分布均匀,对细胞的损伤小。因此,利用快速冻结可以对一些菌种进行冻结保藏,一般情况下,在菌悬液中再加一些甘油、糖、牛奶等保护剂可对菌种进行长期保藏。

5.2.1.4　影响微生物抗热力的因素

1.菌种特性

不同微生物由于细胞结构和生物学特性的不同,对热的抵抗力也不同。一般地,原核微生物比真核微生物耐热;非光合微生物比光合微生物耐热;结构简单的比结构复杂的耐热;嗜热菌比嗜温菌和嗜冷菌耐热;芽孢菌比非芽孢菌耐热;球菌比非芽孢菌耐热;革兰氏阳性菌比革兰氏阴性菌耐热;对数生长期的菌体抗热能力较差,而稳定期的老龄菌抗热能力较强;老龄的细菌芽孢较幼龄的细菌芽孢抗热能力强;霉菌比酵母菌耐热,霉菌和酵母菌的孢子比其菌丝体耐热,细菌的芽孢和霉菌的菌核抗热能力也很强。

2.菌体数量

通常,菌数越多,抗热力越强,灭菌所需要的时间也越长。此外,当微生物群集在一起时,受热致死不是同时的,杀死时间取决于抗热力最强的菌种,同时有些菌体能分泌有保护作用的蛋白质等,菌数越多分泌的保护物质越多,抗热性也愈强。

3.基质

一般地,随着微生物含水量减少,其抗热力会增大,同一种微生物处于干热环境比在湿热环境中抗热力强;基质中脂肪、蛋白质、糖等对微生物有保护作用,微生物的抗热力随着这些物质的增多而增强;在 pH 7.0 左右,微生物的抗热力最强,pH 降低或升高都会减弱其抗热力,特别是酸性环境中微生物抗热力减弱更明显。另外,其他因素如盐类等,在基质中有降低水分活性作用,从而增强抗热力;而另一类盐类如钙盐、镁盐可减弱微生物对热的抵抗力。

4.热处理温度和时间

热处理的温度越高,微生物抗热力越弱,越容易死亡。同时热处理时间越长,热致死作用越强。一定高温范围内,温度越高微生物致死时间越短。

5.2.2　氧气

氧气对微生物的生长有着重要影响。根据微生物对氧气的不同需求,可把微生物分为专性好氧菌、兼性厌氧菌、微好氧菌、耐氧菌和厌氧菌 5 种类型(图 5 - 15)。

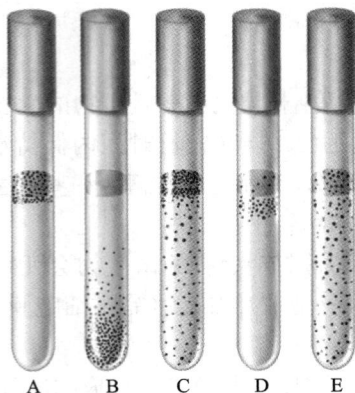

A—好氧菌；B—厌氧菌；C—兼性厌氧菌；D—微好氧菌；E—耐氧菌

图 5 – 15 氧气对微生物的影响

5.2.2.1 好氧菌(strict aerobes)

好氧菌要求必须在有分子氧的条件下才能生长，其细胞内存在超氧化物歧化酶和过氧化氢酶，有完整的呼吸链，以分子氧作为最终氢受体，在正常大气压(氧分压 20 kPa)下进行好氧呼吸产能。绝大多数真菌和多数细菌、放线菌都是专性好氧菌，如醋酸杆菌、荧光假单胞菌、枯草芽孢杆菌和蕈状芽孢杆菌等。

5.2.2.2 兼性厌氧菌(facultative anaerobes)

兼性厌氧菌在有氧或无氧条件下都能生长，但有氧的情况下生长得更好，其细胞内含超氧化物歧化酶和过氧化氢酶，有氧时进行好氧呼吸产能，无氧时进行发酵或无氧呼吸产能。许多酵母菌和细菌都是兼性厌氧菌，如酿酒酵母、大肠杆菌和普通变形杆菌等。

5.2.2.3 微好氧菌(microserophilic bacteria)

微好氧菌只能在较低的氧分压(1~3 kPa)下才能正常生长，也通过呼吸链以氧为最终氢受体而产能。例如，霍乱弧菌、一些氢单胞菌、拟杆菌属和发酵单胞菌属。

5.2.2.4 耐氧菌(aerotolerant anaerobes)

耐氧菌生长不需要氧，但分子氧的存在对它也无毒害，其细胞内存在超氧化物歧化酶和过氧化物酶，但缺乏过氧化氢酶。耐氧菌不具有呼吸链，仅依靠专性发酵和底物水平磷酸化而获得能量，如乳酸菌、雷氏丁酸杆菌等。

5.2.2.5 厌氧菌(anaerobes)

厌氧菌只能在深层无氧或低氧化还原势的环境下才能生长，分子氧的存在对其有毒害，即使短期接触空气，也会抑制其生长甚至死亡。其细胞内缺乏超氧化物歧化酶和细胞色素氧化酶，大多数还缺乏过氧化氢酶。厌氧菌通过发酵、无氧呼吸、循环光合磷酸化或甲烷发酵等方式产生能量。常见的厌氧菌有梭菌属如肉毒梭状芽孢杆菌、嗜热梭状芽孢杆菌、双歧杆菌属、产甲烷菌等。

关于氧气对厌氧菌的毒害机理，可依据 J. M. Mccord 等人提出的 SOD 学说进行解释。他们认为厌氧微生物并不是被气态的氧所杀死，而是由于生物体内缺乏超氧化物歧化酶等，不能解除某些氧代谢产物的毒性而死亡。在 O_2 还原为水的呼吸过程中，可形成某些有毒的中间产物,如过氧化氢(H_2O_2)、超氧阴离子($O_2^{-1}\cdot$)、羟基自由基($\cdot OH$)等。此外,核黄素蛋白、醌、硫醇类及其铁-硫蛋白也能把 O_2 还原成超氧阴离子。超氧阴离子为活性氧,兼有分子和离子的性质,反应力极强,极不稳定,可破坏膜和重要生物大分子,对微生物造成毒害或致死。好氧微生物因为具有降解这些产物的酶,如过氧化氢酶、过氧化物酶、超氧化物歧化酶等,因而不受氧气的毒害。

5.2.3 pH

5.2.3.1 微生物生长对 pH 的要求

微生物生长的 pH 范围极广,一般为 pH 2.0～8.0(嗜酸或嗜碱除外)。实际上,绝大多数种类都生活 pH 5.0～9.0 的环境中,只有少数几个种属能在 pH 低于2 或大于 10 的环境中生长。与温度对微生物的影响相似,不同的微生物都有其最适生长 pH 和一定的 pH 范围,即最高、最适与最低 pH 三个基点。在最适 pH 范围内微生物生长繁殖速度快,偏离最适 pH 的环境,微生物虽然能生存和生长,但生长非常缓慢,而当偏离过大即低于最低或超过最高生长 pH 时,微生物生长受抑制或导致死亡。一般地,细菌生长的最适 pH 为 7.0～7.6,放线菌的 pH 为 7.5～8.5,霉菌的 pH 为 4.0～5.8,酵母菌的 pH 为 3.8～6.0。

根据微生物生长的最适 pH,将微生物分为 5 类:①嗜碱微生物(basophilic microorganism):指最适生长 pH 偏碱性范围的微生物,如硝化细菌、尿素分解菌、根瘤菌及多数放线菌。②耐碱微生物(basotolerant microorganism):指不一定要在碱性环境下生活,但能耐较碱条件的微生物,如许多链霉菌。③中性微生物(neutral microorganism):指最适生长 pH 为中性,偏酸或偏碱性条件都不利于其生长的微生物,如绝大多数细菌,少部分真菌。④嗜酸微生物(acidophilic microorganism):指最适生长 pH 偏酸性范围的微生物,如硫杆菌属。⑤耐酸微生物(acidotolerant microorganism):指能耐较酸条件但不一定在酸性环境中生长的微生物,如乳酸杆菌、醋酸杆菌、许多的肠杆菌和假单胞菌等。

5.2.3.2 pH 对微生物生长的影响

同一种微生物在不同的生长阶段和不同生理、生化过程中,对环境最适 pH 的要求不同,这对发酵工业中 pH 的控制、积累代谢产物特别重要。例如,丙酮丁醇梭菌的菌体最适生长繁殖的 pH 为 5.5～7.0,而进行丙酮丁醇发酵的最适 pH 为 4.3～5.3。另外,同一种微生物由于环境 pH 不同,可能积累不同的代谢产物。例如,黑曲霉最适生长的 pH 为 5.0～6.0,但在环境 pH 为 2.0～3.0 时,产物以柠檬酸为主,只产少量草酸,而 pH 在 7.0 左右时,产物以草酸为主,只产少量柠檬酸。

概括起来,环境 pH 对微生物生长的影响主要体现在:①影响膜表面电荷的性质及膜的通透性,进而影响对物质的吸收能力。②改变酶活性、酶促反应的速率及代谢途径,如酵母菌在 pH 4.5～5.0 时产乙醇,在 pH 6.5 以上产甘油、酸。③环境 pH 影响培养基中营养物质的离子化程度,从而影响了营养物质吸收,或有毒物质的毒性。

虽然微生物生活的环境 pH 范围较宽,但最适生长 pH 只代表外环境的 pH,其细胞内的 pH 却相当稳定,一般都接近中性。这种细胞内保持稳定中性 pH 的特性能够保持细胞内各种生物活性分子的结构稳定,防止酸碱对核酸的破坏,同时为细胞提供了胞内酶所需要的最适 pH,保护了酶的活性。通常微生物胞内酶的最适 pH 为中性,胞外酶的最适 pH 接近环境 pH。

5.2.3.3　微生物生长对环境 pH 的影响

微生物在生长代谢过程中，也会使外界环境的 pH 发生改变，主要原因在于：①糖类、脂肪等代谢产生酸性物质，使培养液 pH 降低；②蛋白质、尿素等代谢产生碱性物质，使培养液 pH 升高。

一般随着培养时间的延长，对于碳氮比例高的培养基，如培养真菌等，经培养后其 pH 会明显下降，而对于碳氮比例低的培养基，如培养细菌等，经培养后其 pH 会明显上升。因此，生产中应严格监控并及时调控发酵液中 pH 的变化情况。通常，可通过在培养基中加入缓冲剂（一般为磷酸盐类）来维持相对稳定的 pH，或者过酸时加入适当氮源（如尿素、硝酸钠、蛋白质或 NaOH、Na_2CO_3 等碱中和）或提高通气量，而过碱时加入适当碳源（如糖、乳酸、油脂或硫酸、盐酸等酸中和）或降低通气量。

5.2.4　水分

水是维持微生物正常的生命活动必不可少的，因为在微生物整个生命活动中，细胞需要不断从外界摄取营养物质，并向外界排除代谢产物，这些都需要水作为溶剂或传递介质。任何一种微生物都有其适宜生长的水分活度（water activity，A_w）范围，这个范围的下限称为最低水分活度，即当 A_w 低于这个极限值时，微生物不能生长、代谢和繁殖，最终可能死亡。

不同的微生物，其生长的最适 A_w 不同，即最低的水分活性区域不同（表 5 – 4）。大多数细菌在 A_w 降至 0.91 以下时停止生长，而大多数霉菌则是 A_w 降至 0.80 时停止生长。尽管有一些菌适合在较干燥条件下生长，如耐渗透压酵母的最低 A_w 为 0.63，但一般把 A_w 为 0.70 ~ 0.75 作为微生物生长的下限。

表 5 – 4　常见几种微生物生长的最低水分活度

微生物种类	最低 A_w	微生物种类	最低 A_w
一般细菌	0.91	一般霉菌	0.80
大肠杆菌	0.94	黑曲菌	0.88
沙门氏杆菌	0.95	一般酵母菌	0.87
枯草芽孢杆菌	0.75	假丝酵母菌	0.94
嗜盐细菌	0.75	耐渗透压酵母	0.63

一般地，干燥会造成微生物失水、代谢停止甚至死亡，主要原因是因为干燥能引起微生物细胞内蛋白质的变性和盐类等物质浓度提高，从而抑制微生物的生长或造成其死亡。因此，食品工业中常常采用干燥的方法进行食品的保藏。但严格来讲，干燥并不能杀死全部的微生物。在干燥过程中，食品及其污染的微生物均同时脱水，干制后微生物就长期处于休眠状态，环境一旦适宜，微生物又会重新吸湿恢复活性，尤其是自然干燥、冷冻升华干燥、真空干燥等一些干燥温度较低的干制方法，更是难以杀死微生物。事实上，生产上常常把升华干燥方法用于一些微生物制品的制备，如活性干酵母、活性乳酸菌干粉等。

实际上，不同微生物对干燥的抵抗力的差异很大，如淋球菌在干燥的环境中仅能存活几天，结核杆菌能耐受干燥 90 天，乳酸菌能保持活力几个月至一年以上，干酵母的活力可保持两年多,有些细菌如炭疽杆菌的孢子可存活几年甚至十几年,而有些霉菌的孢子可存活 10 年以上。其中,以细菌的芽孢抗干燥能力最强,其次是霉菌和酵母菌的孢子,然后依次为革兰氏阳性球菌、酵母菌的营养细胞、霉菌的菌丝等。干燥过程中,微生物的总数会慢慢下降,这是因为微生物发生了"生理干燥现象",即微生物长期处于干燥环境中,细胞内的水分通过细胞膜向外渗透,导致细胞内水分慢慢减少,生命活动减弱,逐渐导致个体死亡。但干燥条件复水恢复后,残存的微生物就会复苏并再次生长。

除了微生物自身的因素外,微生物对干燥的抵抗力还与以下因素有关:①温度:在相同的干燥环境下,温度越高,微生物越易死亡,而在低温下不易死亡(如冷冻干燥保藏菌种);②干燥速度:干燥速度越快,微生物越不易死亡,反之,缓慢干燥易死亡;③培养基质:微生物在不同培养基质中对干燥的抵抗力不同,通常含有糖、淀粉、蛋白质等物质时,不易死亡;④生长特性及生长时期:产荚膜的菌比不产荚膜的抵抗干燥的能力强;小型、厚壁细胞的微生物比大型、薄壁细胞的抗性强;细菌的芽孢、真菌的孢子比营养细胞的抗性强;老龄菌比幼龄菌抗性强。

5.2.5 化学因素

5.2.5.1 氧化剂

氧化剂的杀菌能力主要是由于其氧化作用。机理是氧化剂释放出游离氧[O]作用于微生物蛋白质的活性基团(如氨基、羟基或其他化学基团),造成代谢障碍而死亡,其杀菌效果与作用时间及浓度成正比关系。常用的氧化剂主要有以下几种。

1. 臭氧(O_3)

臭氧是一种强氧化剂,可杀灭细菌繁殖体及芽孢、病毒、真菌等,并可破坏肉毒毒素,已广泛用于水处理、空气净化、食品加工、医疗、医药、水产养殖等领域。

2. 漂白粉

漂白粉主要成分为 $Ca(ClO)_2$,有效氯为 28%~35%,当浓度为 0.5%~1% 时,5 min 可杀死多数细菌,5% 时 1 h 可杀死芽孢菌。常用于饮用水消毒,也可用于水果、蔬菜的消毒。

3. 过氧乙酸(CH_3COOOH)

过氧乙酸是一种高效、广谱、环保型杀菌剂,可以迅速杀灭各种微生物,包括病毒、细菌、真菌及芽孢,已被广泛用于食品冻库、肉联厂、一些食品包装材料(如利乐包)等的灭菌。其杀菌效果与其浓度关系密切,如 0.001% 的过氧乙酸溶液能在 10 min 内杀死大肠杆菌,0.005% 时需 5 min,而 0.01% 时仅需 2 min。

4. 过氧化氢(H_2O_2)

过氧化氢俗称双氧水,一种强氧化剂,可杀灭肠道致病菌、化脓性球菌、致病酵母菌,适用于伤口、食品及物体表面等的消毒。

5.2.5.2 有机化合物

对微生物有杀菌作用的有机化合物种类很多,但基本原理都是通过使蛋白质变性而达到杀菌目的。常用的有机化合物主要有以下几种。

1. 醇类

醇类主要是通过脱水作用,渗入菌体后使菌体蛋白质凝固而具杀菌能力,也称为脱水剂。醇类杀菌力随着相对分子质量的增大而增强,但一般相对分子质量越大水溶性较差,因而广泛使用的是乙醇,其中稀释为70%(质量)或75%(体积)的乙醇杀菌效果最好,超过75%浓度的杀菌效果较差。主要原因是乙醇浓度越高,使蛋白质凝固的作用越强。当高浓度的乙醇与细菌接触时,就能使菌体表面迅速凝固,形成一层包膜,阻止了乙醇继续向菌体内部渗透。细菌内部的细胞没能被彻底杀死。待到适当时机,包膜内的细胞可能将包膜冲破重新复活。因此,使用过高浓度的乙醇反而达不到消毒杀菌的目的。同样,若乙醇浓度低于70%,也不能彻底杀死细菌。乙醇常常用于皮肤表面的消毒。

2. 酚及其衍生物

这类化合物主要指芳香环上的氢被羟基(—OH)取代后的一类芳香族化合物,如苯酚。杀菌原理是使蛋白质变性,并通过表面活性剂的作用,破坏细胞膜的通透性,使细胞内含物外溢致死。酚浓度低时有抑菌作用,浓度高时有杀菌作用,2%~5%的酚溶液能在短时间内杀死细菌繁殖体,杀死芽胞则需要数小时或更长时间,但对真菌、病毒不太敏感。酚类化合物主要适用于医院的环境消毒,不适合食品加工及生产场所的消毒。

3. 甲醛

甲醛通过与蛋白质的氨基结合使蛋白质变性而具有杀菌能力,是一种常用的杀细菌剂和杀真菌剂。37%~40%的甲醛溶液即为常见的福尔马林溶液,一般0.1%~0.2%的甲醛溶液可杀死细菌的繁殖体,5%的可杀死细菌的芽孢。甲醛可作为熏蒸消毒剂对空气和物体表面进行消毒,但不适宜于食品生产场所的消毒。

5.2.5.3 重金属盐类

重金属盐类对微生物都有毒害作用,其机理是金属离子容易和微生物的蛋白质结合而发生变性或产生沉淀。相对来讲,汞、银、砷离子对微生物的亲和力较大,可与微生物酶蛋白质的—SH结合影响其正常代谢,故这类金属化合物是常用的杀菌剂。虽然重金属盐类杀菌效果好,但因为对人体有毒害作用,所以主要用于医药领域,严禁用于食品工业中防腐或消毒。

5.2.6 辐射

大多数微生物不能利用辐射能源,辐射往往对微生物有害。且这种作用随着辐射波长的减小而增强,如波长较短的紫外线、X射线、α射线、β射线和γ射线均有较强的杀菌力,而可见光、红外线则对微生物的作用较弱。

5.2.6.1 可见光

可见光通常是指波长范围为390~770 nm,一般对微生物影响不大,但长时间暴露于可见光线中的细菌,其代谢与繁殖均可受到影响,故微生物的培养及菌种的保存多置于阴暗处。

有些微生物染料(如美蓝、伊红、沙黄等)加入培养基中,能增强可见光线的杀菌作用,这种现象称为光感作用。光感作用对原生动物、细菌及其毒素、病毒、噬菌体等均有一定的灭活作用,一般地,革兰氏阳性菌的光感作用要比革兰氏阴性菌敏感。

5.2.6.2 日光

日光是有力的天然杀菌物质,许多微生物在日光的直接照射下易于死亡,如细菌在日光下照射半小时至数小时死亡。日光的杀菌效果受多重因素影响,除微生物自身的抵抗力外,严重污染的空气、玻璃、有机物的存在都能减弱日光的杀菌能力。此外,环境中的湿度、温度也能影响杀菌效果。

5.2.6.3 紫外线

紫外线是非电离辐射，波长为 100~400 nm，其中 200~300 nm 均有杀菌作用，而以 265~266 nm 的杀菌力最强。其作用机理是：紫外线破坏及改变了微生物的 DNA（脱氧核糖核酸）结构，使细菌当即死亡或不能繁殖后代，从而达到杀菌的目的。

紫外线的穿透力较差，不易透过不透明的物质，即使薄层玻璃也会被滤掉大部分，因而食品工业中多用于对加工场所空气及工具表面的消毒。据研究，185 nm 紫外线可将空气中的 O_2 变成 O_3（臭氧），臭氧具有强氧化作用，可有效地杀灭细菌，臭氧的弥散性恰好可弥补紫外线只沿直线传播、消毒有死角的缺点。同时，254 nm 的紫外线可以把臭氧分解成氧气，因而对于消除环境中的剩余臭氧非常有效。

此外，紫外线的适度破坏可引起微生物发生变异，生产上普遍应用紫外线照射微生物来诱变育种，以获得高产菌株。

5.2.6.4 X 射线

X 射线为电离辐射线，波长极短（小于 100 nm），但含能量较大。其对微生物的作用机理是：在 X 射线作用下，水能被电离成氢氧根，氢氧根活性很大，能与微生物细胞中的 DNA 分子作用而破坏 DNA 结构，引起微生物突变或死亡。X 射线对微生物的杀害作用比紫外线更强，在其波长范围内，波长愈短，杀菌力越强。通常，在距离 10~20 cm 处用 X 射线照射 20~30 min 可杀死琼脂平板上的大肠杆菌、葡萄球菌等，但对液体培养基中的菌体作用不明显。X 射线也可使酶、噬菌体和病毒失去活性。同时，X 射线还可用于微生物诱变育种，如用 X 射线照射青霉菌，可获得高产青霉素的菌株。

5.2.6.5 放射性同位素

自然界中存在的一些放射性同位素在衰变过程中，常常伴有各种辐射线如 α 射线、β 射线和 γ 射线等的产生，其穿透物质的能力大小为 γ 射线 > β 射线 > α 射线。辐射的结果是使被辐射体产生电离作用，因此放射性同位素已被广泛用于微生物的诱变育种和食品的辐射保藏等方面，目前允许使用的辐射源主要有 ^{60}Co、^{137}Cs。

5.2.7 渗透压

渗透压对微生物生命活动有很大的影响。对大多数微生物而言，它们的生活环境应具有与其细胞大致相等的渗透压，即处于等渗的环境。超过一定限度或突然改变渗透压，会抑制微生物的生命活动，甚至会引起微生物死亡。其原因在于：在高渗透压溶液中，微生物细胞脱水，原生质收缩，细胞质变稠，引起质壁分离，即胞浆分离；在低渗透压溶液中，溶液中的水分向细胞内渗透，细胞吸水膨胀，甚至破裂，即胞浆压出；而在等渗溶液中，微生物细胞既不收缩，也不膨胀，一切代谢活动正常。常用的生理盐水（0.85% NaCl）就是一种等渗溶液。

实际上，微生物对渗透压有一定的适应能力，逐渐改变环境的渗透压，微生物也能适应这种变化。通常在海水、盐湖、果汁中生长的微生物，就是因为适应了环境的渗透压而得以存活。譬如海水中发现的一些微生物，根据其对盐量的特殊需求，分为轻度嗜盐菌（一般需 1%~6% NaCl）、中度嗜盐菌（需要 6%~15% NaCl）和极端嗜盐菌（10%~30% NaCl）。此外，食品工业中有些微生物耐高渗透压的能力也较强，如发酵工业中的鲁氏酵母。

5.2.8 超声波

超声波是指频率高于 20000 Hz 的声波。超声波对细菌、酵母菌、噬菌体和病毒等具有一定的破坏作用，其机理是超声波的高频振动与细胞振动不协调而造成细胞周围环境的局部真空，引起细胞周围压力的极大变化，这种压力变化足以使细胞破裂，而导致菌体死亡。另外超声波处理会导致热的产生，热作用也是造成菌体死亡的原因之一。通常，适度的超声波处理微生物细胞，可促进微生物细胞代谢，而强烈的超声波处理可致细胞破碎，因此，在获取细胞内含物的有关研究中，方法之一就是用超声波破碎细胞。

超声波作用的效果受频率、处理时间、微生物种类、细胞大小、形状及数量等多种因素影响，一般来说，高频率比低频率杀菌效果好；杆菌比球菌、丝状菌比非丝状菌、体积大的菌比体积小的菌更易受超声波破坏，而病毒和噬菌体较难被破坏，细菌芽孢具有更强的抗性，大多数情况下不受超声波影响。

5.3 微生物的控制

据研究统计，在土壤和地下生长的所有微生物的总量达到了 10.034 万 t。之所以有如此多的数量，主要是因为绝大部分的微生物在适合条件下多是呈指数型扩增。想象一下，如果所有微生物都不停地生长繁殖，其生成数量将是一个多么庞大的数字。然而，实际上在日常生活环境中微生物总量并非能达到难以承受的地步。这主要是因为受环境中诸如温度、pH、辐射、静水压、渗透压、营养物质消耗和代谢废物积累等多种因素的作用，微生物并不能无限量地生长下去，细胞的数量也不会无限量增长。同时，人类对于那些有害微生物，如人类和动植物的病原菌，经常会采取相应的措施进行控制，以限制它的生长和繁殖。下面介绍几个有关微生物控制的术语。

（1）消毒（disinfection） 是一种采用较温和的理化因素，仅杀死物体表面或内部的病原菌，而对被消毒者基本无害的措施，如食品加工中对啤酒、牛奶、果汁和酱油等进行的巴氏消毒处理，日常生活中对果品蔬菜、皮肤、水果、饮用水、食品生产设备和用具进行的消毒等。消毒具有防止感染或病菌传播的作用。能迅速杀灭病原菌的化学药物称为消毒剂。一般消毒剂在常用浓度下只能杀死微生物的繁殖体，对芽孢则无杀灭作用。化学消毒剂高浓度时具有杀菌作用，低浓度时具有抑菌作用。

（2）防腐（antisepsis） 是利用某种理化因素防止或抑制微生物生长繁殖的一种措施。它能防止食品（物）腐败或防止其他物质霉变。目前食品工业中使用的防腐措施很多，如低温、高温、干燥、隔氧（充 N_2）、高渗（盐腌或糖渍）、高酸、辐射等方法都是食品防腐保藏的主要方式。而添加防腐剂也是常用的防腐措施。能抑制和阻止微生物生长繁殖的化学药物称为防腐剂（antiseptics）。许多防腐剂在低浓度时只有抑菌作用，提高浓度或延长作用时间则有杀菌作用。有关食品的防腐保藏内容详见第9章第3节。

（3）灭菌（sterillization） 是采用强烈的理化条件使存在于物体内外部的包括芽孢在内的所有微生物永远丧失其生长繁殖能力的措施，如高温灭菌、辐射灭菌等。灭菌后的物体上不再有存活的微生物，包括病原菌、非病原菌、芽孢和孢子以及污染的杂菌和生产用菌。灭菌实质上可分杀菌和溶菌两种，前者指菌体虽死，但形体尚存，后者则指菌体杀死后，其细胞发生溶解、裂解而消失的现象。

（4）商业灭菌（commercial sterilization） 是从商品角度出发对某些食品所提出的灭菌方法。食品经过杀菌处理后，将病原菌、产毒菌及食品腐败菌杀死，按照所规定的微生物检验方法，在所检食品中无活的微生物检出，或者仅能检出极少数的非病原微生物，并且它们在食品保藏过程中，是不可能进行生长繁殖的，这种灭菌方法就叫做商业灭菌，如罐藏食品的灭菌。

（5）化疗（chemootherapy） 即化学治疗。它是利用具有高度选择毒力（即对病原菌具有高度毒力而对宿主无显著毒性）的化学物质来抑制宿主体内病原微生物的生长繁殖，甚至杀灭，借以达到治疗疾病的一种措施。用于化疗目的的化学物质称化学治疗剂。化学治疗剂包括各种抗生素、抗代谢类药物（磺胺类药物）和中草药中的有效成分等。

（6）抑制（inhibitor） 在亚致死剂量因子作用下导致微生物生长停止，但在移去这种因子后生长仍可以恢复的生物学现象。

（7）无菌（asepsis）操作 防止微生物进入机体或其他无菌范围的操作技术。在各种生物试验、发酵工业中菌种的制备、食品加工过程中的无菌灌装等，均要求在无菌条件下进行。

由前面章节可知微生物生长繁殖的条件受多种因素的影响，而且各种因子对微生物作用的机制也不尽相同，同时不同的微生物对各种理化因子的敏感性也不同，不同剂量即使是相同的理化因子对微生物的作用效应也是有所差别的。

本书结合前面几大因素对微生物生长的影响情况，就环境中微生物常用的控制方法及其机制做一简单的介绍。

5.3.1 控制微生物生长的化学物质

5.3.1.1 抗微生物剂

抗微生物剂（antimicrobial agent）是指具有抑制微生物生长或杀死微生物的化学物质，它既可以是生物自然合成的产物，也可以是人工合成的。根据抗微生物剂的作用效果和能力，可以将它划分为防腐剂和消毒剂两大类。防腐剂是指能够抑制微生物生长繁殖的化学物质；消毒剂通常用来迅速杀死非生物材料上的致病微生物。两者对微生物的作用并没有十分严格的界限，有些化学物质既属于防腐剂又属于消毒剂，如碘液，它既可以作为防腐剂用于皮肤，起到抑菌作用，也可以作为医疗器械用具的消毒剂。如果提高防腐剂的浓度，它也能同消毒剂一样起到杀菌的作用；同理，降低消毒剂的浓度，它也能起到抑菌作用。常用的几类抗微生物剂的作用范围和作用机制见表5-5。

由表5-5可以看出，通常情况下消毒剂和防腐剂的作用部位有一定差别，防腐剂一般对动物和人体的组织无毒害作用，可作为外用药物，而消毒剂则广泛应用于工业设备、仪器仪表、墙壁、楼板的消毒处理中。例如，自来水中加入消毒剂可起到杀菌作用。

另外，根据消毒剂的作用机制，还可以将其分为两类：①杀菌剂（bactericide）：能够杀死微生物，但不能使细胞裂解；②溶菌剂（bactriolysis）：通过诱导细胞裂解的方式来杀死细胞，使微生物所处悬液里的细胞数量降低。

表5-5 常用抗微生物剂

名称	是否消毒剂	是否防腐剂	作用部位	作用机理
乙醇	是	是	皮肤和医疗器械	与菌体的蛋白质结合，使蛋白质变性、沉淀
来苏尔	是	是	病人用具、排泄物及环境消毒	
福尔马林	是	是	消毒病房、固定生物的标本	
红汞	是	否	皮肤伤口或皮肤黏膜	
双氧水	是	否	清洗伤口（创伤、溃疡等）	氧化细菌体内活性基因而起杀菌作用
高锰酸钾	是	否	水果等食物消毒、有机药物中毒的洗胃及尿道灌洗	
碘酒	是	否	皮肤消毒、毒虫叮咬及疔疖等皮肤感染	通过卤化作用，使细胞蛋白质变性
漂白粉	是	否	饮水及排泄物消毒	
甲紫	是	否	皮肤、黏膜创伤、感染及溃疡	影响细菌的正常代谢
利凡诺	是	否	外科创伤黏膜	
乙酸	是	否	对室内空气消毒	
消毒净	是	否	用于手及皮肤消毒、手术器械消毒	改变细菌胞浆膜的通透性，使胞内物质外渗
新洁尔灭	是	否	用于外科器械消毒	

5.3.1.2　抗代谢物

抗代谢物（antimetabolite）是指那些在化学结构上与微生物体内产生的某些代谢物相似，竞争性的与特定酶的结合以此来干扰正常代谢抑制微生物生长的物质。例如，磺胺是叶酸组成部分对氨基苯甲酸的结构类似物。磺胺的抑菌作用是因为很多细菌在生长过程中需要自己合成叶酸。磺胺对人体细胞无毒性，因为人缺乏从对氨基苯甲酸合成叶酸的相关酶——二氢叶酸合成酶，不能用外界提供的对氨基苯甲酸自行合成叶酸，而必须直接利用叶酸为生长因子进行生长。同样，对氟苯丙氨酸、5-氟尿嘧啶和5-溴胸腺嘧啶，分别是苯丙氨酸、尿嘧啶和胸腺嘧啶的结构类似物，由于这些结构类似物在取代正常成分之后会造成代谢紊乱，从而抑制机体的生长，所以它在治疗由病毒和微生物引起的疾病上起着重要作用。

5.3.1.3　抗生素

抗生素（antibiotics）是一类主要的化学治疗剂，它能在低浓度时选择性地抑制或杀灭其他微生物的低相对分子质量的次生代谢物或人工衍生物。自1929年Fleming发现第一种抗生素——青霉素以来，截止到目前，被发现的抗生素种类达9000多种，对其化学结构进行修饰和改造后而产生的新的半合成抗生素也达70000多种，但在临床上经常使用的抗生素仅有50~60种。根据抗生素的抑制微生物范围，我们可将其分为广谱抗生素和窄谱抗生素。广谱抗生素是指某一抗生素抑制微生物的种类较广泛，能抑制多种微生物的生长繁殖，如土霉素、四环素等，它们对革兰氏阴性菌（G⁻）、立克次体以及衣原体等均有明显的抑菌作用。窄谱抗生素是指仅某一类微生物的抗生素，如青霉素主要对革兰氏阳性菌（G⁺）起作用，链霉素主要对G⁻菌起作用，抗分枝杆菌素只对分枝杆菌起作用等。

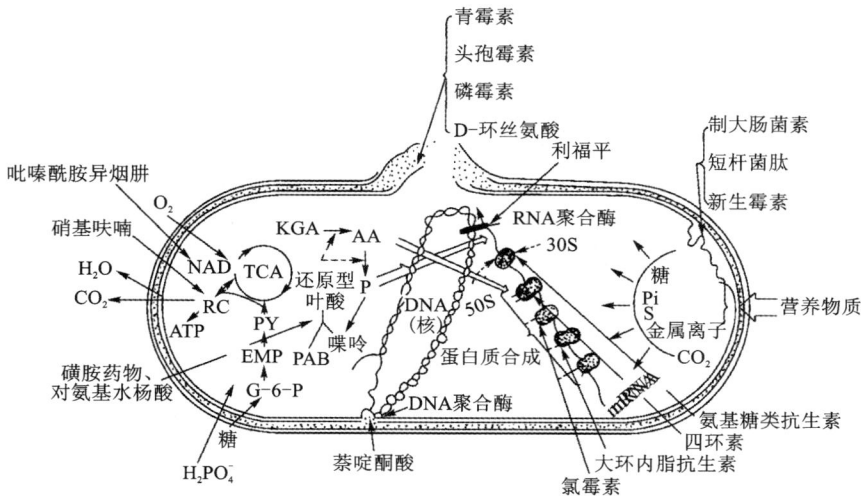

图 5-16 部分抗生素的作用部位

AA—氨基酸；KGA—酮戊二酸；TCA—三羧酸循环；PY—丙酮酸；RC—呼吸链；P—嘌呤或嘧啶

抗生素对微生物的生长抑制作用主要表现在 5 个方面：①破坏细胞内新的蛋白质合成，某些抗生素可以结合到核糖体上，从而干扰某种蛋白质的合成，抑制微生物正常生长。②影响细胞膜的透性，抑制细胞壁的合成，引起膜损伤，如青霉素影响细胞壁肽聚糖的合成，使细胞壁合成受损，细胞极易破裂而死亡。③干扰细胞内 DNA 或 RNA 的合成或功能，如利福平可以作用于细胞 RNA 聚合酶的 β 亚基来阻断 RNA 的合成。④抑制或阻断细胞内生物大分子的合成或功能。⑤直接作用于呼吸链以干扰氧化磷酸化进行(图 5-16)。

抗生素是临床上经常使用的一种化学治疗剂，若多次重复使用，易使致病菌产生抗药性而影响其作用效果。经科学研究发现，多次重复使用抗生素会使原来对某些抗生素敏感的菌株通过发生遗传变异合成新聚体、新的修饰抗生素的酶、抗生素药物作用靶位改变、细胞质膜透性改变等方式产生新的抗药性，进而成为某种抗生素的抗菌株。因此在临床上治疗细菌引起的某些疾病时，使用抗生素应遵守以下原则：①第一次使用的药物剂量要充足；②不同的抗生素同时使用，或是将抗生素与其他药物混合使用，来增强药效；③避免在同一个时期多次使用某种抗生素；④筛选新的更有效的抗生素；⑤对现有的抗生素进行改造，提高药效。

5.3.2 控制微生物生长的物理因素

通常，微生物的数量和种类也受多种物理因素的影响，其中主要的物理因素有温度、辐射作用、过滤、渗透压、干燥和超声波等。不同微生物对于各种因素的敏感性不同，同一因素不同剂量对微生物的效应也不一样。

5.3.2.1 高温灭菌

加热是消毒和灭菌方法中应用最广泛、效果较好的方法。高温的致死作用主要是起蛋白质、酶、核酸和脂类等生物大分子发生降解或改变其空间结构等，从而将其破坏或使其凝固变性，失去生物学活性，导致微生物细胞死亡。高温灭菌方法可分为干热灭菌法(dry heat sterilization)和湿热灭菌法(moist heat sterilization)。

1. 干热灭菌法

干热灭菌法包括火焰灭菌法和热空气灭菌法。火焰灭菌法直接利用火焰灼烧将微生物烧死。该法灭菌彻底、迅速。但由于火焰损伤或烧毁某些物品，使用范围受限。主要用于实验室接种针(环)、玻璃棒、试管或三角瓶口、棉塞和某些金属器械灭菌，也用于工业发酵罐接种时在接种口周围的环火保护；死于传染病的畜体、实验动物的尸体和被传染病污染的材料等都可采用火焰灭菌法处理。热空气灭菌法是将灭菌物体置于电热干燥箱中于170℃加热1 h，或160℃加热2 h以上，或120℃加热12 h以上，利用热空气进行灭菌，灭菌时间可根据被灭菌物体体积作适当调整以达到灭菌目的。该法主要用于玻璃器皿、金属用具及其他耐干燥、耐热物品的灭菌。

2. 湿热灭菌法

湿热灭菌法是利用水蒸气的热量将物品灭菌。同样温度下，湿热灭菌比干热灭菌更有效。这是由于水蒸气穿透力强，易于传导热量，使被灭菌的物品外部和深层的温度能在短时间内达到一致水平；此外，蛋白质的含水量与其凝固温度成反比，因此湿热更易破坏蛋白质的氢键结构，从而加速其变性凝固。蒸汽在被灭菌的物品表面凝结，释放出潜热，能迅速提高灭菌物品的温度，缩短灭菌所需的时间。总之，湿热灭菌具有经济和快速等特点，广泛用于培养基和发酵设备等的灭菌。湿热灭菌常用的方法有：巴斯德灭菌法、煮沸灭菌法、间歇灭菌法和高压蒸汽灭菌法。

(1)巴氏杀菌法　又称巴氏消毒法，是指杀死食品中所有病原菌和多数腐败菌的繁殖体的一种措施。通常消毒温度在100℃以下，其目的是杀死其中的病原菌(如牛乳中的结核分枝杆菌、布鲁氏杆菌、沙门氏菌等)，并尽可能减少食品营养成分和风味的损失。根据巴氏消毒的具体温度和时间可有两种方法：①低温长时杀菌法(简称LTLT)：采用60℃、30 min进行间歇杀菌；②高温短时杀菌法(简称HTST)：72℃、15 min或间歇杀菌15~30 s连续杀菌。巴氏消毒可以杀死营养细胞，但达不到完全灭菌的目的，用于不适于高温灭菌的食品，如牛乳、酱腌菜类、酱油、醋、果汁、啤酒、果酒和蜂蜜等。

(2)煮沸灭菌法　是将物品在水中100℃煮沸15~20 min，即可杀死所有微生物的繁殖体(营养体)，但不能杀死芽孢。若要杀死芽孢一般要煮沸1~2 h或在水中加2%~5%石炭酸或1%~2%的碳酸钠。该法适用于饮用水、食品、器材、器皿和衣服等小型物品灭菌。

(3)间歇灭菌法　又称丁达尔灭菌法，它是在灭菌器或蒸笼中利用100℃流通蒸汽维持15~30 min杀死营养体，但不能杀死芽孢。故常将第一次杀菌后的物品置于室温或恒温箱内(28~37℃)，待其芽孢萌发形成营养体，再重复以上两次杀菌过程，连续三天灭菌，即可保杀死全部微生物和芽孢。此法常用于不耐高温的物品灭菌，如含糖培养基、牛乳等的灭菌。

(4)高压蒸汽灭菌法　又称常规加压蒸汽灭菌法。高压蒸汽灭菌是在高压灭菌锅(图5-17)内完成的。通过把锅内的水加热煮沸，排尽所有空气后，密闭排气阀，通过仪器表与阀门控制灭菌锅内的温度达到0.1 MPa(121.1℃)，持续15~30 min，即可达到灭菌的效果，这种方法适于一切微生物学实验室、医疗保健机构或发酵工厂中的培养基及多种器材、物料的灭菌。但此种方法受到灭菌物含菌量、灭菌锅内空气排出程度、灭菌对象pH和物理状态，灭菌体积、加热与散热速度等多种因素的影响，为达到较好的灭菌效果，在实际操作中这些因素的影响都需要加以注意。高压蒸汽灭菌适用于耐热材料的灭菌，实验室常用于培养基、各种缓冲液、玻璃器皿、金属器械和工作服等的灭菌。对于牛奶、果汁及其他热敏感物质不适宜。

图 5-17　高压灭菌锅典型的设备示意图

（5）超高温瞬时灭菌法（简称 UHT）　灭菌温度一般为 130~150℃，2~3 s，污染严重的鲜乳在 142℃以上。此法特点是既可杀死全部病原菌、营养细胞和耐热的细菌芽孢，又可最大限度减少营养成分的破坏。此法广泛用于各种果汁、牛乳、花生乳、酱油等液态食品的杀菌。在发酵工业中应用此法可以实现培养基的连续灭菌。

（6）连续灭菌法　又称连续加压蒸汽灭菌法，是指将培养基在发酵罐外利用流动式连续灭菌器，按需要连续不断地加热、保温和冷却，然后送入发酵罐的过程。培养基和发酵罐分别单独灭菌。一般采用 135~140℃加热 5~15 min，然后在维持罐内继续保温 5~8 s，以达到彻底灭菌的目的。此法既达到了灭菌的目的，又减少了营养物质的损失；与加压实罐批式灭菌法（培养基在发酵罐内一同灭菌，120℃，30 min）相比，减少了升温、加热灭菌和冷却过程所需时间，提高了发酵罐的利用率；操作过程的劳动强度低，适合自动化操作。

长时间的高温高压蒸汽灭菌能破坏培养基中的营养成分，尤其是含糖、蛋白质和多肽类的培养基易发生褐变和形成沉淀物（多肽类沉淀，磷酸盐、碳酸盐沉淀）。产生褐变机制：羰基化合物（还原糖）的羰基与氨基化合物（氨基酸、多肽、蛋白质）的氨基间发生美拉德反应，又称"羰氨反应"，导致培养基褐变的同时，损失了糖类和氨基酸，产生了氨基糖、焦糖和黑色素。此外，在加热情况下，培养基中的 Ca^{2+}、Fe^{2+} 等成分易与磷酸盐发生沉淀反应，破坏了维生素、氨基酸、蛋白质、糖等营养成分。例如，10% 的葡萄糖溶液经 121℃灭菌 15 min 后会被破坏24%。因此，对不耐热物品和含糖培养基则要降低温度而相应延长灭菌时间。例如，对含糖培养基宜采用 110℃灭菌 20~30 min，而对脱脂乳培养基宜采用 115℃灭菌 20~30 min。

要达到彻底灭菌目的，在进行高压蒸汽灭菌时应注意：①锅内冷空气要排尽。高压蒸汽灭菌是在排除锅内空气的前提下，利用纯水蒸汽压力的升高而使蒸汽温度相应提高。若锅或罐内留有空气，则蒸汽压力达不到压力表所对应的温度，因而达不到彻底灭菌的目的。因此，必须注意排除灭菌锅内残余的空气。②选择适当的灭菌温度和时间。用天然原料配制的培养基比合成或半合成培养基所需灭菌时间长。③待灭菌的物体或培养基体积不宜过大，在锅内摆放不宜拥挤，否则体积过大热传导速率慢，影响灭菌效果。因此，对大容量培养基应相应延长灭菌时间。④基质的因素。灭菌对象的含水量、成分、pH 等对灭菌效果也有很大的影响。微生物的抗热力随含水量减少而增大；微生物的抗热力随基质中的脂肪、糖、蛋白质等物质的增多而增大；微生物在 pH 7 左右抗热力最强。

5.3.2.2 辐射作用

辐射杀菌是通过电离辐射产生的电磁波来杀死微生物的有效方法。

在强烈的可见光线照射下，微生物体的光敏化剂被光能活化而上升到能量较高的状态，当其因放能而恢复正常状态时，它所放出的能量能被微生物体内有机分子或氧气吸收。如果它被有机分子所吸收，菌体受到损害的程度比较小；如果被氧气所吸收，损害程度比较大。这是因为空气中的氧气活性比较低，但吸收能量后，它会变成高能的强氧化剂。

紫外线（UV）对细胞的杀伤作用主要是由于细胞中 DNA 能吸收紫外线，形成嘧啶二聚体，导致 DNA 复制异常而产生致死作用。微生物细胞经照射后，在有氧的情况下，能产生光化学氧化反应，生成的过氧化氢能发生氧化作用，从而影响细胞的正常代谢。

高能电磁波如 X 射线、α 射线、β 射线和 γ 射线能直接作用于生物大分子，破坏氢键及环状结构，造成染色体畸变，还可以通过氧化或产生自由基（OH・、H），再与胞内大分子化合物作用使之变性失活，达到杀菌作用。例如，高能量的 γ 射线有很强的穿透力，常直接作用于罐头食品和不能进行高温处理的药品来达到灭菌的作用。由此产生的一类新的冷杀菌技术，它在克服热杀菌不足之处的基础上，运用物理手段如电场、高压、电子、光等的单一或两种以上的共同作用，在低温或常温下达到杀菌的目的。这种方法不须向食品中加入化学物质，不会使菌体产生抗性，且条件易于控制，在保持食品自然风味的基础上，杀菌效果明显。常用的物理杀菌的方法有超高压脉冲电场杀菌、脉冲强光杀菌、半导体光催化杀菌、辐射杀菌。

5.3.2.3 过滤除菌

对于不耐热的物质多采用过滤除菌的方法。它主要是通过有一定拦截作用的过滤装置来滤除掉待测物质内的细菌。这种过滤装置大致有三种类型。人们最早使用的是在一个容器的两层中间填充棉花、玻璃纤维或是石棉，对其灭菌后，使空气通过它就可以达到除菌的目的。后来在发酵工业中人们以多层滤纸代替容器中的填充物来缩小滤器的体积。第二种是由醋酸纤维素或硝酸纤维素制成的有一定韧性的微孔滤膜（0.22~0.45 μm）来代替棉花等填充物制成的过滤装置（图 5-18）。一些液体培养基可通过它来除菌。第三种是核孔过滤器，它是由辐射处理的很薄的聚碳酸胶片（厚约 10 μm）再经化学蚀刻而制成。溶液通过这种滤器可以将微生物除去，第二种和第三种过滤装置处理量较小，且造价较高，主要用于科学研究。

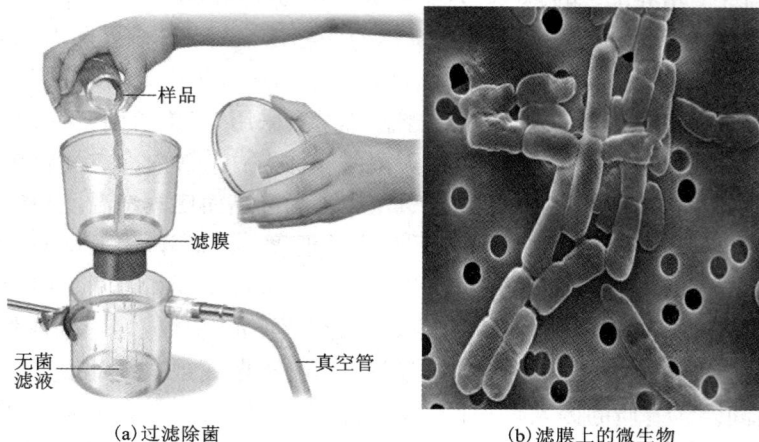

(a)过滤除菌　　　　　　　　　(b)滤膜上的微生物

图 5-18　过滤除菌及滤膜上的微生物

5.3.2.4 高渗作用

细胞质膜是一种半透膜，它将细胞内的原生质与环境中的溶液（培养基等）分开，如果溶液中水的浓度高于细胞原生质中水的浓度，那么水就会从溶液中通过细胞质膜进入原生质，使原生质和溶液中水的浓度达到平衡，这种现象称为渗透作用，水或其他溶剂经过半透性膜而进行的扩散称为渗透，在渗透时溶剂通过半透性膜时的压力称为渗透压，其大小与溶液的浓度成正比。如纯水的 A_w 值为 1，溶液中的溶质趋向于降低 A_w 值，即溶液中含的溶质愈多，溶液中的 A_w 值愈低，而溶液的渗透压愈高。细菌接种到培养基里以后，细胞通过渗透作用使细胞质与培养基的渗透压力达到平衡。如果培养基的渗透压力高（即 A_w 值低），原生质中的水向培养基扩散，这样会导致细胞发生质壁分离使生长受到抑制。因此提高环境的渗透压即降低 A_w 值，就可以达到控制微生物生长的目的。

细胞外的溶质浓度高于胞内溶质浓度为高渗溶液。在高渗溶液中，细胞易失水，脱水后发生质壁分离，生长受抑制或死亡。溶液的溶质浓度高，渗透压大，不同种类的溶质形成的渗透压大小不同，小分子溶液比大分子溶液渗透压大；离子溶液比分子溶液渗透压大；相同含量的盐、糖、蛋白质所形成的溶液渗透压为：盐 > 糖 > 蛋白质。对于一般微生物来说，在含盐 5%~30% 或含糖 30%~80% 的高渗条件下可抑制或杀死某些微生物，但各种微生物承受渗透压的能力不同，有些微生物能在高渗条件下生长，被称为耐高渗微生物。如发酵工业中鲁氏酵母，另外嗜盐微生物（如生活在含盐量高的海水、死海中）可在 15%~30% 的盐溶液中生长。

基于一般微生物不能耐受高渗透压，因此，食品工业中利用高浓度的盐或糖保存食品，如腌渍蔬菜、肉类及果脯蜜饯等，糖的浓度通常在 50%~70%，盐的浓度为 5%~15%，由于盐的相对分子质量小并能电离，在二者百分浓度相等的情况下，盐的保存效果优于糖。

5.3.2.5 干燥

水分是微生物生长的必要条件，实践中通常采用干燥的环境条件来保存物品（食品、衣物等），防止其腐败与霉烂，干燥还是控制环境中病毒的重要因素。例如，土壤中水分含量低于 10% 时，病毒会迅速灭活。所以干燥是保存各种物质的方法之一。

干燥用于食品保藏的方法可分为两类，一类是自然干燥，如熏干、晒干、冷冻干燥等；另一类是人工干燥，包括常压干燥和真空干燥。常压干燥多指热风吹、喷雾、冻结、微波等；真空干燥是在真空状态下进行抽干和冷冻抽干。干燥时温度升高，微生物容易死亡，微生物在低温下干燥时，抵抗力强，所以干燥后存活的微生物若处于低温下，可用于保藏菌种；干燥的速度快，微生物抵抗力强，缓慢干燥时，微生物死亡多；微生物在真空干燥时，再加保护剂（血清、血浆、肉汤、蛋白胨、脱脂牛乳）于菌悬液中，分装在瓶内，低温下可保持长达数年甚至 10 年的生命力。食品工业中常用干燥方法保藏食品。

5.3.2.6 超声波

强烈的超声波可以通过其探头的高频抖动，与水溶液作用产生空穴，只要悬液中的细菌接近或进入真空状态的空穴区时，由于细胞内外压差，致使细胞破裂，内溶物溢出，而导致机体死亡。另外超声波处理会导致热的产生，热作用也是造成机体死亡的原因之一。目前超声波处理技术广泛用于实验室研究中的破细胞和灭菌。

重要概念及名词

生长，繁殖，同步生长，恒浊器，恒化器，嗜冷菌，嗜热菌，耐热菌，最适生长温度，巴氏消毒法，间歇灭菌法，连续加压蒸汽灭菌法，抗生素，抗代谢药物，消毒，灭菌，商业灭菌，防腐，抑制，化疗，热力致死时间，热致死温度，D 值，Z 值，消毒剂，防腐剂。

复习思考题

1. 什么是微生物的生长？其与繁殖的关系是什么？

2. 测定微生物生长繁殖的方法主要有哪些？试比较各方法使用特点。

3. 什么是单细胞微生物的典型生长曲线？生长曲线可分为哪几个阶段？各阶段有何特点？其对生产实践有何意义？

4. 什么是微生物的同步生长？如何使微生物达到同步生长？

5. 什么是连续培养？连续培养主要有哪些形式？其特点是什么？

6. 试分析影响微生物生长的主要因素，说明相关机理。

7. 影响微生物抗热力的因素有哪些？

8. 微生物生长中引起 pH 改变的原因有哪些？实践中如何控制？

9. 水分活度是如何影响微生物的生长的？如何应用其保藏食品？

10. 发酵工业中如何保证好氧微生物对氧的需求？

11. 利用热进行消毒的方法有哪些？它们的适用范围是什么？

12. 为什么湿热灭菌比干热灭菌的效力好？

13. 除了温度外还有哪些方法可用来灭菌或抑菌？

第6章

微生物遗传与育种

内容提要

本章主要介绍了微生物遗传变异的物质基础及其在细胞中的存在方式、自发突变与自然育种、诱发突变与诱变育种、微生物的基因重组方式、基因工程的基本操作及其在食品工业中的应用、菌种的衰退、复壮与保藏，重点介绍了基因突变的类型、特点及其机制、诱变育种的基本过程、营养缺陷型突变株的筛选以及菌种保藏的方法。

教学目标

1. 掌握微生物遗传变异的物质基础和在细胞中的存在方式。
2. 掌握基因突变的类型、特点及其机制。
3. 理解并掌握微生物菌种选育的基本方法；学会根据微生物的遗传特性，设计工业微生物菌种的筛选程序。
4. 掌握原核微生物基因重组的方式。
5. 掌握菌种的保藏方法和微生物分离纯化的一般方法。

6.1 微生物的遗传与变异

遗传和变异是生物界普遍存在的现象。无论植物、动物还是微生物，无论高等生物还是低等生物，无论复杂的像人类还是简单的像细菌或病毒，都表现出子代与亲代之间相似。同时，子代与亲代之间，子代不同个体之间总存在不同程度的差异。因此，遗传和变异是生物界最基本的属性之一。

遗传是指微生物在通过繁殖延续后代的过程中，子代与亲代之间在形态、构造、生态、生理、生化特征等方面表现出一定的相似性。而变异是指微生物在繁殖过程中受到某种外在或内在因素的作用，而引起个体的遗传物质的结构或数量发生改变，使子代与亲代之间，或子代不同个体之间存在差异的现象。变异的特点是在群体中以非常低的概率（$10^{-10} \sim 10^{-5}$）

出现，性状变化的幅度较大，且变化后的新性状是稳定的、可遗传的。

遗传可以使微生物的性状保持相对稳定，并且能代代相传，使微生物的种属得以保存。而变异使子代和亲代之间不是一模一样，或多或少存在一些不同。变异可以使微生物产生新的变种，变种的新特性通过遗传得以巩固，并使微生物得以发展和进化。遗传和变异是相互关联的，遗传中有变异，变异中有遗传，两者密切相关，缺一不可。同时，两者又是矛盾对立的。遗传尽量保存物种的相似性，变异则尽可能使子代与亲代，或子代不同个体间产生差异。因此，遗传与变异的辩证关系使微生物不断进化。认识和掌握微生物遗传和变异的规律是应用微生物加工和发酵生产食品过程中做好菌种选育的关键。

6.1.1　微生物遗传变异的物质基础

生物体由何种物质来承担遗传变异功能？这是生物学中的一个重大理论问题。围绕这一问题，产生过多种推测和争论。1885 年，德国生物学家 Weismann 提出了种质连续理论，他认为遗传物质是种质中一种具有特定分子结构的化合物，遗传是由种质物质从一代到另一代的传递来实现的。20 世纪 20 年代，美国著名遗传学家 Morgan 发现了染色体并提出了基因学说，使得遗传物质基础的范围缩小到了染色体上。当时认为决定生物遗传型的是染色体和基因，其活性成分是蛋白质。直到 1944 年后，先后利用微生物这一有利的实验对象进行了三个经典的实验，才充分证实了遗传变异的物质基础是核酸。

6.1.1.1　肺炎链球菌的转化实验

转化是指受体细胞直接摄取供体细胞的遗传物质（DNA 片段），将其同源部分进行碱基配对，组合到自己的基因中，从而获得供体细胞的某些遗传性状，这种变异现象称为转化。

转化现象最早是由英国的细菌学家 F. Griffith 于 1928 年在进行肺炎链球菌（*Streptococcus pneumoniae*）（旧称肺炎双球菌 *Diplococcus pneumoniae*）的研究时发现的。肺炎链球菌是一种病原菌，存在着光滑型（Smooth，简称 S 型）和粗糙型（Routh，简称 R 型）两种不同的类型。其中光滑型的菌株产荚膜、菌落光滑、有毒，可导致人患肺炎，也可导致小鼠患败血症而死亡。粗糙型的菌株不产荚膜、菌落粗糙、无毒，在人或动物体内不会导致病害。Griffith 以 S 型和 R 型菌株为实验材料，进行了以下几组实验：

（1）动物试验

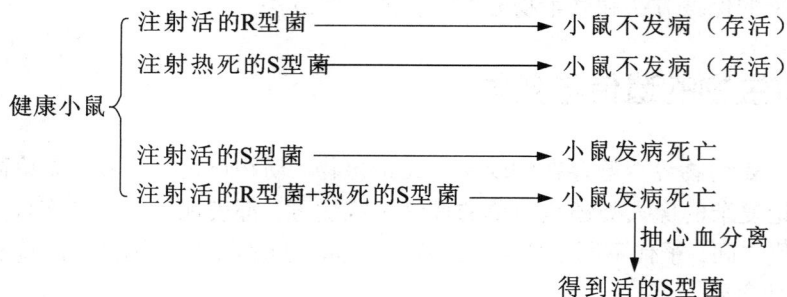

（2）细菌体外培养试验

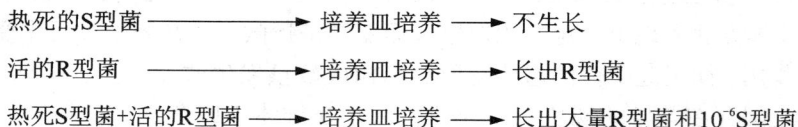

（3）S 型菌的无细胞抽提液试验

活的 R 型菌 + S 型菌无细胞抽提液——→培养皿培养——→长出大量 R 型菌和少量 S 型菌

这些试验说明，加热杀死的 S 型细菌细胞内可能存在一种转化物质，这种转化物质能够通过某种方式进入 R 型细胞，并使 R 型细菌细胞获得稳定的遗传性状。

1944 年，美国的 O. T. Avery，C. M. MacLeod 和 M. McCarty 等人在 Griffith 工作的基础上，设计了更精密的试验。他们首先将组成 S 型细菌细胞的各类化学物质进行了分离提纯，得到了纯度较高的 DNA、RNA、蛋白质、荚膜多糖等，并在离体条件下对各组分进行了转化试验：

①活的 R 型菌 + S 型菌的 DNA
②活的 R 型菌 + S 型菌的 DNA 及 DNA 以外的酶 ⎫ 长出 R 型菌及少量 S 型菌
③活的 R 型菌 + S 型菌的 DNA 及 DNA 酶
④活的 R 型菌 + S 型菌的 RNA
⑤活的 R 型菌 + S 型菌的蛋白质 ⎫ 只长 R 型菌
⑥活的 R 型菌 + S 型菌的荚膜多糖

上述试验结果说明，RNA、蛋白质和荚膜多糖均不引起转化，只有 DNA 能起到转化作用，如果用 DNA 酶处理 DNA 后，则转化作用丧失。这就证明了在肺炎链球菌中，遗传物质是 DNA。

6.1.1.2　噬菌体感染实验

1952 年，A. D. Hershey 和 M. Chase 利用同位素标记技术，通过 T_2 噬菌体感染大肠杆菌实验证实了 DNA 是遗传物质。T_2 噬菌体由蛋白质外壳和 DNA 核心组成，T_2 噬菌体的蛋白质是唯一含硫的物质，DNA 是唯一含磷的物质。Hershey 等人分别用含 ^{35}S 和 ^{32}P 两种元素的培养基培养大肠杆菌，然后让 T_2 噬菌体侵染培养后的大肠杆菌，从而使 T_2 噬菌体的头部 DNA 标上 ^{32}P，其蛋白质外壳被标上 ^{35}S。接着又让这种打上标记的噬菌体侵染不含标记元素的大肠杆菌，并在 T_2 噬菌体完成吸附和侵入后，但在未复制之前，将被感染的大肠杆菌放入组织捣碎器中强烈搅拌，使吸附在菌体外表的噬菌体外壳脱离细胞，然后离心沉淀，分别测定沉淀物和上清液中的同位素标记。结果发现，几乎全部 ^{35}S 都在上清液中，而几乎全部 ^{32}P 和细菌聚集在沉淀中。这说明在感染过程中，噬菌体的蛋白质外壳没有进入细菌细胞中，而是由于搅拌从细胞表面脱落下来，质量较轻，在离心时不被沉淀而在上清液中。而噬菌体的 DNA 进入大肠杆菌中，在离心时含噬菌体 DNA 的大肠杆菌细胞就被沉淀下来（图 6 - 1、图 6 - 2）。同时，进入菌体内的 DNA 利用大肠杆菌复制大量 T_2 噬菌体，最终释放出具有蛋白质外壳的完整的子代 T_2 噬菌体。该实验证实了噬菌体 DNA 中含有包括合成蛋白质外壳在内的全部遗传信息。

6.1.1.3　烟草花叶病毒的拆开与重建实验

1956 年，美国的 H. Fraenkel - Conrat 用含 RNA 的烟草花叶病毒进行了著名的植物病毒重建实验。Fraenkel - Conrat 将烟草花叶病毒拆成蛋白质和 RNA，分别利用蛋白质和 RNA 对烟草进行感染实验。结果发现蛋白质不能感染烟草，只有 RNA 能感染烟草并表现出病害症状，并在感染后的烟草病斑中分离到完整的具有蛋白质外壳的烟草花叶病毒。

后来，Fraenkel - Conrat 又将甲（TMV）、乙（HRV）两种变种的烟草花叶病毒拆开，在体外分别将甲病毒的 RNA 和乙病毒的蛋白质结合进行重组，将乙病毒的 RNA 和甲病毒的蛋白质

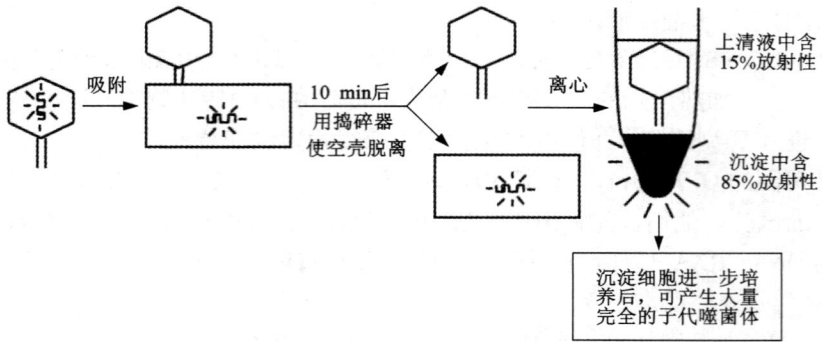

图6-1 用^{32}P标记DNA的噬菌体感染实验示意图

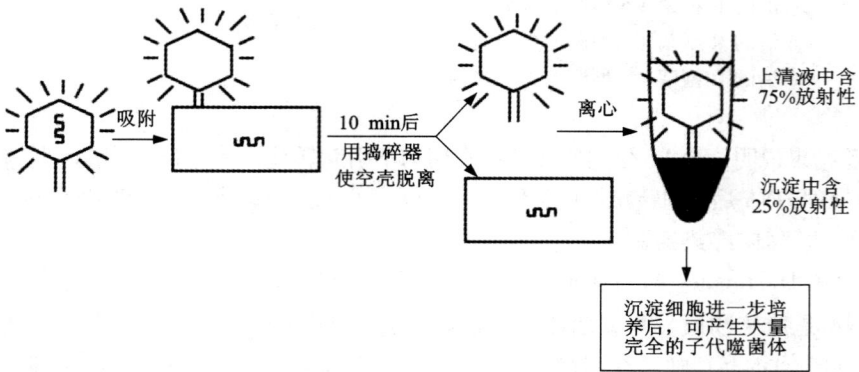

图6-2 用^{35}S标记蛋白质的噬菌体感染实验示意图

结合进行重组，并利用重组过的病毒分别感染烟草。结果从寄主分离所得的病毒蛋白质均取决于相应病毒的RNA(图6-3)。这一实验结果充分证明了烟草花叶病毒的遗传性状完全由RNA决定，RNA是遗传物质。

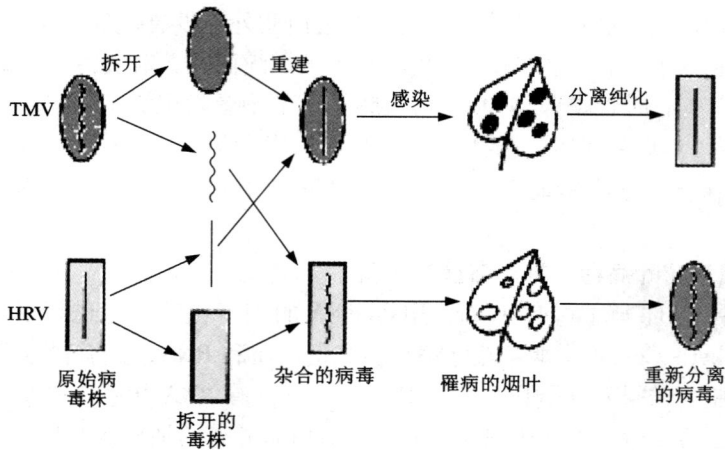

图6-3 烟草花叶病毒的拆开与重建实验示意图

以上三个经典实验得出一个共同的结论：只有核酸才是负载遗传信息的真正的物质基础。

6.1.2 遗传物质的存在形式及 7 个水平

我们可以从不同的水平来分析遗传物质在细胞中的存在形式。

6.1.2.1 细胞水平

从细胞水平来看，不论是原核微生物还是真核微生物，它们全部或大部分 DNA 都集中在细胞核或核质体中。在不同的微生物细胞或是在同种微生物的不同类型细胞中，细胞核的数目是不同的。例如，细菌和酵母菌通常一个细胞只有一个核；而放线菌和部分霉菌，其菌丝细胞往往是多核的，孢子则是单核的。

6.1.2.2 细胞核水平

原核微生物和真核微生物的细胞核存在明显的差别。原核微生物的细胞核没有核膜包裹，且 DNA 不与任何蛋白质相结合，是一个裸露的环状双链 DNA 大分子，呈松散无定形的核质体状态存在于细胞质中。而真核微生物的细胞核有核膜包裹，形成完整的、具有固定形态的真核，核内的 DNA 与组蛋白结合在一起构成染色体即核基因组。

此外，在细胞质中还存在一些除了核染色体以外的能自我复制的遗传物质。例如真核生物的线粒体、叶绿体、中心体，酵母菌的 2 μm 质粒；原核微生物的性因子(F 因子)、抗药因子(R 因子)、产大肠杆菌素因子(Col 因子)、诱癌质粒(Ti 质粒)、巨大质粒、降解性质粒等。原核微生物的核外染色体通称为质粒。

6.1.2.3 染色体水平

不同生物的每个细胞核中往往有不同数目的染色体。真核微生物的染色体不止一条，少则几条，多则几十条或更多。例如，酵母菌属(*Saccharomyces*)的染色体有 17 条，汉逊酵母属(*Hansenula*)为 4 条。而在原核微生物中，每一个核质体只是由一个裸露的、光学显微镜下无法看到的环状染色体组成。因此，对于原核生物来说，染色体水平实际上与核酸水平无异。

除了染色体数目外，染色体的套数也有不同。如果在一个细胞中只有一套相同功能的染色体，就称为单倍体；反之，包含有两套相同功能染色体的细胞就称为双倍体。

6.1.2.4 核酸水平

从核酸的种类上看，大多数生物的遗传物质是 DNA，只有部分病毒(如部分植物病毒、少数的噬菌体)的遗传物质是 RNA。真核生物的 DNA 总是缠绕着组蛋白，即以两者构成的复合物——染色体的形式存在，而原核微生物的 DNA 却单独存在。从核酸的结构上看，多数微生物的核酸呈双链，少数病毒的核酸为单链结构。从核酸的存在状态上看，即使都是双链 DNA，有的呈环状(例如原核微生物和部分病毒)，有的呈线状(部分病毒)，有的细菌质粒 DNA 呈超螺旋状("麻花"状)。

6.1.2.5 基因水平

基因是生物体内具有自主复制能力的最小遗传功能单位。基因的物质基础是一条具有特定核苷酸顺序的核酸序列。每个基因一般包含 1000～1500 bp(碱基对)，多个基因构成了染色体。从基因的功能来看，原核生物的基因是通过组成以下的基因调控系统来发挥作用的。

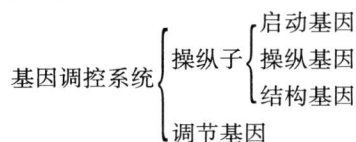

$$
基因调控系统
\begin{cases}
操纵子
\begin{cases}
启动基因 \\
操纵基因 \\
结构基因
\end{cases} \\
调节基因
\end{cases}
$$

原核微生物的基因调控系统是由一个操纵子和它的调节基因组成。每个操纵子又包含三种基因，即结构基因、操纵基因和启动基因。结构基因是合成多肽链的 DNA 模板。操纵基因与结构基因紧密连锁在一起，并且通过与相应阻遏物(阻遏蛋白)的结合与否，控制是否转录结构基因。启动基因既是 DNA 多聚酶的结合部位，也是转录的起始位点。操纵基因和启动基因不能转录 RNA，前者是阻遏蛋白附着的部位，后者则是 RNA 多聚酶附着和启动的部位。调节基因能调节操纵子中结构基因的活动。调节基因能转录出自己的 mRNA，并经转译产生阻遏蛋白，阻遏蛋白能识别和附着在操纵基因上。由于阻遏蛋白与操纵基因的相互作用可使 DNA 双链无法分开，阻挡了 RNA 聚合酶沿着结构基因移动，从而使结构基因不能表达。

6.1.2.6　密码子水平

遗传密码是指 DNA 链上决定多肽链中各个氨基酸的特定核苷酸排列顺序。每一个密码子由 mRNA 上 3 个连续核苷酸序列(三联体)组成。由 4 种核苷酸组成三联密码子的方式可达 64 种，用于决定 20 种氨基酸。有些密码子的功能是重复的，即几个密码子都决定同一个氨基酸，例如决定亮氨酸的密码子就多达 6 个，还有些密码子是"终止"信号，不代表任何氨基酸，例如，UAA、UAG 和 UGA。

6.1.2.7　核苷酸水平

基因是遗传的功能单位，密码子是信息单位。核苷酸水平(碱基水平)则是一个最低突变单位或交换单位。在绝大多数生物的 DNA 组分中，均只含有腺苷酸(AMP)、鸟苷酸(GMP)、胞苷酸(CMP)和胸苷酸(TMP)。但也有少数例外，它们含有一些稀有碱基，例如，T 偶数噬菌体的 DNA 含有少量 5 - 羟甲基胞嘧啶。

6.2　基因突变与育种

在微生物中，突变是经常发生的，学习和掌握突变的规律，不但有助于对基因定位和基因功能等基本理论问题的了解，而且还为微生物的选种、育种提供必要的理论基础。

突变是指遗传物质的核苷酸顺序突然发生稳定的可遗传的变化。突变包括基因突变(gene mutation)和染色体畸变(Chromosomal aberration)两大类。基因突变又称"点突变"(point mutation)，往往只涉及一个或少数几个碱基对的改变。染色体畸变是指染色体数目的增减或结构的改变，一般涉及一大段即成百上千个碱基对的改变。发生染色体畸变的微生物往往易致死，所以微生物中突变类型的研究主要是在基因突变方面。

对于微生物来说，基因突变最常见，也是最重要的遗传学现象，它是生物进化的原动力。但由于重组或附加体等外源遗传物质的整合而引起 DNA 的改变，不属于突变的范围。

在基因突变研究中，大肠杆菌、沙门氏菌等一直是科学研究的好材料，这是因为它们只有一条染色体，其基因序列的改变而导致的表型改变可以立即表现出来。但对一个二倍体的真核生物而言，一条染色体上的基因突变不会改变其表型，因为这一基因突变可被另一条染色体上等位基因的功能所互补。

6.2.1　基因突变的类型

基因突变的类型是多种多样的。下面就分类的依据不同，探讨一下突变的类型。

6.2.1.1　根据突变体的表型变化划分

（1）形态突变型（morphological mutant）　指发生细胞个体形态变化或引起菌落形态改变的突变型。包括引起微生物个体形态、菌落形态以及噬菌斑形态的变异。例如，细菌的鞭毛、芽孢或荚膜的有无；菌落的大小、外形、表面光滑或粗糙，以及菌落颜色的变化；放线菌或真菌孢子的有无、外形及颜色；噬菌斑的大小或清晰程度的变异等。

（2）生化突变型（biochemical mutations）　生化突变型指没有形态效应的突变型。营养缺陷型（auxotroph）是最常见的一种生化突变型，指某种微生物由于基因突变而丧失了某种（或某些）酶，因而丧失了合成某种（或某些）生长因子（如维生素、氨基酸或碱基）的能力，成为必须从培养基或周围环境中获得这些生长因子才能正常生长的菌株。这种突变型在微生物遗传学研究中应用非常广泛，它们在科研和生产中也有着重要的应用价值。

抗性突变型（resistant mutant）也是一种常见的生化突变型，是指由于基因突变而使原始菌株（野生型菌株）对某种化学药物或致死物理因子产生抗性的突变类型。例如，对各种抗生素的抗药性菌株。抗性突变型根据其抵抗的对象分为抗药性、抗紫外线、抗噬菌体等突变类型。这些突变型在遗传学的基本理论研究中非常有用，常作为重要的选择性遗传标记，在加有相应药物或相应物理因子处理的培养基平板上，只有抗性突变株可以生长，因而较容易被筛选出来。

（3）致死突变型（lethal mutant）　指由于基因突变而造成个体死亡的突变类型。造成个体生活力下降的突变型称为半致死突变型。

（4）条件致死突变型（conditional lethal mutant）　指某些菌株经过基因突变后，在某些条件下能活，而在某些条件下是致死的突变类型。最典型的是温度敏感型。例如，T_4噬菌体的温度敏感型菌株在25℃时能在大肠杆菌细胞内正常生长和繁殖，形成噬菌斑，但在42℃时就不能生长。通常，这类突变型是由于某一蛋白质的氨基酸发生改变，造成蛋白质一级结构的改变。这样的蛋白质（或酶）只有在许可的温度下才能维持其空间结构，具有正常的生物活性。当达到限制温度时，该蛋白变性并失去功能。

（5）抗原突变型（antigenic mutant）　指由于基因突变而引起的抗原结构发生突变的变异类型。

（6）产量突变型（metabolite quantitative mutant）　通过基因突变而获得的在有用代谢产物产量上明显有别于原始菌株的突变株，称为产量突变型。若产量高于原始菌株者，称为正变株，反之则称负变株。

此外，还有一些其他的突变类型，例如毒力、糖发酵能力、代谢产物的种类和数量，以及对某种药物的依赖性等的突变类型。

6.2.1.2　根据突变发生的方式划分

（1）自发突变（spontaneous mutation）　是指某种微生物在没有人工参与下自然发生的基因突变。称它为"自发"，并非意味着这种突变是没有原因的，而只是说明人们对它还没有很好地或很具体地认识而已。绝大多数的自发突变起源于细胞内部的一些生命活动过程，如遗传重组的差错和DNA复制的差错，这些差错的产生与酶的活动相关联。

（2）诱发突变（induced mutation）　是利用物理、化学或生物因素处理微生物群体，促使少数个体细胞的DNA分子结构发生改变，碱基配对发生错误，从而导致微生物的遗传性状发生突变。诱发突变发生的频率较高。

6.2.2 基因突变的特点

基因突变具有一定的规律性，由于遗传变异的物质基础是相同的，因此它不因发生基因突变的微生物种类、基因突变的表型、基因突变的类型的不同而改变。基因突变一般有以下7个特点：

(1)不对应性 突变后表现的性状与环境因子之间没有直接的对应关系。即抗药性突变并非由于接触了某种药物(如链霉素)所引起，而是接触之前就已经自发地产生了，链霉素只是起着筛选抗药性突变株的作用。

(2)自发性 各种性状的突变，可以在没有人为诱变因素处理下自发地发生。诱发突变只是提高了突变的频率。

(3)稀有性 自发突变虽然不可避免，并可能随时发生，但是突变的频率极低，一般为 $10^{-9} \sim 10^{-6}$。突变率为 10^{-9} 表示 10^9 个细胞繁殖成 2×10^9 细胞时，平均产生一个突变体。

(4)独立性 引起各种性状改变的基因突变彼此独立发生，不会相互影响。

(5)诱发性 突变率可以通过物理、化学诱发因素的作用而显著提高，一般可提高 $10 \sim 10^6$，但不改变突变的本质。

(6)稳定性 突变是遗传物质结构的改变，因而突变后的新性状可以稳定遗传。

(7)可逆性 从原始的野生型基因变异为突变型基因称为正向突变。反之，从突变型基因也可以恢复到原来的野生型基因，称为回复突变。实验证明，任何突变既有可能正向突变，也有可能发生回复突变，两者发生的频率基本相同。例如，野生型菌株可以通过突变成为突变型菌株；相反，突变型菌株也会再次发生突变使表型回复到野生型状态。

6.2.3 基因突变的机制

6.2.3.1 自发突变的机制

关于自发突变，目前了解较多的有下面4种机制。

1. 多因素低剂量的诱变效应

不少自发突变实质上是由于一些诱变因素长期的综合诱变效应。例如，充满宇宙空间的各种短波辐射、高温诱变效应以及自然界中普遍存在的一些低浓度诱变物质的作用等均可引起微生物自发突变。早在 20 世纪 30 年代就认为任何剂量的 X 射线都足以诱发突变，根据计算，它至多只能说明自发突变的 1%。此外，热也是诱发自发突变的一种影响因素，例如，T_4 噬菌体在 37℃中每天每一 GC 碱基对以 4×10^{-8} 的频率发生变化。

2. 微生物自身有害代谢产物的诱变效应

目前已经发现在一些微生物中具有诱变作用的物质，例如，H_2O_2、咖啡碱、硫氰化物、重氮丝氨酸等。H_2O_2 是普遍存在于微生物体内的一种代谢产物，它对脉孢菌具有诱变作用，这种作用会因同时加入过氧化氢酶而降低，如果在加入过氧化氢酶的同时又加入该酶的抑制剂，则可以大大提高突变率。这说明 H_2O_2 很可能是引起自发突变的一种内源性诱变剂。

3. 互变异构效应

由于 DNA 分子中的 A、T、G、C 四种碱基的第 6 位碳原子上的酮基(T、G)和氨基(A、C)，胸腺嘧啶(T)和鸟嘌呤(G)的酮基不是酮式就是烯醇式，胞嘧啶(C)和腺嘌呤(A)的氨基不是氨基式就是亚氨基式，T 和 G 会以酮式和烯醇式两种互变异构的形式出现，而 A 和 C

则以氨基式和亚氨基式两种互变异构形式出现。因为化学结构平衡一般倾向于酮式或亚氨基式，因此，在 DNA 双链结构中一般总是以 AT 和 GC 碱基对的形式出现。只是在偶然的情况下，T 也会以稀有的烯醇式出现，恰好 DNA 复制到达这一位置的瞬间，通过 DNA 多聚酶的作用，在其相应位置上就出现碱基 G，而不是出现常规的 A。当 DNA 再次复制时，通过 G 和 C 配对，就由原来的 AT 碱基对转变为了 GC 碱基对；同样 G 也会偶尔以稀有的烯醇式出现，经过两次 DNA 复制，该位点就由原来的 GC 碱基对转变为 AT 碱基对。同理，如果 C 以亚氨基形式出现，在 DNA 复制到达这一位置的瞬间，DNA 链上将是 A，而非 G。以此类推。这可能就是发生相应的自发突变的原因。据统计，碱基对发生自发突变的几率为 $10^{-9} \sim 10^{-8}$。

4. 环状突出效应

环状突出效应又称环出效应。在 DNA 复制过程中，如果其中某一单链上偶然产生一个小环，DNA 则会越过环继续复制，从而发生缺失，导致自发突变(图 6 – 4)。

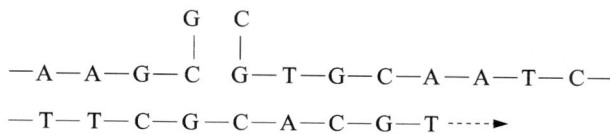

```
                    G   C
                    |   |
—A—A—G—C   G—T—G—C—A—A—T—C—

—T—T—C—G—C—A—C—G—T ·····▶
```

图 6 – 4　核苷酸环出诱变

6.2.3.2　诱发突变的机制

诱发突变就是人类对突变过程的某种干扰。凡是能使突变率显著高于自发突变率的物理、化学和生物因子统称为诱变剂(mutagen)。诱变剂的种类很多，作用方式多种多样，即使是同一种诱变剂，也常有几种作用方式。诱发突变的机制主要有以下几类。

1. 碱基的置换

碱基的置换(substitution)是指 DNA 中核苷酸的一对碱基被另一对碱基所取代。置换分为两类：其中 DNA 链中一个嘌呤被另一个嘌呤或是一个嘧啶被另一个嘧啶所取代，称为转换(transition)。而一个嘌呤被另一个嘧啶所取代或是一个嘧啶被另一个嘌呤所取代，称为颠换(transversion)。

碱基置换后会出现下列几种情况(图 6 – 5)：

(1)同义突变(samesense mutation)　指虽然某个碱基的变化引起密码子改变，但因密码子的兼并性(一个氨基酸可由多个密码子编码)，所合成多肽链的相应位置上的氨基酸没有发生改变，因此表型上没有发生突变。

(2)错义突变(missense mutation)　指被改变的密码子编码另一个氨基酸，因而所合成多肽链的相应位置上的氨基酸被置换成另一个不同的氨基酸。

(3)无义突变(nonsense mutation)　指被改变的密码子为终止密码子(UAA、UAG 或 UGA)，它不能编码任何一种氨基酸，使蛋白质合成提前终止。

(4)沉默突变(silent mutation)　碱基置换造成多肽链中一个氨基酸的改变，但该氨基酸对蛋白质的结构和功能没有多大的影响，并没引起细胞表型变化。

对于某一种具体的诱变剂引起的碱基置换，既可同时具有转换与颠换两类，也可只具有其中的一个功能。碱基的置换绝大多数是由化学诱变剂通过直接或间接的方式引起，因此可

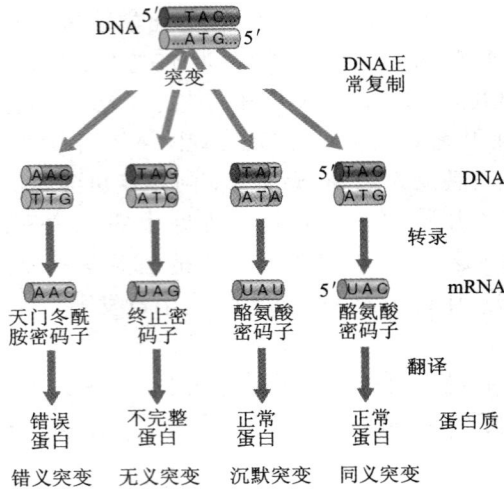

图 6-5 编码蛋白质基因的碱基置换的可能结果

以把置换的机制分为以下两类来讨论。

①直接引起置换：诱变剂直接与碱基发生化学反应，因而使 DNA 复制时碱基对发生转换而引起变异。这类诱变剂的种类很多，常用的主要有：亚硝酸、羟胺和各种烷化剂（硫酸二乙酯、甲基磺酸乙酯、乙烯亚胺、环氧乙酸、氮芥等）。在这些诱变剂中，除羟胺只引起 GC→AT 转换外，其余可使 GC 和 AT 发生互变。能引起颠换的诱变剂很少。

亚硝酸的作用机制主要是氧化脱去碱基上的氨基，从而可将 A、C、G 分别变成 H（次黄嘌呤）、U（尿嘧啶）、X（黄嘌呤），在复制时 H、U、X 分别与 C、A、C 配对，在前面两种配对中可以引起碱基对的转换从而造成突变（图 6-6）。此外，亚硝酸还会引起 DNA 双链间的交联，而导致 DNA 结构上的缺失，即诱发染色体畸变。

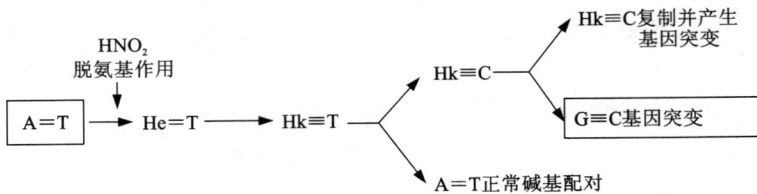

图 6-6 由亚硝酸引起的 AT-CG 的碱基置换

He—次黄嘌呤的烯醇式；Hk—次黄嘌呤的酮式

羟胺几乎只和胞嘧啶发生反应而不和其他 3 种碱基发生反应，因此只引起 GC→AT 转换，而不引起 AT→GC 的转换（图 6-7）。羟胺还能和细胞中的其他一些物质发生反应而产生 H_2O_2 等，而 H_2O_2 则是一种非专一性的诱变剂，仅对游离噬菌体和转化因子等引起非常专一性的突变。

烷化剂是诱变育种中极其重要的一类诱变剂，它们的化学结构都带有一个或多个活性烷基。烷化剂通过烷化磷酸基、烷化嘌呤和烷化嘧啶与 DNA 作用，特别是经常形成烷化鸟嘌

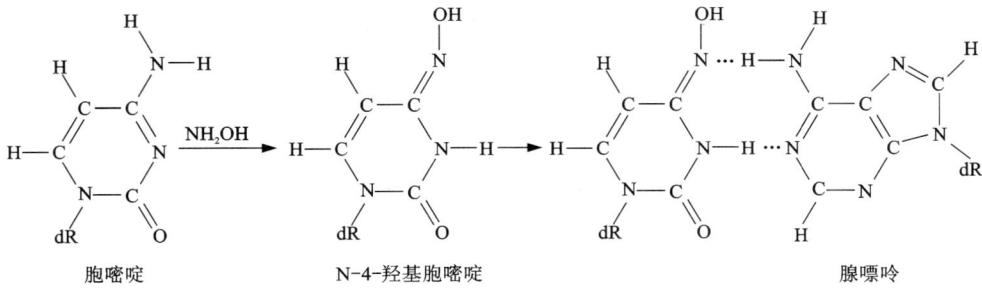

图 6 - 7　羟胺引起 GC→AT 的机制

呤。关于烷化作用导致基因突变的机制尚未完全清楚。

②间接引起置换：因为这类变异的诱变剂都是一些碱基类似物，例如，5 - 溴尿嘧啶（5 - BU）、5 - 氨基尿嘧啶（5 - AU）、8 - 氮鸟嘌呤（8 - NG）、2 - 氨基嘌呤（2 - AP）等。这些碱基类似物通过代谢掺入到 DNA 分子中，间接引起碱基对的转换，造成复制上的错误而引起突变。最常用的碱基类似物是 5 - BU 和 2 - AP。

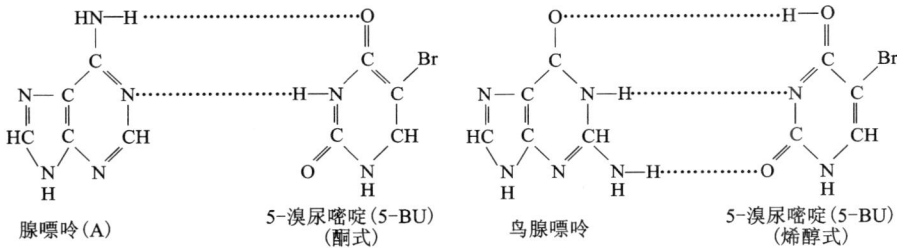

5 - BU 是胸腺嘧啶（T）的结构类似物。当微生物生长在含有 5 - BU 的培养液中，细胞内新合成的 DNA 中有一部分 T 被 5 - BU 取代。如果 5 - BU 以酮式状态存在于 DNA 中，复制时仍正常与 A 配对，此时不会引起碱基对的置换；如果 5 - BU 以烯醇式状态存在于 DNA 中，当 DNA 再次复制时与之配对的是 G 而不是 A，因而引起 AT 转换为 GC（图 6 - 8）。

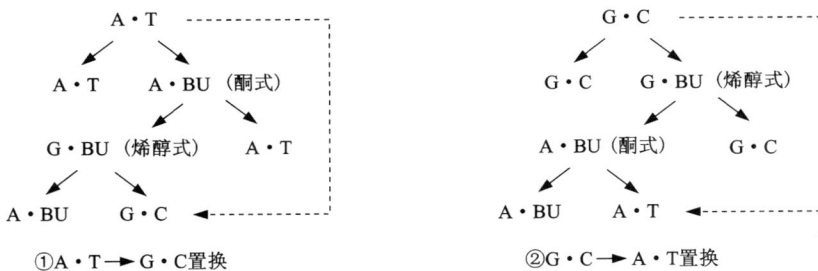

图 6 - 8　5 - 溴尿嘧啶（BU）诱发突变的机理

2．移码突变

一对或少数几对邻接的核苷酸的增加或减少，将造成这一位置以后一系列密码子发生移位错误的现象称为移码突变（frame – shift mutation）（图 6 – 9）。

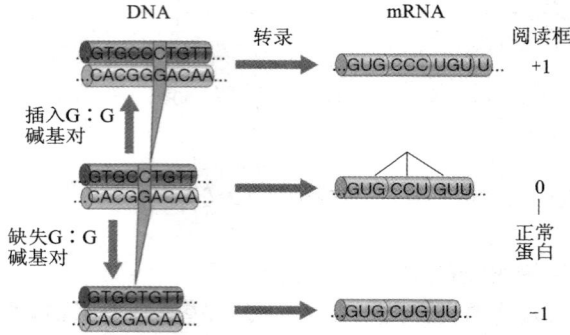

图 6 – 9　DNA 中插入或缺失突变引起的 mRNA 阅读框的移动

与染色体畸变相比，移码突变也只能算是 DNA 分子的微小损伤。吖啶类染料及其化合物是有效的移码突变诱变剂（图 6 – 10），例如，原黄素、吖啶黄、吖啶橙、α – 氨基吖啶等。

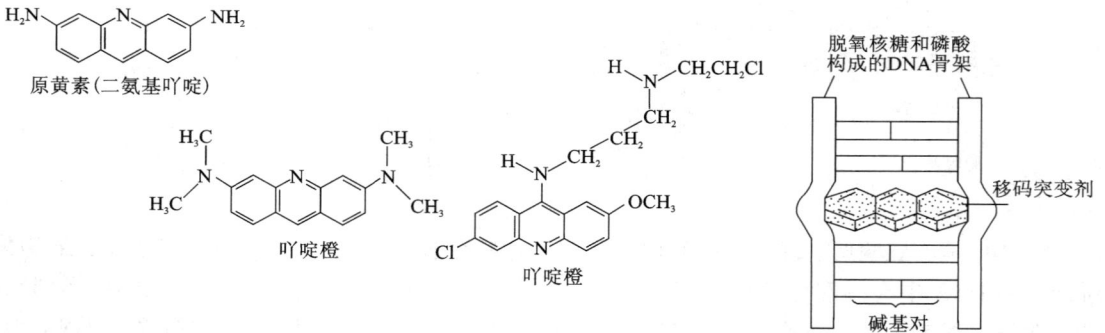

图 6 – 10　几种移码突变诱变剂及其可能的诱变机制

吖啶类化合物的诱变机制目前还不太清楚。现普遍认为，由于吖啶类化合物是一种平面型三环分子，其结构与一个嘌呤—嘧啶碱基对十分相似，因此能插入 DNA 分子中 2 个相邻的碱基对之间，造成双螺旋的部分解开（两个碱基对原来相距 0.34 nm，当插入一个吖啶分子时，就变成 0.68 nm），从而在 DNA 复制过程中，会使链上插入或缺失一个碱基，结果引起该位置后的全部遗传密码翻译错误，从而造成移码突变。吖啶类化合物可以引起移码突变及其回复突变。在 DNA 链上增添或缺失 1、2、3 或 5 个碱基时，均会引起移码突变；而增添或缺失 3 或 6 个碱基时，则不影响读码，只引起较短的缺失或插入。

3．染色体畸变

染色体畸变包括染色体结构上的插入、缺失、重复、易位和倒位，也包括染色体数目的变化（图 6 – 11）。插入是指一条染色体上增加了一个或多个基因的片段。缺失是指一条染色体上失去一个或多个基因的片段。重复是指在一条染色体上增加了一段染色体片段，使同一条染色体上某些基因重复出现的突变。易位，指两条非同源染色体之间部分相连的现象。它包括一个染色体的一部分连接到某一非同源染色体上的单向易位，以及两个非同源染色体部分相互交换连接的相互易位。倒位是指一个染色体的某一部分旋转180°后以颠倒的顺序出现在原来位置的现象。

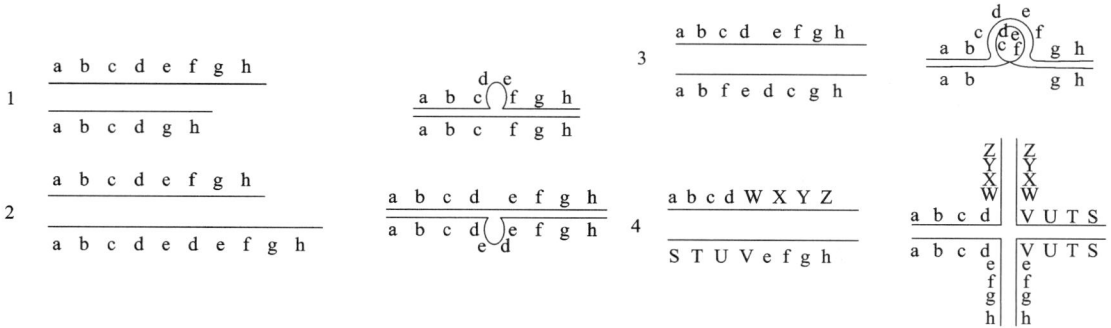

图 6-11　常见的几种染色体畸变及其减数分裂前期 I 的染色体图像
1—缺失；2—重复；3—倒位；4—相互易位

紫外线、X 射线、γ 射线、亚硝酸、烷化剂等都是引起染色体畸变的有效诱变剂。它们能引起 DNA 分子多处较大的损伤，例如 DNA 链的断裂、DNA 分子内和分子间的交联、胞嘧啶和尿嘧啶的水合作用以及嘧啶二聚体的形成等。烷化剂分子能烷化 DNA 分子上的碱基，造成一条单链的断裂或一条单链的交联等，从而引起染色体畸变。

紫外线作用的主要机制是：在 DNA 单链内或在互补的双链间形成以共价键结合的胸腺嘧啶二聚体。如果在单链 DNA 上形成胸腺嘧啶二聚体，就会减弱或消除 DNA 双链间氢键的作用，并引起双链结构扭曲变形，阻碍碱基间的正常配对，从而引起突变或死亡。如果互补链间形成胸腺嘧啶二聚体，则会妨碍双链的解开，从而影响 DNA 复制和转录，并使细胞死亡。当然，微生物能以多种形式去修复被紫外线损伤后的 DNA，主要方式有光复活、切除修复（暗修复）、重组修复、紧急呼叫（SOS）修复等。

（1）光复活作用（photoreactivation，photorestoration）　经紫外线照射后的微生物暴露于可见光下时，可明显地降低其死亡率的现象称为光复活作用。引起光复活作用的原因是可见光所激活的酶在起作用。经紫外线照射后形成胸腺嘧啶二聚体的 DNA 分子，在黑暗中会与一种光激活酶结合形成复合物，当再暴露在可见光时，复合物会因获得光能而使酶与 DNA 分子解离，从而使胸腺嘧啶二聚体重新分散成两个胸腺嘧啶单体，同时光激活酶也从复合物中释放出来［图 6-12（a）］。由于微生物中一般都存在着光复活作用，因此用紫外线照射菌液时，要在红灯下进行操作处理，然后再于暗室中或用黑布包起来培养。

（2）切除修复作用（excision repair）　由于整个过程不依赖于可见光，也称暗修复作用（dark repair），这种修复作用与光无关，整个修复过程是在内切核酸酶、外切核酸酶、DNA 聚合酶以及连接酶的协同作用下将嘧啶二聚体切除去，继而重新合成一段正常的 DNA 链以填补酶切所留下的缺口，使损伤的 DNA 分子恢复正常的一种修复方式。切补修复几乎存在于所有的微生物中。首先内切核酸酶在胸腺嘧啶二聚体 5′一侧切开一个 3′-OH 和 5′-P 的单链缺口，接着外切核酸酶从缺口的 5′端沿 5′→3′方向切除二聚体，并扩大缺口，然后在 DNA

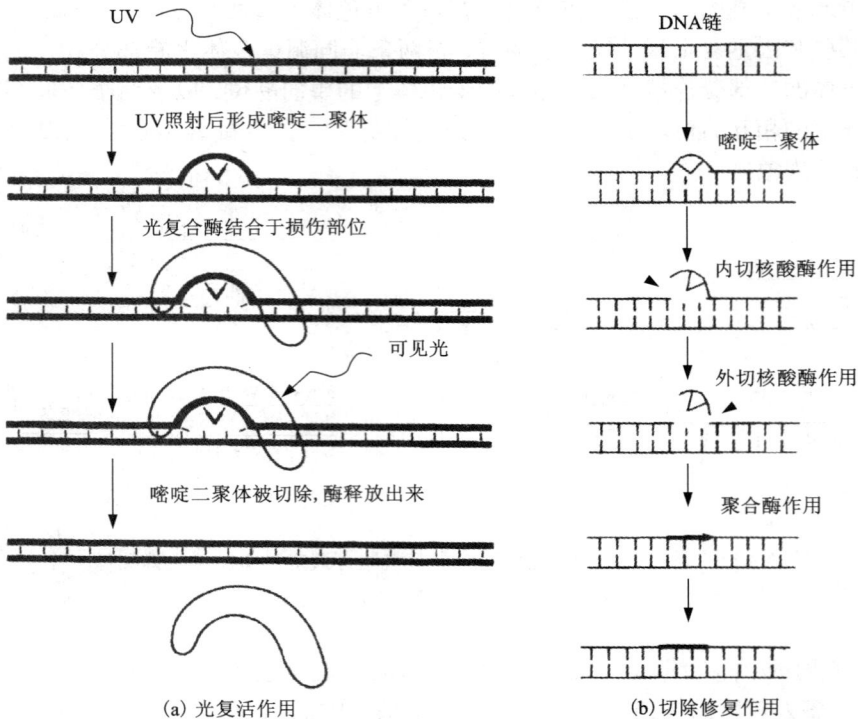

图 6-12 紫外损伤的光复活作用和切除修复作用

聚合酶的作用下，以嘧啶二聚体 DNA 节段所对应的互补单链为模板，复制成新的 DNA 节段，补到切除二聚体所留下的缺口，最后，在连接酶的催化下，新合成的 DNA 节段的 3′-OH 端与缺口的 5′-P 端相连接，使 DNA 恢复成正常的双链结构［图 6-12(b)］

（3）重组修复作用（recombination repair） 又称为复制后修复，必须在 DNA 进行复制的情况下进行。重组修复可以在不切除胸腺嘧啶二聚体的情况下，以带有二聚体的这一单链为模板而合成互补单链，可是在每一个二聚体附近留下一个空隙。一般认为通过染色体交换，空隙部位就不再面对着胸腺嘧啶二聚体而是面对着正常的单链，在这种情况下 DNA 多聚酶和连接酶便能起作用而把空隙部分进行修复。

（4）紧急呼救（SOS）修复系统 这是细胞经诱导产生的一种修复系统。许多能造成 DNA 损伤或抑制复制的处理会引发细胞内一系列复杂的诱导反应（SOS response），SOS 反应广泛存在于原核生物和真核生物中，它是生物在不利的环境中求得生存的一种功能。SOS 修复功能和细菌的一系列生理活动有关，如细胞的分裂抑制、λ 噬菌体的诱导释放，以及引起 DNA 损伤的因素和抑制 DNA 复制的许多因素都能引起 SOS 反应。

SOS 修复（SOS repair）属于后复制修复体系。SOS 反应是 DNA 受到损伤或脱氧核糖核酸的复制受阻时的一种诱导反应。在大肠杆菌细胞的 DNA 合成过程中，这种反应由 recA - lexA 系统调控。SOS 反应发生时，可造成损伤修复功能的增强。在 SOS 调节系统中，DNA 损伤作为求救信号引发了涉及 DNA 修复的多种细胞功能参与的协调的解阻遏作用（诱导）。正常情况下，SOS 系统由 lexA 蛋白所抑制，而当 DNA 损伤时，则激活了 RceA 蛋白的蛋白酶活性，可使阻遏蛋白 LexA 失活（图 6-13），SOS 系统修复酶如 uvrA、uvrB、uvrC、uvrD、ssb、recA、recN 和 ruv 基因表达从而增强切除修复、复制后修复和链断裂修复。SOS 修复允许新生的 DNA 链越过损害部分而生长，但可在该区段甚至其他区段产生错配碱基，于是很容易产生新的突变。

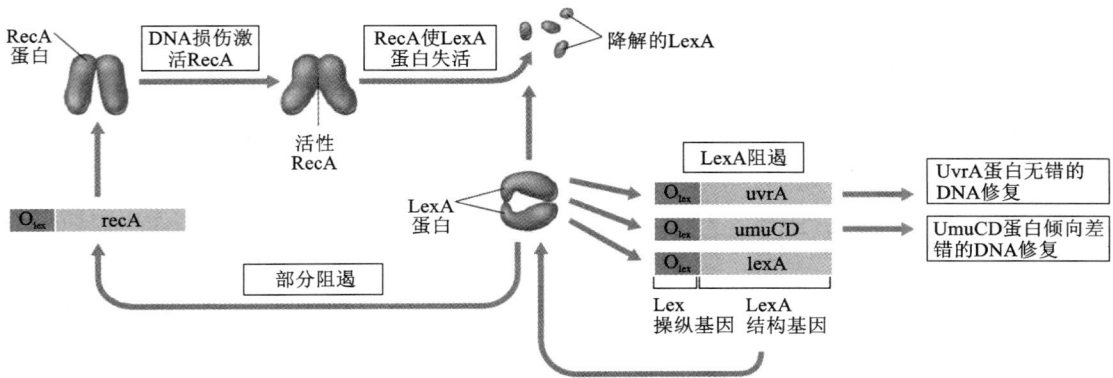

图 6-13 SOS 反应机制

6.2.4 自发突变与自然选育

6.2.4.1 自然选育

自然选育是微生物菌种选育的手段之一。它是指利用微生物在一定条件下产生自发突变，然后通过微生物分离、筛选，排除劣质性状的菌株，选择出维持原有生产水平或具有更优良生产性能的高产菌株。由于自然突变率非常低，因此选出更高产菌株的几率也非常低。

微生物菌种的变异是不可避免的。为了让菌种尽可能保持稳定的优良性状，尽量减少变异或降低退化速率，就要注意保持菌种的纯度。也就是要将具有优良性状的菌株从混杂的群体中分离出来，建立高产菌株占优势的群体。自然选育是比较简单易行的方法。

6.2.4.2 自然选育的基本过程

自然选育的原理就是把微生物群体分离。对于单细胞微生物和产孢子的微生物来说，只需将它们制备成菌悬液或孢子悬液，选择合适的稀释度，就能达到分离的目的。而对于不产孢的多细胞微生物，则需要用原生质体再生法进行分离纯化。自然选育通常分以下几步进行：

1. 通过表现形态来淘汰不良菌株

主要是从菌落形态包括菌落大小、生长速率、颜色、孢子形成等可直接观察的形态特征进行初筛，去除可能的低产菌落、将高产型菌落逐步分离筛选出来。该方法用于那些特征明显的微生物，例如，丝状真菌、放线菌及部分细菌，而对于通过外观特征较难区别的微生物就不太适用。

2. 通过目的代谢物产量来考察

在第一步初筛的基础上，对选出的高产菌株进行复筛，进一步淘汰不良菌株。复筛通过液体培养进行（如果是好氧微生物，通过摇瓶培养；如果是厌氧微生物，则需将培养液静置培养）。复筛可以考察出菌种生产能力的稳定性和传代稳定性。一般复筛的条件已经接近发酵工艺生产，经过复筛的菌种，在生产中可以表现出相近的产量水平。复筛出的菌种应及时进行保藏，避免传代次数过多造成菌种退化。

（3）进行遗传基因型纯度试验，以考察菌种的纯度

其方法是将复筛后得到的高产菌株进行分离，再次通过表现形态进行考察，分离后的菌落类型越少，表明菌种纯度越高。通常相似的主要菌落占90%以上，表明菌种遗传基因型分离少而且较稳定。

（4）进行传代稳定性试验

在生产中，根据生产规模需要逐级扩大菌种，必然要经过多次传代，这要求菌种要具有稳定的遗传性。通常进行连续传代 3 ~ 5 代后，产量仍然保持稳定的菌种才能用于生产。在传代试验中，要注意试验条件的一致性。

6.2.5　诱发突变与育种

6.2.5.1　诱变育种

诱变育种（breeding by induced mutation）指人为地、有意识地将对象生物置于诱变因子中，使该生物体发生突变，从这些突变体中筛选出具有优良性状的突变株的过程。与自然选育相比，由于采用了诱变剂处理，大大提高了菌种的突变率，加快了菌种的选育效率，提高了获得优良菌株的几率。

诱变育种具有极其重要的实践意义。当前发酵工业和其他微生物生产部门所使用的高产菌株，几乎毫无例外地都是通过诱变育种而明显提高其生产性能的。诱变育种不仅能提高菌种的生产性能而增加产品的产量，而且还可以达到改进产品质量和简化生产工艺等目的。并且，诱变育种具有方法简便、效果显著等优点。因此，诱变育种是目前最主要也是最广泛使用的育种手段。

6.2.5.2　诱变育种的基本过程

诱变育种的工作程序如下。

1. 选择合适的出发菌株

用来进行诱变处理的起始菌株称为出发菌株。在诱变育种中，出发菌株的选择直接影响到最后的诱变效果，选好合适的出发菌株有利于提高育种效果。因此必须对出发菌株的产量、形态、生理等方面有相对的了解，挑选出对诱变剂敏感性大、变异幅度大、产量高的出发菌株。在实际工作中，常选择以下几类菌株作为出发菌株：

第一类，选取从自然界中分离到的对诱变因素敏感、容易发生变异的野生型菌株。第二类，选择在生产实践中由于自然突变或长期在生产条件下驯化而筛选得到的菌株，这类菌株与野生型菌株类似，容易达到较好的诱变效果。这是诱变育种中经常采用的一类菌株。第三类，选用已经发生过其他突变的菌株。由于有些菌株在发生过某一变异后，会提高对其他诱变因素的敏感性。第四类，选取每次诱变处理都有一定提高的菌株，多次诱变可能效果叠加，积累更多的提高。第五，选择对诱变剂敏感性较高的增变异菌株，它们对诱变剂的敏感性显著高于原始菌株。

2. 同步培养

在诱变育种中，一般采用生理状态一致的单细胞或单孢子，诱变处理前应尽可能使菌悬液的细胞达到同步生长状态，称为同步培养。细菌一般要求培养至对数生长期，此时群体生长状态比较同步，DNA 正迅速复制，容易造成复制错误而提高突变率，重复性也较好。霉菌

处理使用分生孢子,应该将分生孢子在液体培养基中短时间培养,使孢子孵化,处于活化状态,并恰好未形成菌丝体,易于诱变。

3. 单细胞(或单孢子)悬液的制备

在诱变育种中,为了使细胞均匀地接触诱变剂,同时避免长出不纯的菌落,要求待处理的菌悬液呈分散的单细胞或单孢子状态。因诱变剂处理时 pH 会变化,故菌悬液通常用生理盐水(物理诱变)或缓冲溶液(化学诱变)制备。此外,还应注意细胞的分散度,方法是先用玻璃珠振荡分散,再用脱脂棉或滤纸过滤,经此方法处理,分散度可达 90% 以上,供诱变处理比较合适。一般霉菌的孢子或酵母菌的细胞悬液浓度为 10^6 mL 左右,放线菌的孢子或细菌细胞不超过 $10^8/mL$ 为宜。菌悬液的细胞数可用平板菌落计数,也可用血球板计数法或光密度法测定,但以平板计数法较为准确。

4. 诱变处理

选择简便有效的诱变剂,然后确定其使用剂量。常用的诱变剂有物理诱变剂和化学诱变剂两大类。

(1)物理诱变剂 常用的物理诱变剂有紫外线(UV)、X 射线、γ 射线(如 ^{60}Co 等)、等离子、快中子、α 射线、β 射线、超声波等。其中紫外线操作最简便,只要普通的灭菌紫外灯管就能做到,并且诱变效果非常显著,原因是在波长 260 nm 左右的紫外线被核酸强烈吸收,引起 DNA 结构变化。目前紫外诱变被广泛应用于工业育种。

紫外诱变的方法:一般用 15 W 的紫外灯,照射距离为 30 cm。为了避免光复活现象,处理过程应在无可见光(只有红光)的接种室或箱体中操作。取 10 mL 单细胞悬液置于直径为 9 cm 的培养皿中,液层厚度约为 2 mm,照射时间一般不短于 20 s,但不超过 20 min,具有芽孢的菌株处理 10 min 左右。为准确起见,照射前紫外灯应预热 20 ~ 30 min 再进行处理。由于不同的微生物对紫外线的敏感度不一样,因此不同的微生物对于诱变所需要的剂量也不同。在紫外灯的功率、照射距离已定的情况下,决定照射剂量的只有照射时间,这样可以设计一个照射不同时间梯度的实验,根据不同照射时间的死亡率,绘制出照射时间与死亡率的曲线,从而选择出适当的照射剂量。一般以照射后微生物存活率在 5% 以下的剂量为宜。

b. 等离子体诱变法:这是一种较新的诱变方法。近几年,清华大学研制出了常压室温等离子体(Atmospheric and Room Temperature Plasma, ARTP)诱变技术。ARTP 是一种能够在大气压下产生温度为 25 ~ 40℃、具有高活性粒子(包括处于激发态的氦原子、氧原子、氮原子、OH 自由基等)浓度的等离子体射流。等离子体中的活性粒子作用于微生物,能够使微生物细胞壁/膜的结构及通透性改变,并引起基因损伤,进而使微生物基因序列及其代谢网络显著变化,最终导致微生物产生突变。理论上,通过控制产生的等离子体射流强度,能够切开任何一个 DNA 碱基,从而产生多样性大的突变库,一次操作可以形成 4 万~10 万个突变体,结合高通量筛选可以方便地定向获得目标突变株。目前,该技术已成功用于细菌、放线菌、酵母菌、霉菌、微藻等多种微生物的诱变,均获得较好的突变效果。

(2)化学诱变剂 化学诱变剂的种类很多,根据它们对 DNA 的作用机制,可分为三大类:第一类是烷化剂,例如硫酸二乙酯、亚硝酸、甲基磺酸乙酯、N - 甲基 - N' - 亚硝基胍、亚硝基甲基尿等。第二类是一些碱基类似物,例如 5 - 溴尿嘧啶、5 - 氨基尿嘌呤、2 - 氨基嘌呤、8 - 氮鸟嘌呤等。第三类是吖啶类。第一类和第三类首先和 DNA 发生化学反应,然后再通过细胞的代谢作用和 DNA 的复制而完成碱基对的转换过程,因此对于代谢作用十分缓慢甚至几乎停止的生物(例如细菌的芽孢、真菌的孢子、游离的噬菌体颗粒等)照样可以诱发突变。而第二类诱变剂由于它们首先通过代谢作用插入到 DNA 分子中从而引起碱基的转换过程,因此对于代谢基本停止的细胞不起作用。

决定化学诱变剂剂量的因素主要有诱变剂的浓度、作用温度和作用时间。化学诱变剂的处理浓度常用几微克/毫升至几毫克/毫升,这个浓度取决于药剂、溶剂及微生物本身的特性,还受水解产物的浓度、一些金属离子以及某些情况下诱变剂的延迟作用的影响。一般对于一种化学诱变剂,处理浓度对于不同微生物有一个大致的范围,在进行预试验时,也通常是将处理浓度、处理温度确定后,测定不同时间的致死率来确定适宜的诱变剂剂量。这里需要说明的是化学诱变剂与物理诱变剂不同,在处理到确定时间后,要有合适的终止反应方法,一般采用稀释法、解毒剂或改变 pH 等方法来终止反应。

在选择理化因子作诱变时,在同样效果下,应选择最方便的因素;而在同样方便的情况下,则选择最高效的因素。在物理诱变剂中,紫外线最方便。而在化学诱变剂中,亚硝胺和烷化剂应用的范围较广,造成的遗传损伤较多,其中亚硝基胍和甲基磺酸乙酯被称为"超诱变剂",甲基磺酸乙酯是毒性最小的诱变剂之一。碱基类似物和羟胺虽然具有很高的特异性,但很少使用,因其回复突变率高,效果不大。

(3)充分利用复合处理的协同效应 诱变剂的复合处理常呈现一定的协同效应,这对诱变育种的工作很有价值。因此,在诱变育种时,有时可根据实际情况,采用多种诱变剂复合处理的办法。复合处理方法主要有三类:第一类是两种或多种诱变剂先后使用;第二类是同一种诱变剂重复使用;第三类是两种或多种诱变剂同时使用。如果能使用不同作用机制的诱变剂做复合处理,可能会取得更好的诱变效果(表 6 - 1)。

表 6 -1 诱变剂复合处理及其协同效应

菌种	单独处理		复合处理	
	诱变剂	突变率/%	诱变剂	突变率/%
土曲霉	紫外线 X 射线	21.3 19.7	紫外线 + X 射线	42.8
土曲霉	氮芥(0.1%) 紫外线	不明显 4.7	紫外线 + 氮芥	11.0
链霉菌	紫外线 γ 射线	31.0 35.0	紫外线 + γ 射线	43.6
金色链霉菌 (2U - 84)	二乙烯三胺 硫酸二乙酯 紫外线	6.06 78 12.5	紫外线 + 二乙烯三胺 紫外线 + 硫酸二乙酯	26.6 35.86
灰色链霉菌 (JIC - 1)	紫外线	9.8	紫外线 + 可见光照射 1 次 紫外线 + 可见光照射 6 次	9.7 16.6

(4)影响诱变效果的因素 前面我们已经介绍过出发菌株直接影响着最后的诱变效果。其次,外部环境条件如温度、氧气、pH、水分等都能影响诱变效果。例如,使用化学诱变剂

时，pH 的影响很大。亚硝基胍必须在酸性或碱性条件下进行诱变，而中性条件诱变效果很差。使用物理诱变剂，温度会有很大影响。此外，诱变剂剂量也对诱变效果有重要的影响。一般来说，诱变频率通常随诱变剂剂量的增高而增高，但达到一定诱变剂剂量后，再提高剂量，诱变率反而下降。根据对紫外线、X 射线及乙烯亚胺等诱变剂诱变效应的研究，发现正突变较多地出现在较低的剂量中，而负突变则较多地出现在高剂量中，同时还发现在经多次诱变而提高产量的菌株中，高剂量更容易出现负突变。因此，在诱变育种工作中，目前较倾向于采用较低剂量。例如，过去用紫外线诱变时，常采用杀菌率为 90%、99% 或 99.9% 的剂量，而近年来则倾向于采用杀菌率为 70%～75% 甚至更低（30%～70%）的剂量。

（5）诱变效应的测定　可采用直接法或浓缩法。直接法是将诱变处理过的细胞接种到固体培养基上，以获得单菌落，然后检测发生变异的情况。浓缩法通常在变异频率比较低的情况下，为了减少工作量而采用，例如，在分离营养缺陷型菌株时，常采用青霉素浓缩法，即把诱变处理过的细胞加入基本培养基中培养，培养基中加入了青霉素，未发生营养缺陷型变异的菌株（即野生型的菌株）可在基本培养基中生长，因此被青霉素杀死，未被杀死的则为营养缺陷型的菌株。

由于一切生物的遗传物质基础都是核酸，因此任何能改变核酸结构的因素都有可能影响到生物的遗传性状。有些化学物质能引起 DNA 结构的变化并发生"三致"作用——致突变、致畸、致癌。这些化学物质如果混入食品中，会对人体健康造成负面影响。根据生物化学统一性的原理，人们设计了以细菌为模型，利用细菌在诱变剂存在的条件下发生的突变，来检测样品中是否含有"三致"试剂。

艾姆氏试验（Ames test）即污染物致突变性检测，是一种利用细菌营养缺陷型的回复突变来检测环境或食品中是否存在"三致"试剂的简便方法。该方法是由 B. N. Ames 等人经过 10 余年的努力，于 1975 年建立并不断发展完善的细菌回复突变试验，目前已被世界各国广泛采用。这一方法的原理是：营养缺陷型菌株在基本培养基上不能生长（不能形成菌落），如果这一营养缺陷型菌株接触了化学试剂后，接种到基本培养基上能生长，则表明在基本培养基上得到了该菌株的回复突变株（营养缺陷型突变为野生型菌株），从而可以推断所接触的化学试剂具有诱变作用，表明该化学试剂为"三致"试剂。在实际操作过程中，所采用的营养缺陷型菌株可以有很多种。通常采用鼠伤寒沙门氏菌的组氨酸营养缺陷型菌株作为试验菌株。具体操作方法如下：①将不同浓度的待测样品与老鼠肝脏匀浆（含加氧酶）混匀。这是因为许多化学试剂本身在动物体外无诱变作用，必须在肝脏中与酶接触，经过代谢变化后才有诱变作用。②将上述混合物保温一段时间，用圆滤纸片吸取不同浓度的试验样品制成试验滤纸片。③将鼠伤寒沙门氏菌的组氨酸缺陷型突变株涂布于基本培养基上，再将不同浓度的滤纸片放在平板中央，同时设一个空白对照组。④经过培养后，可能出现三种情况：第一，基本培养基上没有大量菌落，表明待测样品中不含诱变剂。第二，在基本培养基上滤纸片周围有一圈抑菌圈，其外周长出大量菌落，表明待测样品中含高浓度的诱变剂。而营养缺陷型菌株在空白对照平板上滤纸片周围未长菌。第三，在滤纸片周围长出大量菌落，表明待测试剂中含有适量浓度的诱变剂（图 6 - 14）。供试用的营养缺陷型菌株还必须是 DNA 修复酶的缺陷型，不含 DNA 修复酶，使其在诱变时无法修复因碱基变化而引起的突变。

艾姆氏试验法具有快速（约 3 天）、准确（准确率 >85%）以及成本低等优点，目前已广泛用于检测食品、饮料、药物、饮水、化妆品、环境等样品中的"三致"物质。

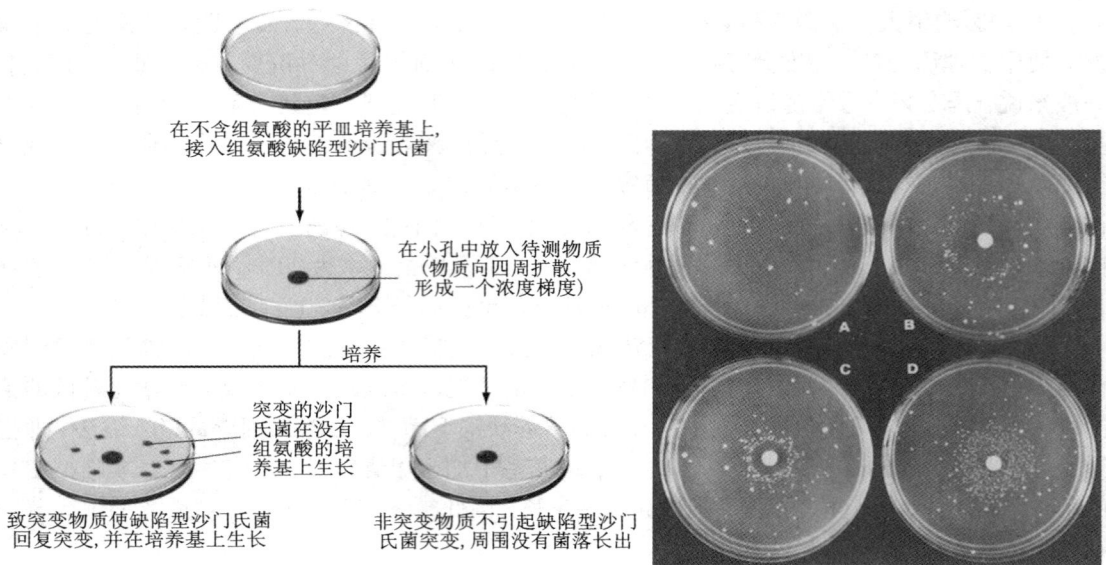

在不含组氨酸的平皿培养基上，
接入组氨酸缺陷型沙门氏菌

在小孔中放入待测物质
（物质向四周扩散，
形成一个浓度梯度）

培养

突变的沙门
氏菌在没有
组氨酸的培
养基上生长

致突变物质使缺陷型沙门氏菌
回复突变，并在培养基上生长

非突变物质不引起缺陷型沙门
氏菌突变，周围没有菌落长出

图 6 – 14　艾姆氏试验的基本原理示意图

5. 变异菌株的筛选

通过诱变处理，在微生物群体中出现各种突变菌株，其中绝大部分是负突变株，要从中筛选出极个别性能良好的正突变菌株，犹如大海里捞针，需要花费大量的人力物力。为了减少筛选工作量，缩短筛选周期，提高筛选效率，人们往往采用一些措施先进行初筛，例如，利用形态突变直接淘汰低产变异菌株，或利用平皿反应直接挑取高产变异菌株等。

有些菌株形态变异后和产量有一定相关性。例如，在灰黄霉素产生菌荨麻青霉（*Penicillium urticae*）的育种中，曾发现菌落的棕红颜色变深的菌株，产量往往有所提高。又如，在赤霉素生产菌藤仓赤霉（*Gibberella fujikuroi*）中，发现菌落紫色加深的菌株，产量下降。如果能找到形态变异与产量的相关性，则育种筛选时可以大大提高效率。

此外，利用鉴别性培养基的原理或其他方法，通过平皿反应可以有效地把突变后原来肉眼观察不到的生理性状或产量性状转变为可见的"形态"性状。所谓平皿反应是指每个变异菌落产生的代谢产物与培养基内的指示物在培养基平板上作用后表现出一定的生理效应。方法有纸片培养显色法、变色圈法、透明圈法、生长圈法和抑制圈法等（图 6 – 15）。

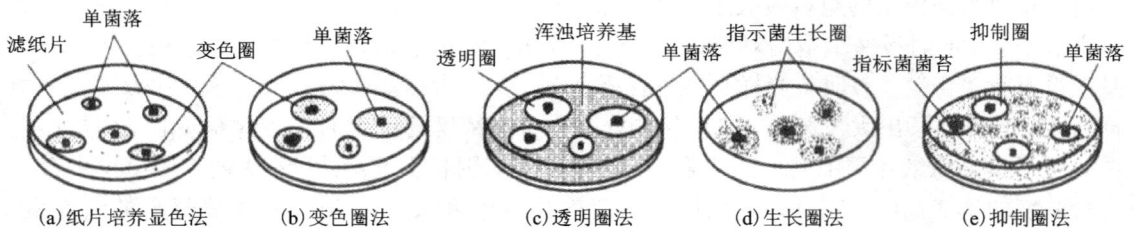

（a）纸片培养显色法　　（b）变色圈法　　（c）透明圈法　　（d）生长圈法　　（e）抑制圈法

图 6 – 15　平皿快速检测法示意图

（1）纸片培养显色法　将饱浸含某种指示剂的固体培养基的滤纸片搁于培养皿中，用牛津杯或 U 形管架空，下放小团浸有 3% 甘油的脱脂棉以保湿，将待筛选的菌悬液稀释后接种到滤纸上，保温培养形成分散的单菌落，菌落周围将会产生对应的颜色变化。从指示剂变色圈与菌落直径之比可以了解菌株的相对产量性状。指示剂可以是酸碱指示剂也可以是能与特定产物反应产生颜色的化合物。

（2）变色圈法　将指示剂直接掺入固体培养基中，进行待筛选菌悬液的单菌落培养，或喷洒在已培养成分散单菌落的固体培养基表面，在菌落周围形成变色圈。如在含淀粉的平皿中涂布一定浓度的产淀粉酶菌株的菌悬液，使其呈单菌落，然后喷上稀碘液，发生显色反应。变色圈越大，说明菌落产酶的能力越强。而从变色圈的颜色又可粗略判断水解产物的情况。此外，在琼脂平板上，通过氨基酸显色圈（用茚三酮试剂显色）的大小，柠檬酸变色圈（用溴甲酚绿作指示剂）的大小等作为筛选的标志。

（3）透明圈法　在固体培养基中掺入溶解性差、可被特定菌利用的营养成分，造成浑浊、不透明的培养基背景。在待筛选菌落周围就会形成透明圈，透明圈的大小反映了菌落利用此物质的能力。在培养基中掺入可溶性淀粉、酪素或 $CaCO_3$ 可以分别用于检测菌株产淀粉酶、产蛋白酶或产酸能力的大小。

（4）生长圈法　利用一些有特别营养要求的微生物作为工具菌，若待分离的菌在缺乏上述营养物的条件下能合成该营养物，或能分泌酶将该营养物的前体转化成营养物，那么，在这些菌的周围就会有工具菌生长，形成环绕菌落生长的生长圈。该法常用来选育氨基酸、核苷酸和维生素的生产菌。工具菌往往都是对应的营养缺陷型菌株。

（5）抑制圈法　待筛选的菌株能分泌产生某些能抑制工具菌生长的物质，或能分泌某种酶并将无毒的物质水解成对工具菌有毒的物质，从而在该菌落周围形成工具菌不能生长的抑菌圈。例如，将培养后的单菌落连同周围的小块琼脂用穿孔器取出，以避免其他因素干扰，

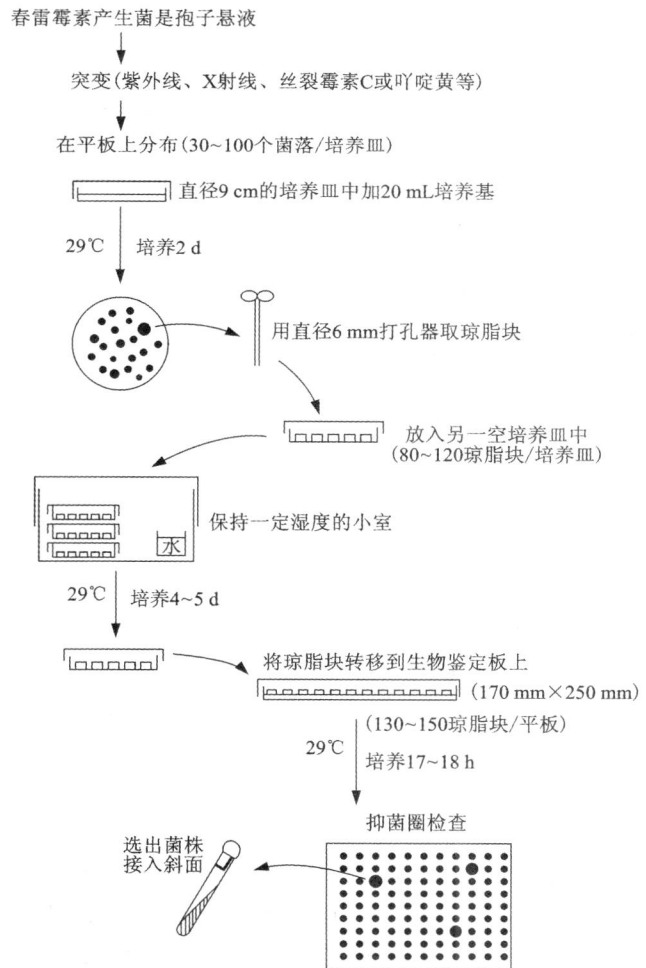

春雷霉素产生菌是孢子悬液

↓

突变（紫外线、X射线、丝裂霉素C或吖啶黄等）

↓

在平板上分布（30~100个菌落/培养皿）

↓

直径9 cm的培养皿中加20 mL培养基

29℃　培养2 d

用直径6 mm打孔器取琼脂块

放入另一空培养皿中（80~120琼脂块/培养皿）

保持一定湿度的小室

29℃　培养4~5 d

将琼脂块转移到生物鉴定板上（170 mm×250 mm）（130~150琼脂块/平板）

29℃　培养17~18 h

抑菌圈检查

选出菌株接入斜面

图 6-16　琼脂块培养法操作示意图

移入无培养基平皿，继续培养 4~5 d，使抑制物积累，此时的抑制物难以渗透到其他地方，

再将其移入涂布有工具菌的平板，每个琼脂块中心间隔距离为 2 cm，培养过夜后，即会出现抑菌圈。抑菌圈的大小反映了琼脂块中积累的抑制物的浓度高低。该法常用于抗生素产生菌的筛选，工具菌常是抗生素敏感菌。由于抗生素形成处于微生物生长后期，取出琼脂块可以避免各菌落所产生抗生素的相互干扰。典型的例子是春雷霉素生产菌的筛选(图 6-16)。

对突变株的生产性能进行比较精确的定量测定工作常称为复筛。一般是将微生物接种到三角瓶中进行液体振荡培养，然后对培养液进行分析测定。在液体振荡培养条件下，微生物在液体培养基中分布均匀，既能满足丰富的营养，又能获得充足的 O_2(仅对于好氧微生物)，还能充分排出代谢物，因此与发酵罐的条件比较接近，所以测得的数据更有实际意义。但此法的缺点是需要较多的劳力、设备和时间，工作量较大。

6.2.5.3 营养缺陷型突变株的筛选

1. 与营养缺陷型突变株有关的三种遗传型

(1)野生型(wild type) 从自然界中分离到的微生物，在其发生突变前的原始菌株，称为该微生物的野生型。

(2)营养缺陷型(auxotroph) 指经自发突变或诱变后丧失了合成某种(或某些)生长因子(如氨基酸、维生素或碱基)的能力，因而成为必须从培养基或周围环境中获得这些生长因子才能正常生长的变异菌株。

(3)原养型(prototroph) 指营养缺陷型菌株经回复突变或重组后产生的菌株，其营养要求在表现型上与野生型相同，但在基因型上与野生型往往有所差别。

2. 与营养缺陷型突变株有关的三种培养基

(1)基本培养基(minimal medium，MM) 指仅能满足某种微生物的野生型菌株生长所需要的最低营养成分的组合培养基，常用"[-]"表示。不同微生物所需的基本培养基成分繁简不一，不能误认为基本培养基都是成分简单的，尤其是不含有生长因子的培养基。野生型菌株能在其相应的基本培养基上生长。

(2)完全培养基(complete medium，CM) 指能满足一切营养缺陷型菌株生长需要的天然或半组合培养基，常用"[+]"表示。一般可在基本培养基中加入一些富含氨基酸、维生素和碱基之类的天然物质(如蛋白胨或酵母膏等)配制而成。野生型的菌株和所有营养缺陷型菌株均能在完全培养基上生长。

(3)补充培养基(supplemented medium，SM) 在基本培养基中有针对性地加入一种或几种营养成分以满足相应营养缺陷型菌株生长需要的组合培养基，常用"[x]"来表示，例如，添加了组氨酸的补充培养基用[His]。它是在基本培养基中再添加某一营养缺陷型突变株所不能合成的某种(或某些)相应代谢表示物或生长因子，因此可以专门筛选相应的营养缺陷型突变株。

3. 营养缺陷型突变株筛选的一般方法

营养缺陷型菌株的筛选一般要经过 4 个步骤：

第一步，诱变剂处理：用物理、化学、生物因子进行诱变，方法同前。

第二步，淘汰野生型菌株(又称营养缺陷型的浓缩)：诱变后，野生型菌株仍然占多数，营养缺陷型菌株通常只有百分之几至千分之几，因此只有淘汰大量的野生型菌株，浓缩极少数的营养缺陷型，才能检出目的菌株。常用的浓缩方法有抗生素法、菌丝过滤法、差别杀菌法和饥饿法等。

（1）抗生素法　其原理是抗生素主要作用于生长繁殖状态的微生物细胞，对休止态细胞无作用。根据野生型菌株能在基本培养基中生长，而营养缺陷型菌株不能生长的特点，将诱变处理液在基本培养基中培养短时间，让野生型菌株生长，处于活化阶段，而营养缺陷型菌株无法生长，仍处于"休眠"状态，这时加入一定量的抗生素，结果活化状态的野生型就被杀死，从而保存了营养缺陷型菌株。

在抗生素法中，青霉素法主要适用于细菌。其原理是青霉素能抑制细菌细胞壁的生物合成，在含有青霉素的基本培养基中，野生型细菌细胞中的蛋白质等细胞物质仍在继续合成，而细胞壁却不再增大，细菌因此而破裂死亡。制霉菌素法则适用于真菌。制霉菌素属于大环内酯类抗生素，可与真菌细胞膜上的甾醇作用，从而引起细胞膜的损伤，因此它能杀死生长繁殖着的酵母菌和霉菌。

（2）菌丝过滤法　适用于丝状的真菌和放线菌。其原理是野生型霉菌或放线菌的孢子能在液体基本培养基中萌发并长成菌丝，而营养缺陷型的孢子则不能。因此，将诱变处理后的孢子在液体基本培养基中振荡培养一段时间后，过滤时野生型菌株的菌丝不能通过滤膜，而营养缺陷型的孢子则可通过滤膜。营养缺陷型的孢子便得以浓缩。通常振荡培养和过滤应重复几次，每次培养时间不宜过长，这样才能起到充分浓缩的效果。

（3）差别杀菌法　利用细菌的芽孢远比营养体耐热的特点，让诱变后的细菌形成芽孢，然后把处在芽孢阶段的细菌移到液体基本培养基中，振荡培养一定时间，野生型菌株的芽孢萌发为营养体，而营养缺陷型菌株的芽孢不能萌发。此时将培养物加热到80℃，维持一定时间（例如15 min），大部分野生型菌株因萌发成营养体被杀死，而缺陷型菌株的芽孢不能萌发所以不被杀死，因而得以浓缩。酵母菌和子囊菌的孢子虽然不像细菌芽孢那样耐热，但是比起它们的营养体来也较为耐热，所以也可以用同样的方法浓缩。

（4）饥饿法　微生物的某些营养缺陷型菌株在某些培养条件下会自行死亡，但是如果在某一细胞中发生了另一种营养缺陷型突变，这一细胞反而会避免死亡，从而可被浓缩。例如，胸腺嘧啶缺陷型细菌在缺乏胸腺嘧啶的基本培养基上培养时，短时间内细胞大量死亡，在残留下来的细胞中可以发现许多营养缺陷型，这些留下了的细胞体内可能发生了另一突变而导致其存活。

第三步，检出营养缺陷型：主要方法有逐个检出法、影印接种法、夹层培养法和限量补给法。

（1）逐个检出法　将诱变处理后的细胞涂布在完全培养基平板上，待长出单菌落后，用灭菌的牙签或接种针把这些单菌落逐个依次分别接到基本培养基和完全培养基平板上的相应位置，同时培养，然后观察对比菌落生长情况。如果基本培养基上不生长而完全培养基相应位置上生长的菌落，可能为营养缺陷型（图6－17）。再挑取菌落分别移接到基本培养基和完全培养基上，进一步复证。该法可靠性强，但工作量大。

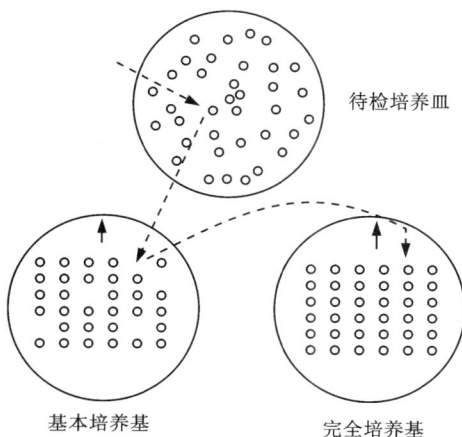

待检培养皿

基本培养基　　　完全培养基

图6－17　逐个检出法示意图

（2）影印接种法 将诱变处理后的细胞涂布在完全培养基上，培养至长出菌落后，以此作为母皿，用灭菌后的特制"印模"（可用丝绒布包裹的木质圆柱体制作，直径应略小于培养皿），在母皿平板菌落上轻轻一印，再分别转印到方位相同的另一基本培养基和完全培养基的平板上。经培养后，观察比较菌落生长情况，凡是在基本培养基上不生长，而在完全培养基上生长的菌落，则可能是营养缺陷型的菌落。然后再分别移接到基本培养基和完全培养基上进一步复证（图6-18）。

另外还可采用更简便的方法，以上印模从母皿中沾上菌体细胞后，仅影印在基本培养基平板上，培养后，生长的菌落情况与存放于冰箱的母皿菌落比较即可检出营养缺陷型。本法适用于细菌、酵母菌，其次对小型菌落的放线菌和霉菌也适用。

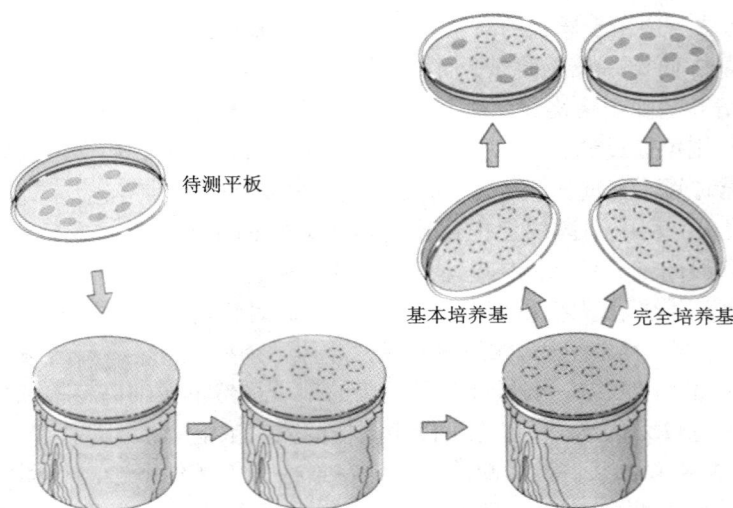

待测平板

基本培养基　　　完全培养基

图6-18 影印接种法示意图

（3）夹层培养法 先在培养皿上倒一薄层不含菌的基本培养基，待凝固后加上一层混有经诱变处理过的菌液的基本培养基，其上再倒上一薄层不含菌液的基本培养基。经培养后，对首次出现的菌落用记号笔在皿底标记上。然后，再在最上面倒上一层完全培养基（第四层培养基）。继续培养后，出现的形态较小的新菌落，多数是营养缺陷型（图6-19）。如果用含特定生长因子的基本培养基作第四层，即可直接分离到相应的营养缺陷型。

（4）限量补给法 将诱变处理后的细胞接种到含0.01%蛋白胨的基本培养基上，培养后，野生型菌株迅速长成较大的菌落，而营养缺陷型菌株生长缓慢，只能形成小菌落。

第四步，鉴定营养缺陷型 检出营养缺陷型后，需要测定它到底是什么类别的营养缺陷型？是氨基酸、维生素还是碱基缺陷型？确定了营养缺陷型类别后，还需要进一步确定具体是哪一种物质的缺陷型。鉴定营养缺陷型通常用生长谱法进行。

（1）营养缺陷型类别的测定 通常分别用氨基酸混合物、酪素水解物或蛋白胨来代表氨基酸类，维生素混合物来代表维生素类，核酸碱基混合液来代表嘌呤、嘧啶类。

将生长在完全培养基上的营养缺陷型细胞或孢子用生理盐水或缓冲液洗下来，离心洗涤，制成浓度为 $10^6 \sim 10^8$ mL菌悬液，取0.1 mL加入到基本培养基中，混匀倒入平皿，制成平板。待凝固和表面干燥后,在平皿背面划分为几个区域,在各区域内分别加上微量的代表物质粉末(或用圆滤纸法也可)。经培养后,如果某一营养物周围出现生长圈,就可初步确定缺陷型所需的生长因子属于哪一类别。

(2)缺陷型所需生长因子的测定 单一生长因子测定:鉴定氨基酸或维生素的营养缺陷型,较为简便的方法是分组测定法,每5~6种不同氨基酸或维生素归为一组。测定方法是将营养缺陷型菌株和基本培养基混合制成平板,把5种或6种生长因子粉末直接加于同一平板上,或用滤纸片沾取生长因子溶液后放在平板中。经培养后,观察哪一组或哪两组区产生生长圈,即可确定该菌株缺陷的生长因子(图6-20)。

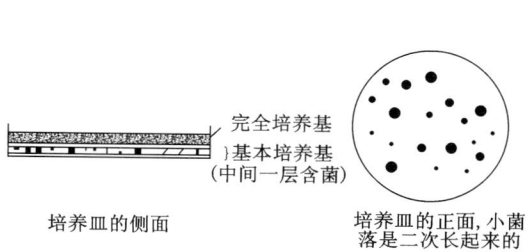

图6-19 夹层培养法示意图

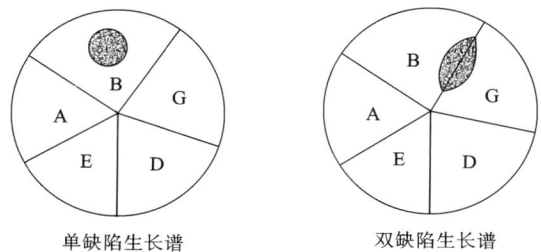

图6-20 单缺陷型与双缺陷型生长谱

如果要测定数十或上百个缺陷型菌株时,则可改成一个平皿中加入一种生长因子,制成平板,在翻转平皿底部,划分为几十个方格子,把每株缺陷型按编号移接到琼脂平板的格子中。培养后,根据生长圈出现情况,则可确定哪些缺陷型菌株是缺这种生长因子的。

6.3 基因重组与杂交

两个不同性状个体内的遗传基因,通过一定的途径转移到一起,经过遗传分子间的重新组合,形成新的稳定基因组的过程,称为基因重组(gene recombination)或遗传重组(genetic recombination)。基因突变和基因重组是导致遗传变异的两个主要过程,也是提供生物进化的主要原动力。基因突变引起的遗传改变可引起蛋白质中氨基酸序列的变化,进而引起表型的变化;而基因重组所涉及的是基因或核苷酸以不同的方式和机制进行了重新组合,引起基因组结构的变化,进而引起表型的变化。

基因重组是遗传物质在分子水平上的杂交,与一般细胞水平上的杂交有明显的区别。细胞水平上的杂交必然包含分子水平上的重组,而重组则不限于杂交这一种形式。微生物的遗传基因可以通过以下5种途径进行重组:①细胞间暂时沟通,使供体菌的基因片段传递给受体菌(接合)。②细胞间不接触,仅涉及个别或少数基因的重组。例如,受体细胞接受游离的DNA片段(转化),或供体细胞的DNA片段通过噬菌体的携带转移到受体细胞中进行的基因重组(转导)。③由噬菌体提供遗传物质,使寄主细胞获得完整噬菌体的核酸基因组(溶原转变)。④双亲细胞的原生质体融合,促使部分染色体基因重组,如细菌、酵母菌、霉菌的原生质体融合。⑤两个不同性细胞或体细胞结合,促使整套染色体交换的基因重组,如真核微生物的有性杂交和准性杂交。

6.3.1 原核微生物的基因重组

原核微生物的基因重组方式主要有转化、转导、接合和原生质体融合。它们共同的特点是：①片段性：只是一小段 DNA 序列参与重组；②单向性：从供体菌向受体菌单方向转移；③转移机制独特而多样：如转化、转导、接合等。

6.3.1.1 转化(transformation)

1. 转化及其发现

前面介绍过肺炎链球菌的转化试验，R 型活菌 + 热死 S 型菌，出现了活的 S 型菌。转化是指受体菌在自然或在人工技术作用下直接摄取来自供体菌的游离 DNA 片段，通过交换组合把它整合到自己的基因组中，而获得部分新的遗传性状的基因转移过程。转化后的受体菌称为转化子。供体菌的 DNA 片段称为转化因子。

2. 发生转化的微生物种类

转化是一种比较普遍的现象。在原核微生物中，能发生转化的种类主要在肺炎链球菌(*Streptococcus pneumoniae*)、嗜血杆菌属(*Haemophilus*)、芽孢杆菌属(*Bacillus*)、奈瑟氏球菌属(*Neisseria*)、根瘤菌属(*Rhizobium*)、葡萄球菌属(*Staphylococcus*)、假单胞菌属(*Pseudomonas*)、黄单孢菌属(*Xanthomonas*)等。在放线菌、蓝细菌以及少数真核微生物如酿酒酵母(*Saccharomyces cerevisiae*)、粗糙脉孢菌(*Neurospora crassa*)、黑曲霉(*Aspergillus niger*)等微生物中，也有转化的报道。

3. 转化发生的条件

①受体菌只有在处于感受态的情况下才能接受转化因子，进行转化作用。感受态是指受体细胞最易吸收外源 DNA 片段并能实现转化的一种生理状态。感受态出现的时间随菌种不同而有所差异，如肺炎链球菌的感受态出现在对数生长期的后期，而芽孢杆菌属的一些种出现在对数期末期和稳定期。在具有感受态的微生物中，感受态细胞所占比例和维持时间也不同，如在肺炎链球菌(*Streptococcus pneumoniae*)或流感嗜血杆菌(*Haemophilus influenzae*)群体中，100% 的个体都呈感受态，但仅能维持几分钟；而在枯草芽孢杆菌群体中，感受态细胞仅占 10 ~ 15%，但感受态可维持几个小时。外界环境因子如环腺苷酸(cAMP)及 Ca^{2+} 等可显著提高感受态水平。

②转化因子大小适宜。转化因子的本质是离体的供体 DNA 片段。在不同的微生物中，转化因子的形式不同。一般的转化因子都是线状双链 DNA，也有少数报道认为线状单链 DNA 也有转化作用。此外，质粒 DNA 也是良好的转化因子，但质粒通常不能与核基因组发生重组。关于转化因子的大小，一般认为经过多次抽提操作后，每一转化 DNA 片段的相对分子质量都小于 $1 \times 10^7 D$，即约占细菌核染色体组的 0.3%，在其上平均约含 15 个基因。转化的频率通常很低，一般只有 0.1% ~ 1%，最高时也只有 10% 左右。据研究，呈质粒形式(闭合环状双链 DNA)的转化因子，其转化频率最高，因它进入受体菌中后，可不必与受体染色体进行交换、整合即可进行复制和表达。

③菌株间的亲缘关系密切。两个菌种或菌株之间能否发生转化，与它们在进化过程中的亲缘关系有着密切的关系。即使在转化率极高的菌种中，其不同菌株间也不一定都能发生转化。

4.转化的形式

根据感受态建立的方式，可以分为自然遗传转化(natural genetic transformation)和人工转化(artificial transformation)。

自然转化：指在自然的条件下发生的转化。其感受态的出现是细胞在一定生长阶段的生理特性。

人工转化：是通过人为诱导的方法，使细胞具有摄取 DNA 的能力，或人工地将 DNA 导入细胞内。有报道称在转化时加入环腺苷酸(cAMP)，可以使感受态水平提高一万倍。人工转化是基因工程的基础技术之一，但在大部分情况下是指将外源质粒 DNA 转化到受体菌中。人工转化方法主要有：①$CaCl_2$处理细胞，使其成为能摄取外源 DNA 的感受态状态。②电穿孔法，用高压脉冲电流击破细胞膜，或击成小孔，使各种大分子(包括 DNA)能通过这些小孔进入细胞。

5.转化的过程

转化具体过程以肺炎链球菌研究最多。肺炎链球菌抗链霉素菌株($S.\ pneumonia\ str^R$)的转化过程如图 6-21 所示。

(1)结合　先从供体菌提取 DNA 片段，双链 DNA 片段与细胞表面的特定位点结合。此时，一种细胞膜的磷脂成分——胆碱可促进这一过程。

(2)切割　在吸附位点上的 DNA 被核酸内切酶分解，形成平均相对分子质量为$(4\sim5)\times10^6$的 DNA 片段。

(3)入胞　DNA 双链中的一条单链由核酸酶降解为寡核苷酸；另一条单链逐步进入受体细胞，这是一个耗能的过程。这时如用低浓度溶菌酶处理，因它提高了细胞壁的通透性，故可提高转化频率。

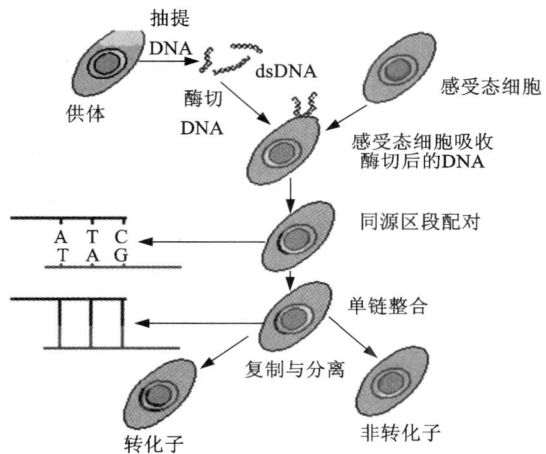

图 6-21　转化过程

(4)重组　来自供体菌的单链 DNA 片段在细胞内与受体菌核染色体组上的同源区段配对，而受体菌染色体组上的相应单链片段被切除，并被外来的单链 DNA 交换、整合和取代，于是形成了一个杂合 DNA 区段(heterozygous region)。

(5)复制　受体菌的染色体组进行复制，杂合区段也跟着得到复制。

(6)转化子形成　当细胞发生分裂后，一个子细胞获得了供体菌的转化基因，这就是转化子；另一个细胞未获供体基因，与原始受体菌一样，为非转化子。

6.3.1.2　转导

噬菌体裂解第一个宿主时可能有三种情况：

①包入的完全是噬菌体的 DNA，即正常噬菌体；

②包入的完全是细菌 DNA，即完全缺陷噬菌体；

③部分带有噬菌体基因的 DNA，即部分缺陷噬菌体。

转导分别是由后两种噬菌体参与进行的。

通过完全缺陷或部分缺陷的噬菌体为媒介，将供体细胞中 DNA 片段携带到受体细胞中，通过交换与整合，从而使受体菌获得供体菌的某些遗传性状的现象，称为转导（transduction）。获得新遗传性状的受体菌就称为转导子（transductant）。转导现象是1952年由 J. Lederberg 等人在鼠伤寒沙门氏菌（*Salmonella typhimurium*）中发现的。以后在陆续在大肠杆菌（*E. coli*）、芽孢杆菌属（*Bacillus*）、变形杆菌属（*Proteus*）、假单胞菌属（*Pseudomonas*）、志贺氏菌属（*Shigella*）、葡萄球菌属（*Staphylococcus*）、弧菌属（*Vibrio*）、根瘤菌属（*Rhizobium*）等原核微生物中都曾发现转导现象。

目前转导的种类主要有以下几种：

1. 普遍转导（generalized transduction）

通过极少数完全缺陷噬菌体对供体菌任何 DNA 小片段的"误包"，而实现其遗传性状传递至受体菌的转导现象，称为普遍性转导。一般用温和噬菌体作为普遍转导的媒介。普遍转导又分为以下两种：

（1）完全普遍转导　简称完全转导（complete transduction）。在鼠伤寒沙门氏菌（*Salmonella typhimurium*）的完全普遍转导实验中，以其野生型菌株作为供体菌，营养缺陷型菌株作为受体菌，P22 噬菌体作为转导媒介。当 P22 噬菌体感染供体（宿主）细胞后，其在细胞中增殖，宿主的核染色体组断裂，待噬菌体包装时，极少数（$10^{-8} \sim 10^{-6}$）噬菌体的衣壳将一小段供体菌 DNA 片段误包入其中，因此形成了一个完全不含噬菌体自身 DNA 的假噬菌体——完全缺陷噬菌体。当这种完全缺陷噬菌体感染受体细胞后，将供体 DNA 导入受体细胞中，通过同源区段的碱基配对、双交换而整合到受体菌的核基因组上，形成遗传性状稳定的转导子（图6-22）。这就实现了完全普遍转导。

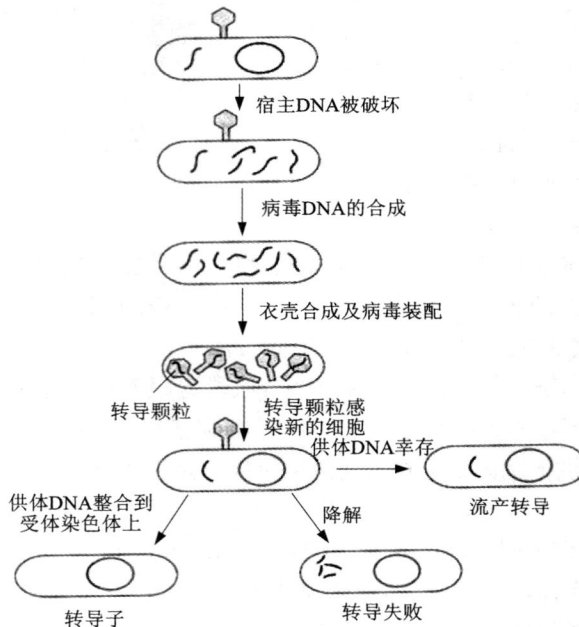

图 6-22　噬菌体的普遍性转导

（2）流产普遍转导　简称流产转导（abortive transduction）。受体菌经转导获得了供体菌的 DNA 片段，但外源 DNA 片段在受体菌中不发生配对、交换和整合，也不迅速消失，而只是进行转录和转译（性状表达），这种现象称为流产转导。发生流产转导的细胞在其进行细胞分裂后，只能将这段外源 DNA 分配给一个子细胞，而另一子细胞仅获得供体基因经转录、转译而形成的少量产物——酶，因此在表型上轻微表现出的供体菌的某一特征，每经过一次分裂，就受到一次"稀释"。所以，能在选择性培养基平板上形成微小菌落就是流产转导子的特点。

2. 局限转导（restricted transduction）

指通过部分缺陷的温和噬菌体把供体菌的少数特定基因携带到受体菌中，并与受体菌的基因组整合、重组，形成转导子的现象。局限转导具有以下几个特点：①噬菌体对供体菌和受体菌都是温和噬菌体；②只能转导供体菌的个别特定基因（一般为噬菌体整合位点两侧的基因）；③该特定基因由部分缺陷的噬菌体携带；④缺陷噬菌体是由于其在形成过程中所发生的低频率（约 10^{-5}）"误切"，或由于双重溶原菌的裂解而形成（约形成 50% 缺陷噬菌体）。根据转导频率的高低可把局限转导分为两类：

（1）低频转导（low frequency transduction，LFT）　指通过一般溶原性细菌释放的噬菌体所进行的转导，因其只能形成很少（$10^{-6}\sim10^{-4}$）的转导子，故称低频转导。以大肠杆菌 K12 的 λ 噬菌体为例。

当 λ 噬菌体感染宿主（供体菌）后，噬菌体的环状 DNA 打开，以线状形式整合到宿主核基因组的特定位点上，从而使宿主细胞发生溶原化，并获得对同种噬菌体的免疫性。如果该溶原菌被诱导裂解时，有极少数（约 10^{-5}）的前噬菌体发生不正常切离，其结果会将整合位点两侧之一的少数宿主基因（如大肠杆菌前噬菌体的两侧分别为发酵半乳糖的 *gal* 基因或合成生物素的 *bio* 基因）连接到噬菌体 DNA 上（而噬菌体也留下相应长度的一段 DNA 在宿主的染色体组上），通过噬菌体衣壳的"误包"，就形成了具有局限转导能力的部分缺陷噬菌体——$\lambda_{\text{d}gal}$ 噬菌体（指带有供体菌 *gal* 基因的 λ 缺陷噬菌体）或 $\lambda_{\text{d}bio}$（指带有供体菌 *bio* 基因的 λ 缺陷噬菌体），它们没有正常 λ 噬菌体所具有的使宿主发生溶原化的能力。当它感染宿主（受体菌）并整合在宿主核基因组上时，可形成一个获得供体菌 *gal* 基因或 *bio* 基因的局限转导子。

（2）高频转导（HFT）　在局限转导中，如果对双重溶原菌进行诱导，就会产生含 50% 左右的局限转导噬菌体的高频转导裂解物，用这种裂解物去转导受体菌，即可获得高达 50% 左右的转导子，故称这种转导为高频转导。例如，当用高 m.o.i（感染复数：指每一敏感细胞所能吸附的噬菌体的数量，m.o.i 一般为 250～360）的低频转导裂解物（LFT）感染大肠杆菌 *gal*⁻（不发酵半乳糖的营养缺陷型菌株）时，凡是感染了 $\lambda_{\text{d}gal}$ 噬菌体的任一细胞，几乎都同时感染正常的 λ 噬菌体。这时 $\lambda_{\text{d}gal}$ 与 λ 可同时整合在一个受体菌的核染色体组上，这种同时整合有正常噬菌体和缺陷噬菌体 DNA 的受体菌就称为双重溶原菌（double lysogen）。当双重溶原菌被紫外线等因素诱导而复制噬菌体时，其中的正常 λ 噬菌体的基因可补偿 $\lambda_{\text{d}gal}$ 缺失的部分基因功能，因而两种噬菌体就同时获得复制的机会。这种在双重溶原菌中的正常 λ 噬菌体被称为助体（或辅助）噬菌体。所以，双重溶原菌的裂解物中含有等量的 λ 和 $\lambda_{\text{d}gal}$ 粒子，具有高频率的转导功能，故称为高频转导裂解物。如果低 m.o.i 的高频转导裂解物去感染另一个大肠杆菌 *gal*⁻ 受体菌，就可以高频率地把它转导成为能发酵半乳糖的大肠杆菌 *gal*⁺ 转导子，即为高频转导。

普遍传导和局限转导的比较如表 6-2 所示。

表6-2 普遍转导和局限转导的比较

比较项目	普遍性转导	局限性转导
转导的基因	供体染色体或染色体外的任何基因	供体染色体上与原噬菌体紧密连锁的个别基因
噬菌体寄生的位置	不结合在寄主染色体特定位置上	结合在寄主染色体特定位置上
获得转导噬菌体的方法	通过敏感菌的裂解或溶原菌的诱导	紫外线诱导溶原菌
转导子的区别	一般稳定,非溶原性(不表现出任何噬菌体的性状,包括免疫性)	一般不稳定,呈缺陷溶原性(对同源噬菌体具有免疫性,但不表现出其他噬菌体的性状)

6.3.1.3 接合

供体菌(雄性)通过其性菌毛传递不同长度的单链 DNA 给受体菌(雌性),在受体细胞中发生交换、整合,从而使后者获得供体菌的遗传性状的现象,称为接合(conjugation)(图6-23)。通过接合而获得新性状的受体细胞,称为接合子(conjugant)。

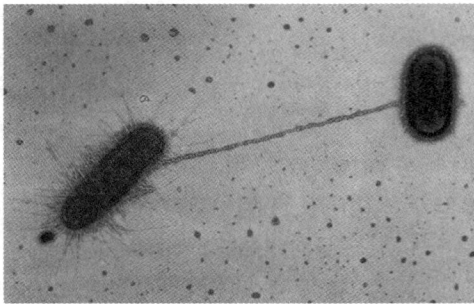

(a) 大肠杆菌见的接合现象

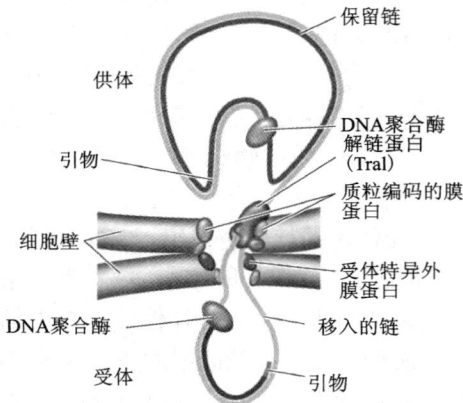

(c) F因子转移和复制的细节

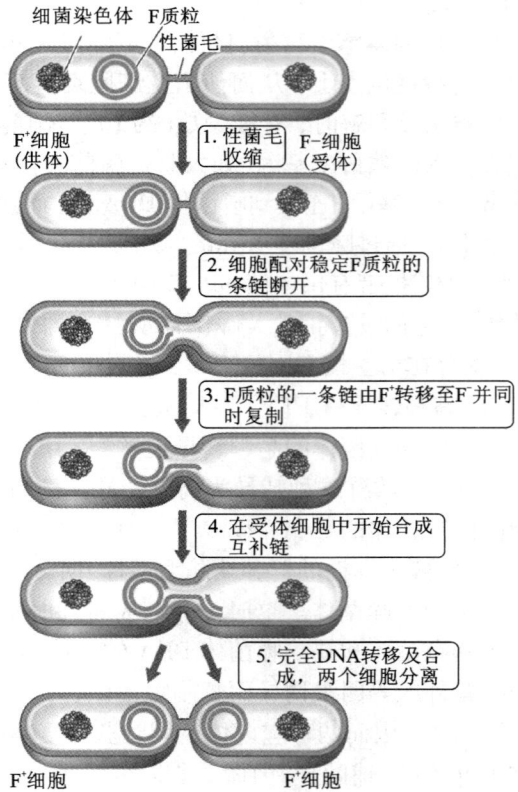

(b) F⁺菌株和F⁻发生接合后,都成为F⁺菌株

图6-23 细菌的接合

接合现象在细菌和放线菌中普遍存在。在细菌中，以革兰氏阴性细菌如大肠杆菌(*E. coli*)、沙门氏菌属(*Salmonella*)、志贺氏菌属(*Shigella*)、沙雷氏菌属(*Serratia*)、弧菌属(*Vibrio*)、固氮菌属(*Azotobacter*)、克雷伯氏菌属(*Klebsiella*)、假单胞菌属(*Pseudomonas*)等肠道微生物较为常见。在放线菌中，以链霉菌属(*Streptomyces*)和诺卡氏菌属(*Nocardia*)较为常见。此外，接合还可发生在不同属的一些菌种之间，如 *E. coli* 与鼠伤寒沙门氏菌(*Salmonella typhimurium*)之间或鼠伤寒沙门氏菌与痢疾志贺氏菌(*Shigella dysenteriae*)之间。

在细菌中，接合现象研究得最清楚的是大肠杆菌。它含有决定性别的 F 质粒(F 因子)，凡有 F 因子的细胞，在其表面就有相应的性菌毛存在。F 因子属于附加体，可以通过接合作用获得(图 6 - 24)，也可以通过吖啶类化合物、溴化乙锭或丝裂霉素 C 的处理而从细胞中消除。

根据 F 因子在大肠杆菌中的有无，以及与染色体的关系，可将大肠杆菌分为四种接合型菌株。

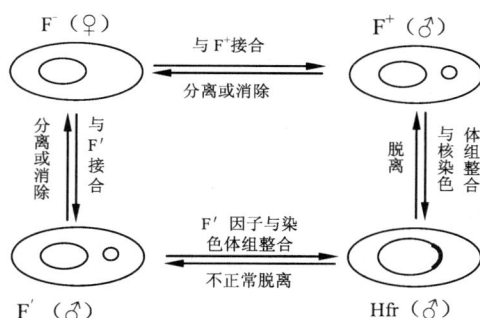

图 6 - 24 F 因子的存在方式及其相互关系

(1)F⁺菌株 即"雄性"菌株。细胞内含有 1 ~ 4 个游离的 F 因子，细胞表面还有与 F 因子数目相当的性菌毛。当与 F⁻菌株接触时，F⁺可通过性菌毛将 F 因子转移到 F⁻细胞中，同时 F⁺菌株中的 F 因子也获得复制，从而使 F⁻菌株也变成 F⁺菌株。这种通过接合而转性别的几率几乎可达 100%。

接合的一般过程为：接合时 F⁺细胞与 F⁻细胞相遇，性菌毛与 F⁻细胞表面发生吸附而形成接合管；F⁺细胞内，F 因子的一条 DNA 单链在特定的位点上发生断裂；断裂后的单链逐步解开，同时以另一条留存的环状单链做模板，通过模板的滚动，一方面把解开的单链以 5′为先导通过性菌毛推入 F⁻细胞中。另一方面，在供体细胞内以滚动的环状模板重新合成一条互补的环状单链，以取代传递到 F⁻细胞中的那条单链。这种 DNA 复制机制称为滚环模型(rolling circle model)；在 F⁻细胞中，以外来的供体 DNA 线状单链为模板合成一条互补单链，并随之恢复成环状双链 F 因子。至此，原来的 F⁻菌株变成了 F⁺菌株。原来的供体仍为 F⁺菌株(图 6 - 23)。

(2)F⁻菌株 即"雌性"菌株。指细胞中不含有 F 因子，细胞表面不具有性菌毛的菌株。它可以通过与 F⁺或 F′菌株的接合而接受供体菌的 F 因子、F′因子或 Hfr 菌株的部分或全部遗传信息，相应地可以转变成 F⁺菌株、F′菌株或重组子。据估计，从自然界分离到的 2000 株大肠杆菌中约有30%是F^-菌株。

（3）Hfr菌株 即高频重组菌株。因该菌株与F^-接合后的重组频率比F^+菌株高几百倍而得名。在Hfr细胞中，其F因子不再是游离状态，而是与染色体组特定位点上的整合状态。当Hfr菌株与F^-菌株接合时，Hfr的DNA双链中的一条单链在F因子处发生断裂，由环状变为线状，F因子位于线状单链DNA的末端。整段单链线状DNA从$5'$端开始等速地进入F^-细胞中，在没有外界干扰的情况下，全部转移过程的完成需要约100 min。由于种种原因DNA转移过程常会发生中断，所以越是前端的基因进入F^-细胞的机会越大。F因子位于线状DNA的末端，进入受体细胞的机会最小，故引起F^-菌株转变为F^+菌株的可能性也最小。因此，Hfr与F^-接合的结果其重组频率虽然最高，但引起转性的频率最低。

Hfr菌株与F^-菌株间的接合过程为：Hfr菌株与F^-细胞先进行配对，通过性菌毛使两个细胞直接接触，并形成接合管。Hfr菌株的染色体在起始子部位开始复制，直至F因子插入的部位结束；供体DNA的一条单链通过性菌毛进入受体细胞。发生接合后，使F^-成为一部分双倍体，即供体细胞的单链DNA片段合成了另一条互补的DNA链。外源双链DNA片段与受体菌的染色体DNA双链间进行双交换，从而产生了稳定的接合子。

（4）F'菌株 当Hfr菌株中的F因子因不正常切离而脱离核染色体组时，可重新形成游离的但携带一小段染色体基因的特殊环状F因子，称为F'菌株。由Hfr菌株异常释放所生成的F'菌株，称为初生F'菌株；由F'菌株与F^-菌株接合，使F^-菌株接受外来因子转变为F'菌株，称为次生F'菌株。利用F'菌株与F^-接合可将供体染色体DNA传入F^-菌株，从而使F^-菌株既获得供体菌的若干遗传特性，又可获得F因子，这种接合方式叫做F因子转导，又称性导。由于F因子可在细菌的染色体多位点整合，所以F因子转导可实现不同基因的转移和重组。

6.3.1.4 原生质体融合

原生质体融合（protoplast fusion）是指通过人为的方法，使遗传性状不同的两种菌的原生质体发生融合，进而发生遗传重组以产生同时带有双亲性状的遗传性状稳定的融合子的过程。该技术是在20世纪70年代后发展的一种育种新技术，继转化、转导和接合之后一种更有效的转移遗传物质的手段。原生质体融合不仅能在不同菌株或种间进行，还能做到属间、科间甚至更远缘的微生物或高等生物细胞间的融合。其重组频率高达10^{-1}。此项技术在细菌、放线菌、酵母菌、霉菌、高等动植物以及人体细胞中均有广泛应用。

原生质体融合的主要步骤如下：

（1）选择亲株 选择两个有特殊价值的并带有遗传标记的细胞作为亲本。所用标记从高产菌株考虑宜采用营养缺陷型和抗药性菌株。

（2）制备原生质体 将两个亲株分别活化培养，经离心洗涤，制成菌悬液后用适当的脱壁酶去除细胞壁，得到相应的原生质体。由于各种微生物细胞壁的化学组分不同，所用的脱壁酶也不相同。例如，细菌或放线菌可用溶菌酶或青霉素处理，酵母菌可用蜗牛酶或纤维素酶，霉菌无性孢子可采用蜗牛酶、几丁质酶或纤维素酶脱壁。

（3）原生质体融合 为了提高原生质体的融合率，可通过化学因子诱导或电场诱导进行融合。将制备好的原生质体进行离心收集，加入促融合剂聚乙二醇（PEG）和Ca^{2+}作用下或通过电脉冲等促进融合。

（4）原生质体再生 将融合后的原生质体用高渗溶液稀释后涂于再生培养基上，使其重新长出细胞壁，并经过细胞分裂形成菌落。由于原生质体融合后会产生两种情况，一是真正的融合，另一种是暂时性的融合，即形成了异核体。形成菌落后将菌落影印接种于各种选择性培养基上，检验是否为稳定的融合子，并进行几代自然分离、选择，确定是发生核融合而非异核体。

（5）筛选优良性状的融合重组子　原生质体经融合后所产生的融合子类型是多种多样的，其性状和生产性能也不一样。因此，对得到的融合子仍要通过常规的人工筛选，把性状优良的菌株筛选出来。

要获得真正的融合子，必须在融合原生质体再生后，进行几代自然分离和选择后才能加以确定。

6.3.2　真核微生物的基因重组

在真核微生物中，基因重组主要有有性杂交、准性杂交、原生质体融合、转化等。由于后两种在原核微生物的基因重组中已介绍过，因此这里只介绍有性杂交和转性杂交。

6.3.2.1　有性杂交

指不同遗传型的两个性细胞发生接合，并随之发生染色体重组，从而产生新的遗传型后代的一种育种技术。在真核微生物中，有的能产生单倍体的有性孢子进行有性杂交，通过减数分裂中的染色体交换和随机分配而导致基因重组。凡是能产生有性孢子的酵母菌和霉菌，都能进行有性杂交。

有性杂交在生产实践中被广泛用于优良品种的培育。在进行有性杂交过程中，选择杂交的亲株时，不仅要考虑到性的亲和性，还要考虑其标记，以免在杂种鉴别时引起极大困难。有性杂交的方法有群体交配法、孢子杂交法、单倍体细胞交配法等。群体交配法是将两种不同交配型的单倍体酵母混合培养在麦芽汁中过夜，当镜检时发现有大量的哑铃形接合细胞时，就可以挑出接种到微滴培养液中，培养形成二倍体细胞。孢子杂交法需借助显微操纵器将不同亲株的子囊孢子配对，进行微滴培养和湿室培养，使之发芽接合，形成合子。这种方法的优点在于可以在显微镜下直接观察到合子的形成，但这种方法需精密仪器。单倍体细胞交配法与孢子杂交法类似，是用两种交配型细胞配对放在微滴中培养，在显微镜下观察合子形成，但此法的成功率较小。

生产实践中利用有性杂交培育优良品种的例子很多。例如，用于酒精发酵的酵母菌和用于面包发酵的酵母菌是同一种啤酒酵母（*Saccharomyces cereuisiac*）的两个不同菌株，其中一株产酒精率高而对麦芽糖和葡萄糖的发酵力弱，另一株则与其相反。通过两者的杂交，就得到了产酒精率高，又对麦芽糖及葡萄糖的发酵能力强的新菌株。

6.3.2.2　准性杂交

要了解准性杂交，先要了解准性生殖。准性生殖是一种类似于有性生殖但比它更原始的一种生殖方式。它可使同一种生物的两个不同菌株的体细胞经融合后，不经过减数分裂和接合的交替，不产生有性孢子和特殊的囊器，仅导致低频率的基因重组，重组体细胞和一般的营养体细胞没有什么不同。准性生殖多见于一般不具典型有性生殖的酵母和霉菌，尤其是半知菌中（图6-25）。

准性生殖的主要过程如下：

（1）菌丝联结　常发生在一些形态上没有区别，但在遗传性状上有差别的同一菌种的两个不同菌株的体细胞(单倍体)间。发生联结的频率非常低。

（2）形成异核体　当两个遗传性状不同的菌株的菌丝互相接触时，通过菌丝的联结，使细胞核由一根菌丝进入另一根菌丝，原有的两个单倍体核集中到同一个细胞中，形成双倍的异核体。异核体能独立生活。

（3）核融合或核配　异核体的两个不同遗传性状的细胞核，偶尔可以发生融合，产生杂合二倍体。它与异核体不同，与亲本也不同，它的DNA含量约为单倍体的二倍，孢子体积约比单倍体孢子大一倍，其他一些性状也有明显区别，杂合二倍体相当稳定。核融合后产生杂合二倍体的频率也是极低的，如构巢曲霉和米曲霉为 $10^{-7} \sim 10^{-5}$。某些理化因素如紫外线或高温等处理，可以提高核融合的频率。

（4）体细胞重组和单倍体化　杂合二倍体的遗传性状不稳定，在其进行有丝分裂过程中，其中极少数核内的染色体会发生交换和单倍体化，从而形成了极个别的具有新遗传性状的单倍体杂合子。如果对杂合二倍体用紫外线、γ射线或氮芥等化学诱变剂进行处理，就会促进染色体断裂、畸变或导致染色体在两个子细胞中的分配不均，因而有可能产生各种不同性状组合的单倍体杂合子。

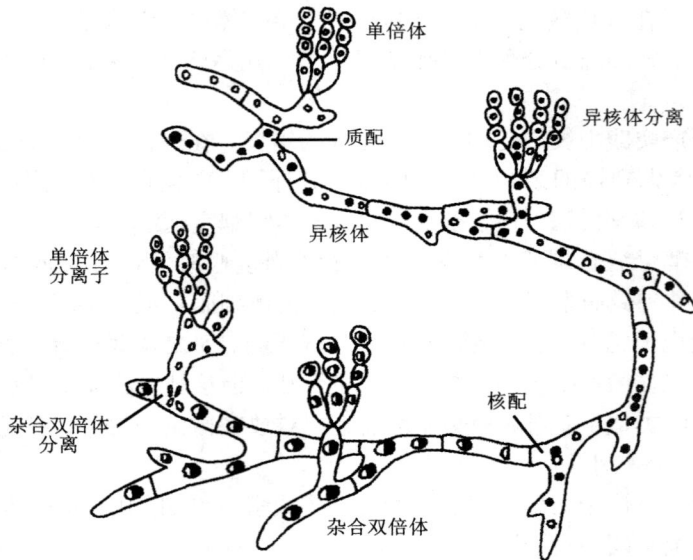

图 6 - 25　半知菌的准性生殖示意图

准性生殖为一些没有有性繁殖过程但有重要生产价值的半知菌及其他微生物的育种提供了重要的手段，如霉菌中酱油曲霉、黑曲霉等已杂交成功。

6.4　食品微生物基因工程应用

以DNA重组为核心内容的基因工程技术是一种新兴的现代生物技术，它作为生命科学领域的前沿科学，在近几十年得到了迅速的发展和广泛的应用。目前，经基因工程改造的产品已在农业、医药、环保等领域占据了重要的地位，特别是在食品工业中越来越显示了它的优越性和发展前景。随着食品与生物科学技术的不断发展，利用生物技术制造的食品的产量与产值已占食品产业的重要地位。

6.4.1　基因工程定义

基因工程(gene engineering)又称遗传工程，是指人们利用分子生物学的理论和技术，自觉设计、操纵、改造和重建细胞的遗传核心——基因组，从而使生物体的遗传性状发生定向变异，以最大限度地满足人类活动的需要。这是一种自觉的、可操纵的体外 DNA 重组技术，是一种可达到超远缘杂交的育种技术，因此比其他育种方法更有目的性和方向性，效率更高。

6.4.2　基因工程的基本操作

基因工程的基本操作大体可分为 6 个步骤：
①目的基因的获得；
②载体的选择；
③含目的基因的 DNA 片段克隆到载体中构成重组载体；
④将重组载体引入宿主细胞内进行复制、扩增；
⑤筛选出带有重组目的基因的转化细胞；
⑥鉴定外源基因的表达产物。

6.4.2.1　目的基因的获得

获取目的基因是实施基因工程的第一步。如果基因的序列是已知的，可以用化学方法合成，或者利用聚合酶链式反应(PCR)由模板扩增。此外，最常用并且无须已知序列的方法是建立一个基因文库或 cDNA 文库，从中选择出目的基因进行克隆。

6.4.2.2　载体的选择

基因工程中所用的载体系统主要有细菌质粒、黏性质粒、酵母菌质粒、λ 噬菌体、动物病毒等。载体一般为环状 DNA，能在体外经限制酶及 DNA 连接酶的作用下，同目的基因结合成环状 DNA(即重组 DNA)，然后经转化进入受体细胞大量复制和表达。

6.4.2.3　重组载体的构建

DNA 体外重组是将用 DNA 连接酶连接到合适的载体上，形成重组载体，最后通过重组运载体将目的基因导入受体细胞，可采用黏端连接法和末端连接法。

6.4.2.4　将目的基因导入受体细胞

将目的基因导入受体细胞的方法，根据受体和运载体的类型不同，所采用的导入方法也不同。目前常用的方法有：①将目的基因导入植物细胞——脓杆菌转化法、还有基因枪法和花粉管通道法。②将目的基因导入动物细胞——显微注射技术。③将目的基因导入微生物细胞——Ca^{2+} 处理细胞法。

6.4.2.5　工程菌的获得

经重组 DNA 的转化与鉴定，得到符合原定的"设计蓝图"的工程菌。

6.4.3　基因工程在食品工业中的应用

基因工程技术在食品领域中的作用目前涉及对食品资源的改造、对传统的发酵菌种的改造、酶制剂的生产、新产品的开发以及食品卫生检测等方面。

6.4.3.1 改善食品原材料品质

1. 对植物资源的改造

基因工程技术的应用使食品行业在原料选择及供应方面更加自由，应用基因工程的克隆技术、DNA 重组技术、转基因技术等，以高产、优质、抗虫、抗病、高蛋白含量为主要目标改造植物性食品资源。例如，豆类植物中蛋氨酸的含量普遍较低，但赖氨酸的含量很高；而谷类作物中的两者含量正好相反，通过基因工程技术，可将谷类植物基因导入豆类植物，开发蛋氨酸含量高的转基因大豆。

2. 对动物性资源的改造

目前，转基因动物虽然尚未达到高等转基因植物的发展水平，但通过转基因技术改良新的动物品种已成为一项发展迅速的生物技术，特别是在家畜及鱼类育种上已初见成效。例如，中科院水生生物研究所在世界上率先进行转基因鱼的研究，成功地将人的生长激素基因和鱼的生长激素基因导入鲤鱼，培育成当代转基因鱼，其生长速度比对照快并从子代测得生长激素基因的表达。另外，生长速度快，抗病力强、肉质好的转基因鸡、兔、猪等已经培育成功。

6.4.3.2 改造传统的发酵工业的菌种

发酵工业关键是优良菌株的获取，除选用常用的诱变、杂交和原生质体融合等传统方法外，还应与基因工程结合，从而大力改造菌种，给发酵工业带来生机。而作为基因工程和蛋白质工程，为便于目的表达产品的大量工业化生产，最后大多选用微生物进行目的基因表达而生产出"基因工程菌"，再通过发酵工业大量生产各种新产品。微生物的遗传变异性及生理代谢的可塑性都是其他生物难以比拟的，故其资源的开发有很大的潜力。第一个采用基因工程技术改造的食品微生物是面包酵母，把具有优良特性的酶基因转移到该菌中，使该菌含有麦芽糖透性酶和麦芽糖酶的含量比普通面包酵母高，可以使加工中产生 CO_2 气体的含量提高，制造出膨发性能良好、松软可口的面包。

6.4.3.3 用于酶制剂的生产

酶的传统来源是动物脏器和植物种子，随着发酵工程的发展，逐渐出现了以微生物为主要酶源的格局。近年来，基因工程技术的发展，使人们可以按照需要来定向改造酶，甚至创造出自然界从未发现的新酶种。目前，蛋白酶、淀粉酶、脂肪酶、糖化酶和植物酶等均可利用基因工程技术进行生产。

6.4.3.4 开发和生产新一代食品

这方面典型的例子是豆油的生产。经过脱色、除臭和精制处理的烹饪用豆油常常需被还原以延长其储藏时间及提高其在烹调时的稳定性。但是，这种还原作用却导致豆油中富含反式脂肪酸，而反式脂肪酸在摄入人体后，会增加人患冠心病的可能性。作为色拉油的精制豆油，虽然没有经过还原作用，但其中却富含软脂酸，而软脂酸的摄入也能导致冠心病的发生。因此，人们经过选择，挑选出合乎需要的基因和启动子，再通过重组 DNA 技术来改造豆油的组分构成。现在，相应的多种基因工程产品已投放市场，其中，有的豆油不含有软脂酸，可用作色拉油；有的豆油富含 80% 油酸，可用于烹饪；有的豆油含 30% 以上的硬脂酸，适用于人造黄油以及使糕饼松脆的油。利用基因工程改造的豆油的品质和商品价值显然是大大高了。

6.4.3.5 用于食品检测

随着人民生活水平的提高，人们对食品的安全性也更加重视。目前，一些法定的微生物及其毒素的检测方法，往往需很长时间才能得到结果，已不适应现代物流快速发展的需要，因此，开发和寻找实用且快速准确的检测食品微生物及其毒素的检测方法已成为当务之急。利用生物技术开发出来的快速准确检测方法有酶免疫分析法、放射免疫分析法、单克隆抗体法、DNA 探针法等。近年来 DNA 探针杂交技术在食品微生物检测中的应用研究十分活跃，目前已可以用 DNA 探针检测食品中的大肠杆菌、埃希氏菌、沙门氏菌、李斯特氏菌、金黄色葡萄球菌等。用 DNA 探针技术检测食品中微生物的关键是 DNA 探针的构建。为了保证检测方法的高度特异性，必须根据具体的检测目标，构造各种不同的 DNA 探针。

基因工程在食品工业中的应用使食品原料的来源更丰富、食品营养更丰富、更有利于健康，更方便，也能解决世界面临的粮食短缺、能源危机、环境保护等问题，因此基因工程被世界各国看作是 21 世纪经济和科技发展的关键技术。虽然现在转基因食品还没有被人们普遍接受，人们担心转基因食品会对人类健康带来危害，但转基因食品确实有多方面的好处，只要科学层面上控制好，做好检测，相信转基因食品将来也会造福人类。今后，基因工程也将更多地应用于食品工业中，使食品工业展现出崭新面貌。

6.5 菌种的衰退、复壮和保藏

性状稳定的菌种是微生物学工作最重要的基本要求，在微生物的基础研究和应用研究中，选育一株理想菌株是一件非常艰苦的工作，而要保持菌种的遗传稳定性更是困难，特别在发酵工业中，要保证高产菌株不改变初级代谢产物和次级代谢产物生产的高产能力，即少发生突变，还需要做很多日常的工作。因此，微生物学研究人员必须关注与重视有关菌种的衰退、复壮和保藏方面的问题。

6.5.1 菌种的衰退

菌种在培养或保藏过程中，由于自发突变的存在，出现某些原有生产性状的劣化、遗传标记的丢失等现象称为菌种的衰退(degeneration)。

6.5.1.1 菌种衰退的表现

菌种衰退的具体表现有以下几个方面：

①原有形态性状变得不典型了。例如，苏云金芽孢杆菌(*Bacillus thuringiensis*)的芽孢和伴孢晶体变得小而少其至丧失等。

②生长速度缓慢，产孢子越来越少。例如，细黄链霉菌(*Streptomyces microflavus*)"5406"在平板培养基上的菌苔变薄、生长缓慢，不再产生典型而丰富的橘红色分生孢子层，有时甚至只长些浅黄绿色的基内菌丝。

③代谢产物生产能力下降，即出现负变(minus mutation)。例如，赤霉素生产菌种藤仓赤霉(*Gibberella fujikuroi*)产赤霉素能力的下降，枯草芽孢杆菌(*Bacillus subtilis*)"B. F. 7658"生产 α - 淀粉酶能力的衰退。

④致病菌对宿主侵染力的下降。例如，苏云金芽孢杆菌(*B. thuringiensis*)或白僵菌(*Beauveria bassiana*)等对宿主致病能力的下降等。

⑤抗不良环境条件(低温、高温、噬菌体)能力的减弱等。

6.5.1.2 菌种衰退的原因

菌种衰退不是突然发生的,而是从量变到质变的逐步演化过程。开始时,在一个大群体中仅个别细胞发生负变,这时如不及时发现并采取有效措施,而一味地移种传代,则群体中这种负变个体的比例逐步增大,最后让它们占了优势,从而使整个群体表现出严重的衰退。导致这一现象的原因有以下几方面:

(1)基因突变(一般为负突变) 如果控制产量的基因发生负突变,则表现为产量下降;如果控制孢子生成的基因发生负突变,则产生孢子的能力下降。菌种在移种传代过程中会发生自发突变。虽然自发突变的几率很低(一般为 $10^{-9} \sim 10^{-6}$),尤其是对于某一特定基因来说,突变频率更低。但是由于微生物具有极高的代谢繁殖能力,随着传代次数增加,衰退细胞的数目就会不断增加,在数量上逐渐占优势,最终成为完全衰退了的菌株。

(2)连续传代 连续传代是加速菌种衰退的一个重要原因。一方面,传代次数越多,发生自发突变(尤其是负突变)的几率越高;另一方面,传代次数越多,群体中个别的衰退型细胞数量增加并占据优势越快,致使群体表型出现衰退。

(3)不适宜的培养和保藏条件 不适宜的培养和保藏条件是加速菌种衰退的另一个重要原因。不良的培养条件(如营养成分、温度、湿度、pH、通气量等)和保藏条件(如营养、含水量、温度、O_2 等),不仅会诱发衰退型细胞的出现,还会促进衰退细胞迅速繁殖,在数量上大大超过正常细胞,造成菌种衰退。

6.5.1.3 防止菌种衰退的措施

根据菌种衰退原因的分析,可以制订出一些防治衰退的措施,主要从以下几方面考虑:

(1)控制传代次数 尽量避免不必要的移种和传代,将必要的传代降低到最低限度,以减少自发突变的几率。

(2)创造良好的培养条件 创造一个适合原种的良好培养条件,可以防止菌种衰退。如培养营养缺陷型菌株时应保证适当的营养成分,尤其是生长因子;培养一些抗性菌株时应添加一定浓度的药物于培养基中,使回复的敏感型菌株的生长受到抑制,而生产菌能正常生长;控制好碳源、氮源等培养基成分和pH、温度等培养条件,使之有利于正常菌株生长,限制退化菌株的数量,防止衰退。

(3)利用不易衰退的细胞移种传代 在放线菌和霉菌中,由于它们的菌丝细胞常含几个细胞核,甚至是异核体,因此用菌丝接种就会出现不纯和衰退,而孢子一般是单核的,用它接种时,就不会发生这种现象。在实践中,若用灭过菌的棉团轻巧地对放线菌进行斜面移种,由于避免了菌丝的接入,因而达到了防止衰退的效果;另外,有些霉菌(如构巢曲霉)若用其分生孢子传代就易衰退,而改用子囊孢子移种则能避免衰退。

(4)采用有效的菌种保藏方法 有效的菌种保藏方法是防止菌种衰退极其必要的措施。在实践中,应当有针对性地选择菌种保藏的方法。例如,啤酒酿造中常用的酿酒酵母,保持其优良发酵性能最有效的保藏方法是 -70℃ 低温保藏,其次是 4℃ 低温保藏,若采用对于绝大多数微生物保藏效果很好的冷冻干燥保藏法和液氮保藏法,其效果并不理想。一般斜面冰箱保藏法只适用于短期保藏,而需要长期保藏的菌种,应当采用砂土保藏法、冷冻干燥保藏法及液氮保藏法等方法。对于比较重要的菌种,尽可能采用多种保藏方法。

(5)讲究菌种选育技术 在菌种选育时,应尽量使用单核细胞或孢子,并采用较高剂量使单链突变而使另一单链丧失作为模板的能力，避免表型延迟现象。同时，在诱变处理后应进行充分的后培养及分离纯化，以保证菌种的纯度。

（6）定期进行分离纯化　定期分离纯化，对相应指标进行检查，也是有效防止菌种衰退的方法。

6.5.2　菌种的复壮

6.5.2.1　复壮的定义

狭义的复壮是指在菌种已经发生衰退的情况下，通过纯种分离和测定典型性状、生产性能等指标，从已衰退的群体中筛选出少数尚未退化的个体，以达到恢复原菌株固有性状的相应措施。

广义的复壮是指在菌种的典型特征或生产性状尚未衰退前，就经常有意识地采取纯种分离和生产性状测定工作，以期从中选择到自发的正突变个体。

由此可见，狭义的复壮是一种消极的措施，而广义的复壮是一种积极的措施，也是目前工业生产中积极提倡的措施。

6.5.2.2　菌种复壮的主要方法

（1）纯种分离法　通过纯种分离，可将衰退菌种细胞群体中一部分仍保持原有典型性状的单细胞分离出来，经扩大培养，就可恢复原菌株的典型性状。常用的分离纯化的方法可归纳成两类：一类较粗放，只能达到"菌落纯"的水平，即从种的水平来说是纯的。例如采用稀释平板法、涂布平板法、平板划线法等方法获得单菌落。另一类是较精细的单细胞或单孢子分离方法。它可以达到"细胞纯"即"菌株纯"的水平。后一类方法应用较广，种类很多，既有简单的利用培养皿或凹玻片等作分离室的方法，也有利用复杂的显微操纵器的纯种分离方法。对于不长孢子的丝状菌，则可用无菌小刀切取菌落边缘的菌丝尖端进行分离移植，也可用无菌毛细管截取菌丝尖端单细胞进行纯种分离。

（2）宿主体内复壮法　对于寄生性微生物的衰退菌株，可通过接种到相应昆虫或动植物宿主体内来提高菌株的毒性。例如，苏云金芽孢杆菌经过长期人工培养会发生毒力减退、杀虫率降低等现象，可用退化的菌株去感染菜青虫的幼虫，然后再从病死的虫体内重新分离典型菌株。如此反复多次，就可提高菌株的杀虫率。根瘤菌属经人工移接，结瘤固氮能力减退，将其回接到相应豆科宿主植物上，令其侵染结瘤，再从根瘤中分离出根瘤菌，其结瘤固氮性能就可恢复甚至提高。

（3）淘汰法　将衰退菌种进行一定的处理（如药物、低温、高温等），往往可以起到淘汰已衰退个体而达到复壮的目的。如将细黄链霉菌"5406"的分生孢子在低温（-10~30℃）下处理5~7 d，使其死亡率达到80%，在抗低温的存活个体中留下了未退化的健壮个体。

（4）遗传育种法　即把退化的菌种重新进行遗传育种，从中再选出高产而不易退化的稳定性较好的生产菌种。

6.5.3　菌种的保藏

各种微生物由于遗传特性不同，因此适合采用的保藏方法也不一样。一种良好的有效保藏方法，首先应能保持原菌种的优良性状长期不变，同时还须考虑方法的通用性、操作的简便性和设备的普及性。下面介绍几种常用的菌种保藏方法：

（1）斜面低温保藏法　将菌种接种在适宜的斜面培养基上，待菌种生长完全后，置于4℃左右的冰箱中保藏，每隔一定时间（保藏期）再转接至新的斜面培养基上，生长后继续保藏，如此连续不断。此法广泛适用于细菌、放线菌、酵母菌和霉菌等大多数微生物菌种的短期保藏以及不宜用冷冻干燥保藏的菌种。放线菌、霉菌和有芽孢的细菌一般可保存6个月左右，无芽孢的细菌可保存1个月左右，酵母菌可保存3个月左右。如以橡皮塞代替棉塞，再用石蜡封口，置于4℃冰箱中保藏，不仅能防止水分挥发、能隔氧，而且能防止棉塞受潮而污染。这一改进可使菌种的保藏期延长。

此法由于采用低温保藏，大大减缓了微生物的代谢繁殖速度，降低突变频率；同时也减少了培养基的水分蒸发，使其不至于干裂。该法的优点是简便易行，容易推广，存活率高，故在科研和生产上对经常使用的菌种大多采用这种保藏方法。其缺点是菌株仍有一定程度的代谢活动能力，保藏期短，传代次数多，菌种较容易发生变异和被污染。

（2）石蜡油封藏法　此法是在无菌条件下，将灭过菌并已蒸发掉水分的液体石蜡倒入培养成熟的菌种斜面（或半固体穿刺培养物）上，石蜡油层高出斜面顶端1 cm，使培养物与空气隔绝，加胶塞并用固体石蜡封口后，垂直放在室温或4℃冰箱内保藏。使用的液体石蜡要求优质无毒，化学纯规格，其灭菌条件是：150～170℃烘箱内灭菌1 h；或121℃高压蒸汽灭菌60～80 min，再置于80℃的烘箱内烘干除去水分。

由于液体石蜡阻隔了空气，使菌体处于缺氧状态下，而且又防止了水分挥发，使培养物不会干裂，因而能使保藏期达1～2年，或更长。这种方法操作简单，它适于保藏霉菌、酵母菌、放线菌、好氧性细菌等，对霉菌和酵母菌的保藏效果较好，可保存几年，甚至长达10年。但对很多厌氧性细菌的保藏效果较差，尤其不适用于某些能分解烃类的菌种。

有试验指出，此法很合适用于保藏红曲霉，保藏1～2年后存活率为100%；也有报道显示，某些蕈菌菌丝用石蜡油保藏法，在3～6℃保藏时菌丝易于死亡，而在室温下反而较理想，这是值得注意的。

（3）砂土管保藏法　这是一种常用的长期保藏菌种的方法，适用于产孢子的放线菌、霉菌及形成芽孢的细菌，对于一些对干燥敏感的细菌如奈氏球菌、弧菌和假单胞杆菌及酵母则不适用。

其制作方法是先将砂与土分别洗净、烘干、过筛（一般砂用60目筛，土用120目筛），按砂与土的比例为（1～2）:1混匀，分装于小试管中，砂土的高度约1 cm，以121℃蒸汽灭菌1～1.5 h，间歇灭菌3次。50℃烘干后经检查无误后备用。也有只用砂或土作载体进行保藏的。需要保藏的菌株先用斜面培养基充分培养，再以无菌水制成10^8～10^{10}个/mL菌悬液或孢子悬液滴入砂土管中，放线菌和霉菌也可直接刮下孢子与载体混匀，而后置于干燥器中抽真空约2～4 h，用火焰熔封管口（或用石蜡封口），置于干燥器中，在室温或4℃冰箱内保藏，后者效果更好。

砂土管法兼具低温、干燥、隔氧和无营养物等诸条件，故保藏期较长、效果较好，且微生物移接方便，经济简便。它比石蜡油封藏法的保藏期长，约1～10年。

（4）麸皮保藏法　法亦称曲法保藏。即以麸皮为载体，吸附接入的孢子，然后在低温干燥条件下保存。其制作方法是按照不同菌种对水分要求的不同将麸皮与水以一定的比例1:（0.8～1.5）拌匀，装量为试管体积的2/5，湿热灭菌后经冷却，接入新鲜培养的菌种，适温培养至孢子长成。将试管置于盛有氯化钙等干燥剂的干燥器中，于室温下干燥数天后移入低温下保藏；干燥后也可将试管用火焰熔封，再保藏，则效果更好。

此法适用于产孢子的霉菌和某些放线菌，保藏期在 1 年以上。因操作简单，经济实惠，工厂较多采用。中国科学院微生物研究所采用麸皮保藏法保藏曲霉，如米曲霉、黑曲霉、泡盛曲霉等，其保藏期可达数年至数十年。

（5）甘油悬液保藏法　此法是将菌种悬浮在甘油蒸馏水中，置于低温下保藏，本法较简便，但需置备低温冰箱。保藏温度若采用 – 20℃，保藏期约为 0.5～1 年，而采用 – 70℃，保藏期可达 10 年。

将拟保藏菌种对数期的培养液直接与经 121℃蒸汽灭菌 20 min 后冷却的甘油混合，并使甘油的最终浓度在 10%～15%，再分装于小离心管中，置低温冰箱中保藏。基因工程菌常采用本法保藏。

（6）冷冻真空干燥保藏法　此法又称冷冻干燥保藏法，简称冻干法。它通常是用保护剂制备拟保藏菌种的细胞悬液或孢子悬液于安瓿管中，再在低温下快速将含菌样冻结，并减压抽真空，使水升华将样品脱水干燥，形成完全干燥的固体菌块。并在真空条件下立即融封，造成无氧真空环境，最后置于低温下，使微生物处于休眠状态，而得以长期保藏。常用的保护剂有脱脂牛奶、血清、淀粉、葡聚糖等高分子物质。

由于此法同时具备低温、干燥、缺氧的菌种保藏条件，因此保藏期长，一般达 5～15 年，存活率高，变异率低，是目前被广泛采用的一种较理想的保藏方法。除不产孢子的丝状真菌不宜用此法外，其他大多数微生物如病毒、细菌、放线菌、酵母菌、丝状真菌等均可采用这种保藏方法。但该法操作比较烦琐，技术要求较高，且需要冻干机等设备。

保藏菌种需用时，可在无菌环境下开启安瓿管，将无菌的培养基注入安瓿管中，固体菌块溶解后，摇匀复水，然后将其接种于适宜该菌种生长的斜面上适温培养即可。

（7）液氮超低温保藏法　此法简称液氮保藏法或液氮法。它是以甘油、二甲基亚砜等作为保护剂，在液氮超低温（– 196℃）下保藏的方法。其主要原理是菌种细胞从常温过渡到低温，并在降到低温之前，使细胞内的自由水通过细胞膜外渗出来，以免膜内因自由水凝结成冰晶而使细胞损伤。美国 ATCC 菌种保藏中心采用该法时，把菌悬液或带菌丝的琼脂块经控制致冷速度，以 1℃/min 的速度从 0℃直降到 – 35℃，然后保藏在 – 196～– 150℃液氮冷箱中。如果降温速度过快，由于细胞内自由水来不及渗出胞外，形成冰晶就会损伤细胞。据研究认为降温的速度控制在（1～10）℃/min，细胞死亡率低；随着速度加快，死亡率则相应提高。

液氮低温保藏的保护剂，一般是选择甘油、二甲基亚砜、糊精、血清蛋白、聚乙烯氮戊环、吐温 80 等，但最常用的是甘油（10%～20%）。不同微生物要选择不同的保护剂，再通过试验加以确定保护剂的浓度，原则上是控制在不足以造成微生物致死的浓度。

此法操作简便、高效、保藏期一般可达到 15 年以上，是目前被公认的最有效的菌种长期保藏技术之一。除了少数对低温损伤敏感的微生物外，该法适用于各种微生物菌种的保藏，甚至连藻类、原生动物、支原体等都能用此法获得有效的保藏。此法的另一大优点是可使用各种培养形式的微生物进行保藏，无论是孢子或菌体、液体培养物或固体培养物均可采用该保藏法。其缺点是需购置超低温液氮设备，且液氮消耗较多，操作费用较高。

要使用菌种时，从液氮罐中取出安瓿瓶，并迅速放到 35～40℃温水中，使之冰冻熔化，以无菌操作打开安瓿瓶，移接到保藏前使用的同一种培养基斜面上进行培养。从液氮罐中取出安瓿瓶时速度要快,一般不超过 1 min,以防其他安瓿瓶升温而影响保藏质量。并且取样时一定要戴专用手套以防止意外爆炸和冻伤。

(8)宿主保藏法 此法适用于专性活细胞寄生微生物(如病毒、立克次氏体等)。它们只能寄生在活的动植物或其他微生物体内,故可针对宿主细胞的特性进行保存。如植物病毒可用植物幼叶的汁液与病毒混合,冷冻或干燥保存。噬菌体可以经过细菌培养扩大后,与培养基混合直接保存。动物病毒可直接用病毒感染适宜的脏器或体液,然后分装于试管中密封,低温保存。

在上述的菌种保藏方法中,以斜面低温保藏法、石蜡油封藏法、宿主保藏法最为简便,砂土管保藏法、麸皮保藏法和甘油悬液保藏法次之;以冷冻真空干燥保藏法和液氮超低温保藏法最为复杂,但其保藏效果最好。应用时,可根据实际需要选用。

在国际著名的"美国典型培养物收藏中心"(简写 ATCC),仅采用两种最有效的保藏法,即保藏期一般达 5~15 年的冷冻真空干燥保藏法与保藏期一般达 15 年以上的液氮超低温保藏法,以达到最大限度地减少传代次数,避免菌种变异和衰退的目的。我国菌种保藏多采用 3 种方法,即斜面低温保藏法、液氮超低温保藏法和冷冻真空干燥保藏法。

国、内主要菌种保藏机构如表 6-3、表 6-4 所示。

表 6-3 国内主要菌种保藏机构

单位简称	单位名称	单位简称	单位名称
CCCCM	中国微生物菌种保藏管理委员会	NICPBP	卫生部药品生物制品检定所
CGMCC	中国普通微生物菌种保藏中心	—	中国预防医学科学院病毒研究所
AS	中国科学院微生物研究所	CACC	中国抗生素微生物菌种保藏中心
AS-IV	中国科学院武汉病毒研究所	IEM	中国医学科学院医学生物学研究所
ACCC	中国农业微生物菌种保藏中心	SIA	四川抗生素研究所
ISF	中国农业科学院土壤与肥料研究所	IANP	石家庄华北制药厂抗生素研究所
CICC	中国工业微生物菌种保藏中心	CVCC	中国兽医微生物菌种保藏中心
IFFI	中国食品发酵工业研究院	NCIVBP	农业部兽药监察研究所
CMCC	中国医学微生物菌种保藏中心	CFCC	中国林业微生物菌种保藏中心
ID	中国医学科学院皮肤病研究所	RIF	中国林业科学院林业研究所

表 6-4 国外部分菌种保藏机构

单位简称	单位名称	单位简称	单位名称
ATCC	美国典型培养物收藏中心	IAM	东京大学应用微生物研究所(日本)
NRRL	北方开发利用研究部(美国)	CCTM	法国典型微生物保藏中心
CBS	霉菌中心保藏所(荷兰)	CMI	英联邦真菌研究所
NCIB	英国国立工业细菌菌库	SSI	国立血清研究所
IFO	大阪发酵研究所(日本)	WHO	世界卫生组织
NCTC	国家典型菌种保藏中心(英国)		

重要概念及名词

基因突变,自发突变,诱发突变,光复活作用,暗修复,转换,颠换,艾姆氏试验(Ames test),野生型,营养缺陷型,基因重组,有性杂交,准性生殖,转化,转导,生长圈,透明圈,原生质体融合,基因工程,菌种复壮

复习思考题

1.微生物遗传变异的物质基础是什么?如何证明?

2.什么是基因突变?微生物的基因突变类型有哪些?

3.基因突变有哪些特点?

4.试述艾姆氏试验法检测致癌物质的理论依据和一般方法。

5.诱变育种的基本步骤是什么?关键点在哪里?

6.在提高微生物发酵产量的诱变育种中,怎样的诱变剂才算是理想的诱变剂?怎样的剂量才算是合适的剂量?

7.微生物的修复系统有怎样的作用机制?它们的存在对微生物有何意义?

8.何谓营养缺陷型?如何筛选营养缺陷型菌株?

9.原核微生物基因重组方式有哪些?

10.什么是转导?试比较普遍性转导和局限性转导的异同。

11.简述基因工程在食品工业中的应用。

12.菌种衰退的原因有哪些?在生产实践中如何尽量防止菌种衰退?

13.菌种复壮常用的方法有哪些?

第7章

微生物的生态

内容提要

生态学（ecology）是研究生物体与其周围环境（包括非生物环境和生物环境）相互作用规律的科学。微生物生态学是研究微生物群体与其周围的生物和非生物环境之间相互关系的一门科学。本章主要介绍微生物在自然界中的分布、微生物与生物环境间的关系、微生物在食品工业废水治理中的作用等方面内容。

教学目标

1. 了解微生物在自然界中（土壤、水体、空气和工农业产品中）的种类、数量及分布状况。

2. 掌握微生物之间以及微生物与生物之间的相互关系。

3. 了解微生物在食品工业废水治理中的作用。

7.1　微生物在自然界中的分布

微生物具有个体小、种类繁多、代谢类型多和适应能力强等特性，它们在自然界中分布极其广泛，无论是高山平原、江河湖海、动植物体内外，乃至一般生物无法生存的臭氧层、海洋底和岩芯中以及其他各个角落，都有微生物存在。由于自然界的微生物生活在不同的生态环境中，它们的生活条件、活动规律及其与环境间的相互作用也不相同。因此研究微生物的生态，能更好地发挥微生物的作用。在食品与发酵领域中，有助于建立无菌操作概念和食品卫生观念，寻找和开发自然界的微生物资源，为人类创造出更大的物质财富。

7.1.1　土壤中的微生物

7.1.1.1　土壤的生态条件

土壤中存在着大量的微生物，是微生物的大本营，"菌种资源库"。土壤是微生物的天然

培养基,具备微生物生长繁殖和生命活动所需的基本条件:

(1)营养　土壤中含有大量的有机物质,主要来自于动物、植物和微生物代谢活动以及它们的残体,这些有机物为微生物的生长繁殖提供了丰富的有机营养。土壤矿质成分中,有微生物生长必需的硫、磷、钾、铁、镁、钙等大量元素,还有硼、钼、锌、锰等微量元素。

(2)水分与渗透压　土壤中含有微生物生活所需的水分。土壤中水的含量与土壤组成、雨量、排水量和周围植被密切相关,其存在形式可分为自由水与束缚水。自由水是存在于土壤颗粒间空隙的水;束缚水吸附于土壤颗粒周围受到土壤颗粒的拘束,其含量与土粒的总表面积有关。土壤渗透压为 3~6(大气压),适合微生物生长。

(3)pH　土壤 pH 多为 5.5~8.5,适合大多数微生物生长。

(4)空气　土壤颗粒间充满空气,利于需氧微生物生存;土壤颗粒内部氧化还原电位低,适合微好氧或厌氧微生物生存;渍水土壤中以兼性厌氧和厌氧微生物为主。

(5)温度　土壤具有良好的保温性能,温度相对稳定,变化幅度比空气小,适合微生物生长。

7.1.1.2　土壤中微生物的种类、数量和分布

土壤中微生物的种类、数量和分布,与土壤中有机物含量、湿度、酸碱度、土壤类型、深度、作物种植状况、季节等因素密切相关。在通气较好的肥沃土壤,如菜园土中,每克土壤中可含有 10^8 个甚至更多的微生物。而在贫瘠土壤,如生荒土中,每克仅有 10^3~10^5 个微生物,甚至更低。土壤中微生物一般以细菌居多,放线菌和真菌次之,藻类和原生动物较少。

放线菌属主要是链霉菌;真菌有藻状菌、子囊菌、担子菌和半知菌类,其中以半知菌类最多;藻类有硅藻、绿藻、裸藻、金藻、黄藻、水网藻和水棉等丝状绿藻、衣藻、圆球藻、小球藻、丝藻、绿球藻等;原生动物有纤毛虫、鞭毛虫和根足虫等,其生殖方式以无性繁殖为主。

7.1.1.3　土壤微生物种类

土壤微生物主要分为细菌、放线菌、真菌、藻类和原生动物 5 大类群。

1. 细菌

土壤中细菌种类很多,但目前仅有少部分是可以培养的。目前可以培养的细菌中杆菌最多,球菌次之,弧菌和螺旋菌较少,此外还有少数黏细菌。土壤中细菌占土壤微生物总量的 70%~90%,生物量可达土壤重量的 1/10000 左右。其数量多、个体小,与土壤接触的表面积大,是土壤中最活跃的生物因素之一,是土壤中的各种物质循环的重要成员。土壤中细菌占土壤有机质的 1% 左右。

根据对营养物质和能源的要求,土壤中的细菌可分为自养型细菌和异养型细菌两大类。自养型细菌能利用光能或化学能同化 CO_2。自养型细菌在土壤中数量不多,但在自然界物质循环、土壤中的无机化合物的氧化和土壤中养分的转化中发挥了重要作用。土壤中的光能自养细菌群体主要有蓝细菌、绿硫细菌和紫硫细菌。化能自养细菌主要有硝化细菌、硫细菌等。这些细菌在土壤中的分布一般黏附于土壤团粒表面,形成菌落或菌团,也有一部分散于土壤溶液中。且大多处于代谢活动活跃的营养体状态。

异养细菌又称腐生细菌,它们能分解土壤中的有机质获得碳素营养和新陈代谢所需能源。这类细菌占土壤细菌的绝大部分,有好氧、兼性厌氧和厌氧三种类型。好氧性无芽孢细菌是土壤中数量最多、分布最广的微生物类群,每克农田土壤中有 10^7 个,占耕种土壤层和根际微生物的大部分。该种类细菌多为短杆状,通过利用蛋白质和简单碳水化合物生存。土壤

中好氧或兼性厌氧芽孢细菌数量较少，且大多处于休眠状态。在有机质的转化中，它们能分解动植物残体中较复杂的含氮有机质，具有较强的氨化能力，能在土壤中累积铵态氮供植物利用。土壤中严格厌氧性细菌能在缺氧条件下将动植物残体分解成有效腐殖质，并具有固氮作用。

2. 放线菌

土壤中放线菌的数量仅次于土壤细菌，它们以分枝丝状营养体缠绕于有机物或土粒表面，并伸展于土壤孔隙中。土壤中放线菌的种类十分繁多，其中主要是链霉菌属（*Streptomyces*）和诺卡菌属（*Nocardia*），目前已知的放线菌种大多是从土壤分离得到的。放线菌主要存在水量低、有机物含量丰富的中性至微碱性土壤中，对酸性条件敏感，其代谢产物使土壤具有特殊的土腥味。由于单个放线菌菌丝体的生物量较单个细菌大得多，因此尽管其数量上少些，但放线菌总生物量与细菌的总生物量相当。放线菌主要分布于耕作层中，随土壤深度增加而数量、种类减少。

3. 真菌

真菌是土壤中第三大类微生物，广泛分布于土壤耕作层，每克土壤中可含几千至几十万个真菌。土壤真菌多为好氧性微生物，一般分布于土壤表层，深层较少生长，且较耐酸。在pH 5.0左右的酸性土壤中，由于细菌和放线菌的发育受到限制，而土壤真菌在土壤微生物总量中占有较高的比例。土壤中常见的真菌主要是霉菌类，如曲霉（*Aspergillus*）、青霉（*Penicillium*）、木霉（*Trichoderma*）、地霉（*Geotrichum*）、子囊菌和担子菌等，此外在葡萄园以及其他果园的土壤中还有大量的酵母，常见的酵母有酵母属、红酵母属（*Rhodotorula*）、裂殖酵母属（*Schizosaccharomyces*）和丝孢酵母属（*Trichosporon*）等。

土壤真菌大多为腐生生活，主要功能是降解土壤中的有机残体，合成细胞物质的同时将剩余物质彻底分解为 CO_2 和水，所以在分解后期较为常见。土壤真菌在分解有机残体时，能形成大量的腐殖质，在生长发育过程中也能累积大量的菌丝体，缠绕在有机物碎片和土粒表面，向四周伸展，蔓延于土壤孔隙中，并形成有性或无性孢子，从而改善土壤的物理结构。部分土壤真菌能产生抗生素，如青霉属、曲霉属和木霉属的一些种能产生青霉素、曲霉素、木霉素等。

4. 藻类

土壤中藻类的数量远较其他微生物类群少，在土壤微生物总量中不足 1%。在潮湿的土壤表面和近表土层中，有许多藻类，大多为单细胞的硅藻、单细胞或呈丝状的绿藻和蓝藻，偶见有金藻和黄藻。在温暖季节的积水土中有衣藻、原球藻、小球藻、丝藻、绿球藻等绿藻和黄褐色的硅藻，水田中还有水网藻和水绵等丝状绿藻。这些藻类为自养型微生物，易受阳光和水分的影响，能将 CO_2 和水转化为有机物，可为土壤积累有机物质。

藻类在土壤中一般分布于 0～30 cm 土壤表层。土壤藻类的数量随环境差异而显著变化，土壤含水量对藻类数量影响较大，当土壤中含水量较高时，藻类数量相对较多，当土壤中含水量不足最大持水量的 40% 时，藻类一般进入休眠期或直接死亡。此外，土壤中的无机物含量和土壤 pH 也影响着藻类的数量。藻类适宜于生长在偏中性的土壤中，当土壤 pH 接近中性时，藻类数量较多。

藻类在土壤中的主要作用是防止土壤有机矿质的流失，利用有机矿质合成必需物质来增加土壤中的有机物质。这些有机物质可以作为土壤其他异养微生物的养分来源，间接促进土壤中微生物的固氮作用。由于其易于分解，这些有机物又是形成土壤腐殖质的良好材料。

5. 原生动物

土壤中原生动物主要有鞭毛虫、纤毛虫和根足虫等单细胞、能运动的低等微小生物，其中鞭毛虫数量最多。其数量因土壤类型而异，以分裂方式进行无性繁殖。原生动物吞食有机物残片和土壤中细菌、单细胞藻类、放线菌和真菌的孢子，因此原生动物的生存数量往往会影响土壤中其他微生物的生物量。原生动物对于土壤有机物质的分解具有显著作用。

7.1.2 水体中的微生物

水是人类社会赖以生存和发展的自然资源。地球表面 71% 为海洋，占地球水体总量的 97%，冰川和两极水体占水体总量的 2%，其他 0.009% 存在于湖泊中，0.00009% 存在于河流，此外还有少量存在于地下水。水体是微生物的第二大微生物源。

水体中的微生物来自水体固有微生物、土壤、空气、动植物残体及分泌排泄物、工业生产废物、废水及市政生活污水等。水体中固有微生物主要包括丝状硫细菌、好氧芽孢杆菌、铁细菌、荧光杆菌、球衣菌、产色和不产色的球菌等。土壤中微生物可由水流随土壤冲刷到水体中，包括枯草杆菌、巨大芽孢杆菌、氢化细菌、硝化细菌、硫酸还原菌、霉菌等。空气中的微生物可被雨水带入水体。此外微生物还可以随各种工业废水、生活污水和牲畜的排泄物夹带而进入水体，包括大肠杆菌、肠球菌、产气夹膜杆菌、各种腐生性细菌、厌氧梭状芽孢杆菌及致病微生物，例如霍乱弧菌、伤寒杆菌、痢疾杆菌、立克次体、病毒、赤痢阿米巴等。

自然界的水圈（hydrosphere）可以分为淡水生境（fresh water habitat）和海洋生境（marine habitat）。淡水生境包括湖水、池塘、沼泽地、温泉、溪流和河流。海洋生境就是世界的海洋。海湾生境和河口生境介于淡水和海洋生境生态系统之间。微生物在不同的水体生境中的类型与分布都不尽相同。

7.1.2.1 淡水微生物

清水型水生微生物：在有机物质含量低的清水中，微生物数量较少（$10 \sim 10^3 / mL$），以化能自养型或光能自养型为主，如硫细菌、铁细菌、衣细菌、蓝细菌、绿硫细菌、紫细菌等。此外部分腐生性细菌和霉菌也能在低含量营养物的清水中生长。单细胞和丝状的藻类以及一些原生动物常在水面生长，但数量一般不多。

腐生型水生微生物：指在含有大量外来有机物的水体中生长的微生物。腐败的有机残体、人类和动物排泄物、生活污水和工业废水大量进入水体，使水体中的有机物的含量大增，同时也夹入了大量外来的腐生细菌，引起水质腐败。由于有机物和无机盐的浓度大大增加，使水中微生物、原生动物和外来的腐生细菌等大量繁殖，这类微生物主要为无芽孢革兰氏阴性细菌，如肠道杆菌（*Enteric bacilli*）、变形杆菌属（*Proteus*）、产气肠杆菌（*Enterobacter aerogenes*）和产碱杆菌属（*Alcaligenes*）等，还有芽孢杆菌属（*Bacillus*）、螺菌属（*Spirillum*）和弧菌属（*Vibrio*）等，原生动物有纤毛虫类、鞭毛虫类和根足虫类。这些微生物在污水环境中大量繁殖，逐渐把水中的有机物分解成简单的无机物，同时它们的数量随之减少，污水也就逐步净化变清。还有一类是随着人类排泄物或病体污物而进入水体的动植物致病菌，通常因水体环境中的营养等条件不能满足其生长繁殖的要求，加上周围其他微生物的竞争和拮抗关系，一般难以长期生存，但由于水体的流动，也会造成病原菌的传播甚至疾病的流行。

7.1.2.2 海水微生物

海洋是地球上最大的水体。海洋环境与淡水环境迥然不同，海水具有含盐高、温度低、有机物含量少、深处静压力大等特点，因此，海洋微生物与淡水中的微生物类型和数量方面有很大的差别。

海洋中微生物具有以下重要特征：①耐盐。海洋中含有大量矿质元素，盐分为3.2%～4%。生存在海洋中的微生物经过长期演化适应于此，典型海洋微生物生长的最适盐浓度为3.3%～3.5%，并且在缺乏氯化钠的条件下不生长。②耐压。在海洋细菌处于很大的静水压力下，因此，海洋细菌必须能抗高压。③嗜冷。90%～95%的海洋环境温度低于5℃，因此大多数海洋细菌能生长在低温环境中。④海洋细菌能生长在低营养浓度环境中。⑤海洋细菌多数为好氧菌或兼性厌氧菌，海洋中专性厌氧菌相对较少。⑥多数海洋细菌为革兰氏阴性菌，有鞭毛、能运动。

常见的海洋细菌有假单胞菌属、弧菌属、黄色杆菌属、无色杆菌属和芽孢杆菌属等，此外在海水产品中还存在螺旋菌、产碱杆菌、微环菌属和放线菌等。海洋中浮游性细菌一般有鞭毛能运动，如荧光假单胞菌、变形杆菌、弧菌等。海洋底部沉积泥中有大量的有机物，有利于异养菌的生长，如芽孢杆菌通常存在于海洋沉积泥中。在沉积泥中的厌氧脱硫弧菌可以使硫酸盐还原成 H_2S。在海洋中还有许多化能自养菌，如亚硝化球菌（*Nitrosococcus*）、亚硝化单胞菌（*Nitrosomonas*），亚硝化螺菌（*Nitrosospira*）、硝化球菌（*Nitrococcus*）、硝化杆菌（*Nitrobacter*）、无色硫细菌（*Achromatium*）和甲烷氧化菌属等。

海洋中还存在大量的古生菌（*archaebacteria*），包括自养和异养等不同种类，栖息在极端环境中，有嗜盐菌、嗜热菌、嗜酸菌和甲烷菌等。嗜盐菌属化能异养菌，能在 NaCl 浓度为12%～15%的溶液中生长繁殖。嗜热菌是能生长在极端高温环境中的微生物，有些甚至能在超过90℃的高温环境中生长繁殖。海洋中部分地域存在活火山，在其附近能够分离到嗜热菌以及极端嗜热菌。嗜酸菌能适应低 pH 环境，甚至在 pH < 1 的海洋环境中也能够分离到嗜酸菌。甲烷菌属厌氧菌，能还原 CO_2 和一些简单的有机物如乙酸、甲酸盐、甲醇等，产生甲烷。这些古生菌广泛分布在海洋环境中。

原生动物是海洋水生动物的重要成员。海洋原生动物可以适应有盐环境，有时它们可以忍受 10% NaCl 浓度。海洋原生动物主要有鞭毛虫、纤毛虫和变形虫。它们能以细菌、水生植物和形态更小的水生动物为食物，在海洋环境生态系统中着到非常重要的作用。

海洋环境中的微生物还包括很多类型，如蓝藻、真菌等。它们都在海洋生态系统中具有重要作用。

7.1.2.3 饮用水卫生细菌学

水是维持生命和新陈代谢必不可少的物质。饮用水水质的优劣直接关系到人类健康及寿命。据世界卫生组织的资料，人类80%的疾病与水有关，水质不良可引起多种疾病，所以生活饮用水的水质安全极为重要，卫生细菌学指标作为水质的重要指标之一，揭示了水被微生物污染的情况。

由水传播最重要的传染病是痢疾、霍乱和伤寒。它们都是肠道传染病，在肠道内含物中可以发现这些疾病的病原菌，并主要通过病人带菌的粪便污染水体而传播，因此防治饮用水传染病的关键是要严防水源被粪便污染。

水中存在病原菌的可能性很小，其他各种细菌的种类却很多，要排除其他细菌而单独检出病原菌，在培养分离技术上较为复杂，需要多的人力和较长的时间，一般不直接检验水中的病原菌，而是检测水中是否有肠道正常细菌的存在，检出有肠道细菌，则表明水很可能被粪便所污染，也说明有被病原菌污染的可能性。

水中肠道细菌的检测，以检测大肠菌群的存在及数量来反映。这主要是因为它们生理习性与肠道病原菌类似，在外界的生存时间与肠道病原菌基本一致，从而保证了检测的代表性，在粪便中的数量也比病原菌多，不会漏检，且检验技术较简单，操作方便。

大肠菌群是栖生于肠道中一群需氧和兼性厌氧的，37℃培养24 h内能使乳糖发酵产酸产气的革兰氏阴性无芽孢杆菌的总称。一般包括大肠埃希氏菌、阴沟肠杆菌、产气克雷伯氏菌、柠檬酸盐杆菌等几种细菌。

我国《生活饮用水卫生标准》GB 5749—2006规定，饮用水的卫生细菌学检验包括大肠杆菌群数和细菌菌落总数(cfu)两项指标，具体规定如下：菌落总数 < 100 cfu/mL，总大肠菌群、耐热大肠菌群和大肠埃希氏菌都不得检出。

7.1.3　空气中的微生物

由于空气中缺乏可以被利用的水，营养物质浓度非常低，以及光辐射的杀菌作用等原因，空气不是微生物生长和生存的良好环境。在空气中能生存的微生物主要是各种孢子、孢囊和其他非营养生长具有抗性结构的微生物。尽管空气是微生物生长和生存的不良环境，但却是传播微生物的良好介质。在一些不良环境中，微生物形成孢子之后，便通过空气传播，当这些孢子遇到合适的环境，便开始重新萌发而生长，使这些微生物得以继续生存下去。

7.1.3.1　空气中的微生物来源

微生物能够通过各种方式进入空气中。大多数微生物如真菌孢子等可以通过风力的作用被释放到空气中。土壤中的微生物附着在灰尘上，由灰尘带入空气中。水环境中的微生物通过水的蒸发、雾气以及水体搅拌和曝气产生气溶胶进入空气中。人类和动物的活动也能将微生物带入空气中。

7.1.3.2　空气中的微生物及分布

空气中的微生物数量和种类与空气条件密切相关。空气中的微生物数量与灰尘的多少有关。城市空气中的微生物多于农村；裸露地面上的空气比有植被覆盖的地面上的空气中微生物数量多。微生物的数量与空气流动以及卫生状况也有关。空气流动性差、近地面空气中、城市、公共场所、人口密度大的地方微生物多。反之微生物数量少。环境卫生良好，微生物就少，反之，微生物数量多。

微生物在空气中的数量与空气中水分含量以及温度有关。潮湿的空气由于水分含量较高，尘埃较少，潮湿空气中的微生物数量少于干燥空气中的微生物数量。在海洋上空微生物的数量比陆地上空的微生物数量少。雨雪过后，微生物的数量也会减少。温度也对空气中微生物的数量产生较大影响。冬天较寒冷，不利于微生物生长，空气中的微生物数量就比较少。在热带地区，气温较高，空气比较干燥，微生物数量也相应减少。

空气中微生物的数量与分布还受到海拔高度的限制。在高纬度地区，空气干燥，紫外线辐射强烈，温度很低，微生物数量就比低纬度地区少。

7.1.3.3 测定空气中微生物的方法

1. 固体法

（1）自然沉降法　指将无菌营养琼脂平板置于采样点，在空气中暴露 5 min，经 37℃、培养 48 h，计算生长的细菌菌落数。

（2）撞击法　是指采用撞击式空气微生物采样器采样，通过抽气动力作用，使空气通过狭缝或小孔而产生高速气流，从而使悬浮在空气中的带菌粒子撞击到营养琼脂平板上，经37℃，48 h 培养后，计算每立方米空气中所含的细菌菌落数的采样测定方法。

2. 液体法

将一定体积空气缓慢通入液体中，使微生物均匀分散到液体中，然后取一定液体进行培养、计数，算出每立方米空气微生物的数量。

根据杀菌原理，空气消毒常可分为物理消毒和化学消毒，物理方法包括紫外线灯照射、静电吸附和空气过滤等方法。化学消毒主要包括用消毒剂熏蒸，如用过氧乙酸等进行熏蒸，或用含氯消毒剂、戊二醛和过氧乙酸进行超低容量喷雾消毒。

7.1.4　工农业产品中的微生物

7.1.4.1　农产品上的微生物

各种农产品上，如粮食、油料作物种子、蔬菜、水果、干果和动物饲料等均有微生物生存，其中粮食中尤为突出。粮食上的微生物分为原生性微生物区系和次生性微生物区系。原生性微生物区系是植物（种子）固有的微生物，是微生物与植物在长期相处的过程中形成的，属于正常菌群。同一种作物产生的粮食上都具有一些共同的微生物种类，在正常条件下这些微生物并不对粮食造成损害。如草生假单胞菌可以拮抗引起粮食变质的曲霉、青霉等霉菌。次生性微生物是贮存、加工、运输等过程中经各种途径侵染的微生物，可以来自空气、土壤、仓库（加工）等，在一定的温度、湿度等条件下，它们能使粮食霉腐变质或产生毒素，据报道，全世界每年因霉菌而损失的粮食就占总产量的 2% 左右。

粮食和饲料上的微生物种类以曲霉属（*Aspergillus*）、青霉属（*Penicillium*）和镰孢（霉）属（*Fusarium*）为主，例如，在谷物上，一般以曲霉和青霉为多见；在小麦上，一般以镰刀菌为主；而在大米上，则一般以青霉为多见。其中曲霉危害最大，青霉次之。一些种类的霉菌能产生真菌毒素，导致人或动物的急性中毒、慢性中毒以及致癌、致畸和致突变等。已知的产毒霉菌主要有：

曲霉菌属（*Aspergillus*）：黄曲霉（*A. flatus*）、寄生曲霉（*A. parasiticus*）、构巢曲霉（*A. nidulans*）、赭曲霉（*A. ochraceus*）、杂色曲霉（*A. versicolor*）和烟曲霉（*A. funigatus*）等；

青霉属（*Penicillium*）：岛青霉（*P. isandicum*）、橘青霉（*P. citrinum*）、黄绿青霉（*P. citreo-viride*）、红色青霉（*P. rubrum*）、扩展青霉（*P. expansum*）、圆弧青霉（*P. cyclopium*）和荨麻青霉（*P. urticae*）等；

镰孢菌属（*Fusarium*）：禾谷镰孢菌（*F. graminearum*）、三隔镰孢菌（*F. tritinctum*）、玉米赤霉菌（*Gibberellazeae*）、梨孢镰孢菌（*F. poae*）、尖孢镰孢菌（*F. ozysporum*）、雪腐镰孢菌（*F. nivale*）、串珠镰孢菌（*F. oaniliboroe*）、拟枝孢镰孢菌（*F. sporotritum*）、木贼镰孢菌（*F. equisti*）、茄病镰孢菌（*F. solani*）、粉红镰孢菌（*F. roseum*）等；

其他属：绿色木霉（*Trichoderma viride*）、漆斑菌属（*Myrothecium Tode*）、黑色葡萄状穗霉

（*Stachybotrys atra*），麦角菌属（*Claviceps*）、鹅膏菌属（*Amanita*）、马鞍菌属（*Helvella*）和链格孢菌属（*Alternaria*）等。

例如，霉属的一些黄曲霉菌株能产生黄曲霉毒素。黄曲霉毒素是一种毒性极强的剧毒物质，对人及动物肝脏组织有破坏作用，是强烈的致肝癌毒物，对热稳定（280℃时才能被裂解破坏）。目前已分离鉴定出黄曲霉毒素有 B_1、B_2、G_1、G_2、M_1、M_2、P_1、Q_1、毒醇、GM 等。其中以黄曲霉毒素 B_1 最为常见，其毒性和致癌性在黄曲霉毒素中也是最强的，黄曲霉毒素 B_1 毒性是氰化钾的 10 倍，砒霜的 68 倍，其次 M_1、G_1、B_2、M_2、G_2 的毒性依次减弱。

7.1.4.2 食品中的微生物

食品是人类赖以生存和发展的基本物质，是人们生活的基本必需品。食品是供人类使用或者饮用的各种动植物等原料或经过人工加工后的制成品，其种类繁多，主要有面包、糕点、糖果、罐头、饮料、蜜饯和调味品等，其含丰富营养物质，是微生物的天然培养基。由于食品在原材料采集、加工、包装、运输、贮藏等过程中，都不可能进行严格的无菌操作，有可能被细菌、酵母和霉菌等污染，在适宜的温度、湿度条件下，污染的微生物会迅速生长繁殖，引起食品变质、霉腐甚至产生毒素，从而引起食物中毒或其他疾病。

污染食品的微生物主要有大肠杆菌（*Escherichia coli*）、金黄色葡萄球菌（*Staphylococcus aureus*）、枯草芽孢杆菌（*Bacillus subtilis*）、巨大芽孢杆菌（*B. megaterium*）、沙门氏菌属（*Salmonella*）、铜绿假单胞菌（*Pseudomonas aeruginosa*）、梭菌属（*Clostridium*）、普通变形杆菌（*Proteus vulgaris*）、乳杆菌属（*Lactobacillus*）、乳链球菌（*Streptococcus lactis*）、曲霉属（*Aspergillus*）、青霉属（*Penicillium*）、镰孢属（*Fusarium*）、链格孢属（*Alternaria*）、拟青霉属（*Paecilomyces*）、根霉属（*Rhizopus*）、毛霉属（*Mucur*）、茎点霉属（*Phoma*）、木霉属（*Trichoderma*）和酿酒酵母（*Saccharomyces cerevisiae*）等。下面主要讨论罐头食品和酿造食品中微生物。

罐头是食品中的一类独特产品，根据其酸碱度，可分为酸性食品罐头和低酸或中酸性食品罐头两大类。pH < 5 的属于酸性食品罐头，如番茄、梨、无花果、菠萝和其他水果罐头以及泡菜、浆果和柠檬汁罐头等。较低的灭菌温度即可以使酸性食品罐头达到长期保藏的目的。导致这类罐头的变质的微生物主要有嗜热耐酸芽孢杆菌（*Bacillus thermoacidurans*）、巴氏梭菌（*Clostridium pasteurianum*）、丁酸梭菌（*C. butyricum*）、短乳杆菌（*Lactobacillus brevis*）和明串珠菌（*Leuconostoc*）等。pH > 5 的为低酸或中酸食品罐头，如多数肉类、海产品、牛奶、玉米和豌豆以及肉菜混合物、汤料和沙司等，这类罐头的灭菌温度较高。当这类罐头变质时，可检出嗜热脂肪芽孢杆菌（*Bacillus stearothermophilus*）、凝结芽孢杆菌（*B. coagulans*）、热解糖梭菌（*Clostridium thermosaccharolyticum*）以及分解蛋白质的生孢梭菌（*C. sporogenes*）、溶组织梭菌（*C. histolyticum*）和肉毒梭菌（*C. botulinum*）等厌氧梭状芽孢杆菌。其中的肉毒梭菌（*C. botulinum*）能产生具剧毒的细菌外毒素——肉毒毒素。

在传统发酵过程中，曲、酷、醪、糟等都是微生物和物料的混合物。常用的淀粉水解酶产生菌有黑曲霉（*Aspergillus niger*）、米曲霉（*A. oryzae*）、黄曲霉（*A. flavus*）、灰绿曲霉（*A. glaucus*）、红曲霉（*Monascus*）、青霉（*Penicillium*）、根霉（*Rhizopus*）、毛霉（*Mucor*）等。产酒精菌株有啤酒酵母（*Saccharomyces cerevisiae*）、葡萄酒酵母（*S. uvarum*）、米酒酵母、酒精酵母等。谷氨酸生产常用菌株有北京棒杆菌（*Corynebacterium pekinense*）、钝齿棒杆菌（*C. crenatum*）、谷氨酸棒杆菌（*C. glutamicum*）、天津棒杆菌（*C. tianjin*）、黄色短杆菌（*Brevibacterium flavum*）等。

醋酸转化微生物有木醋杆菌（*Acetobacter xylinus*）、醋化醋杆菌（*Acetobacter aceti*）、巴氏醋杆菌（*A. pasteurianus*）、制醋杆菌（*A. acetosus*）等。例如，酿造过程中所使用的麸曲是以麸皮为主要原料，鲜酒糟和稻壳为辅料，经接种纯曲霉菌作为糖化菌种扩大培养而成，作为固态发酵法生产麸曲酒类的糖化剂。近年来，利用黑曲霉、根霉、红曲霉和拟内孢霉为糖化剂，配以啤酒酵母、产酯酵母和己酸菌等酿制麸曲白酒。

1. 细菌相

细菌相：指存在于某一物质中的细菌种类及其相对数量的构成。食品中的各种细菌就构成了该食品的细菌相，水中的细菌构成了水的细菌相。细菌相对细菌的种类而言，在菌相中相对数量较大的一种或几种细菌被称为优势菌。

2. 细菌相对食品卫生质量的影响

新鲜畜禽肉的细菌相：主要是嗜温菌，包括大肠菌群、肠球菌、金黄色葡萄球菌、魏氏梭菌和沙门氏菌等。新鲜肉类的细菌相以嗜温菌为主，在温度适宜时，嗜温菌会大量繁殖造成肉的变质，并发生臭味；在冷藏条件下，嗜温菌生长很慢甚至不生长，嗜冷菌开始大量繁殖，形成为优势菌，最后会导致肉表面形成黏液并产生气味；在冷冻条件下，所有的细菌都不再生长繁殖，因而可以保存较长时间而不变质。

鲜鱼的细菌相以嗜冷菌为主，有假单胞菌属、黄色杆菌属和弧菌属等。如在水产品中发现了沙门氏菌，一般认为是外来污染，应对该产品的生产、加工过程进行分析、检测，从而找到污染源。

3. 食品的正常菌相和细菌数量

食品及原料都有正常的细菌相，它们因受多种因素的影响，其种类和数量有很大差异。

鲜肉的细菌相以嗜温菌为主，其次为嗜冷菌：加工良好的鲜肉细菌数为 10^3 个/g 左右，如加工不良会达到 10^6 个/g，肉制品的细菌数约为 $10^3 \sim 10^4$ 个/g，大肠菌群 $10 \sim 10^2$ 个/100 g 金黄色葡萄球菌为 $10 \sim 10^2$ 个/g。

鲜蛋的细菌相以革兰氏阳性球菌为主，革兰氏阴性杆菌数量很少。

液体蛋晶的细菌相是革兰氏阴性菌，包括假单胞菌属、产碱杆菌属、变形菌属和埃希氏菌属，细菌数量一般为 $10^4 \sim 10^6$ 个/g。大肠菌群为 $10^3 \sim 10^5$ 个/100 g，沙门氏菌 $1 \sim 100$ 个/g。

由于在腐败变质的食品上经常有各种致病菌和真菌毒素等有毒代谢产物存在，它们会引起人类的各种严重疾病，所以食品卫生工作就显得格外重要。食品中微生物的检测项目主要有五个：菌落总数、大肠菌群、霉菌、酵母菌、致病菌。其中致病菌又包括沙门氏菌、志贺氏菌、金黄色葡萄球菌等。

有效防止食品的变质腐败，除了在加工过程中需注意清洁卫生外，还要控制保藏条件，采用低温、干燥、密封等措施。在食品中添加适量防腐剂，如山梨酸钾、苯甲酸钠、脱氢乙酸钠、丙酸钙、乳酸链球菌素和对羟基苯甲酸丙酯等。

7.1.4.3　引起工业产品霉腐的微生物

很多工业产品都含有一些可被微生物利用的成分，或因各种原因黏上了或多或少的有机物质，因而易受环境中微生物的侵蚀和破坏，引起生霉、腐蚀、老化、变形以及腐烂等破坏。铝及其合金制品会受到微生物的侵蚀。如航空燃料系统的铝合金的油箱会受到枝孢菌（*Cladosporium*）、铜绿假单胞菌（*Pseudomonas aeruginosa*）、脱硫弧菌（*Desulfovibrio*）和硫杆菌（*Acidithiobacillus*）等的腐蚀而漏油。钢铁及其制品因长期与水或土壤接触，会受到氧化亚铁硫杆菌（*Thiobacillusferrooxidans*）、硫细菌、嗜酸氧化亚铁硫杆菌（*Acidithiobacillus ferrooxidans*）、喜温嗜酸硫杆菌（*Acidithiobacillus caldus*）等腐蚀。电子设备、集成电路、绝缘材料等均可受到霉菌的侵蚀，由于霉菌的菌丝能导电，因此常引起有关设备的失灵。羊毛、棉纱、尼龙、聚酯及其制品，也常受到微生物的侵蚀。微生物通过产生各种酶系分解产品中的相应组分，从而产生危害，如纤维素分解菌群产生的纤维素酶能破坏棉、麻、竹、木等材料；铜绿假单胞杆菌、微球菌、枯草芽孢杆菌、曲霉、青霉等分泌的蛋白酶能分解革、毛、丝等产品；黄孢原毛平革菌（*Phanerochaete chrysosporium*）、球二孢和红曲霉（*Monascus*）等能污染尼龙类等合成纤维制品。玻璃及其制品和显微镜、望远镜及照相机等器材的光学部分在温暖潮湿的条件下，会被曲霉、青霉等分泌的有机酸腐蚀玻璃，严重降低显微镜、望远镜等光学仪器的性能。一些氧化酶和水解酶可破坏涂料、塑料、橡胶和黏接剂等合成材料。此外，微生物还可通过菌体的大量繁殖和代谢产物对工业产品产生危害，如霉腐微生物在矿物油中生长后，不仅会因产生的大量菌体阻塞机件，而且其代谢产物还会腐蚀金属器件。

7.2 微生物与生物环境间的关系

在生态系统中，不同类群的微生物能在多种不同的环境中生长繁殖。微生物与微生物之间，微生物与其他生物之间彼此联系，相互影响。同一生态环境中的各种生物之间相互影响，互为环境，相互联系，相互依赖，相互制约，相互影响，其相互关系复杂多样，以下仅介绍较典型的互生、共生、竞争、拮抗、寄生、猎食6种关系。

7.2.1 互生

互生（metabiosis）是指两种可以单独生活的生物，当它们生活在一起时，相互提供营养或创造良好生活条件，是一种可分可合、合比分好的相互关系。例如在土壤中，分解纤维素的细菌与好氧的自生固氮菌，固氮菌可将固定的有机氮化合物供给分解纤维素细菌，而纤维素分解菌分解纤维素产生有机酸作为固氮菌的碳源和能源物质，从而促进各自的增殖。在人及动物体肠道中，益生菌群为人和动物提供氨基酸、维生素等营养，而人及动物的肠道则为微生物提供良好的生态环境，这类益生菌已被广泛应用于饲料、农业、医药、保健、食品等领域。再如根际微生物与高等植物之间，根的脱落物及分泌物为根际微生物提供有机质，根际微生物加速有机质分解或固氮，为高等植物提供生活所需的矿质养料。

7.2.2 共生

共生（symbiosis）是指两种不能单独生活的生物共居在一起，相互协作、相互依赖，甚至形成特殊的共生体，在生理上表现出一定的分工，在组织和形态上产生了新的结构。共生又分为互惠共生和偏利共生。互惠共生是指二者均得利；偏利共生是指一方得利，但另一方并不受害。例如，地衣能在十分贫瘠的环境中生存。地衣由共生菌和共生藻组成，共生菌从基质中吸收水分和无机养料；共生藻进行光合作用，合成有机物。两者形成有固定形态的叶状结构：真菌无规则地缠绕藻类细胞，二者组成一定的层次排列。地衣繁殖时，在表面上生出球状粉芽，粉芽中含有少量的藻类细胞和真菌菌丝，粉芽脱离母体散布到适宜的环境中，发育成新的地衣。根瘤菌与豆科植物之间，根瘤菌从植物中获得有机物进行固氮，植物利用根瘤菌固定的氮素进行生长。微生物与反刍动物之间，微生物在反刍动物胃内，获得营养及温度等环境条件，反刍动物利用微生物分解纤维素产生的葡萄糖、纤维二糖或有机酸等。再如白蚁与肠道内微生物，白蚁不消化纤维素，靠肠道微生物分解。

7.2.3　竞争

竞争（competition）是指生活在一起的两种生物，因需要有限的同一营养或其他共同的环境因子而相互竞争，致使增长率和种群密度受到限制时发生的相互作用，其结果对两种种群都是不利的。由于微生物的群体密度大，代谢强度大，所以竞争十分激烈。在一个小环境内，不同的时间会出现不同的优势种群，优势微生物在某种环境下能最有效地适应当时的环境，但环境一旦改变，就可能被另外的微生物替代形成新的优势种群，这就是微生物间的相互竞争。微生物种群的交替改变，对于土壤和水体中的各种物质的分解具有重要的作用。如将两种微生物在液体培养中分别培养和混合培养，然后计数。结果分别培养两种微生物个体数多，混合培养个体数少，说明二者混合培养为争夺食物空间而发生斗争。

微生物所需要的共同营养越缺乏，竞争就越激烈。竞争的结果是某些微生物处于局部优势，另外的微生物处于劣势。但处于劣势的微生物并不是完全死亡，仍有少数细胞存活，环境发生改变，变得适合于劣势的微生物的生长时，它又将可能变成优势菌。

7.2.4　拮抗

拮抗（antagonism）是指生活在一起的微生物，其中一种能产生某种特殊的代谢产物或改变环境条件，从而抑制其他种生物的生长发育甚至将后者杀死。拮抗又可以分为非特异性拮抗和特异性拮抗。如酵母菌无氧条件下发酵糖产生的乙醇，当乙醇达到一定浓度时，抑制其他微生物的生长繁殖；乳酸菌和醋酸菌发酵产生乳酸和醋酸，使 pH 下降，从而抑制大多数不耐酸的微生物生长，这些属于非特异性拮抗。

微生物生命活动中产生的代谢产物，只对某一种或某一类微生物有杀死或抑制作用。可选择性杀死或抑制其他种微生物生长属于特异性拮抗。如微生物代谢产物——抗生素，其中青霉素可抑制 G$^+$、部分 G$^-$ 菌生长，制霉素可抑制酵母菌和霉菌生长。链霉素等抑制原核微生物生长。

7.2.5　寄生

寄生（parasitism），一般指一种小型生物生活在另一种较大型生物的体内或体表，从中取得营养和进行生长繁殖，同时使后者蒙受损害甚至死亡的现象。前者称为寄生物，后者称为寄主。有些寄生物一旦离开寄主就不能生长繁殖，这类寄生物称为专性寄生物。有些寄生物在脱离寄主以后营腐生生活，这些寄生物称为兼性寄生物。

在微生物中，噬菌体寄生于细菌是常见的寄生现象。此外，细菌与真菌、真菌与真菌之间也存在着寄生关系。土壤中存在着一些细菌侵入真菌体内生长繁殖，最终杀死了寄主真菌，造成真菌菌丝溶解。

微生物寄生于植物之中，常引起植物病害。其中以真菌病害最为普遍（约占 95%），受侵染的植物会发生腐烂、溃疡、根腐、叶腐、叶斑、萎蔫、过度生长等症状。

7.2.6 猎食

猎食(predation)，又称捕食，一般指一种大型的生物直接捕捉、吞食另一种小型生物以满足其营养需要的相互关系。

例如，原生动物猎食细菌、真菌、藻类等。如细菌、放线菌、单细胞藻类、真菌孢子是原生动物的食物，它们为猎食关系。

7.3 微生物与食品工业废水治理

食品工业废水主要来源于原料处理、洗涤、脱水、过滤、各种分离精制、脱酸、脱臭和蒸煮等食品加工生产过程。包括酒精、啤酒、味精、淀粉、乳糖、柠檬酸、蔬菜加工及饮料加工过程中排出的废水。废水水质普遍较差，处理难度较大，废水中含有大量的蛋白质、有机酸和碳水化合物，化学需氧量(COD)和生化需氧量(BOD)值大。由于很多浮游生物的存在，水中溶解性有机物增加很快，容易产生腐殖质，并伴有难闻气体。废水中夹带的动物排泄物，含有虫卵和致病菌，将导致疾病传播，直接危害人畜健康。同时这些废水中铜、亚铅、锰、铬等金属离子含量较多，细菌、大肠菌群也常超过国家排放标准，所以食品工业废水要经过处理后才能排放。

食品工业废水处理除按水质特点进行适当预处理外，一般以生物处理为主，根据微生物对 O_2 的需求不同，其处理可分为需氧生物处理和厌氧生物处理。

7.3.1 需氧生物处理

需氧处理是在有氧条件下，微生物将污水中的有机物一部分转变成代谢产物排出体外并释放能量，另一部分用于合成微生物细胞质和细胞内的储存物。目前较广泛的是活性污泥法及生物膜法。

7.3.1.1 活性污泥法

活性污泥法又称为曝气法，最早由英国人 Ardern 于 1914 年创建，经过近 100 年的发展，已经成为处理有机废水最主要的方法。活性污泥是由好氧微生物、兼性厌氧微生物、专性厌氧微生物、有机和无机的固体等构成的絮状体或绒粒，在污水处理中具有很强的吸附、分解和利用有机物的能力。对生活污水的五日需氧量(BOD_5)和悬浮固体的去除率可达 95% 以上，活性污泥中分解有机物的主要是细菌和真菌，其次是原生动物和微型后生动物等。其中细菌大多数以菌胶团形式存在，是活性污泥的结构和功能中心。活性污泥一般经过人工培养、驯化而获得，并在污水处理过程中，能被不断地返回接种使用。

①细菌：胶杆菌(*Zoogloea*)、假单胞菌属(*Pseudomonas*)、产碱杆菌属(*Alcaligens*)、黄杆菌属(*Flavabaterium*)及大肠埃希杆菌(*E. coli*)等。

②丝状细菌：球衣菌属(*Sphaerotilus*)、贝氏硫细菌(*Beggiatoa*)、发硫菌属(*Thiothrix*)和线丝菌属(*Lineola*)等。

③真菌：毛霉属、根霉属、曲霉属、青霉属、地霉属和头孢霉属等。

④原生动物：纤毛类、鞭毛类、根足类和吸管虫等。

⑤微型后生动物：轮虫、线虫和寡毛类环节动物等。

活性污泥法的基本组成包括曝气池、二次沉淀池、回流系统、剩余污泥排放系统和供养系统。其基本工艺流程见图7-1。污水和回流的活性污泥一起进入曝气池形成混合液。从空气压缩机站送来压缩空气,通过铺设在曝气池底部的空气扩散装置,以细小气泡的形式进入污水中,加以搅拌,从而增加污水中溶解氧含量,并形成悬浮状态与污水相互混合、充分接触。

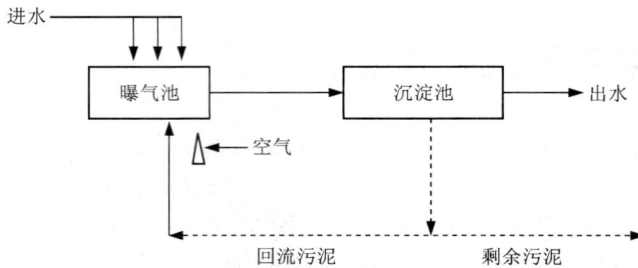

图7-1 活性污泥系统的基本工艺流程

活性污泥法中有机物质的降解经过以下两个阶段:

第一阶段,污水中的有机污染物被活性污泥颗粒吸附,同时部分大分子有机物在细菌胞外酶作用下分解为小分子有机物。

第二阶段,微生物在 O_2 充足的条件下,吸收这些有机物,并氧化分解,一部分形成二氧化碳和水,另一部分供给自身的增殖繁衍。污水中的有机物得到降解而去除,污水得以净化,活性污泥本身得以繁衍增殖。

经过活性污泥净化后的混合液进入沉淀池,混合液中悬浮的活性污泥和其他固体物质沉淀并与水分离,澄清后的污水作为处理水排出系统,经过沉淀浓缩的污泥从沉淀池底部排出,其中大部分作为接种污泥回流至曝气池,以保证曝气池内的悬浮固体浓度和微生物浓度,增殖的微生物从系统排出,称为剩余污泥。

这种工艺流程简单、生化反应推动力大、效率高、出水水质好。但是基建与运行费高、设备利用率低、能耗大、管理较复杂、易出现污泥膨胀现象、不适用于大水量;对进水水质与水量变化的适应性较低,运行结果容易受到水质、水量变化的影响,脱氮除磷效果不太理想;活性污泥法产生大量的剩余污泥,需要进行污泥无害化处理,增加了投资。

7.3.1.2 生物膜法

生物膜法是利用微生物群体附着在固体填料表面形成的生物膜来净化废水的生物处理方法。有机污水或活性污泥培养而成的接种液流经载体,混合物中的悬浮物及微生物被吸附在固相表面,其中的微生物利用有机物质生长繁殖,逐渐在载体表面形成一层黏液状的生物膜。这层生物膜具有生物化学活性,可进一步吸附、降解污水中的各种污染物。生物膜法处理废水时,需在处理系统中装填填料,填料具有扩大处理系统的比表面积和为微生物提供附着固定的载体的作用。影响生物膜处理系统的性能、效率的因素主要是生物膜中微生物活性和填料比表面积。根据不同的处理装置,又可以分为生物滤池法、生物转盘法、接触氧化法和流化床生物膜法等,一般可以使污水 BOD_5 的去除率达90%。

1. 好氧生物膜的构造特征

好氧生物膜是由多种好氧微生物和兼性微生物黏附在填料上形成的一层带动性、薄膜状的微生物混合群体，是生物膜法净化污水的工作主体，由好氧层、厌氧层和附着水层构成（图 7-2）。

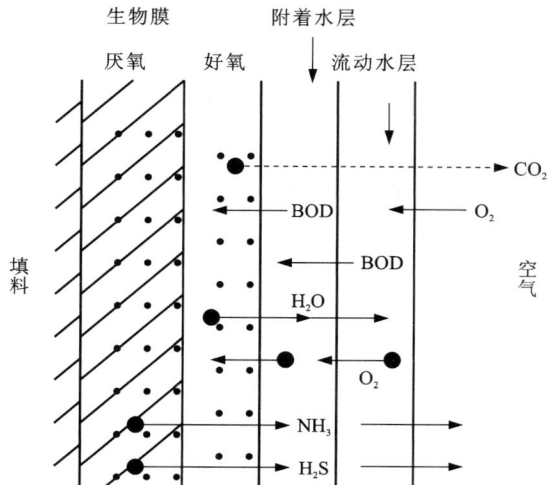

图 7-2　生物膜的结构图

生物膜表面与污水直接接触，因营养丰富和溶解氧充足，微生物生长繁殖迅速，形成了由好氧微生物和兼性微生物组成的好氧层，厚度约为 2 mm；随微生物的增殖，生物膜的厚度不断增加，当增厚到一定程度后，填料接触的生物膜内部因营养物质和溶解氧不足，微生物的生长繁殖受到限制，好氧微生物难以生活，从而形成了由厌氧微生物和兼性微生物组成的厌氧层。经水力冲刷，老化膜因固着不紧，膜表面不断更新，维持生物活性。有机物降解主要是在好氧层进行，部分难降解有机物经兼氧层和厌氧层分解，分解后产生的 H_2S、NH_3 等以及代谢产物由内向外传递而进入空气中，好氧层形成的 $NO_3^- - N$、$NO_2^- - N$ 等经厌氧层发生反硝化，产生的 N_2 也向外而散入大气中。

2. 好氧生物膜中微生物群落

普通滤池内沿水流方向分别为细菌、原生动物和后生动物的食物链。膜外层以菌胶团为主，辅以浮游的球衣菌和藻类等，起净化和稳定污水水质的作用。膜面含有大量固着型纤毛虫（如钟虫、等枝虫、独缩虫等）和游泳型纤毛虫（如楯纤虫、豆形虫、斜管虫和尖毛虫等），它们起促进滤池净化、提高滤池整体处理效率的作用。滤池扫除微生物有轮虫、线虫、寡毛类等，它们起清除滤池污泥、防堵塞的作用。细菌和原生动物吸附污水中的大分子有机物和溶解性有机物质并降解为 CO_2 和 H_2O，并实现自身个体的生长繁殖，老化的生物膜和游离的细菌被后生动物吞食，从而使污水得到净化。

生物膜与活性污泥法相比具有以下特点：①生物膜对污水水质、水量的变化有较强的适应性，管理方便，不会发生污泥膨胀。②微生物固着在载体表面、世代时间较长的微生物也能增殖，生物相对更为丰富、稳定，产生的剩余污泥少。③能够处理低浓度的污水。④生物膜法的不足之处在于生物膜载体增加了系统的投资；载体材料的比表面积小，反应装置容积有限、空间效率低,在处理城市污水时,处理效率比活性污泥法低;⑤附着于固体表面的微生物量较难控制,操作伸缩性差;⑥靠自然通风供氧,不如活性污泥供氧充足,容易产生厌氧菌。

7.3.2 厌氧生物处理

在断绝与空气接触的条件下,依赖兼性厌氧菌和专性厌氧菌的生物化学作用,对有机物进行生物降解的过程,称为厌氧生物处理法或厌氧消化法。厌氧生物处理法是利用兼性厌氧菌和专性厌氧菌将污水中大分子有机物降解为低分子化合物,进而转化为甲烷、CO_2 的有机污水处理方法。

复杂有机物的厌氧降解过程要经历数个阶段,由不同的细菌群接替完成。根据复杂有机物在此过程中的物态及物性变化,可将整个过程分为四个阶段。

(1)水解阶段 高分子有机物在细菌胞外酶的作用下水解成小分子有机物。大分子有机物相对相对分子质量大,不能渗透细胞膜,不能被细菌直接利用。例如,蛋白质被蛋白酶分解为肽与氨基酸等;纤维素被纤维素酶水解为纤维二糖与葡萄糖;淀粉被淀粉酶分解为葡萄糖和麦芽糖,这些小分子的水解产物能够溶解于水并透过细胞膜为细菌所利用。水解过程一般较缓慢,是大分子有机物和悬浮物废液厌氧分解的限速阶段,受温度、有机物的组成、水解产物的浓度等多种因素的影响。

(2)发酵阶段 此阶段是有机物化合物既作为电子供体也作为电子受体的生物降解过程,该过程将溶解性有机物分解为更为简单的化合物(醇类、乳酸、CO_2、H_2、NH_3、H_2S 和挥发性脂肪酸等),因此这一过程也称为酸化。发酵阶段,小分子的化合物被发酵细菌(酸化菌)分解为更为简单的化合物并分泌到细胞外。发酵细菌中以严格厌氧菌为主,此外还有约 1% 的兼性厌氧菌,兼性厌氧菌主要起保护甲烷菌等严格厌氧菌免受氧抑制的作用。该阶段的产物有挥发性脂肪酸、醇类、乳酸、CO_2、H_2、NH_3、H_2S 等,其组成取决于厌氧降解的条件、分解物质的种类和参与酸化的微生物种群。同时,酸化菌也利用部分物质合成新的细胞物质,因此未经酸化的废水厌氧处理时将产生更多的剩余污泥。

(3)产乙酸阶段 发酵阶段的产物除部分被产氢产乙酸细菌合成新的细胞物质外,大部分进一步被产氢产乙酸细菌分解为乙酸、H_2、CO_2 等。同时水中有硫酸盐存在时,还会有硫酸盐还原菌参与产乙酸过程。

(4)产甲烷阶段 乙酸、甲酸、甲醇、H_2 和 CO_2 等被严格厌氧的产甲烷菌转化为甲烷以及甲烷菌细胞物质。甲烷细菌将乙酸、乙酸盐、CO_2 和 H_2 等转化为甲烷的过程由两种产甲烷菌完成,一种把 H_2 和 CO_2 转化成甲烷,另一种由乙酸或乙酸盐脱羧生成甲烷,前者约占总量的 1/3,后者约占 2/3。参与的细菌有甲烷球菌属(*Methanococcus*)、甲烷八叠球菌(*Methanosarcina*)、甲烷杆菌属(*Methanobacterium*)及甲烷螺菌属(*Methanospirillum*)等。甲烷细菌属于化能自养菌,它能在厌氧条件下推动 H_2 和 CO_2 合成甲烷。

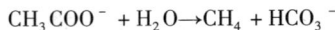

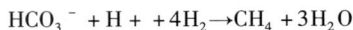

$$CH_3COO^- + H_2O \rightarrow CH_4 + HCO_3^-$$
$$HCO_3^- + H + + 4H_2 \rightarrow CH_4 + 3H_2O$$
$$4CH_3OH \rightarrow 3CH_4 + CO_2 + 2H_2O$$
$$4HCOO^- + 2H + \rightarrow CH_4 + CO_2 + 2HCO_3^-$$

污水厌氧生物处理工艺根据微生物的凝聚状态分为厌氧活性污泥法和厌氧生物膜法。厌氧活性污泥法包括普通消化池、厌氧接触消化池、上流式厌氧污泥床反应器法(upflow anaerobic sludge blanket，UASB）、厌氧颗粒污泥膨胀床（EGSB）等；厌氧生物膜法包括厌氧生物滤池、厌氧流化床和厌氧生物转盘。下面主要介绍上流式厌氧污泥床反应器法（UASB）（图 7 - 3）。

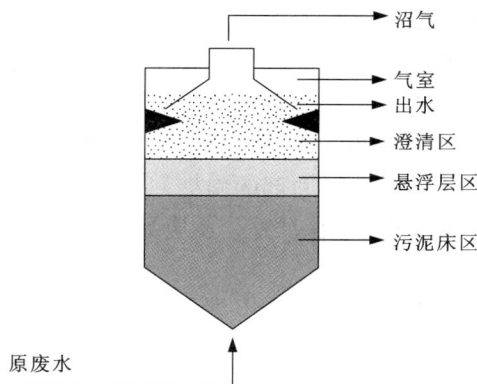

图 7 - 3　上流式厌氧污泥床反应器法

上流式厌氧污泥床反应器（UASB）。该工艺兼具厌氧过滤法和厌氧活性污泥法的特点，可以将污水中的有机物转化成再生清洁能源——沼气。1971 年荷兰瓦格宁根（Wageningen）农业大学拉丁格（Lettinga）教授通过物理结构设计，利用重力场作用，将不同浮力密度的物质分离开，发明了三相分离器，使活性污泥与有机废水分离，形成了上流式厌氧污泥床反应器的雏型。1974 年荷兰 CSM 公司在利用 6 m³ 反应器处理甜菜制糖废水时，发现活性污泥自身可通过固定化机制形成生物聚体结构，即颗粒污泥（granular sludge）。颗粒污泥的发现，促进了第二代厌氧反应器（以 UASB 为代表）的应用和发展，并为第三代厌氧反应器的诞生奠定了基础。此后，德国、瑞士、瑞典、美国、加拿大、澳大利亚、泰国、芬兰、西班牙和中国相继开展了对 UASB 的研发工作，使厌氧处理工艺日趋成熟，成为一种使用广泛和高效的新型反应器技术，特别是能在高浓度有机工业废水处理中发挥它的作用。国内对 UASB 反应器的研究始于 20 世纪 80 年代初，北京市环境保护科学研究所首先开展了探索性的研究工作，此后，国内许多科研单位和高校也开展了对 UASB 的研发工作，先后对颗粒污泥的培养、颗粒污泥性能的分析、反应器的启动、工艺运行条件的控制和反应器的工艺设计等进行了深入研究。

UASB 反应器的基本构造主要包括：污泥床、污泥悬浮层、沉淀区、三相分离器、进水和配水系统。

（1）污泥床　污泥床位于整个 UASB 反应器的底部。污泥床内含有很高的污泥生物量，污泥浓度可达 40000 ~ 80000 mg/L。污泥床中污泥由颗粒污泥组成，其中活性生物量（或细菌）占 70% ~ 80% ，正常运行的 UASB 中颗粒污泥的粒径为 0.5 ~ 5 mm，具有良好的沉降性能，沉降速度为 12 ~ 14 cm/s，典型的污泥容积指数为 10 ~ 20 mL/g。颗粒污泥中的生物种群组成比较复杂，以杆菌、球菌和丝状菌等为主。污泥床的容积一般占整个 UASB 反应器容积的 30% 左右，在 UASB 反应器的整体处理效率中发挥了极为重要的作用，它对有机物的降解率可占全部降解量的 70% ~ 90% 。污泥床内高效降解有机物，产生大量的沼气，微小的沼气气泡经过不断的积累、合并，逐渐形成较大的气泡，不断上升而使整个污泥床层得到良好的混合。

（2）污泥悬浮层　污泥悬浮层位于污泥床上部，占 UASB 反应器容积的 70% 左右。该层的污泥浓度低于污泥床，一般为 15000 ~ 30000 mg /L。

污泥悬浮层由非颗粒状的絮凝污泥组成，其沉降速度远小于颗粒污泥的沉降速度，污泥容积指数为 30 ~ 40 mL/g，污泥床中上升的气泡使此层污泥得到良好的混合。污泥悬浮层中絮凝污泥的浓度自下而上逐渐减小。这一层污泥担负着整个 UASB 反应器有机物降解量的 10% ~ 30% 。

（3）澄清区　澄清区位于 UASB 反应器的顶部。该区的作用是使水流夹带作用进入出水区的固体颗粒在此区沉降，并沿澄清区底部的斜壁滑回反应区，以保证反应器中污泥的浓度。通常可以通过调节澄清区的水位来保证整个反应器的集气室的有效空间高度和防止集气空间的破坏。

（4）三相分离装置　三相分离装置是 UASB 反应器中最有特点和最重要的装置之一，一般位于澄清区的下部和反应器的顶部。三相分离装置包括气体收集器和折流挡板两部分。其主要作用是分离气体（反应过程中产生的沼气）、固体（反应器中的污泥）和液体（被处理的废水）。沼气引入集气室，将出水引入出水区，固体颗粒导入反应区。三相分离装置相当于传统污水处理工艺中的二次沉淀池，同时具有污泥回流的功能。

（5）进水和配水系统　UASB 反应器的进水系统兼具配水和水力搅拌功能。目前 UASB 反应器装置所采用的进水方式有间隙式进水、脉冲式进水、连续均匀进水、连续进水和间隙回流相结合的进水。目前多采用连续进水方式，此外在反应器内的絮凝、颗粒污泥经常性地处于均匀混合和颗粒松散状态时，可采用脉冲式进水和连续进水与间隙回流相结合的进水方式，当反应器运行正常后，一般不必进行回流，就可进行连续进水。

废水处理中，厌氧处理法和好氧处理法相比，剩余污泥少，动力流耗小。作为一种省能、省成本的废水处理法，特别是厌氧处理法，UASB 法被评价为具有处理效率高、性能可靠，既能处理高负荷废水，又不必担心固定床法中易发生的堵塞等许多优点的一种厌氧处理法，越来越受到国内外的重视，并被认为是在以食品工业为主的高浓度有机排水领域内，最为有效的处理方法。

重要概念及名词

微生物生态，细菌相，互生，共生，竞争，拮抗，活性污泥，UASB 法

复习思考题

1. 什么是生态学？什么是微生物生态学？
2. 简述研究微生物生态的理论意义和实践价值。
3. 简述不同的自然环境中微生物的分布状况以及各自的优势代表类群。
4. 为什么说土壤是微生物的天然培养基？
5. 为什么说土壤是人类最丰富的"菌种资源库"？
6. 水体中微生物分布有哪些规律？

7. 检验饮用水的质量时，为什么要选用大肠菌群数作为主要指标？我国卫生部门对此有何规定？

8. 空气中微生物的检测方法有哪些？

9. 简述食品环境中的微生物以及各类微生物对食品和人类的影响。

10. 简述细菌相与食品卫生的关系。

11. 说明什么是微生物之间或微生物与生物之间的共生、互生、拮抗、竞争、寄生和猎食关系？并举例说明。

12. 食品工业废水的来源有哪些？具有哪些特点？

13. 简述好氧微生物群与厌氧微生物群的主要区别及它们在污水处理中的功能。

14. 在活性污泥法处理污水时为什么会发生污泥膨胀现象？怎样避免污泥膨胀？

15. 在活性污泥法处理污水时，可采取哪些措施减少剩余污泥？

16. 简述 UASB 工艺，并说明该工艺具有哪些特点。

第 8 章

微生物在食品制造中的应用

内容提要

本章概述了食品制造中的微生物类群以及微生物在传统食品、保健食品和改善食品品质中的应用，重点介绍了各种发酵食品的生产工艺及操作要点。

教学目标

1. 了解食品制造中主要微生物的特征及其作用。
2. 掌握各种酿造食品或发酵食品的生产工艺及其操作要点。

8.1 细菌在食品制造中的应用

8.1.1 食醋

食醋，古称酢，是世界上最古老、最普及的酸性调味品，具有杀菌解毒、健胃消食、软化血管、防治冠心病及防癌等功能，在人们饮食生活中不可或缺。我国酿醋已有 3000 多年的历史，在长期的生产实践中劳动人民创造出多种富有特色的制醋工艺和品牌食醋。著名的山西陈醋、镇江香醋、四川麸醋、东北白醋、江浙玫瑰米醋、福建红曲醋等是食醋的代表品种。

食醋按加工方法可分为合成醋、酿造醋、再制醋三大类。其中产量最大且与我们关系最密切的是酿造醋，它是用粮食等淀粉质为原料，经微生物制曲、糖化、酒精发酵、醋酸发酵等阶段酿制而成。其主要成分除醋酸（3%～5%）外，还含有各种氨基酸、有机酸、糖类、维生素、醇和酯等营养成分及风味成分，具有独特的色、香、味，不仅是调味佳品，长期食用对身体健康也十分有益。合成醋是用化学方法合成的醋酸配制而成，缺乏发酵调味品的风味，质量不佳。再制醋是以酿造醋为基料，经进一步加工制成，如五香醋、蒜醋、姜醋、固体醋等。

8.1.1.1 生产原料

按照工艺要求，制醋原料可分为主料、辅料、填充料和添加剂四大类。

1. 主料

目前酿醋生产用的主要原料有：薯类，如甘薯、马铃薯等；粮谷类，如玉米、大米等；果蔬类，如黑醋栗、葡萄、胡萝卜等；野生植物，如橡子、菊芋等；其他，如酸果酒、酸啤酒、糖蜜等。

2. 辅料

辅料主要是一些粮食加工下脚料，如碎米、麸皮、谷糠及豆粕等，不但含有碳水化合物，还有丰富的蛋白质，与食品的色、香、味有着密切的关系。在固态发酵中，辅料还起着吸收水分、疏松醋醅及贮藏空气的作用。

3. 填充料

固态发酵制醋和速酿法制醋都需要填充料。其主要作用是调整淀粉浓度，吸收酒精及液浆，保持料层醋醅疏松，使发酵料通透性好，以利于醋酸菌进行好氧发酵。填充料要求表面积大，其纤维质具有适当的硬度和惰性，没有异味。常用的填充料有谷壳、高粱壳、玉米芯、花生皮、刨花等。

4. 添加剂

添加剂不仅能改善食醋的色泽和风味，还能改善食醋的体态，常用的添加剂有食盐、砂糖、芝麻、茴香、生姜和炒米色等。

8.1.1.2 酿造微生物

传统工艺酿醋是利用自然界中的野生菌制曲、发酵，因此涉及的微生物种类繁多。新法制醋均采用人工选育的纯培养菌株进行制曲、酒精发酵和醋酸发酵，因而发酵周期短、原料利用率高。

1. 淀粉液化、糖化微生物

淀粉液化、糖化的微生物很多，曲霉菌含有丰富的淀粉酶、糖化酶、蛋白酶等酶系，因此常用曲霉制糖化曲。常用的曲霉菌种有以下几种：

（1）黑曲霉 适宜生长温度 30～35℃，适宜 pH 为 4.5～5.0，生长繁殖需要充足的氧气，除分泌糖化酶、液化酶、蛋白酶、单宁酶外，还具有果胶酶、纤维素酶、氧化酶、转化酶活性。适宜酿醋的菌株有：甘薯曲霉 AS 3.324，东酒一号，黑曲霉 AS 3.4309（UV – 11），宇佐美曲霉 AS 3.758。

（2）米曲霉菌株 适宜生长温度 37℃，适宜 pH 为 5.5～6.0，能产生糖化酶、液化酶和蛋白酶等。常用的菌株有：沪酿 3.040、沪酿 3.042（AS 3.951）、AS 3.863 等。

（3）黄曲霉 适宜生长温度 37℃，适宜 pH 为 5.5～6.0，除能产生蛋白酶、淀粉酶外，还有纤维素酶、氧化酶、转化酶、菊糖酶、脂肪酶等。常用菌株有 AS 3.800、AS 3.384 等。

2. 酒精发酵微生物

食醋酿造中，淀粉质原料经糖化作用生成葡萄糖后，酵母菌将葡萄糖转化为酒精和 CO_2，完成酿醋过程中的酒精发酵阶段，不同的酵母菌株，其发酵能力不同，产生的滋味和香气也不同。生产中选用的菌株不仅要性能稳定，还要具有较强的酒精耐受力，选择酵母菌种时还要根据原料的不同来选择。K 字酵母、AS 2.109、AS 2.399 适用于淀粉质原料如高粱、大米、甘薯等酿制普通食醋，而 AS 2.1189、AS 2.1190 适用于糖蜜原料。

3. 醋酸发酵微生物

醋酸菌是醋酸发酵的主要菌种，在充分供给氧的情况下生长繁殖，并把基质中的乙醇氧化为醋酸，这是一个生物氧化过程，其总反应式为：$C_2H_5OH + O_2 = CH_3COOH + H_2O$。其形态为长杆状或短杆状细胞，单独、成对或排列成链状，不形成芽孢，革兰氏染色幼龄菌阴性，老龄菌不稳定，好氧，喜欢在含糖和酵母膏的培养基上生长，生长最适温度为28～32℃，最适 pH 为3.5～6.5。

酿醋选用醋酸菌的标准是：氧化酒精速度快、耐酸性强、不再分解醋酸制品、风味良好。目前国内外生产上常用的醋酸菌有以下几种：

（1）奥尔兰醋杆菌（*A. orleanense*）　属葡萄酒醋酸杆菌属，是法国爱尔兰地区用葡萄酒生产醋酸的主要菌种，生长最适温度为30℃，能产生少量的酯，产酸能力较弱，为2.9%，但耐酸能力较强。

（2）许氏醋杆菌（*A. sc hutzenbac hii*）　国外有名的速酿醋菌种，也是目前制醋工业较重要的菌种之一。液体培养的最适温度为25～27.5℃，固体培养的最适温度为28～30℃，最高生长温度37℃。该菌产酸高达11.5%，对醋酸没有氧化作用。

（3）恶臭醋杆菌（*A. rancens* AS 1.41）　是我国食醋生产的主要菌株，该菌细胞呈杆状，常呈链状排列，单个细胞大小为(0.3～0.4) μm×(1～2) μm，无运动性、无芽孢。在不良的环境条件下，细胞会伸长变成线形、棒形或管状膨大。平板培养时菌落隆起，平坦光滑，呈灰白色；液体培养时，在液面处形成菌膜，并沿容器壁上升，菌膜下液体不浑浊。最适生长温度28～33℃，最适 pH 3.5～6.0，耐受酒精度为8%（体积分数），产醋酸为7%～9%，产葡萄糖酸力弱，并能把醋酸进一步氧化成 CO_2 和 H_2O。

（4）沪酿1.01醋酸菌　是从丹东速酿醋中分离得到的，也是我国食醋工厂常用菌种之一。该菌细胞呈杆形，常呈链状排列，菌无运动性，不形成芽孢。在含酒精的培养液中，常在表面生长，形成淡青灰色薄层菌膜。在不良的条件下，细胞会伸长，变成线状或棒状，有的呈膨大状、分支状。该菌的特点是产酸较快，由酒精生成醋酸的转化率平均高达93%～95%，最适宜培养温度为30℃。

8.1.1.3　固态法食醋生产

食醋的酿造方法可粗分为固态发酵和液态发酵两大类。固态发酵，即醋酸发酵时物料呈固态的酿造工艺。我国食醋大多采用此法生产。该工艺采用低温糖化和酒精发酵，各类微生物并存进行协调发酵，配用多量的辅料和填充料，浸提法提取食醋。固态法食醋的优点是香气浓郁，口感醇厚，色深质浓，缺点是成本较高，生产周期长，劳动强度大。

1. 醋酸菌种制备

斜面原种→斜面菌种（30～32℃，48 h）→三角瓶液体菌种（一级种子30～32℃，振荡24 h）→种子罐液体菌种（二级种子）（30～32℃，通气培养22～24 h）→醋酸菌种子

2. 工艺流程

麸曲、酵母
↓

薯干（或碎米、高粱等）→粉碎→加麸皮、谷糠混合→润水→蒸料→冷却→接种→入缸糖化发酵→拌糠接种→醋酸发酵→翻醅→加盐后熟→淋醋→贮存陈醋→配兑→灭菌→包装→成品

↑
醋酸菌

3. 工艺操作

(1) 原料配比及处理

甘薯或碎米、高粱等 100 kg, 细谷糠 80 kg, 麸皮 120 kg, 水 400 kg, 麸皮 50 kg, 砻糠 50 kg, 醋酸菌种子 40 kg, 麸曲 20～30 kg, 食盐 3.75～7.5 kg(夏多冬少)。

将薯干或碎米等粉碎,加麸皮和细谷糠拌和,加水润料后以常压蒸煮 1 h 或在 0.15 MPa 压力下蒸煮 40 min, 出锅冷却至 30～40℃。

(2) 发酵

原料冷却后,拌入麸曲和酒母,并适当补水,使醋料水分达 60%～66%。入缸品温以 24～28℃为宜,发酵室温控制在 25～28℃左右。入缸第二天,品温升至 38～40℃时,应进行第一次倒缸翻醅,然后盖严维持醅温 30～34℃进行糖化和酒精发酵。入缸后 5～7 d 酒精发酵基本结束,醅中可含酒精 7%～8%,此时拌入砻糠和醋酸菌种子,同时倒缸翻醅,此后每天翻醅一次,温度维持在 37～39℃。约经 12 d 醋酸发酵,醅温开始下降,醋酸含量达 7.0%～7.5%时,醋酸发酵基本结束。此时为防止醋酸分解,醋醅变质,应在醅料表面加食盐,一般每缸醋醅夏季加盐 3 kg, 冬季加盐 1.5 kg, 拌匀后再放 2 d, 醋醅成熟即可淋醋。

(3) 淋醋

淋醋工艺采用三套循环法。先用二醋浸泡成熟醋醅 20～24 h, 淋出来的是头醋,剩下的头渣用三醋浸泡,淋出来的是二醋,缸内的二渣再用清水浸泡,淋出三醋。如以头淋醋套头淋醋为老醋;二淋醋套二淋醋 3 次为双醋,较一般单淋醋质量为佳。

(4) 陈酿及熏醋

陈酿是醋酸发酵后为改善食醋风味进行的储存、后熟过程。陈酿有两种方法,一种是醋醅陈酿,即将成熟醋醅压实盖严,封存数月后直接淋醋。或用此法贮存醋醅,待销售旺季淋醋出厂。另一种是醋液陈酿,即在醋醅成熟后就淋醋,然后将醋液贮入缸或罐中,封存 1～2 个月,可得到香味醇厚、色泽鲜艳的陈醋。有时为了提高产品质量,改善风味,则将部分醋醅用文火加热至 70～80℃, 24 h 后再淋醋,此过程称熏醋。

(5) 配兑和灭菌

陈酿醋或新淋出的头醋都只是半成品,头醋进入澄清池沉淀,调整其浓度、成分、使其符合质量标准。除现销产品及高档醋外,一般要加入 0.1% 苯甲酸钠防腐剂后进行包装。陈醋或新淋的醋液应于 85～90℃维持 50 min 杀菌,但杀菌后应迅速降温后方可出厂。一般一级食醋的含酸量 5.0%, 二级食醋含酸量 3.5%。

8.1.1.4 酶法液化通风回流制醋

1. 酶法液化通风回流制醋特点

酶法液化通风回流新工艺,是利用自然通风和醋汁回流代替倒醅的制醋新工艺。此法特点是:①利用 α-淀粉酶制剂将淀粉原料进行液化后再加麸曲糖化,提高了原料的利用率;②采用液态酒精发酵、固态醋酸发酵的发酵工艺;③醋酸发酵池近底处设假底的池壁上开设通风洞,让空气自然进入;④利用固态醋醅的疏松度使醋酸菌得到足够的氧,全部醋醅都能均匀发酵;利用假底下积存的温度较低的醋汁,定时回流喷淋在醋醅上以降低醋醅温度,调节发酵温度,保证发酵在适当的温度下进行。

2. 工艺流程

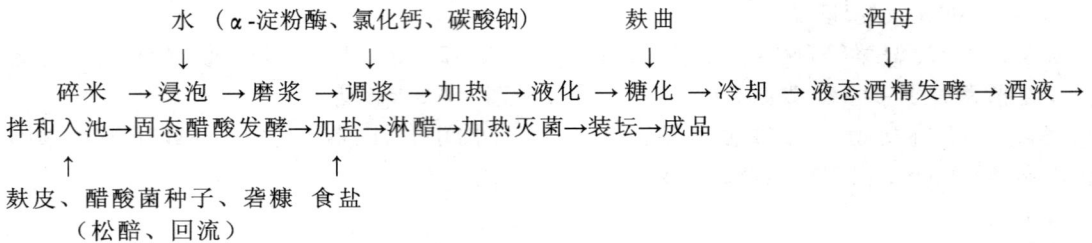

3. 工艺操作

(1)配料

碎米 1200 kg、麸皮 1400 kg、砻糠 1650 kg、碳酸钠 1.2 kg(碎米的 0.1%)、氯化钙 2.4 kg(碎米的 0.2%)、α-淀粉酶 3.9 kg(以每克碎米 130 酶活力单位计)、麸曲 60 kg(碎米的 5%)、酒母 500 kg、醋酸菌种子 200 kg、食盐 100 kg、水 3250 kg(配发酵醪用)。以上数据是 30 m³ 发酵池的计料。

(2)水磨与调浆

将碎米浸泡 1~2 h 使米粒充分膨胀,将米与水 1:1.5 的比例送入磨粉机,磨成 70 目以上的细度粉浆,使粉浆浓度在 20%~23%,用碳酸钠调至 pH 6.2~6.4,加入氯化钙和 α-淀粉酶后,送入糖化锅。

(3)液化和糖化

粉浆在液化锅内应搅拌加热,液化品温控制在 85~92℃,维持 10~15 min,用碘液检测显棕黄色表示已达到液化终点,再升温至 100℃维持 10 min,达到灭菌和使酶失活的目的,然后送入糖化锅。将液化醪冷至 60~65℃时加入麸曲,保温糖化 3~5 h。用碘液检查无显色反应时,表明糖化完全,待糖液降温至 30℃左右,送入酒精发酵容器。

(4)酒精发酵

将糖液加水稀释至 7.5~8.0 倍,调 pH 至 4.2~4.4 接入酵母,在 30~33℃下进行酒精发酵 70 h,酒醪的酒精含量约为 8.5%,酸度在 0.3~0.4 左右,残糖约为 0.5% 时将酒醪送至醋酸发酵池。

(5)醋酸发酵

将酒醪与砻糠、麸皮及醋酸菌种拌和,送入有假底的发酵池,扒平盖严。进池品温 35~38℃为宜,而中层醋醪温度较低,入池 24 h 进行一次松醅,将上面和中间的醋醪尽可能疏松均匀,使温度一致。

醋酸发酵至品温升到 40℃时进行醋汁回流,即从假底放出部分醋液,再泼回醋醪表面,一般每天回流 6 次,发酵期间共回流 120~130 次,使醅温降低。醋酸发酵温度前期可控制在 42~44℃,后期控制在 36~38℃。经 20~25 d 醋酸发酵,醋汁含酸达 6.5%~7.0% 时,发酵基本结束。醋酸发酵结束,为避免醋酸被氧化成 CO_2 和水,应及时加入食盐以抑制醋酸菌的氧化作用。方法是将食盐置于醋醪的面层,用醋汁回流溶解食盐使其渗入到醋醪中。淋醋仍在醋酸发酵池内进行。再用二醋淋浇醋醪,池底继续收集醋汁,当收集到的醋汁含酸量降到 5% 时,停止淋醋。此前收集到的为头醋。然后在上面浇三醋,由池底收集二醋,最后上面加水，下面收集三醋。二醋和三醋共淋醋循环使用。

（6）灭菌与配兑

灭菌是通过加热的方法把陈醋或新淋醋中的微生物杀死，破坏残存的酶，使醋的成分基本固定下来。同时经过加热处理，醋的香气更浓，味道更和润。

灭菌后的食醋应迅速冷却，并按照质量标准配兑。

8.1.1.5　液体深层发酵制醋

1. 液体深层发酵制醋的特点

液体深层发酵制醋是利用发酵罐通过液体深层发酵生产食醋的方法，通常是将淀粉质原料经液化、糖化后先制成酒醪或酒液，然后在发酵罐里完成醋酸发酵。液体深层发酵法制醋具有机械化程度高、操作卫生条件好、原料利用率高（可达65%～70%）、生产周期短（7 d）、产品质量稳定等优点，缺点是醋的风味较差。

2. 工艺流程

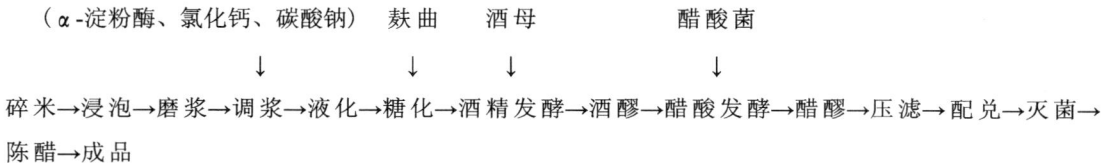

（α-淀粉酶、氯化钙、碳酸钠）　麸曲　　酒母　　　　　醋酸菌
　　　　　　　　　↓　　　　　↓　　　↓　　　　　　　↓
碎米→浸泡→磨浆→调浆→液化→糖化→酒精发酵→酒醪→醋酸发酵→醋醪→压滤→配兑→灭菌→
陈醋→成品

3. 工艺操作

在液体深层发酵制醋过程中，到酒精发酵为止的工艺均与酶法液化通风回流制醋相同，不同的是从醋酸发酵开始，采用较大的发酵罐进行液体深层发酵，并需通气搅拌，醋酸菌种子为液态，即醋母。

醋酸液体深层发酵温度为32～35℃，通风量前期为1∶0.13/min，中期为1∶0.17/min，后期为1∶0.13/min。罐压维持0.03 MPa，连续进行搅拌。醋酸发酵周期为65～72 h。经测定已无酒精，残糖极少，测定酸度不再增加说明醋酸发酵结束。

液体深层发酵制醋也可采用半连续法，即当醋酸发酵成熟时，取出三分之一成熟醪，再加三分之一酒醪继续发酵，如此每20～22 h重复一次。目前生产上多采用此法。

8.1.2　发酵乳制品

发酵乳制品是指原料乳经过杀菌后接种特定的微生物进行发酵制得的食品。它们通常具有良好的风味、较高的营养价值和一定的保健作用，深受消费者欢迎。发酵乳制品的生产菌种主要是乳酸菌。乳酸菌的种类较多，常用的有干酪乳杆菌（*L. casei*）、保加利亚乳杆菌（*L. bulgaricus*）、嗜酸乳杆菌（*L. acidophilus*）、植物乳杆菌（*L. plantarum*）、乳酸乳杆菌（*L. lactis*）、乳酸乳球菌（*L. lactis*）、嗜热链球菌（*S. thermophilus*）等。目前，发酵乳制品的品种很多，有酸奶、奶酪、酸奶油、马奶酒、乳酸菌饮料等。

近年来，随着双歧乳杆菌营养保健作用的不断揭示，人们将其引入酸奶制造，使传统的单株发酵，变为双株或三株共生发酵。双歧杆菌因其菌体尖端呈分枝状（如 Y 形或 V 形）而得名，是无芽孢革兰氏阳性细菌，专性厌氧、不抗酸、不运动、过氧化氢酶反应为阴性，最适生长温度为 37～41℃，初始生长最适 pH 为 6.5～7.0，能分解葡萄糖产生醋酸和乳酸(2:3)，不产生 CO_2。双歧杆菌产生的双歧杆菌素对肠道中的致病菌如沙门氏菌、金黄色葡萄球菌、志贺氏菌等具有明显的杀灭效果。乳中的双歧杆菌还能分解积存于肠胃中的致癌物 N - 亚硝基胺，防止肠道癌变，并能通过诱导作用产生细胞干扰素和促细胞分裂剂，活化 NK 细胞，促进免疫球蛋白的产生、活化巨噬细胞的功能，提高人体的免疫力。

目前已知的双歧杆菌共有 24 种，其中 9 种存在于人体肠道内，用于发酵乳制品生产的有 5 种。分别是两歧双歧杆菌(*B. bifidum*)、长双歧杆菌(*B. longum*)、短双歧杆菌(*B. brevvis*)、婴儿双歧杆菌(*B. angulatum*)、链状双歧杆菌(*B. adolescentis*)。下面介绍一下双歧杆菌酸奶的生产工艺。

双歧杆菌酸奶的生产有两种不同的工艺。一种是两歧双歧杆菌与嗜热链球菌、保加利亚乳杆菌等共同发酵的生产工艺，称共同发酵法。另一种是将两歧双歧杆菌与兼性厌氧的酵母菌同时在脱脂牛乳中混合培养，利用酵母在生长过程中的呼吸作用，以生物法耗氧，创造一个适合于双歧杆菌生长繁殖、产酸代谢的厌氧环境，称为共生发酵法。

1. 共同发酵法生产工艺

(1)工艺流程

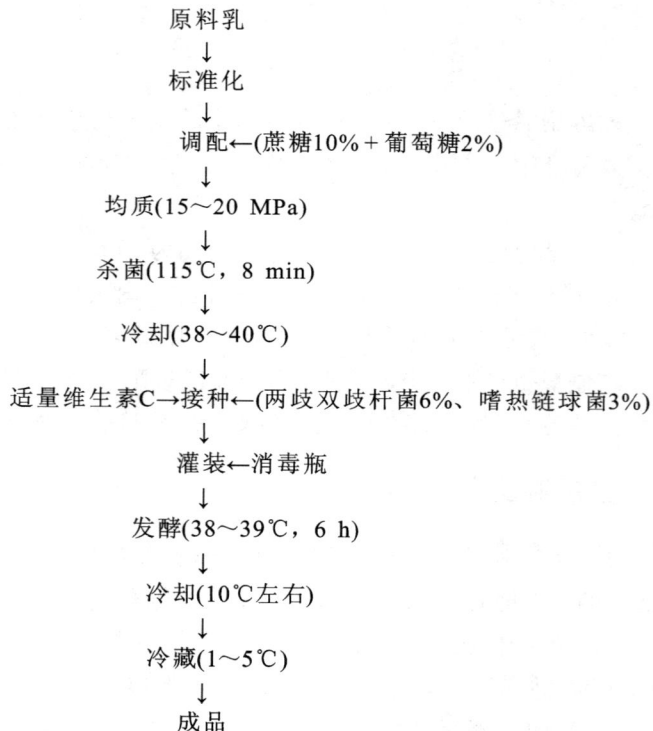

(2)工艺操作

双歧杆菌产酸能力低，凝乳时间长，约需 18～24 h，由于其属于异型发酵，最终产品的口感和风味欠佳。因此，生产上常选用一些产酸快且对双歧杆菌生长无太大影响的乳酸菌，如嗜热链球菌、保加利亚乳杆菌、嗜酸乳杆菌、乳脂明串珠菌等与双歧杆菌共同发酵。这样既可以使制品中含有足够量的双歧杆菌，又可以提高产酸能力，大大缩短凝乳时间，并改善制品的口感和风味。

2.共生发酵法生产工艺

（1）工艺流程

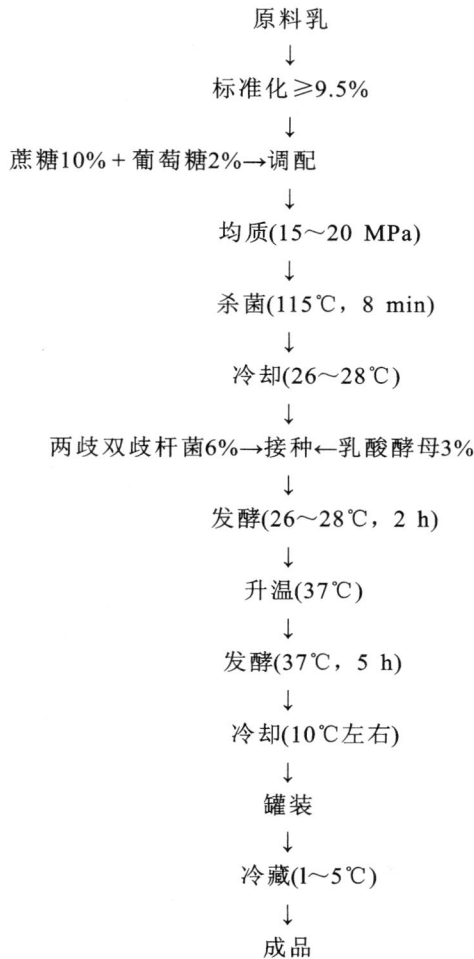

原料乳
↓
标准化≥9.5%
↓
蔗糖10% + 葡萄糖2%→调配
↓
均质(15～20 MPa)
↓
杀菌(115℃，8 min)
↓
冷却(26～28℃)
↓
两歧双歧杆菌6%→接种←乳酸酵母3%
↓
发酵(26～28℃，2 h)
↓
升温(37℃)
↓
发酵(37℃，5 h)
↓
冷却(10℃左右)
↓
罐装
↓
冷藏(1～5℃)
↓
成品

（2）工艺操作

共生发酵法常用的菌种搭配为两歧双歧杆菌和用于马奶酒制造的乳酸酵母（*S. lactis*），接种量分别为6%和3%。在调配发酵培养用原料乳时，用适量脱脂乳粉加入到新鲜脱脂乳中，以强化乳中固形物含量（固形物大于等于9.5%），并加入10%蔗糖和2%的葡萄糖，接种时还可加入适量维生素C，以利于双歧杆菌生长。酵母菌的最适生长温度为26～28℃，为了有利于酵母先发酵，为双歧杆菌生长营造一个适宜的厌氧环境，因而接种后，首先在26～28℃下培养，以促进酵母的大量繁殖和基质乳中氧的消耗，然后提高温度到30℃左右，以促进双歧杆菌的生长。由于采用了共生混合的发酵方式，双歧杆菌生长迟缓的状况大为改观，总体产酸能力提高，加快了凝乳速度，产品酸甜适中，富有纯正的乳酸口味和淡淡的酵母香气，制品酸度为80～90°T，双歧杆菌活菌数保证在100万个/mL以上。但双歧杆菌酸奶即使在

5~10℃下存放7d后，其死亡率仍高达96%；20℃下存放7d后，死亡率达99%以上。因此，最好在生产7d内销售出去。

8.1.3 谷氨酸发酵

氨基酸是组成蛋白质的基本成分，其中有8种氨基酸是必需氨基酸，人体只有通过食物获得。在食品工业中，氨基酸还可作为调味料，如谷氨酸钠、肌苷酸钠、鸟苷酸钠可作为鲜味剂，色氨酸和甘氨酸可作为甜味剂，在食品中添加某些氨基酸可提高其营养价值。因此氨基酸的生产具有重要的意义。表8-1列出部分氨基酸生产所用的菌株。

表8-1 部分氨基酸生产所用的菌株

生成的氨基酸	使用的菌株
谷氨酸	谷氨酸棒杆菌、乳糖发酵短杆菌、黄色短杆菌、北京棒杆菌（AS1.299）、钝齿棒杆菌（AS1.542或B9）
缬氨酸	北京棒杆菌（AS1.586）*、乳糖发酵短杆菌
DL 丙氨酸	凝结芽孢杆菌
（met-）脯氨酸	链形寇氏杆菌、黄色短杆菌*
赖氨酸	黄色短杆菌、乳糖发酵短杆菌、谷氨酸棒杆菌
苏氨酸	大肠杆菌
鸟氨酸	谷氨酸棒杆菌、黄色短杆菌
亮氨酸	黄色短杆菌
酪氨酸	谷氨酸棒杆菌

注：*营养缺陷型，R：抗性。

自从20世纪60年代以来，微生物直接利用糖类发酵生产谷氨酸获得成功并投入工业化生产。目前，我国是世界上最大的味精生产大国，氨基酸的研究和生产得到了迅速发展。随着科学技术的进步，对传统工艺不断地进行改革，但如何保持传统工艺生产的特有风味，从而使新产品更具魅力，是今后研究的课题。

1. 谷氨酸生产菌种

L-谷氨酸发酵生产菌种主要有谷氨酸棒杆菌（*C. glutamicum*）、乳糖发酵短杆菌（*B. lactofermentum*）、黄色短杆菌（*B. flavum*）等。我国使用的生产菌株有北京棒杆菌（*C. pekinense*）AS 1.299、钝齿棒杆菌（*C. crenatumn*）AS 1.542 和黄色短杆菌 T6~13（*B. flavum* T6~13）等。在已报道的谷氨酸产生菌中，除芽孢杆菌外，虽然它们在分类学上属于不同的属种，但都有一些共同的特点，如菌体为球形、短杆至棒状、无鞭毛、不运动、不形成芽孢、呈革兰氏阳性、需要生物素、在通气条件下培养产生谷氨酸。

2. 生产原料

发酵生产谷氨酸的原料有淀粉质原料，如玉米、小麦、甘薯、大米等，其中甘薯和淀粉最为常用；糖蜜原料，如甘蔗糖蜜、甜菜糖蜜；氮原料，如尿素或氨水。

3. 工艺流程

味精生产全过程可分五个部分：淀粉水解糖的制取；谷氨酸生产菌种子的扩大培养；谷氨酸发酵；谷氨酸的提取与分离；由谷氨酸制成味精。

菌种的扩大培养
↓

淀粉质原料→糖化→中和、脱色、过滤→培养基调配→接种→发酵→提取(等电点法、离子交换法等)→谷氨酸→谷氨酸-Na→脱色→过滤→干燥→成品

4. 工艺操作

(1)培养基成分

①碳源：碳源是构成菌体和合成谷氨酸的碳架及能量的来源。由于谷氨酸产生菌是异养微生物，因此只能从有机物中获得碳素，实际生产中以糖质原料为主。培养基中糖浓度和谷氨酸发酵有密切的关系，在一定的范围内，谷氨酸产量随糖浓度的增加而增加。

②氮源：氮源是合成菌体蛋白质、核酸及谷氨酸的原料。碳氮比对谷氨酸发酵有很大影响。大约85%的氮源被用于合成谷氨酸，另外15%用于合成菌体。谷氨酸发酵需要的氮源比一般发酵工业多得多，一般发酵工业碳氮比为100:0.2~2.0，谷氨酸发酵的碳氮比为100:15~21。

③无机盐：发酵时，使用的无机离子有 K^+、Mg^{2+}、Fe^{2+}、Mn^{2+} 等阳离子和 PO_4^{3-}、SO_4^{2-}、Cl^- 等阴离子，其用量如下：

KH_2PO_4	0.05%~0.2%
K_2HPO_4	0.05%~0.2%
$MgSO_4 \cdot 7H_2O$	0.005%~0.1%
$FeSO_4 \cdot 7H_2O$	0.0005%~0.01%
$MnSO_4 \cdot 4H_2O$	0.0005%~0.005%

④生长因子：糖质为碳源的谷氨酸产生菌几乎都是生物素缺陷型，也就是说这些细菌本身都不能合成生物素。生长因子的作用是影响代谢途径，影响细胞的渗透性。生长因子含量的多少，与生产有着十分密切的关系。实际生产中通过添加玉米浆、麸皮、水解液、糖蜜等作为生长因子的来源，来满足谷氨酸产生菌必需的生长因子。

(2)培养基

①斜面培养基：葡萄糖0.1%，牛肉膏1.0%，蛋白胨1.0%，氯化钠0.5%，琼脂2.0%，pH 7.0~7.2；121℃灭菌30 min(传代和保藏斜面不加葡萄糖)；

②一级种子培养基：葡萄糖2.5%，尿素0.6%，KH_2PO_4 0.1%，$MgSO_4.7H_2O$ 0.04%，玉米浆2.3~3.0 mL，pH 7.0；

③二级种子培养基：水解糖3.0%，尿素0.6%，玉米浆0.5~0.6 mL，K_2HPO_4 0.1~0.2%，$MgSO_4 \cdot 7H_2O$ 0.04%，pH 7.0；

④发酵培养基：水解糖12%~14%，尿素0.5%~0.8%，玉米浆0.6 mL，$MgSO_4 \cdot 7H_2O$ 0.06%，KCl 0.05%，Na_2HPO_4 0.17%，pH 7.0。

(3)发酵条件的控制

影响谷氨酸发酵的环境因素有温度、pH、溶氧(通风)、泡沫及发酵时间等，在实际生产

中要注意发酵条件的控制。

①温度：谷氨酸发酵前期（0~12 h）是菌体大量繁殖阶段，在此阶段菌体利用培养基中的营养物质来合成核酸、蛋白质等，供菌体繁殖用，而控制这些合成反应的最适温度均在30~32℃。在发酵中、后期，是谷氨酸大量积累的阶段，而催化谷氨酸合成的谷氨酸脱氢酶的最适温度在32~36℃，故发酵中、后期适当提高罐温对积累谷氨酸有利。

②pH：发酵液的pH影响微生物的生长和代谢途径。发酵前期如果pH偏低，则菌体生长旺盛但不产酸；如果pH偏高，则菌体生长缓慢，发酵时间拉长。在发酵前期将pH控制在7.5~8.0左右较为合适，而在发酵中、后期将pH控制在7.0~7.6左右对提高谷氨酸产量有利。

③溶氧（通风）：在谷氨酸发酵过程中，发酵前期以低通风量为宜；发酵中、后期以高通风量为宜。实际生产上，以气体转子流量计来检查通气量，即以每分钟单位体积的通气量表示通风强度。另外发酵罐大小不同，所需搅拌转速与通风量也不同。

④泡沫的控制：在发酵过程中由于强烈的通风和菌体代谢产生的CO_2，使培养液产生大量的泡沫，不仅使氧在发酵液中的扩散受阻，影响菌体的呼吸和代谢，给发酵带来危害，必须加以消泡。消泡的方法有机械消泡（耙式、离心式、刮板式、蝶式消泡器）和化学消泡（天然油脂、聚酯类、醇类、硅酮等化学消泡剂）两种方法。

⑤发酵时间：不同的谷氨酸产生菌对糖浓度的要求也不一样，其发酵时间也有所差异。一般低糖（10%~12%）发酵，其发酵时间为36~38 h，中糖（14%）发酵，其发酵时间为45 h。

8.1.4 黄原胶

黄原胶（Xamthan Gum）别名汉生胶，又称黄单胞多糖，是由甘兰黑腐病黄单胞细菌（X. campestris）以碳水化合物为主要原料，经通风发酵、分离提纯后得到的一种微生物高分子酸性胞外杂多糖，是食品添加剂中优良的悬浮剂和乳化稳定剂，对食品具有良好的保水、保鲜作用。

国际上，黄原胶开发及应用最早的是美国。美国农业部北方地区Peoria实验室于20世纪60年代初首先用微生物发酵法获得黄原胶。1964年，美国Merck公司Keco分部首先实现了黄原胶的工业化生产。1979年世界黄原胶总产量为2000 t，1990年达4000 t以上。在美国，黄原胶年产值约为5亿美元，在发酵产品中居第3位。我国对黄原胶的研究起步较晚，进行开发研究的单位有南开大学、中科院微生物研究所、山东食品发酵研究所等，均已通过中试鉴定。目前全国有烟台、金湖、五连等数家黄原胶生产厂，年产量在200 t左右，主要用作食品添加剂。我国生产黄原胶的淀粉用量一般在5%左右，发酵周期为72~96 h，产胶能力30~40 g/L，与国外比较，生产水平较低。随着黄原胶生产和应用范围的进一步发展，目前北京、四川、郑州、苏州、山东等地都有黄原胶生产，预示着我国的黄原胶生产呈现了一个新的局面。

1. 菌种

黄原胶生产有广泛的微生物来源，黄单胞菌属的许多种菌株都能产生黄原胶。目前，国内外用于生产黄原胶的菌种大多是从甘兰黑腐病病株上分离的甘兰黑腐病黄单胞菌，也称野油菜黄单胞菌。其他菌种还有菜豆黄单胞菌（X. phaseoli）、锦葵黄单胞菌（X. malvacearum）和胡萝卜黄单胞菌(*X. carotae*)等。我国目前已开发出的菌株有南开 – 01、山大 – 152、008、L4和 L5。这些菌株一般呈杆状，革兰氏染色阴性，产荚膜。在琼脂培养基平板上可形成黄色黏稠菌落，液体培养可形成黏稠的胶状物。

2. 发酵培养基

黄原胶发酵培养基的碳源一般是糖类、淀粉等碳水化合物。在黄单胞菌体内酶的作用下，1,6 – 糖苷键被打开，形成直链多糖，经进一步转化，最终变成产物黄原胶。氮源一般以鱼粉和豆饼粉为主。另外，还添加一些微量无机盐，如铁、锰、锌等盐类，特别是轻质碳酸钙以及 NaH_2PO_4 和 $MgSO_4$，它们对黄原胶的合成有明显的促进作用。

例如，南开大学的南开 – 01 菌种所使用的摇瓶发酵培养基如下：玉米淀粉 4%，鱼粉蛋白胨 0.5%，轻质碳酸钙 0.3%，自来水配制，pH 7.0。在大罐生产中将鱼粉蛋白胨改成鱼粉直接配料，其他原料不变。国外用作黄原胶发酵的碳源多数是葡萄糖。

3. 工艺流程

菌种的扩培→发酵原料配比→发酵→发酵条件控制→分离→提纯→干燥

4. 工艺操作

(1)发酵

黄原胶的收率取决于碳、氮源的种类和发酵条件，目前收率一般在起始糖量的 40% ~ 75%。摇瓶发酵条件为：接种量 1% ~ 5%，旋转式摇床转速 220 r/min，培养温度 28℃，发酵 72 h 左右。发酵结束，黄原胶产酸能力为 20 ~ 30 g/L，对碳源的转化率在 60% ~ 70%；工业化生产条件为：接种量为 5% ~ 8%。由于培养基的高黏度，黄原胶生产属高需氧量发酵，需大通风量，一般为 $1 ~ 0.6 \ m^3/(m^3 \cdot min)$。发酵温度为 25 ~ 28℃。碳源的起始浓度一般在 2% ~ 5%。

黄单胞菌容易利用有机氮源，而不易利用无机氮源。有机氮源包括鱼粉蛋白胨、大豆蛋白胨、鱼粉、豆饼粉、谷糠等。其中以鱼粉蛋白胨为最佳，它对产物的生成有明显的促进作用，一般使用量为 0.4% ~ 0.6%。在氮源浓度较低时，随氮源浓度的提高，细胞浓度也增加，黄原胶的合成速率加快，黄原胶得率也相应提高。起始氮源在中等浓度时，细胞浓度和黄原胶的合成速率均有提高，发酵时间缩短，但黄原胶的得率却降低，这是因为细胞生长过快，用于细胞生长及维持细胞生命的糖量增加，用于合成黄原胶的糖反而减少，导致黄原胶得率下降。如果采用发酵后期流加糖的方法，使糖浓度始终维持在一定的水平，补加的糖只用于细胞维持生命及合成黄原胶，而没有生长的消耗，黄原胶得率就比间歇发酵有较大提高。若起始氮源的浓度再提高，虽然细胞浓度有所增加，但黄原胶得率及合成速率却降低了。其主要原因是"氧限制"，高浓度细胞随着发酵的进行，发酵液黏度不断增大，体积传质系数降低，造成氧供应能力逐渐下降，合成速率变慢，得率降低。黄原胶发酵培养基的起始 pH 一般控制在 6.5 ~ 7.0，这有利于初期的细胞生长和后期的黄原胶合成。

(2)黄原胶的分离提取

黄原胶通常由玉米淀粉辅以氮源及微量元素经微生物发酵后制得。发酵醪中除含黄原胶(3% 左右)外，还有菌丝体、未消耗完的碳水化合物、无机盐及大量的液体。其中菌丝体等固形物占 20%，水溶性无机盐占 10%。如果菌丝体等固形物混杂在黄原胶成品中，会造成产品的色泽差、味臭，从而限制黄原胶的使用范围。因此黄原胶分离提取的目的在于按产品质量规格的要求将发酵醪中的杂质不同程度地除去，通过纯化、分离、浓缩和干燥等手段获得成品。

（3）黄原胶的干燥

为了便于保藏和运输，一般都将黄原胶制成干品。黄原胶的干燥方法有真空干燥、滚筒干燥、喷雾干燥、流化床干燥以及气流干燥等方法。其中，带有惰性球的流化床干燥，由于兼有强化传热传质以及研磨粉碎的功能，物料滞留时间较短，所以适合像黄原胶等热敏性黏稠物料的干燥。

8.2　酵母菌在食品制造中的应用

酵母菌与人们的生活关系密切，几千年来劳动人民利用酵母菌制作出许多营养丰富、味道鲜美的食品和饮料，在食品工业中占有极其重要的地位。目前，利用酵母菌生产的食品种类繁多，下面仅介绍几种主要产品。

8.2.1　面包

面包是以面粉为主要原料，以酵母菌、糖、油脂和鸡蛋为辅料生产的发酵食品，其营养丰富，组织蓬松，易于消化吸收，食用方便，深受消费者喜爱。

8.2.1.1　面包生产菌种

酵母是生产面包必不可少的生物松软剂，由于酵母在发酵时利用原料中的葡萄糖、果糖、麦芽糖等糖类及 α - 淀粉酶对面粉中淀粉进行转化后的糖类进行发酵作用，产生 CO_2，使面团体积膨大，结构疏松，呈海绵状结构；同时，酵母中的酶可催化面团中的各种有机物进行生化反应，将高分子的结构复杂的物质变成结构简单、相对分子质量较低、能为人体直接吸收的中间生成物和单分子有机物，不仅改善了面包的风味，而且增加了面包的营养价值。

面包酵母是一种单细胞生物，属真菌类，学名为啤酒酵母，是兼性厌氧型微生物，在有氧及无氧条件下都可以进行发酵。酵母生长与发酵的最适温度为 26 ~ 30℃，最适 pH 为 5.0 ~ 5.8。酵母耐高温的能力不及耐低温的能力，60℃以上会很快死亡，而 -60℃下仍具有活力。面包酵母有圆形、椭圆形等多种形态，以椭圆形的用于生产较好。

生产上应用的酵母主要有鲜酵母、活性干酵母及即发干酵母。鲜酵母是酵母菌种在培养基中经扩大培养和繁殖、分离、压榨而制成。鲜酵母发酵力较低，发酵速度慢，不易贮存运输，0 ~ 5℃可保存两个月，其使用受到一定限制。活性干酵母是鲜酵母经低温干燥而制成的颗粒酵母，发酵活力及发酵速度都比较快，且易于贮存运输，使用较为普遍。即发干酵母又称速效干酵母，是活性干酵母的换代用品，使用方便，一般无须活化处理，可直接生产。

目前，我国市场上的活性干酵母有中外合资企业生产的梅山牌、安琪牌、东莞牌等产品，另外还有进口法国、荷兰、德国的产品。在选购时应注意产品的生产日期、包装是否密封，且必须注意选购适合配方要求的酵母如耐高糖与低糖的酵母。只有酵母质量有保障才能生产出高质量的面包，对于贮存时间过长的酵母在生产前要对其活力进行测定。

8.2.1.2　主要原辅料

1.面粉

面粉的质量通常表现在面筋的量和质上。质量好的面粉，面筋延伸性大、弹性好，做出的面包体积大而膨松；反之面筋延伸性小、弹性差，调制的面团板结，不易起发。所以生产中常将面筋量大质差和量小质优的面粉搭配使用，以互相弥补不足。

2. 糖

糖是面包的重要辅料之一，使用最多的为蔗糖，其次为淀粉糖浆、葡萄糖、饴糖等。糖在面包生产中的作用有：提供酵母生长所需的碳源；参与美拉德反应，形成面包特有的色、香、味；增加甜味及营养价值；糖的吸湿与持水性能可增加面包的软性，延长其保存期。

3. 油脂

油脂是面包生产的重要辅料，可改善面包的风味和口感。其润滑作用有利于面包的体积增大，但油脂用量过多会因油膜的隔离作用影响面团的形成、酵母发酵和表皮上色。

4. 其他辅料

蛋品在点心面包中应用也较多，可增加点心面包的营养价值；由于蛋品中蛋白质将空气包成微型气室（搅拌时具有发泡功能），烘烤时有利于面包的体积增大、组织疏松；另外，蛋品中的硫氢基化合物及磷脂的存在有利于延长面包的保存期。

乳品在高档面包中使用较多，可赋予面包优良风味和较高营养价值，且有助于面包上色及延长面包保存期。一般用量为4%～6%，过多会影响发酵。

果料在点心面包中使用，主要有果脯、果干、果仁、果酱等，可切成小块混入面团中或作为夹馅料。果料使用量以15%～20%为宜。

5. 添加剂

面包中的添加剂主要有面团改良剂、乳化剂、营养强化剂、酵母营养剂等。面团改良剂是指能够改善面团加工性能的一类添加剂，主要包括氧化剂和还原剂，另外还有一些酶制剂及活性面筋等。氧化剂能够增强面团筋力，提高面团弹性、韧性与持气性。它可以使面筋蛋白中的硫氢基形成二硫键，形成大分子网络结构，并可抑制蛋白酶活性；酶制剂主要指 $\alpha-$ 淀粉酶，可促进淀粉分解，有利于酵母发酵；乳化剂有利于面包同各种原辅料混合均匀，并且有利于蛋白质分子的互相连接，增加面团的持气性，此外乳化剂还具有抗衰老、保鲜作用。

8.2.1.3 面包生产工艺

面包生产有传统的一次发酵法、二次发酵法及新工艺快速发酵法等。我国生产面包多用一次发酵法及二次发酵法，近年来，快速发酵法应用也较多。

1. 一次发酵法工艺流程

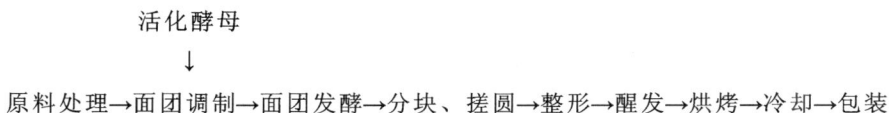

活化酵母

↓

原料处理→面团调制→面团发酵→分块、搓圆→整形→醒发→烘烤→冷却→包装

一次发酵法的特点是生产周期短，所需设备和劳力少，产品有良好的咀嚼感，有较粗糙的蜂窝状结构，但风味较差。该工艺对时间相当敏感，大批量生产时较难操作，生产灵活性差。

2. 二次发酵法工艺流程

原辅料处理→第一次和面→第一次发酵→第二次和面→第二次发酵→整形→醒发→烘烤→冷却→

成品　　　　　　　　　　　　↑　　　　　　　　　　　　　　↑

(部分面粉、部分水、全部酵母)　(加入剩下的原辅料)

二次发酵法即采取两次搅拌、两次发酵的方法。第一次搅拌时先将部分面粉(占配方用量的 1/3)、部分水和全部酵母混合至刚好形成疏松的面团,然后将剩下的原料加入,进行二次混合调制成成熟面团。成熟面团再经发酵、整形、醒发、烘烤制成成品。

二次发酵法应用较多,其特点是生产出的面包体积大、柔软,且具有细微的海绵状结构,风味良好、生产容易调整,但周期长,操作工序多。

8.2.1.4　工艺操作

如果不考虑发酵方法,面包生产工艺主要包括面团调制、发酵、整形、醒发、烘烤、冷却和包装等工序。

1. 面团调制

调制面团是生产面包的关键工序之一,它是将经过处理的原辅料按配方用量和工艺要求,通过和面机的机械作用调制成发酵面团的过程。面团调制的主要作用是使酵母、水和其他各种辅料与面粉混合均匀,使面团具有良好的工艺性能和组织结构,以利于发酵和烘烤。

面团调制分为一次搅拌法和二次搅拌法。一次搅拌法是先将全部面粉和水投入和面机内,再倒入糖、盐等辅料溶液,搅拌后加入活化好的酵母液,混合片刻,最后加入油脂,继续搅拌,直至面团成熟。

二次搅拌法是先将 30% ~ 70% 的面粉,40% 左右的水,全部酵母液和成软硬合适、温度为 26 ~ 28℃ 的面团,开始第一次发酵。此次调制的目的是为制备种子面团做准备。第二次调制是将第一次发酵成熟的种子面团和剩下的原辅料(不包括油脂)在和面机中一起搅拌,快成熟时放入油脂继续搅拌,直至面团温度合适(26 ~ 38℃)、不黏手、均匀而有弹性时为止,然后进行第二次发酵。

2. 面团发酵

(1)面团发酵的一般原理　面团发酵就是在适宜条件下,酵母利用面团中的营养物质进行繁殖和新陈代谢,产生 CO_2 气体,使面团膨松,并使面团营养物质分解为人体易于吸收的物质。

单糖是酵母最好的营养物质,而面粉中单糖含量很少,不能满足酵母发酵的需要。但面粉中含有相当多的淀粉酶,它将淀粉分解为麦芽糖,麦芽糖及蔗糖在酵母本身分泌的麦芽糖酶及蔗糖酶作用下分解为单糖被酵母利用。面包用酵母是一种典型的兼性厌氧微生物,有氧时呼吸旺盛,酵母将糖氧化分解成 CO_2 和水,并释放能量。随着发酵的进行,面团中氧气迅速减少,酵母的有氧呼吸转变为缺氧呼吸,糖被分解为酒精和少量 CO_2 及能量。实际生产中,上述两种作用是同时进行的,发酵初期,前者为主反应;发酵后期,为使发酵旺盛进行,应排除面团中的 CO_2 气体,补充空气。整个发酵过程中均有大量 CO_2 气体产生,因而能使面团膨松,形成大量蜂窝。

(2)一次发酵法　一次发酵法发酵室温度 26 ~ 28℃,相对湿度 75%,发酵时间 2 ~ 4 h,在发酵期间常进行 1 ~ 2 次揿粉以排除 CO_2,补充空气。

（3）二次发酵法　第一次发酵即种子面团发酵，温度为 25~30℃，时间 2~4 h，相对湿度 75%；第二次发酵即生面团发酵，温度 28~32℃，时间 2~3 h。

3. 整形与醒发

发酵成熟的面团应立即进入整形工序。整形工序包括面团的切块、称量、搓圆、静置、整形和入盘。整形后的面包坯在醒发室进行最后一次发酵，然后入炉烘烤。

醒发就是将整形后的面包坯在较高温度下经最后一次发酵（酵母快速呼吸，放出更多的气体），使面包坯迅速起发到一定程度，形成松软的海绵状组织和面包的基本形状，以保证成品体积大而丰满且形状美观。醒发一般在醒发室内进行，温度 38~40℃，相对湿度 85%，时间 45~60 min。

4. 烘烤

（1）烘烤原理　醒发后的面包坯应立即进入烤炉烘烤，面包坯在炉内经过高温作用，由生变熟，并产生面包特有的膨松组织、金黄色表皮和可口风味。面包坯在烘烤过程中会发生一系列的物理、化学及微生物的变化。

面包坯中酵母在入炉初期，开始了比以前更加旺盛的生命活动，产生大量 CO_2 气体，使面包坯体积进一步增大。当烘烤继续进行，面包坯温度上升到 44℃ 时，酵母产气能力下降，50℃ 时开始死亡，60℃ 时全部死亡。除了酵母菌外，面包中还有部分产酸菌，主要是乳酸菌，当面包坯进入烤炉时，它们的主要生命活动随温度升高而加快，当超过其最适温度时，生命活动逐渐减弱，大约到 60℃ 时，全部死亡。

淀粉和蛋白质是面包坯的两大主要成分。在烘烤过程中，淀粉遇热糊化，面包坯由生变熟，同时，部分淀粉在酶的作用下分解为糊精和麦芽糖。面包坯中的蛋白质主要以面筋形式存在，当加热至 60~70℃ 时，面包中蛋白质开始变性凝固，并释放出胀润时所吸收的水分，部分蛋白质在酶作用下分解为肽、胨及氨基酸。

面包表皮的褐色是在高温下产生的。食品的褐变主要有三种：酶促褐变、焦糖化反应及美拉德反应。许多研究表明，面包皮褐变主要是由面包坯中的氨基酸与还原糖在 150℃ 的高温下发生美拉德反应引起，焦糖化反应是次要的。

（2）面包焙烤　面包的焙烤过程大致可分为三个阶段：

①入炉初期，焙烤应当在温度较低和相对湿度较高（60%~70%）的条件下进行。面火要低（120℃），底火要高（250℃），这样有利于面包体积的增大。②烘烤时间 2~3 min；当面包瓢温度达到 50~60℃ 时，便进入第二阶段。这时，可适当提高炉温，底火、面火温度都可达 270℃，有利于面包快速失水及定型，使面包皮着色和增加香气；③然后降低炉温，底火温度降为 140~160℃，面火温度高于底火温度，为 180~200℃。

面包烘烤时间，因面包的质量、大小、形状、烤模形式等而不同，大面包则时间长且温度不宜过高，否则会皮焦心不熟。同样质量的面包，圆面包、装模面包时间相应要长些。

5. 面包的冷却与包装

面包冷却至中心温度为 35~36℃ 或室温即可，方法有自然冷却和吹风冷却两种。前者是在室温下进行，产品质量好，但所需的时间长；后者是用吹风机强行冷却，优点是速度快且卫生，但风力过大会使面包表面开裂。

面包冷却过程中质量会损失 1%~3.5%，冷却后应及时包装。经包装的面包可以避免水分的大量损失，防止干硬，保持面包的新鲜度，同时可以减少微生物的侵染，保持面包的清洁卫生，便于出售。

6. 面包的老化

面包的货架期很短，随着存放时间延长，面包会发生一系列不良变化，主要有面包皮变硬、面包瓤变紧、风味变差、吃起来易掉渣等，这些现象统称为面包的"老化"。研究表明，面包的老化主要是因为淀粉的重结晶引起的。预防老化的方法有及时包装、贮运，使用乳化剂、α-淀粉酶、油脂等添加剂，使用高筋粉及在较高温度下贮藏（温度高于20℃）等。

8.2.2　酿酒

我国是一个酒类生产大国，也是一个酒文化文明古国。许多独特的酿酒工艺在世界上独领风骚，深受世界各国赞誉，同时也为我国经济繁荣做出了重要贡献。

酿酒具有悠久的历史，产品种类繁多，有黄酒、白酒、啤酒、果酒等品种，也形成了各种类型的名酒，如绍兴黄酒、贵州茅台酒、青岛啤酒等。酒的品种不同，酿酒所用的酵母以及酿造工艺也不同，而且同一类型的酒各地也有自己独特的工艺。

8.2.2.1　啤酒

啤酒是以优质大麦芽为主要原料，大米、酒花等为辅料，经过制麦、糖化、啤酒酵母发酵等工序酿制而成的一种含有 CO_2、低酒精浓度和多种营养成分的饮料酒。它是世界上产量最大的酒种之一。

1. 啤酒酵母

啤酒酵母（*Saccharomyces cerevisiae*）菌种是影响啤酒风味及稳定性的主要因素。国外研究者在1883年开始分离培养酵母并用于啤酒酿造。啤酒酵母在麦芽汁琼脂培养基上的菌落为乳白色，有光泽，平坦，边缘整齐，无性繁殖以芽殖为主，能发酵葡萄糖、麦芽糖、半乳糖和蔗糖，不能发酵乳糖和蜜二糖。

根据酵母在啤酒发酵液中的性状，可将它们分成两大类：上面啤酒酵母（*S. cerevisiae*）和下面啤酒酵母（*S. carlsbergensis*）。上面啤酒酵母在发酵时，酵母细胞随 CO_2 浮在发酵液面上，发酵终了形成酵母泡盖，即使长时间放置，酵母也很少下沉。下面啤酒酵母在发酵时，酵母悬浮在发酵液内，在发酵终了时酵母细胞很快凝聚成块并沉积在发酵罐底。按照凝聚力大小，把发酵终了细胞迅速凝聚的酵母，称为凝聚性酵母；而细胞不易凝聚的下面啤酒酵母，称为粉末性酵母。影响细胞凝聚力的因素，除了酵母细胞的细胞壁结构外，外界环境（例如麦芽汁成分、发酵液 pH、酵母排出到发酵液中的 CO_2 量等）也起着十分重要的作用。国内啤酒厂一般都使用下面啤酒酵母生产啤酒。

上面啤酒酵母和下面啤酒酵母，两者在细胞形态、对棉子糖的发酵能力、凝聚性以及啤酒发酵温度等方面有明显差异。但当培养组分和培养条件改变时，两种酵母各自的特性也会发生变化。

用于生产上的啤酒酵母，种类繁多。不同的菌株，形态和生理特性有所不同，在形成双乙酰高峰值和双乙酰还原速度上也有明显差别，造成啤酒风味各异。

2. 原辅料

大麦是生产啤酒的主要原料，其原因有：大麦在世界范围种植面积广，而且发芽能力强，价格又较便宜；大麦经发芽、干燥后制成的干大麦芽内含各种水解酶和丰富的可浸出物，因此容易制备出符合啤酒发酵用的麦芽汁；大麦的谷皮是很好的麦芽汁过滤介质。大米是啤酒酿造的辅助原料，主要为啤酒酿造提供淀粉来源。玉米也是啤酒酿造的淀粉质辅料。酒花是在啤酒酿造中不可少的辅助原料，在啤酒生产中的主要作用是：赋予啤酒香气和爽口的苦味；提高啤酒泡沫的持久性；使蛋白质沉淀，有利于啤酒的澄清；酒花本身有抑菌作用，能增强麦芽汁和啤酒的防腐能力，我国酒花主要产地为新疆、内蒙古、青海、黑龙江等地。

3. 工艺流程

原料大麦→粗选→精选→分级→洗麦→浸渍→发芽→绿麦芽→干燥→除根→贮藏→成品麦芽→

粉碎→麦芽粉→糖化→过滤→煮沸→澄清→冷却→定型麦芽汁→充氧→发酵→过滤→包装→成品啤酒

          ↑   ↑   ↑

大米→粉碎→糊化 酒花   酵母

4. 工艺操作

(1)制麦

制麦的目的是使大麦产生各种水解酶类，并使麦粒胚乳细胞的细胞壁被纤维素酶和蛋白水解酶作用后变成网状结构，便于糖化时酶进入胚乳细胞内，进一步将淀粉和蛋白质水解。通过制麦，使大麦胚乳细胞壁受损适度，淀粉和蛋白质等达到溶解状态，在糖化阶段被溶出。同时要将绿麦芽进行干燥处理，除去过多的水分和生腥味，使麦芽具有酿造啤酒特有的色、香、味。

水分、O_2 和温度是麦粒发芽的必要条件。大麦经水浸渍后，含水量达 40%~48%，在制麦过程中需要通入饱和湿空气，环境的相对湿度要维持在 85% 以上。麦粒发芽因呼吸作用而耗氧，同时产生大量的 CO_2，因此制麦芽时要进行通风。通风既能供给 O_2，又能带走麦粒呼吸产生的 CO_2，有利于麦粒发芽。但通风既不能过大也不能过小，通风过大，麦芽呼吸作用太旺盛，营养物质消耗过多；通风过小，容易发生霉烂现象。发芽的温度一般控制在 13~18℃，温度过低，发芽周期延长；温度太高，麦芽生长速度快，营养物质耗费多。

大麦在发芽过程中，酶原被激活并生成许多水解酶，如淀粉酶、蛋白酶、磷酸酯酶和半纤维素酶等。同时，麦粒本身含有的物质如淀粉、蛋白质等大分子在各种水解酶的作用下达到适度的溶解，溶解的程度直接关系到糖化的效果，进而影响到啤酒的品质。质量好的麦芽粉碎后，粗、细粉差与浸出率差比较小，糖化率及最终发酵度高，溶解氮和氨基氮的含量高，黏度小。另外，在大麦发芽的过程中，应避免阳光直射，防止叶绿素形成而影响啤酒的风味和色泽。

(2)麦芽汁的制备

麦芽汁的制备是将干麦芽粉碎后，依靠麦芽自身含有的各种酶类，以水为溶剂，将麦芽中的淀粉、蛋白质等大分子物质分解成可溶性的小分子糊精、低聚糖、麦芽糖和肽、胨及氨基酸，制成营养丰富、适合于酵母生长和发酵的麦芽汁。质量好的麦芽汁，麦芽内容物的浸出率可达 80%。

为了提高浸出率，原料和辅料必须进行粉碎。麦芽原料的粉碎要求做到皮壳破而不碎，且胚乳尽可能细，从而避免由于皮壳过细造成的过滤困难。对于像大米、玉米等辅助原料则要求越细越好。

(3)糊化及糖化

糊化即将辅料置于 50℃ 的料液中，使其淀粉颗粒吸水膨胀，表层胶质溶解，内部的淀粉分子脱离膨胀的表层进入水中,再升温至 70℃ 左右成糊状物,为下一步的糖化做准备。糖化是啤酒酿造最重要的工艺之一,主要是利用麦芽自身的各种酶类,把原料中的不溶性的高分子物质,分解成可溶性的低分子物质。不同的酶有其最适宜的反应温度、pH 和糖化工艺。糖化的方法很多,主要分为煮出法和浸出法两大类。煮出糖化法根据醪液煮沸的次数,又可分为一次、两次及三次煮出法。目前国内绝大多数企业生产淡色啤酒都采用二次煮出法进行糖化。

二次煮出法的特点是将辅助原料和部分麦芽粉在糊化锅中与 45℃ 温水混合,并升温煮沸糊化(第一次煮沸)。与此同时,麦芽粉与温水在糖化锅中混合并以 45~55℃ 保温,进行蛋白质休止(即蛋白质分解过程),时间在 30~90 min。接着将糊化锅中已煮沸的糊化醪泵入糖化锅,使混合醪温达到糖化温度(65~68℃),保温进行糖化,直到与碘液不发生呈色反应为止。然后从糖化锅中取出部分醪液(一般取底部占总量 1/2 的浓醪)泵入糊化锅煮沸(第二次煮沸),再泵回糖化锅,使醪液升温至 75~78℃,静止 10 min 后进行过滤。

(4)过滤

麦汁过滤的方法有过滤槽法、压滤机法和快速过滤法等,目前国内多数啤酒生产企业主要采用过滤槽法。过滤槽法是以麦糟本身为过滤介质,在过滤前先形成过滤层,逐渐过滤出清亮的麦汁。当糖化液即将过滤完毕时(在过滤层漏出之前)要立即进行洗糟,洗出残留于糟层中的糖分等,提高麦汁回收率。洗糟水的适宜温度为 75~78℃。若水温过高将会把皮层的苦味成分如多酚类物质溶出,影响啤酒的质量;若水温过低则残糖不易从皮糟中洗出。

(5)煮沸和酒花添加

经过滤后清亮的麦汁,还需要煮沸。煮沸可以蒸发掉多余水分,浓缩到规定浓度;破坏全部酶系,稳定麦汁成分;使热凝固物析出;杀死麦汁中的杂菌及浸出酒花中的有效成分。麦汁煮沸的基本要求是要有一定的煮沸强度和时间。煮沸强度是指单位时间内所蒸发掉的水分占麦芽汁的百分比例。一般煮沸强度以 8%~12% 为宜,煮沸时间为 1.5~2 h。酒花是在煮沸过程中添加的,用量为麦汁总量的 0.1%~0.2%。一般在麦汁煮沸过程中分三次添加:第一次在麦汁初沸时加入,为总量的 1/5;第二次在麦汁煮沸后 40~50 min 加入,为总量的 2/5;第三次在结束麦汁煮沸前 10 min 加入,为总量的 2/5。但也有的厂家分两次或四次加入酒花。

(6)澄清及冷却

麦芽汁经过煮沸后,含有一定量的酒花糟和产生一系列的热凝固物,后者对啤酒发酵过程与啤酒的非生物学稳定性有很大的危害。一般啤酒企业采用回旋沉淀法和自然沉淀法除去热凝固物。麦汁冷却的目的,主要是使麦汁达到主发酵最适温度 6~8℃,同时使大量的冷凝固物析出。另外,为了满足酵母在主发酵初期繁殖的需要,要充入一定量的无菌空气,此时的麦汁我们叫它定型麦汁。麦汁冷却设备通常采用薄板冷却器。

(7)啤酒酵母生产菌种扩培

扩大培养是将实验室保存的纯种酵母,逐步增殖,使酵母数量由少到多,直至达到一定数量可满足生产需要的酵母培养过程。

斜面试管→5 mL 麦芽汁试管3支(各活化3次)→25 mL 麦芽汁试管3只→250 mL 麦芽汁三角瓶3支→3 L 麦芽汁三角瓶3支→100 L 铝桶1只(第1次加麦芽汁18 L 第2次加麦芽汁73 L)→100 L 大缸3只(一次加满)→1 t 增殖槽1只(加麦芽汁600 L)→5 t 发酵槽(第一次加麦芽汁1.8 t 第二次加麦芽汁3.2 t)

在无菌室打开原菌试管，挑取 1 菌耳酵母菌菌落，接入已灭菌的盛有 5 mL 麦芽汁的试管中，共 3 支试管，每支接 1 菌耳。接种后塞好棉塞，置 25℃ 恒温箱中培养 24 h。

从上述 3 支已活化 1 次的酵母试管中，分别挑取菌液 3~4 菌耳，接种到盛有 5 mL 已灭菌麦芽汁的另外 3 支试管中，于 25℃ 可培养 24 h。如此再重复 1 次，总共活化 3 次。

将 3 支经 3 次活化的试管酵母，分别倒入 3 支盛有 25 mL 灭菌麦芽汁的试管中。接种后，试管口用火焰灭菌，再放入 25℃ 恒温箱中培养 24 h。用于接种的酵母培养液与麦芽汁体积之比为 1:5。

将上述培养好的酵母种液，分别倒入 3 个盛有 250 mL 灭菌麦芽汁的 500 mL 三角瓶中。接种后瓶口用火焰灭菌，然后放入 25℃ 恒温箱中培养 24 h。酵母种液与麦芽汁体积之比为 1:10，培养期间要经常振荡容器，以增加溶解氧。

将上述初次扩培的酵母种液，分别倒入 3 个盛有 3 L 灭菌麦芽汁的 5 L 三角瓶中。接种后瓶口用火焰灭菌，然后将三角瓶置于灭菌室在常温下培养 24 h。酵母种液与麦芽汁体积之比为 1:12。培养温度比上一次培养要低，目的是让酵母逐步适应低温发酵的要求，但降温幅度不能太大，否则会影响酵母活性。培养期间要经常振荡大三角瓶。

在培养室，将上述 3 个大三角瓶内的酵母种液一次倒入 1 个已灭菌的铝桶内，加入冷麦芽汁 18 L。酵母种液与麦芽汁体积之比为 1:2，在 13~14℃ 下培养 24~36 h，培养期间要通入无菌空气，以满足酵母细胞对 O_2 的需求。

在上述 27 L 酵母培养液中，加入 73 L 冷麦芽汁，于 12~13℃ 下继续培养 24~36 h。酵母种液与麦芽汁体积之比为 1:2.7。

将上述 100 L 酵母种液等量倒入 3 只 100 L 大缸内，每缸一次性加麦芽汁到满量 100 L。培养温度为 9~10℃，培养时间 24~36 h。种液与麦芽汁体积之比为 1:2，培养期间要通入无菌空气。

将培养好的 300 L 酵母种子液倒入 1 t 容积的增殖槽中，加入冷麦芽汁 600 L，在 8~9℃ 下培养 24 h。酵母种液与麦芽汁体积比为 1:2，培养期间要通入无菌空气。

将上述酵母培养液倒入 5 t 发酵槽内，加入冷麦芽汁 1.8 t，达到酵母种子液与麦芽汁体积之比为 1:2，在 7~7.5℃ 下培养 24 h，其间通入无菌空气并追加冷麦芽汁至满量 5 t，满槽后转入正常发酵。冷麦芽汁的量与酵母种子液体积之比为 1:0.85。主发酵（也称前发酵）6~7 d。主发酵结束后，即将发酵液（俗称嫩啤酒）从酒液排出口引入后发酵罐以完成后发酵。嫩啤酒排完后，应及时回收发酵槽底部的酵母，经过筛和漂洗，得到零代酵母，这种酵母泥即可供生产使用，存放时间不得超过 3 d，注意现洗现用。扩大培养后，经过车间生产周转过来的第 1 次沉淀酵母，称为第一代种子。在正确洗涤和正常发酵条件下，酵母使用代数一般为 7~8 代。

（8）啤酒发酵

啤酒发酵也遵循微生物的生长规律，分酵母繁殖期、低泡期、高泡期、落泡期和泡盖形成期。

首先是酵母繁殖期，将酵母泥与麦芽汁按 1:1 进行混合，通入无菌空气，使酵母细胞悬浮并压送到酵母增殖池的麦芽汁中，充分混匀麦芽汁与酵母细胞，待满池后再放置 12~24 h。在长出新酵母细胞和分离去凝固物后，将酵母培养液和新麦芽汁同时添加到发酵罐，一般要求在 10~18 h 内装满罐，品温以 9℃ 为宜。

装满罐后麦汁即进入发酵阶段。4~5 h后是低泡期，麦汁表面出现洁白细腻、厚而紧密的小泡，24 h后要在罐底排放一次冷凝固物和酵母死细胞；发酵2~3 d后，泡沫增高，形成隆起，进入高泡期，此时为发酵旺盛期，需要人工缓慢降温；发酵5 d后，发酵力逐渐减弱，为落泡期；发酵7~8 d，泡沫回缩，形成泡盖，为泡盖期。当麦汁糖度降到4.8~5.0度左右时，要封罐让其自升温至12℃，当罐压升到0.08~0.09 MPa，糖度降到3.6~3.8度时，要提高罐压到0.10~0.12 MPa，并以0.2~0.3℃/h的速度使罐温降温到5℃，保持此罐温12~24 h，自发酵的第7~8 d开始排放酵母。由于罐压较大，排放的酵母不能再回收利用。在发酵接近后期时，在2~3 d内继续以0.1℃/h的速度降温，使罐温降至0~1℃，并保持此温7~10 d，且保持罐压0.1 MPa，啤酒发酵总时间约需21~28 d。

在啤酒发酵过程中，酵母在厌氧环境中经过糖酵解途径（EMP）将葡萄糖降解成丙酮酸，然后脱羧生成乙醛，后者在乙醇脱氢酶催化下还原成乙醇。在整个啤酒发酵过程中，酵母利用葡萄糖除了产生乙醇和CO_2外，还生成乳酸、醋酸、柠檬酸、苹果酸和琥珀酸等有机酸，同时有机酸和低级醇进一步聚合成酯类物质；经过麦芽中所含的蛋白酶将蛋白质降解成胨、肽后，酵母菌自身含有的氧化还原酶继续将低含氮化合物转化成氨基酸和其他低分子物质。这些复杂的发酵产物决定了啤酒的风味、泡持性、色泽及稳定性等各项指标，使啤酒具有独特的风格。

（9）啤酒过滤与包装

经后发酵的啤酒，还有少量悬浮的酵母及蛋白质等杂质，需要采取一定的手段将这些杂质除去，方法有硅藻土过滤法、纸板过滤法、离心分离法和超滤法。过滤的效果直接影响到啤酒的生物学稳定性和品质。因此，在啤酒过滤的过程中，啤酒的温度、过滤时的压力及后酵酒的质量是关键因素。

包装是啤酒生产的最后一道工序，以瓶装和罐装为主，有利于保证成品的质量和外观。

8.2.2.2　葡萄酒

葡萄酒是由新鲜葡萄或葡萄汁通过酵母的发酵作用而制成的一种低酒精含量的饮料。葡萄酒质量的好坏和葡萄品种及酒母关系密切。因此在葡萄酒生产中葡萄的品种、酵母菌种的选择相当重要。

1. 葡萄酒酵母

葡萄酒酵母（*S. ellipsoideus*）在分类上是子囊菌纲的酵母属，啤酒酵母种。该属的许多变种和亚种都能对糖进行酒精发酵，并广泛用于酿酒、酒精、面包等生产中，但各酵母的生理特性、酿造副产物、风味等有很大的不同。

葡萄酒酵母除了用于葡萄酒生产以外，还广泛用于苹果酒等果酒的发酵。世界上一些葡萄酒厂、研究所和有关院校优选和培育出各具特色的葡萄酒酵母亚种和变种，如我国张裕7318酵母、法国香槟酵母、匈牙利多加意（*Tokey*）酵母等。

葡萄酒酵母繁殖主要是无性繁殖，以单端（顶端）出芽繁殖。在条件不利时也易形成1~4个子囊孢子。子囊孢子为圆形或椭圆形，表面光滑，在显微镜下（500倍）观察，葡萄酒酵母常为椭圆形、卵圆形，一般为(3~10) μm×(5~15) μm，细胞丰满，在葡萄汁琼脂培养基上，25℃培养3 d，形成圆形菌落，色泽呈奶黄色，表面光滑，边缘整齐，中心部位略凸出，质地为明胶状，很易被接种环挑起，培养基无颜色变化。

优良葡萄酒酵母具有以下特性：除葡萄（其他酿酒水果）本身的果香外，酵母也产生良好的果香与酒香；能将糖分全部发酵完，残糖在 4 g/L 以下；具有较高的抗 SO_2 能力；具有较高的发酵能力，一般可使酒精含量达到 16% 以上；有较好的凝集力和较快的沉降速度；能在低温(15℃)或果酒适宜温度下发酵，以保持果香和新鲜清爽的口味。

2. 红葡萄酒工艺流程

酿制红葡萄酒一般采用红葡萄品种。我国酿造红葡萄酒主要以干红葡萄酒为原酒，然后按标准调配成半干、半甜、甜型葡萄酒。

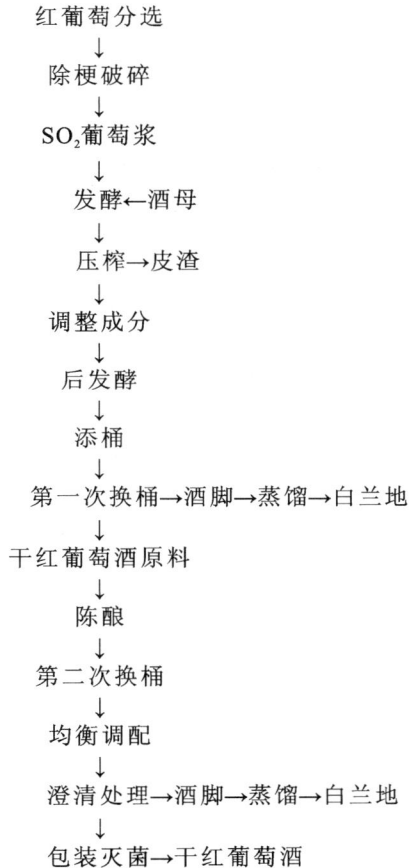

红葡萄分选
↓
除梗破碎
↓
SO_2葡萄浆
↓
发酵←酒母
↓
压榨→皮渣
↓
调整成分
↓
后发酵
↓
添桶
↓
第一次换桶→酒脚→蒸馏→白兰地
↓
干红葡萄酒原料
↓
陈酿
↓
第二次换桶
↓
均衡调配
↓
澄清处理→酒脚→蒸馏→白兰地
↓
包装灭菌→干红葡萄酒

3. 工艺操作

(1)酵母扩大培养

从斜面试管菌种到生产使用的酒母，需经过数次扩大培养，每次扩大倍数为 10～20 倍。工艺流程如下：

斜面试管菌种(活化)→麦芽汁斜面试管培养(10倍)→液体试管培养(12.5倍)→三角瓶培养(12倍)→玻璃瓶(或卡氏罐)(20倍)→酒母罐培养→酒母

①斜面试管菌种。由于长时间保藏于低温下，细胞已处于衰老状态，需转接于50°Bé 麦芽汁制成的新鲜斜面培养基上，25℃培养 4～5 d。

②液体试管培养。取灭过菌的新鲜澄清葡萄汁，分装入经干热灭菌的试管中，每管约 10 mL，用 0.1 MPa 的蒸汽灭菌 20 min，放冷备用。在无菌条件下接入斜面试管活化培养的

酵母，每支斜面可接入 10 支液体试管，25℃培养 1~2 d，发酵旺盛时接入三角瓶。

③三角瓶培养。向 500 mL 经干热灭菌的三角瓶注入新鲜澄清的葡萄汁 250 mL，用 0.1 MPa蒸汽灭菌 20 min，冷却后接入两支液体培养试管，25℃培养 24~30 d，发酵旺盛时接入玻璃瓶。

④玻璃瓶(或卡氏罐)培养。向洗净的 10 L 细口玻璃瓶(或卡氏罐)中加入新鲜澄清的葡萄汁 6 L，常压蒸煮(100℃)1 h 以上，冷却后加入亚硫酸，使其 SO_2 含量达 80 mL/L，经 4~8 h 后接入两个发酵旺盛的三角瓶培养酒母，摇匀后换上发酵栓于 20~25℃培养 2~3 d，其间需摇瓶数次，至发酵旺盛时接入酒母培养罐。

⑤酒母罐培养。一些小厂可用两只 200~300 L 带盖的木桶(或不锈钢罐)培养酒母。木桶洗净并经硫磺烟熏杀菌，过 4 h 后往一桶中注入新鲜成熟的葡萄汁至 80% 的容量，加入 100~150 mg/L 的亚硫酸，搅匀，静置过夜。吸取上层清液至另一桶中，随即添加 1~2 个玻璃瓶培养酵母，25℃培养，每天用酒精消毒过的木把搅动 1~2 次，使葡萄汁接触空气，加速酵母的生长繁殖，经 2~3 d 至发酵旺盛时即可使用。每次取培养量的 2/3，留 1/3，然后再放入处理好的澄清葡萄汁继续培养。若卫生管理严格，可连续分割培养多次。

(2)前发酵(主发酵)

葡萄酒前发酵主要目的是进行酒精发酵、浸提色素物质和芳香物质。前发酵进行的好坏是决定葡萄酒质量的关键。红葡萄酒发酵方式按发酵中是否隔氧可分为开放式发酵和密闭式发酵。发酵容器过去多为开放式水泥池，近年来逐步被新型发酵罐所取代。

接入酵母 3~4 d 后发酵进入主发酵阶段。此阶段升温明显，一般持续 3~7 d，控制最高品温不超过 30℃，在 25℃左右进行。当发酵液的相对密度下降到 1.020 以下时，即停止发酵，出池取新酒。

发酵生产中应注意的问题如下：

①发酵容积利用率。葡萄浆在进行酒精发酵时体积增加。原因是发酵时本身产生热量，发酵醪温升高使体积增加，二是产生大量 CO_2 气不能及时排出，也导致体积增加。为了保证发酵的正常进行，一般容器充满系数为 80%。

②皮渣的浸渍。葡萄破碎后送入敞口发酵池，因葡萄皮相对密度比葡萄汁小，再加上发酵时产生 CO_2，葡萄皮渣往往浮在葡萄汁表面，形成很厚的盖子，这种盖子亦称"酒盖"。因酒盖与空气直接接触，容易感染有害杂菌，败坏葡萄酒的质量。为保证葡萄酒的质量，并充分浸渍皮渣上的色素和香气物质，须将皮盖压入醪中。

③温度控制。温度对红葡萄酒质量有很大的影响。发酵温度是影响红葡萄酒色素物质含量和色度值大小的主要因素。一般来讲，发酵温度高，葡萄酒的色素物质含量高，色度值高。从红葡萄酒质量考虑，如口味醇和、酒质细腻、果香酒香等综合考虑，发酵温度控制低一些为好。红葡萄酒发酵温度一般控制在 25~30℃。红葡萄酒发酵降温方法有循环倒池法、发酵池内安装蛇形冷却管法、外循环冷却法。

④葡萄汁的循环。红葡萄酒发酵时进行葡萄汁的循环可以起以下方面的作用：增加葡萄酒的色素物质含量；降低葡萄汁的温度；开放式循环可使葡萄汁和空气接触，增加酵母的活力；葡萄浆与空气接触可促使酚类物质的氧化，使之与蛋白质结合成沉淀，加速酒的澄清。

⑤SO_2 的添加。SO_2 在葡萄酒酿造中有以下作用：①杀菌作用，酿酒用的葡萄汁在发酵前不进行灭菌处理，有的发酵是开放式的，因此，为了消除细菌和野生酵母对发酵的干扰，在

发酵时添加一定量的 SO_2；②溶解作用，SO_2 在水中生成亚硫酸，能将葡萄皮中不溶于葡萄汁和发酵液的色素溶解出来；③澄清作用。SO_2 很快使不溶性的物质沉淀下来。

（3）压榨

当残糖降至 5 g/L 以下，发酵液面只有少量 CO_2 气泡，"酒盖"已经下沉，液面较平静，发酵液温度接近室温，并且有明显酒香，此时表明前发酵已结束，可以出池。一般前发酵时间为 4~6 d。出池时先将自流原酒由排汁口放出，放净后打开入孔清理皮渣进行压榨，得压榨酒。自流原酒和压榨原酒成分差异较大，若酿制高档名贵葡萄酒应单独贮存。

（4）后发酵

后发酵目的是使残糖继续发酵。前发酵结束后，原酒中还残留 3~5 g/L 的糖分，这些糖分在酵母作用下继续转化成酒精与 CO_2。后发酵在葡萄酒酿造中有以下作用：①澄清作用。前发酵得到的原酒，还残留部分酵母及其他果肉纤维悬浮于酒液中，在低温缓慢的发酵中，酵母及其他成分逐渐沉降，后发酵结束后形成沉淀即酒泥，使酒逐步澄清。②陈酿作用。新酒在后发酵过程中，进行缓慢的氧化还原作用，并促使醇酸酯化。乙醇和水的缔合排列，使酒的口味变得柔和，风味上更趋完善。③降酸作用。有些红葡萄酒在压榨分离后诱发苹果酸—乳酸发酵，对降酸及改善口味有很大好处。

后发酵过程中需要注意后发酵的管理。一是补加 SO_2。前发酵结束后，压榨得到的原酒需补加 SO_2，添加量（以游离计）为 30~50 mg/L；二是注意温度控制。原酒进入后发酵容器后，品温一般控制在 18~25℃。若品温高于 25℃，不利于新酒的澄清，给杂菌繁殖创造条件。三是隔绝空气及卫生管理。后发酵的原酒应避免与空气接触，工艺上常称为隔氧发酵。后发酵的隔氧措施一般在容器上安装水封。前发酵的原酒中含有糖类物质、氨基酸等营养成分，易感染杂菌，影响酒的质量。正常后发酵时间为 3~5 d，但可持续一个月左右。

8.2.3 酵母细胞的综合利用

酵母细胞中含有蛋白质、脂肪、糖类、维生素和无机盐等，其中蛋白质含量特别丰富，如啤酒酵母蛋白质含量占细胞干重的 42%~53%，产假丝酵母为 50% 左右。糖类除糖原外，还发现有海藻糖、去氧核糖、直链淀粉等。

蛋白质中氨基酸的含量除蛋氨酸比动物蛋白低外，苏氨酸、赖氨酸、组氨酸、苯丙氨酸等含量均较高，氨基酸组成比较完全。人体必需的 8 种氨基酸多数也比小麦中的含量高，维生素在 14 种以上，因此，酵母细胞具有较高的营养价值，是良好的蛋白质资源，可作为食用和饲用。

随着世界人口的不断增长和动植物资源的短缺，从微生物中获得蛋白质（单细胞蛋白）是解决人类蛋白质食物资源的一条重要而有效的途径。

微生物生长繁殖迅速，其生长条件完全受人工控制，而且由于微生物对营养物质适应性强，可以利用农副产品废弃物、糖蜜、谷氨酸发酵废液、稻草、稻壳、玉米秸、酿造和食品厂的废渣、废液、木屑、纸浆废液等都可以作为培养酵母的材料，以达到综合利用的目的。

8.3 霉菌在食品工业中的应用

霉菌的应用历史非常悠久，早在古代，人们就会酿酒、制酱。随着社会的进步以及微生物学的发展，霉菌的优良特性已引起食品界的关注，霉菌也已广泛应用于乳制品、肉制品、果蔬制品等，在酿造食品行业中，霉菌也越来越受到人们的关注。中国是世界上食用和生产发酵调味品最早和最多的国家，其生产历史悠久，源远流长，酱油、食醋、酱、腐乳等是人们日常生活中经常食用的调味品，它们不仅具有基础调味、改善色香味的作用，还有一定的保健功效，其特有的风味和品质是多种微生物长时间共同作用的结果，在实际的发酵生产过程中，除了主导发酵菌株之外，霉菌是酿造过程中常用的微生物，对其产生的风味和品质起着一定的作用。另外，在黄酒和柠檬酸的发酵生产中也广泛应用霉菌。

8.3.1　霉菌在酱油酿造中的应用

酱油是我国传统发酵的豆制品，一直是人们的佐餐佳品。传统酱油是通过天然接菌，自然发酵 3~4 个月而形成的，微生物及其酶系在酱曲培养和酱醪发酵中发挥了重要作用。酱曲中鉴定出的主要微生物是真菌，如米曲霉（Aspergillus oryzae）、酱油曲霉（A. sojae）等，这些霉菌能够利用淀粉、多糖、单糖、有机酸、乙醇等作为碳源，以及蛋白质、氨基酸、尿素等作为氮源，同时霉菌的生长代谢能够分泌多种酶类，如蛋白酶、淀粉酶、脂肪水解酶和其他的酶类。在酱醪发酵过程中，微生物酶能够分解蛋白质、淀粉和脂肪，形成小分子化合物，例如氨基酸、有机酸和其他的小分子有机化合物。这些化合物赋予了酱油特有的风味、营养和质地。

8.3.1.1　酱油生产主要用菌（米曲霉和酱油曲霉）

在酱油发酵过程中，对原料发酵成熟的快慢、成品颜色的浓淡以及味道的鲜美有直接影响的霉菌是米曲霉和酱油曲霉。米曲霉是一类产复合酶的菌株，是曲霉属里的一个种，米曲霉菌丛一般呈黄绿色，成熟后为黄褐色。分生孢子头呈放射形，顶囊呈球形或瓶形，小梗一般为单层。分生孢子呈球形，平滑，少数有刺。最适培养温度为 30℃ 左右，最适 pH 为 6.0 左右。米曲霉有复杂的酶系统，米曲霉酶系的强弱，决定着原料的利用率、酱醪发酵成熟的时间以及成品的味道和色泽。发酵时，18% 的食盐对蛋白酶系的影响较小，而对其他酶系的影响则较大。主要产生：蛋白质水解酶用于水解原料中的蛋白质；谷氨酰胺酶作用于大豆蛋白质游离出的谷氨酰胺直接水解成谷氨酸，提高酱油鲜味；淀粉酶使原料中的淀粉水解生成糊精和葡萄糖。米曲霉还分泌果胶酶、半纤维素酶和酯酶等。我国酱油厂制曲大都使用米曲霉，其中使用最广泛的是由上海酿造科学研究所生产的沪酿 3042 号米曲霉（即中科 AS3951 米曲霉）。

8.3.1.2　酱油的生产工艺

《齐民要术》中最早记载了以大豆为原料，经霉菌作用而制成酱油的方法，酱油这一名称最早在宋代开始使用。明代万历年间，酱油生产技术随鉴真大师从福建传入日本后，逐渐扩大到东南亚和世界各地。目前，我国按照酿造工艺不同，将酱油分为低盐固态发酵酱油和高盐稀态发酵酱油两类。

1. 低盐固态发酵酱油

低盐固态发酵酱油是目前广大酱油生产厂家普遍采用的一种生产工艺，具有发酵周期短、成品风味好、香味浓、色泽呈红褐色、透明澄清、原料利用率高、出品率稳定及生产成本低等优点。该工艺采用了前期"水解"和后期"发酵"这两个显然不同的生产阶段，从而解决了该工艺中"有利于蛋白酶、淀粉酶的水解而不利于酵母菌、乳酸菌作用"的矛盾。

（1）工艺流程

麦子→焙炒→磨碎→炒麦粉　　稻壳、麸皮、水、冰醋酸

豆粕→轧碎→混合→干蒸润水

麸皮、种曲←混合

蒸料→冷却接种→培养→成曲→拌盐水→入池→倒池封面→前期水解→倒醅→后期发酵→
酱醅成熟→浸淋→头油→调配→灭菌→冷却沉淀→质量检验→灌装成品

（2）生产工艺操作及要求

①制曲。制曲是酿造酱油成败的关键之一，为了达到曲房内适宜曲霉生长的条件，不仅
要调节室内的温度还要尽量减少外界影响，本工艺采用厚层通风制曲。

a. 制曲原料处理。粉碎：将豆粕粉碎成高粱米粒大小的碎片。干蒸：装入锅中加入稻
壳，通入蒸气干蒸（压力 1.5 kg/cm²）排气。润水：加入定量的水和冰醋酸（润水 20 min）加入
炒麦粉、麸皮，继续翻拌 15 min。蒸料：翻拌均匀后，即可通入蒸汽（压力 0.5 kg/cm²）排气
（重复两次），然后继续通入蒸汽压力 1.5 kg/cm² 时，维持 15 ~ 20 min 即可出锅。

b. 冷却接种。蒸料结束后，立即出锅，经粉碎机、螺旋输送器边降温边入曲房，装入曲
盒，降温至 38℃ 左右接入种曲（曲种采用不产生黄曲霉毒素的酱油曲精，接种量为混合料的
3‰），料与曲翻拌均匀，摊平，即可进入培养阶段。

c. 成曲培养。一般接种后 26 ~ 30 h 曲料即可成熟。厚层通风制曲过程中，温度、时间、
干湿度等应控制适宜。

d. 成曲。成料成熟后的特征：外观看呈块状，手感疏松，内部菌丝茂盛，着生有嫩绿色
孢子，无夹心，有正常曲香味，无酸味或异味，蛋白酶活力为 1300 ~ 1500 单位/g。

②发酵。酱油发酵是利用成曲中的米曲霉、酵母菌所分泌的各种酶类，将曲料中的蛋白
质、淀粉物质分解，形成酱油独有的色、香、味成分。发酵过程中要避免有害杂菌污染，为酶
促反应提供有利条件，使酱醅能顺利正常地转化成熟。

a. 拌盐水下池。用 12 ~ 13 倍盐水，使酱醅的含盐量控制在 7% ~ 8%。含盐量过高影响
各种酶的活力，含盐量过低易使酱醅酸败。控制盐水温度在 55℃ 左右，先用盐水绞龙将曲料
和热盐水搅拌均匀。成曲分两批入池，第一批加入盐水总量的 40%（稍干），搅拌均匀后放入
发酵池底部，第二批加入盐水总量的 50%（稍湿），搅拌均匀后放在上层稍作压平、压实，然
后将剩余 10% 的盐水均匀地喷洒在曲料的表层。此时发酵池内温度为 40 ~ 45℃，表面覆盖
塑料薄膜经 5 ~ 8 h 后将酱醅倒池（俗称倒醅），使盐水分布均匀，从而使酱醅发酵均匀。倒醅
后，再将酱醅表面铺平、压实、盖上塑料薄膜，然后在塑料薄膜上层覆盖 3 ~ 5 cm 的食盐进行
封面，封面要及时，食盐要分摊均匀使其不透气，以免使其表面过度氧化，从而降低产品
质量。

b. 发酵管理。前期主要为水解阶段，在蛋白酶和淀粉酶作用下，将蛋白质和淀粉水解成
氨基酸和糖分。一般酱油酿造以蛋白质原料为主，所以在前期水解阶段采用适合蛋白酶分解
的最适温度为 42 ~ 45℃，在此条件下维持 10 d 左右，水解已基本完成，同时要注意醅料入池
后所产生的呼吸热和分解热，一般在第四天酱醅温度达到 45 ~ 50℃，醅温便不再上升，如上

升过慢可将酱醅适当松动；如温度上升过快，可在表面增加食盐或压紧酱醅表面，用薄膜将池口封紧，以防止其透气过快。

后期发酵管理需将分解（水解）后酱醅温度迅速降至35℃左右。其目的是在这一控制的温度下，促使在制曲及发酵过程中自然落入而增殖的酵母菌和乳酸菌共同进行发酵及生长。逐渐产出酱香、酯香至酱醅成熟产品所固有的风味。在后期发酵阶段添加适量人工培养的直接对酱油香味有关的酵母（如鲁氏酵母、球氏酵母及有关的乳酸菌），更能提高产品的品质风味，前期水解结束后，要倒醅，边倒醅边撒盐。倒醅的作用：酱醅温度逐渐降低，酱醅的色泽逐渐增加；使酱醅中的 CO_2 等不良气体挥发出来，有利于各有益微生物（如酵母菌、乳酸菌）的繁殖和生长；使酱醅中的水分分布均匀以利于后期发酵。倒醅后，酱醅表面覆盖薄膜，加盐封池。后期发酵一般 15～20 d 完成。

③浸淋。酱醅成熟后可移入浸淋池，淋池中设有假底并铺有稻壳，以利浸淋去除杂质，使酱油清亮、透明、不混浊。加入 80～85℃二油浸泡 8～10 h 即可放油，此为头油；然后加 85～90℃三油浸泡 20～30 h 放出即为二油；再加 90℃以上的清水浸泡 5～8 h 放出的为三油，用清水浸泡至酱醅中的氨基酸态氮含量在 0.2% 以下即可出渣。

④调配、灭菌、冷却、沉淀、包装、成品。

淋出的头油可根据需要配成不同等级的产品，调配后经列管灭菌器 85～90℃维持 15～20 min，即可经板式换热器降温，经双联过滤器过滤，降温、过滤后直接输送至成品储存罐中沉淀 7 d，经过质量检验产品符合要求即可灌装、包装后即为成品。

2. 高盐稀态发酵酱油

随着人民生活水平的提高，我国加入 WTO，市场经济全球化，外资调味品企业通过并购和独资投资，纷纷进入我国的调味品市场，使我国调味品市场的竞争更加激烈。酱油的竞争归根到底是质量与成本的竞争，是关系到企业兴衰成败的关键。目前，消费者对高档酱油的需求量也呈增长趋势，高盐稀态酱油以其优越的品质，倍受消费者喜爱。目前国内高盐稀态发酵法生产工艺日趋成熟，其中最关键的是制曲、酱醪发酵和巴氏杀菌过程，它们关系着酱油品质的优劣和风味的好坏。特别是酱醪发酵过程是形成风味物质的关键，其间众多微生物参与作用，酱醪中发生一系列缓慢而复杂的生化反应，使产品有色、香、味俱全的特点。

（1）生产工艺流程

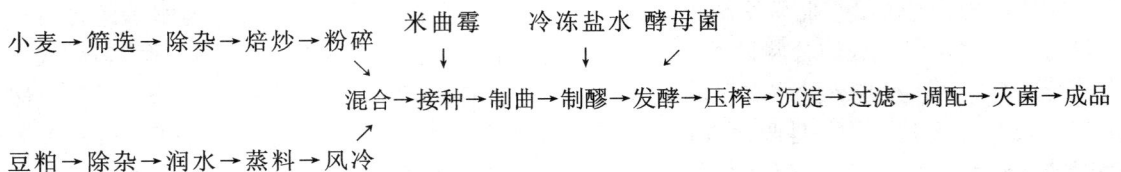

小麦→筛选→除杂→焙炒→粉碎
　　　　　　　　　　　　　　　　　米曲霉　　　冷冻盐水　酵母菌
　　　　　　　　　　　　　　　　　　↓　　　　　↓　　　↙
　　　　　　　　　　　混合→接种→制曲→制醪→发酵→压榨→沉淀→过滤→调配→灭菌→成品
　　　　　　　　　　　　　　　↗
豆粕→除杂→润水→蒸料→风冷

（2）生产工艺操作及要求

①原料处理。一般掌握豆粕:小麦 = 7:3，小麦经高温焙炒后，使淀粉颗粒中的 β 结构 α 化，以利于微生物的分解，并且以一定的粉碎比进行破碎。豆粕润水后输送至连续蒸煮机蒸煮，改变蛋白质的空间结构，使其适度变性以利于酶的分解。蒸煮豆粕冷却后以一定比例与焙炒并粉碎后的小麦混合均匀，接入米曲霉种曲，送入圆盘制曲机制曲。

②制曲。制曲以 0.2%～0.5% 的接种量接入米曲霉种曲，30℃培养 36 h 后，曲料成熟。其中翻曲两次，以降低品温，后期 28℃，利于各种酶系的形成，约 40～45 h 即可出曲。在制

曲过程中采用低温制曲，可抑制杂菌的污染、减少产氮，进而利于蛋白酶的分泌，提高酶活，为发酵提供丰富的酶系。

③高盐稀醪发酵

a. 发酵管理。制好成曲与浓度为 18~20°Bé 的盐水混合成稀醪状态，加入盐水量为原料总量的 2~2.5 倍（酱醪含盐量为 15%~16%）。稀醪发酵前期 20~30 d 酱醪品温保持 15℃为宜，以防止酱醪 pH 的快速下降。约 30 d 后，使醪温升至 25~30℃，pH 为 5.0 时加入 2×10^6 个/g（酱醪）的混合酵母液，稀发酵期间，按工艺要求，定期进行搅拌，发酵期约 3 个月便可成熟，冬季需 4~5 个月方可抽取酱油。在常温发酵期间，会有野生的乳酸菌、酵母菌参与发酵。

b. 发酵分析。酱醪发酵分为 3 个阶段：前发酵、主发酵和后发酵。前发酵为蛋白质水解为氨基酸，淀粉水解为葡萄糖等原料酶阶段，发酵时间为 30~40 d；主发酵为酱醪呈味酵母生长繁殖生成酒精阶段，发酵时间为 3~4 个月；后发酵为各类呈味酵母缓慢发酵风味的后熟阶段，后熟时间为 2~3 个月。

酱醪在主发酵作用完成后，通过各种微生物酶的分解各种成分由一定的生化反应进行调整，使其大体上达到平衡，为此，酱醪中的各理化成分基本不再变化。这时的生化作用主要是酶的残余活性继续与原料物质和各种成分之间的酶作用，这种微妙的变化可在酱醪的风味和香气上体现。经过这段后熟阶段后，原油滋味和香气方面将会有很大提高，进而满足产品及市场需求。后续压榨、过滤、调配、灭菌、成品一次进行，不再赘述。

8.3.2　霉菌在豆酱生产中的应用

豆酱与酱油相似，具有独特的色、香、味、形，是人们日常生活中不可或缺的调味品，也是传统佐餐品。豆酱主要以大豆、面粉为原料，经过米曲霉为主的微生物发酵制成的一种风味独特的半固体黏稠状的调味品，其营养丰富、滋味鲜美，极易被人体吸收。此外，豆酱作为传统的大豆发酵食品，还具有一定的功能性。研究表明，豆酱具有预防肝癌、抑制血清胆固醇上升、抑制脂肪肝积蓄、去除放射性物质、降血压、抗氧化等功效。

8.3.2.1　豆酱生产所用菌种

制曲是酱类酿造的关键环节，优良的菌种是生产优质产品的重要保证。豆酱生产所用的菌种一般为霉菌包括米曲霉（Aspergillus oryzae）、黑曲霉（A. niger）、酱油曲霉（A. sojae）和高大毛霉（mucedo）等。目前大多数厂家选用米曲霉和黑曲霉，这类菌种适合固态制曲工艺，产生的中性蛋白酶活力较高，菌种具有生长繁殖快、原料利用率较稳定等特点。

8.3.2.2　豆酱生产工艺

1. 制曲工艺

（1）制曲工艺流程

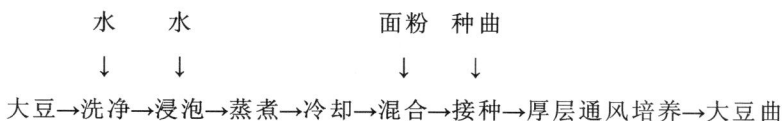

$$
\begin{array}{cccccc}
水 & 水 & & 面粉 & 种曲 \\
\downarrow & \downarrow & & \downarrow & \downarrow
\end{array}
$$

大豆→洗净→浸泡→蒸煮→冷却→混合→接种→厚层通风培养→大豆曲

（2）制曲原料处理

大豆洗净、浸泡及蒸熟；面粉在过去采用焙炒方法，现在有些厂家直接利用生面粉而不进行预处理。

（3）制曲操作

制曲时原料配比为大豆100 kg，标准粉40~60 kg。种曲用量为0.15%~0.3%，种曲使用时应先与面粉拌和。为了使豆酱中麸皮含量减少，种曲最好用分离出的孢子（曲精）；由于豆粒较大，水分不易散发，制曲时间适当延长。

2. 制酱工艺

（1）制酱工艺流程

$$配制→澄清→盐水 加 热$$

大豆曲→发酵容器→自然升温→加第一次盐水→酱醅保温发酵→加第二次盐水及盐→翻酱→成品

（2）制酱操作

先将大豆曲倒入发酵容器内，表面扒平，稍予压实，很快会自然升温至40℃左右。在将准备好的14.5倍热盐水（加热至60~65℃）加至面层，让它逐渐全部渗入曲内。最后面层加封面用细盐一层，并将盖盖好。大豆曲加入热盐水后，醅温即能达到45℃左右，以后维持此温度10 d，酱醅就成熟。发酵完毕，补加24倍盐水及所需细盐（包括封面盐），用压缩空气或翻酱机充分搅拌，务必使所加的细盐全部溶化，同时混合均匀，在室温中后发酵即为成品。

8.3.2.3　霉菌在腐乳生产中的应用

腐乳是中国独创的调味品，在世界发酵调味品中独树一帜。腐乳是一类以霉菌为主要菌种的大豆发酵食品，是我国著名的具民族特色的发酵调味品之一。它起源于民间，植根于民间，并以其独特的工艺、细腻的品质、丰富的营养、鲜香可口的风味而深受广大群众的喜爱。腐乳的酿造过程是多种微生物协同作用的结果，涉及的微生物主要有前期发酵过程中的毛霉、根霉、小球菌，后期发酵中的红曲霉、米曲霉、酵母、芽孢细菌、葡萄球菌等。

1. 腐乳工艺类型

（1）腌制型腐乳

生产腌制型腐乳不需要经过前期培菌，而直接用盐腌坯，发酵作用依赖于辅料中的豆瓣曲、醪糟和中药材，如四川大邑县的唐场豆腐乳。

（2）毛霉型腐乳

毛霉型腐乳是国内常见的一种腐乳，前期发酵主要是在白坯上培养毛霉，然后再利用毛霉产生的蛋白酶将蛋白质分解成氨基酸，从而形成腐乳的特有风味。

（3）根霉型腐乳

生产根霉型腐乳的前期发酵工序主要是培养根霉。利用根霉生产腐乳虽然可以做到四季均衡生产，但有些根霉产生的蛋白酶活力低，致使成品风味差。少孢根霉有耐高温和蛋白酶活力高两个优点，利用它酿制的腐乳质量自然会提高。

（4）细菌型腐乳

采用细菌进行前期培菌的腐乳，如黑龙江的克东腐乳，这种腐乳具有滑润细腻、入口即化的特点。

2. 腐乳的生产工艺流程

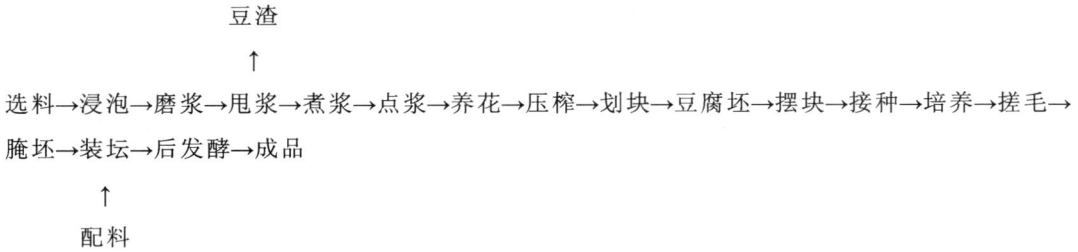

豆渣

↑

选料→浸泡→磨浆→甩浆→煮浆→点浆→养花→压榨→划块→豆腐坯→摆块→接种→培养→搓毛→

腌坯→装坛→后发酵→成品

↑

配料

腐乳的生产主要分为豆腐坯的制作、前发酵、腌坯和后发酵四个阶段。

3. 发酵过程中的生物化学变化

腐乳发酵过程中的生物化学变化主要是蛋白质与氨基酸的消长过程，蛋白质的水解不仅是在后发酵进行，而是从前期培菌开始，到腌制、后期发酵每一道工序都发生着变化。

腐乳的前期发酵利用接入的毛霉或根霉，使豆腐坯长满菌丝，形成柔软、细密而坚韧的皮膜，同时积累蛋白酶，以便在后期发酵中将蛋白质缓慢消解。在前期发酵中，除接入霉菌外，还有附着在豆腐坯上的多种细菌参与，并深入到豆腐坯内部，参与原料蛋白质分解。腌坯除可以使毛坯脱水、赋予咸味、抑制毛霉生长和蛋白酶活性外，还可形成具有鲜味的氨基酸钠盐，增强防腐能力，更重要的是可浸提毛霉菌丝上蛋白酶。因为豆腐坯生霉过程中毛霉菌丝仅生长于豆腐坯上，不能深入到豆腐块内部，而毛霉菌的蛋白酶属于细胞表面结合酶，是以离子键松弛地结合于菌丝体上，不溶于水，却易被食盐溶液洗下，并渗透到豆腐坯内部与蛋白质作用。后发酵阶段参与发酵过程的微生物，除豆腐坯上培养的霉菌及附着的细菌以外，还有随配料、工具带入的及由空气落入的各种菌类，如随红曲带入的红曲霉、随糟米或黄酒带入的酵母菌、随面曲带入的米曲霉等。霉菌和酵母菌在入坛初期有短暂的活动，其分泌的酶可以催化腐乳发酵中的各种极其复杂的生物化学反应，使原料中蛋白质及其降解物进一步水解成氨基酸，油脂分解为脂肪酸，淀粉糖化并转化为酒精及有机酸。同时，辅料中的酒精、有机酸及香料等也共同参与合成复杂的酯类，最后形成腐乳特有的色、香、味、体。

8.3.2.4 霉菌在食醋生产中的应用

我国酿醋自周朝开始，距今约有 2500 年的悠久历史，所以说食醋是我国传统的酸性调味品。其主要成分为醋酸，此外还含有氨基酸、糖分、脂类等物质，酸、甜、鲜、咸协调适口，清香纯正。它不仅是调味佳品，而且有增进饮食、帮助消化、杀菌消炎、软化血管等功效，是人们生活中不可缺少的一类调味品。我国食醋品种很多，以酿造醋最受欢迎。酿造食醋的微生物主要有曲霉菌、酵母菌和醋酸菌。食醋发酵就是这些菌群参与并协同作用的结果。其中曲霉菌能使淀粉水解成糖，使蛋白质水解成氨基酸，酵母菌能使糖转变成酒精，醋酸菌能使酒精氧化醋酸。可以说，曲霉菌是食醋酿造的先决条件，是食醋酿造的关键菌种。

曲霉属中有些种含有丰富的淀粉酶、糖化酶、蛋白酶等酶系，因此常用以制糖化曲。该属可分为黑曲霉群和黄曲霉群两大类。从它们的酶系种类活力而言，黑曲霉更适合酿醋工业的制曲。黑曲霉分生孢子穗呈黑色或紫褐色，固菌丛呈黑褐色，顶囊大，球形，有两层小梗，着生球形分生孢子。属中温菌，发育适温为 37~38℃，最适 pH 为 4.5~5.0。以淀粉质为原料酿醋，须先将淀粉水解为葡萄糖，才能进行酒精发酵和醋酸发酵。黑曲霉除分泌强或较强的糖化酶、液化酶、蛋白酶、单宁酶外，还有果胶酶、纤维素酶、脂肪酶、氧化酶的活性。

1. 常用于酿醋的优良菌株

（1）乌沙米曲霉

又称宇佐美曲霉，为日本选育的糖化力较强的菌株，我国常用的菌株为 AS 3.758。菌丛黑色至褐色，生酸能力较强。富含糖化性淀粉酶，糖化能力较强，且耐酸性也较强。还含有较强的单宁酶，对生产原料的适应性较广。

（2）黑曲霉 AS 3.4309

菌丛黑褐色，顶囊呈大球形，小梗分枝，孢子球形，多数表面有刺，有的为光滑形，发育适温为 37～38℃，最适 pH 为 4.5～5.0。其特点是酶系较纯，糖化能力很强，耐酸，但液化能力不高，适于固体和液体法制曲。固体曲糖化力达 3000 U/g 以上，液体曲糖化力已达 5000 U/g 以上。

（3）甘薯曲霉

常用菌株为 AS 3.324，该菌培养初期菌丝为白色，繁殖后菌丛黑褐色，生长适温 37℃，含有单宁酶及酸性蛋白酶，适于甘薯及野生植物酿醋用菌。易于培养，故应用较广。

2. 糖化剂的制作

淀粉质原料酿制食醋，必须经过糖化、酒精发酵和醋酸发酵 3 个生化阶段，下面简要介绍糖化剂的制备。

把淀粉转变成可发酵性糖所用的催化剂称为糖化剂。我国食醋生产所用的糖化剂，经历了几千年的不断发展，形成了大曲、小曲、麸曲、红曲、液体曲和淀粉酶制剂。

（1）大曲

大曲是固体发酵制醋传统工艺的主要糖化发酵剂。大曲系用纯小麦或按一定比例配合的大麦、豌豆等为原料，经粉碎加水压成砖状曲坯，自然发酵而成。它含有酿醋所用的多种微生物的混合酶系。大曲的糖化力、发酵力均比纯种培养的麸曲、酒母为低，粮食耗用大，生产方法还依赖于经验。

（2）小曲

小曲的制造方法和大曲不同。小曲以米粉或米糠为主要原料，添加或不添加中草药，接入纯种酵母、根霉或接入曲母培养而成。小曲中的主要微生物是根霉和酵母菌，根霉不仅糖化酶丰富，而且有一定的酒化酶活力，这是其他霉菌没有的。小曲的品种有：药小曲（包括单一药小曲、多药小曲、纯种药小曲）、无药白曲、无药糠曲、酒曲饼等。下面主要简介药小曲的制备。

①浸米：大米用水浸泡 3～6 h，夏季时间短些，冬季时间长些，浸后沥干。

②粉碎：浸米沥干后，用粉碎机粉碎为米粉，过 180 目筛，筛出 5 kg 细米粉作裹粉用。

③制坯：每批用米 15 kg，添加草药粉13%，曲目2%，水60%左右，混合均匀制成饼团，然后在制饼架上压平，切成 2 cm 大小的粒状，以竹筛筛圆成酒药坯。

④裹粉：将 5 kg 细米粉和 0.2 kg 曲母粉混匀，作裹粉用。然后先撒小部分裹粉于簸箕中，并第一次洒水于酒药坯上。倒入簸箕中，用振动筛筛圆成型后再裹粉一层。再洒水，再裹，直到粉裹完为止。洒水量共约0.5 kg。裹粉完毕即为圆形酒药坯，分装于小竹筛内耙平，即可入曲室培养，酒药坯含水分约为46%。

⑤培曲：在培曲用的木格底部铺一层稻草，然后将药坯装格入室培养。

⑥前期室温保持在 28～31℃，经 20 h 以后，霉菌繁殖旺盛，观察到霉菌菌丝倒下、酒药

坯表面起白泡时，将盖在药小曲上面的空簸箕掀开，这时品温一般为 33~34℃，最高不得超过 37℃。中期（24 h 后），酵母开始大量繁殖，室温控制在 28~30℃，品温不得超过 35℃，保持 24 h。后期（48 h 后），保持 48 h，品温逐步下降，曲子成熟，即可出曲。

⑦出曲：曲子成熟后即移至烘房烘干或晾晒、贮藏。

（3）麸曲

麸曲是以纯培养的优良曲霉菌为制曲菌种，用适合曲霉菌生长的麸皮作为制曲主要原料，因此制曲周期短，仅 2~3 d，制曲成本低。麸曲的糖化能力强，用作酿醋糖化剂时出醋率高。麸曲能适用于各种酿醋原料，是食醋工业使用最多的糖化剂，但麸曲不宜长期保存。麸曲酿成的醋，其风味比用老法曲酿的差。制造麸曲常用的霉菌是甘薯曲霉 3.324 和黑曲霉 3.4309。

3. 食醋的生产工艺流程

以镇江香醋为例，简单介绍传统的固态发酵法食醋生产工艺流程。

      淀粉酶 酵母   成熟醋醅 米色
        ↓ ↓   ↓ ↓
糯米→粉碎→蒸煮→糖化→酒精发酵→酒醅→拌麸皮→醋酸发酵→封醅→淋醋→浓缩→贮存→成品

（1）原辅料

生产镇江香醋的主要原辅料有糯米、麸皮、糠、盐、糖、米色和麦曲等。

（2）糖化

糯米经粉碎后，加水和耐高温淀粉酶，打进蒸煮器进行连续蒸煮，冷却，加糖化酶进行糖化。

（3）酒精发酵

淀粉经过糖化后可得到葡萄糖，将糖化 30 min 后的醪液打入发酵罐，再把酵母罐内培养好的酵母接入。酵母菌将葡萄糖经过细胞内一系列酶的作用，生成酒精和 CO_2。

①前发酵期。

在酒母与糖化醪打入发酵罐后，这时醪液中的酵母细胞数还不多，由于醪液营养丰富，并有少量的溶解氧，所以酵母细胞能够得以迅速繁殖，但此时发酵作用还不明显，酒精产量不高，因此发酵醪表面比较平静，糖分消耗少。前发酵期一般 10 h 左右，应及时通气。

②主发酵期。

8~10 h 后，酵母已大量形成，并达到一定浓度，酵母菌基本停止繁殖，主要进行酒精发酵，醪液中酒精成分逐渐增加，CO_2 随之逸出，有较强的 CO_2 泡沫响声，温度也随之很快上升，这时最好将发酵醪的温度控制在 32~34℃ 之间，主发酵期一般为 12 h 左右。

③后发酵期。

后发酵期醪液中的糖分大部分已被酵母菌消耗掉，发酵作用也十分缓慢，这一阶段发酵，发酵醪中酒精和 CO_2 产生得少，所以产生的热量也不多，发酵醪的温度逐渐下降，温度应控制在 30~32℃，如果醪液温度太低，发酵时间就会延长，这样会影响出酒率，这一时期约 40 h 左右完成。

④醋酸发酵。

酒精在醋酸菌的作用下，氧化为乙醛，继续氧化为醋酸，这个过程称为醋酸发酵，在食醋生产中醋酸发酵大多数是敞口操作，是多菌种的混合发酵，整个过程错综复杂。

⑤封醅。

封醅前取样化验，称重下醅，耙平压实，用塑料或尼龙油布盖好，四边用食盐封住，不要留空隙和细缝，防止变质。封醅的目的是减少醋醅中空气，控制过氧化，减少水分、醋酸、酒精挥发。

⑥淋醋。

淋醋仍采用三套循环法。淋头醋需浸泡20~24 h，淋二醋浸泡10~16 h，用清水浸泡淋三醋，浸泡的时间可更短些。

⑦浓缩和储存。

将淋出的生醋经过沉淀，进行高温浓缩，高温浓缩有杀菌的作用。再将醋冷却到60℃，打入储存器陈酿1~6个月后，镇江香醋的风味能显著提高。在贮存期间镇江香醋主要进行了酯化反应，因为食醋中含有多种有机酸和多种醇结合生成各种酯，例如醋酸乙酯、醋酸丙酯、醋酸丁酯和乳酸乙酯等。贮存的时间越长，成酯数量也越多，食醋的风味就越好。贮存时色泽会变深，氨基酸、糖分下降1%左右，因此也不是贮存期越长越好，从全面评定，一般为1~6个月。贮存时容器上一定要注上品种、酸度、日期。

8.3.2.5 霉菌在黄酒生产中的应用

酿造黄酒一般都需加入一定量的曲子作为糖化剂和发酵剂，主要是小曲、大曲以及麦曲。北方用黍米、玉米和小麦生产的黄酒多使用麦曲，也有的用大曲作为糖化剂。麦曲与大曲是以麦为原料经压块后培养而成的，它们的主要区别是曲块大小及质量不一样，大曲大，麦曲小；曲的培养温度不一样，麦曲培养温度多在50℃以下，大曲多在50℃以上；麦曲的主要菌群是米曲霉，大曲的主要菌群为根霉、毛霉、米曲霉和红曲霉。而在江西、湖广、云贵一带酿制黄酒通常只使用小曲作为糖化剂和发酵剂。下面主要介绍影响小曲质量的因素。

1. 影响因素

（1）制曲菌株的选用

用来制作纯种小曲的根霉是从优良传统酒曲或土壤中分离而产生的糖化酶活力高且生长迅速的菌株。自然界中根霉属菌株的种类繁多，具有糖化能力的有台湾根霉（R. formoshensis）、日本根霉（R. javanicns）、河内根霉（R. tonknensis）、白曲根霉（R. peka）及爪哇根霉（R. jaavanicns）等。它们之间的适应性、生长特征和糖化力强弱及其代谢产物等，均有差别。

目前国内酿酒工业上常用的制曲根霉菌株L－F－2、L－F－6、U－Q－8、3866（3102）、3851（3084）、3868、km4108及Q303，这些菌株各有特点。其中3084生长速度较快，并具有一定的产乳酸能力，而L－F－2、3102、km4108、Q303等糖化能力强。

这些菌株在不同原料上制成的小曲的特性不完全一样，即是用同一种原料制成的散曲与制成的块曲比较，其生理特性也有显著差异。因此，在选用这些根霉菌株制作小曲时，必须先进行对比试验，选出适合优质黄酒生产的优良菌株。

（2）根霉与酵母的配比

根霉和酵母都是能以较快的速度进行繁殖的微生物，在混合制曲时，存在一定的配合共生问题。若配合不当，在酿酒过程中，曲中的糖化力和发酵力就不能相互匹配。由于酵母繁殖比根霉快，因此在混合制曲时，若根霉比例大，一般不会造成制曲失败。若酵母比例过大，又管理不当，最容易造成烧曲，特别是在制作块曲时，酵母比例过大会使曲中的酒精和 CO_2 积累，抑制根霉生长，并且容易产酸产气，造成膨曲和烧曲，最终导致制曲失败。

（3）原料和加水量

制曲原料的好坏对小曲的质量有一定的影响。在一般条件许可的情况下，通常先考虑使用较好的原料制曲，好原料制出的小曲质量较稳定，酿出的酒纯正、无杂味。在酵母数一定且有足够的根霉菌体的情况下，增加其接种量对小曲成品的质量没有太大的影响；但在制造散曲时，若根霉接种量太少，则易出现干皮的现象。

目前，常用于制作小曲的原料有大米粉、谷粉、麸皮、米糠、统糠以及米糠饼等。米粉是制作纯种小曲的较好原料，含有大量的淀粉和适量的蛋白质，用大米粉制成的小曲适于酿制黄酒，酿制出的黄酒的酒味较纯正。麸皮是制曲的优质原料之一，麸皮中含有大量的蛋白质、纤维素、无机盐等营养物质，而且透气性好，表面积大，根霉菌丝可蔓延到其内部。此外，谷粉、米糠、小机糠、统糠、米糠饼等作为原料酿制黄酒也各有优势。

原料的加水量直接影响到小曲的糖化率和酵母的菌体数。总的来说，若加水量过大，则干燥较困难，培养条件难控制，易出现升温猛、产酸高而引起发暗、烧曲等现象，最终造成制曲失败；若加水量过小，则小曲表面出现干皮，根霉生长不良，菌丝不易长成熟，而导致酶活力下降。

2. 黄酒酿造工艺

以乌衣红曲黄酒为例介绍传统黄酒酿造工艺。

（1）生产工艺流程

乌衣红曲→浸泡　复水活化←酵母

原料预处理→蒸饭→冷却→落缸→前酵→后酵→压榨→澄清→粗滤→精滤→灭菌→灌装→陈酿

（2）工艺操作要点

①原料预处理。

生产中粳米一般浸泡 12 ~ 24 h（视气候而定），浸米温度 15 ~ 20℃。

②蒸饭。

蒸饭时间为 60 min，要求将饭蒸成外硬内软、内无白心、疏松不糊、透而不烂且均匀一致。这样既有利于降低黄酒发酵醪的酸度，又能改善黄酒口感。

③乌衣红曲的浸泡。

曲水比例为 1:2，浸泡温度 24 ~ 29℃，时间为 2 d。

④酵母活化。

干酵母用 35℃、2% 的糖水活化 15 ~ 20 min，然后分别加入到红曲浸泡液和发酵醪中。

⑤主酵。

主酵温度 27 ~ 30℃，最高温度不能超过 32℃，主酵时间 1 d，主酵结束时酒精度 9.5% ~ 11.0%（体积），酸度 3.5 ~ 5.0 g/L。

⑥后酵。

后酵温度 15 ~ 25℃，后酵时间 15 ~ 20 d，最优发酵工艺参数由正交试验确定。

⑦过滤。

通过澄清处理的酒液经过两步过滤：首先用棉饼过滤出大颗粒的沉淀物，然后用微孔滤膜进行超滤，滤膜的孔径为 0.45 μm。

8.3.2.6 霉菌在柠檬酸生产中的应用

柠檬酸又名枸橼酸，学名 2 – 羟基 – 丙烷 – 1，2，3 羧酸。其具有令人愉悦的酸味，入口爽快，无后酸味，安全无毒，被广泛用作食品和饮料的酸味剂；能与二价或三价的阳离子形成络合物，被用作金属加工的螯合剂和洗净剂（起软化水作用的洗净力补充剂）；还能衍生形成许多衍生物，可用作有机化学工业的原料。因此被广泛用于食品饮料、医药化工、清洗与化妆品、有机材料等领域，是目前世界需求量最大的一种有机酸。

1. 柠檬酸发酵原料和菌种

我国柠檬酸生产的主要原料包括淀粉、葡萄糖、玉米粉、稻米粉、木薯粉等，现在工业化生产大都选用薯干、玉米粉为原料，而欧美等国家则采用葡萄糖、淀粉等精料进行发酵。20世纪90年代以前，我国柠檬酸行业主要是以薯干粉为原料发酵柠檬酸，但由于薯干粉属粗料发酵，带有一定的固有弊端，如培养基营养波动，大量不参与生化反应的杂质空耗能源，并给提取增加负担，发酵总糖浓度偏低，影响发酵指数和设备利用率，发酵滤渣价值很低，难以综合利用等等。20世纪90年代初期天津工业微生物研究所开始研究以玉米粉为原料的生产工艺，并得到广泛的应用。

可以代谢产生柠檬酸的菌种很多，其中包括青霉、曲霉、毛霉和假丝酵母等，但是真正常用的只有黑曲霉（*A. niger*）。1965年上海市工业微生物研究所以"泸轻二号"为出发菌，用氮芥诱变筛选出我国首次薯干深层工业化发酵菌株 N558，1990年完成国家"七五"攻关项目——精淀粉深层发酵生产柠檬酸，筛选出 Co860 菌种发酵产酸20%，转化率95%，周期95 h，应用于工业化生产。1989年天津工业微生物研究所也选育新菌种 γ – 144 – 131 完成国家"七五"攻关项目。目前我国大多数工厂仍采用以上两菌种，因为其不仅产酸率高，而且适应于粗放的发酵底物和生产工艺。

2. 柠檬酸生产工艺

柠檬酸发酵可分为固体发酵和液体发酵两大类。液体发酵又分为浅盘发酵法和液体深层发酵法。目前世界各国多采用液体深层发酵法进行生产。

（1）薯干粉原料深层发酵工艺流程

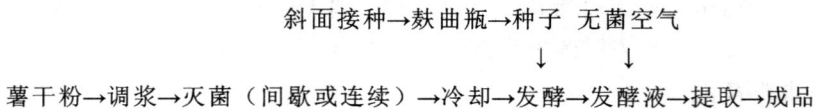

斜面接种→麸曲瓶→种子　无菌空气
　　　　　　　　　　　↓　　　↓
薯干粉→调浆→灭菌（间歇或连续）→冷却→发酵→发酵液→提取→成品

（2）以薯渣为原料的固体发酵工艺流程

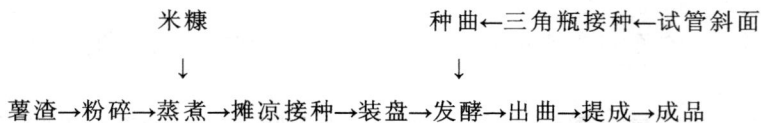

米糠　　　　　　　　　种曲←三角瓶接种←试管斜面
　↓　　　　　　　　　　↓
薯渣→粉碎→蒸煮→摊凉接种→装盘→发酵→出曲→提成→成品

总的来说，柠檬酸生产的全部过程包括：试管斜面菌种培养、种子扩大培养、发酵和提炼四个阶段。

8.4　微生物酶制剂在食品工业中的应用

食品微生物酶制剂是专用于食品加工的，主要来源于某些微生物如酵母、霉菌、细菌等的发酵产品。微生物来源的酶制剂是商品酶的主体，用于食品加工的有 α - 淀粉酶、糖化酶、蛋白酶、葡萄糖氧化酶、脂肪酶、果胶酶等十多个品种。

用于食品加工用途的酶制剂，对其发酵生产具有一些特殊的要求，主要反映在安全与卫生两个方面。当酶制剂作为食品添加剂使用时，其中某些组分通过各种途径进入人体，所以对其卫生安全性作一个全面评价是必要的。食品酶制剂的毒性有的来自微生物本身，有的是来自于制造过程中混入的有害物质。美国及欧洲各国对酶制剂生产菌种都有相应的限制，如美国政府批准使用的酶制剂生产菌种有黑曲霉、米曲霉、枯草芽孢杆菌、酿酒酵母等十几种。在生产过程中应当杜绝沙门氏菌、化脓性葡萄球菌、大肠杆菌等病原性微生物的污染。发酵生产使用的玉米粉、豆饼粉、米糠、麸皮等原料如果发生霉变，也会产生黄曲霉毒素之类的有害物质。在生产中添加的无机盐也有可能带入汞、铅、铜、砷等重金属离子。因此，生产食品级酶制剂，首先要使用安全的菌种，其次要控制原料的质量，防止有害物质的污染，并且选择安全合理的提取工艺。

8.4.1　食品工业中常用的微生物酶制剂

8.4.1.1　α - 淀粉酶

α - 淀粉酶（α - amylase），又名液化酶。该酶作用于淀粉时，可从底物分子内部随机地切开 α - 1, 4 - 糖苷键，产生麦芽糖、麦芽三糖和 α 糊精。该酶不能切开支链淀粉分支点的 α - 1, 6 - 糖苷键，也不能切开紧靠分支点 α - 1, 6 - 糖苷键附近的 α - 1, 4 - 糖苷键，但能越过分支点而切开内部的 α - 1, 4 - 糖苷键，从而使淀粉黏度减小。

有实用价值的 α - 淀粉酶产生菌有枯草芽孢杆菌、地衣芽孢杆菌、嗜热脂肪芽孢杆菌等。不同菌株产生的酶在耐热性、作用的最适 pH、对淀粉的水解程度以及产物的性质上均有差异。我国从 1965 年开始应用枯草芽孢杆菌 BF 7658 生产，目前约有 40% 左右的工厂生产 α - 淀粉酶，其中产品既有工业级也有食品级，既有常温型也有耐热型，剂型上固体和液体都有。在食品工业上，α - 淀粉酶和糖化酶一起可用于淀粉水解生产葡萄糖，和 β - 淀粉酶一起可生产麦芽糖，在果汁加工中用于分解果汁中的淀粉，在酿酒、酒精、糊精、果葡糖浆、味精的生产上也有广泛的用途。

8.4.1.2　葡萄糖淀粉酶

葡萄糖淀粉酶（glucoamylase），又称糖化酶。它能把淀粉从非还原性末端水解 α - 1, 4 - 糖苷键产生葡萄糖，也能缓慢水解 α - 1, 6 - 糖苷键，同时也能水解糊精、糖原的非还原末端释放 β - D - 葡萄糖。

糖化酶的产生菌基本上都是霉菌，如黑曲霉、盛泡曲霉、宇佐美曲霉等。国内生产糖化酶大多采用黑曲霉 UV - 11 作为生产菌种，并且采用液体深层发酵。这样不仅工艺条件容易控制，而且在密闭发酵罐内纯种发酵，所得酶活性高，质量稳定，便于大量生产。在食品生产领域，糖化酶的用途非常广泛。在淀粉糖生产中，淀粉原料经 α - 淀粉酶液化后，pH 调节到 4.0 ~ 4.5 左右，冷却到 60℃，加糖化酶，参考用量为 100 ~ 300 U/g 原料，保温糖化。啤酒生产时在糖化或发酵前加入糖化酶，可以提高发酵度。在白酒、黄酒、曲酒等酒类生产中，糖化酶可代替部分固体曲，能够提高出酒率，也适用于食醋的生产。在生产味精、抗菌素、柠檬酸等发酵产品时，也用于淀粉原料的糖化。

8.4.1.3　葡萄糖异构酶

葡萄糖异构酶（glucose isomerase）的确切名称是木糖异构酶（xylose isomease），它是一种催化 D – 木糖、D – 葡萄糖、D – 核糖等醛糖可逆地转化为酮糖的异构酶。

葡萄糖异构酶一般由白色链霉菌、橄榄色链霉菌、凝结芽孢杆菌、米苏里游动放线菌等生产。为了提高葡萄糖异构酶的利用率，降低成本，并有利异构糖浆的构造，因此一般均将葡萄糖异构酶或菌体细胞制成固定化酶或固定化细胞作为商品，以便反复使用。葡萄糖异构酶可用热处理法、吸附法、结合法、凝胶包埋法、交联法或双重固定化法等方法进行固定化。固定化葡萄糖异构酶是世界上生产规模最大的一种固定化酶，用于催化葡萄糖异构化生成果糖来连续地生产果葡糖浆。果葡糖浆其甜度与同浓度的蔗糖相当，这种糖浆主要代替蔗糖做甜味剂，用于各种点心、饮料、罐头食品以及冰淇淋、雪糕等的加工，效果很好。

8.4.1.4　葡萄糖氧化酶

葡萄糖氧化酶（glucose oxi dase）是一种氧化酶，能催化葡萄糖氧化成葡萄糖并产生过氧化氢。

葡萄糖氧化酶一般采用黑曲霉和青霉属作为生产菌，目前商业化生产最常见的是黑曲霉及尼崎青霉进行液体深层培养而制成。在食品工业上，葡萄糖氧化酶用于除去氧和葡萄糖以改进品质或防腐。氧是影响食品质量的主要因素之一，氧的存在容易引起油脂酸败，氧还会使水果及果汁、果酱等果蔬制品变色，氧化也会使肉类褐变。解决氧化问题的根本方法是除氧，葡萄糖氧化酶是一种有效的除氧保鲜剂。葡萄糖氧化酶另外的用途是去除蛋白或整蛋中的葡萄糖。蛋类制品如蛋白粉、蛋白片、全蛋粉等，由于蛋白中含有少量的葡萄糖，会与蛋白质发生美拉德反应生成小黑点，并影响其溶解性，从而影响产品质量。为了尽可能地保持蛋类制品的色泽和溶解性，必须进行脱糖处理。应用葡萄糖氧化酶进行蛋白的脱糖处理，是将适量的葡萄糖氧化酶加到蛋白液或全蛋液中，采用适当的方法通入适量的 O_2，通过葡萄糖氧化酶作用，使所含的葡萄糖完全氧化，从而保持蛋品的色泽和溶解性。

8.4.1.5　异淀粉酶

异淀粉酶（isoamylase）是一种脱支酶，催化水解糖原或支链淀粉以及 β – 极限糊精分枝点的 α – 1，6 – 糖苷键，切下整个侧枝，形成长短不一的直链淀粉。β – 淀粉酶不能分解 α – 1，6 – 糖苷键，留下 β – 极限糊精，这种极限糊精的分子仍是很大的，遇碘呈紫色，因此，仅用 β – 淀粉酶生产麦芽糖的产量受到限制。这种极限糊精要用异淀粉酶进一步分解。工业上常用这两种酶协同作用生产高麦芽糖浆。在啤酒辅料糖化过程中，添加异淀粉酶，尤其是当该酶与 β – 淀粉酶配合协同作用时，先由异淀粉酶将淀粉的支链断开，使之变成直链淀粉，接着再由 β – 淀粉酶进一步分解直链淀粉为麦芽糖，这样能大大提高麦汁中麦芽糖的含量。用麦芽糖含量高的麦汁酿造出来的啤酒，CO_2 充足，具有较好的爽口性。

能够产生异淀粉酶的微生物非常广泛，主要有产气杆菌、假单胞菌、溶壁微球菌、短乳杆菌、缓和链球菌、产气肠杆菌、纤维黏菌、固氮菌、芽孢杆菌、欧文杆菌、明串珠菌、产色链霉菌、珊瑚色诺卡菌、球孢放线菌、小单孢菌等。

8.4.1.6 普鲁兰酶

普鲁兰酶(pullulanase)是一类淀粉脱支酶,又名苗霉多糖酶。普鲁兰酶能够专一性切开支链淀粉分支点中的 $\alpha-1,6-$ 糖苷键,切下整个分支结构,形成直链淀粉。与异淀粉酶不同的是,普鲁兰酶可以将最小单位的支链分解,最大限度地利用淀粉原料,而异淀粉酶虽然也能水解分支点的 $\alpha-1,6-$ 糖苷键,但是不能水解由 $2\sim3$ 个葡萄糖残基构成的侧枝。

普鲁兰酶由嗜酸芽孢杆菌生产。普鲁兰酶是一种在低 pH 下应用的热稳定脱支酶,与糖化酶一起使用,可由液化淀粉浆来生产高葡萄糖浆和高麦芽糖浆。在糖化时加入普鲁兰酶可提高麦汁的发酵度和改变麦汁糖化的组分,适合酿造干爽型啤酒和低热能啤酒。普鲁兰酶与其他淀粉酶协同作用或单独作用,使食品质量提高,降低粮耗,节约成本,减少污染。普鲁兰酶能分解支链的特性决定了它在食品工业中的广泛应用,已成为淀粉酶制剂中一个很有前途的新品种,具有广阔的开发和应用前景。

8.4.1.7 果胶酶

果胶酶(pectinase)是分解果胶的一个多酶复合物,包含有多种组分。果胶酶中含酯酶、水解酶和裂解酶三种成分,分别对果胶质起解酯、水解、裂解作用,通过它们的联合作用使果胶质得以完全分解。

微生物中的霉菌、少数酵母菌和部分细菌能够生产果胶酶,当然由于菌种的不同,它们所产果胶酶的组分与比例是不同的。常用的生产菌种有黑曲霉 AS 3.396。果胶酶在适宜条件下使果汁中的不溶性果胶溶解,可溶性果胶黏度下降,悬浮粒子絮凝,从而使果汁、果酒易于澄清和过滤。果胶酶主要用于果蔬汁饮料及果酒的榨汁及澄清,对分解果胶具有良好的作用。果胶酶加入到水果破碎物中,不仅能使果汁易于压榨,而且还能提高出汁率。果胶酶还能使植物细胞的胞间层破坏,细胞分离,从而使皮层脱落,因此适用于橘子脱囊衣、莲子脱内皮、蒜脱皮等。

8.4.1.8 $\beta-$ 葡聚糖酶

$\beta-$ 葡聚糖酶($\beta-$ glucanase)是催化水解 $\beta-$ 葡聚糖的多种酶的总称。依据作用方式不同,可分为内切型和外切型。前者存在于谷物种子、某些真菌和某些细菌中,能催化水解谷物细胞壁中的 $\beta-$ 葡聚糖,其中包括内切型 $\beta-1,4-$ 葡聚糖酶、内切型 $\beta-1,3-$ 葡聚糖酶。后者存在于谷物种子中,其中又包括外切型 $\beta-1,4-$ 葡聚糖酶、外切型 $\beta-1,3-$ 葡聚糖酶。

在工业上采用细菌(如枯草芽孢杆菌)、曲霉(如黑曲霉)、青霉(如伊氏青霉)、木霉(如里氏木霉、绿色木霉)生产。$\beta-$ 葡聚糖是一种黏性多糖,存在于大麦或发芽欠佳的麦芽中。$\beta-$ 葡聚糖含量太多,将使糖化醪黏度过大,导致麦汁难于过滤,$\beta-$ 葡聚糖也不溶于酒精,因此在啤酒中生成沉淀。在啤酒生产中采用 $\beta-$ 葡聚糖酶,可提高麦汁的过滤速度和得汁率,改善麦汁清亮度,提高糖化生产能力,促进可发酵性产物的提高;提高啤酒的胶体稳定性,清除因 $\beta-$ 葡聚糖引起的冷混浊从而保证啤酒质量。也可用于饴糖、麦芽糖浆生产。

8.4.1.9 凝乳酶

凝乳酶(chymosin)是一种蛋白酶,可专一地切割 $\kappa-$ 酪蛋白的肽键,从而使牛奶凝集。凝乳酶是生产干酪不可缺少的制剂,其产值占整个酶制剂总产值的15.5%。传统上利用牛犊第四胃的皱胃酶提取制作凝乳酶,但来源日趋紧张。近年来凝乳酶的来源不断扩大,来源于微生物凝乳酶在干酪生产中得到广泛应用。目前用于生产凝乳酶的菌种有米黑毛霉、微小毛霉等菌种。这些凝乳酶具有与牛胃凝乳酶相同的作用,如对牛奶中 $\kappa-$ 酪蛋白作用的专一性，使牛奶发生凝固。但是在奶酪生产中，利用微生物凝乳酶生产的奶酪在稳定性以及在老熟时产生的风味方面稍有不同，直接从微生物中提取的凝乳蛋白酶常会引起乳酪苦味，因此克隆小牛凝乳酶基因在微生物中发酵生产，在食品工业上具有重要的商业意义。利用酵母系统作表达宿主产生的凝乳蛋白酶与从小牛胃中提取的天然酶性质完全一致，可用发酵法生产只有凝乳功能的凝乳酶。

8.4.1.10 β – 半乳糖苷酶

β – 半乳糖苷酶（β – galactosi dase），商品名为乳糖酶（lactase）。该酶能催化水解半乳糖苷键，将乳糖水解成为半乳糖和葡萄糖，同时也具有转移半乳糖苷的能力，将水解下来的半乳糖苷转移到乳糖分子上，生成低聚半乳糖。

目前工业生产 β – 半乳糖苷酶主要以米曲霉、黑曲霉和脆壁克鲁维酵母为主。其中米曲霉生产的 β – 半乳糖苷酶活力较大，价格较便宜，能产生较多三糖及以上的低聚糖，缺点是稳定性差。脆壁克鲁维酵母是一株 β – 半乳糖苷酶高产菌株，具有产酶量高、诱导时间短、所产酶对 pH 和热均较稳定的优点，但缺点是所产 β – 半乳糖苷酶为胞内酶。

8.4.2 微生物酶制剂在食品加工中的应用

8.4.2.1 葡萄糖

淀粉水解成葡萄糖的过程包括液化和糖化。液化过程中，淀粉颗粒首先在受热过程中吸水膨胀，体积迅速增加，晶体结构破坏，颗粒外膜裂开，形成一种糊状的黏稠液体，这一过程被称为糊化。糊化是淀粉液化的第一阶段。淀粉来源不同，其糊化温度也不同。

1. 生产原料

葡萄糖制造时，原料一般采用符合工业级标准的玉米淀粉、甘薯淀粉、木薯淀粉等。也可采用大米原料，但大米需要经过浸泡、水洗、磨浆处理。用淀粉生产葡萄糖需要使用液化酶和糖化酶，因此又称为双酶法制糖。

2. 生产工艺

双酶法生产葡萄糖的工艺流程如图 8 – 1 所示。

3. 工艺要点

（1）淀粉调浆　以淀粉为原料酶法生产葡萄糖对淀粉质量有较高的要求，淀粉中的水溶性蛋白质含量应小于 0.02%。不同来源的淀粉控制调浆浓度不同。薯类淀粉调浆浓度 35% ~ 40%，玉米等谷物淀粉较难液化，控制调浆浓度 30% ~ 32%。用液碱调节到最适 α – 淀粉酶作用的 pH 6.0 ~ 6.5，搅拌均匀后加入 α – 淀粉酶制剂。薯类淀粉按照 5 ~ 7 U/g 干淀粉加入，玉米等谷物淀粉按照 6 ~ 10 U/g 干淀粉加入。α – 淀粉酶可根据液化方法一次性加入或分多次加入。Ca^{2+} 对淀粉酶有热保护作用，特别是对于中温淀粉酶，Ca^{2+} 的保护作用尤为显著。通常，采用中温淀粉酶液化时，要求液化液中的 Ca^{2+} 浓度为 200 mg/kg，而采用耐高温淀粉酶液化时，Ca^{2+} 浓度只需 50 ~ 70 mg/kg。所以，采用中温淀粉酶液化时，常常需要加入原料质量分数 0.2% ~ 0.3% 的氯化钙，而在采用耐高温淀粉酶液化时，一般情况下可不加氯化钙。

（2）液化　液化的目的是为糖化提供合格的底物。糖化酶属于外切酶，水解作用从底物分子的非还原性尾端进行。液化过程中，淀粉分子被水解成糊精和低聚糖，淀粉分子长链被切断，底物分子数量增加，尾端基增多，糖化酶作用的机会增加，有利于糖化反应。液化的另一个重要目的是使蛋白质凝聚，以便于后段工艺进行过滤分离。淀粉乳中含 0.4% 的蛋白，蛋白在制糖工艺中需要除去,否则对最终产品质量有很大影响。在淀粉乳糊化过程中,高温作用下蛋白迅速凝聚,以混合物的状态与液化液混合在一起送往后段工序,最终在过滤工序分离。蛋白凝聚程度也是衡量液化效果的一个重要指标。

目前多采用喷射液化法,利用喷射器(图8-2)进行液化的方法称为喷射液化法,此方法淀粉乳受热均匀,酶制剂利用完全,糖化液过滤性好,蛋白凝聚效果好,设备少,适于连续操作,质量均一。

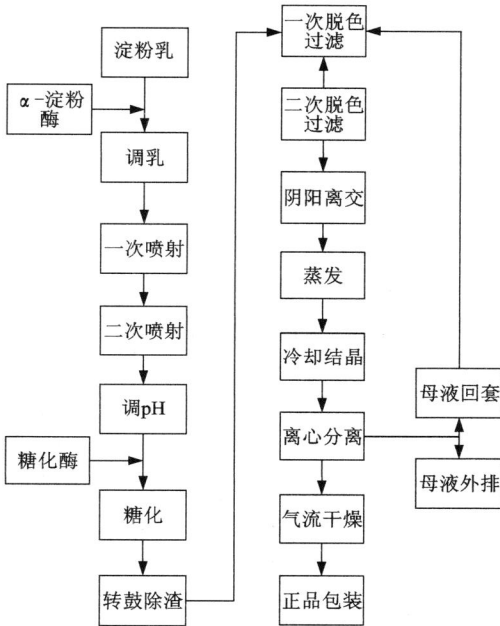

图8-1 双酶法生产葡萄糖工艺流程

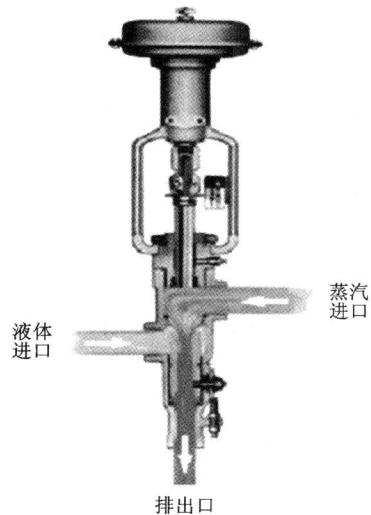

图8-2 喷射液化器

料液搅拌匀后,用泵把淀粉乳经板式换热器加热后(温度加热55℃),打入一次喷射器,进行喷射液化(温度105℃),在喷射器中,淀粉乳和蒸汽直接相遇,淀粉乳瞬间加热糊化;控制出料温度100~105℃,从喷射器中出来的料液,经一次停留罐反应20~25 min后,进行二次蒸汽喷射(温度135℃)。在第二次的喷射器内,料液和蒸汽直接瞬间接触,温度升至135~145℃。从二次液化喷射器出来的料液,进入管式换热器和除渣后的滤液灭菌换热,再进入闪蒸罐(温度100℃),罐内维持8~10 min同时淀粉颗粒会进一步糊化,淀粉分子链断裂,料液分子呈小分子状态进一步分散,蛋白质会进一步凝固。

料液经闪蒸冷却及温度调节至98℃,二次加入液化酶,进入液化维持反应罐(16只罐,温度98℃),连续进行液化反应。目前,凡采用连续喷射液化工艺的,均在喷射器后,保温罐前的管道上设有高温中间维持罐,目的是使粉浆在喷射温度下通过5~6 min的停留,使淀粉更彻底糊化,特别是更有利于不溶性淀粉的糊化。经过105~125 min的连续反应,出料温度98℃,换热降温至70℃,再经真空闪蒸降温至60℃,料液进入pH调节罐,连续调节pH调至4.5,连续加入糖化酶,连续搅拌,用泵连续打入糖化罐进行糖化反应。

(3)糖化 本工序是用糖化酶将淀粉经液化酶水解得到的糊精和低聚糖等较小分子水解

成我们需要的最终产品。工业上用"葡萄糖值"即 DE 值表示淀粉的水解程度或糖化程度，糖化液中还原糖全部当作葡萄糖计算，占干物质的百分率称为葡萄糖值。葡萄糖的实际含量稍低于葡萄糖值，因为还有少量的还原性低聚糖存在。随着糖化程度的增高，二者差别减小。糖化过程初期反应速度很快，然后逐步变慢，提高酶制剂用量可加快反应速度，但考虑到生产成本和复合反应加入量不宜过大。计算 DE 值时，糖化液中的还原性糖全部当做葡萄糖计算。还原糖占干物质的百分比称为 DE 值，也称糖化纯度。还原糖用裴林氏法或碘量法测定，干物质用阿贝拆光仪测定。在此要注意的是，阿贝拆光仪所测出的浓度是指每 100 g 糖液中，含有多少克干物质。而还原糖的浓度是指 100 mL 糖液中含有多少克还原糖，因此 DE 值实际计算公式为

$$DE = \frac{还原糖}{干物质 \times 糖液的相对密度} \times 100\%$$

糖化操作比较简单，将液化液输送至糖化罐中，调节到适合的温度及 pH，加入需要的糖化酶，糖化温度保持 60℃，时间约 50 ~ 60 h 左右，维持一定反应时间后即得糖化液。糖化罐有保温，避免在反应过程中料液温度降低影响反应速度，糖化罐安装有搅拌器，保持适当的搅拌，避免发生局部温度不均现象。糖化的温度及 pH 取决于所用糖化酶的性质，不同酶制剂有不同的最佳反应温度及 pH。加入糖化酶前必须先将温度和 pH 调节好，避免酶与不适当的温度和 pH 接触影响其活力。糖化过程多采用间歇操作方式，设备简单、控制容易。

双酶法生产葡萄糖工艺的现有水平，糖化 48 h 葡萄糖 DE 值达到 95 ~ 98。在糖化的初阶段，速度快，第一天葡萄糖达到 90 以上，以后糖化速度变慢。葡萄糖淀粉酶对于 $\alpha-1, 6$ 糖苷键的水解速度慢。提高用酶量能加快糖化速度，但考虑到生产成本和复合反应，不能增加过多。降低浓度能提高糖化程度，但考虑到蒸发费用，浓度也不能降低过多，一般采用浓度约 30% 左右。糖化的温度和 pH 决定于所用糖化酶制剂的性质。曲霉一般用 60℃，pH 4.0 ~ 4.5，根霉用 55℃，pH 5.0。根据酶的性质选用较高的温度，可使糖化速度加快，感染杂菌的危险较小。选用较低的 pH，可使糖化液的色泽浅，易于脱色。加入糖化酶之前要注意先将温度和 pH 调节好，避免酶与不适当的温度和 pH 接触，活力受影响。在糖化反应过程中，pH 稍有降低，可以调节 pH，也可将开始的 pH 调得稍高一些。达到最高的葡萄糖 DE 值以后，应当停止反应，否则，葡萄糖 DE 值趋向降低，这是因为葡萄糖液发生复合反应，一部分葡萄糖又重新结合生成异麦芽糖等复合糖类。这种反应在较高的酶浓度和较高的底物浓度的情况下更为显著。葡萄糖淀粉酶对于葡萄糖的复合反应具有催化作用。糖化液在 80℃，受热 20 min，酶活力全部消失。脱色过程中即达到这种目的。活性炭脱色一般是在 80℃保持 30 min，酶活力同时消失。提高用酶量，糖化速度快，最终葡萄糖值也增高，能缩短糖化时间。

（4）精制和浓缩　葡萄糖糖化液的糖分组成因糖化程度而不同，比如葡萄糖、低聚糖和糊精等，另外还有糖的复合和分解反应产物以及原料淀粉中带入的各种杂质、水中带来的各种杂质和作为催化剂的酸或酶等，成分是很复杂的。这些杂质对于葡萄糖溶液的质量和葡萄糖溶液的结晶以及葡萄糖的产率都有不利的影响，所以需要对糖化液进行进一步的提纯和精制，以尽可能地除去这些杂质。糖化液精制的方法，一般采用转鼓预涂过滤机除渣、活性炭两次吸附脱色，两次过滤、离子交换脱盐，蒸发浓缩、冷却降温结晶、离心分离、干燥包装等工艺，使葡萄糖达到精制的目的。

8.4.2.2 果葡糖浆

果葡糖浆的糖分组成主要是果糖和葡萄糖，故国内学者把它称为果葡糖浆，现在国家统一称为高果糖浆，它是一种新发展的淀粉糖品。葡萄糖和果糖为同分异构体，通过异构化反应能互相转变。果葡糖浆可以完全替代蔗糖，并与蔗糖一样可广泛应用在食品及饮料行业。果葡糖浆的甜度接近于同浓度的蔗糖，风味有点类似天然果汁。另一方面果葡糖浆在40℃以下时具有冷甜特性，甜度随温度的降低而升高。在食品、饮料等中以果葡糖浆替代蔗糖，不仅技术上可行，而且可凸显果葡糖浆清香、爽口的特性。生产果葡糖浆不受地区和季节限制，设备比较简单，投资费用较低。

（1）生产原料

采用"双酶法"技术生产的葡萄糖，DE > 95%，糖液质量能充分满足异构化糖液质量的要求。糖化液经过精制纯化除去糖液中的铁、铜和其他重金属杂质，钙离子已控制在极低范围。催化异构反应的酶制剂应选择食品级固定化葡萄糖异构酶，许多酶制剂公司都提供相应的产品。使用丹麦 NOVO 公司的葡萄糖异构酶（Q 型 Sweet - zyme）连续生产果葡糖浆的工艺条件为底物浓度 35% ~ 45% DS；葡萄糖含量 93% ~ 97%；进口处 pH 8.2（25℃）；温度 61℃；$MgSO_4 \cdot 7H_2O$ 添加量，每升糖浆 0.1 g。在果葡糖浆生产过程中还使用到食品级的柠檬酸、亚硫酸钠、硫酸镁等。

（2）生产工艺

果葡糖浆生产工艺流程如图 8 - 3 所示。

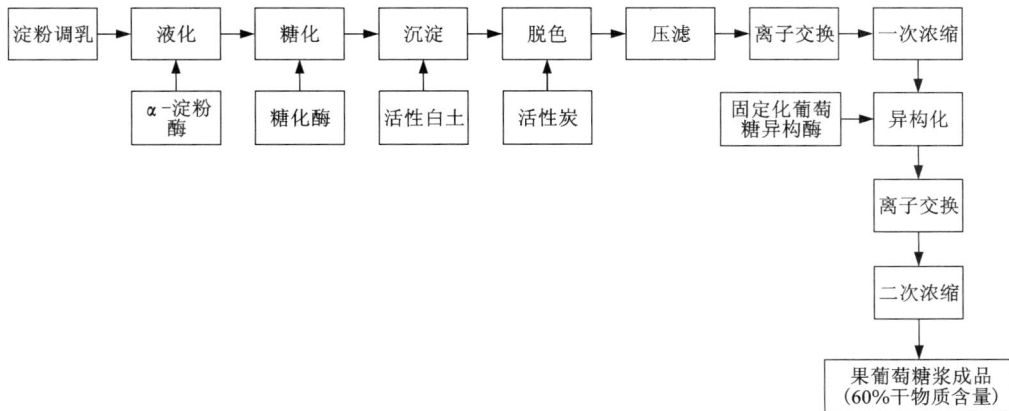

图 8 - 3　果葡糖浆生产工艺流程

（3）工艺要点

从上述工艺流程可知，果葡糖浆的生产工艺实际上由酶法葡萄糖工艺和葡萄糖异构化为果糖工艺组成。前者的工艺要点详见酶法葡萄糖生产的工艺，这里着重介绍异构化工序。

①一次浓缩：是控制浓缩的糖浆浓度为 42% ~ 45%（质量），葡萄糖浆质量要求为透光率 90 以上，电导 100 兆欧$^{-1}$（$MΩ^{-1}$）以下，葡萄糖值 96 以上，无色或淡黄色。

②异构化：在浓度 42% ~ 45% 的葡萄糖浆中，加入 $MgSO_4 \cdot 7H_2O$ 和 Na_2SO_3 各 0.0025 mol/L，调节 pH 至 7.5。其中 $MgSO_4$ 作为酶的激活剂，Na_2SO_3 能降低异构化过程中有色物质的生成量并提

高酶稳定性。

将固相异构酶装填于竖立的保温反应柱内，反应温度控制在65℃，精制的糖液由柱顶进料，流过酶柱，进行异构化反应，再从柱底出料，连续操作，也可由柱底进料，经过酶柱，从柱顶出料。因酶活力处于最佳pH时，能充分发挥催化作用，反应速度快，时间短，糖分分解副反应发生的程度低，所得的异构糖液的颜色浅，容易精制，所以，异构化时糖液的pH大小应由所用的异构酶的型号而决定。

异构化反应后，所得糖液含有色物质，并在贮存期间能产生颜色及灰分等杂质，所以将糖液送入脱色桶，加入定量新鲜活性炭进行脱色。经脱色的糖液需再进行一次树脂交换，最后流出的糖液pH较高，可用盐酸调节pH至4.0~4.5。

③浓缩：精制的糖液经真空蒸发罐浓缩到需要的浓度，即得果葡糖浆。由于葡萄糖易于结晶，为了防止糖浆在贮存期间出现结晶析出，不能让糖液蒸发到过高浓度，一般要求为70%~75%（干物质浓度）。

8.4.2.3　啤酒

啤酒是人类最早酿造的饮料酒之一。传统的啤酒酿造是用麦芽为主要原料，利用麦芽中所含有的酶系制取麦芽汁，然后麦芽汁再经酵母发酵酿制成啤酒。随着微生物酶制剂工业的发展，利用外加酶制剂以提高啤酒的辅料用量，调整麦汁糖氮的组成分，改善麦汁的过滤性能，以及用于防止啤酒的冷冻混浊等已很普遍。常用于啤酒酿造的酶制剂，主要有 α - 淀粉酶、β - 淀粉酶、蛋白酶、β - 葡聚糖酶及异淀粉酶等。

α - 淀粉酶在啤酒酿造中用于液化和糖化辅料中的淀粉。降解淀粉会使醪液黏度迅速降低，并生成少量寡糖、麦芽糖和葡萄糖等可发酵糖和不发酵的可溶性短链糊精。前者在啤酒中为酵母所利用，并生成酒精；后者残存在啤酒中起着丰富酒体、使啤酒醇和以及提高"口感"等作用。啤酒辅料糖化所用的主要是细菌 α - 淀粉酶，如国内的 BF7658 细菌 α - 淀粉酶，丹麦诺沃（NOVO）公司的 Termamyl 60 L 等。某啤酒厂采用无锡杰能科公司厂生产的耐高温 α - 淀粉酶对大米辅料进行糖化，取得了很好的效果，其工艺如下：

大米→粉碎→下料糊化锅中→高温 α -淀粉酶（10 μ/g原料）→50℃，30 min→90℃，停留20 min→100℃，30 min→与糖化锅麦芽汁混合

8.2.2.4　苹果汁

在加工苹果汁的时候，由于苹果中含有较多的果胶质，会导致苹果汁难以澄清和过滤。曾采用单宁和明胶等进行处理的效果并不理想。果胶酶在适宜条件下，能使不溶性果胶质溶解，可溶性果胶质黏度下降及悬浮粒子絮凝，因此采用果胶酶处理果汁是一种比较理想的方法。生产苹果汁一般使用国光这一品种的苹果，酶制剂一般使用黑曲霉831生产的固体果胶酶。生产流程如图8-4所示。

国光苹果经过破碎、压榨制取的苹果汁pH 3.7左右，果胶含量为0.12%~0.15%，澄清度4%，相对黏度4.2。每1 L果胶加1500单位果胶酶，50℃处理1 h。经过处理后澄清度90%以上，相对黏度下降到1.3，过滤速度提高7倍左右，果胶含量减少近90%。

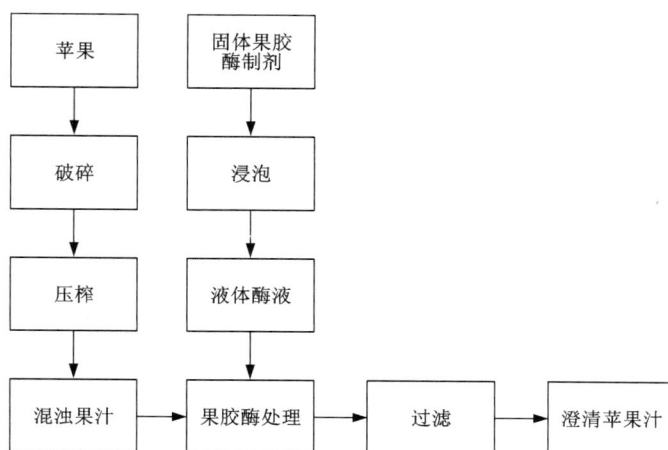

图 8-4 苹果汁生产工艺流程

8.5 食用菌

8.5.1 食用菌概述

食用菌是指人类可食用(或药用)的一类大型真菌。这些菌类在现代生物分类学上属于真菌界的真菌门,而且集中在真菌门中的子囊菌亚门和担子菌亚门,由于体形较大、肉眼可见,又被称为大型真菌或高等真菌。食用菌可分为食用型菌类(以平菇、香菇、蘑菇、金针菇、木耳等为代表)和药用型菌类(以灵芝、冬虫夏草、茯苓等为代表)两大类。

我国食用菌资源丰富,据中国科学院微生物所统计,全国已查明真菌种类接近 2000 种,其中人工驯化栽培成功的有 60 多种,是仅次于粮、棉、油、菜、果的第六大类产品,是农村经济发展的支柱产业。据中国食用菌协会不完全统计,2007 年,我国食用菌产量已达 1682 万 t 以上,产值 79612 亿多元,其中,出口数量为 71.47 万 t,出口金额 14.25 亿美元,在世界产量中名居榜首。福建、河北、江苏、四川等食用菌种植大省产量均达上百万吨,食用菌产业县已有 500 多个,产值超亿元的县有 100 多个,从事食用菌生产、加工和营销的各类食用菌企业达 2000 多家,从业人员已达 2500 万人。

食用菌栽培生产形式有别于传统的种植业,它是利用各种菌物将农林生产的下脚料(纤维素和木质素)转化为人类所需的优质蛋白质。因此,有机食用菌的生产标准与一般意义上的粮食作物、水果和蔬菜的有机标准虽有所不同,但其有机认证的原理仍基本一致。据有关统计,截至 2007 年,中国共有 23 家食用菌企业通过了有机认证,福建有 6 家,有机食用菌栽培面积(包括野生菇生长的原始森林),达到 8.9 万 hm^2,累计生产有机食用菌 7042 t,国内销售额约 1.2 亿人民币,出口创汇达到 1400 万美元。

8.5.2 食用菌菌体生产

中国是食用菌栽培历史最悠久的国家,食用菌饮食文化更是源远流长,食用菌产业发展具有深厚的文化基础。香菇（*Lentinula edodes*）、木耳（*Auricularia auricula*）、金针菇（*Flammulinia velutipes*）和草菇（*Volvaria volvacea*）等4种主栽食用菌的人工栽培均起源于中国。中国在农作物秸秆培养基质开发、银耳伴生菌研究、白灵菇野生驯化、天麻－蜜环菌伴生关系及紫箕小菇菌在天麻种子萌发中的应用等方面，为世界食用菌产业发展作出了突出贡献。银耳袋栽技术、秋栽花菇培育技术、夏季香菇栽培技术、白灵菇人工栽培技术等均堪称具有世界先进水平的研究成果。

8.5.2.1 食用菌生产方式介绍

中国食用菌产业已经开始从分散的农户生产方式向集约化规模化经营方式转变，已经开始从以农户为生产单元的庭院经济模式，向工厂化智能生产方式、机械化设施生产方式转变，同时生态学段木生产方式和仿野生产方式也面临着新的发展机遇，多种生产方式共存的时代已经来临。

（1）工厂化智能生产方式

目前工厂化智能化生产以金针菇为主，还包括真姬菇、白灵菇和杏鲍菇。其主要特征是采用智能化栽培环境控制系统、机械加工与自动控制一体化生产设备和先进的菌种接种系统，具有投资大、人工少、生产管理精细和生产效率高的特点，是现代农业先进技术集成度最高的生产方式，也是当今世界最先进的食用菌生产方式。

（2）机械化设施生产方式

机械化设施生产方式以杏鲍菇生产为主，还包括白灵菇、茶薪菇、金针菇、真姬菇等。其主要特征是采用机械化拌料和半机械化人工接种；养菌室和出菇房应用控温、通风、加湿设备，如空调、风扇、加湿器等，少数机械化设施化生产企业在出菇房设置电脑自动监控系统，多数企业均为人工操作控制出菇房的环境因子；培养料多采用高压灭菌器灭菌；在菌袋运输、接种、搔菌和采收等方面以人工操作为主。

（3）园艺式手工生产方式

园艺式手工生产方式是目前我国大多数地区和大多数种类的食用菌所普遍采用的生产方式，包括香菇、黑木耳、毛木耳、银耳、平菇、秀珍菇、双孢蘑菇、巴西蘑菇等均采用这种方式。其主要特征包括：采用大棚栽培为主，少数露地栽培；木腐食用菌一般采用袋栽方式，草腐食用菌一般采用床栽方式；灭菌一般采用常压灭菌，少数为高压灭菌；一般对培养料先堆制发酵，再装袋灭菌或者二次发酵；常采用揭膜或覆膜、喷水、开闭门窗等方式调节出菇环境中的温度、湿度和空气；从备料、拌料、建堆、翻堆、装袋、灭菌、接种、发菌到出菇管理，几乎全部是人工操作，极少使用机械设备。

（4）生态型段木生产方式

香菇、木耳等食用菌生产在20世纪90年代以前一直以段木栽培为主，目前南方部分黑木耳、茯苓、灵芝等仍然采用段木生产方式。由于对森林资源消耗较大，段木生产模式一直饱受责难。值得注意的是，我国部分生产区域已经列入国家重点生态保护区，部分山区农民迁至低海拔地区或城镇居住。在森林资源丰富的生态保护区，就地砍伐或间伐部分林木，就地接种，既可以生产优质天然的段木香菇、黑木耳等优质食用菌产品，又可以保护森林生态系统，保护食用菌种质资源的野生习性，维护生态平衡。随着生活水平的提高，人们必将更加追求天然、生态的健康食品，而利用自然生态环境条件生产段木香菇、黑木耳必将占领未来食用菌产品的高端市场。

（5）仿野生半人工生产方式

许多食用菌是共生真菌，这些真菌必须与植物根系形成共生菌根，才能生长发育，形成子实体。目前法国、新西兰等国家的科学家广泛开展了黑孢块菌（*Tuber uncinatum*）、冬孢块菌（*Tuber uncinatum*）、松露（*Rhizopogon rubescens*）、美味乳菇（*Lactarius deliciosus*）、美味牛肝菌（*Boletus edulis*）、鸡油菌（*Cant harelluscibarius*）和松茸（*Tricholoma matsutake*）等共生食用菌的仿野生半人工栽培研究。主要采用菌根菌纯培养菌丝接种无菌苗，生产菌根苗，再将菌根苗种植在适宜的环境中，在自然环境中栽培出共生食用菌。随着研究的不断深入，仿野生半人工栽培菌根食用菌的技术将日益成熟，未来我国必将有越来越多的科技工作者和企业投入到此项研究中。这种既能保护生态环境，又能生产美味野生食用菌的栽培模式必将逐步得到推广。

8.5.2.2 菌体生产模式

食用菌菌体生产原料来源广、投资少、收益大。下面介绍广大农村、城镇普遍采用的子实体栽培和人工控制生产条件的菌丝体发酵两种生产模式。

（1）子实体栽培生产模式

①常用培养基。

a. 马铃薯葡萄糖琼脂培养基：马铃薯 200 g、葡萄糖（或蔗糖）20 g、琼脂 20 g、水 1000 mL。

b. 木屑米糠培养基：木屑（阔叶树）78 g、米糠（或麦麸）20 g、糖 1 g、石膏 1 g、含水量 60%~65%。

c. 棉籽壳培养基：棉籽壳 50 g、过磷酸钙 1 g，含水量 60%~65%。

d. 稻草麦麸培养基：稻草 50 g，麦麸（或米糠）1 g，尿素 0.1 g，石膏 0.25 g，草木灰 0.25 g，含水量 60%~65%。

e. 桑枝麸皮培养基：麸皮 10 g，桑木屑 88 g，石灰 1 g，石膏 1 g，含水量 60%~65%。

②环境条件。

食用菌生长的环境条件主要是温度、适度、酸碱度、光线、空气等。

a. 温度：一般来讲，食用菌菌丝体比较耐低温，在 0℃ 以下冷冻不会死亡（仅高温型草菇除外），子实体分化温度较菌丝体分化温度范围小，其生长温度略低，因此菌丝体培养好后，置于较低温度下，或在季节安排上恰好使之遇自然降温，子实体便会顺利生成。

b. 水分和湿度：一般培养料中含水量以 60%~65% 为宜，而空气湿度应控制 60%~95%，菌丝体生长时空气湿度应 60%~80%，而在子实体形成阶段则应适当提高空气湿度。

c. 空气（O_2 或 CO_2）：所有食用菌都是好氧性微生物，CO_2 浓度超过 0.1% 对食用菌子实体分化及质量不利，因此，要注意室内通风换气。

d. 酸碱度（pH）：不同种类的食用菌有其最适宜的 pH，多数适于偏酸性环境，但在具体配料时，要考虑到原料发酵会产生有机酸，故具体配料时，pH 可比理论值高一点。

e. 光线：多数食用菌菌丝体生长不需要光线。实验表明，在无光线的条件下菌丝体生长得更快一些，但子实体分化及生长需要适当阳光。

③栽培方法。

a. 制种：一般制作三个层次的菌种。一级种是菌种，一般采用试管生产，用马铃薯葡萄糖琼脂培养基制作。二级种一般采用玻璃广口瓶生产，采用木屑米糠或棉籽壳培养基，三级种一般采用广口瓶,近年来大量使用塑料袋代替广口瓶生产三级种,可节约生产成本。

b. 制作菌棒(或菌袋):将培育成熟、菌龄适宜的三级种接种于已准备好的段木或配制好的培养料上。接种后应注意堆码高度,控制温度 25℃ 左右,并注意控制湿度。

c. 子实体培育:当菌棒、菌袋长满菌丝后,就可控制温度、湿度(相对湿度达 80% ~ 95%),加强光照(自然光线),促进子实体原基形成并长大。当子实体充分长大尚未弹射孢子或刚开始弹射孢子时即可采收、干制。

(2)菌丝体发酵生产模式

①工艺路线。

保藏菌株→斜面母种→摇瓶菌种→种子罐→发酵罐→提取及深加工→成品

②工艺条件。

以香菇菌丝体发酵法生产香菇多糖为例,将菌种接入马铃薯琼脂培养基在 25℃ 条件下培养 10 d 左右,接入摇瓶中培养,摇瓶培养基配方为蔗糖为 4%,玉米淀粉 2%,NH_4NO_3 0.2%,KH_2PO_4 0.1%,$MgSO_4$ 0.05%,维生素 B_1 0.001%,pH 为 6.0,水 100 mL,在 25℃ 条件下培养 5 ~ 8 d,即可进入种子罐培养(种子罐培养液配方同摇瓶),接种量 10%(体积),在 25℃ 下培养 5 d,再按 10%(体积)比例接入发酵罐(配方同种子罐),发酵温度 22 ~ 28℃,通气量一般前期 1:0.4(体积/min),后期 1:0.6(体积/min),发酵周期 5 ~ 7 d,罐压为 0.5 ~ 0.7 MPa。

放罐标准是发酵液,pH 降至 3.5,镜检菌丝体开始老化,即部分菌丝体原生质出现凝聚现象,上清液由浑浊变为澄清、透明的浅黄色,发酵液有悦人的清香,无杂菌污染。

放罐后的发酵液经离心分离,分成两部分——上清液和菌丝体,可以通过抽提、浓缩、透析、离心、沉淀、干燥等工艺过程分别提取胞外多糖和胞内多糖。同时还可做成各种口服液和其他保健食品。

(3)生产实例

以茶树菇野外大棚栽培为实例。

①菇棚搭建。菇棚宜坐北朝南,选择在环境清洁、地势高、平坦、近水源、保温、保湿、通风、有较好散射光的地方搭建。菇棚顶需要设置隔热层,天花板上需要开两个 70 cm × 70 cm 的天窗,通气窗和门要安装防虫网,安装排气扇,最好有配套加温设施。

②栽培季节选择。当地自然气温不超过 30℃,菌种接种后 45 ~ 50 天菌丝可长满。从接种日起,往后推 45 ~ 50 天,进入出菇期,此时当地气温应不低于 14℃,不高于 30℃。我国长江以南诸省春季栽培宜 2—4 月接种,4—6 月中旬长菇;秋季栽培 8—9 月接种,10 月至次年春季出菇。华北地区以中原的河南省一带中部气温为准,春季栽培接种时间为 3—4 月,5—6 月出菇;秋季宜 7—8 月接种,8—10 月出菇。大棚内控制温度不低于 15℃,冬季照常出菇。西南地区,以四川省中部气候为准,春季栽培时间同华北地区;秋季栽培宜 8—9 月接种,10 月至次年春季出菇。

③原料选择。常用于栽培茶树菇的主要原料有木屑、棉籽壳、玉米芯、花生壳、玉米秆、甘蔗渣和水稻、小麦等农作物秸秆屑,辅料有麦麸或米糠、豆粕、玉米粉、黄豆粉、菜籽饼等。培养料配方:a. 棉籽壳 70%,麦麸 20%,玉米粉 8%,石灰 2%,含水量 65%;b. 棉籽壳 50%,杂木屑 20%,麦麸 20%,玉米粉 8%,石灰 2%;c. 棉籽壳 30%,五节芒 35%,麦麸 25%,玉米粉 8%,石灰 2%;d. 棉秆 45%,木屑 25%,麦麸 20%,玉米粉 7%,石灰 1.5%,石膏 1.5%;e. 棉籽壳 45%,玉米芯 25%,麦麸 18%,玉米粉 7%,蔗糖 3%,石灰 2%;f. 木

屑 35%，棉籽壳 30%，麦麸 18%，玉米粉 8%，茶籽饼 6%，石膏 1.5%，蔗糖 1%，磷酸二氢钾 0.4%，硫酸镁 0.1%；g. 木屑 60%，麦麸 22%，豆饼 10%，玉米粉 5%，蔗糖 1%，碳酸钙 1%，石灰 1%；h. 棉籽壳 30%，木屑 20%，玉米芯 15%，麦麸 17%，玉米粉 5%，豆粕 10%，碳酸钙 1%，石灰 2%，含水量为 65%，pH 为 7.5～8.5。

④配料及装袋。先将棉籽壳、杂木屑、麦麸等干物质搅拌 2～3 遍，然后将石灰、石膏、碳酸钙、糖等放入水中溶解后掺入干料中，进行充分搅拌，调整培养料含水量 65% 左右。将拌好的培养料装入聚丙烯或聚乙烯塑料袋。规格 15 cm×30 cm×0.005 cm 的塑料袋，装料高 15～16 cm，湿重 0.75～0.85 kg；规格为 17 cm×33 cm×0.005 cm 的塑料袋，装料高 17～18 cm，湿重 1.2～1.3 kg。装料时避免刺破塑料袋，并要求上下紧松一致，袋口套套环或系塑料绳。装袋后须及时灭菌，从拌料到上灶的时间过长，会引起培养料酸败变质，不利于菌丝生长。

⑤灭菌。灭菌分高压蒸汽灭菌和常压灭菌。高压灭菌时间短，但聚乙烯袋不耐高温，不宜采用；常压灭菌可将料袋摆入铁质周转筐或装入塑料编织袋内，以利于提高灭菌效果，使一次性灭菌彻底。灭菌时，要注意经常观察温度和锅内水位线，并检查是否漏气，如有漏气应及时处理。如出现温度达不到 100℃，应加大火力，并确保持续不降温。须及时补充热水，防止烧焦。菌袋灭菌要"攻头保尾控中间"，料袋装灶后，立即加火猛攻，使温度在 5 h 内迅速升到 100℃，并维持 23～26 h；即将结束时，用猛火攻 0.5 h，再焖 3～5 h，然后可开灶门将温度降到 70℃，趁热将菌袋移入大棚或冷却室冷却。

⑥接种。袋温冷却至 28℃ 以下时，才可进行接种。料袋内温度过高会导致接入菌种不萌发或死菌，或萌发后菌丝生长缓慢或不生长。接种前要检查菌丝是否浓密、洁白，菌种菌龄应在 35～40 天，不能用衰老种，选用菌丝生长旺盛的菌种，可提高后期菌袋抗逆能力。一般采用接种箱接种、室内接种、大棚开放式接种。大规模生产的接种要求空间大，操作方便，可在较短时间完成接种工作，因此可采用室内接种或大棚开放式接种。提前 5～7 天将接种室或大棚清洗干净，保证干燥、无虫害、无灰尘、无杂菌，用甲醛和高锰酸钾混合或气雾消毒剂熏蒸消毒。要避开暴雨、台风和西北风天气，选择晴天或阴天早、晚气温较低时接种，以防高污染率或高温烧菌。

a. 解口接种法：将袋口解开，搬到接种工作台上，掰一块大拇指大小的菌块，迅速接入料袋并扎好袋口，或套上套袋。

b. 打穴接种法：在料袋旁边打一接种穴，穴直径 1.5 cm，深 2 cm，菌种接入穴内后，穴口用胶布或胶纸密封，或套上 16～18 cm 宽的食品袋。接好种的菌袋搬入培养室发菌。

⑦发菌管理。培养室要阴暗、洁净，保持温度 23～27℃，空气相对湿度 70%～75%，每天早、晚各通风 1 h，温度低时可减少为 30～40 min。如遇高温天气，在凌晨 0～7 时采取长时间通风，以促进菌丝生长。茶树菇菌丝萌发吃料较慢。接种 3～5 天，菌袋由于水分的影响，可能出现料温低，应提高室温，使之保持 25～27℃，使菌丝处于最适生长温度。菌丝萌发吃料 7～10 天，待菌丝长到 5～7 cm 时，开始检查是否有菌袋被杂菌污染，如有则及时隔离出培养室，并适当降低培养室温度。翻堆可降低堆温，有散热效果。菌丝长至 8～10 cm 时，呼吸加强，代谢活跃，产生大量热量，出现升温高峰，菌袋温度比室温高 3～5℃，特别是打穴接种的菌袋料温会比室温高出 4～7℃ 时，必须采取通风降温措施，早、晚各通风一次，时间可适当延长，使室内温度保持在 23～26℃。当菌丝长至距袋底 2～3 cm 时，要解开袋口。在菌丝培育期间，每隔 8～10 d 翻堆检查，对污染菌袋要及时处理。在室温 23～28℃ 下

培养 35~40 d 可打孔增氧，培育 50~55 d，菌丝可长满袋，60 d 后能达到生理成熟，可搬入大棚进行出菇管理。

⑧出菇管理。形成小菇时，可向空间喷水，增大空气湿度，保持空气相对湿度 90%~95%。随着子实体的生长，逐渐拉直袋口，要控制空气湿度 90%~95%，不能向菌体喷水，以防烂菇、死菇。

⑨病虫害防治。菌袋入棚前要拣出被杂菌污染的，进行单独出菇，以防交叉感染。接种 18 天后至开袋前，用多菌灵、灭蝇胺喷洒。菇棚要经常消毒，出菇期要创造适宜菌体生长的环境条件，增强子实体免疫力。出菇期禁用农药。

⑩采收与加工。茶树菇采收过早，产量低；采收过迟，菌体开伞，组织变老，会产生大量的褐色孢子，商品价值低。应在菌盖呈半球形，内菌幕未脱离菌盖时采收。采收时整丛摘下，除去残留的根部。待 13~16 天再采收一潮，每潮采收后及时补水，加水至高于袋内料面 1 cm，并加强通风，待 40~48 h 后将袋内的水倒掉。每袋可产鲜菇 350~500 g。茶树菇子实体细长，易烤干。加工干菇可在采收后将鲜品按长短粗细分类，放在竹筛片上烘烤，开始温度 35℃，以后逐渐上升，控制在 50~60℃，温度过高会影响质量。干品含水量须在 13% 以下，烘好后及时装入密封塑料袋内，以防回潮，影响品质。

8.5.3　食用菌的营养及药用价值

食用菌是一类集营养性、功能性、美味性、安全性于一身的菌类蔬菜，被营养学家推荐为十大健康食品之一。食用菌含有丰富的营养成分，其中主要包括多糖类、三萜类、蛋白类、多肽类、腺嘌呤核苷、牛磺酸、甘露醇、内脂等。

食用菌的蛋白质含量高，约占干重的 13%~46%，而且含有的氨基酸种类齐全，具有 20 种基本氨基酸和 8 种人体必需氨基酸，其中赖氨酸和亮氨酸的含量尤为丰富，并且其所含的必需氨基酸的比例与人体需要接近，极易被人体吸收利用。因此，食用菌是一种较为理想的蛋白质来源。食用菌含有丰富的维生素 B_1、维生素 B_2、维生素 B_{12}、维生素 K、维生素 D、维生素 C、维生素 PP、麦角甾醇（维生素 D 源）、泛酸、烟酸、叶酸、维生素 H 等，是人体维生素的重要来源，其中维生素 B_1、维生素 B_2、维生素 B_{12} 和尼克酸的量均高于肉类。食用菌含有人体必需的多种矿物质元素，如钙、镁、磷、钾、钠、铁、锰、锌、铜、硒等。其中钾、磷的含量较多，钙的含量次之，铁的含量较少。例如，木耳中铁的含量尤为丰富，常食用木耳不仅能够养血驻颜，令人肌肤红润，还可防治缺铁性贫血；金针菇含有锌，能够增强儿童的智力；羊角地花孔菌等含有丰富的硒元素。食用菌是低脂肪、低热能食物，一般脂肪含量为干重的 4%，其热容量比猪肉、鸡肉、大米、苹果、香蕉都低。食用菌的脂肪性质类似于植物油，含有较多的不饱和脂肪酸，如油酸、亚油酸等，其中又以亚油酸的含量为最高，占脂肪酸的 40.4%~76.3%。食用菌中不饱和脂肪酸含量高，是其作为健康食品的重要因素。

食用菌的这种物质组成成分使其不仅具有很好的营养特性，还具有很好的保健功能和药用价值。

（1）调节人体机体平衡，提高免疫调节能力　长期食用食用菌，能增强机体综合免疫水平。研究表明，多糖是食用菌中免疫调节和抗肿瘤的主要活性物质之一，能有效激发抗体形成，显著增强人体的免疫功能，被公认为非特异性免疫促进剂。1969 年，日本科学家 Chihara 等在 *Nature* 杂志上首次报道了从香菇子实体中提取并分离出的一种香菇多糖。香菇多糖已成为食用菌多糖中研究最早最成熟的多糖。香菇多糖、灵芝多糖、茯苓多糖及银耳多糖等多种食用菌多糖已被证实具有免疫调节、抗疲劳、消炎、抗肿瘤、保护神经等功效。

（2）预防癌细胞形成，抑制肿瘤生长　食用菌中抗肿瘤的活性成分主要是多糖、多糖肽。研究表明，众多的高等真菌是抗癌新药的重要来源之一。栽培的香菇、平菇、双孢蘑菇、木耳、毛木耳、金针菇、滑菇、灵芝、灰树花、猴头、蜜环菌、假蜜环菌等及野生菌松茸、苦白蹄、香栓菌、树舌和云芝等都有抗肿瘤作用，香菇、金针菇、滑菇和松茸的抗肿瘤活性分别达80.7%，81.1%，86.5%和91.8%。经常食用这些食用菌可预防癌细胞形成，抑制肿瘤生长，减轻癌病症状等。蛹虫草中的腺苷类物质虫草素也具有较好的抗肿瘤活性。金针菇含有朴菇素和凝集素，可增强机体对癌细胞的抗御能力。

（3）降血压、防治心脑血管病　食用菌是各种心脑血管疾病患者的理想食品，起作用的主要是食用菌中的各种不饱和脂肪酸、有机酸、核酸和多糖类物质。常见的心脑血管疾病有高血压、高血脂、动脉粥样硬化、脑血栓等。长期食用食用菌，能有效预防这些疾病，对心脑血管疾病患者也有较好的辅助疗效。同时大部分食用菌还含有丰富的膳食纤维，能够增强消化道的蠕动，促进排毒，能够缓解碳水化合物的吸收，从而降低血糖含量。长期食用香菇、平菇、金针菇等食用菌，可以降低人体血胆固醇、血糖和血脂含量，改善血液的循环，增强心血管功能；木耳和毛木耳含有破坏血小板凝聚的物质，可以抑制血栓的形成；凤尾菇通过降低肾小球滤速起到降血压作用，对肾形高血压有较好的食疗效果；灵芝可有效地降低人体的血液黏稠度。研究还表明，香菇中的香菇素、香菇嘌呤具有降血脂作用，其中香菇嘌呤的降血脂效果比常用药安妥明强10倍，因此长期食用香菇等菌类有利于预防心血管疾病。研究表明，香菇（香菇嘌呤）和双孢蘑菇具有降低血液胆固醇含量的作用；黑木耳含大量纤维素酶，能分解纤维素，长期食用能消除胃肠中的杂物，降低人体血液凝块、缓和冠状动脉粥样硬化等心血管疾病的发生几率。

（4）抗病毒、抗菌消炎的作用　食用菌能产生多种抗生素，可消炎去痛，现已知的抗生素已达百种，如假蜜环菌产生的假蜜环菌甲素和假蜜环菌乙素，可以治疗胆囊炎和慢性肝炎；猴头菌素对消化系统的炎症有特效。香菇产生干扰素诱导物质，能抑制流感病毒的繁殖。

（5）抗衰老作用　体内的自由基可破坏正常细胞而导致机体老化，并破坏机体的抗病及防御能力。食用菌多糖具有清除自由基、提高抗氧化酶活性和抑制脂质过氧化的活性，起到保护生物膜和延缓衰老的作用。有实验表明：从云芝中提取的云芝多糖，能使实验小鼠多种脏器和细胞内超氧化物歧化酶活力提高、脂质过氧化物水平下降。云芝多糖、香菇多糖、虫草多糖、短裙竹荪多糖、猴头多糖、木耳多糖等均有抗氧化、清除自由基和抗衰老作用。

（6）其他　除上述药用功能外，食用菌还有抗疲劳、调节内分泌、保肝护肝、健胃助消化、清热解表、镇静安神、化瘀理气、润肺去痰和通便利尿等功效。鸡腿菇和蛹虫草有降血压作用；灵芝和猴头菌有保肝护肝作用；双孢菇和虎皮香菇有清热解表作用；蜜环菌有镇静安神作用；灵芝、金耳、银耳有润肺止咳化痰作用；灵芝还有利尿祛风湿作用。用猴头菌丝体培养液水煎制成的"猴头菌片"，对胃癌、食道癌、慢性胃炎、十二指肠溃疡及消化道肿瘤均有一定的疗效。食用菌中不含淀粉，且葡萄糖、脂类等含量低，因而提供热量少，常食用食用菌可预防肥胖和高血脂。木耳有润肺和消化纤维素的作用，银耳能提神益津、滋补强身，香菇含有能降低血中胆固醇的"香菇素"，利用猴头菌丝体制成的猴菇菌片，对胃及十二指肠溃疡有良好的疗效。近年来，临床试验已证明，从真菌中提取的多糖，对抑制消化系统的肿瘤细胞生长有较明显的作用。

8.5.4　食用菌与功能性食品

功能食品是指调节人体生理功能、适宜特定人群食用、不以治疗疾病为目的的一类食品。其调节机体功能的作用主要包括免疫调节、抑制肿瘤、调节血糖、延缓衰老、改善记忆、抗辐射、抗疲劳、解毒、减肥、调节血脂、促进生长发育、改善胃肠功能等。当前，功能食品的开发，已成为世界食品开发的热点。食用菌具有独特的营养和保健作用，食用菌类食品作为功能性食品有其巨大的优势和市场潜力。食用菌的许多种类都可进行功能食品开发，如灵芝、蜜环菌、猴头、黑木耳、香菇、金针菇等，开发各类食用菌功能性食品前景广阔。

（1）食用菌益智类功能食品的开发　按食用菌的特点，可开发补血、补钙、补锌、增智、开胃等方面的功能食品。金针菇被称为"益智菇"，其所含人体必需的氨基酸高于一般菇类，其中赖氨酸和精氨酸含量最高，这两种氨基酸能有效地促进儿童健康成长和智力发育。如"一休菇增智营养液"和"金菇儿童口服液"，它们都是采用金针菇子实体干品为主要原料精制而成的，对儿童具有增智、增高及健脾开胃的功效，并有提高机体免疫力功能和增强记忆力作用。

（2）食用菌营养保健及延年益寿类功能食品的开发　从食用菌特有功能出发，可开发降血压、降血脂、防治糖尿病等方面的功能食品，如膨化双孢菇，就特别适合心脏病、糖尿病患者食用。也可从增强体质、提高机体应激能力、保持旺盛精力等方面开发功能食品，如灵芝高铁豆奶、灵芝高锌袋泡茶、食用菌多糖片、八珍菌脆片、猴头菌丝核桃酪等。开发延年益寿类的食用菌功能食品，可首选灵芝。灵芝作为一种药用菌在中国已广泛用于促进人们健康和延年益寿。如灵芝多糖与刀豆素、松茸、羊胎素、蜂胶、初乳素复合的功能食品，已取得了显著的临床效果和经济效益。

（3）食用菌功能饮料类食品的开发　食用菌饮料是以食用菌子实体、菌丝体或菌丝体培养液经浸提或发酵或直接加工而成的一种饮品，它不仅营养丰富、味道鲜美，而且具有滋补、强身和提高免疫力等功能。以食用菌加工保健功能饮料，在饮料市场上有很强的竞争实力。如灵芝配制的灵芝保健茶饮料，在欧美及日本销路很好；日本用灵芝提炼制成的高级保健饮料"锗泉源饮料"，在国际上售价极高。食用菌保健功能饮料种类很多，如将灰树花子实体粉碎、热水浸提后做成的灰树花保健饮料；利用深层培养法所得的菌丝体加工制成的蜜环菌保健饮料、灵芝酸奶等。食用菌保健酒类，主要是以食用菌为主要原料生产的，具有保健医疗作用的含醇饮料。其生产方法主要有发酵酿造、泡制和配制3种。如芦荟灵芝发酵酒、猴头菌补酒、金针菇保健酒、灵芝青梅酒等都是具有高营养的滋补保健酒。

（4）食用菌美容类功能食品的开发　食用菌类的美容保健作用是多方面的，具有抗皱、消炎、嫩肤、消除色斑、增白等功效。利用食用菌可制成各种类型的美容制品（包括内服和外用），如灵芝美容豆、灵芝茶、银耳珍珠霜、银耳奶液、茯苓润肤膏等。

（5）食用菌调味类功能食品的开发　食用菌味道鲜美，风味独特，是加工调味品的上等原料。在氨基酸中，谷氨酸、天冬氨酸、丙氨酸、苯丙氨酸、亮氨酸等是食用菌鲜味的成分，它们再与其他呈味物质如鸟苷酸、肌苷酸、腺苷酸等配合，就构成食用菌特有的鲜香味。已开发的食用菌调味品，如草菇老抽、香菇肉酱、灵芝保健醋、竹荪汤料、蘑菇面酱等。

（6）食用菌休闲及风味类功能食品的开发　以食用菌为原料，可加工成不同类型的风味食品或休闲食品，如平菇蜜饯、蜜香菇、菇柄肉松、雪花银耳、草菇夹心奶片、五香金针菇等；把菌菇烘干加工成菇粉掺入糕点及糖果中，可以制成菌菇糕点、菌菇糖果，如茯苓糕、三宝桃酥、香菇软糖、猴头蛋白糖等。食用菌休闲及风味类功能食品在营养、风味和保健等方面更加完美，是值得发展的一种新食品。

生产实例：

（1）白灵菇罐头加工工艺

①白灵菇罐藏加工工艺流程

原料验收→护色→漂洗（或清洗）→预煮→冷却→修整分级→空罐验收和消毒→称重装罐→配料注汁→排气密封→灭菌→冷却→恒温质检→验收→包装→入库贮存

②原料验收。要求子实体呈掌形或马蹄形、形态完整、菌盖肥厚、新鲜饱满、菇色洁白，无严重机械损伤和病虫害。优质菇 150～250 g/个，合格菇 100～140 g/个或 250～400 g/个，畸形菇及偏大或偏小菇为等外级。要将菌柄切削良好，不带泥根或培养基。

③护色和漂洗。将验收合格的白灵菇按级别分开浸洗，采用气泡清洗机进行洗涤，平均浸洗 10～20 min（使用流动水）。洗后菇体应清洁、光滑、无泥土和杂质等。

④预煮、冷却、修整分级。将清洗干净的白灵菇迅速输送到连续式预煮机内进行预煮。煮沸的作用是杀死菇体中的酶类，终止菇体内的生化反应。预煮用水事先加热沸腾，水温控制在 100℃，并在水中加入 0.1% 柠檬酸进行护色，提高品质。预煮时间为 30～40 min，每预煮一锅应添加适量的柠檬酸，预煮用水变微红时，应及时更换预煮水，预煮好的白灵菇应及时输送到冷却槽内用流动水进行冷却，水质要符合卫生要求。冷却至手触没有热感时，捞出并沥干水分。冷却时间过长，菇汁浸出，会导致风味下降，影响产品质量。原料的修整是一项较为细致的工作，必须按照工艺标准进行修削，既要除去不可用部分，又要保证白灵菇的形状，主要是对有泥根、病虫害、斑点等的菇进行修削。修整后菇面应平整、光滑，并按级别、大小分别盛放，便于装罐。要求工作台面清洁、无多余原料积压。修整后的菇应及时用清水浸泡护色，防止菇表面氧化变色。

⑤空罐验收和消毒。空罐进厂时有专职检验人员进行外观和质量检查，合格后方可投入使用。空罐采用高压清水冲洗（洗罐机水温 72℃左右），然后用热蒸汽冲淋消毒 3 min。消毒后的空罐放到专用周转箱内，罐口朝下，进入装罐工序备用。清洗用水的温度应严格控制，消毒用空罐应与生产进度相适应，严防积压，以免空罐过剩锈蚀。

⑥称重装罐。装罐人员应对所用天平进行清洗消毒和校正。装罐前，要进行分级。整菇罐头的分级标准是：一级整菇整形后质量在 125～225 g，菌盖和菌柄颜色洁白，菇面丰满，不得有菌盖黄边和因水渍等原因而产生的异色斑点。菇体形状完整，菌盖舒展，边缘内卷（有 0.3～0.5 cm 卷边），表面及边缘没有人为损坏，菌柄修剪整齐，水分小于 85%，菇体内外无杂质、异物、虫蛀。整形标准，菌盖及菌褶表面损伤不得超过 10%，菌柄余留长度小于 3 cm（指断面到菌褶与菌盖相接处）。二级整菇整形后质量大于 225 g 或小于 125 g，菌盖和菌柄颜色洁白，菌褶米黄，菌盖边缘可稍有黄边，菇体任一部位不得有因水渍而产生的异色斑点，菇体形状完整，表面及边缘没有人为损害，菌柄修剪整齐，水分小于 85%，菇体内外无杂质、异物、虫蛀。整形标准，菌盖及菌褶表面损伤不得超过 25%，菌柄余留长度小于 5 cm。三级为畸形菇，一般要求菇体内外无杂质、异物、虫蛀，无落地沾土菇及含水量特大的菇，菇柄无

附带培养基。不论何种级别的菇均要求菇体形态完整，同一罐内色泽、大小应均匀一致，搭配合理，称重准确，装罐数量为单个、两个、三个。一个一个均匀装入罐中。每30 min 抽查1 次装罐量，并控净罐内余水，迅速输送到下道工序，不得积压。

⑦配料注汁。装罐后加注汤汁，既能填充固形物之间的空隙，又能增加产品的风味，还有利于灭菌和冷却时热能的传递。汤汁一般含 2%~3% 的食盐和 0.1% 的柠檬酸，有时还加入 0.1% 抗坏血酸以护色。为了增进营养及风味，也常常把预煮时回收的汁液配为汤汁。汤液配制：先将清水按一定量放入配料锅内煮沸，然后加入食盐，待全部溶化后关闭汽阀，最后加入一定量的柠檬酸(0.1%)、维生素 C(0.1%)等辅料搅匀，并用 120 目滤布过滤到配料槽内，用水泵打入加汁桶内备用。配料要求称量准确，每锅做好原始记录。采用加汁机进行加汁，事先调整好加汁机的流量，汤汁温度达到 82℃ 左右，然后送罐加汁。生产结束后清洗加汁机和料桶，剩余汤汁不得再次使用。要按生产计划配料，避免浪费。

⑧排气密封。排气的目的是除去罐内的空气，空气的存在能加速铁皮腐蚀和微生物活动，对贮藏不利。把加汤汁后的罐头不加盖送进排气箱，在通过排气箱的过程中加热升温，排出原料中滞留或溶解的气体。采用加热排气时，罐内中心温度要求达到 75~80℃，排气10~15 min，方可封罐。采用真空封罐机封罐，在注入 85℃ 汤汁后，立即送入封罐机内进行封罐，封罐机的真空度要维持在 66.67 kPa。封口质量要求：a. 外观质量：要求平整、光滑、无质量缺陷，3 min 目测 1 次并留原始记录；b. 内部质量：封口率必须达到三个 50% 以上。即紧密度、迭接率、完整率，要求每 2 h 解剖 1 次，测量检测结果并留原始记录。班前班后应清洗封口设备，每周消毒 1 次，并做好日常保养维护工作。

⑨灭菌冷却。封罐后采用高压蒸汽灭菌，在 98~147 kPa 下维持 30~60 min。杀菌的温度及时间以罐形而定。高温短时灭菌能较好地保持产品的质量。首先检查杀菌锅上的各种仪表是否正常，空气压缩机、水泵、自动温度记录仪运转是否达到要求，待全部正常时，方可进行杀菌。将封口后的罐头排列于杀菌筐中，要求轻拿轻放，然后装入杀菌锅里，密封锅门，打开进气阀开始升温，同时开启排气阀和凝水阀，进行排气，待温度升至 120℃ 时，关闭凝水阀和排气阀，进行保温计时，升温时间 15 min，保温时间 30 min。保温结束后进行反压(压缩机反压)冷却，压力 0.01~0.02 MPa。反压冷却能缩短冷却时间，有利于保持白灵菇的色、香、味。操作过程中要求每周对锅内体和杀菌筐进行一次刷洗消毒。杀菌记录应准确清楚，并有操作人员签字。杀菌结束后把筐吊出放入冷却池中冷却 5 min。

⑩质检、包装。加工后的白灵菇罐头应符合《食用菌罐头卫生指标》GB 7098—2003，杀菌后的罐头应及时擦罐，擦净罐体表面浮水，然后送入恒温间进行码垛。码垛时罐体离墙体至少20 cm，垛高不超过 1.5 m，宽度 1.0 m，中间应留 0.3 m 通道以便观察。温度计分上、中、下三处存放。恒温间应通风换气、保持干燥，要有专人负责，每两小时检查一次温度并做好原始记录，34~40℃ 恒温 5 昼夜。恒温结束后的罐头要进行包装，包装前应有专业打检技术人员进行打检，剔出低真空罐、废次品罐，擦净罐面，贴标装箱。罐头打字要求字迹清楚、标准。商品标签要符合《食品标签通用标准》GB 7718—1994，商标要贴正、无掉标、脏标现象，并轻拿轻放，防止罐头碰伤瘪罐。装箱排列整齐，不多装或少装，箱体表面清洁卫生，封箱胶带平整无皱褶。包装箱质量要符合 GB12308 金属罐食品罐头包装箱技术条件的要求。纸箱储运图标要符合《包装储运图示标志》GB 191—2008 规定的标准。包装后的罐头要抽检，检验是否合格。成品包装后要按品种批次分别码垛。垛下的地面要放上木板以防潮，码垛应

离墙 30 cm，中间留 30 cm 通风。仓管人员应做到数量、批次准确无误。

（2）香菇酸奶的制作工艺

香菇酸奶的制作工艺流程如下：

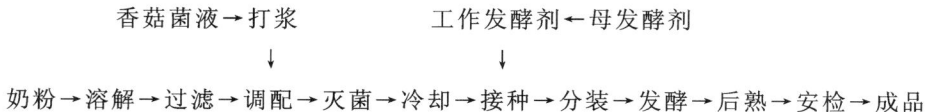

香菇菌液→打浆　　　　工作发酵剂←母发酵剂
　　　　　↓　　　　　　　　　↓

奶粉→溶解→过滤→调配→灭菌→冷却→接种→分装→发酵→后熟→安检→成品

操作要点：

①香菇菌液培养。于盛有 150 mL 马铃薯综合液体培养基的 500 mL 三角瓶中无菌接入一级香菇菌种，25℃条件下 150 r/min 震荡培养 5 d，制备香菇菌液（摇瓶菌种）。

②工作发酵剂的制备。a. 将 $m($奶粉$):m($水$)=1:8$ 充分搅拌混匀制备脱脂乳培养基，分别装入三角瓶和试管中，105℃灭菌 15 min，冷却至 41～42℃备用。b. 将原料奶于 115℃灭菌 15 min，冷却至 42℃后装入消毒后的干燥三角瓶中即制得牛乳培养基备用。c. 于灭菌的脱脂乳培养基中接种体积分数 3% 的发酵剂［$V($保加利亚乳杆菌$):V($嗜热链球菌$)=1:1$］，于 30℃活化培养 14 h，直到凝固制备母发酵剂，连续活化 2～3 次使得活力稳定，即为母发酵剂。d. 于灭菌的牛乳培养基中接体积分数 3% 的发酵剂，30℃活化培养 10 h，直到凝固，制得工作发酵剂。

③奶液制作。将鲜奶过滤，并加入适量的全脂奶粉，以调整固形物的含量。

④调配。将香菇菌液、奶粉、白砂糖、稳定剂混合搅拌。

⑤灭菌、冷却、接种。将调配好的原料装入瓶中并封口，121℃灭菌 15 min，冷却至 42～43℃，在无菌条件下接种工作发酵剂，搅拌均匀。

⑥分装、发酵。将接种后的混合乳液分装后，42℃恒温培养箱中发酵 415 h。

⑦冷却、后熟。从培养箱中取出发酵产品，迅速冷却到 10℃以下，然后于 2～4℃冰箱中存放 12～44 h，即得成品。

重要概念及名词

食醋，恶臭醋杆菌，糖化，发酵乳，黄原胶，活性干酵母，上面啤酒酵母，啤酒花，果葡萄糖浆，食用菌

复习思考题

1. 论述微生物在食品制造方面的作用。
2. 食醋生产是多种微生物参与的结果，请列举常用的菌种都有哪些。
3. 双歧杆菌发酵乳制品生产的技术难点是什么？
4. 酵母菌在面包制造过程中起哪些作用？
5. 简述葡萄酒生产中的发酵问题和相应的解决办法。
6. 什么是双酶法生产葡萄糖？简述它的主要生产流程。
7. 什么是果葡糖浆？简述固定化酶生产果葡糖浆的生产流程。
8. 酶制剂在啤酒生产中的应用有哪些形式？

第 9 章

微生物与食品腐败变质

内容提要

微生物在自然界的分布非常广泛，由于其种类多、繁殖能力快、代谢能力强等特点，使得食品很容易腐败变质，从而给我们的日常生活以及企业食品加工带来危害。本章主要介绍了微生物与食品腐败变质之间的关系，包括食品微生物污染及其途径，引起食品腐败变质的条件，食品变质给各类食品带来的危害以及利用食品防腐剂控制微生物保藏食品的原理和方法、食品综合防腐保鲜理论与技术（群体感应、栅栏技术、预报微生物）等方面的内容。

教学目标

1. 了解食品污染的途径。
2. 掌握微生物引起食品腐败变质的条件。
3. 了解各类食品的保藏方法。
4. 掌握群体感应与食品变质的关系。
5. 掌握栅栏技术、预报微生物的原理及其在食品中的应用。

9.1 腐败食品中微生物的生长及适应条件

食物来源于动、植物，微生物会引起食品的腐败变质，动、植物组织的特性会影响微生物侵染和繁殖。食品变质（food spoilage）是指食品受到各种内外因素的影响，造成其原有化学或物理性质发生变化，降低或失去其营养价值和商品价值的过程，如鱼肉腐臭、油脂酸败、果蔬腐烂和粮食霉变等。食品的变质不仅降低了食品的营养价值和卫生质量，而且还可能危害人体的健康。

食品变质可由微生物污染、寄生虫污染、食品内酶的反应、化学反应或污染引起，如微生物会引起食品中蛋白质、糖类、脂肪的变质。在微生物引起的食品腐败变质中，通常会引起食品中的一些主要成分发生变化，如蛋白质、脂肪、糖类等成分的变质。我们通常把由微生物引起的糖类食品变质，称为发酵；微生物引起的蛋白质类食品变质称为腐败；微生物引起的脂肪类食品发生变质，称为酸败，而这三者在食品变质中虽有主次之分，但往往是同时发生的。

引起食品腐败变质的因素有很多，按其环境因素划分，可分为食品内在因素和外在因素。

9.1.1　内在因素

动、植物组织本身所固有的特性参数被称之为内在因素，这些因素主要有：①营养成分；②pH；③水分活度(A_w)；④氧化还原电位(Eh)；⑤生物组织结构；⑥抗菌成分；⑦渗透压。

（1）营养成分　食物的动、植物来源主要有粮、蔬菜、水果、肉类、鱼、虾、糖果等各类食品，其主要组成成分为蛋白质、脂肪、碳水化合物、水分、矿物质和维生素等营养成分。这些成分易受到微生物的侵染，使其降解，产生其他化学成分，导致腐败变质，使食品质量劣化。同时，还会受到致病菌的污染，使其繁殖或产生毒素，危害人畜安全。

微生物由于其种类的不同，在其生长条件的需要上差异较大。食品源性的微生物可以利用糖、酒精和氨基酸等作为能源物质，可以利用食物中的淀粉、纤维素这些复杂的碳水化合物，将其降解为单糖作为能源。异养型微生物利用的主要氮源是氨基酸，对于不同微生物，其他大量含氮化合物也可以作为其氮源，如有些微生物利用核苷酸和游离氨基酸，有些微生物利用肽类物质和蛋白质，微生物首先是利用像氨基酸这样的简单化合物作为氮源，然后再去利用蛋白质这样的高分子质量的化合物。对于多糖和脂肪的利用也是如此。微生物对 B 族维生素要求量很低，绝大多数的天然食品都能为 B 族维生素异养型微生物提供足够的维生素 B。还有一些特殊的微生物群体，其对营养要求特殊，只能较专一地利用某些物质，如纤维素、果胶等，则常感染此类成分含量较多的食品。

因此，食品经微生物污染后，并不是任何微生物都能在其上生长，能够生长的微生物种类，主要由食品的营养成分决定。因此，食品的营养成分和其感染的微生物群体有密切的关系，根据食品的组成成分特点，可以推测出引起食品变质的主要微生物群体，如蛋、肉、鱼等富含蛋白质的食品，易受到对蛋白质分解能力很强的变形杆菌、青霉等微生物的污染；米饭等含糖类较高的食品，易受到曲霉、根霉、乳酸菌、啤酒酵母等对糖类分解能力强的微生物的污染；脂肪含量较高的食品易受到黄曲霉和假单胞杆菌等分解脂肪能力很强的微生物的污染。

（2）pH　微生物能否感染某类食品，引起腐败变质，除了营养因素以外，还与食品基质本身的一些条件是否适于微生物生长和繁殖相关，食品的 pH 是一个重要的条件。

pH 对微生物细胞呼吸至少有两个方面的不利影响，即酶的作用和影响营养物质的输送。H^+ 和 OH^- 不能透过微生物的细胞质膜，它们就会在细胞里聚集。几乎所有的细胞内的 pH 都是中性的，当微生物处于低于或高于中性的环境时，它们的增殖能力取决于它们将环境 pH 变为适宜的 pH 范围的能力。微生物在最适 pH 范围内生长时，会延长对数生长期。

根据食品 pH 范围不同可将食品分为酸性食品和非酸性食品。食品 pH 在 4.5 以上属于非酸性食品；pH 在 4.5 以下为酸性食品。几乎所有的动物食品和蔬菜都属于非酸性食品，几乎所有的水果为酸性食品。在非酸性食品中，细菌生长繁殖的可能性最大，而且能够良好地生长，因为绝大多数细菌生长的最适 pH 在 7.0 左右，所以多数非酸性食品是适合于细菌繁殖的。食品的 pH 偏向酸性或碱性，细菌生长能力就越弱。食品的 pH 在 5.5 以下时，腐败细菌已基本上被抑制，但少数嗜酸菌或耐酸菌，如大肠杆菌、乳杆菌、链球菌、醋酸杆菌等仍能继续生长。在非酸性食品中，酵母(生长 pH 为 2.5 ~ 8.0)和霉菌(生长 pH 为 1.5 ~ 11.0)也都有生长可能。

在酸性食品中，仅酵母或霉菌能够生长，酵母最适生长 pH 为 4.0 ~ 5.8，霉菌最适 pH 是 3.8 ~ 6.0。水果、饮料、醋和酒的 pH 低于细菌生长的 pH，水果很容易发生腐败变质，是因为水果上的霉菌和酵母菌能够在 pH < 3.5 时正常生长。因此，pH 在很大程度上制约着食品的储藏性。

食品 pH 的变化，由食品储藏过程中成分的变化和微生物的种类等条件决定。微生物在食品中生长繁殖，会引起食品 pH 的上升或下降，如微生物生长在含糖的食品基质中，微生物分解糖产酸使食品的 pH 下降。但当酸或碱积累到超越了微生物能够生长的 pH 范围时，微生物便停止生长。

(3) 干燥是最早保存食品的方法之一，干燥能保存食品的原因主要是由于将食品中的水分去除掉了以后，微生物便不能生长。因此，水是微生物生长繁殖所必不可少的，可以用水分活度(A_w)表示。

食品中微生物能否生长，必须看食品水分活度的大小，因为微生物只能利用食品水中的游离水。一般细菌生长比霉菌生长要求更高的水分活度，革兰氏阴性菌对水分活度的要求高于革兰氏阳性菌。大多数腐败细菌在 A_w < 0.91 时不能生长；腐败菌能在 A_w < 0.8 时生长。食源性病菌中，金黄色葡萄球菌能够在 A_w 低到 0.86 时存活，肉毒梭菌活动也是如此。

水分活度、温度和营养物质间存在一定的关系。首先，在一定的温度下，A_w 降低，微生物的生长能力下降；其次，微生物处于其最适生长温度时，A_w 的范围最广；再次，营养物质增多，微生物能够存活的 A_w 范围变广。微生物所需的水分活度的界限是非常严格的，微生物生命活动的进行，必须要求稳定的 A_w，A_w 稍有变化，就会影响微生物的生长。温度是影响微生物生长最低 A_w 的一个重要因素，当温度和 pH 都不是最佳时期，微生物生长的最低 A_w 相对较高。

防止食品变质，最常用的办法就是要降低食品的 A_w。A_w 降低至 0.70 以下，食品即可较长期保存。许多研究报道，A_w 在 0.80 ~ 0.85 的食品，一般只能保存几天；A_w 在 0.72 左右的食品，可以保存 2 ~ 3 个月；如果 A_w 0.65 以下，则可保存 1 ~ 3 年。食品的 A_w 在 0.60 以下，则认为微生物不能生长。一般认为食品 A_w 值在 0.64 以下，是食品安全贮藏的防霉含水量。

(4) 氧化还原电位　微生物对其培养基的氧化还原电位(O/R，Eh)表现不同的敏感程度。食物的氧化还原电位(O/R)由以下因素决定：①原食物的特征性氧化还原电位；②平衡能力，即食物中抗电势变化的能力；③食物周围环境氧的压力；④食物接触空气的途径。微生物在生长繁殖过程中会影响到其周围环境的 Eh 值，如它们影响环境 pH 一样，尤其是好氧菌，它们能够降低其周围环境的 Eh，而厌氧菌则不能。当氧化物和还原物的浓度相等时，电势就等于零，一个系统的氧化还原电位用 Eh 表示。好氧微生物生长时需要正的 Eh，而厌氧微生物则需要负的 Eh。某些天然的营养物质中，植物及其果实中的抗坏血酸、还原糖，肉类中的—SH 基团至关重要。培养基中的氧化 - 还原物质的量，对微生物的生长和活力作用极大。

以 Eh 对酿酒酵母脂质产生的影响为例,研究表明,酿酒酵母是厌氧生长,与好氧生长的细胞不同的是,厌氧细胞壁好氧生长的细胞能够产生较低量的总脂质、较多量的各种甘油酯以及较低量的磷酸脂和甾醇组分。酿酒酵母有一个脂类和固醇类的需要量。

(5)生物结构 一些食品表面有天然的外层结构能够保护其不受腐败生物的侵染和破坏,如种子的果皮、水果的果皮、坚果的壳、动物的皮毛、蛋的壳等。表面损坏的水果和蔬菜要比表面完好的腐败速度快得多。鱼和肉(如牛肉和猪肉)的表皮能够防止这类食品被污染和腐败,可能是因为其皮层比新鲜的切口表面干燥得更快。

(6)抗菌成分 一些食品能够保持其稳定性,免受微生物的侵染,是由于含有某些具有特定抗菌作用的天然物质。如有些植物中含有具有抗菌作用的香精油;丁香中的丁香酸,大蒜中的蒜素等都具有抗菌作用。蛋和乳一样含有溶菌酶,与伴清蛋白一起为新鲜的蛋提供了非常有效的抗菌体系。

乳过氧(化)物酶体系是一种牛乳中天然存在的抑制体系,它主要包含三种成分:乳过氧化物酶,硫氰酸盐,过氧化氢。这三种成分是抑菌作用所必需的,并且革兰氏阴性菌对其非常敏感。乳过氧(化)物酶体系可以在冰箱没有普及的国家用于鲜奶保鲜。

(7)渗透压 微生物一般在低渗透压食品中较易生长,而在高渗透压食品中常因脱水而死亡。在食品中形成不同渗透压的物质主要是食盐和糖,各种微生物因对其耐受程度不一样,可分为嗜盐性微生物、耐盐性微生物和耐糖性微生物。在渗透压低的情况下,绝大多数微生物能生长,在高渗透压下,各种微生物的适应情况不一致。绝大多数细菌不能生长在渗透压较高的食品中,只有少数种能在高渗环境中生长,如盐杆菌属中的一些种能够生活在食盐浓度 20%~30% 的食品中;肠膜明串珠菌能耐高浓度糖。一般多数霉菌和少数酵母能耐受较高的渗透压,它们在高渗透压环境中非但不会死亡,而且有些还能生长繁殖。如异常汉逊酵母、鲁氏酵母、膜醭毕赤酵母等能耐受高糖,常引起糖浆、果酱、果汁等高糖食品的变质。霉菌中比较突出的代表是灰绿曲霉、青霉属、芽枝霉属等。

综上所述,这 7 种内在因素结合在一起,随着食品中这些因素的不同,使食品对微生物的抵抗能力不同,从而造成其腐败变质的情况也不相同。通过检测每个因素在食品中的实际情况,人们可以预测食品可能污染的微生物的一般类型以及食品的稳定性。

9.1.2 外在因素

食品外在因素是指影响食品和微生物的储藏环境的一些参数。对食品中微生物有重要影响的外界因素有:①贮藏温度;②环境的相对湿度;③环境中的气体及浓度;④其他微生物的存在和活性。

(1)贮藏温度 微生物以个体或群体的方式在非常宽泛的温度范围内生长,根据微生物生长的最适温度分类,可将微生物分成嗜热微生物、嗜冷微生物和嗜温微生物三大微生物群体。确定食品中主要微生物生长温度的范围可以帮助不同种类的食品选择合适的贮藏温度。

低温对微生物生长极为不利,但低温微生物在 5℃ 左右或更低的温度(甚至 -20℃ 以下)下仍能生长繁殖,使食品发生腐败变质。嗜冷微生物是引起冷藏、冷冻食品变质的主要微生物。在低温条件下,食品中生长的微生物主要有:假单胞菌属、产碱菌属、变形菌属、黄杆菌属、无色杆菌属等革兰氏阴性无芽孢杆菌;小球菌属、乳杆菌属、小杆菌属、芽孢杆菌属和梭状芽孢杆菌属等革兰氏阳性细菌；假丝酵母属、隐球酵母属、圆酵母属、丝孢酵母属等酵母菌；青霉属、芽枝霉属、葡萄孢属和毛霉属等霉菌。各种食品中微生物生长的最低温度各不相同，一般认为，−10℃可抑制绝大多数细菌生长，−12℃可抑制多数霉菌生长，−15℃可抑制多数酵母菌生长，−18℃可抑制所有霉菌与酵母菌生长。为防止微生物的生长，建议食品的冻藏温度应不高于−18℃。

当温度大于45℃时，对大多数微生物的生长十分不利。温度越高，死亡率越高。但在高温条件下，仍然有少数嗜热微生物能够生长。在食品中生长的嗜热微生物主要是嗜热细菌，如芽孢杆菌属中的嗜热脂肪芽孢杆菌（*Bacillus stearothermophilus*）、凝结芽孢杆菌（*B. coagulans*）；梭状芽孢杆菌属中的肉毒梭菌（*Clostridium botulinum*）、热解糖梭状芽孢杆菌（*C. thermosaccharolyticum*）、致黑梭状芽孢杆菌（*C. nigrificans*）；乳杆菌属和链球菌属中的嗜热链球菌、嗜热乳杆菌等。霉菌中纯黄丝衣霉（*Byssochlamys fulva*）耐热能力也很强。酵母可以在低温和中温的范围内生长，但一般不能在高温范围内生长。在高温条件下，嗜热微生物的新陈代谢活动加快，所产生的酶对蛋白质和糖类等物质的分解速度也比其他微生物快，因而使食品发生变质的时间缩短，比一般嗜温细菌快7～14倍。高温微生物造成的食品腐败变质主要是酸败，是其分解糖类产酸而引起的。

（2）环境的相对湿度（RH）　通常，我们用相对湿度表示空气湿度大小，相对湿度是指在一定的时间内，某处空气中所含水气量与该气温下饱和水气量的百分比。每种微生物只能在一定的 A_w 范围内生长，但是，A_w 受空气湿度的影响，因此，空气湿度对微生物的生长和食品腐败来说有着重要的作用。

当食品的 A_w 为0.6时，食物必须贮藏在不能让食物从空气中吸收水分的环境中，否则食品的表面和次表面的 A_w 值就会增加，当增加到一定值的时候微生物就很容易生长繁殖，从而导致食品的腐败变质。当低 A_w 值的食品贮藏于较高 RH 的环境中时，食品就会吸收水分直到建立起平衡为止。反之，A_w 很高的食物放在较低的 RH 环境中，A_w 也会降低。因此，选择恰当的食物贮藏环境时，应考虑 RH 和温度之间的关系，即温度越高，RH 越低，反之亦然。表面容易被霉菌、酵母及某些细菌腐败变质的食品必须贮藏在低的 RH 条件下。包装密封性不好的肉类，如猪肉、牛肉块等，放在冰箱中表面易发生腐败变质，这是因为冰箱中的 RH 相对较高，同时腐肉中的微生物群是好氧性的微生物。因此，选择合适的 RH 环境时，既要考虑食物表面是否腐败变质也要考虑食物是否保持原有风味。

（3）环境中的气体及浓度　微生物与 O_2 有着十分密切的关系。一般来讲，在有 O_2 的环境中，微生物进行有氧呼吸，生长、代谢速度快，食品变质速度也快；在厌氧条件下，由厌氧性微生物引起的食品变质速度较慢。O_2 存在与否决定着兼性厌氧微生物是否生长和生长速度的快慢，兼性厌氧微生物在有氧环境中引起的食品变质要比在缺氧环境中快得多。低氧浓度环境可以抑制微生物的活动。一般霉菌在低氧环境中生长缓慢，有些菌株还会发生畸变，呈酵母状、黏液状，当 O_2 浓度低于其最低要求时，菌丝便停止生长，不形成孢子，孢子也不能萌发，经过一段时间便会死亡。但有些对 O_2 浓度要求不高的霉菌，能耐低氧环境，如灰绿曲霉在 O_2 浓度为0.2%的环境中仍能生长，毛霉、根霉、镰刀菌在缺氧环境中仍能生长。

CO_2、臭氧、N_2 等气体的存在，对微生物的生长也有一定的影响。CO_2 是抑制食物中微生物生长的最重要的气体。臭氧也具有抗菌的特性，被用来延长食品的货架期，它能有效地抑制许多微生物的生长，但由于其强氧化性，不能用于脂肪含量高的食品的贮藏，否则它会引起脂质的氧化，从而引起脂肪的腐败。

现在，许多的食物采用气调包装技术，所采用的气体便是 CO_2 和臭氧。这两种气体能够抑制食品中微生物的生长，延长其货架期。

（4）其他微生物及其活性　某些食物中微生物的代谢物能抑制或杀灭其他微生物，这些代谢物包括细菌素、抗生素、过氧化氢及有机酸等。这些代谢产物能够有效地抑制食物中其他微生物的生长。

9.2　各类食品的腐败变质

微生物污染食品，不仅导致食品腐败变质、品质变差，而且常常引起食源性疾病。细菌、真菌、霉菌、病毒等均能导致各类食品的腐败变质，从而带来各种食源性疾病，也就是传统所称的"食物中毒"。

9.2.1　果蔬食品

9.2.1.1　微生物污染果蔬的途径
一般情况下，健康果蔬表面覆盖着一层蜡质状物质，有防止微生物侵入的作用，故新鲜的果蔬内部通常是不含有微生物的，但有时在其开花结果之前，会受到微生物的污染。在果蔬生长过程中，植物病源微生物在果蔬收获之前从根、茎、叶、花、果实等途径侵入，或在收获后的贮藏期间、运输和加工过程中病源微生物侵入组织内部或表面，从而发生病变。

陆生蔬菜的微生物群可以反映出它们生长土壤的微生物情况，农作物完全暴露在环境中，为微生物污染提供了更多机会。蔬菜加工过程的卫生状况以及加工时原料的微生物状况也会造成蔬菜中微生物感染率的变化，如冷冻蔬菜中的细菌总数一般低于未冷冻的产品。

9.2.1.2　造成果蔬污染的优势微生物群落结构
1. 引起蔬菜变质的微生物

蔬菜中常见细菌有欧文菌属、假单胞菌属、黄单胞菌属、棒状杆菌属、芽孢杆菌属、梭状芽孢杆菌属等，以欧文菌属、假单胞菌属最重要。有些菌能够分泌果胶酶，分解果胶使蔬菜组织软化，导致细菌性软化腐烂，这以欧文菌最为常见。边缘假单胞菌、芽孢杆菌和梭状芽孢杆菌也能引起软腐病。某些假单胞菌、黄单胞菌、棒杆菌可引起蔬菜发生其他类型病害，如发生细菌性枯萎、溃疡、斑点、环腐病等。引起蔬菜变质的霉菌种类很多，常见并广泛分布于蔬菜中的霉菌有灰色葡萄孢霉（*Botrytis cinerea*）、白地霉、黑根霉、疫霉属（*Phytophthora*）、刺盘孢霉属（*Collletotrichum*）、核盘孢霉属（*Sclerotinia*）、交链孢霉属（*Altenaria*）、镰刀菌属（*Fusarium*）、白绢薄膜革菌（*Pelliculariarolfsii*）、盘梗霉属（*Bremia*）、长喙壳菌属（*Ceratostoma*）、囊孢壳菌属（*Physalospora*）等。疫霉属中常见的有茄绵疫霉、马铃薯疫霉、蓖麻疫霉。

2. 引起水果变质的微生物

常见引起水果腐烂的霉菌有青霉属、灰色葡萄孢霉、黑根霉、黑曲霉、枝孢霉属、木霉属、交链孢霉属、疫霉属、苹果褐腐病核盘孢霉（*S. fructigena*）、镰刀菌属、小丛壳属、豆刺毛盘孢霉(*Colletotrichum lindemuthianum*)、盘长孢霉属、色二孢霉属(*Diplodia*)、拟茎点霉属(*Phomopsis*)、伞形长喙壳菌(*Ceratostomella fimbriata*)、囊孢壳菌属、粉红单端孢霉(*Trichothecium roseum*)等,其中以青霉属最重要。青霉属菌可感染多种水果,如指状青霉(*P. digitatum*)、白边青霉(*P. italicum*)等对柑橘类水果具有很强的专一性,作用于橙子、柠檬和柑橘均有特殊的绿色和蓝色霉斑;扩展青霉(*P. expansum*)可引起苹果腐烂。

3. 果蔬汁中的微生物

果蔬汁中的微生物与新鲜果蔬中的微生物类群基本相同,主要有霉菌、酵母菌和少数耐酸细菌。然而,与新鲜果蔬不同的是,果蔬汁中的纤维素、色素有所减少,并且含氧量较新鲜果蔬有所增加,所以果蔬汁中的酵母菌占主导地位;常见的酵母菌有假丝酵母属、圆酵母属、隐球酵母属、红酵母属、酵母属等;常见的霉菌有青霉属、曲霉属、交链孢霉属、芽枝霉属等。常见的细菌有乳酸菌、植物乳杆菌、乳明串珠菌、嗜酸链球菌等。不同果蔬汁中的微生物类群不尽相同,如苹果汁中主要微生物类群为交链孢霉、黑曲霉、苹果枯腐病菌、假丝酵母属、圆酵母属;梨汁中主要为梨轮纹病菌、黑根霉、灰绿葡萄孢霉、青霉属;柑橘汁中主要微生物为白边青霉、绿青霉、柑橘褐色、蒂腐病菌;葡萄汁中主要微生物为灰绿葡萄孢霉、克勒酵母、葡萄酒酵母;番茄汁中主要微生物为茄绵疫霉、镰刀霉属、番茄交链孢霉;马铃薯汁中主要微生物为马铃薯疫霉、镰刀霉属、软腐欧氏杆菌。另外,不同新鲜度的果蔬汁中的微生物类群也不尽相同。如新鲜苹果汁中的酵母菌多属于假丝酵母属、圆酵母属或红酵母属,而变质苹果汁中的酵母菌多属于酵母属;新鲜葡萄汁中的酵母菌是克勒酵母、葡萄酒酵母,而变质葡萄汁中的酵母菌则多属于汉逊酵母属和毕赤酵母属。

9.2.1.3 果蔬食品的腐败变质

蔬菜中水的平均含量约为88%,碳水化合物、蛋白质、脂肪和灰分的平均含量分别为8.6%、1.9%、0.3%和0.84%,维生素、核酸和其他植物组分的总含量通常低于1%。从营养角度看,真菌、酵母和细菌均能生长于果蔬食品上,蔬菜中高的水分含量以及其pH范围较适宜微生物生长,导致新鲜的果蔬保质期通常较短。微生物侵入果蔬组织后,首先破坏的是细胞壁的纤维素,进而分解果蔬食品中的果胶、蛋白质、淀粉、糖类等小分子物质。果蔬的腐败变质主要表现为出现深褐色斑点、水分含量减少、组织变松软、凹陷、变形、逐渐生产浆液状乃至水液状,并且同时伴有酸味、醇香味、腐烂味和芳香味等。

9.2.2 乳及乳制品

9.2.2.1 牛乳的微生物污染途径

理论上,来自健康牛乳房中的牛奶应该不含微生物。原料乳中微生物主要源于牛体内部、挤乳过程中的污染和加工、运输、储藏过程。

(1)牛体内部的微生物 新鲜的全脂牛乳,pH约为6.6,如果牛体患有乳腺炎,则乳的pH约为6.8,患有乳腺炎的奶牛,会引起牛乳的污染。乳牛的乳腺污染有菌体,泌乳牛患有全身性传染病或局部感染而使病原菌通过泌乳排出到乳中造成污染。

(2)挤乳过程中的微生物 挤乳过程的主要污染源是乳牛体表、挤乳器具、空气、盛乳器具等。

牛体表面附着杂草、尘埃、泥土、粪便等污染物,其细菌含量有时高达$10^7 \sim 10^8$,在挤乳过程中如果不注意,则会引起牛乳污染。

牛舍周围环境会影响挤奶环境的空气质量。一般清洁的牛舍空气中含有的微生物较少，一般为 5 ～ 100 cfu，主要是一些球菌、酵母、细菌芽孢、真菌孢子等。若牛舍周围环境清扫不干净，则会导致粪便、土壤、饲料中的微生物急剧增加，从而污染牛乳。

刚挤出来的新鲜牛奶通常都含有微生物。通常挤出来新鲜牛奶的微生物含量在几百至几千 cfu/g。这些污染通常由于挤乳前对乳房、乳头的清洗消毒不完全，挤乳槽装置的某些部位以及挤乳过程的末期。

盛乳器具污染。工作人员在进行挤乳工作时，其本身带菌，也会把微生物带入牛乳中，其次盛乳设备、冷却设备、冷罐车等设备清洗不净也会造成牛乳的污染。

鲜乳在储藏室储藏过程中，若将污染有一定微生物的鲜乳置于室温下，牛乳将会随着微生物的生长繁殖而变质。

9.2.2.2　造成牛乳污染的主要微生物

被污染鲜乳中的微生物种类繁多，有细菌、酵母菌、霉菌、病毒和放线菌等。常见的优势菌群是细菌，含病源菌和腐败微生物。

（1）细菌

①乳酸细菌，如乳链球菌、乳酪链球菌、粪链球菌、液化链球菌、嗜热链球菌、乳球菌属、明串珠菌属、乳杆菌属等。乳链球菌能分解乳中的葡萄糖、果糖、乳半糖、乳糖和麦芽糖等，从而产生乳酸和其他少量有机酸。液化链球菌有强烈水解蛋白的能力，乳酪蛋白被分解后会有不良风味（苦味）的产生。

②大肠菌群，包括柠檬酸杆菌、变形杆菌、埃希氏菌等属的细菌，典型特征是发酵乳糖产酸产气。

③假单胞菌菌属，是革兰氏阴性菌，需氧，适宜生长的温度为 20 ～ 30℃，且能在低温中生长繁殖，使鲜乳产生黑色或黄褐色等，并且伴随着臭味的产生。主要有臭味假单胞菌、生黑假单胞菌等。

④芽孢杆菌属，这类细菌广泛存在于牛舍周围和饲料中，能形成芽孢的革兰氏阳性杆菌。乳中常见的有枯草芽孢杆菌、地衣芽孢杆菌等。

⑤黄杆菌属，嗜冷性强，能在较低温度下生长，会引起鲜牛乳变黏以及酸败，是引起冷藏食品酸败的主要细菌之一。

（2）酵母菌

酵母菌通常引起牛奶产生凝块、分层、产气、表面结膜或赋予酵母味等不良风味。主要包含中间假丝酵母、球拟酵母、脆壁酵母、马氏克鲁酵母等。

（3）霉菌

鲜乳中的霉菌主要有黄曲霉、青霉、镰刀霉等，关于乳中黄曲霉菌产生的黄曲霉毒素 M_1，在脂肪含量较高的乳制品中含量会高一些。

（4）病原菌

包括葡萄球菌属、链球菌属、弯曲杆菌属、沙门氏菌属、大肠杆菌、李斯特菌属、芽孢杆菌属、变形杆菌属、病毒等。乳腺炎是乳牛常见的一种多发病，主要由无乳链球菌和乳房链球菌引起的传染病，有时也由金黄色葡萄球菌或停乳链球菌引起，链球菌属是牛乳房炎的重要病原菌，它能产生溶血素，常引起食物中毒。弯曲杆菌能引起人腹泻性食物中毒。芽孢杆菌属主要能引起人和其他动物食物中毒。

9.2.2.3 鲜乳的变质过程

生鲜乳挤下后冷却不及时或贮藏期间温度有变动,均会引起微生物的大量增殖导致牛乳变质。在不同条件下生乳中微生物的变化规律不同,主要取决于其中所含有的微生物种类和乳的固有性质。如果将污染有一定数量、多种微生物的鲜乳置于室温下,可观察到乳中所特有的菌群交替现象(图9-1)。其过程可分为以下几个阶段:

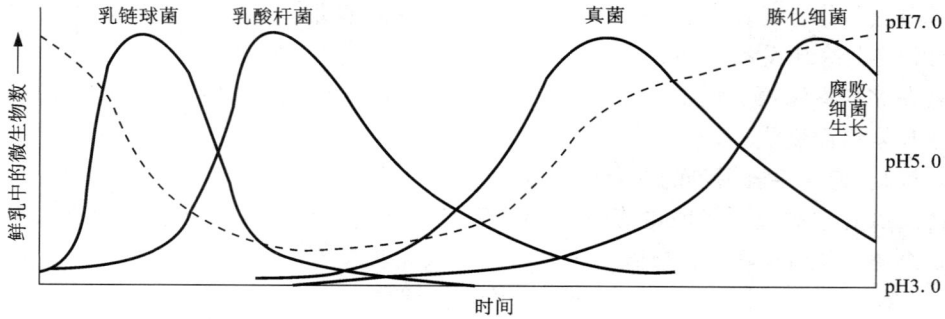

图9-1 鲜乳贮藏过程中微生物的演替

(1)抑制期(混合菌群期) 鲜乳放置于室温下,在一定时间内不会出现变质的现象。这是由于正常鲜乳中含有多种作用机制不同的天然抗菌或抑菌体系,如溶菌酶、硫氰酸盐-乳过氧化物酶-过氧化氢体系、乳铁蛋白、免疫球蛋白等,对许多细菌、病毒具有明显的抑菌作用。一般这一时期可持续12 h左右,抑制作用延续时间长短与乳温度、微生物的污染程度有密切关系。在抑菌作用终止后,乳中各种细菌均发育繁殖,由于营养物质丰富,暂时不会发生互联或拮抗现象。

(2)乳链球菌期 鲜乳中的抗菌物质是有限的,当乳中的抗菌物质减少或消失后,存在于乳中的许多嗜中温细菌如乳链球菌、乳酸杆菌、大肠杆菌和一些蛋白质分解菌等迅速繁殖,其中以乳酸链球菌大量生长繁殖成优势菌,分解乳糖产生乳酸;酸度的不断增高抑制了腐败菌、产碱菌的生长,牛乳出现软的凝固状态。当乳液pH下降至4.5左右时,乳链球菌本身的生长也受到抑制,数量开始减少。

(3)乳杆菌期 在pH降至6左右时,乳酸杆菌的活动逐渐增强。当乳链球菌在乳液中繁殖,乳液的pH下降至4.5以下时,由于乳酸杆菌耐酸力较强,尚能继续繁殖并产酸,乳中出现大量乳凝块,并有大量乳清析出,该时期约有2d。在此时期,一些耐酸性强的丙酸菌、酵母菌和霉菌也开始生长,只是乳杆菌为优势菌。

(4)真菌期 当酸度继续升高至pH 3.0~3.5时,绝大多数的细菌生长受到抑制,甚至死亡,此时仅霉菌和酵母菌尚能适应高酸环境,并利用乳酸及其他有机酸作为营养来源开始大量生长繁殖。由于酸被利用,乳液的pH回升,逐渐接近中性,这时乳就失去了食品的价值。

(5)腐败期(胨化期) 经过以上4个阶段,乳中的乳糖已基本消耗掉,而蛋白质和脂肪含量相对较高,因此特别适合蛋白质分解菌、脂肪分解菌,如芽孢杆菌、假单胞杆菌、产碱杆菌、变形杆菌等生长,其结果是凝乳块逐渐被液化,乳蛋白胶粒被分解为小分子的肽、胨、外观呈现透明或半透明状,乳的 pH 值不断上升,向碱性转化,出现腐败臭味。在菌群交替现象结束时,乳也产生各种异色、苦味、恶臭味及有毒物质,外观上呈现黏滞的液体或清水。

9.2.2.4 乳制品的腐败变质

1. 酸乳

一般酸乳酸度控制在1% (以乳酸计)左右,并在发酵过程中会产生多种抗菌物质,抑制大肠菌群和沙氏门菌等致病菌生长。但一些腐败菌特别是霉菌和酵母菌对低酸没致病菌那么敏感,易以蔗糖或乳糖为碳源生长繁殖,引起酸奶腐败变质。酵母属、红酵母属、德巴利酵母属、毕赤酵母属等的部分种污染酸奶,会引起杯装酸奶出现"鼓盖"现象;有些酵母污染会在凝固型酸奶表面出现斑块。毛霉属、根霉属、曲霉属、青霉属的部分种污染酸奶后,会在酸奶表面出现各种霉菌的纽扣状斑块。一般产品中霉菌计数为 1~10 cfu/g 时就必须引起注意,特别是当发现有常见青霉菌存在时,酸奶产品中就有霉菌毒素存在的可能。

2. 巴氏杀菌乳

鲜乳经巴氏杀菌后,有些嗜热菌如芽孢杆菌属和梭状芽孢杆菌属的细菌可能会残存下来,需要采用高温短时杀菌或超高温瞬时灭菌以避免该类微生物引起变质;一些耐热的微生物也有可能会存活,主要有微球菌属、链球菌属、微杆菌属、乳杆菌属、芽孢杆菌属、肠球菌属、梭状芽孢杆菌属和节杆菌属的细菌。另外,一些耐热的嗜冷菌,如来自原料乳的一部分可形成芽孢的嗜冷菌以及粪肠球菌,还有些可能是在杀菌后污染的嗜冷菌如假单胞菌属、黄杆菌属和产碱杆菌属的细菌,会在巴氏杀菌乳冷藏过程中繁殖引起变质。

3. 奶粉

在奶粉的制造过程中,原料乳经净化、杀菌、浓缩、干燥等工艺,可使原料乳中的微生物数量大大降低。特别是制成的奶粉含水量很低(2%~3%),不适于微生物的生长,其数量可能随着贮存时间的延长逐渐减少,残留的微生物主要是一些芽孢杆菌,所以奶粉能贮存较长时间而不变质。但如果原料乳的微生物含量过高、生产工艺不完善、设备不精良、生产环境卫生条件差时,不仅原料乳中的微生物不能完全杀死,而且还会造成微生物的再次污染,使奶粉中含有较多的微生物,甚至可能有病原菌存在。

刚出厂的奶粉中含有的微生物种类与消毒乳大致相同,主要是耐热菌,包括链球菌属、乳杆菌属、芽孢杆菌属、微球菌属、微杆菌属、肠球菌属、梭状芽孢杆菌属等属内的一些细菌。常见的病原菌是沙门氏菌和金黄色葡萄球菌。在保存条件不当或包装不好的情况下,残存在奶粉中的微生物就会生长繁殖,造成奶粉的腐败变质,有些可能会引起食物中毒。

4. 淡炼乳

淡炼乳水分含量较鲜乳大大降低,且装罐后经115~117℃高温灭菌 15 min 以上,所以正常情况下,罐装淡炼乳成品应不含病原菌和在保存期内可能引起变质的杂菌,可以长期保存。但如果加热灭菌不充分或罐体密封不良,会造成微生物残留或再度受到外界微生物的污染,使其发生变质,表现有凝乳、产气、苦味乳等。例如,枯草芽孢杆菌、凝乳芽孢杆菌在淡炼乳中生长可造成凝乳,包括产生凝乳酶凝固和酸凝固。一些耐热的厌氧芽孢杆菌可引起淡炼乳产生气体,使罐发生爆裂或膨胀现象。刺鼻芽孢杆菌(*Bacillus amarus*)和面包芽孢杆菌(*B. panis*)等分解酪蛋白使炼乳出现苦味。

5. 甜炼乳

甜炼乳依靠高浓度糖分形成的高渗透环境抑制微生物的生长，达到长期保存的目的。如果原料污染严重或加工工艺粗放造成再度污染以及蔗糖含量不足，甜炼乳中的微生物就会生长繁殖而引起变质。

炼乳球拟酵母(*Torulopsis lactisconfensi*)、球拟圆酵母(*T. globosa*)会分解蔗糖产生大量气体引起胀罐。芽孢杆菌、链球菌、葡萄球菌、乳酸菌等生长产生乳酸、酪酸、琥珀酸等有机酸，并可产生凝乳酶等，使炼乳变稠不易倾出。当罐内残存有一定的空气，又有霉菌污染时，会出现白、黄、红等多种颜色的形似纽扣状的干酪样凝块，并呈现金属味、干酪味等异味。已发现在甜炼乳中生长的霉菌有匍匐曲霉、芽枝霉、灰绿曲霉等。

6. 干酪

干酪是用皱胃酶或胃蛋白酶将原料乳凝集，再将凝块进行加工、成型和发酵成熟而制成的一种营养价值高、易消化的乳制品。

在生产时，由于原料乳品质不良、消毒不彻底或加工方法不当，往往会使干酪污染各种微生物而引起变质。干酪变质常有以下现象出现：

(1)不良风味的产生　生乳中存在的微生物，嗜冷菌占主导地位。由于嗜冷菌的生长，生乳中会产生多种胞外蛋白酶和脂肪酶，产生这类酶的微生物主要有假单胞菌、不动杆菌、气单胞菌等属的部分微生物。经巴氏杀菌后的乳中尽管残存的微生物很少，但其产生的胞外酶能够保持部分活性，并引起干酪的不良风味，如脂肪酶会引起干酪产生酸败味。

(2)霉菌的生长　有些品种的干酪需要利用霉菌来促进干酪的成熟，但对大多数干酪而言，霉菌生长会引起干酪腐败变质。较典型的现象是霉菌在干酪表面生长，破坏干酪产品的外观，产生霉味，还可能产生毒素。常见的有交链孢霉、曲霉、芽枝霉、念珠霉、毛霉、青霉等属的霉菌。另外，高水分含量的软质干酪、农家干酪、稀奶油干酪容易受到地霉属如白地霉的污染。生产过程中可采用涂有杀霉剂或抑霉剂的包装材料，常用的抑霉剂是山梨酸。

(3)产气　在干酪成熟过程中产气问题发生最多。根据污染原因不同，干酪产气分为：①早期产气：一般发生在干酪成熟的最初几天，主要由大肠菌群造成，如产气杆菌、埃希氏菌等属的细菌，腐败程度取决于大肠菌群的数量、发酵剂菌种的活性、剩余乳糖的含量和干酪成熟的程度。另外，能发酵乳糖的酵母也会引起干酪的早产气，产生水果味。好氧性的芽孢菌如枯草芽孢杆菌也能使发酵乳糖产气，但对硬质干酪的影响不大。②中期产气：主要表现为3~6周的切达干酪不规则开裂，该现象与产气性的乳杆菌有关。③晚期产气：通常在制成后的几周发生。其原因主要是梭状芽孢杆菌生长引起。

(4)烂边　如硬质干酪的表面不能保持干燥，会使水分在表面积聚，从而导致微生物如成膜酵母、霉菌和蛋白分解性细菌的生长，最终引起干酪变软、变色，甚至产生异味。该腐败变质现象称为烂边。通常采用定期翻转和保持表面干爽，可以防止其发生。

(5)变色　在成熟过程中，干酪表面颜色的变化主要由霉菌、细菌生长所引起。如黑曲霉使硬质干酪表面产生黑斑；干酪丝内孢霉在干酪表面形成红点、胚芽乳杆菌、短乳杆菌使干酪产生锈色斑点等。

9.2.3 肉类与禽类

9.2.3.1 肉类与禽类的微生物污染途径

对于肉类食品而言，牲畜在屠宰前的生活期间，除消化道、上呼吸道和身体表面，会存在一定类群和一定数量的微生物外，被病原微生物感染的牲畜，其组织内部也有病原微生物存在的可能性。

通常认为，如果健康牲畜不是出于衰竭状态，在屠宰时它们的内脏应该是无菌的，但是检测新鲜肉类和禽类时总能发现不同数量的微生物。新鲜肉感染微生物最初的来源和传播途径如下：

①屠宰刀具。牲畜被击晕后从后腿挂起，用刀具放血，如果刀具不是无菌的，微生物就会随着血流传播到畜体上，并且生长繁殖，造成肉类的污染。

②动物的皮毛。动物在被屠宰之前，体表附着体毛、粪便、杂草等杂物，这些杂物本身携带微生物。如果屠宰工人操作不规范，则会造成微生物污染。

③胃肠道。胃肠道含有大量的微生物，这些微生物会通过一些小孔传播到分割肉的表面。特别是反刍动物的瘤胃，每克瘤胃含有约 10^{10} 个细菌。

④容器。盛放切割后的肉的容器如果没有清洗干净并消毒，肉放于其中便会被微生物污染。肉馅中微生物污染的源头便来自于容器。

⑤操作及贮藏环境。循环空气对所有屠宰牲畜而言都不是十分重要的微生物污染源，但屠宰和贮藏周边环境较差，也会造成肉类的污染。

⑥淋巴结。淋巴结通常埋藏在脂肪下面，其含有大量的微生物，尤其是细菌。如果淋巴结被切破或绞碎，就会被微生物大量感染。

9.2.3.2 造成肉类与禽类污染的主要微生物

引起肉类腐败变质的微生物主要有腐生微生物和病原微生物。腐生微生物有细菌、酵母菌和霉菌，但主要是细菌。细菌主要是需氧的革兰阳性菌，如蜡样芽孢杆菌、枯草芽孢杆菌和巨大芽孢杆菌等；需氧的革兰阴性菌有假单胞杆菌属、无色杆菌属、黄杆菌属、产碱杆菌属、变形杆菌属、埃希杆菌属等；此外，还有腐败梭菌（*Clostridium septicum*）、溶组织梭菌（*C. histolyticum*）和产气荚膜梭菌（*C. perfringens*）等厌氧梭状芽孢杆菌。在冷藏肉表面常见的嗜冷菌有假单胞杆菌属、莫拉菌属、不动杆菌属、乳杆菌属和肠杆菌科的某些属，其中优势菌类随贮存条件的不同而有一定变化。如果在有氧条件下贮存，由于假单胞菌的旺盛生长消耗大量 O_2，会抑制其他菌类的繁殖，故表现为假单胞菌占优势，并且冷藏温度越低，这种优势越明显；在鲜肉表面干燥部分表现为乳杆菌为优势；在 pH 值高的冷藏肉上不动杆菌占优势。常见的酵母菌有假丝酵母属、丝孢酵母属、球拟酵母属、红酵母属等。常见的霉菌有青霉属、曲霉属、毛霉属、根霉属、交链孢霉属、芽枝霉属、丛梗孢霉属、侧孢霉属和念珠霉属等。病畜、禽肉类可能带有各种病原菌，如沙门氏菌、金黄色葡萄球菌、结核分枝杆菌、炭疽杆菌、布氏杆菌、猪瘟病毒、口蹄疫病毒等。它们对肉的主要影响并不在于使肉腐败变质，而是传播疾病，造成食物中毒。

9.2.3.3 肉类的腐败变质

肉的腐败变质具有相同的方式，许多针对肉类腐败的研究都是以牛肉为代表。肉的腐败变质通常是由细菌、霉菌或酵母中的一个或几个属为主要污染源，这是肉类产品腐败的标志性特征。

健康的牲畜在屠杀时，肉体表面会污染一定的微生物，但肉体组织内部是无菌的，这时，肉如果保藏在0℃左右或者及时通风干燥，便能阻止微生物侵入内部，从而延缓肉的变质。肉体表面的微生物多属于需氧性的微生物，肉类腐败变质时，往往在肉的表面产生明显的感官变化，常见的有如下几种：

（1）发黏　微生物在肉表面大量繁殖后，使肉体表面有黏状物质产生，这是微生物繁殖后所形成的菌落以及微生物分解蛋白质的产物。这主要是由革兰氏阴性细菌、乳酸菌和酵母菌所产生；有时需氧的芽孢菌和小球菌等也会在肉表面形成黏状物，拉出如丝状，并有较强的臭味。当肉的表面有发黏、拉丝现象时，其表面含菌数一般为10^7 cfu/cm²。

（2）变色　肉类腐败变质，常在肉的表面出现各种颜色变化。最常见的是绿色，这是由于蛋白质分解产生的硫化氢与肉质中的血红蛋白结合后形成的硫化氢血红蛋白（H_2S-Hb）造成的，这种化合物积蓄在肌肉和脂肪表面，即显示暗绿色斑点。有时肉体表面还有色斑出现，这可能是由产色素的微生物引起的。例如，黏质赛氏杆菌在肉表面所产生红色斑点，深蓝色假单胞杆菌能产生蓝色斑点，黄杆菌能产生黄色斑点，蓝黑色色杆菌产生暗绿黑色斑点，有些酵母菌能产生白色、粉红色、灰色等斑点。

（3）霉斑　肉体表面有霉菌生长时，往往形成霉斑。特别是一些干腌制肉制品，如美丽枝霉和刺枝霉在肉表面产生羽毛状菌丝；白色侧孢霉和白地霉产生白色霉斑；草酸青霉产生绿色霉斑；蜡叶芽枝霉在冷冻肉上产生黑色斑点。

（4）气味　肉体腐烂变质，除上述肉眼观察到的变化外，通常还伴随一些不正常或难闻的气味，如微生物分解蛋白质产生氨、硫化氢等恶臭味物质；某些脂肪分解菌可分解脂肪使脂肪酸败并产生不良气味；乳酸菌和酵母菌的作用下产生挥发性有机酸的酸味；霉菌生长繁殖产生的霉味，放线菌产生泥土味等。

9.2.4　禽蛋类

9.2.4.1　禽蛋的污染途径

鲜蛋是营养完全的食品，其蛋白质和脂肪含量较高，含有少量的糖、维生素和矿物质。通常鲜蛋里是没有微生物的，鲜蛋壳表面又有一层黏液胶质层，具有防止水分蒸发、阻止外界微生物侵入的作用。另外，在蛋壳膜和蛋白中，存在一定的溶菌酶，也可杀灭侵入壳内的微生物，故正常情况下鲜蛋可保存较长的时间而不发生变质。然而鲜蛋也会受到微生物的污染，当母禽不健康时，机体防御机能减弱，外界的细菌再侵入到输卵管，甚至卵巢。而蛋产下后，蛋壳立即受到禽类、空气等环境中微生物的污染，如果黏液胶质层被破坏，污染的微生物就会透过气孔进入蛋内，当保存的温度和湿度过高时，侵入的微生物就会大量生长繁殖，结果造成蛋的腐败。

9.2.4.2　鲜蛋中的微生物

鲜蛋中常见的细菌有假单胞菌属、变形杆菌属、产碱杆菌属、埃希氏菌属、不动杆菌属、无色杆菌属、肠杆菌属、沙雷氏菌属、芽孢杆菌属、微球菌属等细菌，其中前4属是最为常见的腐生菌。常见的霉菌有芽枝霉属、侧孢霉属、青霉属、曲霉属、毛霉属、交链孢霉属、枝霉属、葡萄孢霉属等，其中前3属最为常见。鲜蛋中偶尔还能检出球拟酵母，另外蛋中也可能存在病原菌，如沙门氏菌、金黄色葡萄球菌、溶血性链球菌等。

9.2.4.3 禽蛋的变质

鲜蛋在贮藏的过程中很容易发生变质，温度是一个重要的因素。在气温高的情况下，蛋内的微生物就会迅速的繁殖；在低温贮藏中，蛋内仅限于嗜冷微生物生长，如果环境中的温度高，有利于蛋壳表面的霉菌繁殖，菌丝向蛋壳内蔓延生长，同时也有利于壳外的细菌繁殖，并向壳内侵入。

蛋黄内细菌比蛋清要多，这种情况可能与这两部分所含的抗生素的含量有关。细菌在这种营养丰富的培养基中迅速地成长，产生一些蛋白和氨基酸代谢的副产物，如 H_2S 及其他有臭味的化合物，细菌大量生长导致蛋黄变得松软而且褪色。霉菌通常首先在鸡蛋的气室内繁殖，气室内的空气非常有利于霉菌的生长。

蛋内微生物和酶类的作用首先使蛋白质分解，蛋白质被分解后，使蛋黄不能固定而发生移位。其后，蛋黄膜被分解，使蛋黄散乱，蛋黄和蛋白逐渐混在一起，这种现象是变质的初期现象，一般称为散蛋黄。散蛋黄进一步被微生物分解，产生硫化氢、胺、氨等蛋白分解产物，蛋液随即变成灰绿色的稀薄液，并伴有大量恶臭气体，这种变质被称为泻蛋黄。有时蛋液变质不产生硫化氢而产生酸臭，蛋液不呈绿色或黑色而呈红色，蛋液变稠成浆状或有凝块出现，这是微生物分解糖而形成的酸败现象，即酸败蛋。外界霉菌进入蛋内，在蛋壳内部和蛋白膜上生长繁殖，形成大小不同的深色斑点，斑点处造成蛋液黏着，称为黏壳蛋。

9.2.5 水产类

9.2.5.1 水产食品的污染途径

水产食品包括鱼、贝类和软体动物等，水域包括淡水、海水、暖水或冷水等。通常来讲，新鲜海产品的微生物通常是它的采集地水体中微生物状况的反映，捕获水域是影响水产食品微生物污染的关键。和蔬果一样，健康的海产动物体内是无菌的，对鱼类而言，微生物主要存在于三个部位：腮、表面的黏液及饲养鱼的肠道。淡水或温水鱼中含有较多的嗜温型革兰氏阳性菌，海水鱼则含有大量的革兰氏阴性菌。

除了水域的影响外，在剥皮、去壳、去内脏、裹粉等一系列工艺中也会感染不同的微生物。

9.2.5.2 造成水产食品污染的主要微生物

在新鲜和腐败的鱼类或其他水产食品中主要存在的微生物为细菌、酵母、霉菌等。细菌包括肠杆菌属、肠球菌属、气单胞菌属、芽孢杆菌属、李斯特氏菌属、乳酸杆菌属等；酵母菌主要包括假丝酵母属、红酵母属、丝孢酵母属、隐球酵母属等；霉菌主要含有曲霉属、短梗霉、青霉属等。

以 1998—1999 年美国沿海水域的牡蛎为例。在被研究的 370 多个牡蛎样品以及 29 个州 275 个商业机构采集的样品中，加勒比海沿岸水域的 370 多个牡蛎样品含有较多的床上弧菌和肠炎弧菌，数量超过 10^5 MPN/g；而来自北大西洋、太平洋和加拿大沿海的牡蛎中创伤弧菌的数量 <0.2 MPN/g。商业条件下生产的鲈鱼片中细菌总平均数为 $\log_{10}5.54$/g，而酵母和霉菌数约为 $\log_{10}2.69$/g，而对佛罗伦萨达海岸的 60 个蛤样品进行检测后，结果显示 43% 含有沙门氏菌。

9.2.5.3 水产食品的变质

水产食品主要包含鱼、贝类和软体动物等。海水鱼和淡水鱼都含有较高的蛋白质和其他含 N 的成分。它们的碳水化合物含量几乎为零,脂肪含量则根据种属的不同有很大的变化。海水鱼和淡水鱼腐败的发生,本质上是一致的,鱼最主要感染微生物的部位是鱼鳃。最早可感知的腐败现象可以通过对腮中难闻气味的检查来发现。微生物首先利用简单的组分,在此过程中会释放出多种挥发性成分,即利用氧化三甲胺、肌氨酸、牛胆碱等化合物,同时产生三甲胺、氨水、组胺、尸胺、腐胺等恶臭类化合物,而鱼的鳞片是由角蛋白类的硬蛋白组成,它是鱼腐烂的最后部分之一。新鲜鱼的鱼体僵硬(指未被冰冻冷藏的鱼)。一般出现在鱼死亡后 4~5 h 之内,处于僵硬期间的鱼,因死亡不久,较为新鲜。变质的鱼体则不僵硬,鱼体颜色暗淡,光泽度差,腮多呈淡红色、暗红色至紫红色。眼珠不饱满,稍见下凹。鳞片部分脱落,易于剥落,腹部有轻度膨胀。肌肉弹性减弱,用手指按压,留下的凹陷平复很慢,鱼体有腥臭味,鱼的肌肉和骨骼易分离。

9.2.6 罐藏食品

9.2.6.1 罐藏食品的微生物污染途径

罐藏食品中微生物来源主要为原材料、各加工过程、杀菌处理条件及其杀菌后残留的微生物、罐口密闭不良造成的外界微生物污染。

罐头食品主要的杀菌方法有低温杀菌和高温杀菌。低温杀菌温度 80~100℃,高温杀菌温度为 105~121℃,主要目的是为了杀死腐败菌和致病菌,并且钝化原材料中的酶,这种方法并不能杀灭所有的微生物。

9.2.6.2 造成罐藏食品变质的主要微生物与腐败特征

微生物会引起罐头食品体系产气变质,主要是由于微生物与含有碳水化合物的食品作用而产生的。而引起产气型变质的微生物,主要是细菌和酵母。pH 在 4.5 以上的罐头食品,其变质主要是由细菌引起的,并以具有芽孢的细菌为最常见。pH 在 4.6 以上的罐头食品,主要是由酵母引起腐败变质。芽孢细菌主要引起非产气型变质,绝大多数出现在 pH 4.5 以上,并且碳水化合物含量较丰富的食品中。罐头密闭不良,常造成霉菌的产生。嗜热型或耐热型芽孢菌是主要引起罐头食品腐败变质的微生物,表解如下:

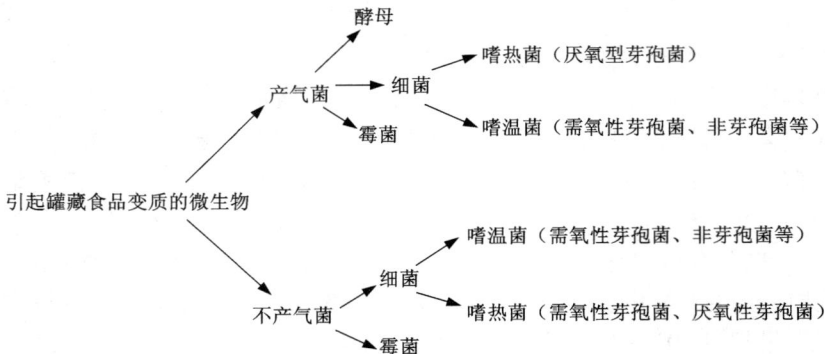

(1)产芽孢的嗜热细菌引起的腐败类型

商品罐头由于杀菌不彻底而导致的腐败,大多数是由嗜热细菌所引起的。腐败类型主要有平酸腐败、TA 腐败和硫化物腐败 3 种。

①平酸腐败(flat sour spoilage):一种产酸不产气的腐败类型,也称平盖酸败。罐头内的食品由于腐败细菌的作用产生并积累乳酸,使 pH 下降0.1~0.3,呈现酸味、发生变质,而罐

头外观仍是正常，无膨胀现象。引起平酸腐败的细菌统称为平酸菌。它们属于芽孢杆菌属的兼性或专性嗜热菌。平酸菌在自然界分布很广，主要存在于土壤中，食品原料常受到这类细菌污染，工厂使用的水和设备灭菌不彻底，也常成为污染源。嗜热脂肪芽孢杆菌是典型的专性嗜热平酸菌，耐热性很强，适宜生长温度为 50～65℃，一些菌株在 70～77℃ 还能生长，不被肉毒梭菌的致死温度所杀死。具有兼性厌氧特点，可在一定真空度食品中生长，分解碳水化合物产生乳酸、甲酸、醋酸等，但不产气，因而罐藏食品外观正常，无膨胀现象。生长最适 pH 为 6.8～7.2，当 pH 接近 5 时就停止生长，因而只能在 pH 5 以上的罐藏食品中生长。平酸腐败一般发生在低酸、中酸罐头中，如青豆、青刀豆、芦笋、蘑菇、红烧肉、猪肝酱、玉米等罐头，也有少数发生于酸性罐头中，如番茄或番茄汁罐头。酸性罐头的平酸腐败一般是由嗜酸热杆菌（*B. thermoacidophilus*）所引起，该菌常被称为凝结芽孢杆菌（*B. coagulans*）。嗜酸热杆菌为兼性嗜热菌，能在 45℃ 以上的高温下生长，最高生长温度可达 60℃，且能在 pH 4.0 或略低的介质中生长，是番茄制品中常见的腐败菌。

②TA 腐败（TA spoilage）：TA 是不产硫化氢的"嗜热厌氧菌"（*Thermophilie Anaerobe*）的缩写。引起 TA 腐败的细菌称为 TA 菌，是一类分解糖、专性嗜热、产芽孢、不产生硫化氢的厌氧菌，在中酸或低酸罐头中产酸，并产生 CO_2 和 H_2 的混合气体，高温环境放置时间过长，会使罐头膨胀最后引起破裂，腐败的罐头通常具有酸味。嗜热解糖梭菌（*Clostridium thermosaccharolyticum*）是典型代表菌，它常引起芦笋、蘑菇等蔬菜类罐头产气性腐败。

③硫化物腐败（sulfide spoilage）：由致黑梭菌（*C. nigrifians*）引起，发生在低酸罐头中（如豆类和玉米罐头）的腐败，但并不普遍。该菌专性嗜热，最适生长温度为 55℃，分解糖的能力很弱，但能分解蛋白质产生硫化氢，并与罐头容器的铁质反应生成黑色硫化物（FeS），沉积于内壁或食品上，使食品形成黑色，并有臭味。该菌可引起豆类、玉米、谷类和鱼贝类等低酸性罐藏食品的硫化物腐败，但并不普遍。从腐败罐藏食品中还可分离出其他类型的嗜热性细菌，但为数不多。

（2）中温产芽孢细菌引起的腐败类型

由于罐藏食品杀菌不足而残留嗜中温的需氧芽孢杆菌属和厌氧梭状芽孢杆菌属的细菌。

①由中温梭状芽孢杆菌属菌种引起的腐败。梭状芽孢杆菌属的细菌既有能分解糖类的，也有能分解蛋白质的。发酵糖类的种类有丁酸梭菌［也称酪酸梭菌（*C. butyricum*）］、巴氏芽孢梭菌［也称巴氏固氮梭菌（*C. pasteurianum*）］等。它们在酸性或中酸罐头内进行丁酸发酵，产生 CO_2 和 H_2 而引起胀罐。由于分解糖类的梭菌芽孢耐热性较差，所以由它们引起的腐败多半发生在用 100℃ 或更低的温度处理的罐头食品中。当罐头食品的 pH 在 4.5 以上，这种腐败更易发生。它们均可引起豆类、马铃薯制品的酸败，并出现胀罐。产气荚膜梭菌分解糖的能力较强，分解糖类产生乳酸、丁酸，并有大量气体产生。它可在肉类、鱼贝类和乳类（淡炼乳）等罐藏食品中引起产酸产气腐败，人误食后可引起食物中毒。

分解蛋白质的芽孢梭菌主要有生孢梭菌（*C. sporogenes*）、双酶梭菌、腐化梭菌（*C. putrefaciens*）、肉毒梭菌等，它们在鱼类、肉类罐头中分解蛋白质，并伴有恶臭的化合物（如硫化氢、硫醇、氨、吲哚以及粪臭素等）产生。这些腐败的厌氧菌也产生 CO_2 和 H_2 而引起胀罐。腐败厌氧菌在低酸罐头内生长最好，但有时也会引起中酸食品的腐败。

肉毒梭菌为厌氧菌，可分解蛋白质产生 H_2S、NH_3、粪臭素等，还可分解糖类，造成 pH 4.5 以上的罐头腐败，引起胀罐，并能产生肉毒毒素，引起食物中毒。肉毒梭菌是食物中毒病原菌中耐热能力最强的细菌，因此在罐头食品杀菌中，以消灭食品中的肉毒梭菌作为拟订杀菌条件的标准。在 pH 低于 4.5 时，生长受到抑制。已发现肉毒梭菌危害肉类、肠制品、油浸鱼、青豆、青刀豆、芦笋、蘑菇等罐藏食品。

②由中温芽孢杆菌属菌种引起的腐败。嗜温菌形成的芽孢不如嗜热菌芽孢抗热，许多嗜温菌芽孢在 100℃ 或更低温度下短时间即被杀灭，但也有少数种类可在高压蒸汽处理后残存。在罐头中残留的芽孢可能由于其生长条件不利，所以并不一定造成腐败。例如，需氧菌不能在真空度较高的罐头中生长，有些罐头太酸也不利于生长。但枯草芽孢杆菌、肠膜芽孢杆菌（*Bacillus mesentericus*）以及其他一些种类能在经 100℃ 处理的低酸罐头中生长。商业上也已发现由于芽孢杆菌污染而引起平酸腐败的罐头，特别是那些排气不良的低酸性罐头（多半是水产品、肉类以及脱水牛奶）。产生气体的芽孢杆菌如多黏芽孢杆菌（*B. polymyxa*）和浸麻芽孢杆菌［也称软化芽孢杆菌（*B. macerans*）］发酵糖产酸、产气，造成胀罐，引起豆类、菠菜、桃、芦笋以及番茄罐头的腐败。

（3）由不产芽孢细菌引起的腐败

在罐头食品中发现不产芽孢的细菌，则可以肯定其杀菌温度过低或是罐头密封性不良。某些细菌的营养体耐热性强，能抵抗巴氏杀菌。这些耐热细菌是嗜热链球菌、粪链球菌、液化链球菌（*Streptococcus liquefaciens*）、微球菌属、乳杆菌属和微杆菌属中的某些种。产酸的乳杆菌和明串珠菌属中的一些种已发现在杀菌不足的番茄、梨和其他水果制品中生长。异型乳酸发酵菌可产生大量的 CO_2 气体使罐膨胀。肉酱及其类似制品由于热穿透力差，有微球菌存在。粪链球菌或尿链球菌常发现于火腿罐头中。链球菌一般在 pH 4.5 以上的食品中生长，兼性厌氧，并能耐受 6.5% 的食盐浓度。在 pH 4.5 以下的食品中生长的细菌主要是一些耐酸细菌，如乳杆菌。

杀菌后的罐头如发现有大肠杆菌、产气肠杆菌、变形杆菌等肠道细菌，通常是由于漏气引起的，生产中的冷却水常是其重要的污染源。这类细菌只能引起 pH 4.5 罐头变质，出现内容物的酸臭和胀罐。

（4）由酵母引起的腐败

在罐头食品中发现酵母菌，表明杀菌严重不足或发生漏罐。酵母菌引起的变质绝大多数发生在 pH 4.5 以下的酸性和高酸性的罐藏食品中，如水果、果酱、果冻、果汁、糖浆以及甜炼乳等罐头制品。产膜酵母也可以生长在卤汁肉冻、重新分装的酸黄瓜或油橄榄的表面上。因其内容物风味改变，出现浑浊、沉淀并产生 CO_2，造成罐头胀罐甚至爆裂。所见酵母主要有球拟酵母属中的炼乳球拟酵母、球拟圆酵母和假丝酵母。此外，产膜酵母出现于卤汁肉冻、重新分装的酸黄瓜或油橄榄的表面，该种酵母的出现说明罐头被再污染，或杀菌严重不足或排气不良。

（5）由霉菌引起的腐败

经正常杀菌的罐藏食品中一般不会有霉菌存在。但有两种霉菌例外，因其相当耐热，是引起水果罐藏食品腐败的重要变质菌。一种是纯黄丝衣霉（*Byssochlamys fulva*），该菌能形成子囊孢子，非常耐热，在 88℃ 可保持 30 min，因此要使水果罐藏食品的中心温度达到 90.5℃ 才能被杀死。该菌还具有在 O_2 不足的环境中生长的特性，能分解果胶物质，产生 CO_2 引起胀罐。另一种是纯白丝衣霉（*Bys. nivea*），具有与纯黄丝衣霉相同的特性，其子囊孢子的抗热力比纯黄丝衣霉的稍弱，在 77.6℃ 中能生存 30 min，在 82.2℃，10 min 才被杀死。

其他霉菌，如青霉、曲霉、桔霉属［又称柠檬酸霉属（*Citromyces*）］等，常见于 pH 4.5 以下的商业罐头中，它们常通过漏气处进入罐头，引起果酱、水果类酸性罐藏食品的变质。它们在罐藏食品内繁殖后，长出霉斑，使内容物腐烂，果胶物质被分解，水果软化解体，而罐藏食品外观正常。它们的出现说明罐藏食品漏罐或罐内真空度过低，有较多的空气存在。

9.2.6.3 罐藏食品的变质

正常的罐藏食品在经过高压灭菌以后，罐内保持一定的真空度，金属罐头的罐盖和罐底应该是平的或稍微向内凹陷。腐败变质的罐藏食品，微生物繁殖会产生气体，使罐头膨胀，即罐盖或罐底向外鼓起，发生胀罐。若产生的气体有硫化氢，则会与铁罐的铁质发生反应，出现变黑。胀罐随程度的不同，可判断其受微生物污染的严重程度，如有撞罐、弹胀、软胀、硬胀等，产生气体太多时，罐头的容器将会膨胀破裂。

如果产酸不产气的微生物污染了罐头食品，则不会出现胀罐的现象，外观与正常罐头并无区别，但此时罐头内食品已变质，此类变质称为平酸。若罐头食品封闭不严密，则会导致霉菌的产生，罐头食品发生霉变现象。

除微生物引起罐头食品的变质以外，物理和化学因素也是造成罐藏食品变质的重要因素，如罐头内容物变色、罐头食品本身异味、罐头铁皮腐蚀等。

9.3 食品防腐保藏技术

9.3.1 食品保藏的原理

导致食物腐败变质的主要原因是微生物的生长、食物中所含酶的作用、化学反应以及降解和脱水。食物保藏首先关心的问题是微生物引起的腐败变质，虽然食品的种类不同，腐败变质情况也不尽相同。但对食品中微生物的活动进行控制，以保证食品成品的质量，却是整个食品行业在加工贮藏以及销售过程中必然会遇到的问题。随着科技的发展，食品保藏技术也在不断地改进和创新，并产生了食品保藏学这一门学科。食品保藏主要是运用微生物学、生物化学、物理学、食品工程学等理论基础和知识，专门研究食品腐败变质的原因，保藏的方法原理和工艺。能够使食品在尽可能长的时间内保持其原有的营养价值、色、香、味以及感官性状等。

食品防腐保藏主要是为了控制食品中微生物的生长，以及用化学和生物控制法保护食品。

9.3.2 食品保藏方法

9.3.2.1 用化学和生物控制法保护食品

用化学物质来抑制和延迟食品腐败变质部分是因为这些物质可以成功用于治疗人类和动植物疾病。这并不意味着任何具有化学治疗作用的化合物都可以作为食品防腐剂。另一方面，一些具有食品防腐保藏的化合物作为化学治疗物时无效或毒性太大。除了一些抗生素，还没有一种食品防腐剂目前可以真正作为化学治疗物用于人和动物。虽然有大量的化学物质被认为有作为食品防腐剂的可能，但是仅有其中少数允许用于食品加工中，主要原因是受制于食品药品监督管理局（food and durg administ ration，FDA）的严格的安全法则。另外一个原因就是许多在体外具有抗菌活性的物质添加到食品当中后却没有相应的活性。

食品化学保藏就是在食品生产、储存和运输过程中使用化学制品(食品添加剂)来提高食品的耐藏性和尽可能保持食品原有品质的措施。因此,它的主要任务就是保持食品品质和延长食品保藏时间。食品化学保藏的优点在于,在食品中添加少量化学制品,如防腐剂、抗氧(化)剂或保鲜剂等,就能在室温条件下延缓食品的腐败变质。和其他食品保藏方法(如干藏、低温保藏等)相比,食品化学保藏具有简便、又经济的特点。不过它只是在有限时间内才能保持食品原来的品质状态,属于一种暂时性或辅助性的保藏方法。

食品化学保藏使用的化学制品用量虽少,使用简便而经济,但其应用受到限制。首先,使用化学制品时首要考虑其安全性,这主要是由于合成的化学制品或多或少对人体存在一定的副作用,而且它们大多对食品品质本身也有影响,过多添加时可能会引起食品风味的改变。所以,其使用必须符合食品添加剂法则和相关的食品卫生标准。其次,化学保藏只能在一定时期内防止食品变质,因为添加到食品中的化学制品通常只能控制或延缓微生物的生长,或只能短时间内延缓食品的化学变化。一般化学制品的用量愈大,延缓食品变质的时间愈长。此外,化学制品的使用并不能改善低质量食品的品质,而且食品腐败变质一旦开始后,绝不能利用化学制品将已经腐败变质的食品改变成优质的食品。因为腐败变质的产物已经留在食品中,这就要求化学制品的添加需要掌握时机,以起到良好的保藏效果。

过去,食品化学保藏仅局限于防止或延缓由于微生物引起的食品腐败变质。随着食品科学技术的发展,食品化学保藏已不满足于单纯抑制微生物的活动,还包括了防止或延缓因氧化作用、酶作用引起的食品变质。目前食品化学保藏已应用于食品生产、运输、储藏等诸多方面,例如在罐头、果蔬制品、肉制品、糕点、饮料等的加工生产中都用到了化学保藏剂。

食品化学保藏使用的化学保藏剂包括防腐剂、抗氧化剂、脱氧剂、酶抑制剂、保鲜剂和干燥剂等。化学保藏剂种类繁多,它们的理化性质和保藏机理也各不相同,有的化学保藏剂作为食品添加剂直接参与食品的组成;有的则是以改变或控制食品外界环境因素对食品起保藏作用。化学保藏剂有人工化学合成的,也有是从天然物体内提取的。经过科学家多年的精心研究,现已开发了多种天然防腐剂,并且发现天然防腐剂对人体健康无害或危害很小,而且有些还具有一定的营养价值或保健作用,是今后保藏剂研究的方向。

食品保藏中常用的化学保藏剂有山梨酸、山梨钾、山梨钙、苯甲酸、苯甲酸钠、丙酸、丙酸钠、丙酸钙等有机防腐剂;酯型防腐剂;二氧化硫;CO_2、次氯酸盐、过氧化物、硝酸盐和亚硝酸盐等无机防腐剂;溶菌酶(lysozyme)、鱼精蛋白(protamine)、乳酸链球菌素(Nisin)、纳塔霉素(natamycin)等天然生物防腐剂。

(1)山梨酸

山梨酸($CH_3CH—CHCH—CHCOOH$)作为食品防腐剂时,通常以钙盐、钠盐或磷酸盐的形式使用。它们在食品中的最大允许添加量为0.2%。和苯甲酸钠一样,它们在酸性食品中比在中性食品中更有效。当作为霉菌抑制剂时,其与苯甲酸盐是等同的。山梨酸 pH 6.0 以下时效果最佳,在 pH 6.5 以上无效。山梨酸为无色针状或片状结晶,或白色结晶粉末,具有刺激气味和酸味,对光、热稳定,易氧化,溶液加热时,山梨酸易随水蒸汽挥发。山梨酸钾也是白色粉末或颗粒状,其抑菌力仅为等质量山梨酸的72%。山梨酸钠为白色绒毛状粉末,易氧化。生产中常用的是山梨酸和山梨酸钾。山梨酸钾的水溶性明显好于山梨酸,可达60%左右。山梨酸是一种不饱和脂肪酸,被人体吸收后几乎和其他脂肪酸一样参与代谢过程而降解

为 CO_2 和 H_2O 或以乙酰辅酶 A 的形式参与其他脂肪酸的合成。因而山梨酸类作为食品防腐剂是安全的。

山梨酸酯主要对霉菌和酵母有效，但是研究表明它也具有广泛的细菌抑制作用。一般而言，具有过氧化氢酶活性的球菌比无过氧化氢酶活性的球菌对山梨酸更敏感。乳酸菌对山梨酸具有抗性，特别是在 pH 4.5 或更高时，因此山梨酸可以作为霉菌抑制剂用于乳酸发酵的产品中，可以有效抑制金黄色葡萄球菌、沙门氏菌、大肠菌群、嗜冷腐败菌和副溶血性弧菌。在鲜猪肉、真空包装的猪肉产品、鲜鱼、水果中使用山梨酸酯可以延长它们的货架期。

山梨酸酯和少量的亚硝酸盐联合使用时不仅可以抑制肉毒杆菌，还可以抑制其他细菌，如金黄色葡萄球菌、腐败性厌氧羧菌。山梨酸盐最广泛的应用是作为真菌抑制剂用于奶酪、焙烤食品、果汁、饮料、色拉酱等食品中。对霉菌的抑制可能是由于抑制了脱氢酶系统，对于正在出生的内生孢子，山梨酸盐能够抑制营养细胞的生长。

（2）苯甲酸和对羟基苯甲酸酯

苯甲酸钠是第一个被 FDA 允许用于食品的化学防腐剂，至今仍然广泛用于许多食品。苯甲酸的抗菌活性与 pH 有关，低 pH 时有最大活性。其抗菌活性归于未解离的分子，这些化合物在低 pH 的食品中有活性，而在中性环境中基本无作用。苯甲酸的 pH 为 4.2，在 pH 为 4.0 时，60% 的化合物不离解，而在 pH 6.0 时，只有 1.5% 的化合物不离解。因此，苯甲酸及其钠盐应用仅限于高酸食品中，如苹果汁、软饮料、番茄酱和色拉调味酱等。苯甲酸盐应用于酸性食品时，主要抑制霉菌和酵母，在 $50 \sim 500$ mg/kg 的浓度范围内也可以有效地抑制细菌的生长。

在美国允许应用于食品中的是庚基、甲基、丙基三种苯甲酸酯。苯甲酸酯抑制霉菌比酵母的效果更好。苯甲酸盐及其他的亲脂化合物，如山梨酸酯和丙酸盐的抗菌活性取决于饶命的未解离状态。在这个状态下，这些化合物溶解在细胞膜中并作为质子离子载体起作用，这样有利于它们经质子渗漏进入细胞并因此提高细胞的输出能量而维持正常的胞内 pH。随着细胞膜活性的破坏，氨基酸的转移受到影响。

（3）硝酸盐和亚硝酸盐

硝酸盐及其钠盐用于腌肉生产中，可作为发色剂，因为它们可以稳定肉类的红色，抑制部分食品有害微生物和食物腐败，同时有助于食品风味的改良。其中起作用的是亚硝酸。硝酸盐在食品中可转化为亚硝酸盐。由于亚硝酸盐可在人体内转化成致癌的亚硝胺，而硝酸盐转化成亚硝酸盐的量无法控制，因而有些国家已禁止在食品中使用硝酸盐，对亚硝酸盐的用量也严格限制。

虽然亚硝酸盐对人体的危害已得到肯定，但至今仍被用于肉制品中。其主要原因是它的抑制肉毒梭菌作用，并不是因为它具有发色作用和能形成特有的风味，前者要较高的亚硝酸盐浓度才有效，而后者只要很低的浓度就行。当肉中的色素以氧化肌红蛋白形式存在时，和鲜肉糜的情况一样，它首先被氧化合成氧合肌红蛋白（棕色），而后再经过还原一氧化氮生成亚硝基肌红蛋白。

亚硝酸盐需要在高浓度及低 pH 环境下对金黄色葡萄球菌才有抑制作用，对肠道细菌包括沙门氏菌、乳酸菌基本无效。对肉毒梭状芽孢杆菌及其产毒的抑制作用也要在基质高压灭菌或热处理前加入才有效，否则要大于 10 倍的亚硝酸盐量才有抑制作用。亚硝酸盐对肉毒梭状芽孢杆菌及其他梭状芽孢杆菌的抑制作用可能是它与铁 – 硫蛋白（存在于铁氧还蛋白和氢化酶中)结合,从而阻止丙酮酸降解产生 ATP 的过程。我国亚硝酸盐是作为发色剂添入肉类罐头及肉类制品中,用量不超过 0.015%。高浓度的亚硝酸盐抵抗金黄色葡萄球菌效果很好,并且随着 pH 的降低其抗菌效果会提高。

(4)二氧化硫和亚硫酸盐

SO_2 为气体,易溶于水,pH 2~5 时以 HSO_3^- 占主要部分,pH >6 时以 SO_3 为主。由于亚硫酸盐类具有使用方便、安全、稳定等优点,所以一般用亚硫酸盐或亚硫酸氢盐。许多国家都允许用 SO_2 和一些亚硫酸盐(SO_3^{2+}、HSO_3^- 的钾、钠盐)来保藏食品。在 pH 较低时,可以用于抑制醋酸菌属和乳酸菌,在果汁、果酒和饮料中的作用浓度为 100~200 mg/kg 时,即可达到较好的抑菌效果。定期充 SO_2 可抑制葡萄糖上的葡萄孢霉等霉菌。SO_2 的抑菌机制可能与其破坏蛋白质中的 SO_2 有关。也有人认为是因为 SO_2 具有强的还原力,使其环境的 Eh 降至好氧菌不能生长的程度。SO_2 用于葡萄酒的最大使用量为 0.025%,亚硫酸盐最大使用量为:用于葡萄酒、罐头、食糖、蜜饯、饼干是 0.06%;冰糖、饴糖、糖果是 0.04%。

酵母对 SO_2 的敏感程度处于醋酸、乳酸菌和霉菌之间,而且通常好氧型菌属比厌氧型菌属 SO_2 的敏感性更强。

(5)丙酸盐

丙酸为无色透明液体,有刺激性气味,可与水混溶。丙酸是一种结构式为 CH_3CH_2COOH 的三碳有机酸,该酸及其钙、钠盐化合物为白色粉末,水溶性好,气味类似丙酸,其对霉菌具有很强的抑制作用,广泛用于面包、蛋糕、部分奶酪和其他一些食品中。丙酸及丙酸盐对人体无危害,为许多国家公认的安全的食品安全防腐剂。丙酸的抑制作用没有山梨酸类和苯甲酸类强,其主要对霉菌有抑制作用,对引起面包"黏丝病"的枯草芽孢杆菌也有很强的抑制作用,对其他细菌和酵母菌基本没有作用。在 pH 5.8 的面团中加 0.188% 或在 pH 5.6 的 0.156% 的丙酸钙可防止发生"黏丝病"。丙酸类防腐剂主要用于面包防止霉变和发生"黏丝病",并可避免对酵母菌的正常发酵产生影响。

臭氧、过氧化氢、氯和其他消毒剂、氯化钠和糖等均能用于食品的保藏。

9.3.2.2 用物理控制法保护食品

1. 食品的气调保藏

食品的气调保藏是通过改变食品周围气体环境从而达到延长食品货架期的目的。包括低压贮藏、真空包装、气调包装等方法。在一定的封闭体系内,通过各种调节方式得到不同于正常大气组成(或浓度)的调节气体,以此来抑制食品本身引起食品变质的生理生化过程和微生物活动,从而达到延长食品保鲜或保存期的目的。

食品的变质主要是由食品自身生理生化过程、微生物的生长、食品成分的氧化或褐变等引起的,与食品储藏的环境气体有密切的关系,特别与 O_2 和 CO_2 有关。呼吸作用、脂肪氧化、酶促褐变、好氧微生物生长活动都需要一定的 O_2 存在。因此,各种气调手段都以使两种气体作为调节对象。气调技术的核心正是将食品周围的气体调节成与正常大气相比含有低 O_2 浓度和高 CO_2 浓度的气体,配合适当的温度条件,来延长食品的寿命。

在传统的食品保藏技术中,食品作为被控对象物,处于被动地位。但在气调保鲜系统中,食品完全暴露在调节气体中,在大多数情况下,食品对系统也起着一定的积极作用。主要表现在食品通过自身的生理生化活动来调整环境气体。例如,食品的呼吸作用会使环境气体的 O_2 含量降低,而使 CO_2 的含量升高。调节气体的组成不同于正常大气。与正常大气相比，调节气体一般是低 O_2、高 CO_2 分压的气体，高 O_2、高 CO_2 分压的气体，100% 的纯 O_2 或是组成不变而总压降低（即不同程度的真空状态下）的气体等。理想的调节气体状态可由不同的方式建立，既可以由人工建立，也可以通过被气调产品的生理活动自发建立。封闭系统的大小和形式有多种，可以大到一个气调库房，小到一个包装单个水果的塑料薄膜。气调系统一般都要求将产品维持在较低的温度下，这样才能使气调保鲜措施发挥最大的作用。

低氧环境和高浓度的 CO_2 能抑制储藏果蔬中的某些微生物生长与繁殖的作用，但是过高的 CO_2 会对果蔬组织产生毒害作用，如若处理不当，对果蔬的伤害作用会高于对抑制微生物的作用。因此，单靠增加 CO_2 或降低 O_2 浓度来抑制微生物的生长与繁殖是不可行的，必须根据果蔬的不同特性，选择适当低温和相对湿度及 O_2 和 CO_2 浓度的适当比例，在保持果蔬正常代谢基础上采取综合防治措施，才能抑制其微生物的生长与繁殖，有效地保持果蔬完好率，降低储藏腐烂率。

2. 食品的辐照保藏

食品辐照保藏中用到的主要辐射有 β 射线、紫外线、γ 射线、X 射线、微波等。通过放射性灭活微生物要考虑到微生物的类型、微生物的数量、O_2 的存在与否、食品的物理状态、微生物的菌龄等。通常应用最广泛的两项技术是来自 ^{60}Co ^{137}Cs 的 γ 射线辐射和由线性加速器产生的电子辐射。

大量的研究表明，电子能量在超过 20 MeV 后会被辐射物（尤其是钠、磷、硫以及铁的同位素）辐射产生放射性，但是，这些受照射所产生的放射性大大低于有关机构允许的剂量。常用同位素源发出的最大能量低于引起诱导放射性的能量，FAO 和 WHO 等指出，使用能级低于 16 MeV 的机械源时，诱导放射性可以忽略并且寿命很短；低于 10 MeV 的电子处理或 γ 射线、X 射线能量不超过 5 MeV 的辐射处理将不会产生诱导放射性。因此，在允许剂量范围内，放射保藏具有以下优点：①对食品原有特性影响小；②安全、无化学物质残留；③能耗少、费用低；④具有多功效性；⑤辐射装置加工效率高，操作适应范围广。但它仍存在不足之处，主要表现在以下几个方面：

①经过杀菌剂量的照射，一般情况下，酶不能完全被钝化，且不同的食品以及食品包装对辐射处理的吸收、敏感或耐受性具有差异，这导致食品辐射技术的复杂化和差异化；

②超过一定剂量或过高剂量的辐射处理会导致食品发生质地和色泽的损失，一些香料、调味料也容易因辐射而产生异味，尤其是对高蛋白质和高脂肪的食品；

③辐射保藏方法不适用于所有的食品，应用受到限制。

随着研究的进行和认识的深化，辐射处理食品在 20 世纪末得到了迅速的发展，在发展中国家也得到了很好的应用，并发挥了重要作用。目前，世界上有 40 多个国家批准了 200 多种辐射食品，辐射食品的年销售量已经达到 30 万 t 左右。

在我国，食品辐射研究始于 1958 年，第一所核应用技术研究所于 20 世纪 60 年代在成都建成，辐照食品研究取得了丰硕的成果。"六五"期间已有 28 个省、市、自治区的 200 多个单位对干鲜果品、蔬菜、粮食、肉类、海产品、饮料、调味品等 200 多种食品进行了辐射保鲜、杀虫、防霉、杀菌、消毒、改善食品品质等方面的研究。目前，工业规模的辐照装置已经超过几十座，总功率约 3000 kW。2002 年辐照食品产量已达 10 万 t，是世界最大的辐照食品生产国。

总之，辐照食品及研究在我国具有广阔的前景，目前主要应用于：①进出口水果及农畜产品的辐射检疫处理；②低质酒类辐射改性；③干果、脱水蔬菜和肉类辐射杀虫；④调味品的辐射杀菌；⑤辐射处理和其他保藏处理方法的综合应用等。

3. 食品的高温保藏和低温保藏

食品的高温保藏主要是通过各种高温杀菌、高温烹饪或高温加工工艺杀灭微生物，以达到延长食品保质期的目的。

（1）食品的高温保藏

高温可以杀死或破坏微生物，因此可以利用高温来保藏食物。高温杀菌是食品加工与保藏中用于改善食品品质、延长食品贮藏期的最常用的处理方法之一。主要作用是杀灭致病菌和其他有害的微生物，钝化酶类，破坏食品中不需要或有害的成分或因子，改善食品的品质与特性以及提高食品中营养成分的可利用率、可消化性等。但是，热处理也存在一定的负面影响，如对热敏性成分影响较大，会使食品的品质和特性产生不良的变化，加工过程消耗的能量较大等。食品工业中常用的高温杀菌技术有湿热杀菌、常压杀菌、高压蒸汽杀菌、高压水煮杀菌、空气加压蒸汽杀菌、火焰杀菌、热装罐密封杀菌和预杀菌无菌装罐（包装）等。

高温烹饪通常是为了提高食品的感官质量而采取的一种处理手段。烹饪通常有煮、焖（炖）、焙、烤、炸（煎）、热挤压、热烫等几种形式。

（2）食品的低温保藏

食品的低温保藏是降低食品温度、维持低温水平或冰冻状态，基于冰点温度时，微生物的活性会降低，从而阻止或延缓它们的腐败变质的原理，达到远途运输和短期或长期储藏目的。

食品的腐败变质主要是由于微生物的生命活动和食品中的酶所催化进行的生物化学反应所造成的。这些生命活动和酶的作用都与温度密切相关，随着温度的降低，微生物的生命活动和酶的活力都受到抑制。特别是在食品冻结时，生成的冰晶体是微生物细胞受到破坏，微生物丧失活力不能繁殖，甚至死亡；同时酶的活性受到严重抑制，其他反应也随温度的降低而显著减慢。因此，低温条件下，食品可以长期储藏而不会腐败变质。

低温保藏分冷藏和冷冻保藏，冷藏温度在0℃以上，而冷冻保藏则是采用缓冻或速冻方法先将食品冻结，然后在能保持食品冻结状态的温度下贮藏的保藏方法，常用的贮藏温度为−23℃~−12℃，以−18℃为最适用。

微生物对冷冻的生存能力各不相同，球菌通常比革兰氏阴性杆菌具有较强的低温适应能力。低温会影响食源性微生物的生长和活性，主要影响有：①嗜冷微生物代谢速率较低；②耐冷菌细胞膜运输溶质的效率更高；③一些耐冷菌在较低温度下时细胞会变大。

4. 食品的干燥保藏

利用干燥来保藏食品的机理是微生物和酶的活动都需要水，将水分含量降低到一定程度的时候，食物中的腐败菌和产毒素菌的活动就会受到抑制。微生物都有其适宜生长的水分活度范围，这个范围的下限称为最低水分活度，即当水分活度低于这个极限值时，这种微生物就不能生长、代谢和繁殖，最终可能导致死亡。在食品储藏过程中，如果能有效控制水分活度，就能抑制或控制食品中微生物的生长。食品干燥保藏是指将食品的水分降低至足以使食品能在常温下长期保存而不发生腐败变质的水平，并保持这一低水平的食品保藏过程。

干燥过程中一些微生物会被杀灭，但并不能将微生物全部杀死。许多的微生物都能在干燥食品中重新生长。细菌生长需要相对高的水分含量，酵母次之，霉菌需要更少。干制过程中，食品及其污染的微生物均同时脱水，干制后，微生物就长期处于休眠状态，环境一旦适宜，微生物又会重新吸湿恢复活动。尤其自然干燥、冷冻升华干燥、真空干燥这样一些干燥温度较低的干制方法更是难以杀死微生物。因此，若干制品污染有致病菌时，就可能对人体健康构成威胁。因此，应在干制前先进行杀灭。

采用干藏的方法保存食品，不仅可以延长食品的保藏期，而且使得食品的储运费用减少，储藏、运输和使用变得更加方便。此外，由于食品经过干制后，其口感、风味发生变化，还可成为新的产品。

5.食品的腌渍保藏

腌渍食品是一种传统的食品保藏技术，在我国有悠久的历史，利用食盐、糖等腌渍材料处理食品原料，使其渗入食品组织内部，提高其渗透压，降低水分活度，抑制微生物生长，改善食品食用品质。腌渍所使用的材料通称为腌渍剂。常用的腌渍剂有食盐、食糖、醇、酸、碱等。经过腌渍加工的食品称为腌渍品，如腊肉、火腿、果酱、果脯、蜜饯等。

腌渍可提高食品中的渗透压，减少水分活性，抑制微生物的繁殖，延长食品的保存期，稳定颜色，增加风味，改善结构。食品在腌渍过程中，需使用不同类型的腌渍剂，常用的有盐、糖等。腌渍剂在腌渍过程中首先要形成溶液，才能通过扩散和渗透作用进入食品组织内，降低食品内水分活度，提高其渗透压，借以抑制微生物和酶的活动，达到防止食品腐败的目的。

6.无菌包装

传统的罐装方法是将未经过杀菌的食品放入未经过消毒的容器中，然后将容器密闭并杀菌。而无菌包装则是将杀菌后的食品在无菌条件下置于消毒过的容器中，并在无菌条件下将包装封口。

通常，任何可以通入热交换器的食品都可用于无菌包装，而应用无菌包装最广的是液态食品，如果汁和类似的一次性食用产品。无菌包装食品的腐败与金属容器包装的食品不同，在金属容器中高酸食品会产生氢气，而无菌包装材料则不含金属。无菌包装食品不会在接缝处发生渗漏现象，避免了因包装密封不严引起的食品腐败变质。

7.高压脉冲电场杀菌

高压脉冲电场（PEF）杀菌是利用强电场脉冲的介电阻断原理对食品微生物产生抑制作用。超高压脉冲电场杀菌具有处理时间短、能耗低、传递快速、均匀等优点，杀菌后能保持产品原有的口味和质地，因而可广泛地用于食品杀菌。高压脉冲电场能有效地杀灭与食品腐败有关的几十种细菌，特别是果汁饮料中的黑曲霉、酵母菌。

8.超高压杀菌

超高压杀菌（high pressure processing, HPP），即将物料以某种方式包装完好后，放入液体介质（通常是食用油、甘油、油与水的乳液）中作用一段时间后，使之达到灭菌要求。其中又可分为超高压静态灭菌与超高压动态灭菌两类。前者由于设备造价昂贵，因此只能适合小批量固体或液体食品饮料生产。而后者是指直接将食品加压到预定的压力点，然后通过瞬态卸压或梯度减压等连续性作业方式，容易实现产业化。食品超高压技术可以破坏细胞膜，使酶失活，导致细胞形态的改变，细胞膜破坏被认为是高压致死细菌的主要原因。与热处理方法相比较，超高压技术对食品作用均一、迅速且无体积和形状的限制，对风味物质、色素等小分子物质的天然结构无影响，能较好地保持食品的原汁、原味及营养成分等。

9.3.3 食品综合防腐保鲜理论与技术

9.3.3.1 群体感应理论与技术

1. 群体感应概述

微生物群体感应(Quorum sensing, QS)现象于1970年Hastings等人在一种海洋发光细菌 *Vibrio fischeri* 中首次发现,1994年Fuqua等人最早提出QS的概念。QS被誉为20世纪末微生物界最伟大的发现之一。QS是指细菌之间能够通过分泌信号分子(signal molecule)并检测其浓度来感知其菌群密度,进而触发一系列群体行为(如生物发光、致病性表达、抗生素分泌、生物膜形成),以及细菌利用自诱导物(autoinducers, AIs)进行相互交流并调控其群体感应来感知群体密度、协调群体的行为。AIs是一类小分子化合物,又称信号分子,当其达到一定阈值时,能够激活细菌转录调节蛋白如LuxR、LuxN和LsrR等,后者能够调控一系列下游靶基因,从而使得细菌表现出一定的群体行为。细菌可根据AIs类型和浓度等判断周围环境的综合信息(如营养物质、生存空间、竞争者和有害物质),并作出相应的反应如生物膜和芽孢的形成、抗生素和胞外降解酶的分泌、群集运动等,以避开不利环境和适应新环境。自然界中很多细菌能够利用AIs调控群体行为,一种细菌能够有一种或多种QS系统。

微生物群体感应系统根据其信号分子的不同可以分为以下三类:①革兰氏阴性菌间以酰基高丝氨酸内酯(Acyl homoserine lactone, AHL)为信号分子的群体感应;②革兰氏阳性菌间以寡肽类物质为信号分子的群体感应;③第二类信号分子(Autoinducer‒2, AI‒2)调控的群体感应。这三类信号分子中,AHL是最先被发现并被完整表征的,AHL群体感应系统由LuxI和LuxR两种蛋白调控,其中LuxI负责催化AHL合成,LuxR能与环境中AHL结合并启动下游靶向基因的转录。

2. QS和食品变质的关系

在食品腐败过程中,特定腐败菌或优势腐败菌(specific spoilage organisms, SSOs)的生长繁殖是引起食品腐败的关键因素。QS是通过调控食品体系中SSOs某些性状的表达(如生物膜形成、降解酶活性和生长动力学参数等)来调控细菌的腐败特性,进而影响食品的腐败进程。因此,QS是通过调控食品体系中SSOs的生长代谢来调控食品腐败进程,现在饮料、水果、蔬菜、禽、肉、水产品等食品原料和加工产品中都可检测到AIs。AIs种类和含量随食品种类、贮藏时间、贮藏条件的变化而不同。豆芽软腐变质受该体系中AHLs介导的QS系统调控;哈维氏弧菌分泌的AHLs可调控肠杆菌科的致腐能力;QS还参与了奶酪、牛肉、猪肉和鱼类的腐败过程,大黄鱼源抑 *Shewanella baltica* 的致腐能力受环化调控。常见食品源腐败菌如假单胞菌属、希瓦氏菌属、肠杆菌属、黄杆菌属、不动杆菌属和乳酸菌属等均有QS现象。食源性细菌利用QS系统完成交流、合作、欺骗和窃听等行为,为自身的生存提供有利条件。AIs通过QS系统调控着腐败菌生物膜形成、降解酶活性、生长动力学参数等性状的表达,进而调控细菌的腐败特性。

微生物引起的食源性疾病是食品安全的主要隐患,美国约80%的持续的细菌感染与细菌生物膜有关。细菌生物膜(biofilm)又称细菌生物被膜,是指细菌附着于惰性或者活性实体的表面,繁殖、分化并分泌一些多糖基质,将菌体群落包裹其中而形成的细菌聚集体膜状物。生物膜存在于食品加工车间的各种表面,包括塑料、玻璃、金属和木材,并难以完全消除。食物及其接触的表面存在的被膜或黏附细胞往往不利于食品安全,尤其是粗加工和未加工食品。蔬菜、水果的疏水性角质，表面形态多样性和表皮的磨损使得粗加工食品存在的吸附病原和腐败微生物难以被清除。形成生物膜的细菌包括单增李斯特氏菌、沙门氏菌、弯曲杆菌、大肠杆菌、假单胞菌、产乳酸菌和耐热菌等。生物膜将导致产品污染。产品污染来源于生物膜上脱落的细菌，这些细菌可以重新附着在产品生产过程中的其他设备上或是直接进入食品中从而引起食品腐败和食物中毒。食品相关细菌中的 QS 与被膜形成有关，QS 贯穿于生物膜形成的所有阶段，它通过调节种群密度和成熟被膜内的代谢活动来适应营养需求。如霍乱弧菌和液化沙雷氏菌（*Serratia liquefaciens*）中的 QS 信号分子分别控制被膜形成所需的外聚合物合成和细胞聚集，QS 信号还能触发其他被膜相关应答如增强其抗药性。QS 也与被膜多聚基质中细菌的释放有关。当被膜内细菌密度变大后，部分细菌被释放进入环境中。葡萄球菌（*Staphylococci*）利用 AI－2 信号分子减少多糖黏附素的产生，使得细菌更易逃离被膜，被膜内的固着细菌为细菌群落扩散提供源源不断的浮游菌。

3. 群体效应抑制剂

QS 对食品安全和腐败的调控表明阻断细菌 QS 系统是一种新型的食品保鲜方法。群体效应抑制剂（quorum sensing inhibitor，QSI）作为一种食品保鲜策略的研究目前虽然刚起步，但其作为一种致病菌控制策略的研究已经在国内外广泛开展。QSI 既可以降低细菌的致病、致腐特性，又可避免细菌产生抗药性，具有巨大的研究价值。

QSI 干扰 QS 的途径主要有以下 3 种：①与 AIs 受体蛋白竞争结合，从而干扰 QS 通路；②利用酶降解 AIs，如内酯酶、氧化还原酶、酰基转移酶和对氧磷酶等，使环境中的 AIs 降解，从而阻止 QS 系统启动；③利用拮抗剂阻断 QS 通路，目前报道的多数 QSI（如溴化呋喃酮、肉桂醛和短链脂肪酸等）都是通过拮抗形式发挥作用。微生物来源的 AiiA 蛋白通过淬灭 AHLs 的活性使得其能够有效预防和治疗一些植物（如马铃薯、茄子、大白菜、胡萝卜、芹菜、花椰菜、魔芋和烟草等）和动物（如斑马鱼）的常见病害。溴化呋喃酮是已知活性较高的 QSI，它能够有效抑制细菌 AHLs 和 AI－2 的活性，降低弧菌毒力基因的表达和对幼虾、虹鳟鱼的致病能力，降低假单胞菌胞外蛋白酶活性和生物膜的黏附性。溴化呋喃酮主要通过阻碍受体蛋白与启动子的结合而干涉 QS 系统，进而调控毒力因子的表达，但其不稳定性和不安全性限制了它在食品加工中的应用。肉桂醛及其衍生物在亚抑菌浓度时对弧菌 AI－2 有较高的抑制活性，其抑制机制和溴化呋喃酮类似，以受体蛋白配体的形式干扰 LuxR 的结合活性，但对假单胞菌 LasR 受体蛋白表达的影响较小。肉桂醛是一种常见的保鲜剂和食品添加剂，食用安全性高，可在食品工业中广泛推广应用。

9.3.3.2 栅栏理论与技术

实践证明，没有任何一种单一的保鲜措施是完美无缺的，采用多项保鲜防腐措施的技术组合可以收到更好的效果。通过系统地研究和综合运用各项保鲜防腐技术及其原理，提出了栅栏因子理论。栅栏因子理论是一套系统科学地控制食品保质期的理论。该理论认为，食品要达到可贮性与卫生安全性，其内部必须存在能够阻止食品所含腐败菌和病原菌生长繁殖的因子，这些因子通过临时或永久性地打破微生物的内平衡，从而抑制微生物的致腐与产毒，保持食品品质。这些因子被称为栅栏因子（hurdle factor）。栅栏因子及其互作效应决定了食品的微生物稳定性，这就是栅栏效应（hurdle effect）。在实际生产中，运用不同的栅栏因子，科学合理地组合起来，发挥其协同作用，从不同的侧面抑制引起食品腐败的微生物，形成对微生物的多靶攻击，从而改善食品品质，延长保质期，保证食品的卫生安全性，这一技术即为栅栏技术(hurdle technology，HT)。

1. 栅栏技术与微生物的内平衡

食品防腐中一个值得注意的现象就是微生物的内平衡。微生物的内平衡是微生物处于正常状态下内部环境的稳定和统一，并且具有一定的自我调节能力，只有其内环境处于稳定的状态下，微生物才能生长繁殖。例如，微生物内环境中 pH 的自我调节，只有内环境 pH 处于一个相对较小的变动范围，微生物才能保持其活性。如果在食品中加入防腐剂破坏微生物的内平衡，微生物就会失去生长繁殖的能力。在其内平衡重建之前，微生物就会处于延迟期，甚至死亡。食品的防腐就是通过临时或永久性打破微生物的内平衡而实现的。

将栅栏技术应用于食品的防腐，各种栅栏因子的防腐作用可能不仅仅是单个因子作用的累加，而是发挥这些因子的协同效应，使食品中的栅栏因子针对微生物细胞中的不同目标进行攻击，如细胞膜、酶系统、pH、水分活性、氧化还原电位等，这样就可以从数方面打破微生物的内平衡，从而实现栅栏因子的交互效应。在实际生产中，这意味着应用多个低强度的栅栏因子将会起到比单个高强度的栅栏因子更有效的防腐作用，更有益于食品的保质。这一"多靶保藏"技术将会成为一个大有前途的研究领域。

对于防腐剂的应用而言，栅栏技术的运用意味着使用小量、温和的防腐剂比大量、单一、强烈的防腐剂效果要好得多。例如，Nisin 在通常情况下只对革兰阳性菌起抑制作用，而对革兰阴性菌的抑制作用较差。然而，当将 Nisin 与螯合剂 EDTA 二钠、柠檬酸盐、磷酸盐等结合使用时，由于螯合剂结合了革兰阴性菌的细胞膜磷脂双分子层的镁离子，细胞膜被破坏，导致膜的渗透性加强，使 Nisin 易于进入细胞质，加强了对革兰阴性菌的抑制作用。

2. 食品中的防腐保鲜栅栏因子

将栅栏控制技术应用于食品的防腐，各种栅栏因子的防腐作用的发挥可能不仅仅是单个因子作用的累加，而是这些因子的协同效应，使食品中的各项栅栏因子针对微生物细胞中的不同目标进行攻击和控制，如细胞膜、酶系统、pH、水分活性、氧化还原电位等，这样就可以从多方面打破微生物的内平衡，从而实现栅栏因子的交互效应。这意味着应用多个低强度的栅栏因子将会起到比单个高强度的栅栏因子更有效的防腐保鲜作用，更有益于食品品质的保持。随着对食品保鲜研究的发展，至今已经确认可以应用于食品的栅栏因子有40个以上，如高温处理、低温冷藏、降低水分活性、调节酸度、降低氧化还原电位、辐照、应用乳酸菌等竞争性或拮抗性微生物以及应用亚硝酸盐、山梨酸盐等防腐剂等。这些栅栏因子所发挥的作用已不再仅侧重于控制微生物的稳定性，而是最大限度地考虑改善食品质量，延长其货架期。

3. 栅栏技术的应用

栅栏技术在食品加工和保藏中已被广泛应用，它不仅可用于食品加工和保藏中微生物的控制，还可以用于食品加工保藏工艺的改进和新产品的开发上。栅栏技术在国外已经被成功地应用到肉品加工、果蔬贮藏、新型调理食品、食品包装、水产品等领域。

(1) 在肉制品加工中的应用

栅栏技术最早应用于肉制品的加工，现已开发出多种类型的肉制品，如意大利传统的蒙特拉香肠、德国的布里道香肠加工中，就是采用降低水分活度 A_w 为主要栅栏因子来保证其可储性的。荷兰的格德斯香肠是通过添加葡萄糖醛酸内酯使 pH 降至 5.4 ~ 5.6，再真空包装来实现其可储性的。在我国，栅栏技术应用于肉制品的研究与应用报道也很多。栅栏技术已应用于猪肉、羊肉、兔肉、火腿、牦牛等肉制品加工中，通过 A_w、pH、温度、氧化还原电势、防腐剂等栅栏因子及其互作用效应的研究，在尽可能保持食品特有感官、理化性质的同时，延长了食品的保质期。

（2）在果蔬加工中的应用

栅栏技术在果蔬加工中也有应用，如应用在鲜切果蔬、樱桃番茄、软包装榨菜、脆梅、凉果等加工中。大约在 30 年前，进入美国市场的鲜切果蔬产品是以新鲜水果、蔬菜为原料，经过清洗、修整、切分等工序，最后用塑料薄膜袋包装的一种新型果蔬加工产品，具有品质新鲜、食用方便和营养卫生的特点。鲜切果蔬的生产是一个综合的加工过程，栅栏技术对保证鲜切果蔬质量及货架期发挥着重要作用。从原料选择、加工、包装，到配送、销售，每一环节都应直接或间接地采取"栅栏"措施，以达到预期的保存目的。

（3）在食品包装中的应用

把具有防腐性或抗氧化性，或能吸收 C_2H_4、O_2、水蒸气等功能的有机物或无机物作为栅栏因子添加到包装材料中去，使做成的包装发挥这样的栅栏功效。另外，在包装过程中调节温度、压强等栅栏因子，也同样可以增强包装的栅栏功效。用于包装过程的栅栏因子有：抽真空、充入特殊气体、气调包装等。这些栅栏因子用于食品包装，达到了良好的防腐、保藏功效。

（4）在新型调理食品中的应用

真空调理食品与过去的调理食品所不同的是，在新鲜食品原料经调理后，先在真空状态下封装于塑料盘中，然后再经加热蒸煮、冷却后进行冷藏或冷冻，这个工序的调整实际上属于栅栏技术的范畴，就是将作用于食品的两种栅栏因子的作用次序调整，从而获得了更加优良的产品。此外，利用栅栏技术中相关的栅栏因子控制新型调理食品的质量，有利于更好地保持食品的色香味，并使产品组织具有良好的鲜嫩度和弹性，充分体现出新型调理食品的优点。新型调理食品的特点是以保持食品品质为主，并兼顾食品的卫生安全和一定的货架寿命。因此需选择恰当种类和数量的栅栏因子，并严格控制其强度，以达到加工保藏的目的。而这些栅栏因子的种类选择、作用强度、作用次序的确定必须通过实验来确定。

（5）在水产食品中的应用

栅栏技术在水产品加工贮藏中的应用在国内外已经有相关研究，而且效果显著。常规的栅栏技术的应用可以得到长期贮藏的即食水产品和海鲜调味料等。Kanatt 等通过控制即食性虾米的水分活度为 0.85 ± 0.02，包装并辐照 2.5 kGy 剂量的 γ 射线，处理得到的虾米在质构和感官方面没有显著性差异，在 (25 ± 3) ℃贮藏温度下可存放 2 个月（对照组 15 d）。在新型即食调味鱼片的研发中采用多种栅栏因子科学合理的组合（pH、压力、温度、时间），使制品在 4℃冷藏 8 个月以上，并较好地保持其优良品质。通过对水分活度、时间、压力和 pH 等 4 个主要的栅栏因子调节控制，提高了南美白对虾即食加工制品的品质和贮藏性。栅栏技术也用在即食调味珍珠贝肉、虾制品等的加工中。

总体而言，对每一种食品起主要作用的因子只有几个，并且对不同的食品起主要作用的栅栏因子也基本相同。所以，根据不同产品特性来把握和设计适合于该食品的关键栅栏因子，同时还要对主要的栅栏因子进行合理组合。按照 Leistner 博士的观点，在应用栅栏技术设计食品时，常与危害分析与关键控制点（HACCP）和微生物预报技术（predictive microbiology，PM）相结合。HT 主要用于设计，HACCP 用于加工管理，而 PM 主要用于产品优化。使用栅栏技术控制的关键点较传统方式要多，并且一项栅栏因子的失控，将导致整个控制体系的失效，HACCP 体系的导入可有效节约管理成本，提高监控的有效性，同时，可以使得选择、调整栅栏因子有可靠的依据，可预防、消除或降低对产品质量造成的危险。因此，HT 与 HACCP 的结合、HT 与 PM 的结合、HT 与食品包装技术的融合将是 HT 未来发展的趋势。

9.3.3.3　预报微生物理论与技术

为解决微生物生长与食品安全性关系的需要，20 世纪 80 年代初，Ross 等最先提出微生物预报技术这一概念，从此食品预报微生物学（predictive food microbiology）便应运而生，现在已成为食品微生物领域最活跃的研究方向之一。预报微生物学是一门在微生物学、数学、统计学和应用计算机学基础上建立起来的新兴学科。微生物预报技术是指借助计算机的微生物数据库，在数字模型基础上，在确定的条件下，快速对重要微生物的生长、存活和死亡进行预测，从而确保食品在生产、运输贮存过程中的安全和稳定，打破传统微生物受时间约束而结果滞后的特点。建立微生物数据库和数字模型是微生物预报技术的必要条件。

1. 预报微生物学研究内容

（1）食品微生物及微生态研究

食品品质的变化受诸多因素影响，依据内在和外在因子来分析导致食品变质的主导因素，每一种产品有其特定的腐败菌（specific spoilage organism，SSO）、腐败范围（SD）和腐败量（SL）。20 世纪 90 年代中期 Dalgaard 提出了"特定腐败菌"（SSO）的概念。在对食品微生物学的研究中发现，与致病菌动态响应相比，腐败菌由于产品特征和贮藏条件的不同，其动态响应复杂且变化大。食品腐败主要表现在某些微生物生长和代谢生成胺、硫化物、醇、醛、酮、有机酸等，产生不良气味和异味，使产品在感官上不被接受。不同的食品，导致其腐败的微生物种类是不同的，代谢产物也不尽相同，由此可以把食品划分成具有不同微生物生态的类群，即每种产品具有自身独有的菌相，那些适合生存繁殖并产生腐败臭味和异味代谢产物的微生物，就是该产品的 SSO。SSO 在刚加工产品微生物菌丛中的数量少，仅占非常小的一部分，但对特定贮藏环境的忍耐能力强，生长繁殖快，且腐败活性强。如假单胞菌（*Pseudomonas*）、希瓦氏菌（*Shewanella*）是冷链流通中高水分蛋白食品的 SSO；弧菌（*Vibrionaceae*）等发酵型革兰阴性菌是新鲜水产品的 SSO；真空或气调包装蛋白食品的 SSO 为明亮发光杆菌（*Photobacterium phosphoreum*）、乳酸菌、热杀索丝菌（*Brochothrix thermosphacta*）等；低酸、高盐、烟熏食品的腐败源于乳酸菌和酵母菌；热处理食品的腐败往往和芽孢杆菌有关。相同地域的同类产品中，腐败优势菌往往包括几种微生物，但 SSO 可能只有一两种。不同的原料、工艺、包装、贮藏等导致食品微生态系统的不同，SSO 也随之变化，SSO 生长预报模型只适合特定环境。为了准确预测货架期，预测模型的建立需要围绕腐败菌进行以下研究：①腐败带来的种种反应（spoilage reaction，SR），无论是挥发性气味的产生还是色素的生成；②SSO，特别是导致各种腐败反应的腐败菌；③腐败范围（spoilage direction，SD），例如在何种环境条件的范围内特定腐败菌导致系列腐败反应。同一种腐败菌在不同的环境下，所建立的预测模型评价值是不同的。

（2）建立合适的微生物动力学生长模型

应用数学模型的预报微生物学有多种分类方法。依据描述微生物的情况，分为描述微生物生长的数学模型和描述微生物失活的数学模型，依据数学模型建立的基础分为以概率为基础的模型和以动力学为基础的模型。目前认可度较高的是 Buchanan 基于变量的类型，把模型分为 3 个级别：①一级模型：表征一定生长环境和条件下微生物数量与时间的函数关系，模型的微生物定量为每毫升菌落形成量（cfu/mL）、毒素的形成、底物水平和代谢产物等。主要常用的一级模型主要包括 Linear 模型、Logistic 模型、Compertz 模型和 Baranyi & Roberts 模型等。②二级模型：描述环境因子的变化如何影响一级模型中的参数。表述随各环境因素（温度、pH、水分活度、O_2 浓度、CO_2 浓度、氧化还原电势、营养物浓度和利用率以及防腐剂浓度）的变化，如何影响微生物生长特征参数如最大生长特征速度、腐败时间、毒素产生量及细菌最大浓度等微生物生长特征参数与各环境因素的关系。二级模型有响应面（response surface）模型、平方根（square root）模型和阿留乌斯等式方程（arrhenius relationship）模型 3 种。③三级模型：将一个或多个一级模型和二级模型整合成的计算机软件。三级模型也称专家系统，它要求使用者具备一定专业知识，清楚系统的使用范围和条件，能对预测结果进行正确的解读。这些程序可以在计算机上运行，随时反映在既定的环境条件下，微生物的数量与环境条件参数的对应关系，并比较不同环境因子对微生物生长的影响程度等。

数学模型建立的步骤：①制订计划找出食品中腐败或安全性的主要危害。在腐败中占主导地位的是哪些微生物，即优势菌，哪些是产生腐败代谢产物的微生物，即为特定腐败菌。确定适当的响应或应变量，如生长速度、延迟期、细菌最大浓度，毒素产生量、腐败时间等。确定适当的自变量，如温度、pH、O_2 浓度、CO_2 浓度、水分活性等。②收集数据。设定几组不同的自变量，并测定在不同的自变量条件下的应变量的数值。由于模型能做出正确预测的范围与建立模型时的数据范围有关，所以在收集数据时应尽可能扩大幅度，将实际腐败过程的所需要的预测范围覆盖。③建立模型。测定模型相关的因变量与自变量的数据，利用计算机数据处理技术验证不同模型状态下试验数据的拟合性，从而选择相对合适的数学模型。④模型修正。预测的模型有时并不准确，需要使用非建模的试验数据对其做进一步修正，这也是非常重要的一步。

目前世界上已开发了多种食品微生物生长模型预测软件。美国农业部开发的病原菌模型程序（pathogen modeling program，PMP）包括嗜水气单胞菌（Aeromonas hydrophila）、蜡状芽孢杆菌、肉毒梭菌、产气荚膜梭菌、大肠埃希菌、单核细胞增生李斯特菌、沙门氏菌、弗氏志贺菌（Shigella flexneri）、金黄色葡萄球菌、小肠结肠炎耶尔森菌（Yersinia enterocolitica）10 种重要的食源性病原菌的生长、失活、残存、产毒等 38 个预报模型，使用时输入温度、pH、A_w、添加剂等微生物影响因子和初始菌数，就可得到微生物生长的重要参数，如延滞期、代时、生长曲线和生长数据，预测结果具有较高的精确度。英国农业、渔业和食品部（UKMAFF）开发的食品微生物模型（food micromodel，FM）具有数据库信息量大、数学模型成熟完善以及预测结果误差小的特点，含有 20 多种数学模型，对 12 种食品腐败菌和致病菌的生长、死亡和残存进行了数学的表达，较为广泛地应用于食品生产、加工和配送等领域。澳大利亚 Tasmania 大学在假单胞菌生长模型基础上开发食品腐败预测器（foods poilage predictor，FSP），是对食品品质进行多环境因子分析预测的软件。主要是以恶臭假单胞菌（Pseudomonas putida）1442 等菌株为研究对象，测得不同温度、A_w、pH 条件下 8000 多个生长数据，建立了 500 余条生长曲线；同时，用实际流通中大量数据对模型进行了验证和改良，建立了假单胞菌生长模型数据库，应用准确度的概念客观地评估预测值和实际值之间的比率，建立了微生物生长的数据库，形成专家系统和应用软件包，从而对特定腐败菌是假单胞菌的食品剩余货架期进行快速估测。2003 年，美、英两国宣布在因特网上共同建立的世界最大预测微生物学信息数据库

ComBase，目前已拥有了约 25000 个有关微生物生长和存活的数据档案。使用者可以模拟一种食品环境，通过输入相关数据（如温度、酸度和湿度），搜索到所有符合这些条件的数据档案。这种方法可以大大减少无谓的重复试验，改进模型，并且实现数据来源标准化。

2. 预报微生物学在食品工业中的应用

预报微生物学是数量化描述微生物的新兴学科，它在食品工业领域内有其独特的优越性。在预报微生物学这一领域所得到的定量的信息为监测储藏、流通、零售过程中商品货架期和安全装置的开发提供了坚实的基础。

（1）食品货架期的设定

食品货架期，可以称为食品的安全期限。它的设定不仅取决于腐败菌，还取决于其中病原菌的生长。在一定温度下，若腐败菌比病原菌生长得快，食品可能在病原菌未产生毒素之前已腐败变质，这时病原菌造成危害的可能性就会大大减小。但若病原菌比腐败菌生长得快，就会在食品腐败前已产生毒素，使食品变得不安全。所以确定食品的货架期要综合腐败菌和致病菌的生长情况，通过时间与微生物成长、残存、死亡的关系模型，估计特定食品经过一定的温度、时间贮存后是否存在风险。即使不对最终产品进行麻烦、费时的检验，也能保证食品在货架期间的安全和保持较高的品质。另外，利用数据库中不同微生物与不同的生长介质之间的关系，例如水分、pH、温度及氧浓度等，通过预报模型，还可以适当地设定特定食品的流通条件，以防止食品的腐败变质，也能有效地保证食品安全。

（2）食品安全风险评估

其最主要的应用领域便是食品安全卫生质量管理，即微生物对食品质量的影响。例如，人食用了带有病原菌的食品后，生病的概率有多大？这就要对 3 个阶段进行定量评估：①确认与食品安全有关的微生物和微生物毒素的出现概率和数量；②评估食品被病原菌或其毒素污染的程度；③食用带有病原菌的食品可能发生的副作用及严重性和持续时间。预报微生物学可作为 HACCP 体系的分析工具，微生物预测模型可以为 HACCP 协作小组提供卫生质量管理的指引工具。在实践中，HACCP 小组对某种食品加工进行"风险评估"（即发现危害物、识别关键控制点和建立关键限值）时，要通过结合实践经验、传染病学和技术文献的数据作出判断和结论，而这些判断和结论常常有争议。目前在 HACCP 中使用的方法学是定性的而不是定量的，因此微生物预报技术通过生长模型中的概率模型，可以提供给 HACCP 一种定量工具以协助"风险评估"的有效实施。

重要概念及名词

食品变质，食源性疾病，平酸腐败，TA 腐败，硫化物腐败，群体感应，生物膜，栅栏技术，预报微生物学，食品保藏，食品变质

复习思考题

1. 引起食品腐败变质内、外因素分别有哪些？
2. 什么叫食品的腐败变质？导致食品变质的常见微生物种类有哪些？
3. 简述生牛乳发生腐败变质时微生物菌群变化规律。

4. 分析常见乳制品中微生物数量超标的可能原因。

5. 引起罐藏食品变质的微生物种类有哪些? 试述罐藏食品腐败变质的表现及其原因。

6. 鲜肉腐败变质有哪些表现? 说明肉类食品制作过程中污染的主要微生物来源,并分析产品卫生质量不合格的原因。

7. 食品保藏的原理是什么? 有哪些保藏方法?

8. 常用的化学防腐剂有哪些? 防腐机理是什么?

9. 什么叫群体感应? 简述 QS 和食品变质的关系。

10. 什么叫群体效应抑制剂(QSI)? 其干扰 QS 的途径有哪些?

11. 简述栅栏技术的原理,其因子包括哪些?

12. 简述预测微生物学的理论及其在食品中的具体应用。

第 10 章

微生物与食品安全

内容提要

本章主要介绍了微生物与食品安全之间的关系，食物中毒与食源性疾病的基本定义、特征、类型，食源性疾病的防控措施，常见食品安全微生物检测，食品卫生的微生物学标准，食品生物恐怖；重点介绍了常见致病微生物与食品安全的关系。

教学目标

1. 掌握食物中毒与食源性疾病的基本定义、特征、类型，食源性疾病的防控措施。
2. 掌握常见致病微生物及了解其他致病微生物。
3. 熟悉食品微生物检测。
4. 熟悉食品卫生的微生物学标准。
5. 熟悉食品生物恐怖的应对措施。

10.1　食物中毒与食源性疾病

10.1.1　食物中毒

食品安全法中将食物中毒定义为食用了被有毒有害物质污染的食品或者食用了含有毒有害物质的食品后出现的急性、亚急性疾病。

食物中毒属食源性疾病的范畴，是食源性疾病中最常见的疾病。因暴饮暴食而引起的急性胃肠炎，维生素缺乏引起的胃肠障碍，个别人吃了某种食品（如鱼、虾、牛奶等）而发生的变态反应性病症，经食品而感染的肠道传染病（如伤寒等）和寄生虫病（如旋毛虫病等），这些都不属于食物中毒的范围。

人们食入含有有毒物质的食品以后造成的不良后果，基本上可以分为两种情况，急性食品中毒和慢性食品中毒。因一次性进食含有有毒物质的食品后很快出现中毒症状，甚至被致死，这种中毒称为急性食品中毒。多次或长期地进食含有微量有毒物质的食品，使得该种有毒物质在人体内不断积累或不断刺激机体，达到一定程度时才出现中毒症状，称为慢性食物中毒。

食物中毒的特征：

①与饮食有关。食品中毒的发生与食入某种有毒食物有关，凡进食这种有毒食物的人大多都出现中毒的症状，而没有进食这种食物的人，即使同桌进食、同屋居住、同用生活用具也不发生中毒的症状。

②食物中毒的患者都有大致相同的症状，即多表现为急性胃肠炎的症状。

③大多数食物中毒的潜伏期较短，食入有毒物质后几小时内即可出现中毒症状。集体性食物中毒发生时，则表现为很多人在同时间内或相继发病，并很快达到发病高峰。

④食物中毒患者对健康人不直接传染，即食物中毒不具有传染性，因而不能造成流行传染。

10.1.2 食物中毒的类型

食物中毒类型多种多样，按病原物质分类的方法可分为细菌性、真菌性、化学性、有毒动植物性食物中毒4大类型。据我国多年食物中毒的统计资料表明，微生物性食物中毒最为常见。

1. 细菌性食物中毒

人们食入了含有大量活的细菌或细菌毒素的食物而引起的中毒称为细菌性食物中毒。这是食物中毒中最为常见的一类。通常具有明显的季节性，一般多发生在气候炎热的夏、秋季。根据发病的机制可分为感染型、毒素型和混合型细菌性食品中毒。所谓感染型食物中毒就是某些食物中毒病原菌污染食品后，在其中大量繁殖，这种含有大量活菌的食物被摄入人体后，在人的消化道中继续生长繁殖，造成感染并产生毒素，从而造成中毒。如沙门氏菌、变形杆菌引起的食物中毒。某些细菌污染食品后，在适宜的条件下，这些细菌在食品中生长繁殖并产生毒素。这种含有毒素的食品被人食入后引起的中毒称毒素型食物中毒。引起毒素型食物中毒的细菌随食物进入人体后，一般不再繁殖，只是其原来在食品中产生的毒素对人体起毒害作用。如肉毒梭菌、葡萄球菌引起的食物中毒。混合型细菌性食物中毒是指随食物摄入活细菌及其毒素共同作用而引起的中毒性疾病。细菌性食物中毒的特点为：发病率较高，占食物中毒事件总数的30%~60%；除肉毒梭菌毒素中毒外，大多数细菌性食物中毒病程短、恢复快、预后好、病死率低，具有明显的季节性，多发生于5—10月份，引起中毒的食物中以动物性食品为主。

2. 真菌性食物中毒

食用被某些真菌毒素污染的食品而引起的中毒称真菌性食物中毒。真菌性食物中毒的发生往往有一定的地域性，如南部非洲人常以玉米、花生为主食，常发生黄曲霉毒素中毒，霉变甘蔗中毒多发生在北方。季节性因真菌繁殖、产毒的最适温度不同而不同。发病率较高，病死率因真菌的种类不同而异。这类中毒发生较少，但常常发生慢性中毒，有的可诱发癌症。

3. 化学性食物中毒

摄入化学性有毒食品引起的食物中毒。季节性、地区性均不明显。发病率、病死率一般都比较高。如农药、亚硝酸盐中毒等。

4. 有毒动植物性食物中毒

摄入有毒动植物性食品引起的食物中毒。动物性食物中毒发病率和病死率因动物性中毒食品种类不同而不同，有一定的地区性。如河豚鱼中毒常见于海河交界地区，病死率高。植物性食物中毒如发芽马铃薯、木薯等引起的中毒。季节性、地区性比较明显，发病率、病死率因引起中毒的食品种类不同而不同。

10.1.3 食源性疾病

10.1.3.1 食源性疾病的定义

食品安全法将食源性疾病定义为食品中致病因素进入人体引起的感染性、中毒性等疾病。食源性病症是发达国家和发展中国家广泛存在并日益严重的公共卫生问题。

1984年，WHO对食源性疾病给出如下定义："食源性疾病是指通过摄食进入人体内的各种致病因子引起的、通常具有感染性质或中毒性质的一类疾病。"根据WHO的定义，食源性疾病具有3个基本特征：

①在食源性疾病暴发或传播流行过程中食物起了传播病原物质的媒介作用；

②引起食源性疾病的病原物质是食物中所含有的各种致病因子；

③摄入食物中所含有的的致病因子可引起以急性病理过程为主要临床特征的中毒性或感染性两类临床综合征。

10.1.3.2 食源性疾病的流行病学特点

掌握食源性疾病的时间、空间和人群分布特征对于揭示食源性疾病的发病原因，提出和采取有效的预防控制措施具有重要意义。

（1）时间分布 大部分经由食物传播的感染性疾病和某些非感染性疾病都具有一定季节性变化的特点。细菌性食物中毒一年四季均可发生，但每年的5—10月份为发病高峰期。

（2）空间（地区）分布 食源性疾病可能局限在某个特定的场所，如家庭、学校、机关、工厂等，也可能波及村庄、街道，规模大的可波及多个县市甚至影响一个或多个国家。

（3）人群分布 从食源性疾病的人群分布特征可以推测并确定高危人群和暴露因素；从中毒食品的来源、人群的饮食习惯等，可推测和确定可能的致病因素。

（4）疾病的流行强度 微生物性食物中毒多为集体暴发，非微生物性食物中毒可为散发或暴发。

10.1.3.3 食源性疾病的防控措施

（1）建立和完善食源性疾病监测检验体系 2010年我国第一次在全国范围内开展多部门、全过程、经科学设计的食品安全风险监测工作。通过系统和持续地收集食源性疾病、食品污染以及食品中有害因素的监测数据及相关信息，对食品安全状况进行综合分析和及时通报。

（2）完善食品安全法律体系，依法监督管理 在明确各部门监督管理的前提下，必须加速健全和完善食品安全法律法规体系，尤其是食品安全标准体系的建设，为食品安全的综合监督管理、确保食品安全和预防食源性疾病提供法律依据，真正做到有法可依。另外，要进一步完善监督管理体系，建立责任追究制度、食品市场准入制度、食品安全监测和监督抽检制度、食品安全评价体系、食品安全预警和应急体系，为食品安全监管提供保障。

（3）加强良好生产规范（GMP）与危险分析和关键控制点（HACCP）的推广应用

（4）普及法律教育和食品卫生知识 对食品从业人员和消费者进行食品安全法和食品安全教育培训是保障食品安全和预防食源性疾病的关键措施之一。通过培训，提高生产和经营企业的管理水平和责任意识，自觉守法，为食品安全生产和销售提供保障。

10.2 常见致病微生物

10.2.1 沙门氏菌

10.2.1.1 病原

沙门氏菌属(*Salmonella*)是引起食源性肠胃炎的革兰氏阴性杆菌中最重要的病原。沙门氏菌属属于肠杆菌科(*Enterobacteriaceae*),具有肠杆菌科的一般特性,是一大群在血清学上相关的短杆菌、无芽孢、无荚膜、周身鞭毛、能运动的需氧或兼性厌氧的革兰氏阴性杆菌(图10-1)。大小为(0.7~1.5)μm~(2.0~5.0)μm,除鸡沙门氏菌外都有周身鞭毛,能运动,多数有菌毛。该菌营养要求不高,在普通培养基上即可生长,在液体培养基中呈均匀浑浊生长。在SS琼脂和麦康凯琼脂培养基上37℃,24 h可形成直径2~4 mm的半透明菌落,耐受胆盐。早在1880年Ebert h在患者的组织中就观察到了伤寒沙门氏菌,并于1884年由Gaffky分离出该病菌。后来不断发现各种伤寒沙门氏菌和其他沙门氏菌,并对其生化特性、抗原组成及其基因组进行了广泛而深入的研究。沙门氏菌具有复杂的抗原结构,主要由抗原(即为O抗原)和鞭毛抗原(即H抗原)组成。部分菌株还产生表面抗原(即K抗原),包括表面多糖(M抗原)和Vi抗原(因它与毒力virulence有关,故称Vi抗原)。

O抗原性质稳定,耐热。至今已发现的O抗原有58种,并按照O抗原将沙门氏菌属分成A~Z群。引起人类疾病的沙门氏菌,多属于A~F群。

H抗原为蛋白质,不耐热,不稳定。经60℃,15 min或经酒精处理后即被破坏。H抗原由第1相和第2相组成。第1相为特异抗原,用a,b,c,…表示;第2相为非特异性抗原即共同抗原,用1,2,3,…表示。同一种群沙门氏菌根据H抗原不同可将群内细菌分为不同的种和型。

Vi抗原是一种不耐热的酸性多糖复合物,加热60℃或石炭酸处理易被破坏,人工传代培养易消失。Vi抗原存在于菌体表面,可阻止O抗原与相应抗体的凝聚反应。

沙门氏菌的分类原则是以菌体抗原为基础分成群,每群中由于鞭毛抗原双相抗原及表面抗原的不同,分成不同型。沙门氏菌是根据其菌体、菌落特征、生化反应特性和血清型进行鉴定的。目前将沙门氏菌属分为7个亚属和近3000多个血清型,常见的沙门氏菌均属第1亚属,我国已有200多个血清型,其中曾引起食物中毒的有鼠伤寒沙门氏菌、猪霍乱沙门氏菌、汤卜逊沙门氏菌、肠炎沙门氏菌、纽波特沙门氏菌、德尔卑沙门氏菌、凯桑盖泥沙门氏菌、山夫顿堡沙门氏菌、阿伯丁沙门氏菌、甲型副伤寒沙门氏菌、乙型副伤寒沙门氏菌、丙型副伤寒沙门氏菌、鸭沙门氏菌、病牛沙门氏菌、马流产沙门氏菌等。引起食物中毒次数最多的有鼠伤寒沙门氏菌(*S. typhimurium*)、猪霍乱沙门氏菌(*S. choleraesuis*)、肠炎沙门氏菌(*S. enteritidis*)。

从病源学的角度,可以将沙门氏菌分成三组:

①只感染人类的菌:包括鼠伤寒沙门氏菌、甲型副伤寒沙门氏菌、丙型副伤寒沙门氏菌,本组分为伤寒热和副伤寒热的病原菌,是沙门氏菌属引起的所有疾病中最严重的。伤寒潜伏期长,其导致的发烧温度和死亡率也最高。

②寄主适应血清型:包括鸡沙门氏菌、都柏林沙门氏菌、马流产沙门氏菌、羊流产沙门氏菌以及猪霍乱沙门氏菌。

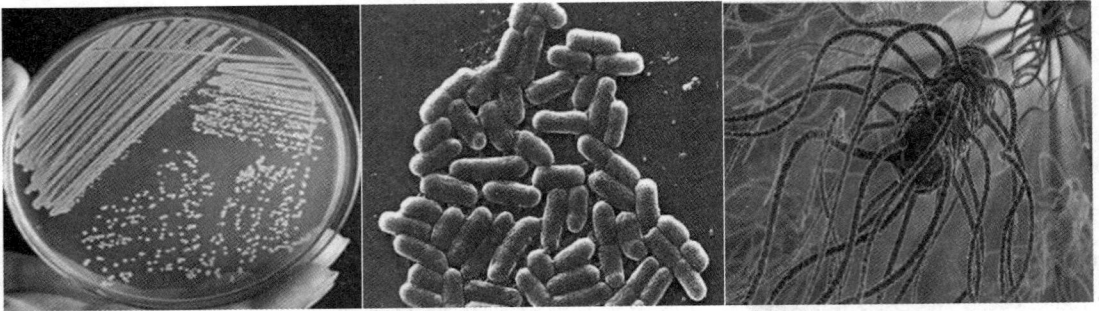

图 10-1 沙门氏菌的形态

③非寄主适应性血清型（无寄主偏好）：这些是人类和其他动物的病原菌，包括大多是食源性血清型。

沙门氏菌最适生长温度为 35～37℃；最适 pH 为 7.2～7.4。与葡萄球菌不同的是，沙门氏菌不能耐受较高的盐浓度。据报道盐浓度在 9% 以上会致死沙门氏菌。沙门氏菌在外界的生活力较强。在水中可活 2～3 周，在冰或人的粪便中可活 12 个月，在土壤中可过冬，在咸肉、鸡和鸭蛋及蛋粉中也可存活很久。水经氯处理可将其杀灭。沙门氏菌在 100℃ 水中立即死亡，在 80℃ 水中 2 min 死亡，60℃ 水中 5 min 死亡。5% 石炭酸或 0.2% 升汞在 6 min 内可将其杀灭。乳及乳制品中的沙门氏菌经巴氏消毒或煮沸后迅速死亡。水煮或油炸大块食物时，食物内温度达不到足以使细菌杀死和毒素破坏的情况下，就会有细菌残留，或有毒素存在。

沙门氏菌有菌毛，对肠黏膜细胞有侵袭力，被人体内吞噬细胞吞噬并杀灭的沙门氏菌可释放内毒素，有些沙门氏菌尚能产生肠毒素。如肠炎沙门氏菌在适合的条件下可在牛奶或肉类中产生达到危险水平的肠毒素。此肠毒素为蛋白质，在 50～70℃ 时可耐受 8 h，不被胰蛋白酶和其他水解酶所破坏，并对酸碱有抵抗力。

10.2.1.2　食物中毒症状及发生原因

1. 食物中毒症状

沙门氏菌属有的专对人类致病，有的只对动物致病，也有的对人和动物都致病。沙门氏菌病是指由各种类型沙门氏菌所引起的人类、家畜以及野生禽兽不同形式疾病的总称。感染沙门氏菌的人或带菌者的粪便污染食品，可使人发生发生食物中毒。据世界卫生组织不完全统计，每年大约有 1800 万病例，导致死亡的约 60 万病例。在世界各地的细菌性食物中毒中，沙门氏菌引起的食物中毒常列榜首。我国内陆地区也以沙门氏菌为首位。世界上最大的一起沙门氏菌食物中毒是 1953 年于瑞典，由吃猪肉而引起的鼠伤寒沙门氏菌中毒，7717 人中毒，90 人死亡。由于沙门氏菌型、菌株不同，使人发病的菌量也不同，一般使人发病的菌量平均为 10^7 个以上。鼠伤寒沙门氏菌是最常见的血清型，在国外占 27.7%～80%，其次为肠炎沙门氏菌约占有 10.3%。沙门氏菌食物中毒有多种多样的中毒表现，一般可分为五种类型：胃肠炎型、类伤寒型、类霍乱型、类感冒型、败血症型。其中以胃肠炎型最为多见，类伤寒型、类感冒型偶可见到，但多数病人还是以不典型的形式出现的。

沙门氏菌的潜伏期一般为 12～36 h，短者 6 h，长者 48～72 h，大多集中在 48 h 内，超过 72 h 者不多。潜伏期短者，病情较重。

中毒初期表现为寒颤、头晕、头痛、恶心、食欲不振，之后出现呕吐、腹泻、腹痛。腹泻一日数次至十余次，或数十次不等，主要为水样便，少数带有黏液或血；体温升高，约为38～40℃或更高，一般在发病2～4 d体温开始下降。多数病人在2～3 d后胃肠炎症状消失。较重者可出现烦躁不安、昏迷、谵语、抽搐等中枢神经系统症状，也可以出现尿少、尿闭，呼吸困难等症状。同时还出现面色苍白、口唇青紫、四肢发凉、血压下降等周围循环衰竭症状，甚至休克，如不及时救治，最后可因循环衰竭而死亡，死亡率1%～4%。最易感群体是年幼儿童、虚弱者、年长老人、免疫缺陷者等。类感冒型可由所有沙门氏菌引起，主要症状为头晕、头痛、发热、腹痛、腹泻、关节炎、咽喉炎等，虽然病原体能迅速地从肠道中消失，但是多于5%的病人在康复后会成为该病原菌的携带者。

2. 中毒发生的原因

大多数沙门氏菌属食物中毒是活菌对沙门氏菌肠黏膜的侵袭导致的感染型中毒；目前，至少可以肯定某些如鼠伤寒沙门氏菌、肠炎沙门氏菌除引起感染型中毒外，所产生的肠毒素在导致食物中毒发生中也起重要作用。因此，沙门氏菌食物中毒可能具有细菌侵入和肠毒素两者混合型中毒特性。

引起食物中毒的必要条件是食物中含有大量的活菌，食入活菌数量越多，发生中毒的几率就越大。由于各种血清型沙门氏菌致病性强弱不同，因此随同食物摄入沙门氏菌出现食物中毒的菌量亦不相同。一般来说，食入致病性强的血清型沙门氏菌 2×10^5 cfu/g 即可发病，致病力弱的血清型沙门氏菌 10^8 cfu/g 才能发生食物中毒。通常情况下 2×10^5 cfu/g 即可发病。致病力越强的菌型越易致病，通常认为猪霍乱沙门氏菌致病力最强，鼠伤寒沙门氏菌次之，鸭沙门氏菌致病力较弱。中毒的发生不仅与菌量、菌型、毒力的强弱有关，并且与个体的抵抗力有关。幼儿、体弱老人及其他疾病患者是易感性较高的人群。较少菌量或较弱致病力的菌型仍可引起食物中毒，甚至出现较重的临床症状。

10.2.1.3 引起中毒的食品及污染途径

沙门氏菌的传播途径非常广泛，主要的繁殖地是动物的肠道内，也有可能存在于身体的其他部位。常可在各种动物，如猪、牛、羊、马等家畜，鸡、鸭、鹅等家禽，鼠类、飞鸟等野生动物的肠道中发现。鸡是沙门氏菌最大的储存宿主，鸡群被沙门氏菌感染暴发死亡率高达80%。沙门氏菌也存在于多类食物中，如猪肉、牛肉、鱼肉、香肠、火腿、禽、蛋和奶制品、豆制品、水产品、田鸡腿、椰子、酱油、沙拉调料、蛋糕粉、奶油夹心甜点、花生露、橙汁、可可和巧克力等。

沙门氏菌污染肉类，可分为生前感染和宰后污染两个方面。生前感染指家畜、家禽在宰杀前已感染沙门氏菌。沙门氏菌可在很多动物肠道中繁殖，健康家畜沙门氏菌带菌率为2%～15%，患病家畜的带菌率较高，乳病猪沙门氏菌检出率约为70%以上。宰后污染是家畜、家禽在屠宰过程中或屠宰后被带沙门氏菌的粪便、容器、污水等污染。

蛋类及其制品感染或污染沙门氏菌的机会较多，尤其是鸭、鹅等水禽及其蛋类带菌率比较高，一般为30%～40%。家禽及蛋类沙门氏菌除原发和继发感染使卵巢、卵黄、全身带菌外，禽蛋在经泄殖腔排出时，蛋壳表面可在肛门腔里被沙门氏菌污染，沙门氏菌可通过蛋壳气孔侵入蛋内；蛋制品，如冻全蛋、冻蛋白等亦可在加工过程的各个环节受到污染。

带菌牛产的奶中有时带菌，即使健康奶牛的奶在挤出后亦可受到带菌奶牛粪便或其他污物的污染，所以，鲜奶和鲜奶制品如未经彻底消毒，也可引起沙门氏菌食物中毒。

水产品污染沙门氏菌主要是由于水源被污染，淡水鱼虾有时带菌，海产鱼虾一般带菌较少。最近报道,从进口冷冻带鱼中检出沙门氏菌。

肉类食品从畜禽屠宰到销售的各环节中,都可受到污染。带菌的人和鼠、蝇、蟑螂等也可成为污染源。

此外,在水、土壤、昆虫、工厂和厨房设施的表面、动物粪便以及食品的加工、运输、出售过程中往往有该类细菌的污染。恢复期患者和带菌者也是常见的传染源。沙门氏菌在粪便、土壤、食品、水中可生存5个月至两年之久。尽管沙门氏菌可从大量的不同动物中分离出来,但是它们在动物的不同器官中的发生率是不同的。通过研究猪屠宰时发现,病原体除存在于粪便外,还存在于脾、肝、胆汁、肠系膜等部位。沙门氏菌食物中毒,除了主要发生在夏秋季节外,全年都可发生。

10.2.1.4 预防措施

沙门氏菌的预防措施亦即细菌性食物中毒的预防措施,主要抓住三个环节:

(1)防止食品被沙门氏菌污染　加强对食品生产企业的卫生监督及家畜、家禽宰前和宰后兽医卫生检验,并按有关规定进行处理。屠宰时,要特别注意防止肉尸受到胃肠内容物、皮毛、容器等污染。

食品加工、销售、集体食堂和饮食行业的从业人员,应严格遵守有关卫生制度,特别是加强防止交叉污染如熟肉类制品被生肉或盛装的容器污染,切生肉和熟食品的刀、菜墩要分开。并对上述从业人员定期进行健康和带菌检查,如有肠道传染病患者及带菌者应及时调换工作。

(2)控制食品中沙门氏菌的繁殖　沙门氏菌繁殖的最适温度是37℃,但在20℃以上就能大量繁殖。因此,低温贮存食品是预防食物中毒的一项重要措施。在食品工业、食品销售网店、集体食堂均应有冷藏设备,并按照食品低温保藏的卫生要求贮藏食品。适当浓度的食盐也可控制沙门氏菌的繁殖。肉、鱼等可加食盐保存可以控制沙门氏菌的繁殖。

(3)彻底杀死沙门氏菌　对沙门氏菌污染的食品进行彻底加热灭菌,是预防沙门氏菌食物中毒的关键措施。加热灭菌的效果取决于许多因素,如加热方法、食品被污染的程度、食品体积的大小。为彻底杀灭肉类中可能存在的各种沙门氏菌、灭活毒素,应使肉块深部的温度达到80℃。为此要求肉块重量应在1 kg以下,在敞开的锅中煮时,应自水沸起煮2.5~3 h。否则肉块中心部不能充分加热,尚有残存的活菌,在适宜的条件下繁殖,仍可引起食物中毒。

10.2.2 葡萄球菌

葡萄球菌(*Staphylococcus*)食物中毒系毒素型食物中毒。葡萄球菌食物中毒是由于进食含有一种或多种含葡萄球菌肠毒素的食物所引起。虽然目前已经知道许多既不产生凝固酶也不产生耐热核酸酶的葡萄球菌也能产生肠毒素(表10-1),但一般认为引起食物中毒的肠毒素的产生与产生凝固酶和核酸酶(耐热核酸酶)的金黄色葡萄球菌有关。

10.2.2.1 病原

葡萄球菌属于革兰氏阳性需氧或兼性厌氧菌,触酶阳性,氧化酶阴性,无运动力。可在普通培养基、血琼脂上等生长,如在培养基中加入可被分解的碳水化合物则有利于毒素的生成。典型的葡萄球菌为圆形,直径0.5~1.5 μm,排列成葡萄串状(图10-2),但在脓汁中或生长在液体培养基中的球菌常呈双球或短链排列。用青霉素可诱导成L型。无芽胞,无鞭毛,有的形成荚膜或黏液层。致病性菌株多能产生脂溶性的黄色或柠檬色素,不着染培养基。在 6.5 ~ 46℃ 范围内可繁殖，最适生长温度为 37℃；pH 为 4.5 ~ 9.8 都能生长，最适 pH 为 7.4。

致病性菌株耐盐，可以在 10% ~ 15% NaCl 中的生长繁殖。葡萄球菌的抵抗力较强，在干燥条件下可生存数月；对热抵抗力较一般无芽孢的细菌强，经 80℃ 加热 30 min 才能被杀死。

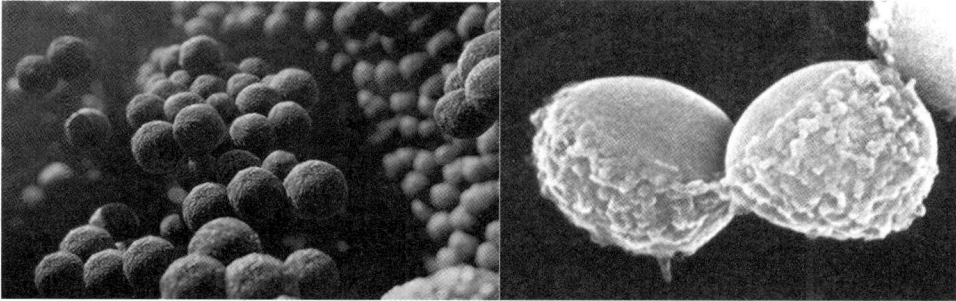

图 10 - 2 扫描电镜下的葡萄球菌

葡萄球菌属于微球菌科的葡萄球菌属（*Staphylococcus*），葡萄球菌种类繁多，过去按产生的色素分为 3 种：金黄色葡萄球菌（*S. aureus*）、白色葡萄球菌（*S. albus*）、柠檬色葡萄球菌（*S. citreus*）。1974 年葡萄球菌属分为 3 种：金黄色葡萄球菌、表皮葡萄球菌（*S. epidermidis*）、腐生葡萄球菌（*S. saprophyticus*）。1996 年，已经归类于葡萄球菌属的菌种有 31 种，其中与食品有关的菌种见表 10 - 1。在表中列出的 18 个种和亚种中，仅有 6 种为凝固酶阳性，凝固酶阳性葡萄球菌是与食品有关的重要菌种。

表 10 - 1 已知能产生凝固酶、核酸酶和/或肠毒素的葡萄球菌菌种和亚种

菌种	拉丁名称	凝固酶	核酸酶	肠毒素	溶血性	甘露醇	DNA 中（G + C）%
金黄色葡萄球菌	*S. aureus*						
厌氧亚种	*anaerobius*	+	耐热	-	+	-	31.7
金黄亚种	*aureus*	+	耐热	+	+	+	32 ~ 36
间型葡萄球菌	*S. intermedius*	+	耐热	+	+	（+）	32 ~ 36
猪葡萄球菌	*S. hyicus*	（+）	耐热	+	-	-	33 ~ 34
海豚葡萄球菌	*S. delphini*	+	-		+	+	39
施氏葡萄球菌	*S. sehleiferisubsp.*						
凝聚亚种	*coagulans*	+	耐热		+	（+）	35 ~ 37
施氏亚种	*schleiferi*	-	耐热		+	-	37
山羊葡萄球菌	*S. caprae*	-	不耐热	+	（+）	-	36.1
产色葡萄球菌	*S. chromogens*	-	- w	+	-	可变	33 ~ 34
柯氏葡萄球菌	*S. cohnii*	-	-	+	-	可变	36 ~ 38
表皮葡萄球菌	*S. epidermidis*			+	可变	-	30 ~ 37

续表 10 - 1

菌种	拉丁名称	凝固酶	核酸酶	肠毒素	溶血性	甘露醇	DNA 中（G + C）%
溶血葡萄球菌	*S. haemolyticus*	–	不耐热	+	+	可变	34 ~ 36
缓慢葡萄球菌	*S. lentus*	–		+		+	30 ~ 36
腐生葡萄球菌	*S. saprophyticus*	–		+		+	31 ~ 36
松鼠葡萄球菌	*S. sciuri*	–		+	–	+	30 ~ 36
模仿葡萄球菌	*S. simulans*	–	可变		可变	+	34 ~ 38
沃氏葡萄球菌	*S. warneri*	–	不耐热	+	– *w*	+	34 ~ 35
木糖葡萄球菌	*S. xylosus*	–	–	+	+	可变	30 ~ 36

注：+ 为阳性；– 为阴性；– *w* 为阴性至弱阳性；（+）为弱阳性。

金黄色葡萄球菌可产生多种毒素和酶，故致病性强。致病菌株产生的毒素和酶主要有溶血毒素（staphylolysin）、杀白血球毒素（leukocidin）、凝固酶（coagulase）、溶纤维蛋白酶（fibrinolysin）、透明质酸酶（hyalurouidase）、耐热核酸酶（heat stable nuclease）、剥脱性毒素（exfoliative toxin）、肠毒素（enterotoxin）等。近年的报告表明，50% 以上的金黄色葡萄球菌菌株在实验室条件下能够产生肠毒素，并且一个菌株能够产生两种或两种以上的肠毒素，能产生肠毒素的菌株凝固酶试验常呈阳性。肠毒素是结构相似的一组可溶性蛋白质，相对分子质量 26000 ~ 34000，耐热抗酸，能经受 100℃、30 min 或胃蛋白酶的水解。现在已经鉴定出的葡萄球菌肠毒素有 A、B、C₁、C₂、C₃、D、E、G、H 9 种。一般来说，在食物中毒发生时，肠毒素 A 是最常见的毒素，肠毒素 D 的发生率其次，涉及肠毒素 E 的发生率最低。各型肠毒素的毒力不一。A 型肠毒素毒力较强，摄入 1 μg 即可引起中毒，D 型毒力较弱，摄入 25 μg 才能引起中毒。葡萄球菌肠毒素是一种外毒素，具有耐热性，可以经 100℃、30 min 而不被破坏，要使其完全破坏需煮沸 2 h，粗毒素较精制毒素更耐热，这是葡萄球菌肠毒素的特点。其他如溶血素、杀白血球素等 100℃、10 min 或 80℃、20 min 就可丧失毒性。

10.2.2.2　食物中毒症状及发生原因

1. 食物中毒症状

金黄色葡萄球菌引起毒素型食物中毒，主要症状为急性胃肠炎症状，这是由于肠毒素进入人体消化道后被吸收进入血液，刺激中枢神经而发生的。潜伏期一般 1 ~ 5 h，最短为 15 min 左右，很少有超过 8 h 的。中毒的主要症状有恶心，反复呕吐，多者可达十余次，呕吐物初为食物，继为水样物，少数可吐出胆汁或含血物及黏液。中上腹部疼痛，伴有头晕、头痛、腹泻、发冷、体温一般正常或有低热，吐比泻重。病情重时，由于剧烈呕吐和腹泻，可引起大量失水而发生外周循环衰竭和虚脱。

儿童对肠毒素比成人敏感，因此儿童发病率较高，病情也比成人重。葡萄球菌肠毒素中毒一般病程较短，1 ~ 2 d 内即可恢复，预后良好，很少有死亡病例。

2. 中毒发生的原因

葡萄球菌食物中毒是因为产生肠毒素的葡萄球菌污染了食品，在较高的温度下大量繁殖，适宜的 pH 和适合的食品条件下产生了肠毒素，吃了这样的食品就会发生中毒。食品被葡萄球菌污染后，如果没有在较高温度下保存较长的时间，即没有形成肠毒素的适合条件，则不会引起中毒。如食品虽经葡萄球菌污染，但在10℃以下贮存，该菌不易繁殖，也很少产生肠毒素。

肠毒素的形成与食品受污染程度、食品存放的温度、食品的种类和性质等有密切的关系。一般说来，食品污染越严重，繁殖越快，越易形成肠毒素。在适宜本菌繁殖的温度时，同时也伴有肠毒素的形成，温度越高产生肠毒素的时间越短。如薯类和谷类食品中污染的葡萄球菌在20~37℃下经4~8 h就有肠毒素产生，而在5~6℃时，则需18 d才能产生肠毒素。虽然本菌在适宜温度下，在许多食品中容易繁殖，但只有在某些食品中产生肠毒素。一般而言，含蛋白质丰富，含水分较多，同时含一定淀粉的食品含奶点心、冰淇淋、熟肉及下水、蛋类、鱼类、含油脂较多的罐头类食品等受葡萄球菌污染后易形成肠毒素。因为淀粉、蛋白质等能促进本菌的繁殖和肠毒素的形成。

10.2.2.3 引起中毒的食品及污染途径

引起葡萄球菌肠毒素中毒的食品种类很多，主要为肉、奶、鱼、蛋类及其制品等动物性食品，含淀粉较多的糕、凉拌切粉、剩饭和米酒等也能引起中毒。国内报道以奶和奶制品以及用奶制作的冷饮（冰激凌、冰棍）和奶油糕点等最为常见。近年，由熟鸡、鸭制品引起增多。

葡萄球菌广泛分布于空气、土壤、水、食具，其主要污染源是人和动物。患有化脓性皮肤病、急性上呼吸道炎症和口腔疾病的患者，或健康人的咽喉和鼻腔、皮肤、头发经常带有产肠毒素菌株，经手或空气污染食品；患乳房炎的乳牛的乳汁中，经常含有产生肠毒素的葡萄球菌。一般健康人鼻、咽、肠道内带菌率为20%~30%。据报道，在禽类加工厂，屠宰后鸡体表带菌率为43.3%，鸭体表带菌率为66.6%。

10.2.2.4 预防措施

葡萄球菌肠毒素食物中毒的预防包括防止葡萄球菌污染和防止其肠毒素形成两方面。

1. 防止葡萄球菌污染食物

防止带菌人群对各种食物的污染：定期对食品加工人员、饮食从业人员、保育员进行健康检查，患局部化脓性感染（疖疮、手指化脓）、上呼吸道感染（鼻窦炎、化脓性咽炎、口腔疾病等）者应暂时调换其工作。

防止葡萄球菌对奶的污染：定期对健康奶牛的乳房进行检查，患化脓性乳腺炎时，其奶不能食用。健康奶牛的奶在挤出后，除应防止葡萄球菌污染外，亦应迅速冷却至10℃以下，防止在较高温度下，该菌的繁殖和毒素的形成。此外，奶制品应以消毒奶为原料。

患局部化脓性感染的畜、禽肉尸应按病畜、病禽肉处理，将病变部位除去后，按条件可食肉经高温处理以熟制品出售。

2. 防止肠毒素的形成

在低温、通风良好条件下贮藏食物不仅防止葡萄球菌生长繁殖，也是防止毒素形成的重要条件。因此，食物应冷藏或置于阴凉通风的地方，其放置时间亦不应超过6 h，尤其是气温较高的夏、秋季节。食用前还应彻底加热。

10.2.3 蜡样芽孢杆菌

10.2.3.1 病原

蜡样芽孢杆菌（*Bacillus cereus*）为革兰氏阳性、能形成芽孢的需氧或兼性厌氧大杆菌。菌体两端较平整，芽孢不大于菌体宽度，位于中央或稍偏一端，多呈链状排列（图10-3），无荚膜，有周身鞭毛。其生长温度范围是10~50℃，最适生长温度为28~35℃，10℃以下不能繁殖。

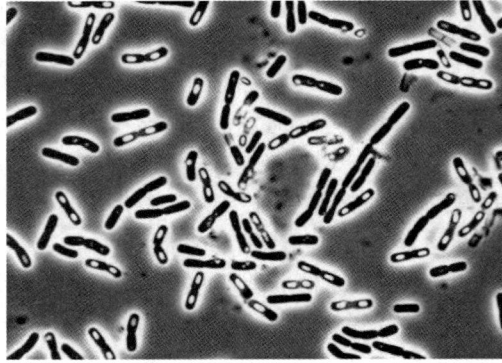

图10-3 蜡样芽孢杆菌形态

该菌繁殖体较耐热，加热100℃经20 min被杀死；芽孢具有其他嗜温菌典型的耐受性，能耐受100℃、30 min，干热120℃经60 min才能杀死。允许生长的pH为4.9~9.3。

导致食物中毒的菌株可产生肠毒素。肠毒素有耐热与不耐热之分。耐热性肠毒素可在米饭中形成，引起呕吐型食物中毒；不耐热性肠毒素可在包括米饭在内的各种食品中产生，引起腹泻型食物中毒。不耐热性肠毒素已经得到提纯，是一种蛋白质，对胰蛋白酶、链霉蛋白酶敏感，并可用尿素、重金属盐类、甲醛等灭活，加热56℃经30 min或60℃经5 min可使其被破坏。耐热性肠毒素相对分子质量为5000，加热110℃经5 min毒性仍残存，对胃蛋白酶、胰蛋白酶有耐受性。

10.2.3.2 食物中毒症状及发生原因

1. 食物中毒症状

蜡样芽孢杆菌食物中毒的中毒症状因其产生的毒素不同可分为呕吐型和腹泻型两类。

（1）呕吐型 潜伏期一般1~3 h。短者0.5 h，长者5 h，主要表现为恶心、呕吐、腹痛，腹泻及体温升高者少见。此外，头昏、四肢无力、口干、寒战、结膜充血等症亦有发生，但少见。病程一般为8~10 h。国内报道的本菌食物中毒多为此型。

本型主要是由剩米饭或炒饭引起的。本菌易在米饭中繁殖并产生耐热性肠毒素。本型蜡样芽孢杆菌食物中毒与葡萄球菌食物中毒在潜伏期、中毒表现方面非常相似，易混淆。

（2）腹泻型 潜伏期比呕吐型长。一般10~12 h，短者6 h，长者16 h。主要表现有腹泻、腹痛。水样便，一般无发热，可有轻度恶心，但呕吐罕见。但也有报道有发热和胃痉挛等症状。病程稍长，16~136 h。

本型主要是由于蜡样芽孢杆菌在各种食品中产生不耐热肠毒素所致。本型在潜伏期和中毒表现方面都与产气荚膜梭菌食物中毒相似，应注意鉴别。

2. 中毒发生的原因

蜡样芽孢杆菌食物中毒是由于食物中带有大量活菌和该菌产生的肠毒素引起的。食物中的活菌量越多，产生的肠毒素越多。活菌还有促进中毒发生的作用。因此，蜡样芽孢杆菌食物中毒除毒素的因素外，细菌菌体也起一定的作用。本菌食物中毒时，引起中毒的食品中可有大量的蜡样芽孢杆菌，食品中菌量的范围与菌株的型别和毒力、食品类别和摄入量、个体差异等有关。一般在 $10^6 \sim 10^8$ cfu/g 或更多。引发呕吐型需要的细菌数量似乎比引发腹泻型的数量要高。当剩饭、剩菜等贮存于较高的温度条件下，放置时间较长，使污染于食品中的蜡样芽孢杆菌繁殖、产毒，或食品虽经加热而残存的芽孢得以发芽繁殖的条件，进食前又未充分加热而引起中毒。诸如剩饭用热水或菜汤泡；油炒饭；剩饭未经任何加热处理直接掺入新饭中；新饭即将做好时，将剩饭倒在新饭上面或埋在其中等，都不能使剩饭充分加热，未能杀死蜡样芽孢杆菌，以致食后引起中毒。

10.2.3.3　引起中毒的食品及污染途径

国外引起中毒的食品范围相当广泛，包括乳及乳制品、畜禽肉类制品、蔬菜、马铃薯、豆芽、甜点心、调味汁、色拉、米饭和油炒饭，以及偶见于酱、鱼、冰淇淋等。国内主要是剩饭，特别是大米饭，因本菌极易在大米饭中繁殖；其次有小米饭、高粱米饭等剩饭；个别还有米粉、甜酒酿、月饼等。

引起蜡样芽孢杆菌食物中毒的食品大多无腐败变质现象，除米饭有时微有发黏、入口不爽或稍带异味外，大多数食品的感官性状正常。

蜡样芽孢杆菌广泛分布于土壤、尘埃、植物和空气中，并从多种市售的食品中检出，肉及肉制品带菌率为 13% ~ 26%、乳与乳制品为 23% ~ 77%、饼干为 12%、生米为 67.7% ~ 91%、米饭为 10%、炒饭为 24%、豆腐为 54%、蔬菜水果为 51%。该菌的主要污染源是泥土、灰尘，也可经苍蝇、蟑螂等昆虫污染不洁的容器和用具传播。

10.2.3.4　预防措施

土壤、灰尘常带有蜡样芽孢杆菌，鼠类、苍蝇和不洁的烹调用具、容器皆能传播该菌。为防止食品受其污染，食堂、食品企业必须严格执行食品卫生操作规范（GMP），做好防蝇、防鼠、防尘等各项卫生工作。因蜡样芽孢杆菌在 16 ~ 50℃ 均可生长繁殖并产生毒素，奶类、肉类及米饭等食品只能在低温下短时间存放，剩饭及其他熟食品在食用前须彻底加热，一般应在 100℃ 加热 20 min。

10.2.4　大肠埃希氏菌

10.2.4.1　病原

埃希氏菌属（*Escherichia*），俗称大肠杆菌属。本属细菌均为革兰氏阴性、两端钝圆的短杆菌（图 10-4），绝大多数菌株有周身鞭毛，能运动，周身还有菌毛，无芽孢，某些菌株具有荚膜，为需氧或兼性厌氧菌。生长温度范围在 10 ~ 50℃，最适生长温度为 40℃。生长能适应 pH 为 4.3 ~ 9.5，最适应的 pH 为 6.0 ~ 8.0。培养后保存于室温下可生存数周，在泥土和水中可以存活数月之久。对氯气敏感，在含有 0.5 ~ 1 mg·L⁻¹氯量的水中很快死亡。

埃希氏菌属中经常分离出来的是大肠埃希氏菌（*E. coli*）。大肠埃希氏菌主要存在于人和动物的肠道中，随粪便排出分布于自然界中，是肠道正常菌群，一般不致病。但有四种大肠杆菌是致病性的：肠道致病性大肠埃希氏菌（enteropat hogenic *E. coli*，EPEC）、肠道毒素性大

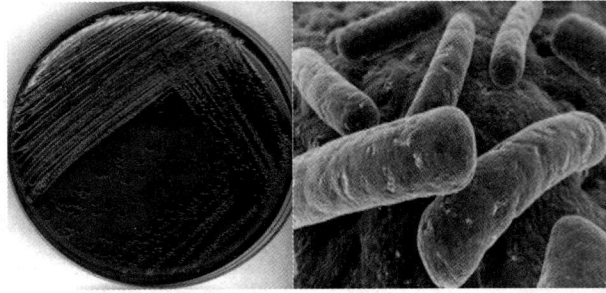

(a)大肠杆菌菌落　　　　　　　(b)电镜照片

图 10 – 4　大肠杆菌菌落及电镜照片

肠埃希氏(enterotoxigenic *E. coli*，ETEC)、肠道侵袭性大肠埃希氏菌(enteroinvasive *E. coli*，EIEC)和肠道出血性大肠埃希氏菌(enterohemorrhagic *E. coli*，EHEC)。

大肠埃希氏菌的抗原结构甚为复杂，主要由菌体(O)抗原、鞭毛(H)抗原、被膜(K)抗原三部分组成。K 抗原又分为 A、B、L 三类。致病性的菌株多数是带有 K 抗原的，致病大肠埃希氏菌的 K 抗原主要为 B 抗原，少数为 L 抗原。引起食物中毒的致病性大肠埃希氏菌的血清型有 $O_{111}:B_4$、$O_{55}:B_5$、$O_{26}:B_6$、$O_{86}:B_7$、$O_{124}:B_{17}$、$O_{157}:H_7$ 等。

①EPEC：病名为胃肠炎或婴儿腹泻。可致幼儿、儿童腹泻(水样)、腹痛。有特定的血清型，如 O_{18}、O_{20}、O_{44}、O_{55}、O_{84}、O_{111}、O_{112}、O_{119}、O_{125}、O_{126}、O_{127}、O_{128}、O_{142}、O_{146}、O_{158} 等。

②ETEC：病名为旅游者腹泻。能产生引起强烈腹泻的肠毒素，致病物质是耐热性肠毒素(heat stable enterotoxin，ST)或不耐热肠毒素(heat labile enterotoxin，LT)。ST 经 100℃30 min 破坏，LT 经加热 60℃30 min 破坏。

③EIEC：病名为杆菌性痢疾。较少见，所致疾病很像细菌性痢疾。无产生肠毒素的能力。

④EHEC：病名为出血性结肠炎。有特定的血清型，主要是 $O_{157}:H_7$ 等，产生 Vero 细胞毒素。有极强的致病性。

10.2.4.2　食物中毒症状及发生原因

1. 食物中毒症状

①EPEC：潜伏期为 17~72 h，水样腹泻、腹痛，脱水，发烧，电解质失衡，病程可持续 6 h 到 3 d。

②ETEC：引起急性胃肠炎，是致病性大肠埃希氏菌食物中毒的典型症状，比较常见。潜伏期一般为 10~15 h，短者 6 h，长者 72 h。主要表现为腹泻、上腹痛和呕吐。粪便呈水样或米汤样，每日 4~5 次。部分患者腹痛较为剧烈，可呈绞痛。吐、泻严重者可出现脱水，乃至循环衰竭。发热，38~40℃，头痛等。病程 3~5 d。

③EIEC：引起菌痢。潜伏期 48~72 h。主要表现为血便、脓黏液血便、里急后重、腹痛、发热，部分病人有呕吐。发热，38~40℃，可持续 3~4 d。病程 1~2 周。

EHEC：潜伏期为 3~9 d，其前驱症状为腹部痉挛性疼痛和短时间的自限性发热、呕吐，1~2 d 内出现非血性腹泻，初期为水样，逐渐成为血样腹泻，导致出血性结肠炎，严重腹痛和便血。

2. 中毒发生的原因

大肠杆菌中毒发生的原因同沙门氏菌，这里不再赘述。

10.2.4.3 引起中毒的食品及污染途径

引起中毒的食品基本与沙门氏菌相同。从现有资料看，不同的致病性大肠埃希氏菌涉及的食品有所差别：

①EPEC：水，猪肉，肉馅饼；

②ETEC：水，奶酪，水产品；

③EIEC：水，奶酪，土豆色拉，罐装鲑鱼；

④EHEC：牛肉糜，生牛奶，发酵香肠，苹果酒，未经巴氏杀菌的苹果汁，色拉油拌凉菜，水，生蔬菜，三明治。

致病性大肠埃希氏菌存在人和动物的肠道中，随粪便排出而污染水源、土壤。受污染的土壤、水、带菌者的手均可污染食品，或被污染的器具再污染食品。

健康人肠道致病性大肠埃希氏菌带菌率一般为2%～8%，高者达44%；成人肠炎和婴儿腹泻患者的致病性大肠埃希氏菌带菌率较健康人高，为29%～52.1%。饮食行业、集体食堂的餐具、炊具，特别是餐具易被大肠埃希氏菌污染，其检出率高达50%左右，致病性大肠埃希氏菌检出率为0.5%～1.6%。食品中致病性大肠埃希氏菌检出率高低不一，低者1%以下，高者达18.4%。猪、牛的致病性大肠埃希氏菌检出率为7%～22%。

10.2.4.4 预防措施

预防措施与沙门氏菌食物中毒基本相同。防止动物性食品被人类带菌者、带菌动物以及污水、容器和用具等污染，应特别强调防止生熟交叉污染和熟后污染。熟食品应低温保藏。另外，未经处理的人类粪便不能直接用于人类食用的蔬菜和植物的施肥，也不能用未经氯处理的水来清洗与食品接触的表面。

控制食源性EHEC感染最主要的方法是，在屠宰和加工食用动物时，避免粪便污染，动物性食品必须充分加热以杀死该细菌。消费者应避免吃生的或半生的肉、禽，应避免喝未经巴氏消毒的牛奶或果汁。

10.2.5 副溶血性弧菌

10.2.5.1 病原

副溶血性弧菌（*Vibrio parahaemolyticus*）是一种嗜盐菌。本菌是革兰氏阴性、无芽孢的兼性厌氧性杆菌，呈多形性。菌体偏端有鞭毛一根，活动活泼（图10-5）。在有盐的情况下生长，在无盐的情况下不能生长，本菌在含盐3%～3.5%的培养基内、pH 7.4～8.2、30～37℃时生长最佳。副溶血性弧菌对酸敏感，在普通醋内经5 min即死亡。不耐热，加热至55℃时10 min、75℃时5 min、90℃时1 min即可死亡。对低温抵抗力较弱，0～2℃经24～48 h可死亡。在自来水、井水等淡水中存活时间一般不超过2 d，而在海水中存活时间可超过47 d。该菌繁殖的最小水分活度为0.75。在耐受食盐的特性上来看，0.5%～0.7%的低浓度中也可以生长，食盐浓度再低一些，就不能生长。对食盐的耐受量约在7%左右，但有时从盐腌制食品中分离出的菌种，在含有15%食盐的基质中，也有见到能生长的。在培养基上生长，容易产生扩散菌落，若在培养基中加入胆盐（0.1%），就可形成单独菌落。繁殖速度快的，其增代时间仅8 min左右。

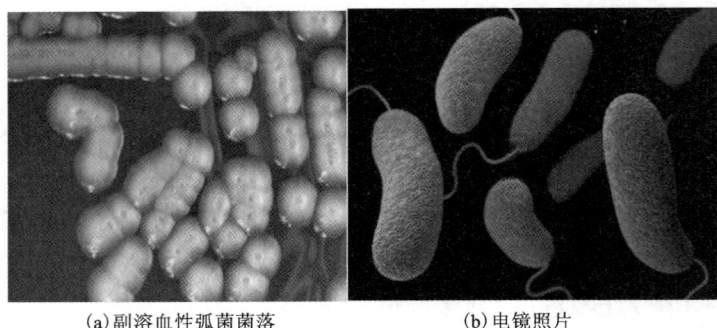

(a)副溶血性弧菌菌落　　　　　　　(b)电镜照片

图 10 – 5　副溶血性弧菌菌落及电镜照片

应用最为广泛的检测副溶血性弧菌潜在毒性的体外试验是"神奈川(Kanagawa)现象"在所有副溶血性弧菌中,多数毒性菌株为阳性(K^+),多数非毒性菌株微阴性(K^-)。K^+菌株能产生耐热性溶血毒素,其相对分子质量为42000。毒素耐热,在100℃加热10 min 仍不被破坏。除具有溶血作用外,还具有细胞毒、心脏毒、肝脏毒以及致腹泻作用。

10.2.5.2　食物中毒症状及发生原因

1.食物中毒症状

潜伏期一般11~18 h,短者为4~6 h,长者32 h。潜伏期短者病情较重。副溶血性弧菌引起的食物中毒,其前驱症状为上腹部疼痛,亦有少数患者是以发热、腹泻、呕吐开始的,继而出现其他症状。腹痛在发病后5~6 h 时最重,以后逐渐减轻。腹痛大多持续1~2 d,个别者持续数天或更长时间。2/3 病例上腹部压痛比较明显,大多存在1~2 d,少数患者可持续1 周。绝大多数患者都有腹泻。开始时是水样便,或部分患者有血水样便,以后转成脓血便、黏液血便或脓黏液便。部分患者开始即为脓血、黏液或脓黏液便。每日腹泻多在10 次以内,一般持续1~3 d。呕吐症状没有葡萄球菌食物中毒那么厉害,多数患者每日呕吐1~5 次。一般在吐、泻之后感到发冷或部分患者有寒战,继之发热。体温多在37~38℃,少数患者可超过39℃。

2.发生原因

副溶血性弧菌食物中毒可由大量活菌侵入造成、毒素引起以及两者混合作用所致。副溶血性弧菌繁殖速度很快,受副溶血性弧菌污染的食物,在较高温度下存放,食前不加热(生吃),或加热不彻底(如海蜇、海蟹、黄泥螺、毛蚶等),或熟制品受到带菌者、带菌生食品,带菌容器及工具等的污染,食物中副溶血性弧菌可随食物进入人体肠道,在肠道生长繁殖,当达到一定数量时,即可引起食物中毒。其产生的耐热性溶血毒素也是引起食物中毒的病因。

10.2.5.3　引起中毒的食品及污染途径

引起中毒的食物主要是海产品,其中以墨鱼、带鱼、黄花鱼、螃蟹、虾、贝、海蜇等为多;其次如咸菜、熟肉类、禽肉及禽蛋、蔬菜等。在肉、禽类食品中,腌制品约占半数。

副溶血性弧菌广泛存在于海洋和海产品及海底沉淀物中。海产鱼虾贝类是该菌的主要污染源。接触过海产鱼虾的带菌厨具、容器不经洗刷消毒也可成为污染源,带菌者也是传染源之一。据报道,海产品中,以墨鱼带本菌率最高,为93%,梭子蟹为79.8%,带鱼、大黄鱼分别为41.2%、27.3%。另据报道,熟盐水虾带本菌率为35%;同时还检出溶藻弧菌,检出率为 65%。在不同季节带菌率也不同，在冬季带菌率很低，甚至阴性，夏季平均带菌率高达94.8%，咸菜带菌率为 15.8%。沿海地区饮食从业人员、健康人群及渔民副溶血性弧菌带菌率为 0～11.7%，有肠道病史者带菌可达 31.6%～88.8%。带菌人群可污染各类食物。沿海地区炊具副溶血性弧菌带菌率为 61.9%。食物容器、砧板、切菜刀等处理食物的工具生熟不分时，副溶血性弧菌可通过上述工具污染熟食物或凉拌菜。

10.2.5.4　预防措施

副溶血性弧菌食物中毒的预防和沙门氏菌食物中毒基本相同，尤其要注意抓好控制繁殖和杀灭病原菌。对水产品烹调要格外注意，应煮熟煮透，切勿生吃；由于副溶血性弧菌对酸的抵抗力较弱，可用食醋拌渍。

动物性食品，肉块要小，应充分煮熟煮透，防止里生外熟。食品烹调后应尽早吃完，不宜在室温下放置过久，隔餐或过夜饭菜，食前要回锅热透。生熟炊具要分开，注意洗刷、消毒，防止生熟食物交叉污染。因该菌对低温抵抗力弱，故海产品或熟食品应低温冷藏。

10.2.6　变形杆菌

10.2.6.1　病原

变形杆菌属(*Proteus*)包括普通变形杆菌(*P. vulgaris*)、奇异变形杆菌(*P. mirabilis*)和产粘变形杆菌(*P. myxofaciens*)。引起食物中毒的变形杆菌主要是普通变形杆菌、奇异变形杆菌。以往的变形杆菌食物中毒还包括普罗威登斯菌属(*Providenci d*)中的雷氏普罗威登斯菌(*P. rettgeri*)、摩根氏菌属(*Morganella*)中的摩氏摩根菌(*M. morganii*)。雷氏普罗威登斯菌、摩氏摩根菌原都被分类于变形杆菌属，现行的细菌学分类法把它们从变形杆菌属中分出来。

变形杆菌为革兰氏阴性杆菌，两端钝圆，有明显的多形性。无芽孢与荚膜，有周身鞭毛，运动活泼(图 10-6)。为需氧或兼性厌氧，对营养要求不高，生长温度为 10～43℃。变形杆菌不耐热，60℃、5～30 min 皆可杀死。现已证实，变形杆菌可产生肠毒素，此肠毒素为蛋白质和碳水化合物的复合物，具抗原性。

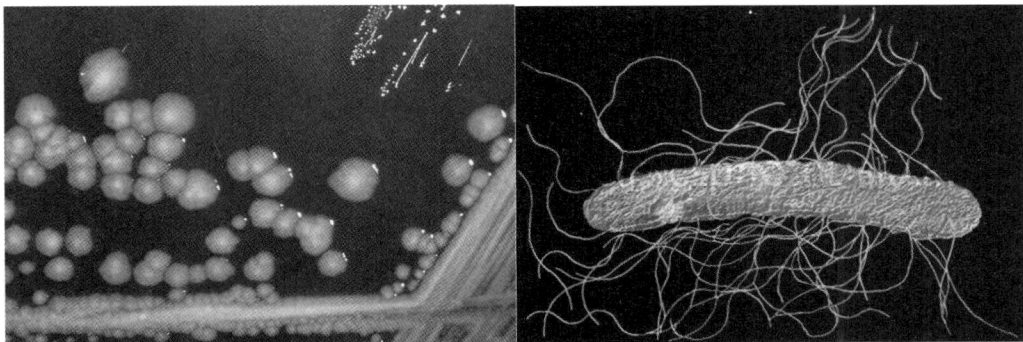

(a)变形杆菌菌落　　　　　　　　　　　(b)电镜照片

图 10-6　变形杆菌菌落及电镜照片

10.2.6.2　食物中毒症状及发生原因

1. 食物中毒症状

潜伏期一般为 12～16 h，短者 1～3 h，长者 60 h。主要表现为腹痛、腹泻、恶心、呕吐、发冷、发热、头晕、头痛、全身无力、肌肉酸痛等。重者有脱水、酸中毒、血压下降、惊厥、昏迷。腹痛剧烈，多呈脐周围部的剧烈绞痛或刀割样疼痛。腹泻多为水样便，一日数次至10余次。体温一般为38~39℃。发病率较高，一般为50%~80%。病程比较短，一般为1~3 d，多数在24 h内恢复。

2.发生原因

在烹调制作食品过程中，处理生、熟食品的工具、容器未严格分开使用，使制成的熟食品受到重复污染或者操作人员不讲究卫生，通过手污染熟食品。受污染的熟食品在较高的温度下存放较长的时间，细菌大量繁殖；食用前不再回锅加热或加热不彻底，食后引起中毒。

10.2.6.3　引起中毒的食品及污染途径

引起中毒的食品主要是动物性食品，如熟肉类、熟内脏、熟蛋品、水产品等，豆制品（如"素鸡"、豆腐干）、凉拌菜，剩饭和病死的家畜肉也可引起中毒。

食物中的变形杆菌主要来自外界的污染。变形杆菌属为腐败菌，在自然界分布广泛，土壤、污水和动植物中，都可检出。在人和动物的肠道中也常有存在，据调查，有1.3%~10.4%的健康人，肠道可带这些菌，其中奇异变杆菌带菌率最高，约占半数以上（52%~76.9%），肠道病患者的带菌率较健康人带菌率更高，达13.3%~52.0%。食品受污染的机会很多。

生的肉类和内脏带菌率较高，往往是污染源。在烹调过程中，生熟交叉污染，处理生熟食品的工具容器未严格分开使用，被污染的食品工具、容器可污染熟制品。

10.2.6.4　预防措施

变形杆菌食物中毒的预防和沙门氏菌食物中毒基本相同，在此基础上，特别应注意控制人类带菌者对熟食品的污染及食品加工烹调中带菌生食物、容器、用具等对熟食品的污染。为此，食品企业应建立严格的卫生管理制度。

10.2.7　肉毒梭菌

10.2.7.1　病原

肉毒梭菌（*C. botulinum*）属于厌氧性梭状芽孢杆菌属（*Clostridium*），为革兰氏阳性粗大杆菌，两端钝圆，无荚膜，周身有4~8根鞭毛，能运动。28~37℃生长良好，最适pH 6~8。在20~25℃形成大于菌体、位于菌体末端的芽孢（图10-7）。当pH低于4.5或大于9.0时，或当环境温度低于15℃或高于55℃时，肉毒梭菌芽孢不能繁殖，也不产生毒素。肉毒梭菌加热至80℃、30 min或100℃、10 min即可杀死，但其芽孢抵抗力强，需经高压蒸汽121℃、30 min或干热180℃、5~15 min或湿热100℃、5 h才能将其杀死。

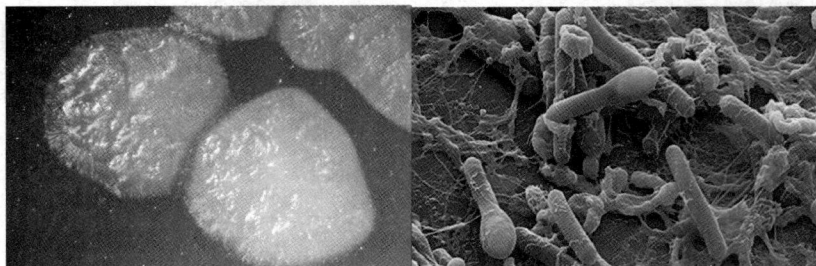

(a)肉毒梭菌菌落　　　　　　　　　　(b)电镜照片

图10-7　肉毒梭菌菌落及电镜照片

肉毒梭菌食物中毒是由肉毒梭菌产生的外毒素即肉毒毒素引起的。肉毒毒素是一种强烈的神经毒素，经肠道吸收后作用于中枢神经系统的颅神经核和外周神经，抑制其神经传导递质——乙酰胆碱的释放，导致肌肉麻痹和神经功能不全。根据肉毒毒素的抗原性，肉毒梭菌已有 A、B、C。、C_β、D、E、F、G 型，各型的肉毒梭菌分别产生相应型的毒素。其中 A、B、E、F 四型毒素对人有不同程度的致病性而引起食物中毒。我国肉毒梭菌食物中毒大多数是 A 型引起的，B 型和 E 型较少。肉毒毒素对消化酶（胃蛋白酶、胰蛋白酶）、酸和低温很稳定，对碱和热则易被破坏失去毒性，如在 pH 8.5 以上或 100℃、10 ~ 20 min 常被破坏。

10.2.7.2　食物中毒症状及发生原因

1. 食物中毒症状

潜伏期比其它细菌食物中毒潜伏期长。一般 12 ~ 48 h，短者 5 ~ 6 h，长者 8 ~ 10 d 或更长。潜伏期越短，病死率越高；潜伏期长，病情进展缓慢。

我国肉毒梭菌食物中毒的中毒表现出现的顺序具有一定的规律性。最初为头晕、无力，随即出现眼肌麻痹症状；继之张口、伸舌困难；进而发展为吞咽困难；最后出现呼吸肌麻痹等。

前期症状为乏力、头晕、头疼、恶心、呕吐、全身无力痛等。继有腹胀、腹痛、便秘或腹泻等，不一定发热。前期症状之后出现神经症状。其主要表现为眼症状、延髓麻痹和泌障碍。出现视力减弱、视力模糊、眼球震颤、复视、眼睑下垂、斜视、眼球固定、瞳孔散大、对光反射迟钝或消失等。与眼症状出现的时间大致相同或稍后，出现舌肌、咽肌麻痹，言语障碍、声音嘶哑直至失音、唾液分泌减少、咀嚼障碍、颈软，不能抬头，舌运动不灵活或舌硬、吞咽困难，耳鸣、耳聋，继续发展可致呼吸肌麻痹，出现呼吸困难、呼吸衰竭，并因此死亡。死亡者多发生在食后 3 ~ 7 d。

2. 中毒发生的原因

食物中肉毒梭菌主要来源于带菌土壤、尘埃及粪便，尤其是带菌土壤可污染各类原料食品。受肉毒梭菌芽孢污染的食品原料在家庭自制发酵食品、罐头食品或其他加工食品时，加热的温度及压力均不能杀死肉毒梭菌的芽孢，继而又在密封即厌氧环境中发酵或装罐，适宜的温湿度、不高的渗透压和酸度以及厌氧的条件，提供了使肉毒梭菌芽孢成为繁殖体并产生毒素的条件。食品制成后，一般不经加热而食用，其毒素随食物进入人体，引起中毒。此外，按牧民的改食习惯，冬季屠宰的牛肉密封越冬至开春，气温的升高为其食品中存在的肉毒梭菌芽孢变成繁殖体及产生毒素提供了条件，生吃污染肉毒梭菌及其毒素的牛肉，极易引起中毒。

肉毒梭菌菌株在真空加工食品中的生长和产生毒素是人们特别关心的问题。食品的真空加工是将食品原料装在严格密封的袋中，并在真空下加热。在这样的条件下只是多数或所有营养细胞被杀死，而细菌芽孢可以存活下来。这样，真空加工的食品是含有细菌芽孢的食品，而且芽孢处在厌氧和竞争微生物的环境中。在肉类、家禽和海产品等低酸食品环境中，肉毒梭菌的芽孢可能发芽并产生毒素。加热温度和时间是两个必须慎重监测的参数，以避免食品产生毒素。

10.2.7.3　引起中毒的食品及污染途径

中毒食品的种类往往同饮食习惯、膳食组成和制作工艺有关。但绝大多数为家庭自制的低盐浓度并经厌氧条件的加工食品或发酵食品，以及厌氧条件下保存的肉类制品。在我国，多为家庭自制豆或谷类的发酵食品，如臭豆腐、豆瓣酱、豆豉和面酱等；因肉类制、品或罐头食品引起中毒的较少，主要为越冬密封保存的肉制品。美国发生的肉毒梭菌中毒中72%为家庭自制的蔬菜、水果罐头、水产品及肉、奶制品。在日本，90%以上的肉毒梭菌中毒由家庭自制鱼类罐头或其他鱼类制品引起。欧洲各国肉毒梭菌中毒的食物多为火腿、腊肠及保藏的肉类。

肉毒梭菌存在于土壤、江河湖海的淤泥沉积物、尘土和动物粪便中，其中，土壤是重要污染源。直接或间接地污染食品包括粮食、蔬菜、水果、肉、鱼等，使其可能带有肉毒梭菌或其芽孢。据调查，我国肉毒中毒多发地区的原料粮、土壤和发酵制品中的肉毒梭菌检出率分别为13.6%、22.2%、14.9%。

10.2.7.4 预防措施

①在食品加工过程中，应当使用新鲜的原料，避免泥土的污染；加工前仔细地洗去泥土；加工时应烧熟煮透。

②生产罐头食品等真空食品时，必须严格执行《罐头食品生产卫生规范》（GB 8950—2016），装罐后要彻底灭菌。在贮藏过程中有产气膨胀的罐头时，不能食用。

③加工后的食品应避免再污染和在较高温度下或缺氧条件下存放，应放在通风和凉快的地方保存。

④肉毒梭菌不耐热，对可疑的食品应作加热处理，加热温度一般为100℃，10~20 min，可使各型毒素被破坏。

10.2.8　单核细胞增生李斯特氏菌

10.2.8.1　病原

单核细胞增生李斯特氏菌在分类上属李斯特氏菌属（*Listeria*），有8个菌种，即单核细胞增生李斯特氏菌（*L. monocytogenes*）、绵羊李斯特氏菌（*L. ivanovii*）、英诺克李斯特氏菌（*L. innocua*）、威尔斯李斯特氏菌（*L. welshimeri*）、西尔李斯特氏菌（*L. seeligeri*）、脱氮李斯特氏菌（*L. denitrificans*）、格氏李斯特氏菌（*L. grayi*）、默氏李斯特氏菌（*L. murrayi*）。引起食物中毒的主要是单核细胞增生李斯特氏菌。该菌为革兰氏阳性小杆菌，常呈 V 形成对或单个排列，无芽孢和荚膜，有鞭毛，需氧或兼性厌氧菌（图 10 – 8）。本菌需氧兼性厌氧，在血琼脂培养基上产生 β – 溶血环；生长温度 3 ~ 45℃，最适温度为 30 ~ 37℃；pH 5 ~ 9.6，耐酸不耐碱；具有嗜冷性，能在低至 4℃ 的温度下生存和繁殖；对热耐力较强，可耐受牛奶巴氏消毒温度（71.7℃，15 s）；能抵抗氯化钠、亚硝酸盐等食品防腐剂；在 10% NaCl 中可生长。对化学杀菌剂及紫外线照射均较敏感，75% 酒精 5 min、1‰ 新洁尔灭 30 min、紫外线照射 15 min 均可杀死本菌；经 60 ~ 70℃，5 ~ 20 min 可杀死。

10.2.8.2　食物中毒症状及发生原因

1. 食物中毒症状

发病突然，初时症状为恶心、呕吐、发烧、头疼，类似感冒。最突出的症状是脑膜炎、败血症、心内膜炎。孕妇呈全身感染，症状轻重不等，常发生流产、子宫炎，严重的可出现早产或死产。婴儿感染可出现肉芽肿脓毒症、脑膜炎、肺炎、呼吸系统障碍，患先天性李斯特氏菌病的新生儿多死于肺炎和呼吸衰竭，以及新生儿的细菌性脑膜炎。病死率高达 20% ~ 50%。孕妇感染后流产或迟产。

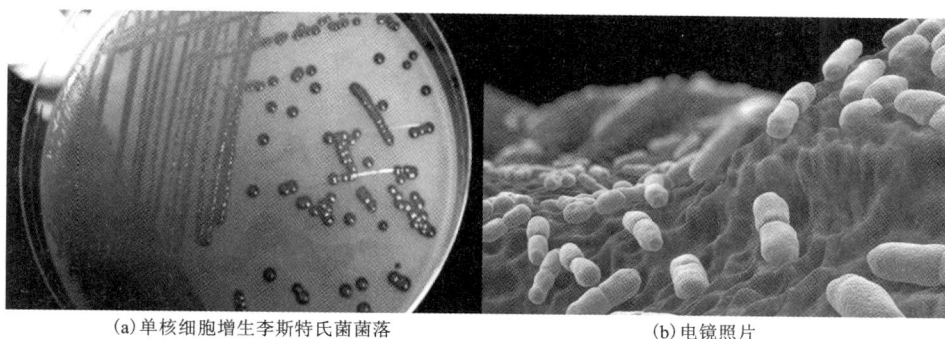

(a)单核细胞增生李斯特氏菌菌落　　　　　　　(b)电镜照片

图 10 - 8　单核细胞增生李斯特氏菌菌落及电镜照片

2. 中毒发生的原因

污染本菌的食品，未经彻底加热，食后引起中毒。如喝未彻底杀死本菌的消毒牛奶。冰箱内冷藏的熟食品、奶制品因受到本菌的交叉污染，从冰箱中取出直接食用，而引起食物中毒。

10.2.8.3　引起中毒的食品及污染途径

引起中毒的食品主要有奶与奶制品、肉制品、水产品、蔬菜及水果，尤以奶制品中奶酪（特别是软催熟型）、冰淇淋最为重要及多见。

单核细胞李斯特氏菌广泛分布于自然界，在土壤、健康带菌者和动物的粪便、江河水、污水、蔬菜(叶菜)、青贮饲料及多种食品(如禽类、鱼类和贝类)中可分离出本菌。本菌在土壤、污水、粪便、青贮饲料、牛奶中存活的时间比沙门氏菌长。该菌食物中毒的传染源为带菌的人或动物，它的传播通过口→粪→口，在人和动物、自然界之间传播。故可通过环境及许多其他来源传播给人，其中，食物污染为最重要的传播途径，常是引起暴发流行的主要原因。奶的污染主要来自粪便和被污染的青贮饲料，有报道消毒牛奶本菌污染率为 21%。人类粪便、哺乳动物、鸟类粪便均可携带本菌，在屠宰过程中污染肉尸，在生的和直接入口的肉制品中本菌污染率高达 30%；受热处理过的香肠可再污染本菌，曾从开封或密封的香肠袋内分离出本菌。国内有人从冰糕、雪糕中检出本菌，检出率为 17.39%，其中产单核细胞李斯特氏菌为 4.35%。由于本菌能在普通冰箱的冷藏条件下生长繁殖，故用冰箱冷藏食品，不能抑制本菌的繁殖。曾从中毒患者的冰箱中的食品中分离出本菌，在冰箱中有可能交叉污染。在销售过程中，食品从业人员的手也可对食品造成污染。人粪便带菌率为 0.6%~1.6%，人群中短期带菌者占 70%。

10.2.8.4　预防措施

针对李斯特氏菌耐低温和耐热性稍差以及乳制品、熟食易污染特点，采取以下预防措施：

①生的动物性食品，如牛肉、猪肉和家禽，要彻底加热；

②生食蔬菜食用前要彻底清洗；

③未加工的肉类与蔬菜、已加工的食品和即食食品分开；

④不吃生奶(未经巴氏消毒的)或用生奶加工的食品；

⑤加工生食品后的手、刀和砧板要清洗。

对高危人群(如孕妇、免疫低下者)除上述措施外，还应特别注意：

①不吃软奶酪，如 feta、Camembert、blue – veined、Mexican 奶酪，而硬奶酪、已经加工过的奶酪、奶油奶酪、cottage 奶酪和酸奶可以食用；

②吃剩食品和即食食品食用前应重新彻底加热；

③改刀熟食食用前应重新彻底加热。

10.2.9 其他细菌

其他细菌性食物中毒的病因物质、特征、中毒食品、污染源、预防措施等见表 10 – 2。

表 10 – 2 其他细菌性食物中毒

中毒类型	产气荚膜梭菌食物中毒	肠球菌食物中毒	志贺氏菌食物中毒	小肠结肠炎耶尔森氏菌食物中毒	空肠弯曲菌食物中毒
病原	产气荚膜梭菌及其肠毒素	D 群链球菌中的肠球菌如屎链球菌、粪链球菌	内氏志贺氏菌	小肠结肠炎耶尔森氏菌及其肠毒素	空肠弯曲菌及其肠毒素
污染源	人和动物带菌者的粪便、土壤、尘埃和污水	人和动物粪便、土壤、污水、人类带菌者	人类带菌者、粪便污染物	带菌粪便、污水、鼠类	人类和动物带菌者、污水
中毒症状	潜伏期多为 10～12 h，多呈急性胃肠炎症状，腹泻、腹痛伴有发热、恶心	潜伏期 5～10 h，症状为上腹不适、恶心、呕吐、腹痛、腹泻等急性胃肠炎表现。偶有头痛、头晕、周身无力、低热	潜伏期 10～20 h。症状为剧烈腹痛、呕吐、频繁腹泻水样、血液和黏液便，里急后重、恶寒、发热，体温高者可达 40℃以上	潜伏期 3～5 d，长者 10 d。以消化道症状为主，腹痛、发热、腹泻水样便，体温38～39.5℃	潜伏期 3～5 d，突发腹痛和腹泻水样便或黏液便至血便，体温 38～40℃
中毒原因	预煮食品室温下放置较久，芽孢尚残存，冷食或加热不彻底就食用，芽孢复活繁殖	加热时不彻底或熟后被该菌污染，较长时间保存，食前未彻底加热；冷藏于冰箱内	熟食品被污染，较高温度下、较长时间保存，菌繁殖	冷藏食品食前未彻底加热	受本菌污染的工具、容器，未经彻底洗刷消毒，交叉污染熟食品；食用未煮透或灭菌不充分的食品
中毒食品	畜肉、鱼和禽肉类及植物蛋白质性食品	熟肉类、奶及奶制品	冷盘、凉拌菜，肉、奶及熟食品	牛奶、肉类、豆腐、海产品等	生的或未煮熟的鸡肉、肉、海产品、奶、蛋
预防措施	适宜冷却处理和再加热；食品加工人员的教育	重点防止熟肉制品的二次污染	加强食品卫生管理及从业人员肠道带菌检查	防止二次污染；蒸煮；巴氏灭菌；水处理；特别注意冷藏食品卫生存放，温度适宜	适当的蒸煮和巴氏灭菌；食品加工人员良好卫生操作防止二次污染；水处理充分

10.2.10　真菌

真菌性食物中毒主要是指真菌毒素的食物中毒。真菌毒素(Mycotoxin)是真菌的代谢产物,主要产生于碳水化合物性质的食品原料,经产毒的真菌繁殖而分泌的细胞外毒素。其中产毒素的真菌以霉菌为主。霉菌在自然界分布很广,同时由于其可形成各种孢子,因而很容易污染食品。霉菌污染食品后不仅可造成腐败变质,而且有些霉菌还可产生毒素,造成误食人畜霉菌毒素中毒,并产生各种中毒症状。霉菌毒素是霉菌产生的一种有毒的次生代谢产物,自从 20 世纪 60 年代发现强致癌的黄曲霉毒素以来,霉菌与霉菌毒素对食品的污染日益引起人们重视。霉菌毒素通常具有耐高温,无抗原性,主要侵害实质器官的特性,而且霉菌毒素多数还具有致癌作用。因此,粮食及食品由于霉变不仅会造成经济损失,有些还会造成误食人畜急性或慢性中毒,甚至导致癌症。

10.2.10.1　霉菌产毒的特点

霉菌产毒仅限于少数的产毒霉菌,而产毒菌种中也只有一部分菌株产毒。产毒菌株的产毒能力还表现出可变性和易变性,产毒菌株经过累代培养可以完全失去产毒能力,而非产毒菌株在一定情况下,也会出现产毒能力,在实际工作中,应该随时考虑这种相对的概念。

霉菌毒素的产生并不具有一定的严格性。即一种菌种或菌株可以产生几种不同的毒素,而同一种霉菌毒素也会由几种霉菌产生。

产毒霉菌产生毒素也需要一定条件,主要是基质(食品)、水分、湿度、温度及空气流通情况。霉菌污染食品在上面繁殖是产毒的先决条件,而霉菌能否在食品上繁殖又与食品种类和环境因素等多方面的影响有关。一般情况下,霉菌在天然食品上比在人工合成培养基上更易繁殖,不同的食品,容易污染和繁殖的霉菌种类也有所不同,如花生、玉米的黄曲霉及其毒素的检出率就很高,小麦、玉米以镰刀菌(Fusarium)及其毒素污染为主,青霉及其毒素主要在大米中出现。

10.2.10.2　主要产毒霉菌

如前所述,并非所有的霉菌菌株都能产生毒素,所以确切地说,产毒霉菌是指已经发现的具有产毒菌株的一些霉菌,已知的产毒霉菌现有以下一些属种:

1. 曲霉属(Aspergillus)

曲霉在自然界分布极为广泛,对有机质分解能力很强。曲霉属中有些种如黑曲霉(A. niger)等被广泛用于食品工业。同时,曲霉也是重要的食品污染霉菌,可导致食品发生腐败变质,有些种还产生毒素。曲霉属中可产生毒素的种有黄曲霉(A. flavus)、赭曲霉(A. ochraceus)、杂色曲霉(A. versicolor)、烟曲霉、构巢曲霉(A. nidulans)和寄生曲霉(A. parasiticus)等。

2. 青霉属(Penicillium)

青霉分布广泛,种类很多,经常存在于土壤和粮食及果蔬上。有些种具有很高的经济价值,能产生多种酶及有机酸。另一方面,青霉可引起水果、蔬菜、谷物及食品的腐败变质,有些种及菌株同时还可产生毒素。例如,岛青霉(P. islandicum)、橘青霉(P. citrinum)、黄绿青霉(P. citreo - viri de)、红色青霉(P. rubrum)、扩展青霉(P. expansum)、圆弧青霉、纯绿青霉、展开青霉(P. patulum)、斜卧青霉(P. decumbens)等。

3. 镰刀菌属(*Fusarium*)

镰刀菌属(图10-9)包括的种很多，其中大部分是植物的病原菌，并能产生毒素。如禾谷镰刀菌(*F. graminearum*)、三线镰刀菌(*F. trincintum*)、玉米赤霉、梨孢镰刀菌(*F. poae*)、无孢镰刀菌、雪腐镰刀菌、串珠镰刀菌、拟枝孢镰刀菌(*F. sparotrichioides*)、木贼镰刀菌、茄属镰刀菌、粉红镰刀菌等。

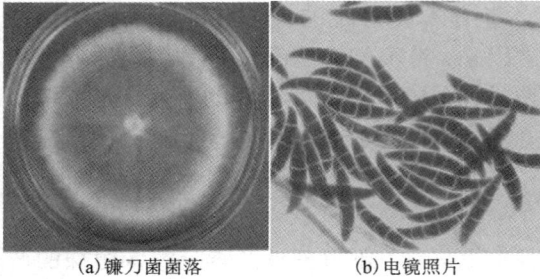

(a)镰刀菌菌落　　　　(b)电镜照片

图10-9　镰刀菌菌落及电镜照片

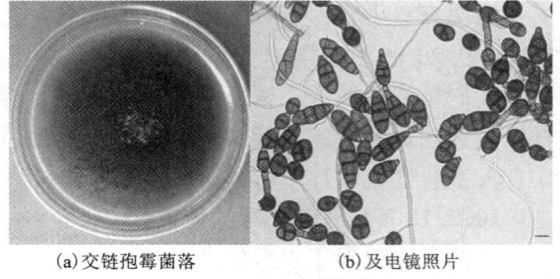

(a)交链孢霉菌落　　　　(b)及电镜照片

图10-10　交链孢霉菌落及电镜照片

4. 交链孢霉属(*Alternaria*)

菌丝有横隔，匍匐生长，分生孢子梗较短，单生或成丛，大多不分枝(图10-10)。分生孢子梗顶端生长分生孢子，其形状大小不定，形态为桑椹状，也有椭圆形和卵圆形，其上有纵横隔膜、顶端延长成喙状，多细胞。孢子褐色，常数个连接成链。尚未发现有性世代。

交链孢霉广泛分布于土壤和空气中，有些是植物病原菌，可引起果蔬的腐败变质，产生毒素。

5. 其他菌属

粉红单端孢霉、木霉属、漆斑菌属、黑色葡萄穗霉等。

10.2.10.3　霉菌毒素

1. 黄曲霉毒素

黄曲霉毒素(*Aflatoxin*，AFT或AT)为黄曲霉和寄生曲霉中产毒菌株的代谢产物。寄生曲霉的所有菌株都能产生黄曲霉毒素，但我国寄生曲霉罕见。黄曲霉是我国粮食和饲料中常见的真菌，由于黄曲霉毒素的致癌力强，因而受到重视，但并非所有的黄曲霉都是产毒菌株，即使是产毒菌株也必须在适合产毒的环境条件下才能产毒。这些霉菌无处不有，对食品和饲料污染的可能性广泛存在，黄曲霉毒素污染的发生和程度随地理和季节因素以及作物生长、收获、贮存的条件不同而不同，南方及沿海湿热地区更有利于霉菌毒素的产生。有时早在作物收获前、收获期和贮放期就已经有产毒菌株传染。

黄曲霉毒素是一类结构相似的化合物，基本结构都有二呋喃环和香豆素(氧杂萘邻酮)，现已分离出 B_1、B_2、G_1、G_2、B_2a、G_2a、M_1、M_2、P_1等十几种。黄曲霉毒素是对人和动物有剧毒的毒物，但不同种类的黄曲霉毒素毒性相差很大，以雏鸭对不同黄曲霉毒素的半数致死量(LD_{50})为例，其中 B_1 毒性最强(表10-3)，毒性仅次于肉毒毒素，是真菌毒素中最强的。

表 10 – 3 黄曲霉毒素的毒性　　　　　　　　　　　　（ μg · kg⁻¹ ）

毒素种类	半数致死量	毒素种类	半数致死量
B_1	0.36	M_1	3.2
B_2	1.70	M_2	12
G_1	0.78	B_2a	24
G_2	3.50	G_2a	32

黄曲霉毒素主要是诱发肝癌的发生，致癌作用比已知的化学致癌物都强，比二甲基亚硝胺强 75 倍。

黄曲霉毒素具有耐热的特点，裂解温度为 280℃ ，因此，一般的加工烹调方法不能把它消除。其在水中的溶解度很低，但能溶于油脂和多种有机溶剂。在长波紫外线照射下，毒素可显示荧光，低浓度的纯毒素易被紫外线破坏。另外加碱也能破坏一些毒素，若遇 5% 的次氯酸钠，该毒素瞬间即可破坏。

黄曲霉生长产毒的温度范围是 12 ~ 42℃ ，最适产毒温度为 33℃ ，最适 A_w 值为 0.93 ~ 0.98。黄曲霉在水分为 18.5% 的玉米、稻谷、小麦上生长时，第三天开始产生黄曲霉毒素，第十天产毒量达到最高峰，以后便逐渐减少。菌体形成孢子时，菌丝体产生的毒素逐渐排出到基质中。黄曲霉产毒的这种迟滞现象，意味着高水分粮食如在两天内进行干燥，粮食水分降至 13% 以下，即使污染黄曲霉也不会产生毒素。

黄曲霉毒素污染可发生在多种食品上，如粮食、油料、水果、干果、调味品、乳和乳制品、蔬菜、肉类等。其中以玉米、花生和棉籽油最易受到污染，其次是稻谷、小麦、大麦、豆类等。花生和玉米等谷物是适宜毒素菌株生长并产生黄曲霉毒素的基质。花生和玉米在收获前就可能被黄曲霉污染，使成熟的花生不仅污染黄曲霉而且可能带有毒素，玉米果穗成熟时，不仅能从果穗上分离出黄曲霉，并能够检出黄曲霉毒素。

黄曲霉毒素是一种强烈的肝脏毒，对肝脏有特殊亲和性并有致癌作用。它主要强烈抑制肝脏细胞中 RNA 的合成，破坏 DNA 的模板作用，阻止和影响蛋白质、脂肪、线粒体、酶等的合成与代谢，干扰动物的肝功能，导致突变、癌症及肝细胞坏死。同时，饲料中的毒素可以蓄积在动物的肝脏、肾脏和肌肉组织中，人食入后可引起慢性中毒。

中毒症状分为三种类型：

（1）急性和亚急性中毒　黄曲霉毒素毒性非常强，属于剧毒毒物，毒性比氰化钾大 10 倍，为砒霜的 68 倍。其中以 B_1 的毒性最大。短时间摄入黄曲霉毒素量较大，迅速造成肝细胞变性、坏死、出血及胆管增生，在几天或几十天内死亡。

（2）慢性中毒　持续摄入一定量的黄曲霉毒素，使肝脏出现慢性损伤，生长出现障碍，肝脏出现亚急性或慢性损伤，促使肝功能发生变化、肝脏组织学发生变化、食物利用率下降、发育缓慢、不孕或产仔少等。不同的动物对黄曲霉毒素的敏感性有一定的差异，与种类、年龄、性别及营养状况有关。

（3）致癌性　实验证明许多动物小剂量反复摄入或大剂量一次摄入皆能引起癌症，主要是肝癌。Wogan 等在 1967 年给大鼠喂含 15 ppb 黄曲霉毒素的饲料，经 68 ~ 82 周，所有动物都发生肝癌。据计算，它的诱癌力是二甲基偶氮苯的 900 倍以上，比二甲基亚硝胺大 75 倍。

从肝癌的流行病调查中发现，凡食物中黄曲霉毒素污染严重和人体实际摄入量较高的地区，肝癌的发病率也高。

黄曲霉主要产生 B_1 和 B_2 两种毒素，因此测定黄曲霉毒素的含量多以 B_1 为代表。鉴于黄曲霉毒素的毒性大、致癌力强、分布广，对人畜威胁极大，为防止黄曲霉毒素对人体的危害，世界各国都制定了各种食品和饲料中黄曲霉毒素 B_1 的允许量标准（表 10-4）。

由于黄曲霉毒素使多种动物致癌，人类与黄曲霉毒素接触水平与人类的原发性肝癌发病率之间呈正相关，人类摄入的黄曲霉毒素的数量在可能范围内越低越好，不论哪个国家制定的食品和饲料中的允许量标准都应看做是管理标准而不是确保健康的限量。

表 10-4　各国食品和饲料中黄曲霉毒素允许量标准

国名	食品与饲料	黄曲霉毒素 B_1 限量/($\mu g \cdot kg^{-1}$)	备注
中国	玉米、花生、花生油 大米、其他食油 粮食、豆类发酵食品 婴儿食品	<20 <10 <5 0	国家卫生标准
日 本	所有食品 饲料	0 0 20 40	小鸡、小牛、小猪 乳牛 其他家畜、家禽
美 国	一般食品 花生食品 带壳花生	20 15 25	B_1、B_2、G_1、G_2总量 B_1、B_2、G_1、G_2总量 B_1、B_2、G_1、G_2总量
法 国	食品 饲料	0 50 20 0	绵羊、山羊、成年羊 成年猪、鸡、乳牛 其他家畜家禽
德 国	食品 饲料	10 0～200	B_1、B_2、G_1、G_2总量 随动物种类不同而异

2. 黄变米毒素

黄变米是 20 世纪 40 年代日本在大米中发现的。这种米由于被真菌污染而呈黄色，故称黄变米。可以导致大米黄变的真菌主要是青霉属中的一些种，这些菌株侵染大米后产生毒性代谢产物，统称黄变米毒素。黄变米毒素可分为三大类：

（1）黄绿青霉毒素　大米水分 14.6% 感染黄绿青霉，在 12～13℃ 便可形成黄变米，米粒上有淡黄色病斑，同时产生黄绿青霉毒素（Citreoviridin）。该毒素不溶于水，加热至 270℃ 失去毒性；为神经毒，毒性强，中毒特征为中枢神经麻痹，进而心脏及全身麻痹，最后呼吸停止而死亡。

（2）橘青霉毒素　橘青霉污染大米后形成橘青霉黄变米，米粒呈黄绿色。精白米易污染桔青霉形成该种黄变米。桔青霉可产生桔青霉毒素（Citrinin），暗蓝青霉、黄绿青霉、扩展青霉、点青霉、变灰青霉、土曲霉等霉菌也能产生这种毒素。该毒素难溶于水，为一种肾脏毒，可导致实验动物肾脏肿大、肾小管扩张和上皮细胞变性坏死。

（3）岛青霉毒素　岛青霉污染大米后形成岛青霉黄变米，米粒呈黄褐色溃疡性病斑，同时含有岛青霉产生的毒素，包括黄天精、环氯肽、岛青霉素、红天精。前两种毒素都是肝脏毒，急性中毒可造成动物发生肝萎缩现象；慢性中毒发生肝纤维化、肝硬化或肝肿瘤，可导致大白鼠肝癌。

3. 镰刀菌毒素

根据联合国粮农组织（FAO）和世界卫生组织（WHO）联合召开的第三次食品添加剂和污染物会议资料，镰刀菌毒素问题同黄曲霉毒素一样被看作是自然发生的最危险的食品污染物。镰刀菌毒素是由镰刀菌产生的。镰刀菌在自然界广泛分布，侵染多种作物。有多种镰刀菌可产生对人畜健康威胁极大的镰刀菌毒素。镰刀菌毒素已发现有十几种，按其化学结构可分为以下三大类，即单端孢霉烯族化合物、玉米赤霉烯酮和丁烯酸内酯。

（1）单端孢霉烯族化合物（Tricothecenes）　单端孢霉烯族化合物是由雪腐镰刀菌、禾谷镰刀菌、梨孢镰刀菌、拟枝孢镰刀菌等多种镰刀菌产生的一类毒素。它是引起人畜中毒最常见的一类镰刀菌毒素。

在单端孢霉烯族化合物中，我国粮食和饲料中常见的是脱氧雪腐镰刀菌烯醇（DON）。DON又称致吐毒素（Vomitoxin），易溶于水、热稳定性高。烘焙温度210℃、油煎温度140℃或煮沸，只能破坏50%。DON主要存在于麦类赤霉病的麦粒中，在玉米、稻谷、蚕豆等作物中也能感染赤霉病而含有DON。赤霉病的病原菌是赤霉菌（$G. zeae$），其无性阶段是禾谷镰刀霉。这种病原菌适合在阴雨连绵、湿度高、气温低的气候条件下生长繁殖。如在麦粒形成乳熟期感染，则随后成熟的麦粒皱缩、干瘪、有灰白色和粉红色霉状物；如在后期感染，麦粒尚且饱满，但胚部呈粉红色。

人误食含DON的赤霉病麦（含10%病麦的面粉250 g）后，多在一小时内出现恶心、眩晕、腹痛、呕吐、全身乏力等症状。少数伴有腹泻、颜面潮红、头痛等症状。以病麦喂猪，猪的体重增重缓慢，宰后脂肪呈土黄色、肝脏发黄、胆囊出血。DON对狗经口的致吐剂量为0.1 mg · kg^{-1}。

（2）玉米赤霉烯酮（Zearelenone）　玉米赤霉烯酮是一种雌性发情毒素。动物吃了含有这种毒素的饲料，就会出现雌性发情综合症状。禾谷镰刀菌、黄色镰刀菌、粉红镰刀菌、三线镰刀菌、木贼镰刀菌等多种镰刀菌均能产生玉米赤霉烯酮。

玉米赤霉烯酮不溶于水，溶于碱性水溶液。禾谷镰刀菌接种在玉米培养基上，在25～28℃培养两周后，再在12℃下培养8周，可获得大量的玉米赤霉烯酮。赤霉病麦中有时可能同时含有DON和玉米赤霉烯酮。饲料中含有玉米赤霉烯酮在1～5 mg · kg^{-1}时才出现症状，500 mg/kg含量时出现明显症状。玉米中也可检测出玉米赤霉烯酮。

（3）丁烯酸内酯（Butenolide）　丁烯酸内酯在自然界发现于牧草中，牛饲喂带毒牧草导致烂蹄病。哈尔滨医科大学大骨节病研究室报道：在黑龙江和陕西的大骨节病区所产的玉米中发现有丁烯酸内酯存在。丁烯酸内酯是三线镰刀菌、雪腐镰刀菌、拟枝孢镰刀菌和梨孢镰刀菌产生的，易溶于水，在碱性水溶液中极易水解。

4. 杂色曲霉毒素（Sterigmatocystin）

杂色曲霉毒素（Sterigmatocystin，简称 ST）是杂色曲霉和构巢曲霉等产生的，基本结构为一个双呋喃环和一个氧杂蒽酮。其中的杂色曲霉毒素Ⅳa 是毒性最强的一种，不溶于水，可以导致动物的肝癌、肾癌、皮肤癌和肺癌，其致癌性仅次于黄曲霉毒素。由于杂色曲霉和构巢曲霉经常污染粮食和食品，而且有 80% 以上的菌株产毒，所以杂色曲霉毒素在肝癌病因学研究上很重要。糙米中易污染杂色曲霉毒素，糙米经加工成标二米后，毒素含量可以减少 90%。

5. 棕曲霉毒素（Ochratoxin）

该毒素由棕曲霉（A. ochraceus）、纯绿青霉、圆弧青霉和产黄青霉等产生。现已确认的有棕曲霉毒素 A 和棕曲霉毒素 B 两类。它们易溶于碱性溶液，可导致多种动物肝肾等内脏器官的病变，故称为肝毒素或肾毒素，此外还可导致肺部病变。

棕曲霉产毒的适宜基质是玉米、大米和小麦。产毒适宜温度为 $20 \sim 30℃$，A_w 为 $0.997 \sim 0.953$。在粮食和饲料中有时可检出棕曲霉毒素 A。

6. 展青霉毒素（Patulin）

展青霉毒素主要是由扩展青霉产生的，可溶于水、乙醇，在碱性溶液中不稳定，易被破坏。污染扩展青霉的饲料可造成牛中毒，展青霉毒素对小白鼠的毒性表现为严重水肿。扩展青霉在麦杆上产毒量很大。

扩展青霉是苹果贮藏期的重要霉腐菌，它可使苹果腐烂。以这种腐烂苹果为原料生产出的苹果汁会含有展青霉毒素。如用有腐烂达 50% 的烂苹果制成的苹果汁，展青霉毒素可达 $20 \sim 40 \ \mu g \cdot L^{-1}$。

7. 青霉酸（Penicilic acid）

青霉酸由软毛青霉、圆弧青霉、棕曲霉等多种霉菌产生的。极易溶于热水、乙醇。以 1.0 mg 青霉酸给大鼠皮下注射每周 2 次，$64 \sim 67$ 周后，在注射局部发生纤维瘤，对小白鼠试验证明有致突变作用。

在玉米、大麦、豆类、小麦、高粱、大米、苹果上均检出过青霉酸。青霉酸是在 20℃ 以下形成的，所以低温贮藏食品霉变可能污染青霉酸。

8. 交链孢霉毒素（Alternaria toxins）

交链孢霉是粮食、果蔬中常见的霉菌之一，可引起许多果蔬发生腐败变质。交链孢霉产生多种毒素，主要有 4 种：交链孢霉酚（Alternariol，简称 AOH）、交链孢霉甲基醚（Alternariol methylether，简称 AME）、交链孢霉烯（Altenuene，简称 ALT）、细偶氮酸（Tenuazoni acid，简称 TeA）。

AOH 和 AME 有致畸和致突变作用。给小鼠或大鼠口服 $50 \sim 398 \ mg \cdot kg^{-1}$ TeA 钠盐，可导致胃肠道出血死亡。交链孢霉毒素在自然界产生水平低，一般不会导致人或动物发生急性中毒，但长期食用其慢性毒性值得注意，在番茄及番茄酱中检出过 TeA。

10.2.10.5　真菌性食物中毒的预防与控制

真菌性食物中毒的预防与控制主要是指预防和控制霉菌造成的危害。要从清除污染源（防止霉菌生长与产毒）和去除霉菌毒素两个方面做工作。

1. 防霉

霉菌产毒需要 5 个条件：产毒菌株、合适基质、水分、温度和通风情况。在自然条件下，要想完全杜绝霉菌污染是不可能的，关键是要防止和减少霉菌的污染。最重要的防霉措施有：降低食品(原料)中的水分(控制合适的 A_w)和控制空气相对湿度表 10 - 5 列出了部分霉菌生长与产生毒素的最低 A_w，可供有关人员制订 HACCP 计划时参考。控制水分和湿度，保持食品和贮藏场所干燥，做好食品贮藏地的防湿、防潮，要求相对湿度不超过65%～70%，控制温差，防止结露，粮食及食品可在阳光下晾晒、风干、烘干或加吸湿剂、密封。

表 10 - 5　霉菌生长与产生毒素的最低 A_w

霉菌	最低 A_w	
	生　长	产　毒
黄曲霉	0.78	0.84(黄曲霉毒素)
	0.80	0.83～0.87
生曲霉	0.82	0.87(黄曲霉毒素)
曲霉(咖啡气发酵霉菌)	0.83	0.85(棕曲霉毒素)
	0.77	0.83～0.87
巨大青霉	0.81	
	0.82	0.87～0.90(棕曲霉毒素)
	0.85	
鲜绿青霉	0.83	0.83～0.86（棕曲霉毒素）
棕曲霉菌	0.81	0.88(青霉酸)
	0.76	0.80(青霉酸)
	0.76	0.85(棕曲霉毒素)
巨大青霉	0.87	0.97(青霉酸)
	0.82	
马丁氏青霉	0.83	0.99(青霉酸)
	0.79	
冰岛青霉	0.83	
展开青霉	0.83～0.85	0.95(棒曲霉素)
	0.81	
	0.83	0.85
苹果青霉	0.83～0.85	0.99(棒曲霉素)
	0.83	
棒曲霉	0.85	0.99(棒曲霉素)
雪白丝衣霉	0.84	
粉红单端孢霉	0.90	
黑葡萄状穗霉	0.94	0.94(stachybotnyn)

①减少食品表面环境的氧浓度，即气调防霉。控制气体成分以防止霉菌生长和毒素产生，通常采取除 O_2 或加入 CO_2，N_2 等气体，运用密封技术控制和调节储藏环境中的气体成分，在食品储藏工作中已广泛应用。

②降低食品贮存温度，即低温防霉。把食品储藏温度控制在霉菌生长的适宜温度以下从而抑菌防霉，冷藏食品的温度界限应在 4℃ 以下方为安全。

③采用防霉剂，即化学防霉。使用防霉化学药剂，有熏蒸剂如溴甲烷、二氯乙烷、环氧乙烷，有拌和剂如有机酸、漂白粉、多氧霉素。环氯乙烷熏蒸用于粮食防霉效果很好。食品中加入 0.1% 的山梨酸防霉效果很好。

2. 去毒

目前的除毒方法有两大类：一类包括用物理筛选法、溶剂提取法、吸附法和生物法去除毒素，称之为除去法；另一类用物理或化学药物的方法使毒素的活性破坏，称之为灭活法。用此法时，应注意所用的化学药物等不能在原食品中有残留，或破坏原有食品的营养素等。

（1）去除法

①人工或机械拣出毒粒。用于花生或颗粒大者效果较好，因为一般毒素较集中在霉烂、破损、皱皮或变色的花生仁粒中。如黄曲霉毒素，拣出花生霉粒后则毒素 B_1 可达允许量标准以下。

②溶剂去毒提取 80% 的异丙醇和 90% 的丙酮可将花生中的黄曲霉素全部提出来。按玉米量的 4 倍加入甲醇去除黄曲霉毒素可达满意的效果。

③吸附去毒。应用活性炭、酸性白土等吸附剂处理含有黄曲霉毒素的油品效果很好。如果加入 1% 的酸性白土搅拌 30 min 后澄清分离，去毒效果可达 96%～98%。

④微生物去毒。应用微生物发酵除毒，如对污染黄曲霉毒素的高水分玉米进行乳酸发酵，在酸催化下高毒性的黄曲霉毒素 B_1 可转变为黄曲霉毒素 B_2，此法适用于饲料的处理；其他微生物去毒如假丝酵母可在 20 d 内降解 80% 的黄曲霉毒素 B_1，根霉也能降解黄曲霉毒素。橙色黄杆菌（*Flavobacterium aurantiacum*）可使粮食食品中的黄曲霉毒素完全去毒。

（2）灭活法

①加热处理法。干热或湿热都可以除去部分毒素，花生在 150℃ 以下炒 0.5 h 约可除去 70% 的黄曲霉毒素，0.01 MPa 高压蒸煮 2 h 可以去除大部分黄曲霉毒素。

②射线处理。用紫外线照射含毒花生油可使含毒量降低 95% 或更多，此法操作简便、成本低廉，我国济南灯泡厂已制成专门的紫外光灯。日光曝晒也可降低粮种的黄曲霉毒素含量。

③醛类处理。2% 的甲醛处理含水量为 30% 的带毒粮食和食品，对黄曲霉毒素的去毒效果很好。

④氧化剂处理。5% 的次氯酸钠在几秒钟内便可破坏花生中黄曲霉毒素，经 24～72 h 可以去毒。

⑤酸碱处理。对含有黄曲霉毒素的油品可用氢氧化钠水洗，也可用碱炼法，它是油脂精加工方法之一，同时亦可去毒，因碱可水解黄曲霉毒素的内酯环，形成邻位香豆素钠，香豆素可溶于水，故可用水洗去。具体做法是毛油经过 20～65℃ 预热，然后加入 1% 的烧碱搅拌 30 min，保温静置沉淀 8～10 h，分离出毛脚，水洗、过滤、吹风、除水即得净油。

此外，用 3% 的石灰乳或 10% 的稀盐酸处理黄曲霉毒素污染的粮食也可以去毒。

总之，预防真菌性食物中毒主要是预防霉菌及其毒素对食品的污染，其根本措施是防霉，去毒只是污染后为防止人类受危害的补救方法。

霉菌和霉菌毒素污染食品后从食品卫生学角度应该考虑两方面的问题，即霉菌与霉菌毒素通过食品引起的人类中毒和霉菌引起的食品变质问题。

人类霉菌毒素中毒大多数是由于食用了被产毒霉菌菌株污染的食品所引起的。食品受到产毒菌株污染有时不一定能检测出霉菌毒素，这种现象比较常见，这是因为产毒菌株必须在适宜产毒的特定条件下才能产毒。但也有时从食品中检验出有某种毒素存在，而分离不出产毒菌株，这往往是食品在贮藏和加工中产毒菌株已经死亡，而毒素不易破坏的缘故。一般来说，产毒霉菌菌株主要在谷物粮食、发酵食品及饲草上生长，产生毒素，直接在动物性食品，如肉、蛋、乳上产毒的较为少见。而食入大量含毒饲草的动物同样可引起各种中毒症状或残留在动物组织器官及乳汁中，致使动物性食品带毒，被人食入后仍会造成霉菌毒素中毒。并且一般的烹调加热处理不能将霉菌毒素破坏去除。霉菌引起的毒素中毒无传染性。

霉菌大量生长、繁殖与产生毒素是霉菌毒素中毒的前提，这需要一定的条件，特别是温度、湿度、易于引起中毒的食品在人群中食用以及人们的饮食习惯等，所以霉菌毒素中毒往往表现较为明显的地方性和季节性，甚至有些是具有地方病的特征，例如黄曲霉毒素中毒、黄变米中毒和赤霉中毒。再者，霉菌毒素中毒的临床表现多种多样，较为复杂，有急性中毒，也有少量长期食入含有霉菌毒素的食品而引起的慢性中毒，还有的诱发癌症（致癌作用）、造成畸形（致畸作用）和引起体内遗传物质的突变（致突变作用）。

因食用污染霉菌毒素的食品造成中毒的事例较多，危害性很大，造成人类的大批死亡或造成人们的严重肝脏疾病。20世纪60年代英国发生了黄曲霉毒素污染饲料造成10万只火鸡死亡的事件，更加引起了人们对霉菌及霉菌毒素污染食品问题的重视，我国在这方面正开展大量工作，目前仍在继续深入。

霉菌及其毒素污染食品不仅造成对人体健康的威胁，而且霉菌污染食品还可使食品的食用价值降低，甚至完全不能食用。霉菌引起的食品变质，不仅使食品呈现异样颜色、产生霉味等异味，而且还使食品原料的加工工艺品质下降，如出粉率、出米率、黏度等降低。所以即使是一些非产毒霉菌污染食品也应该加以重视，特别是对粮食的污染。粮食类及其制品被霉菌污染而造成的损失最为严重，根据粗略估计，每年全世界平均至少2%的粮食因污染霉菌发生霉变而不能食用。

霉菌污染食品的情况及被污染食品质量的评定，可以从两方面入手：一方面以单位重量、容积的食品霉菌总数表示食品中污染霉菌的情况；另一方面可检查食品污染霉菌的种类，即对污染食品的菌相构成进行分析。

10.2.11 病毒

在食品安全方面，与细菌和真菌相比，现在对食品中的病毒的了解还相对甚少，这有几方面的原因。第一，就已发现的大规模食品介导感染或食物中毒频率而言，病毒不如细菌或真菌等重要，因此，人们对其重视不够。第二，由于病毒不能在食品中繁殖（但可在食品中生存），可检出数量较低，且检验方法复杂、费时，一般食品检验室难以有效地检测。第三，有些食品介导的病毒感染还难以用现有技术培养分离。

病毒通过食品传播的主要途径是粪-口传播模式。尽管食品中可能存在任何病毒，但由于病毒对组织具有亲和性，所以真正能起到传播载体功能的食品也只能是针对人类肠道的病毒。能引起腹泻或胃肠炎的病毒包括轮状病毒、诺沃克病毒、肠道腺病毒、嵌杯病毒、冠状病毒等。引起消化道以外器官损伤的病毒有脊髓灰质炎病毒、柯萨奇病毒、埃可病毒、甲型肝炎病毒、呼肠孤病毒和肠道病毒71型等。

在食品环境中胃肠炎病原病毒常见于海产食品和水源中。常见的原因主要是在水生贝壳类动物对病毒能起到过滤浓缩作用，病毒会存活较长时间，这些环境对病毒具有保护作用。通过水传播的病毒性疾病还有结膜炎等。在污水和饮用水均发现有病毒存在。饮用水即使经过灭菌处理，有些肠道病毒仍能存活，如脊髓灰质炎病毒、柯萨奇病毒、轮状病毒。海产品带毒率相对较高，在礁石、岛屿少的海洋中的水生贝壳类动物带毒率为9%~40%，而在有较多礁石的海洋中的水生贝壳类动物带毒率为13%~40%。病毒进入水生贝壳类动物体内只能延长生活周期，但不能繁殖。

病毒的发病机理是存在于食品中的病毒经口进入肠道后，聚集于有亲和性的组织中，并在黏膜上皮细胞和固有层淋巴样组织中复制增殖。病毒在黏膜下淋巴组织中增殖后，进入颈部和肠系膜淋巴结。少量病毒由此处再进入血流并扩散至网状内皮组织，如肝、脾、骨髓等。在此阶段一般并不表现临床症状，大多数情况下因机体防御机制的抑制而不能继续发展。仅在极少数被病毒感染者中病毒能在网状内皮组织内复制，并持续地向血流中排入大量病毒。由于持续性病毒血症，可能使病毒播散至靶器官。病毒在神经系统中的传播虽可沿神经通道，但进入中枢神经系统的主要途径仍是通过血流，直接侵入毛细血管壁。

10.2.11.1 肝炎病毒

与食品相关的人的肝炎病毒有甲型肝炎病毒，非甲非乙肝炎病毒（E型肝炎病毒）。

甲型肝炎病毒（Hepatitis A virus，HAV）为肠道病毒72型，直径72 nm，电镜下呈球形和二十面立体对称（图10-11），单股RNA，由4种多肽组成。100℃加热5 min即可灭活，4℃，-20℃和-70℃不改变形态，不失去传染性。感染肝炎病毒后的潜伏期为15~45 d，再感染后一般能获终身免疫力。

病毒污染水生贝壳类如牡蛎、贻贝、蛤贝等。甲型肝炎病毒可在牡蛎中存活两个月以上。美国在1973、1974、1975年分别发生了5、6和3起感染事件，其感染人数为425、282和173，色拉、三明治和挂糖衣面包圈是病毒的载体。上海市1988年初暴发的30余万人的甲型肝炎，由毛蚶引起。英国约25%的甲型肝炎与吃贝壳类动物有关，德国19%的传染性肝炎是由食用了污染的软体动物引起的。甲型肝炎累及食品包括凉拌菜，水果及水果汁，乳及乳制品，冰淇淋饮料，水生贝壳类食品等。生的或未煮透的来源于污染水域的水生贝壳类食品是最常见的载毒食品。

非甲非乙型肝炎病毒（Enterically transmitted non-A non-B hepatitis virus，HNANBV或HEV），该病毒与甲型、乙型肝炎病毒无血清学关系，属嵌杯病毒科，常规细胞培养无法分离。27~34 nm病毒样颗粒，单股RNA，7.5 kb长，在氯化铯分离的高盐液中稳定。基因主要分三部分功能区，5′端最大区—ORF1，于3′端的ORF2和ORF3表达的蛋白具有较强的免疫原性，可用于血清学诊断。E型肝炎病毒病的临床表现类似于甲型肝炎，临床症状不十分明显，但黄疸性肝炎是该病特征。其传播途径主要是通过水、食品造成的。水是主要途径之一，常见发生于卫生条件不好的热带、亚热带地区，水生贝壳类食品是主要累及的食品，如意大利发生的E型肝炎病毒感染。

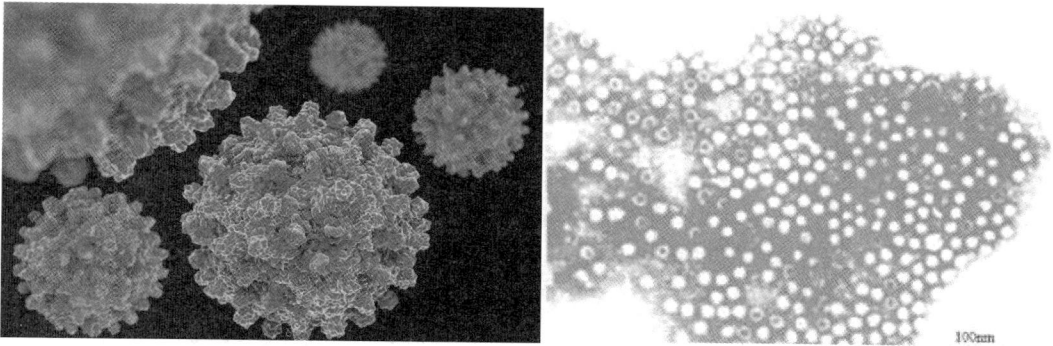

图 10 - 11　甲型肝炎病毒电镜照片

对于肝炎病毒的检验，甲型肝炎可用核酸杂交、放射免疫斑点试验来检测，对 E 型肝炎目前无特异血清诊断，主要用排除诊断法，在病的末期从人的粪便中检出 27~34 nm 的病毒样颗粒。

10.2.11.2　轮状病毒(Rotavirus)

轮状病毒能引起人的急性病毒性胃肠炎，是人胃肠炎常见的原因之一。病毒颗粒直径 70 nm，由三层构成，电镜下呈车轮状而得名。病毒核酸由 11 个双股 RNA 节段构成，每一节段编码具有不同功能及作用的蛋白质，为呼肠病毒科病毒(图 10 - 12)。

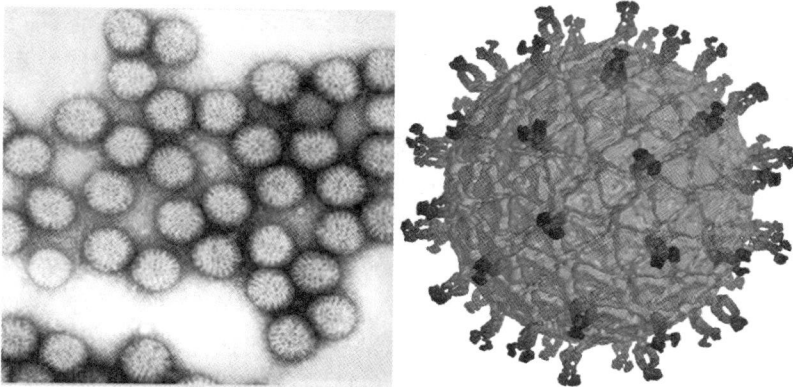

图 10 - 12　轮状病毒电镜照片

人轮状病毒引起的腹泻传染性强，主要见于婴幼儿。主要症状为水样腹泻，伴有发热，粪便中可排出大量病毒，耐酸、碱。

传播途径主要由水源和食品经口传染。据统计，医院中 5 岁以下儿童腹泻有 1/3 是轮状病毒引起的，1981 年美国科罗拉多州发生一起饮用水感染，128 人中有 44% 患病，其中多数为成年人。美国对人粪便检出调查证明，轮状病毒阳性率为 20%。

10.2.11.3　柯萨奇病毒(Coxsackie virus)

具有小 RNA 病毒的基本性状，病毒呈球形(图 10 - 13)，多为 28 nm，一般 17~30 nm，病毒核衣壳呈二十面立体对称,无包膜,由 60 个蛋白质亚单位构成,每个亚单位由 Vp_1、Vp_2、Vp_3、和 Vp_4 4 条多肽形成。单股 RNA,可分成 A、B 两组,A 组病毒大约为 24 个血清型,B 组为 6 个血清型,牡蛎中见有 $CoxB_4$、$CoxB_2$、$CoxB_3$、$CoxB_4$、$CoxA_{18}$、$CoxA_{13}$、$CoxA_3$、蚝中为 $CoxA_{18}$。

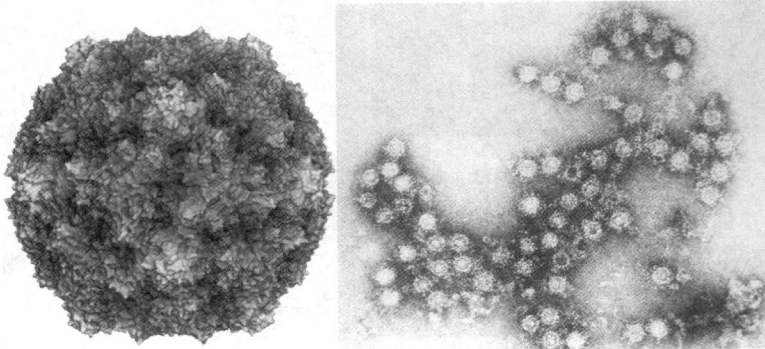

图 10 – 13 柯萨奇病毒电镜照片

柯萨奇病毒通过粪 – 口途径感染后,多数人不呈现明显症状,呈隐性感染,只有极少数人发病。对热敏感,50℃能迅速灭活病毒,低温可较长期存活,对环境的抵抗力较强。1983 年在天津发生的由柯萨奇病毒 A_{16} 引起的手足口病,5 个月发生 7000 余例。1986 年又暴发,感染者粪中可排出大量的病毒。在自来水中可存活 2 ~ 168 d,土壤中存活 2 ~ 130 d,在牡蛎中超过 90 d,水也是常见传播途径之一。有报道柯萨奇病毒 B_2 污染水源导致疾病流行。

10.2.11.4 埃可病毒(Enteric cytopat hogenic human orphan virus, ECHO virus)

埃可病毒的特性基本同柯萨奇病毒和脊髓灰质炎病毒,属小 RNA 病毒。病毒呈球形,大小为 17 ~ 30 nm,二十面体立体对称,无包膜,衣壳由 60 个蛋白质亚单位或原粒构成(图 10 – 14),每个原粒由 Vp_1、Vp_2、Vp_3 及 Vp_4 4 条多肽组成。单股正链 RNA,病毒基因长约 7.5 kb,有 34 个血清型,在牡蛎中见有 1、2、3、9、13、15、20、23 及 30 等型。对人除产生溶细胞性感染外,还存在着持续性感染。多数人感染后呈隐性感染,只有少数表现有临床症状。对热敏感,对低温稳定,对去污剂等化学试剂耐受性较强,对外环境有较强的抵抗力。

1991 年埃可病毒 30 型引起的病毒性脑炎和脑膜炎在上海流行,引发 2000 余人发病,1991 年 7 月云南楚雄由 B_4 和 B_6 型引起病毒性心肌炎,发病 60 余人,死亡 13 人。传播途径都是经粪口途径。带毒的粪便可通过污染手指、餐具、食物经口进入体内。埃可病毒等经口进入消化道后,在咽和肠道淋巴结组织中初步增殖,潜伏期 7 ~ 14 d。后进入血液,乃至扩散到全身,最后进入靶器官(脊髓、脑、脑膜、心肌和皮肤等),表现肠道以外症状。埃可病毒的感染所累及的食品主要见于牡蛎、毛蚶等中。检验以分离病毒和抗体检测为常见方法。

10.2.11.5 诺沃克病毒(Norwalk virus)

诺沃克病毒也被称为小圆结构化病毒,最早于 1986 年美国俄亥俄州诺沃克市的一家学校的食物中毒事件中被分离出来而命名的。病毒大小为 28 ~ 38 nm,特性与动物微小 DNA 病毒相似,无囊膜,二十面体对称,衣壳约由 32 个长 3 ~ 4 nm 的壳粒构成(图 10 – 15),单股线状 DNA。对外界因素具有强大抵抗力,能耐受脂溶剂和较高温度的处理,而不丧失其感染性。

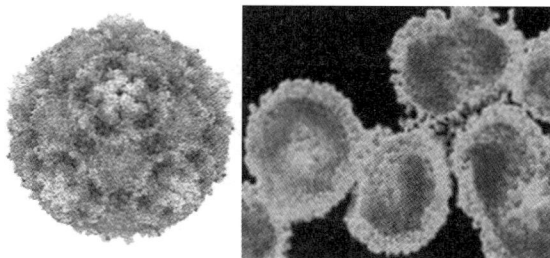

图 10 – 14　埃可病毒电镜照片

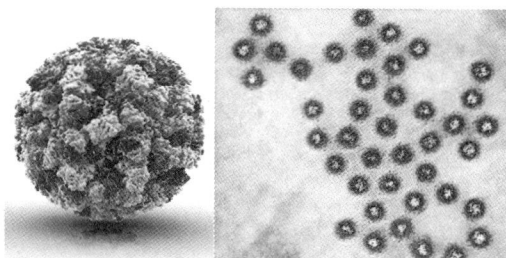

图 10 – 15　诺沃克病毒电镜照片

诺沃克病毒主要感染大龄儿童和成人，美国的成人中有 67% 的人体中有血清抗体。污染的水源和食品是该病毒的来源之一，主要引起人的急性肠炎，但恢复较快。病毒感染的潜伏期为 2 ~ 38 h。1976 年英国因食用海扇而引起 33 起中毒事件，患病人数 797 人；1978 年澳大利亚因食用牡蛎涉及 2000 余人感染；1982 年美国一名厨师患病后带此病毒，所做食品被污染，凉拌菜等被食用，导致近 200 人感染，类似的事件还有因糕饼引起 3000 多人被感染。1987 年美国费城有 200 名大学生吃了冰块冷饮而感染；1991 年加拿大魁北克省有 200 多人吃牡蛎而感染。诺沃克病毒的感染主要涉及食品为水生贝壳类、凉拌菜、莴苣和水果等。诺沃克病毒可在冰冻食品中存活很长时间。

10.3　食品微生物检测

10.3.1　样品的采集与处理

10.3.1.1　样品的采集与送检

在食品的检验中，样品的采集是极为重要的一个步骤。采集的原则是采集的一切样品必须具有代表性，即所取的样品能够代表食物的所有成分和卫生质量。采样时既要考虑到各种影响样品质量的因素（如加工批号、原料来源、加工方法、保藏条件、运输、销售中的各环节等），又要防止样品受到外源性污染或变质。

样品可分为大样、中样、小样三种。大样指一整批；中样是从样品各部分取的混合样，一般为 200 g；小样又称为检样，一般以 25 g 为准，用于检验。

采用什么样的取样方案和取样数量主要取决于检验的目的。目的不同，取样方案也不同。例如，一般食品卫生质量的微生物检验，若需检验食品污染情况，可取表层样品，若需检验其品质情况，应取深部样品；查找食物中毒病原微生物，则应收集可疑中毒源食品或餐具、患者的呕吐物、粪便或血液；鉴定畜禽产品中是否含有人兽共患病原体，则应采集病原体最集中、最易检出的组织或体液等等。我国食品卫生微生物检验时食品取样方案和数量，具体请查阅《食品安全国家标准食品微生物学检验总则》（GB 4789.1—1994）。

食品微生物检验中采样的方法是能采取最小包装的食品就采取完整包装，必须拆包装取样的应按无菌操作进行，样品放入无菌的容器。如采集袋装、瓶装或罐装食品；如包装太大或无包装，则用采样工具采集，粉状样品应边混合边取样，液体样品应振摇混匀取样；冷冻食品应保持冷冻状态；非冷冻食品应保持在 -5～0℃保存。采样用具如铲子、匙、采样器、镊子、剪子、刀子、开罐器等必须灭菌。不同类型的食品应采用不同的工具和方法：

①液体食品：充分混匀，无菌操作开启包装，用无菌注射器抽取，注入无菌盛样容器。

②半固体食品：无菌操作拆开包装，用无菌勺子从几个部分挖取样品。

③固体样品：大块整体食品应用无菌刀具和镊子从不同部位割取，割取时应兼顾表面与深部；小块大包装食品应从不同部位的小块上切取样品；粮食类应按三层五点采样法进行（表、中、下三层）。

④冷冻食品：大包装小块冷冻食品按小块采取；大块冷冻食品可以用无菌刀从不同部位削取样品或用无菌小手锯从冻块上锯取样品，也可以用无菌钻头钻取碎屑状样品。采集前或后应立即贴上标签，标明品名、来源、数量、编（批）号、采样人及采样时间等。

采集好的样品应及时送到食品微生物检验室，越快越好，一般不应超过 3 h，如果路途遥远，可将非冷冻食品的样品置于 1～5℃的环境中（如冰壶）；冷冻食品的样品，可保存在泡沫塑料隔热箱内（箱内有干冰可维持在0℃以下），应防止反复冰冻和溶解；采集样品不得加防腐剂保存。

10.3.1.2　食品微生物检测的样品处理

样品处理应在无菌条件下进行，冷冻样品需解冻，解冻温度为：2～5℃不超过18 h 或 45℃不超过 15 min。

①固体食品样品：可用无菌刀、剪或镊子取不同部位样品，剪碎混匀，取其中 25 g 放入带225 mL 稀释液的无菌均质杯中 8000～1000 r/min 均质；或取 25 g 进一步剪碎，放入 225 mL 稀释液和适量小玻璃珠的稀释瓶中，盖紧瓶盖用力快速振摇；或取 25 g 放入加有无菌海沙的无菌乳钵内充分研磨后，再转移至 225 mL 无菌稀释液的稀释瓶中充分摇匀，如此制成1：10 混悬液进行检验。

②液体样品：原包装样品，用点燃的酒精棉球消毒瓶口，再用灭菌纱布盖住瓶口，用无菌开罐器开启，摇匀后无菌吸管吸取样液；含 CO_2 的饮料类，按上述方法开启后，倒入灭菌磨口瓶，用灭菌纱布盖住瓶口轻轻摇动，待气体逸出后进行检验。

10.3.2　样品的检验

样品送至实验室，应立即登记，填写序号，按不同样品的性质分别放入冰箱或冰盒中，并积极准备条件进行检验。一般阳性样品发出报告后 3 d（特殊情况可适当延长）方能处理样品；进口食品的阳性样品，需保存 6 个月方能处理；阴性样品可及时处理。

每种指标都有一种或几种检验方法，应根据不同的食品、不同的检验目的来选择恰当的检验项目和方法。常规检验主要参考现行国家标准或行业标准的方法进行；进、出口食品应按国际标准（如 FAO 标准、WHO 标准等）或食品进口国规定的方法（如美国 FDA 标准、日本厚生省标准、欧共体标准等）；抽样和检验方法如进口国家无明确规定，则按 FAO/WHO 规定方法或出口食品微生物检验方法（SN 系列标准）检验。总之，应根据食品的消费去向选择相应的检验方法。

1. 细菌总数的测定

（1）固体样品

用 1 mL 无菌吸管吸取 1：10 稀释液 1 mL，注入 9 mL 无菌生理盐水试管内，振荡试管混合均匀，制成 1：100 稀释液，再依次逐级稀释。根据样品污染情况，选择 2～3 个稀释度，每个稀释度倒 2 ~ 3 个 LB 平板,待凝固后,倒置于 37℃ 恒温恒湿条件下培养,24 h 计数,将结果经过换算,可得每克样品中所含的菌落总数。

（2）液体样品

混匀后,用 1 mL 无菌吸管直接吸取样品 1 mL,按上述方法进行 10 倍递增稀释,根据样品不同的污染程度,选择 2 ~ 3 个稀释度,注入到 12 ~ 15 mL 的营养琼脂培养基,然后同上培养后计数。

2. 大肠菌群最近似数（MPN）测定

（1）发酵试验

①固体样品。

用 10 mL 无菌吸管吸取 1∶10 混悬液 10 mL,接种于双料乳糖胆盐发酵管,共接种 3 支。

②液体样品。

用 10 mL 无菌吸管吸取样品 10 mL,接种于双料乳糖胆盐发酵管内,接种 3 支,再用 1 mL 无菌吸管吸取样品 1 mL,接种于单料乳糖胆盐发酵管,接种 3 支。

有些样品,如牛奶、酱油、炼乳、汽水等,是用 1 mL 吸管吸取样品 1 mL,接种于单料乳糖胆盐发酵管,接种 3 支,另用 1 mL 吸管吸 1∶10 稀释液 1 mL,接种于单料乳糖胆盐发酵管,接种 3 支。

（2）分离培养

将所有产气发酵管,分别转接到 EMB 平板或麦康凯平板上,37℃,18 ~ 24 h 培养,观察菌落形态,做革兰氏染色。

（3）复发酵试验

在上述平板上,挑取可疑的大肠菌群菌落 1 ~ 2 个做革兰氏染色,同时接种乳糖发酵管,置 37℃ 培养 24 ± 2 h,观察产气情况,凡乳糖管产气、G^-、无芽孢杆菌,即可报告大肠菌群阳性,反之为阴性,最后按照阳性管数,查找大肠菌群最近似数检索表报告结果。

传统测定方法的测定时间长,需 1 周左右。1985 年 5 月在西宁召开了大肠菌群快速检验方法会议,提出三种快速检验方法:①TTC（氯化三苯四氮唑）显色法;②DC（去氧胆酸钠）半固体试管法;③快速纸片方法。

10.3.3 结果报告

样品检验完毕后,检验人员应及时填写报告单,签名后送主管人核实签字,加盖单位印章,以示生效,并立即交给食品卫生监督人员处理。

10.3.4 国际上食品卫生微生物检验的取样方案和卫生标准

进、出口食品的卫生除要求出口食品符合我国有关标准和规定,接受国家进出口商品检验部门监督、检验外,还必须符合有关进口国家的食品法规和标准。因此必须了解国际食品卫生标准及其他规定,才能以质取胜,扩大市场。

目前国内外使用的取样方案多种多样,如一批产品采若干个样,混合后在一起检验;按百分比抽样;按食品的危害程度不同抽样;按数理统计的方法决定抽样个数等等。不管采取何种方案,对抽样代表性的要求是一致的。最好对整批产品的单位包装进行编号,随机抽样。下面列举当今世界上较为常见的几种取样方案。

10.3.4.1 ICMSF 的取样方案和判定标准

国际食品微生物规范委员会(简称 ICMSF)的取样方案是依据事先给食品进行的危害程度划分来确定的,将所有食品分成三种危害度,Ⅰ类危害:老人和婴幼儿食品及在食用前可能会增加危害的食品;Ⅱ类危害:立即食用的食品,在食用前危害基本不变;Ⅲ类危害:食用前经加热处理,危害减小的食品。再将检验指标对食品卫生的重要程度分成一般、中等和严重三个档次,根据以上危害度的分类,又将取样方案分成二级法和三级法,具体使用方法见表10-6。

表 10-6　ICMSF 按微生物指标的重要性和危害度分类后确定的取样方案

取样方法	指标重要性	指标菌	食品危害度		
			Ⅲ(轻)	Ⅱ(中)	Ⅰ(重)
二级法	一般	菌落总数 大肠菌群 大肠杆菌 葡萄球菌	$n=5$ $C=3$	$n=5$ $C=2$	$n=5$ $C=1$
	中等	金黄色葡萄球菌 蜡样芽孢杆菌 产气荚膜梭菌	$n=5$ $C=2$	$n=5$ $C=1$	$n=5$ $C=1$
三级法	中等	沙门氏菌 副溶血性弧菌 致病性大肠杆菌	$n=5$ $C=0$	$n=10$ $C=0$	$n=20$ $C=0$
	严重	肉毒梭菌 霍乱弧菌 伤寒沙门氏菌 副伤寒沙门氏菌	$n=15$ $C=0$	$n=30$ $C=0$	$n=60$ $C=0$

①二级法:设定取样数 n,指标值 m,超过指标值 m 的样品数为 C,只要 $C>0$,就判定整批产品不合格。我国现行食品卫生标准中的微生物指标基本参考这种方式。

②三级法:设定取样数 n,指标值 m,附加指标值 M,介于 m 与 M 之间的样品数 C。只要有一个样品值超过 M 或 C 规定的数值就判定整批产品不合格。

10.3.4.2　美国 FDA 的取样方案

美国食品与药品管理局(FDA)的取样方案与 ICMSF 的取样方案基本一致,所不同的是严重指标菌所取的 15、30、60 个样可以分别混合,混合的样品量最大不超过 375 g。也就是说所取的样品每个为 100 g,从中取出 25 g,然后将 15 个 25 g 混合成一个 375 g 样品,混匀后再取 25 g 作为试样检验,剩余样品妥善保存备查。各类食品检验时的混合样的最低数量为:

食品危害度	混合样品的最低数
Ⅰ（重）	4
Ⅱ（中）	2
Ⅲ（轻）	1

10.3.4.3 国际上现行的食品卫生微生物检验 ICMSF 取样方案及微生物标准

表 10 −7 列举了现行的部分食品卫生微生物检验的 ICMSF 取样方案及微生物标准（资料来源于动植物检疫局）。其中 n 代表随机抽样数，C 代表微生物数在标准下限（m）和标准上限（M）间的样品最大允许个数；要求 n 数不得小于 5 个，每个样品抽取不得低于 200 g，标准中不允许检出的项目，可将几个样品混合均匀后进行检测。

表 10 −7 国际上食品卫生微生物检验的取样方案和卫生标准（部分肉产品和水产品等）

标准	食品	检验项目	采样数 n	污染样品数 C	标准下限 m	标准上限 M
FAO/WHO 标准（除进口国家另有明确规定外，均适用）	鲜鱼、冻鱼、生冻虾（仁）、生冻龙虾（仁）	平板计数	$n = 5$	$C = 3$	10^6	10^7
		粪大肠菌群	$n = 5$	$C = 3$	4	4×10^2
		沙门氏菌	$n = 5$	$C = 3$	10^3	5×10^3
		副溶血弧菌（日本、中国等远东国家）	$n = 5$	$C = 0$	0	
欧共体标准	冻熟虾（仁）和贝类产品	平板计数	$n = 5$	$C = 2$	5×10^4	5×10^5
		大肠菌群	$n = 5$	$C = 2$	10	10^2
		大肠杆菌	$n = 5$	$C = 1$	10	10^2
		金黄色葡萄球菌	$n = 5$	$C = 2$	10^2	10^3
		沙门氏菌	$n = 5$	$C = 0$	0	
ICMSF 推荐水产品微生物标准	冻对虾	细菌总数	$n = 5$	$C = 3$	10^6	10^7
		粪大肠菌群	$n = 5$	$C = 3$	4	10^2
		副溶血弧菌	$n = 5$	$C = 3$	10^2	
		金黄色葡萄球菌	$n = 5$	$C = 3$	10^3	10^3
美国 FDA 标准	冻对虾	细菌总数	$n = 5$	$C = 1$	10^6	10^7
		粪大肠菌群	$n = 5$	$C = 1$	4	4×10^2
		沙门氏菌	$n = 5$	$C = 1$	10^3	5×10^3
		金黄色葡萄球菌	$n = 5$	$C = 0$	0	
澳大利亚标准	冻熟虾（仁）	细菌总数	$n = 5$	$C = 2$	10^5	10^6
		大肠菌群	$n = 5$	$C = 1$	MPN = 9	MPN = 70
		金黄色葡萄球菌	$n = 5$	$C = 1$	5×10^2	5×10^3
		沙门氏菌	$n = 5$	$C = 0$	0	0

续表 10 - 7

标准	食品	检验项目	采样数 n	污染样品数 C	标准下限 m	标准上限 M
新加坡标准	冷藏的分割肉/副产品	细菌总数(35℃, 48 h)	$n = 5$	$C = 3$	10^6	10^7
		粪大肠菌群	$n = 5$	$C = 2$	100	500 MPN/g
		金黄色葡萄球菌	$n = 5$	$C = 2$	100	500 MPN/g
		沙门氏菌(25 g 样品)	$n = 5$	$C = 1$	0	0
	冷冻的分割肉/副产品	细菌总数(35℃, 48 h)	$n = 3$	$C = 1$	5×10^5	10^7
		粪大肠菌群	$n = 3$	$C = 1$	100	500 MPN/g
		金黄色葡萄球菌	$n = 3$	$C = 1$	100	500 MPN/g
		沙门氏菌(25 g 样品)	$n = 3$	$C = 0$	0	
	冷冻的混合肉(肉馅肉酱、肉饼汉堡饼、西式香肠)	细菌总数(35℃, 48 h)	$n = 5$	$C = 3$	5×10^5	10^7
		粪大肠菌群	$n = 5$	$C = 2$	100	500 MPN/g
		金黄色葡萄球菌	$n = 5$	$C = 2$	100	500 MPN/g
		沙门氏菌(25 g 样品)	$n = 5$	$C = 1$	0	
	中式香肠、板鸭、生火腿、金华火腿	细菌总数(35℃, 48 h)	$n = 5$	$C = 2$	5×10^5	5×10^7
		粪大肠菌群	$n = 5$	$C = 2$	20	100 MPN/g
		金黄色葡萄球菌	$n = 5$	$C = 2$	100	250 MPN/g
		沙门氏菌(25 g 样品)	$n = 5$	$C = 0$	0	
		金黄色葡萄球菌毒素	$n = 5$	$C = 0$	不得检出	
日本标准	食用前不需要或需要加热冷冻食品	细菌总数			$\leqslant 10^5$	
		大肠菌群			阴性	
法国标准	冻熟虾(仁)	细菌总数			$\leqslant 10^5$	
		大肠菌群			$\leqslant 10$	
		金黄色葡萄球菌			$\leqslant 10^2$	
		沙门氏菌			$\leqslant 10$	
		厌氧亚硫酸盐还原菌			阴性	

10.4　食品卫生的微生物学标准

　　目前，我国食品卫生标准中的微生物指标一般是指细菌总数、大肠菌群、致病菌、霉菌和酵母菌五项，这些项目也都有国家标准检验方法。在不同的国家食品卫生标准中的微生物指标含义、表示方法及检测方法不尽相同，应区别对待，并按规定方法检验。

10.4.1 细菌总数

食品可能被多种类群的微生物所污染，每种微生物都有它一定的生物学特性，培养时应选择不同的营养条件及其生理条件（如培养基、温度、培养时间、pH、需氧条件等）去满足其要求，因此在实际工作中对其中所有微生物都进行检验是不可能的，也是没有必要的。一般只用一种常用的方法去培养，以判定食品被污染的程度。也就是说，目前我国的食品卫生标准中规定的细菌总数并不表示食品中实际的细菌总数，而是指在严格规定的条件下（样品处理、培养基及其pH、培养温度与时间、计数方法等）培养长出的活菌菌落总数。

国家卫生标准中的细菌总数是指在普通营养琼脂培养基上在一定条件下（需氧情况下，$36 \pm 1℃$，48 ± 2 h）培养长出的菌落总数，以菌落形成单位（conoly forming unit，cfu）表示；一般以 1 g 或 1 mL，或 1 cm² 食品表面积上所含的细菌数来报告结果。即实际计出的细菌总数只是一些能在营养琼脂上生长、好氧性的嗜中温细菌的活菌总数，但它们作为细菌总数已得到公认，在许多国家的食品卫生标准中，都采用这项指标，规定了各类食品菌落总数的最高允许限量。

检测食品中的细菌总数的食品卫生学意义在于：第一，它可以作为食品被污染程度的标志。一般来讲，食品中细菌总数越多，则表明该食品污染程度越重，腐败变质速度加快。第二，它可以用来预测食品存放的期限程度。例如，在 0℃ 条件下，细菌总数约为 10^5 cfu/cm² 的鱼只能保存 6 天；如果细菌总数为 10^3 cfu/cm²，就可延至 12 d。许多实验结果表明，食品中的细菌总数能够反映出食品的新鲜程度、是否变质以及生产过程的一般卫生状况等，但细菌总数指标只有和其他一些指标配合起来，才能对食品卫生质量作出比较正确的判断。例如，冰冻食品的细菌总数的多少，反映了食品在产、储、销过程中的卫生质量和管理情况，不能说明其变质与否。

对于鱼类、贝类等冷冻食品或其它食品，有时需计数低温菌或高温菌总数，这时可采用其它培养条件。一般嗜冷菌检验采用 20~25℃，5~7 d 或 5~10℃，10~14 d；嗜热菌采用 45~55℃，2~3 天的方法。我国对水产品的培养温度，由于其生活环境水温较低，故多采用 30℃培养温度；有些国家检测嗜温菌时，为提前报告检验结果，培养时间采用 24 ± 2 h（$36 \pm 1℃$）。

10.4.2 大肠菌群

大肠菌群（*coliform group*）系指一群好氧及兼性厌氧、在37℃、24 h 能分解乳糖产酸、产气的革兰氏阴性无芽孢杆菌。它包括肠杆菌科（*Enterobacteriaceae*）的埃希氏菌属（*Escherichia*）、柠檬酸杆菌属（*Citrobacter*）、克雷伯氏菌属（*Klebsiella*）、产气肠杆菌属（*Enterobacter*）等。其中以埃希氏菌属为主，称为典型大肠杆菌，其他三属习惯上称为非典型大肠杆菌。目前，大肠菌群已被许多国家（包括我国）用作食品卫生质量评价的指标菌。

一般认为，大肠菌群都是直接或间接来自于人与温血动物的粪便。

检测大肠菌群的食品卫生意义在于：第一，它可作为粪便污染食品的指标菌，大肠菌群数的高低，表明了食品被粪便污染的程度和对人体健康危害性的大小。如食品有典型大肠杆菌存在，即说明受到粪便近期污染。这主要是由于典型大肠杆菌常存在排出不久的粪便中；非典型大肠杆菌主要存在于陈旧粪便中。第二，它可以作为肠道致病菌污染食品的指标菌。

食品安全性的主要威胁是肠道致病菌,如沙门氏菌属、志贺氏菌等。肠道病患者或带菌者的粪便中,有一般细菌,也有肠道致病菌存在,若对食品逐批或经常检验肠道致病菌有一定困难;而大肠菌群容易检测,且与肠道致病菌有相同来源,一般条件下在外界环境中生存时间也与主要肠道致病菌相近,故常用其作为肠道致病菌污染食品的指示菌。当食品中检出大肠菌群数量多,肠道致病菌存在的可能性就愈大。当然,这两者之间的存在并非一定平行。

大肠菌群检验结果,在我国和许多其他国家均采用每 100 mL(g)样品中大肠菌群最近似数来表示。其检验方法在我国是采用样品三个稀释度各三管的乳糖胆盐发酵三步法,根据检验结果从 MPN 检索表(通过几率计算编制相应的 MPN 检索表)中查出相应的大肠菌群 MPN 值。具体检测方法请参阅专著或国家标准(GB 4789.3—2016)。

在一些国家也有以粪大肠菌群(Faecal coliforms)或大肠杆菌(*E. coli*)数量作为某些食品被粪便污染指示菌。粪大肠菌群检测原理、方法与大肠菌群相似,只是培养采用 44 ± 1℃的温度条件。

10.4.3 致病菌

通常食品中不允许有致病性病原菌存在。病原菌种类繁多,在国家食品卫生标准中要求检验的病原菌至少有 15 种,因此一般食品卫生检验,只能根据不同食品可能污染情况作针对性的重点检查,并以此来判断某种食品中有无致病菌的存在。例如禽、蛋、肉类食品必须作沙门氏菌的检查;低酸性罐头必须作肉毒梭菌及其毒素的检查;多种发酵食品等规定肠道致病菌和致病性球菌是检测重点;发生食物中毒时要结合流行病学,对食品进行有关病原菌的检查,如沙门氏菌、志贺氏菌、变形杆菌、肠道出血性大肠杆菌($O_{157}H_7$)、金黄色葡萄球菌、溶血性链球菌、副溶血性弧菌等。

另外,细菌毒素也是检测致病菌的重要方面,因为许多食品经加热、辐射等方法杀菌处理后,其中的致病菌被杀死,但细菌性外毒素、内毒素等抗性较强,并未完全破坏,由此发生的食物中毒事件屡屡发生。

10.4.4 霉菌和酵母菌

霉菌和酵母菌是食品酿造的重要菌种,但霉菌和酵母菌也可造成食品的腐败变质,有些霉菌还可产生霉菌毒素,如黄曲霉毒素、赭曲霉毒素、杂色曲霉毒素、橘青霉毒素、玉米赤霉烯酮等。因此霉菌和酵母菌也作为评价食品卫生质量的指示菌,并以霉菌和酵母菌的计数来判定其被污染的程度。我国目前在碳酸饮料、硬质干酪、某些罐头食品、粮食及其制品中制定了霉菌和酵母菌的限量标准。

除了上述四项以外,有时在某种特定情况下选定其他指标作为微生物指标。例如在一些低酸食品中,采用大肠杆菌作为微生物的指标菌;在冷冻食品中,则采用肠球菌作为食品卫生质量指标菌较大肠菌群更为优越。

10.5 食品生物恐怖

10.5.1 生物恐怖袭击病原体的基本条件

生物恐怖(bioterrorism)是利用致病性微生物或毒素等对特定目标实施袭击的恐怖活动。生物恐怖具有隐蔽性、突发性、袭击途径和防范对象不确定、不易预防控制等特点而受到恐怖分子的青睐,对国际社会造成极大的安全隐患。继美国"9·11"事件后发生的多起炭疽事件标志着生物恐怖活动已成为当今国际社会共同面对的严重安全问题。特别是随着生物技术和微生物基因组计划的进展,人们可以轻而易举地操作和修饰微生物,生物信息量和互联网资源的迅猛增长使得恐怖组织多渠道获取实施生物恐怖的手段成为可能;而生物恐怖病原体由已知的向未知的、重组的方向发展,更加大了人们防控生物恐怖的难度。生物恐怖已引起了国际社会广泛关注和高度重视。

食品和水源常常作为生物恐怖袭击的优先攻击目标,因为食品流通渠道广泛,受污染方式多,防范难度相对较大,又因为食品和水源常以集中食用或饮用形式为主,一次攻击可杀伤多个目标,达到造成民众恐慌、社会动荡和破坏经济的战略目的。恐怖主义袭击形式不断改变,一旦时机成熟,生物恐怖就可能出现。

从理论上讲,任何致病微生物都可以用于生物恐怖袭击,但生物恐怖病原最可能应用的是那些毒力确定、能产生高发病率与高致死率,并可能发生人与人间传播的病原。归纳起来,符合下列标准的微生物及其毒素最有可能用于生物恐怖袭击。

①感染剂量低,毒性高,致病力强。

②潜伏期短,发病率高。

③具有高度传染性,可以通过不同途径,尤其是通过呼吸道途径感染。

④人群易感性强,引起失能或死亡的程度高。

⑤缺乏有效的预防(如免疫血清、疫苗、抗生素)和治疗措施。

⑥易于获得,易于生产、保存、携带和运输,而且在外环境中稳定性好。

10.5.2 微生物来源的生物恐怖因子

生物恐怖因子的分类对检测、鉴定、预防和治疗等方面很重要。目前成为生物恐怖的微生物约有100种,可分为病毒、细菌、立克次体、衣原体、真菌和毒素6类。根据对人的危害作用,又可分为致死性和失能性生物剂。随着生物技术的发展,还可应用生物学诱导、基因改构与合成等技术生成新的病原体。美国疾病预防控制中心(CDC)按照生物恐怖病原的致病性、危害程度,将生物恐怖病原分成三类。

A类:容易播撒,可导致人与人间的传播;致病性强,致死率高;需要医疗卫生系统的特殊准备才能应付,播撒后可导致国家安全隐患和社会动荡。这些病原包括:①天花病毒;②炭疽芽孢杆菌;③鼠疫耶尔森杆菌;④肉毒毒素;⑤土拉弗杆菌;⑥埃博拉病毒;⑦马尔堡病毒;⑧拉沙热病毒;⑨胡宁病毒等出血热病毒。

B类:致病性比甲类病原弱,相对容易播撒;发病率中等,致死率较高。这些病原包括:①贝氏柯克斯体;②布鲁杆菌;③类鼻疽伯克霍尔德菌;④委内瑞拉马脑炎病毒;⑤东方马脑炎病毒；⑥西方马脑炎病毒；⑦蓖麻毒素；③产气荚膜梭菌 ε 毒素；⑨金黄色葡萄球菌肠毒素 B。

下面这些病原是水源或食源性肠道传染病病原体，也可以用于生物恐怖，但不如上述病原危害大：①沙门氏菌；②痢疾志贺菌；③大肠杆菌 O_{157}：H_7；④霍乱弧菌；⑤微小隐形孢子菌（*Cryptospori diumparvum*）。

C 类：该类病原包括新出现的病原，这些病原可通过生物工程改构后用于大规模释放。这些病原具有如下特点：来源方便；容易生产与播撒：具有潜在的高致病性与致死率；对人类健康影响较大。这些病原包括：①立百病毒；②汉坦病毒；③蜱传出血热病毒；④蜱传脑炎病毒；⑤黄热病毒；⑥多重耐药结核分枝杆菌。

10.5.3　生物恐怖的防御措施

10.5.3.1　建立预警机制和评估系统

1. 建立预警处置系统，提高预警处置能力

继美国出现炭疽事件后，各国政府均采取了紧急措施。如美国有较完善的应对生物恐怖机构。中国也将建立一个完备的反生物恐怖应急系统，制定《生物恐怖紧急应对与控制预案》。在全球共同打击恐怖主义的行动中，成立了 WHO 全球疾病暴发警报和反应网（The Global Outbreak Alert and Response Net work，GOARN），连接着全球超过 70 个独立的信息和诊断网，共同构成关于全球疾病暴发的最新资料，是全球健康保障的主要支柱之一，目的是为发现、确认和控制流行病的传染疫情。对所有已知的传染性疾病，WHO 均有一个标准的处理和控制程序。

2. 建立生物事件危害评估系统

在确认疾病流行或遭受生物恐怖袭击后，进入应急处置阶段，除了对发生传染病的患者进行隔离、治疗，对暴露人员进行应急预防和检疫外，同时根据袭击的方式、病原体的性质及疾病的传播途径，结合气象条件和社会、环境因素，对危害进行评估至关重要。这不仅是及时、有效地采取措施控制、防止疾病蔓延的基础，而且是政府和卫生部门进行决策和调用医疗、卫生资源的重要依据。

10.5.3.2　建立政府职能部门统一指挥的管理体制和应急反应机制

由于应急应对生物恐怖袭击的参战力量涉及多部门，所以需要实行统一领导和指挥，并在统一指挥下按各自的任务分工，协同完成相关工作。所有参战力量既要对统一指挥机构负责，发挥主观能动作用，创造性地完成其下达的各项指令，又要与其他部门和单位协调配合，以提高资源的利用率和处置效率。许多西方国家早已建立起由政府统一指挥、各相关部门统一行动的应急反应机制。例如，美国建立了由紧急事务办公室牵头、国防部（DOD）为后盾、卫生系统为骨干、公共卫生研究院所和医药产业机构为基础，11 个国家部门 40 余个相关机构参与协作的生物危害应急处置体系。将全国按地理位置等情况划分应急准备反应区。所有责任部门和机构、组织都有准备和应对预案，并与政府签订协议。建有国家紧急储备和动员机制，形成了装备精良、专业机构完善、军民一体、及时有效的医学防护和应急救援网。

10.5.3.3　加强基础研究、基础设施建设，建立关键技术平台

预防生物恐怖发生和减少生物恐怖袭击后果的最关键技术因素是对危险早预警、对病原体早检测和早鉴别。这是确认遭受生物恐怖袭击、追踪传染来源、指导治疗患者的基础。加

强基础研究，加强基础数据库建设，形成比较完善的反生物恐怖关键技术体系和平台，将极大提升反生物恐怖的能力和水平。目前伴随人类基因组计划的顺利开展和实施，通过对微生物基因组的深入研究可以揭示微生物的遗传机制，发现重要的功能基因并且能在此基础上发展疫苗，开发新型抗病毒、抗细菌、真菌药物，将对有效控制新老传染病的流行、促进医疗健康事业的发展产生巨大影响。

10.5.3.4　防范生物恐怖袭击的培训与教育

在许多西方发达国家，生物防御基本和专业知识的教育已经纳入国防教育以及公共卫生和医疗专业人员在校和继续教育的内容，形成了多部门组织、多媒体配合，专业队伍、医疗卫生人员、民众等多层次的知识教育培训系统，集技术培训、演练评估、咨询帮助于一体，并通过重点城市防御和应对演练，磨合部门间、组织机构间的协调性、检验预案，提高综合应对能力和救治水平。

重要概念及名词

食物中毒，食源性疾病，细菌性食物中毒，黄曲霉毒素，细菌总数，大肠菌群，微生物指标，生物恐怖

复习思考题

1. 何谓食物中毒、食源性疾病？
2. 常见的食物中毒有哪些类型？各有什么特征？
3. 常见的细菌性食物中毒主要有哪些？主要采取哪些防控措施？
4. 我国制定的食品卫生标准内容一般包括几个方面的内容？
5. 食品卫生标准中的微生物指标一般分为几项？各指的是什么？有何意义？
6. 简述食品微生物检测的一般步骤。

参考文献

[1]周德庆. 微生物学教程. 第 3 版. 北京:高等教育出版社,2011.

[2] Michael T Madigan, John M Martinko, Kelly S Bender, Daniel H Buckley, et al. Brock Biology of Microrganisms. 14th Edition. Pearson Education, Inc. 2015.

[3] Gerard J. Tortora, Berdell R. Funke, Christine L. Case. Microbiology – An Introduction, 12th Edition. Pearson Education, Inc. 2014.

[4] Jacquelyn G. Black, Laura J. Black. Microbiology: Principles and Explorations, 9th Edition. Wiley, 2014.

[5]沈萍. 微生物学. 第 2 版. 北京:高等教育出版社,2006.

[6]李平兰. 食品微生物学教程. 济南:中国林业出版社,2011.

[7]贺稚非,李平兰. 食品微生物学. 重庆: 西南师范大学出版社,2010.

[8]岑沛霖,蔡谨. 工业微生物学(第 2 版). 北京: 化学工业出版社,2012.

[9] James M Jay,Martin J Loessner,David A Golden. 现代食品微生物学. 第 7 版. 何国庆,丁立孝,宫春波译. 北京:中国农业大学出版社,2008.

[10] Thomas J. Montville, Karl R. Matthews. 食品微生物学导论. 第 2 版. 贺稚非, 李翔译. 北京:科学出版社,2011.

[11]吕嘉枥. 食品微生物学. 北京:化学工业出版社,2012.

[12]何国庆,贾英民,丁立孝. 食品微生物学. 第 2 版. 北京:中国农业大学出版社,2009.

[13]卯晓岚. 中国大型真菌. 郑州:河南科学技术出版社,2000.

[14]贺新生,侯大斌,何培新等. 野生蕈菌生物学特性与栽培技术. 北京:中国轻工业出版社,2007.

[15]刘素纯,吕嘉枥,蒋立文. 食品微生物学实验. 北京: 化学工业出版社, 2013.

[16]邱立友,王明道. 微生物学. 北京: 化学工业出版社, 2012.

[17]郝生宏,关秀杰. 微生物检验. 北京: 化学工业出版社, 2012.

[18]刘慧. 现代食品微生物学. 北京:中国轻工业出版社, 2011.

[19]车振明. 微生物学. 北京:科学出版社, 2011.

[20]谭海刚. 微生物生理学. 济南:山东科技出版社,2009.

[21]沈萍,陈向东. 微生物学. 北京:高等教育出版社,2009.

[22]黄秀梨,辛明秀. 微生物学. 第 3 版. 北京:高等教育出版社,2009.

[23]韦革宏,王卫卫. 微生物学. 北京:科学出版社,2008.

[24]杨汝德. 现代工业微生物学教程. 北京:高等教育出版社,2006.

[25] Lansing M,Prescott John P,Harley Donald A. Klein. 微生物学. 第 3 版. 沈萍等译. 北京:高等教育出版社,2003.

[26]张甲耀,宋碧玉,陈兰洲等. 环境微生物学(上册). 武汉:武汉大学出版社,2008.

[27]周德庆. 微生物学教程. 第 1 版. 北京:高等教育出版社,1993.

[28]江汉胡,董明盛. 食品微生物学. 第 3 版. 北京:中国农业大学出版社,2010.

[29]宋福强. 微生物生态学. 北京:化学工业出版社,2008.

[30]诸葛健,李华钟. 微生物学. 第 2 版. 北京: 科学出版社,2009.

[31]徐海宏,李满. 环境工程微生物学. 北京:煤炭工业出版社,2005.

［32］池振明. 微生物生态学. 济南：山东大学出版社,1999.

［33］王贺祥. 农业微生物学. 北京：中国农业大学出版社,2003.

［34］山西省原平农业学校. 农业微生物学. 北京：农业出版社,1992.

［35］何国庆,贾英民. 食品微生物学. 北京：中国农业大学出版社,2002.

［36］李阜棣,胡正嘉. 微生物学. 第 6 版. 北京：中国农业出版社,2010

［37］杨文博,李明春. 微生物学. 北京：高等教育出版社,2010

［38］张兰威. 发酵食品工艺学. 北京：中国轻工业出版社,2011

［39］曹健,师俊玲. 食品酶学. 郑州：郑州大学出版社,2011.

［40］张春红. 食品酶制剂及应用. 北京：中国计量出版社,2008.

［41］李斌. 食品酶工程. 北京：中国农业大学出版社,2010.

［42］(英)伯奇(Birch,G.G.)等. 酶与食品加工. 郑寿亭等译. 北京：轻工业出版社,1991.

［43］于国萍,迟玉杰. 酶及其在食品中应用. 哈尔滨：哈尔滨工程大学出版社,2007.

［44］曲音波等. 木质纤维素降解酶与生物炼制. 北京：化学工业出版社,2011.

［45］居乃琥. 酶工程手册. 北京：中国轻工业出版社,2011.

［46］袁勤生. 酶与酶工程. 上海：华东理工大学出版社,2012.

［47］于殿宇. 酶技术及其在油脂工业中的应用. 北京：科学出版社,2013.

［48］谷军. α – 淀粉酶的生产与应用. 生物技术,1994(03):1 – 5.

［49］张列兵,丁华,程涛. 干酪的成熟、风味与微生物及其酶的关系. 中国乳品工业,1995(02):89 – 93.

［50］王洪祚,刘世勇. 酶和细胞的固定化. 化学通报,1997(02):25 – 30.

［51］汪维云,朱金华,吴守一. 纤维素科学及纤维素酶的研究进展. 江苏理工大学学报,1998(03):20 – 28.

［52］张丽苹,徐岩,金建中. 酸性 α – 淀粉酶的研究与应用. 酿酒,2002(03):19 – 22.

［53］孟雷,陈冠军,王怡,高培基. 纤维素酶的多型性. 纤维素科学与技术,2002(02):47 – 55.

［54］彭立凤,赵汝淇,,谭天伟. 微生物脂肪酶的应用. 食品与发酵工业,2000(03):68 – 73.

［55］胡学智. 国内外酶制剂工业及其应用. 工业微生物,2001(03):41 – 46.

［56］张丽苹,徐岩. 酸性 α – 淀粉酶生产菌株的选育的初步研究. 工业微生物,2002(04):11 – 14.

［57］张红霞,江晓路,牟海津,胡晓珂. 微生物果胶酶的研究进展. 生物技术,2005(05):92 – 95.

［58］周俊清,林亲录,赵谋明. 微生物源凝乳酶的研究进展. 中国食品添加剂,2004(02):6 – 9.

［59］闫训友,史振霞,张惟广,刘志敏. 纤维素酶在食品工业中的应用进展. 食品工业科技,2004(10):140 – 142.

［60］兰良程. 中国食用菌产业现状与发展. 中国农学通报,2009,25(5):205 – 208

［61］边银丙,刘世玲. 中国食用菌生产方式多样性与工厂化生产特性. 食药用菌,2012,20(3):125 – 127

［62］阮晓东,阮时珍,阮梦玲等. 茶树菇野外大棚栽培高产新技术. 食用菌,2012,20(1):47 – 50

［63］杨文建,赵立艳,安辛欣等. 食用菌营养与保健功能研究进展. 食药用菌,2011,19(1):15 – 18.

［64］韩亚兰,刘伟,邓海平等. 食用菌的营养保健价值及功能食品的开发. 食品科技,29 – 31.

［65］王震,周素静,申进文. 白灵菇罐头加工工艺. 食用菌,2009(1):51 – 53.

［66］贺晓龙,任桂梅,许帆等. 香菇酸奶的制作工艺. 仲恺农业工程学院学报,2009,3(23):54 – 56.

［67］郑晓冬. 食品微生物学. 杭州：浙江出版社,2001.

［68］吕嘉枥. 食品微生物学. 北京：化学工业出版社,2007.

［69］何国庆,丁立孝. 食品现代微生物学. 第 7 版. 宫春波主译. 北京：中国农业大学出版社,2006.

［70］徐景野,于梅,叶鹿鸣. 一起志贺菌污染引起的食物中毒. 现代医学杂志,2005(9):1162.

［71］董明盛,贾英民. 食品微生物学. 北京：中国轻工业出版社,2006.

［72］高宗良,谷元兴,赵峰,刘永生. 细菌群体感应及其在食品变质中的作用. 微生物学通报,2012,39(7):1016 – 1024.

[73] 朱素芹,张彩丽,孙秀娇,潘玉荣等.食品腐败的关键调控机制之群体感应的研究进展.食品安全质量检测学报,2016,7(10):3859-3864.

[74] 周德庆.微生物学教程.第2版.北京:高等教育出版社,2002.

[75] 丁晓雯 柳春红.食品安全学.北京:中国农业大学出版社,2011.

[76] 姜培珍.食源性疾病与健康.北京:化学工业出版社,2006.

[77] 柳增善.食品病原微生物学.北京:中国轻工业出版社,2007.

[78] 黄培堂,沈倍奋.生物恐怖防御.北京:科学出版社,2005.

[79] 张伟.生物安全学.北京:中国农业出版社,2011.

[80] 李宗浩.中国灾害救援医学.天津:天津科学技术出版社,2014.

[81] 袁勤生.应用酶学.上海:华东理工大学出版社,1994.

[82] 张文治.新编食品微生物学.北京:中国轻工业出版社,2004.

[83] 王镜岩,朱圣庚,徐长法.生物化学.第3版.北京:高等教育出版社,2002.

[84] 施巧琴,吴松刚.工业微生物育种学.第2版.北京:科学出版社,2003.

[85] 刘明厚.呼吸、呼吸作用与发酵.中学生物教学,2000(2):27-28.

[86] 刘祥栋.呼吸与发酵.生物学通报,1994,29(8):5-6.

[87] 王惠权,何秉旺.微生物 β-淀粉酶研究进展.微生物学通报,1994,21(1):45-47

[88] Hyun H H,et al. Appl Environ Microbiol. 1985(5):1162-1167.

[89] Obi S K C. et al. Appl Environ Microbiol. 1984(5):571-575.

[90] 周蓓芸等.生物化学与生物物理学报.1990,22(1):95-98.

[91] 陈力宏.异淀粉酶及其在食品中的应用.食品科学.1992,148(4):27-28.

[92] 肖春玲,徐常新.微生物纤维素酶的应用研究.微生物学杂志,2002,22(2):33-35

[93] 薛长湖,张永勤,李兆杰,李志军.果胶及果胶酶研究进展.食品与生物技术学报,2005,24(6):94-99.

[94] 陈刚新,谢红国,杨丰科.发酵工艺代谢调控.化学与生物工程,2005(5):9-11.

[95] 檀耀辉,赵玉莲.酿造微生物基本知识讲座:第五讲微生物的代谢(下).调味副食品科技,1983:29-31.

[96] 陈国胜,谷欣,张想竹.细菌肽聚糖及其应用.安阳工学院学报,2007(6):36-38.

[97] 周集体,王竞,杨凤林.微生物固定 CO_2 的研究进展.环境科学进展,1999,7(1):1-9.

[98] 王友绍,李季伦.固氮酶催化机制及化学模拟生物固氮研究进展.自然科学进展:国家重点实验室通讯,2000,10(6):481-490.

[99] 韩斌,孔继君,邹晓明,巩合德.生物固氮研究现状及展望.山西农业科学,2009,37(10):86-89.

[100] 刘芳,杨跃寰.细菌细胞壁肽聚糖的研究.四川理工学院学报,2011,24(6):628-631.